U0304494

中国煤炭地质综合勘查理论与技术新体系

王　佟 等著

科学出版社

北京

内 容 简 介

本书论述了煤炭地质综合勘查理论与专门技术,建立了以中国煤炭地质新理论为支撑、新形势下煤炭地质勘查规范为依据,由煤炭资源遥感调查技术、高精度地球物理勘探技术、快速精准钻探技术、煤炭资源勘查信息化技术、煤矿区环境监测与治理技术以及煤质测试与化验等关键技术构成的立体的信息化的煤炭地质综合勘查技术新体系。

本书可供从事煤炭地质勘查生产、教学、科研和管理工作的技术人员和高等院校研究生学习参考。

图书在版编目(CIP)数据

中国煤炭地质综合勘查理论与技术新体系/王佟等著.—北京:科学出版社,2013.6
ISBN 978-7-03-037944-3
I.①中… II.①王… III.①煤田地质-地质勘探-研究-中国 IV.①P618.110.8
中国版本图书馆 CIP 数据核字(2013)第 134737 号

责任编辑:胡晓春等/责任校对:钟 洋
责任印制:钱玉芬/封面设计:王 浩

科 学 出 版 社 出版
北京东黄城根北街 16 号
邮政编码:100717
http://www.sciencep.com

中国科学院印刷厂 印刷
科学出版社发行 各地新华书店经销

*

2013 年 6 月第 一 版 开本:787×1092 1/16
2013 年 6 月第一次印刷 印张:30 3/4
字数:729 000

定价:138.00 元
(如有印装质量问题,我社负责调换)

序

《中国煤炭地质综合勘查理论与技术新体系》一书是我国长期从事煤炭地质勘查实践、基础地质研究及煤炭资源评价等各方面专家、工程技术人员集体智慧的结晶,是一本比较全面和系统论述中国煤炭地质综合勘查理论与技术体系的专著。通过对我国煤炭地质勘查方方面面技术的系统研究,建立了以中国煤炭地质理论新进展为支撑、以新形势下煤炭地质勘查规范和标准体系为依据,由煤炭资源遥感技术、高精度地球物理勘查技术、快速精准钻探技术、煤炭资源勘查信息化技术、煤矿区环境监测与治理技术等核心技术构成的一套完整立体的信息化的煤炭地质综合勘查技术体系。因此,本书是一部涵盖了煤炭资源勘查→采前建设→开采→采后治理的多个方面,集理论研究、方法试验、装备进步于一体的煤炭地质勘查学著作;既是对我国长期煤炭勘查理论、方法和技术的总结,又在新理论、新方法、新技术等方面有较大的提升和创新,对我国今后以煤为主的能源勘查,特别是复杂地区找煤、资源评价、煤矿生产地质保障和勘查工程实践,具有很强的指导作用。

借本书出版机会,我想就煤炭在我国社会经济建设中的地位和作用,以及能源勘查工作的主要性做点说明。煤炭作为我国的主体能源,在一次能源中占 70%左右,煤炭在我国能源中的主体地位在今后相当长的时间内不会有较大改变。近几年,我国煤炭年产量都超过了 32 亿 t,每年还有新矿井建成投产,即便这样煤炭仍然相对紧缺。今后,随着我国经济社会的发展,煤炭的需求还将继续增大。我认为要进一步保障我国经济社会可持续发展对煤炭能源的需求,必须更加巩固煤炭地质勘查工作的基础地位,大力推进行业科学技术进步。

近些年来,我国煤炭地质勘查技术在以下几个方面取得了重要技术创新:煤炭三维地震技术得到迅速发展,大幅度提高了勘探精度,不仅打破了复杂山区、沙漠戈壁、厚层黄土、水上、沼泽等地震施工禁区,而且在深部煤炭资源赋存规律、开采地质条件与精细探测方面也有较大突破,勘查能力进一步增强;煤炭测井技术与方法的创新,提高了其分层能力与解释精度;钻探装备不断更新,钻探工艺逐步完善,绳索取心和金刚石钻进的工艺基本成熟,空气泡沫钻进、潜孔锤正反循环钻进、受控定向钻进和超大孔径钻进等钻探工艺得到广泛应用,使煤炭地质钻探步入国际先进行列。遥感技术应用的范围进一步扩大,在煤炭地质调查、煤矿区环境监测和地下煤火探测方面其精度达到了精准级,为煤炭资源保护和矿区环境治理提供了可靠的地质资料。

我国煤炭资源丰富,全国资源量约超过 5.8 万亿 t,但煤炭资源分布很不均衡,与世界各主要产煤国相比,我国煤炭资源赋存情况、开采地质条件复杂得多,勘查难度大。中国东部地区是煤炭需求量最大的经济区带,经过 50 多年的大规模开发,可供进一步开采的资源严重不足。勘查工作重点转向巨厚新生界覆盖区、推覆体下、老矿区深部等非常规区块,勘查难度加大。中国中部的晋陕蒙宁和西部的新疆北疆地区、西南云贵川是今后煤炭工业发展的重要地区,也是地质勘查工作的重点地区,但这些地区多处于黄土高原、戈壁沙漠、高寒冻土等自然环境恶劣或生态环境脆弱地区,煤炭资源调查和勘查程度低,常规勘查手段的使用受到很大的限制。新时期煤炭地质勘查工作仍然是煤炭工业发展的基础和先行,如何在国家煤炭工业战略转移时期,通过技术进步为煤炭工业可持续发展提供充分的资源和地质保障,本书作者通过对近年来大量专题科研成果和勘查工程实践,作了创新性的探索,提出了新的见解。

在此,我很高兴地向广大煤炭地质工程技术人员、地矿类高等院校师生和科研单位研究人员推荐本书。本书的出版发行必将为我国煤炭行业科技进步、人才培养做出重要贡献。

中国工程院院士

中国矿业大学教授

2012 年 1 月于北京

前　　言

　　中国是世界上煤炭资源最丰富的国家之一,煤炭储量大、分布广、煤种齐全。煤炭是基础能源,几十年来,在我国能源消费构成中一直占70％以上的比重。在相当长的时期内,煤炭在我国能源消费构成中的主导地位不会发生根本改变。据统计,我国煤炭消费量在2005年时年消费量为18.3亿t,2011年达37.2亿t。据专家预测,今后十多年我国煤炭消费量还将维持逐年上升状态,即使到2050年煤炭在我国能源构成中的比重仍占50％左右。而另一方面,中国煤炭的赋存和开采地质条件复杂,聚煤盆地构造类型和成煤模式多样化、煤系后期改造明显,从而导致煤炭资源种类较多、煤质优劣不均。我国煤炭地质勘查工作面临的新形势是,我国东部地区是煤炭需求量最大的经济区带,地质研究程度高、煤炭开发强度大、后备资源短缺,浅部煤炭资源基本上已动用,勘查重点转向巨厚新生界覆盖区、推覆体(滑脱构造)下、老矿区深部等区块,勘探技术难度加大,大规模发现新资源的可能性很小。西部地区尤其是西北地区多为干旱、半干旱地区,水资源短缺、生态环境脆弱;西南云贵高原地形复杂,多为高山峡谷,植被高度覆盖,交通极为不便,煤炭资源调查和勘查程度相对比较低。新时期煤炭地质勘查工作要在这些复杂地区实现高精度煤炭地质勘查,继续满足煤炭工业可持续发展,保障大型煤炭基地建设对煤炭资源需求的快速勘查要求。另外,我国现代化煤炭生产发展,也对煤炭地质工作提出了新的课题,也要求要为煤炭安全高效绿色开采提供精细地质保障。所有这些迫切需要在煤炭地质勘查理论方面取得突破,勘查技术方法上要有重要发展。"谋而无道,其行难远"。建立立体的、信息化的煤炭地质勘查综合理论与技术新体系十分必要。

　　新时期中国煤炭地质综合勘查技术体系是集方法、技术、理论研究于一体,适应了煤炭工业发展的新形势,涵盖了煤炭资源勘查→采前建设→开采→采后治理各个阶段的地质勘查与研究工作,广泛吸收和借鉴了国内外先进的勘查理念,形成了以中国煤炭地质新理论为支撑、新形势下煤炭地质勘查规范为依据,由煤炭资源遥感调查技术、高精度地球物理勘探技术、快速精准钻探技术、煤炭资源勘查信息化技术、煤矿区环境监测与治理技术以及煤质测试与化验等关键技术构成的立体的信息化的煤炭地质综合勘查技术新体系。

　　本书总结和阐明了立体的、信息化的煤炭地质勘查理论和综合技术新体系,是煤炭地质工作者几十年研究成果和经验体会的系统总结和创新。本书总体思路和基本架构由王佟提出,全书由王佟审定,李增学、曹代勇、马国东、陈美英参加了统稿工作。本书各章节执笔和参加编写的人员为:第一章:王佟、曹代勇、李增学,第二章:王佟、李增学、曹代勇、樊怀仁,第三章:王佟、李增学,第四章:曹代勇、王佟、林中月、李小明、江涛,第五章:谭克龙、万余庆、孙顺新,第六章:唐胜利、刘永斌、王佟、左明星,第七章:马国东、刘付光、刘树才、刘承民,第八章:王佟、陈冰陵、毛善君、魏迎春、吕录仕、申平,第九章:卢中正、谢志清、万余庆、谭克龙、吕录仕、朱刚,第十章:秦云虎、张谷春、陈美英,第十一章:李增学、孙玉壮、邢树厅、吕大炜，第十二章：袁同星、李增学、范立民，第十三章：李增学、王佟。

本书得到国家重点基础研究发展计划（"973"计划）2007CB2009400、2013CB227900课题和中国煤炭工业协会科学技术指导计划 MTKJ07-035、MTKJ2011-069、MTKJ2012-086 课题的资助。

回想本书的写作过程，我深感煤炭地质事业的重要和地质勘查工作的艰辛。真心搞地质是难事，搞好地质更是难事，要吃得起清苦，耐得住寂寞。要拜先人为师，你很多时候要殚精竭虑夙兴夜寐；更要拜自然为师，要经得起长期野外工作筋疲力尽、严冬酷暑、雪雨风霜、高山峻岭、荒漠险滩的磨砺。当你拿出一点像样的东西的时候，回首一望，从青年、中年、甚至到老年，几十年的光阴已经过去。而且如果不是很多的导师、同事甘为人梯，倾心帮助，成功离你也总是遥远的。在此，我衷心感谢在不同时期给予我帮助的许多同事和良师益友。

还要特别感谢的是，本书的研究与出版得到彭苏萍院士的精心指导，并在百忙之中亲自作序；中国煤炭学会胡省三，中国煤炭工业协会姜智敏、刘峰等专家也给予了悉心指导；中国煤炭地质总局有关专家和同事给予了帮助。

由于著者水平所限及写作时间仓促，书中难免存在缺点错误，恳切希望广大同行专家与读者批评指正。

王　佟

2012 年 6 月于北京

PREFACE

China is one of the countries that possess the richest coal resources in the world, with large reserves, widely distributed and complete coal types. Coal is China's primary energy. For decades, coal has accounted for more than 70% of the proportion of China's energy consumption. In quite a long period of time, the dominant position of coal in China's energy consumption will not be changed. According to statistics, China's coal consumption was 1.83 billion tons in 2005, while 3.72 billion tons in 2011. Experts predict that coal consumption will increase year by year in the next ten years and coal will still account for about 50% of China's resources composition even to 2050. On the other hand, the complex coal occurrence and mining geological conditions, diverse coal-accumulating basin structure types and coal-forming models, obvious transformation in the late stage of coal measures led to more types of coal resources and uneven coal quality. This is the new situation of coal geological exploration work: Eastern China is the largest economic region for coal demand with high degree of geological study and coal development, the shortage of reserve resources and shallow coal resources exploited basically. So in the region, exploration focus has turned to extra thick Cenozoic covered area, under nappe (decollement structure), the deep block of old mining areas and so on, which need higher exploration technology. In the western China especially in the arid and semi-arid regions of Northwest China, water resources are in short supply and ecological environment is fragile. In the Yunnan-Guizhou Plateau of Southwest China, terrain is very complex mostly for mountains, canyons and height coverage vegetation, traffic is extremely inconvenient. Coal resources survey and exploration intensity are relatively low. In these complex areas, coal geological exploration work in the new period need achieve high-precision coal geological exploration, continue meeting the sustainable development of the coal industry, ensure large-scale coal base construction on the demand for coal fast exploration, and provide fine geological assurance for safe and efficient mining. Therefore, it is urgent to achieve a breakthrough in the coal geological exploration theories and develop further exploration techniques and methods. The establishment of the stereo and informatization new integrated technological system is very timely.

Coal geological exploration technological system in China during the new period integrates methods, technology and theoretical study, adapts to the new situation of coal industry development, covers various stages of geological prospecting and research work from coal resources exploration → construction before mining → mining → governance measures after mining, widely absorbs and learns from domestic and foreign advanced exploration concept widely. Based on the new theory of China coal geological exploration and coal geological exploration technical codes and standards in the new situation, the stereo and informatization new geological integrated exploration technology system has been established, which consists of coal resources remote sensing technology, high-precision geophysical exploration technology, high-speed and accurate drilling technology, coal resources informatization technology, environmental monitoring and governance technology of coal mining areas, and coal quality testing and laboratory.

The book summarizes and illustrates the stereo and informatization new system of integrated coal geological exploration technology, aiming at establishing a new coal geological system of integrated exploration theory and technology in China. It is research achievements and experience summaries of coal workers for decades. The overall framework and thought of the book was proposed by Wang Tong. Whole proofreading was completed by Wang Tong, Li Zengxue, Cao Daiyong, Ma Guodong and Chen Meiying. Final authorizing was accomplished by Wang Tong. Specific division is as follows: chapter I by Wang Tong, Cao Daiyong and Li Zengxue; chapter II by Wang Tong, Li Zengxue, Cao Daiyong and Fan Huairen; chapter III by Wang Tong and Li Zengxue; chapter IV by Cao Daiyong, Wang Tong, Lin Zhongyue, Li Xiaoming and Jiang Tao; chapter V by Tan Kelong, Wan Yuqing and Sun Shunxin; chapter VI by Tang Shengli, Liu Yongbin, Wang Tong and Zuo Mingxing; chapter VII by Ma Guodong, Liu Fuguang, Liu Shucai and Liu Chengmin; chapter VIII by Wang Tong, Chen Bingling, Mao Shanjun, Wei Yingchun, Lü Lushi and Shen Ping; chapter IX by Lu Zhongzheng, Xie Zhiqing, Wan Yuqing, Tan Kelong, Lü Lushi and Zhu Gang; chapter X by Qin Yunhu, Zhang Guchun and Chen Meiying; chapter XI by Li Zengxue, Sun Yuzhuang, Xing Shuting and Lü Dawei; chapter XII by Yuan Tongxing, Li Zengxue and Fan Liming; chapter XIII by Li Zengxue and Wang Tong.

The book is funded by National Key Basic Research Development Program (973 Program) Subject (2007CB2009400, 2013CB227900) and Scientific and Technical Guidance Program of China Coal Industry Association (MTKJ07-035, MTKJ2011-069, MTKJ2012-086).

Recalling the process of writing this book, I feel deeply the importance of coal geology and the hardships of the exploration work. Engaging in geological work is hard, doing it well is harder. Regarding predecessors and nature as teachers, you have to not only endure poverty and loneliness but also withstand tiring long-term field work, bad weather and complex terrain. When you come up with something decent, look back and delades of time has past from youth, middle age even to old age and decades of time has past. And without their help from many mentors and colleagues, you will be far away from success. Here, I would like to sincerely thank my colleagues and mentors who gave me help at different times.

Special thanks to academician Peng Suping for his careful guidance and prefacing for the book personally in his busy schedule. Thanks to experts Hu Shengsan of China Coal Society, Jiang Zhiming, Liu Feng *et al*. of China Coal Industry Association, for their support. Thanks also to experts and colleagues of China Coal National Administration of Coal Geology for their help.

Wang Tong

June 2012, Beijing

目　录

CONTENTS

第一章 绪 论

第一节 我国煤炭地质勘查工作回顾
与勘查技术体系的形成

一、不同历史阶段的煤炭勘查工作

1949 年之前,我国煤炭工业极端落后,煤田地质工作极其薄弱,没有建立专门的机构和煤炭地质勘查队伍,老一辈地质学家王竹泉、谢家荣等曾进行部分地区的煤田地质调查和研究,积累了宝贵的资料,但都是零星的和分散的,未进行过系统的煤田地质研究和正规的地质勘查工作,因此,对我国的煤炭资源的了解很少。当时全国只有 200 多名地质人员和十几台破旧钻机,除了在一些煤田作过踏勘和零星的地质调查外,没有进行过系统的勘查工作;绝大多数矿井都没有系统的地质资料,1949 年全国煤炭产量只有 3243 万 t。

我国煤炭地质工作与国家政治局面和国民经济形势密切相关,60 年来经历了几起几伏、曲折发展的历程。煤炭地质勘查队伍从无到有、从小到大,煤炭地质工作领域不断拓宽。尤其是进入新世纪以来,随着国民经济持续高速发展对能源的旺盛需求,煤炭地质工作进入了鼎盛发展时期,煤炭勘查机制的不断转变和矿业权制度的建立,为煤炭地质勘查工作注入了新的活力。同时,煤炭地质勘查管理体制的变化和探矿权人的多元化,也带来一系列新问题,导致煤炭勘查工作出现新的发展不平衡。

新中国成立至今,我国煤炭工业得到了飞速的发展,1989 年,全国原煤产量突破 10 亿 t 大关后,我国煤炭产量和消费量一直居于世界首位,2006 年全国原煤产量达 24.6 亿 t,是 1949 年原煤产量的 70 多倍。随着国民经济建设对能源不断增长的需求,我国煤田地质研究和资源勘查工作得以迅速发展,逐步建立了专业齐全,生产、科研、教育相配套的煤田地质队伍。经过半个多世纪几代人的辛勤努力,总结了不同地质条件下的煤田勘查经验和综合勘查方法,基本查清了我国煤田资源状况,探明了大量可供建设开发的煤炭储量,为我国煤炭工业健康发展做出了巨大贡献。尤其是改革开放以来,在煤炭资源领域,从具有中国特色的煤田地质基础理论和勘查技术方法等各方面都取得突破性进展,为煤炭工业的发展提供了强有力的资源保障。

中国煤炭地质总局成立于 1953 年,经过半个世纪的艰苦奋斗,目前已形成地质调查与勘探,煤层气勘探与评价,水文地质、工程地质、环境地质勘探与灾害地质调查和治理,钻探与基础工程,地理信息技术与地球物理勘探,测绘与遥感,化验与测试,制图与印刷,计算机技术与应用,勘查装备制造等多专业的综合地质勘查技术与队伍。在煤炭资源与地下水资源、煤层气资源勘查与评价技术领域及遥感地质调查与航空数码测绘、地理与勘查信息技术及地图印刷等领域具有国内、国际领先技术水平。

五十多年来,广大煤炭地质工作者跋山涉水、栉风沐雨,为我国国民经济建设和煤炭工业发展做出了重大贡献。累计提交各类地质报告6000多件;查明煤炭资源量11000多亿 t,占全国已发现煤炭资源总量的近90%;提交可供矿井建设利用的煤炭资源量5000多亿 t,占全国可供矿井建设利用储量的90%以上;先后发现了准格尔、兖州、神府等大型和特大型煤田80余处;完成了3次全国煤田资源预测,开展了全国煤层气资源评价,获得了丰富的地质资料;为准格尔、潞安、晋城等大型矿区提供了水源基地;组织实施国家级、省部级科研项目300多项,其中100多项科研成果获国家和省、部级奖;10人获李四光地质科学奖,10人获孙越崎青年科技奖,多人获国家有突出贡献中青年科学技术专家称号和享受国家政府特殊津贴。改革开放以来,中国煤炭地质总局承担了大批国外项目,先后与美国、俄罗斯、澳大利亚、巴西、日本、荷兰、印度尼西亚、蒙古,以及非洲、中东等国家和地区进行了煤田勘探、煤层气评价、煤层自燃监测、水资源勘探、地理信息等领域的合作与技术交流,赢得了良好的国际声誉。

1993年出版的《中国煤田地质勘查史》将新中国煤炭地质勘查事业发展历程划分为恢复与发展时期(1949~1957)、"大跃进"与调整时期(1958~1965)、"文化大革命"时期(1966~1976)、改革开放时期(1977~1985)等阶段(中国煤田地质总局,1993)。本书将我国煤炭勘查划分为五个大的阶段(中国煤田地质总局,1993)。

(一)煤炭勘查的起步形成阶段(1949~1957)

从1949年10月1日新中国成立到1957年底,是全国煤炭地质勘查行业建立与初步形成阶段,也是一个比较健康的逐步发展时期。

中华人民共和国建立后,根据煤炭工业恢复和发展的需要,煤炭地质勘查工作在非常艰难的情况下起步。通过借鉴原苏联建设社会主义的经验,发奋学习并掌握先进技术,努力培养人才,积极组建并不断壮大地质勘查队伍,及时建立健全管理机构和各项管理制度,战胜了暂时的困难,有力地保证了煤炭工业的建设,保证了国民经济的恢复和发展。这个时期围绕老矿区的生产恢复和改建、扩建工作进行生产地质勘查。大致经历了两个阶段:①积极组建队伍,为保证煤矿恢复生产而进行地质勘查阶段;②建立全国煤炭地质勘查管理网络,逐步形成地质勘查工作体系,有计划地进行煤炭地质勘查阶段。

第一个五年计划期间,煤炭工业部地质勘探总局组建了包括勘探、水文、物探、普查、测量、采样等80个各种专业地质队,5年内在全国22个省区进行了地质勘探,在83个新、老矿区内进行了地质勘探。在全国4万煤炭地质职工的努力下,开动600多台钻机,完成机械岩心钻探407万 m,为计划任务的125%。而且积极开展了普查找煤,在开展地质勘探的353个勘探区或井田内,提交普、详、精查地质报告335件。探明煤炭资源储量257亿 t,其中炼焦煤162.70亿 t,超额完成了新井建设项目的勘探,及时保证了钢铁工业基地所需炼焦用煤建井项目的勘探,大大扩展了后备勘查基地,也为煤炭工业建设开辟了新的远景。1956年,地质勘探总局编制了《煤田地质勘探工作七年规划》(1956~1962)。

（二）煤炭勘查的曲折发展与调整阶段（1958～1965）

第二个五年计划开始了大规模的经济建设,在煤炭工业迅猛发展的同时,煤炭地质勘查事业也获得了前所未有的发展。以 1960 年末与 1957 年末相比,职工人数由 40252 人增加到 66745 人;勘查队由 53 个增加到 111 个;最高开动钻机由 662 台增加到 972 台;物探队伍猛增了近 3 倍。煤田地质勘查力量的分布除西藏、台湾以外,几乎遍及全国,改变了过去大部分勘查力量集中在老矿区的局面,新开辟了 65 个勘查区,全国范围在 131 个新老矿区进行了勘查工作。这一时期大力加强了普查找煤工作,全国投入 37.7% 的钻探工程量和 35.6% 的资金进行普查工作,从而获得了约 2000 亿 t 普查找矿资源量,较"一五"期间增加了 4 倍多。与此同时,煤炭地质勘查部门还加强了南方各缺煤省、区的普查工作,对资源情况有了进一步的了解和认识。由于全国范围进行了大量的煤炭地质勘查工作,已基本查清了峰峰、鹤岗、北票、新汶等 37 个老矿区煤炭资源的赋存情况,为煤炭工业的合理布局和有计划地发展提供了依据。

煤炭地质勘查技术水平有了显著提高,积累了许多普查找煤经验,掌握了一整套隐蔽煤田的找煤及勘查方法。由于大力开展了物探工作,物探技术明显提高,迅速找到了如济宁、沈北、邢台等表土层掩盖下的大型全隐蔽煤田。这一时期,航测技术也开始起步并已有所发展。由于技术革新和技术革命的蓬勃兴起,科学研究水平逐渐提高,创造发明不断出现,如微型测井仪、钻探"三器"、无标尺视距仪、放射性测井仪、集气式瓦斯样采取器等等,推动了煤炭地质勘查工作的进展。

1958～1959 年,煤炭工业部组织了第一次全国性的煤田预测,编制了 1∶200 万的中国煤田地质图、全国煤田预测图及各省、区的大比例尺煤田预测图件,预测全国煤炭资源总量为 93779 亿 t。第一次煤田预测是开始对地质资料进行综合研究的初步尝试,是实践升华到理论的结晶,对指导煤田勘查工作向更高层次发展迈出了可喜的第一步。预测成果对于指导我国煤炭工业建设的规划布局发挥了极其重要的作用,但限于当时的客观条件,这次预测资源量数字的准确性较差。

同时,在全国由于在经济建设上急于求成和生产关系上急于过渡的"左"倾错误思想的指导,使得以高指标、瞎指挥、浮夸风和"共产风"为主要标志的"左"倾错误也严重地泛滥起来,波及煤炭工业系统,破坏了煤炭工业发展和经济的综合平衡,也影响到煤田地质勘查部门,造成了严重后果。1960 年冬,中共中央制定了"调整、巩固、充实、提高"的方针。1961 年,全国各行各业开始贯彻执行这一方针。煤炭地质勘查部门大力进行精兵简政、缩短勘查战线等工作,并根据五部联合通知精神,开展了对 1958 年以来所提交地质报告的系统复审核实工作,1958～1961 年的四年间所提出的精查(包括最终普、详普)报告共计 474 件,全部参加了复审。全国煤田地质勘查队缩减到 69 个,职工人数减到 3.5 万人,开动钻机台数也相应地减少到 429 台;对勘查质量低劣以及工作中的其他缺点和错误有了统一的认识;规章制度初步引起重视;各项基础工作开始加强,煤炭地质勘查工作质量回升。

总之,这个时期是一个曲折发展的时期,在 1958～1965 年的八年里,共完成机械岩心钻探工程量 1308.9 万 m,获得煤炭储量 2008.8 亿 t,取得了显著的成绩。

(三) 十年"文革"阶段(1966~1976)

1966 年开始的"文化大革命"对全国煤炭地质勘查系统影响极大,规章制度被践踏,生产秩序被打乱,停工停产随处可见,勘查效率和质量急剧下降。虽然有的省、区还能维持生产或仍在断断续续地工作,但正常生产秩序已很难维持。然而,煤炭战线的绝大部分职工在这种恶劣环境下仍然自觉地坚持工作。据统计,在第三个五年计划期间,全国煤炭地质勘查系统共完成钻探工程量 7268940m,获得煤炭储量 2009.18 亿 t。

中国南方各省、区工业发展急需的能源供不应求。大批勘探队伍南调,大小会战遍及全国,获得不少煤炭资源储量,并发现了一些新煤田。从全国来说,比较著名的勘探会战有湖南、江西的湘赣煤田勘探会战,河北的邯(郸)邢(台)煤田勘探会战,内蒙古的霍林河煤田勘探会战,内蒙古的伊敏煤田勘探会战,内蒙古的元宝山煤田勘探会战,河南的永夏煤田勘探会战,江苏与安徽的徐淮煤田勘探会战等,都是多种专业结合的综合勘探会战。但是,由于会战任务重,时间紧,行动仓促,难免在准备上不够充分,施工上有所浪费,特别是有的地区急于求成,忽略了客观地质条件的基础,任凭主观意愿和热情,大搞群众运动式的会战,结果劳民伤财,适得其反,值得深思。

1970~1974 年,各省煤炭地质勘查机构逐步恢复、健全,燃料化学工业部煤田地质局的重建,加强了全国煤炭地质勘查工作的领导,恢复和建立了一些规章制度,加强了质量管理,重视了经济核算和定额管理工作,生产秩序逐渐趋向正常或有所改观。提交了一批质量比较好的地质报告,挽回了一部分损失。

1975 年全国煤田钻探工程量达到了 274 万 m,比 1974 年提高 20%,探明资源储量257 亿 t。至此,"四五"期间共探明各类资源储量 967.21 亿 t。到 1975 年底,全国煤炭系统累计探明各类煤炭储量已达到 5246.6 亿 t(另有地质部系统探明的 401.8 亿 t)。1976年提交资源储量达 260 亿 t,为年计划的 169%。

这一时期,由于"文化大革命"的影响,开展的会战工作虽然取得了一定效果,但是忽略了客观地质条件的基础,任凭主观意愿和热情,大搞群众运动式的会战,人力物力浪费严重,地质效果不明显。尽管不尽人意的事很多,但后期恢复了煤炭地质勘查机构的一些业务工作,对当时全国煤炭地质勘查工作的统一领导起到了重要作用。这个阶段提出的煤田综合勘探技术,加强了地质、物探、钻探的配合,为以后煤田综合勘查体系的形成奠定了基础。

(四) 煤炭勘查的快速发展阶段(1977~1997)

在经历了两年调整与徘徊发展后,1978 年重新确立了正确的煤炭地质勘查工作方针,煤炭工业部地质局集中优势兵力,开展了 12 个大型矿区的地质勘探工作,确保了重点矿区资源保障,仅八大煤炭基地的勘探就投入了百万米的钻探工作量,获得可供建井的储量 20 亿 t,除超额完成了国家计划外,更重要的变化是十年来在钻探质量上达到了国家标准。制定并逐步完善了"以煤炭工业的战略布局和规划为指导,采用技术经济合理的勘查方法,讲求经济效益的科学管理,按时提交优质地质报告,为煤炭工业的生产建设提供可靠资源"的煤田地质工作方针。在这一方针的指导下,在"六五"初期进行了煤田地质战略部署的第一次调整,着重是勘查力量的部署,为了确保五大露天矿等重点煤炭基地和部分老矿区深部挖潜的急需项目的资源勘探,压缩了煤炭资源条件差的南方一些省、区的勘查规模,一部分队伍北调,充实煤炭资源条件较好的重点开发省、区的勘查工作。同时,还要求在几年内积极组织力量,重点研究海拉尔平原、松辽平原、黄淮平原、华北平原、豫北、豫东平原以及川南、黔北等地区的成煤规律,在煤田预测的基础上开展大面积战略普查找煤工作,并投入必要的物探、钻探工程进行验证,以争取新的突破。

1980年煤炭工业部颁发了《煤炭资源地质勘探规范》(试行)。新规范全面总结了新中国煤田地质勘探丰富的实践经验,吸取了国外的先进技术和方法,同时,它体现了以煤为主,综合评价矿产资源的原则。另外,为了提高煤田地质各专业工作成果的质量和技术管理水平,还先后修订和颁发了一批专业技术规程。为了进一步推广新技术、新方法,1980年5月,煤炭工业部地质局决定在全国煤田地质系统逐步推广瓦斯解吸法测定,以取代以往精度较差的集气式瓦斯采取方法,为以后开展瓦斯地质及煤成气研究创造了有利条件。1982年,《煤田地质勘探十年规划提纲》编制完成,《规划提纲》对确保煤炭规划建井项目,生产矿井改扩建项目,地方煤矿发展项目,开展战略普查及新老矿区的水资源勘探等,均做了较详细的具体安排,并提出了实现这一规划的主要措施。

"五五"期间,全国共完成钻孔36618个、钻探总进尺1629万 m,甲乙级孔率平均70%,提交各类地质报告554件,探明储量约806.65亿 t。"六五"期间,共完成钻孔24831个、钻探总进尺1080万 m,甲乙级孔率平均91%,提交各类地质报告654件,探明储量约1100.17亿 t。"六五"后期,随着城市经济体制改革的开展,全国煤田地质改革也开始起步。1985年初,煤炭工业部地质局与各省、区煤田地质勘查公司签订了1985~1987年三年承包协议;各公司和各队普遍推行了各种不同形式的经济责任制。随着经济体制改革的展开和第二次战略部署调整,对开拓地质市场,开展多种经营已引起普遍重视。

这一时期,开展了全国第二次煤田预测工作。以地质力学的理论为指导,运用沉积相分析方法,充分研究了构造控煤、古地理环境对煤层沉积、煤质变化的影响,以及不同时代含煤地层的含煤性变化规律,提高了煤田预测的科学性。全国预测垂深2000m以浅的煤炭资源总量为50592亿 t,使全国煤炭资源展望有了新的远景,为煤炭工业长远规划进一步提供了资料依据和起到了导向作用。勇于探索,勇于开拓新的途径,在改革中求生存,在改革中求发展,使煤田地质勘探事业长盛不衰,走上了健康发展的道路。

"七五"期间,由于加强了地质基础工作,强化了技术管理,认真贯彻各项规范、规程,严格执行各种行之有效的规章制度,因而,各项勘探工程质量也大幅度提高。煤心采取率由1985年的86.6%上升到1989年的89.8%。钻探特甲级孔率由1985年的64.8%上升到1989年的82.3%。通过评选优质地质报告和工程质量的巡回检查,促进了各项工程质量、基础资料的编录质量、地质报告的研究程度以及编制质量的全面提高。这一时期提交各类地质报告558件,提交工业储量351.5亿 t,完成国家计划的

146％；提交新增储量561.1亿t，完成国家计划的112％。提交了统配煤矿"七五"期间45处对口建设矿井所需要的全部精查地质报告，完成了统配煤矿"七五"期间47对矿井改扩建所需的地质报告。

物探手段近几年来发展十分迅速，引进了一批比较先进的物探仪器，部分地改善了物探工作的技术装备状况。煤田地质系统的地震仪已全部实现数字化，电法队也有20％实现数字化。由于仪器的改善以及新技术、新方法的采用，物探解决地质问题的能力得到很大提高，应用领域也迅速扩大，在煤田地质勘探中发挥出越来越重要的作用，成为综合勘探取得好的效益的重要手段。钻探技术有了明显的进步，TK钻机，绳索取心，新型取心器，低固相优质泥浆、井液处理剂和除砂器等得到了广泛作用。空气钻进、空气泡沫钻进、潜孔锤钻进取得了好的效果。金刚石钻头制造技术、金刚石钻进工艺及液动冲击回转钻进技术都有了新的进展，钻探工程质量有了较大的提高。

随着计算机开发应用队伍的扩大，计算机数量的增加和应用领域的深入，适合我国煤田地质勘探工作的计算机软件开发初具规模，并逐步实现提交煤炭勘探数字化地质报告。1986年，应用CAD软件已能提交勘查地质报告。遥感技术在这一时期得到了较快的发展。利用遥感技术开展了太行山东麓大水矿区水文地质条件研究，成功地运用苏联卫片进行了1：5万地质填图，利用遥感在陕北新民区圈定火烧区边界取得了明显的效果。此外，在研究滑坡和陷落柱的分布，研究区域构造指导找煤，研究环境条件等方面都得到了起步应用。中国东部主要煤田缓倾角断裂构造的研究，华北晚古生代聚煤规律与找煤研究，滇东、黔西、川南晚二叠世聚煤规律和沉积环境研究，鄂尔多斯盆地聚煤规律及煤炭资源评价，中国北方岩溶地下水资源及大水矿区岩溶水的预测、利用与管理的研究等重大课题在这一时期全面展开。

"八五"期间，是煤田地质基础理论不断丰富和发展的重要时期，煤炭勘查以增加煤炭精查储量为重点，加快大中型矿井和前期准备矿区的勘探工作为重点。"八五"期间共提交各类地质报告400余件，其中主要地质报告46件，获煤炭新增储量260亿t，详、普查储量1065亿t，精查储量217亿t。新发现煤产地12处。提交地下水储量96.54万 m^3/d。满足了煤炭工业"八五"及"九五"初期对资源的需求。同时，这一时期煤田地质基础理论得到全面发展，中国煤田地质总局先后完成了"中国东部煤田推覆、滑脱构造与找煤研究"（王文杰、王信，1993）、"华北晚古生代聚煤规律及找煤研究"（尚冠雄等，1997）、"黔西、滇东、川南晚二叠世含煤地层沉积环境及聚煤规律研究"（王小川等，1997）、"鄂尔多斯盆地聚煤规律及煤炭资源评价"（王双明等，1996）等重大研究课题，有关省局还组织了一批地区性的科研工作；加强了东部地区找煤、煤变质规律和煤质综合评价，煤层气及煤系其他共、伴生有益矿产的勘探和评价，水文地质、工程及环境地质、岩土工程等工作。从1992年开始，一直到1997年，中国煤炭地质总局组织完成了第三次全国煤田预测，对已发现资源进行了综合评价，预测全国煤炭资源总量5.57万亿t，其中1000m以浅2.87万亿t，对我国煤炭资源聚积和赋存规律提出了很多新认识，编写出版了《中国煤炭资源预测与评价》（毛节华等，1999）及《中国煤炭资源分布图》等，为国民经济宏观决策和煤炭工业规划提供了重要的地质依据。

（五）跨世纪阶段的煤炭地质勘查工作

20世纪90年代以来,中国煤炭地质勘查体制发生了重大变革,随着改革开放的不断深入,尤其是社会主义市场经济体制的建立,50年代以来逐渐形成的"中国煤田地质总局—地区煤田地质局—煤田勘查队"一条龙的三级垂直管理体制再次被打破。1998年,按照国发[1998]21号、22号文件精神,将原所属的21个省市区煤田地质局和7所院校实行属地化管理;2001年,按照国办[2001]2号文件要求,将中国煤田地质总局及其所属的省区煤田地质局、专业局和在京单位交由中央管理,并更名为中国煤炭地质总局。中国煤炭地质总局下辖有江苏、浙江、湖北、广东、广西、青海等6个省(区)煤炭地质局,第一勘探局、第二勘探局、水文地质局、航测遥感局、勘查总院、中煤地质工程总公司、地球物理勘探研究院、信息中心等直属单位。作为中央管理的煤炭资源勘查及煤炭地质单位的行业管理机构,中国煤炭地质总局的主要职能是:研究制定煤炭地质发展战略;编制煤炭地质勘查、科技研发、结构调整、教育培训等中长期规划及年度计划;负责煤炭地质单位中央预决算编制、国有资产及资本运营与管理;负责煤炭资源动态管理、地质勘查报告审查、地质项目工程监理,以及全国煤炭地质资料成果管理和信息资源管理与开发;负责煤炭地质单位国内外经济技术合作与交流;拟制与修订地质矿产勘查有关规范、规程和技术标准。时至今日,这种职能已经大大淡化,煤炭地质勘探单位逐步实现企业化运行。

在新旧机制交替时期,煤炭地质勘查工作发展相对缓慢。"九五"期间新增探明煤炭储量161亿t,为"七五"的25%,为"八五"的76%;精查储量43亿t,为"七五"的11%,为"八五"的15%;详查储量为170亿t,为"七五"的24%,为"八五"的34%;普查储量为215亿t,为"八五"的37%。"九五"期间钻探工程量74万m,为"七五"的13%,"八五"的23%。煤田勘查和煤炭储量已不能满足煤炭工业建设和发展的需要。不过,这一时期的地质应用基础理论研究仍然不断深入,开展了"中国主要含煤盆地层序地层研究"和"中国煤岩特征研究"等多项地质研究课题。"中国主要含煤盆地层序地层研究"课题,运用层序地层理论,建立了不同类型聚煤盆地层序地层格架和聚煤模式。"东北中生代聚煤盆地成矿规律及资源预测专家系统"课题在总结专家经验的基础上,建立了盆地预测专家系统,对断陷盆地聚煤规律和资源分布具有很高的预测性。在"八五"区域性地质科研课题的基础上,出版了《中国煤岩学图鉴》(杨永宽等,1997;陈佩元等,1996)、《中国聚煤作用系统分析》(程爱国等,2001)等10余部科技专著,这些成果丰富和发展了煤田地质基础理论,并对找煤、勘查和资源评价等具有重要的指导意义。

三维地震技术得到迅速发展,并成功应用于煤矿采区生产勘探。彭苏萍(1996)等在中国东部应用三维地震勘探技术实现查明井田内小型地质构造和解释煤层厚度,大大提高了勘查精度,其成果获得国家科技进步二等奖。

进入21世纪以后,全国煤炭(田)单位在市场经济体制引导下,通过煤炭资源大调查项目、矿产资源补偿费地质勘查项目和中央财政补助地质勘查项目开展国家战略性煤炭资源勘查工作。随着煤炭勘查机制的不断转变和矿业权制度的建立,国际国内煤炭需求快速增长,煤炭价格上涨,加之,我国"九五"期间新井建设严重滞后,2000年以来,企业也加大了煤炭地质勘查的投入,为煤炭地质勘查工作注入了新的活力。2002年,适用社会主义市场经济的 DZ/T0215-2002《煤、泥炭地质勘查规范》颁布,它适用于煤炭地质勘查各阶段的设计编制、勘查施工、地质研究、地质报告编制和审批等。除公益性、基础性的地质工作仍由国家投资外,其他地质勘查工作将按谁投资、谁受益的原则,由地质勘查的受益人出资进行地质勘查工作。新的勘查规范一定程度上适应了市场经济发展的需求,但随之而来也引发了一些新的问题。在当前的国土资源管理大背景下,煤炭等同于其他矿种来管理,有利于加快煤炭地质勘查速度,但由于我国的矿业市场运作机制仍需要不断改进和完善,矿政管理对勘查技术进步、对与煤炭资源共伴生的其他有益矿产的综合勘查与评价标准需要进一步研究完善。2004 年以来,随着我国经济的高速发展,对能源的需求日益加大,但可供建井利用的探明煤炭资源储量不足,制约了煤炭生产建设和煤炭工业的可持续发展。煤炭地质勘查工作引起了国家有关部委的重视,温家宝总理做出了"要把建设大型煤炭基地作为重大而紧迫的任务,加快煤炭地质勘查工作"的重要批示。2005 年,国务院以国发[2005]18 号文件下发了"国务院关于促进煤炭工业健康发展的若干意见",进一步重申了煤炭工业在国民经济中的重要战略地位,提出了我国煤炭工业发展的指导思想、发展目标和基本原则。这些重要的决策与举措对当时煤炭地质勘查工作的发展起到了重要的促进作用。对目前和今后一个时期指导煤炭工业健康发展是纲领性文件,对于落实"以煤炭为主体"的能源发展战略、加快建设资源节约型社会,促进我国国民经济持续稳定协调发展、为全面建设小康社会提供可靠的能源保障,具有极其重要的现实意义和深远的历史意义。

二、综合勘查技术与方法的形成

综合勘查的概念和方法体系是在新中国煤炭地质勘查实践过程中逐渐形成并不断充实和完善的(彭苏萍,1996,2008;王双明等,2007;徐水师、王佟等,2009)。

(一)综合勘查队伍的建立

1956 年 1 月 19 日,地质勘探总局编制了《煤田地质勘探工作七年规划》(1956～1962),指出:地质普查工作,要在 1959 年以前将老矿区基本勘探清楚。在第二个五年计划内勘探其外围及邻近新矿区。对冲积层覆盖较厚的隐伏煤田要采用地球物理探矿工作相结合的综合勘探方法,争取第二个五年计划将全国煤田基本普查清楚。《规划》中明确提出综合勘探方法的要求。根据《规划》的要求,地质勘探队伍的发展特点,不但在数量上有了较大的增长,而且在专业配置上也渐趋全面,尽力配套,形成了一个综合地质勘查体系。

1. 地形测量和地质普查队伍的建立

1956 年以前,为了配合地质钻探工作,随着地质勘探队伍的发展,有些地区已先后建立了测量、普查专业队伍。根据工作需要,有时就近隶属所在地的勘探队,有时也直属大区煤田地质勘探局。1956年初,全国煤田地质勘探系统地形测量队伍有272人,普查队伍有116人。到1956年年底,地形测量队伍已增加到525人,普查队伍增加到1511人,不但人数上成倍、10倍地增长,而且改变了过去普查工作中那种束手束脚、缺乏全面规划的做法,开始了比较系统的、较大面积的普查。

2. 水文专业勘探队伍的建立与发展

由于煤矿建设的需要,1956年以前在煤矿地质勘探过程中同时开展了水文地质工作。如抚顺、焦作、贾汪等地就是水文地质工作开展较早的矿区。但是,正式筹建专业水文地质勘探队伍,是在各大区建立地质勘探局以后,是随着勘查内容和范围的扩大及完善而逐步建立的。

3. 煤质测试及地质研究机构的建立与发展

1956年春,东北煤田第一和第二地质勘探局,华北和中南煤田地质勘探局,经过一定时间的筹建过程,分别在沈阳、哈尔滨、太原、武汉正式建立了化验室。西南煤田地质勘探局接收了重庆煤矿管理局化验室。同年7月,华东煤田地质勘探局在济南、西北煤田地质勘探局在西安分别组建了化验室。煤炭工业部地质勘探总局在天津组建了直属的综合试验室,在北京组建了煤田地质研究所。到1956年年底,全国煤田地质勘探系统的化验人员已由年初的38人发展到214人。

4. 煤田地球物理勘探队伍的建立与发展

由于煤田地质普查找矿工作的开展与需要,1954年,燃料工业部煤矿管理总局地质勘探局建立直属地球物理探矿队,下属1个电测井队,并开始筹建电法队和地震队。1955年,建成1个地震队、1个电法队,电测井队也发展到3个电测站。1956年,煤炭工业部地质勘探总局将直属地球物理探矿队改为物探处,所属地震、电法、测井队伍下放各大区煤田地质勘探局,全国各地开始普遍组建物探队伍。华东煤田地质勘探局率先组建了地球物理勘探大队。其后,东北煤田第一、第二地质勘探局和中南、西南、西北煤田地质勘探局也相继建立物探大队,华北地区则组建了电法队、地震队。到1956年年底,全国地面物探和电测井队伍已发展到761人。至此,煤炭综合勘查队伍基本建立起来。

（二）综合勘查技术的逐步形成

早在20世纪50年代初期新中国煤炭地质勘查队伍创建之初,学习苏联煤田地质工作方法,在老煤矿区向外围新区发展中,在裸露和半裸露地区多采用山地工程、地质填图、钻探和采样化验等手段进行煤炭地质勘查工作。通过组织学习苏联先进经验,不但使钻探工艺得到很大提高、地质工作取得很大成就,而且在物探、水文、测量等工作方面,通过苏联专家的传授和亲临现场帮忙,在技术上也都得到很快的发展和进步。在苏联专家工作组建议书中明确提出:1955年底以前在所有的地质勘探队里必须用电测来检查钻孔。华北煤田地质勘探局大同地质勘探队在鹅毛口和白土窑井田的精查地质勘探过程中,使野外地质工作和室内地质研究工作紧密结合,使地质工作发挥指导钻探施工的作用;同时,还使水文地质和山地工程与地质钻探紧密配合,努力做到经济合理,又好又省。

20世纪50年代末,中国东部地区在分析地质规律基础上,采用电法扫面、钻探验证的综合普查找煤方法,总结出一套地质-地球物理综合勘查经验,在皖北、鲁西、豫东、冀东、辽南等地找到了一系列大型隐伏煤田。1956年2月,煤炭部地质勘探总局在北京召开的第一届全国煤田普查会议上提出,为适应半掩盖和掩盖地区的普查找煤工作,应开展地球物理勘探配合地质填图、钻探的综合勘查。1958年6月,为了在煤田地质和水资源勘探工作中大力采用物探方法,掀起技术革命高潮,煤炭工业部在太原市召开了全国水文物探现场会议,会议认为,在目前可以用先进的物探方法部分代替现有水文地质工作的抽水实验工作量。1958年9月,煤炭工业部在山东济宁召开了地质-地球物理综合勘查现场会,交流了山东123队在济宁煤田进行的地质推断与物探、钻探相配合的综合勘查经验等实践经验成果。来自18个省(区)的地质及物探工作者参观并讨论了123煤田地质勘探队在组织综合勘查方面的具体做法,广泛交流了各省区的经验。会议认为地质-地球物理综合勘探在煤田地质勘查中的应用,符合"多快好省"方针,在普查和勘探的对象逐步由露头良好的地区转向隐蔽地区的今天,综合勘查尤为重要。以上两次现场会议,提出并推动了煤田地质综合勘查方法的发展,推动了地球物理勘探在煤田地质勘查各个领域的应用。

20世纪六七十年代,在全国已因地制宜采用山地工程、地质填图、物探、钻探和采样化验相结合的综合地质勘查方法并逐渐开展和应用航片地质填图、遥感解译普查找煤、数学地质等新技术和方法。1975年4月,煤炭工业部在广东召开煤田地质勘探系统"学大庆、赶开滦"经验交流会。会议明确提出,大力开展煤田综合勘查,是新的历史时期煤田地质勘查工作发展的需要。以往的物探工作,主要用于找煤,而详、精查勘查一直靠钻探一种手段来完成,由于在隐蔽和半隐蔽地区进行勘查,往往打了许多钻孔也难以查明复杂的地质构造,因而,造成成本高、速度慢、质量低、勘查周期长的弊病。今后要大力加强地质、物探、钻探的结合,实行综合勘查。会后,全国煤田地质勘探单位积极贯彻会议精神,加强了物探在综合勘查中的作用。

20世纪70年代,在自力更生的基础上开展了各项科技研究工作,技术水平有所提高,技术装备及方法有所创新。进入80年代,在改革开放新形势的推动下,通过学习、引进国外先进技术及装备,发展速度更快,取得效果显著,在促进煤田地质勘查工作的迅速改观方面,发挥了重要作用。80年代,在安徽刘庄和山东唐口精查中采用高分辨率地震勘探和钻探相结合的综合勘查,提高了勘查精度并减少了2/3钻探工程量,大大节省了勘查投资和缩短了勘查周期。高分辨率地震勘探能查明落差大于10m的断层,在地震、地质条件好的地区甚至连落差为5~10m的断层亦有明显显示,在探测煤层厚度变化、分叉、尖灭方面亦取得了初步成果。20世纪90年代以来,三维地震勘探技术得到了推广,运用在探明井田内小型地质构造、陷落柱、煤层厚度变化趋势等方面,取得显著进展,大大提高了勘查精度。以高精度地震或三维地震、快速精准钻探、遥感、测井、测试技术及信息化技术相结合的煤炭资源综合勘查技术方法体系不断完善并趋于成熟。

20 世纪 80 年代中期,随着计算机技术的发展,地质勘查工作与计算机技术的结合逐步成熟,并取得了重大进展。1986 年中国煤炭地质总局第一勘探局利用 CAD 软件编制了河南汝州庇山二号井田精查地质报告,这是比较早应用计算机编制的地质报告。经过二十多年的发展,煤炭地质勘查与计算机技术的结合更加紧密,各类地质资料的编辑和传输乃至归档通过计算机更加便捷,勘查信息化技术日臻成熟,极大推进了煤炭地质勘查技术向高精度、快速化发展。

我国正处在工业化快速发展阶段,国民经济发展对能源需求不断增加,煤炭地质工作是煤炭工业的基础和先行,煤炭需求的快速增长为煤炭地质工作带来巨大的发展机遇,同时也面临严峻的挑战。在社会主义市场经济条件下,我国煤炭地质工作具有以下特点:①煤炭地质技术快速发展;②煤炭地质工作领域不断拓宽;③市场经济体制给煤炭地质赋予了新的内涵;④保障国家能源安全稳定供应是煤炭地质工作的历史责任;⑤矿区生态环境保护与区域经济协调发展是煤炭地质的时代要求;⑥信息化技术为煤炭地质工作带来了新契机。

第二节 煤炭地质勘查技术方法及其发展

一、资源勘查与煤炭勘查

勘查学是地质科学理论与资源和环境的勘查实践联系的纽带,是个广义的学科(李守义等,2003)。各类地质科学理论集中地、综合地通过勘查学指导资源和环境的勘查;勘查学又是地质科学与工程技术科学联系的桥梁,现阶段各种勘查技术手段和方法(钻探、物探、化探、航空遥感、测试和电算等)在资源和环境勘查中都能不同程度地得到应用。地质科学和工程技术科学的新进展又能极大地促进勘查理论的提高和勘查实践的发展。因此,勘查学是地质科学和经济科学的综合产物(赵鹏大,2001)。资源和环境勘查工作是一项地质、技术、经济的综合活动,它必须遵循经济规律,追求勘查经济效益。因此,勘查学又可以成为一门经济地质学。

煤炭地质勘查是勘查学的组成部分,是能源勘查学部分。煤炭地质勘查是对煤矿床进行调查研究和获取地质信息的过程,是查明煤炭矿产资源和煤炭储量以及生产所需的其他基础地质信息的过程。这个过程不可能一次完成,需要分阶段并依次进行;它包括从煤矿床的预查直至开采完毕整个过程中的地质勘查工作。这是由勘查对象的性质、特点和勘查生产实践需要决定的,也是由煤炭勘查的认识规律和经济规律决定的。勘查阶段划分得合理与否,将影响到煤炭勘查与矿山设计、矿山建设的效率与效果。因此,它不仅是煤炭勘查实践中的实际问题,也是煤炭勘查中的一个重要理论问题和技术经济政策性问题。

根据煤炭地质勘查工作的特点和与煤矿设计、建设与开采的关系,一般可分为资源勘查与开发勘探和矿山闭坑治理三大阶段。在煤矿设计、建设前的地质勘查工作属于资源勘查阶段;而在煤矿设计、建设与开采过程中的地质勘探工作,属于安全生产保障勘探阶段,属于矿井地质工作的范畴,而矿山闭坑阶段的地质勘查工作更注重环境建设与恢复治理。因此,煤炭勘探学实际上是煤炭经济地质学。

二、煤炭地质勘查阶段

我国煤炭资源勘查工作阶段划分沿革见表 1.1。

表 1.1　我国煤炭资源勘查工作阶段划分沿革表

资料来源	煤炭资源勘探工作阶段名称				
新中国成立至1957年	概查	普查找矿	初步勘探	详细勘探	检查勘探
1957年7月煤炭部《煤田地质勘探规程》(草案)	普查（普查找煤 ｜ 普查勘探）			精查	
1962年9月煤炭部《煤炭工业基本建设程序暂行规定》	普查（普查找煤 ｜ 普查勘探）			详查	精查
1965年4月煤炭部《地质工作若干技术规定》	煤田普查（普查找煤 ｜ 普查勘探）			矿区详查	井田精查
1972年1月燃化部《煤炭地质勘探规范》(讨论稿)	煤田普查（普查找煤 ｜ 普查勘探）			矿区详查	井田精查
1979年1月煤炭部《煤炭勘探工业技术政策》	普查			详查	精查
1980年3月煤炭部《煤炭资源地质勘探规范》(试行)	找煤	普查	详查	精查	
1986年9月全国储委《煤炭资源地质勘探规范》	找煤	普查	详查	精查	
2002年8月国家标准《固体矿产地质勘探规范总则》	预查	普查	详查	勘探	
2002年12月国土资源部《煤、泥炭地质勘探规范》	预查	普查	详查	勘探	

　　煤炭地质勘查的整个过程是实践、认识、再实践、再认识的勘查研究过程(曹代勇等,2007)。从范围上是由大范围的概略了解,到小面积的详细研究;从认识程度上是由粗到细、由表及里、由浅入深的过程。以前,根据煤炭资源勘查的特点和与煤炭工业基本建设程序相适应的原则,将煤炭地质勘查的程序划分为预查、普查、详查及勘探四个阶段,各阶段一般应顺序进行,并提交相应的地质报告。但是根据工作区的具体情况和探矿权人(勘查投资者,如国家、煤矿企业、业主、建设单位、地质勘查单位等)的要求,勘查阶段可以调整。既可按四个阶段顺序工作,也可合并或跨越某个阶段。本次研究把煤炭资源勘查工作继续进行了延伸,把以往矿井地质和闭坑地质勘查一并纳入,强调了煤炭地质勘查工作的延续性。

　　煤炭地质勘查阶段程序反映了从勘查到开发全过程的客观规律,贯穿于全过程的勘查工作的客观规律决定于勘查工作的性质和特点。其一是与一般地质科学工作相一致,自始至终是一项对客观地质规律进行调查研究和逐步认识的过程;其二是工作任务直接来自社会物质生产和社会发展的需要,以既是自然地质体又是经济体的煤炭资源为研究对象,与社会物质生产过程特别是矿业生产过程直接相关,并作为基础性和先行性工作以自身成果为这一过程提供前提条件。这两个特点决定了针对煤炭地质所进行的勘查工作有别于一般地质科学研究工作和一般物质生产过程,在这个过程中,人们采用不同的勘查技术手段和方法逐渐了解和掌握客观地质规律,不断解决人们的主观认识和客观地质规律之间的矛盾。其属性表现为通过对煤炭地质条件、赋存规律、变化特征及其开采技术条件、经济条件的调查研究,直接为煤炭资源的开发利用提供物质成果(探明储量)和认识成果(煤炭可被开发利用的各种信息)。

　　客观地质规律是千变万化、错综复杂的。人们对其认识,一般是由感性到理性,由定性了解到定量控制的发展过程。在这个过程中,由于人们采用的技术手段和方法不同、工作量大小各异,对客观地质规律的认识程度也有所差别,因而显示出阶段性来。

　　在煤炭地质勘查对煤炭资源进行调查研究的工作中,通过对煤层、煤质、煤的储量、地质构造以及开采技术条件的调查研究,对煤矿床做出正确评价,从而为煤矿的设计与建设提供可靠的资料。煤炭地质勘查工作的每一个阶段,大体上都包括四个步骤:①收集资料,划分勘查类型,确定勘查手段与方法,编制勘查设计;②勘查施工;③地质资料的编录和综合研究;④编制地质报告。每一个阶段,实质上均可以概括为两个过程:第一是获取基础资料,揭露和描述各种地质现象,属于科学实践的过程;第二是分析研究各种资料,探讨各种地质现象的内在联系,属于理论研究的过程。

　　在煤炭地质勘查对客观地质体"实践、认识、再实践、再认识"多次循环往复的过程中,每增加一次循环往复,对客观地质规律的认识就深入一步。

　　例如,在调查一个矿区的时候,起初凭着少量勘查工程取得的资料(或者是前人调查的资料)进行研究,得出对地质、煤炭资源情况的初步认识,然后选择人们认为地质条件好的地段,布置一定量的勘查工程,对取得的勘查资料,再进一步加以研究,得出新的认识,补充修改原来的推断和设计,指导勘查工程合理施工。这样循环往复,逐步加深对地质、煤炭资源情况的认识,使科学推断逐渐趋于实际,使人们能够按照预期的目的迅速查明煤炭资源情况。

　　总之,我们对地质、煤炭资源的认识是一个由粗到细、由表及里、由浅入深、由已知到未知的循序渐进的过程,逐渐由表面现象,进入到内部规律的掌握;逐渐由定性的一般了解,进入定量的精确控制;逐步由大面积的概略了解,进入到小面积的详细研究。随着勘查工作的逐步开展而不断深化,这个原则反映了人们对煤矿床认识过程的客观规律。

　　煤炭地质勘查工作的目的,是为了揭露和认识煤矿床,为充分开发和利用煤炭资源提供必要的资料依据。因此,它必须与矿山基本建设程序的需要相适应,提供相应的矿产资源信息和其他所必需的地质、技术、经济资料。一般来说,煤炭工业基本建设程序分为远景规划、矿区总体设计和矿井设计三个阶段。因而煤炭地质勘查阶段的划分要与之相适应,以便使各勘查阶段所取得的最终成果(矿产储量和其他信息资料)具有明确的使用目的。

1. 远景规划

煤炭是我国能源的重要组成部分,与我国社会主义现代化建设密切相关。而煤炭工业远景规划的制定,需要有一定的煤炭地质资料。即根据煤炭普查所提供的有关煤炭地质构造、煤层、煤质及储量等情况,研究和确定煤炭工业的整体布局,合理选择煤炭工业基地和进行矿区的划分。

2. 矿区总体设计

矿区总体设计是根据矿区详查所提供的地质资料进行的。矿区总体设计从技术上、经济上分析矿区建设和生产的合理性,并确定矿区开发和建设的有关各项原则和方案。

矿区总体设计是解决矿区内矿井的统一布局、确定开发规划的问题,其主要任务是:划分井田与各井田的开采水平,选择井筒位置,确定开拓方式,对矿区的地面运输、供电、供水、排水以及地面工业及民用设施进行合理选择与布置;根据矿区的资源和开发条件并结合国家需要,对矿区的建设规模和开发顺序加以合理确定;对矿区有开采价值的其他有益矿产,统筹规划,充分利用。

一个现代化矿区是由多个矿井组成的,它是一个有统一的组织管理系统,统一的运输、供电、供水系统,统一的基本工业建筑的有机整体。

3. 矿井初步设计

矿井初步设计以批准的勘探地质报告作为依据;对地质条件复杂的小型矿井,也可以批准的详查最终报告或普查最终报告为依据。矿井初步设计主要解决一个矿井的开拓部署问题。根据煤层赋存条件、地形特征、井型大小以及施工条件等确定开拓方式,选定井筒及工业广场的位置以及考虑第一水平主要巷道和采区布置等。此外还包括开采方法的确定以及基建施工、运输、提升、通风、排水和煤炭加工等一系列技术设计。

煤炭工业建设不同阶段的划分是从煤炭工业建设的需要出发的,符合煤炭工业建设的基本规律。煤炭地质勘查工作既然是为煤炭工业建设服务的,因而必须为不同阶段的煤炭工业建设提供可靠的地质资料,勘查阶段的划分必须与煤炭工业建设的阶段相适应。

我国煤炭地质勘查行业是在新中国成立以后,根据煤炭工业建设的需要,从无到有、从小到大逐步发展起来的,经历了一个借鉴原苏联经验、学习消化的过程。

新中国成立初期,基于我国煤炭地质勘查工作的迫切需要,基本照搬了苏联的相关规定。在苏联专家的指导下,先后颁发了《1954 年煤炭地质勘探工作大纲》、《苏联专家对煤田精查地质报告标准图纸内容的建议》、《煤田储量分类应用规范》、《向全国矿产储量委员会和地方矿产储量委员会提交矿产储量报告的程序及编制规范》等文件,使中国煤炭地质勘查工作逐步走上轨道。

三、煤炭勘查规范与技术规定的形成

　　1959年全国储委通过了我国第一份《矿产储量分类暂行规范(总则)》,其中包括了《煤矿储量分类暂行规范(总则)》,并于1959年7月由地质部、煤炭部联合颁发。

　　1961年4月,地质部、煤炭部联合制定发布了《煤矿储量暂行规范》,即煤炭地质勘查规范。

　　1965年4月,煤炭部讨论地质勘探方法革命的问题,出台了《地质工作若干技术规定》。该规定拟订了"勘探方法的十五条技术原则"和"精查勘探程度的质量标准"两个文件。

　　1972年,燃料化学工业部组织煤田地质勘探规章制度起草小组对煤炭地质勘探规范、煤田水文地质工作及供水水源勘探规范、抽水试验、煤样采取、测井等规程进行修订,1978年3月,印发了《煤炭资源地质勘探规范(讨论稿)》。

　　1980年1月,煤炭工业部会同地质部制定的《煤炭资源地质勘探规范(试行)》在煤炭系统颁发试行,这是新中国成立以来一部比较完整的煤炭资源地质勘探规范文本。

　　1983年9月,地质矿产部和煤炭工业部联合颁发实施《泥炭地质普查勘探规定》。

　　1986年12月,全国矿产储量委员会在1980年1月规范版本基础上,经修改审定颁发《煤炭资源地质勘探规范》。

　　《煤炭资源地质勘探规范》的实行对于规范煤炭地质勘查工作起到积极的推动作用。但是,进入新世纪之后,随着我国社会主义经济体制改革的深化和对外开放的扩大,原煤炭地质勘探规范已不完全适应我国社会主义市场经济和煤炭工业技术的进步,并且难以和国际惯例接轨。为使煤炭地质勘查符合当前我国社会、积极发展的需要,并与GB/T17766-1999《固体矿产资源/储量分类》相一致,国土资源部于1999~2001年组织对原有规范进行修订,在总结煤、泥炭资源地质勘查经验教训的基础上,将《煤炭资源地质勘探规范》与《泥炭地质普查勘探规定(试行)》合并修订为《煤、泥炭地质勘查规范》(DZ/T0215-2002),2002年11月以地质矿产行业标准发布,于2003年3月1日实施。经过数年的实践,在实施过程中广泛征求意见的基础上,2007年2月,以国土资发〔2007〕40号文形式下发了《煤、泥炭地质勘查规范》起草小组提出的《煤、泥炭地质勘查规范实施指导意见》,对现行规范进行统一解释并出台实施说明。

第三节　煤炭地质勘查的任务与原则

　　煤炭地质勘查的目的是为煤炭建设远景规划、矿区总体发展规划、矿井(露天)初步设计提供地质资料;此外,煤炭地质勘查成果(勘查报告)也可作为以矿产勘查开发项目公开发行股票及其他方式筹资或融资时,以及探矿权或采矿权转让时有关资源储量评审备案的依据。

　　煤炭地质勘查又称为煤炭资源勘查、煤田普查与勘探。它根据国民经济建设规划和煤炭工业建设提出的任务,在区域地质调查的基础上,运用先进的地质理论、各种先进技

术手段、装备和研究方法,逐步深化对煤炭资源赋存地质条件和开发建设技术条件的研究和认识,对煤矿床作出正确的工业评价,按时提交合格的地质勘查报告,满足煤炭工业建设准备阶段对地质资料的需要,为煤炭工业合理布局和矿井建设提供可靠的煤炭资源。煤炭地质勘查是煤炭工业建设的基础技术工作。

一、煤炭地质勘查的任务

煤炭地质勘查工作,通常要经过立项、资料收集、编制与审查设计、勘查施工与“三边”(边勘查施工、边分析研究资料、边调整修改设计)工作、地质编录、综合研究、编制与审查地质报告、地质报告制印等步骤。

煤炭地质勘查的任务主要包括查明煤层赋存状态并探明煤炭储量、查明煤炭质量、研究煤炭开采技术条件、对与含煤岩系伴生或共生的其他有益矿产进行勘查评价等,而这些任务的实现必须通过一定的勘查工程实现。

1. 探明煤炭储量

通过综合采用各种先进的技术手段和装备,按一定的工程布置系统,用适当的勘查密度进行勘查,在达到规定的勘查程度后,按查明的煤层厚度及其变化、地质构造形态变化和煤的密度计算煤炭储量。

2. 查明煤炭质量

通过采集煤样,进行各种煤质分析,测定煤的工艺性。测定项目需与煤的性质用途相适应以确定煤类及评价其工业用途。

3. 研究和评价煤炭开采技术条件

结合地质、水文地质工作,研究含煤岩系,特别是煤层及其顶、底板岩石的物理力学性质以及瓦斯、煤尘、煤的自燃地温等影响矿井设计和煤炭生产的开采技术条件。

4. 煤炭安全生产保障

主要是对影响煤炭高产和安全生产的小构造、陷落柱、导水构造、顶、地板工程地质条件和瓦斯等地质条件的研究。

5. 煤矿区环境监测与治理

主要研究环境背景值、环境变化和破坏情况,以及治理措施。

二、煤炭地质勘查的基本原则

煤炭地质勘查是煤炭工业建设的先行工作。其目的是为煤炭工业布局提供可靠的资源情况,为煤矿设计与建设提供地质依据。煤矿床的地质条件是千变万化的,但其勘查的基本原则和基本要求是相同的。

　　煤炭地质勘查工作应按照先近后远、先浅后深、先易后难的顺序,立足当前、考虑长远,安排好各种不同性质、程度的勘查工作;在做好重点开发矿区勘查工作的同时,积极开展预查(找煤)和扩大现有生产矿区的勘查工作。煤炭地质勘查工作必须以较少的投资和较短的时间取得最好的地质成果,提交合格的地质报告为中心,一切勘查技术手段必须为地质目的服务,从勘查区实际出发,正确掌握勘查程度,选用合理的勘查方法,加强地质研究,努力提高地质效果和经济效益。

　　在具体进行煤炭地质勘查时,应遵循下列基本原则。

1. 实际出发原则

　　煤炭地质勘查工作必须从勘查区的实际情况和煤矿生产建设实际需要出发,正确、合理地选择采用勘查技术手段,确定勘查工程部署与施工方案,加强煤炭地质勘查过程中的地质研究,充分掌握煤矿床的赋存特点,从实际情况出发,进行施工。同时,应加强技术经济管理,提高效率和降低成本,在保证合理勘查程度的前提下,力求以最少的人力、物力和时间消耗,取得最多、最好的地质成果和最大的经济效益。

2. 先进性原则

　　煤炭地质勘查工作必须以现代地质理论为指导,采用国内外的先进技术和装备,不断提高地质工作的科学技术水平;逐步研究解决煤炭工业生产建设中采用新技术、新装备对资源勘查工作提出的新要求,提高勘查成果精度,适应煤矿建设技术发展的需要。

3. 全面综合原则

　　全面综合原则包括:①对整个煤田应做全面研究,做到合理划分矿区与合理划分井田,对煤炭资源的地质勘查工作作整体研究和总体布局。②坚持"以煤为主、综合勘查、综合评价"的原则,做到充分利用、合理保护矿产资源,做好与煤共伴生的其他矿产的勘查评价工作,尤其要做好煤层气和地下水(热水)资源的勘查研究工作。③综合利用各种技术手段,并使之相互配合,相互验证,以提高勘查的地质效果。

4. 循序渐进原则

　　煤炭地质勘查工作必须遵循认识过程的客观规律,由点到线、由线到面、再由面到整个地质体。这一原则首先表现为:煤炭资源地质勘查工作可划分为预查、普查、详查和勘探等阶段,不同阶段既有质的差别,又有相互联系和不可分割的关系。阶段的划分要与煤炭工业建设的程序相对应,根据客观条件的可能与需要,勘查阶段也可简化,从而加快勘查速度。其次表现为:勘查工作是由已知到未知,由地表到地下,由感性到理性的逐步深入的过程。因此,在进行煤炭地质勘查时必须按照循序渐进的原则,其中主要包括以下几点:①煤炭地质勘查工作必须首先研究地表或浅部地质情况,然后根据所获得的地质资料来布置深部的勘查工程,由浅入深,由表及里地进行勘查工作。②勘查工程的布置和施工要由已知到未知,由疏到密来进行。一般来说,后续工程必须建立在先期工程施工的基础上,有依据地进行施工。③在地质勘查过程中,对煤矿床的研究,必须分清问题的主次,循序加以解决,既要突出重点,又要考虑调查研究的全面性。

第四节 我国煤炭地质综合勘查理论
与技术新体系的逐步形成

我国煤炭资源丰富,煤炭赋存面积近 60 万 km²,据研究我国垂深 2000m 以浅的煤炭资源总量超过 5.8 万亿 t,居世界前列。受大地构造环境和构造演化制约,我国煤炭资源的时空分布很不均匀,成煤时代长、成煤期多,自震旦纪至现代都有聚煤作用发生,地质历史上的成煤期达 14 个,其中最重要的成煤期有北方的晚石炭世—二叠纪、南方的晚二叠世、早—中侏罗世、晚侏罗世—早白垩世等。从空间上看,绝大部分探明资源/储量集中于华北和西北地区。

中国煤田地质的一个显著特点就是聚煤盆地构造类型和成煤模式多样化、煤系后期改造明显,从而导致煤炭资源种类较多、煤质优劣不均、煤层赋存条件复杂、开发难度加大(曹代勇等,2007)。我国东部地区是煤炭需求量最大的经济区带,地质研究程度高、煤炭开发强度大、后备资源短缺。经过数十年勘探开发,露天和浅部煤炭资源基本上均已动用,勘查重点转向巨厚新生界覆盖区、推覆体(滑脱构造)下、老矿区深部等区块,勘探难度加大。我国西部煤炭资源丰富,然而西部地区尤其是西北地区多为干旱、半干旱地区,水资源短缺、生态环境脆弱;西南云贵高原地形复杂,多为高山峡谷,植被高度覆盖,交通极为不便,煤炭资源调查和勘查程度相对比较低。

一、综合勘查方法的构成

我国煤炭资源赋存条件的复杂性和多样性,决定了煤炭地质工作中综合勘查的重要性。综合勘查又称为综合勘探(generalized exploration),有广义和狭义之分。

广义的综合勘查,是指在地质勘查中以煤为主,同时做好勘查区内各种与含煤岩系伴生或共生矿产资源的综合评价和勘查。《煤、泥炭地质勘查规范》(DZ/T0215-2002)明确指出,煤炭地质勘查必须坚持"以煤为主、综合勘查、综合评价"的原则,做到充分利用、合理保护矿产资源,做好与煤共伴生的其他矿产的勘查评价工作,尤其要做好煤层气和地下水(热水)资源的勘查研究工作。同时,综合勘查也是指在煤田地质勘查各阶段,针对具体地质和地球物理条件,因地制宜地综合运用各种勘查手段所进行的勘查研究工作。

狭义的综合勘查,是指各种勘查手段的综合运用,又称为综合勘查方法或综合勘查技术。包括遥感地质调查与填图、钻探、物探、测试、测绘等于一体的综合勘探技术。即根据勘查区地形、地质、物性条件,合理选择高分辨率地震、钻探和数字测井等相结合的综合勘查手段合理布置各项工程,各种勘查手段密切配合并实现各种地质信息综合研究的煤炭地质综合勘查技术,主要包括四个方面。

1. 地理、地质和地球物理条件分析

我国煤炭资源地域分布广泛、煤系赋存状况差异显著。晚古生代海陆交互相煤系形成于巨型聚煤拗陷,煤层稳定大面积连续但后期改造显著、原型煤盆地破坏殆尽。中生代煤系形成于大、中型内陆盆地,煤质优良,后期构造变形相对较弱。新生代煤系多形成于小型山间盆地或断陷盆地,煤层厚度大但不稳定。西北地区气候干旱,煤系裸露或半裸露;西南地区地形起伏大,植被高度覆盖,交通极为不便;华北东北平原区为巨厚新生界所覆盖。各勘查区地理、地质和地球物理条件的显著差异,构成综合勘查方法选择的基础依据。

2. 合理选择勘查手段

物探、钻探等各种勘查技术手段各有其不同的原理、特点、适用条件和应用效果,在运用各种勘查技术手段时要取长补短、合理配置、综合运用。综合勘查方法体系的主要内容,是根据勘查区具体的地理、地质和地球物理条件选择适当的勘查技术手段组合,以取得最佳勘查效果。

我国黄、淮、海等地震地质条件比较好的地区一般采用地震、钻探、测井、化验测试等勘查手段。在地层出露较好的地区则应充分利用地质填图和遥感技术,开展大比例尺填图,如在贵州等地区效果非常好。

3. 注意各种手段的密切配合和施工顺序

20世纪90年代完成的唐口、刘庄勘探(精查)等中日合作项目,均成立了由地质、物探等专业人员组成的项目组,组织协调地质勘查各项工作。制定了各种严格的施工顺序,先施工地震、测井参数孔,开展地震试验,获得最佳的地震参数,在此基础上开展地震工作,根据地震资料调整钻孔位置、施工钻探基本工程。根据钻探、地震取得的地质成果综合分析研究,确定勘查区的煤岩层对比、构造方案,初步编制资源/储量估算图,分析地质任务的完成情况,根据分析结果确定施工构造验证孔和其他加密工程。

4. 强化各种地质资料的综合分析研究

一个勘查项目多种勘查手段所获得地质资料十分丰富,要取得真正意义上的综合勘查,强化各种手段获得的地质资料的综合研究十分必要。如唐口等项目,除对综合钻探、地震等手段取得的地质资料进行构造分析研究外,还运用地震资料研究煤层厚度和结构变化趋势、河流冲刷带,圈定煤层可采边界、上覆松散层含水层分布等。同时,深入分析煤质资料,研究煤质特征和分布规律,从而大大提高了研究程度。

二、综合勘查技术方法的运用

综合勘查技术与方法在我国的不同地区要因地制宜地运用。在中国西部地质工作研究程度较低的地区,宜先用遥感地质进行矿产资源综合调查,选择有利含煤区块进行地质填图、施工物探工程和钻探工程。在中国南方和西南暴露煤田和半隐伏煤田宜先开展地表地质工作,进行地质填图、施工坑探工程和钻探工程。在中国北方隐伏煤田以物探为主、钻探验证。

《煤、泥炭地质勘查规范》(DZ/T0215-2002)规定了综合勘查方法运用的基本原则:煤炭地质勘查工作应根据地质目的、经济效果和地形、地质条件、物性条件的不同以及各种勘查手段的特长,因地制宜地配合、组合选用。

1) 暴露煤田和半隐伏煤田的勘查方法:在充分利用地质填图(有条件时还应开展航天、航空遥感地质填图)辅以槽探、井探、浅钻和地面电法做好地面地质工作的基础上,再采用钻探、测井和其他手段完成各项地质任务。地质填图的比例尺随勘查阶段不同而异。预查阶段为1:5万或1:2.5万。普查阶段为1:5万或1:2.5万,也可采用1:1万。详查阶段为1:2.5万~1:1万,也可采用1:5000。勘探阶段为1:5000,也可采用1:1万。

2) 凡地形、地质和物性条件适宜的地区,应以地面物探(主要是地震,也包括其他有效的地面物探方法)结合钻探为主要手段配合地质填图、测井、采样测试及其他手段进行各阶段的地质工作。地震主测线的间距:预查阶段一般为2~4km;普查阶段一般为1~2km;详查阶段一般为0.5~1km;勘探阶段一般为250~500m,其中初期采区范围内为125~250m或实施三维地震勘查。

3) 凡不适于使用地震勘查的地区和裸露、半裸露地区,应在槽探、井探、浅钻、地面物探和地质填图的基础上开展钻探工作。

三、中国煤炭地质综合勘查新体系的形成

新世纪以来,随着我国经济高速发展,煤炭作为主体能源的地位更加凸显,坚持"以煤为主、综合勘查、综合评价"的原则显得更加重要。做好与煤共伴生的其他矿产资源的综合勘查评价工作,做好煤层气和地下水(热水)资源的勘查研究工作,做到各种共伴生矿产资源充分利用、合理保护显得尤为重要。快速勘查、精细勘查技术与信息化技术的结合使勘查技术得到了快速发展。

我国煤炭资源东西分带、南北分区的分布特点很明显,东北、华北、华南、西北、西南五个赋煤区,地质地理条件有明显的各样性,勘查手段与方法应用必然存在差异。在煤炭地质勘查的各个阶段,在不同地域针对不同地质和地球物理条件,因地制宜地综合运用各种勘查手段的综合勘查理论与技术的研究工作十分重要。提出并建立一个新的煤炭地质综合勘查体系,如遥感技术系统、以钻探为主体的资源勘查系统、以高精度地球物理勘探为主的安全生产地质保障系统、煤矿闭坑勘查、矿山环境监测与治理勘查系统、煤炭地质信息化技术等构成的立体的信息化的中国煤炭资源综合勘查新体系对新时期煤炭地质勘查工作的发展具有重要意义。即由"一个创新思路、两大支撑理论、五大关键技术、一套标准规范"构成立体的信息化的具有中国特色的"中国煤炭地质综合勘查理论与技术新体系"(徐水师等,2009a)。

中国煤炭资源综合勘查新体系是以科学发展观为指导,从新时期中国煤炭地质特点和煤炭工业要求出发,在大量勘查技术研究和工程实践的基础上,系统研究并总结形成的

适应中国煤炭地质特点和煤炭工业发展要求的煤炭资源综合勘查理论与技术新体系。我国煤炭资源成煤期多、煤种齐全、聚煤盆地构造类型和成煤模式多样化、煤系后期改造明显、煤质优劣不均、煤层赋存条件复杂、开发难度大。据此,本书作者系统总结了我国煤田地质勘查工作的特点、研究范围、工作内容、技术方法等,将"煤田地质勘探"发展为涵盖煤炭勘查、矿井建设、安全生产、环境保护的"煤炭资源综合勘查",建立了新形势下适合我国煤炭资源开发特点的煤炭地质勘查理论与技术体系。该体系集方法、技术、理论研究于一体,内容涉及领域多,综合性强,涵盖了从煤炭资源勘查→采前建设→开采→采后治理多个方面,广泛应用了国内、国际最先进的技术方法,主要包括煤炭资源遥感地质填图、高精度地球物理勘查技术、快速精准地质钻探技术、煤炭资源勘查信息化技术、煤矿区环境遥感监测与治理五大关键技术,以及煤层气勘查开发技术与方法、煤炭测试与化验技术。同时还对中国煤炭地质理论与进展、煤炭地质勘查技术规范与标准等多个方面进行了较为详细研究,建立了新形势下我国煤炭地质综合勘查理论体系与技术方法。推动了我国煤炭资源勘查理论和技术的跨越式发展,为新时期中国煤炭资源勘查事业可持续发展奠定了新的理论基础、提供了新的集空天地于一体的勘查技术和方法。

第二章 中国煤炭地质基本特征与煤炭地质勘查方法

第一节 中国煤炭地质基本特征

一、中国主要聚煤期与含煤地层

（一）主要聚煤期

从早古生代腐泥煤类的石煤至第四纪泥炭（韩德馨、杨起，1980；武汉地质学院煤田教研室，1980；张韬，1995），共有14个聚煤期，其中最重要的聚煤期是：南方早石炭世，华北石炭-二叠纪，华南二叠纪、晚三叠世，西北早、中侏罗世，东北晚侏罗世—早白垩世，以及东北、西南和沿海古近纪与新近纪共7个主要聚煤期。早、中侏罗世聚煤期煤炭资源量占全国总量的60%，华北石炭-二叠纪聚煤期资源量占全国资源总量的26%，西北侏罗纪聚煤期资源量占全国资源总量的35%多。

（二）含 煤 地 层

中国含煤地层的时间分布与全球主要聚煤期基本一致。聚煤作用较强的时期是：早寒武世，早石炭世，晚石炭世—早二叠世，晚二叠世，晚三叠世，早、中侏罗世，早白垩世，古近纪与新近纪。中国南方和北方含煤地层时代的差异主要受控于潮湿气候带的变迁和构造沉积环境的变化。晚古生代，潮湿气候和大型陆表海拗陷盆地在华北区和华南区相继出现，海陆交替的滨海平原或滨海冲积平原构成了聚煤的有利场所，因此含煤地层集中分布。中生代，陆地范围不断扩展，潮湿气候带逐渐变窄并向北迁移，聚煤带随之由南而北，因此晚三叠世含煤地层主要分布于南方，早、中侏罗世含煤地层主要展布于北方，早白垩世潮湿气候带更向北移，导致含煤地层集中于内蒙古和东北地区。

由于煤盆地构造特征和含煤性的差异，中国含煤地层的空间分布形成了东北、西北、华北、西南、华南五大聚煤区（程爱国、林大扬，2001）。就各时期主要含煤地层分布的地域来看，早寒武世、早石炭世含煤地层主要分布于华南，晚石炭世—早二叠世含煤地层主要分布于华北；晚二叠世、晚三叠世含煤地层主要分布于华南；早、中侏罗世含煤地层主要分布于华北和西北；早白垩世含煤地层主要分布于东北；古近纪含煤地层主要分布于东北及华北东部，新近纪含煤地层则主要分布于华南西部及东部。就各聚煤区含煤地层分布的特点看，东北聚煤区包括内蒙古地轴北缘深断裂以北（或称内蒙古大兴安岭海西印支褶皱带）的内蒙古、黑龙江、吉林地区，以内陆断陷含煤盆地成群分布为特征。盆地多呈北东方向展布。其次为鸡西鹤岗近海含煤盆地，也是北东方向展布。含煤层位为下白垩统、上侏罗统、古近系，含煤性较好。西北聚煤区位于贺兰山以西、昆仑山以北广大地区，含煤盆地多呈东西向和北西向展布，主要是在稳定地台或地块的基础上发育的大型坳陷湖盆，含煤性甚佳，如准噶尔盆地及吐鲁番-哈密盆地的早、中侏罗世含煤地层。在古生代褶皱基底上，还有不少小型断陷或坳陷含煤盆地发育，含煤层位为石炭系、下二叠统和上三叠统，含煤性一般较差。华北聚煤区位于华北地台贺兰山以东地区，以发育巨型陆表海坳陷盆地为特征，西部还上叠有鄂尔多斯大型内陆坳陷含煤盆地。前者石炭-二叠纪含煤地层受盆地南北两侧巨型构造带的控制，沉积相及富煤带呈近东西向展布；后者早、中侏罗世含煤地层受湖盆构造轮廓控制，多呈环带状展布。两者含煤性均好，是中国最重要的聚煤区。西南聚煤区包括昆仑山以南，龙门山红河深断裂以西广大地区。石炭系和二叠系为复理石式或浅海碳酸盐沉积，三叠系为地槽型沉积，古近纪与新近纪为小型断陷或坳陷湖盆沉积，含煤性均差。盆地展布方向往往受褶皱系或基底构造控制，变化较大，华南聚煤区位于秦岭-大别山以南、龙门山-红河深断裂以东地区。华南古陆石炭系和二叠系为浅海、滨海坳陷盆地沉积，含煤地层总体上呈北东方向展布，含煤性较好；川滇地区上三叠统为大型前陆坳陷和小型内陆山间盆地含煤沉积并存，含煤性差异较大；华南地区上三叠统呈狭长港湾状海湾型近海盆地，发育有海陆交替相含煤沉积，含煤性亦优劣不一；华南地区古近纪与新近纪含煤沉积多为陆相断陷和坳陷湖盆沉积，含煤性较好，盆地展布方向受控于基底构造，海南琼州海峡及雷州半岛则为近海湖盆沉积，台湾新近纪含煤地层系地槽型沉积，受环太平洋构造带控制，呈北东向展布。

　　中国含煤地层的沉积类型，可以划分为地台区海陆交互相沉积、过渡区海陆交互相沉积、内陆坳陷盆地沉积、断陷盆地沉积四大类。前两类属于近海型沉积，其含煤地层下部多为海相沉积，中上部以陆相沉积为主，并且都具有下细上粗的反粒序结构。其中，产于地台区者属于稳定型沉积，往往岩性简单，煤层稳定，如晚古生代的含煤地层便是；而过渡区者稳定性差，岩性多变，煤层层多而薄，如华南晚三叠世的含煤地层。后两类属于陆相沉积，垂向沉积序列都具有粗—细—粗的完整韵律结构，但内陆坳陷盆地多为纯陆相沉积，没有同生断裂影响，沉积较稳定，如早、中侏罗世含煤地层；而断陷盆地沉积往往受同沉积断裂控制，活动性强，并常发育有火山喷发与含煤碎屑沉积组合，沉积稳定性差，如早白垩世和古近纪与新近纪含煤地层，以上四种沉积类型从时间上看，恰好是由老至新依次出现的，反映了聚煤环境在地质历史上由海向陆的演化过程。此外，不同聚煤时期沉积物的岩性组合也呈现出明显的差异，大致在早古生代为浅海碳酸盐岩、硅质岩含石煤组合，晚古生代为碳酸盐岩、碎屑岩交互沉积含煤组合，晚三叠世兼有碳酸盐岩与碎屑岩交替含煤沉积组合及陆相含煤碎屑沉积组合，侏罗纪主要为陆相含煤碎屑沉积组合，早白垩世及古近纪与新近纪较侏罗纪又增加了火山喷发与含煤碎屑沉积组合。

　　在中国含煤地层的时代划分与对比方面，从年代地层单位与岩石地层单位的角度看，以石炭、二叠系界线之争问题最多，本书考虑到今后方便编制等时的岩相古地理图的需要，在华北聚煤区仍以太原西山标准剖面厘定的界线为准，以重要门类化石为依据，结合稳定标志层和沉积特征，对区内南带太原组和山西组的界线进行了年代地层单位的重新划分对比。结果认识到各剖面地点的最高海相层位并不相当于太原西山东大窑灰岩的层位而是高于东大窑灰岩的层位，过去在南带划分之太原组实为一穿时岩石地层单位。这种新的认识将有助于沉积环境和聚煤规律的研究。对于华南聚煤区的上、下二叠统界线，传统的划分是将界线置于峨眉山玄武岩顶面或茅口组顶部侵蚀面上，但由于下二叠统顶部缺失 *Neomisellina-Codonofusiella* 生物带，造成茅口组顶部侵蚀面并非真正的上、下二叠统界线，经过重新对比发现，该界线在川滇黔区应位于峨眉山玄武岩中间，而不在顶面。对于东北聚煤区陆相侏罗系与白垩系的界线，过去将有争议的岩组划为"侏罗-白垩系"，本书依据近年来的资料和当前研究趋势，将阜新之沙海组、内蒙古东部之白彦花群（霍林河群）、大磨拐河组均划归下白垩统。

二、中国主要聚煤环境

聚煤作用是地质演化过程中的重要事件，它是大地构造、古地理、古气候、古植物和海平面变化系统作用的结果。在时间上，聚煤作用是构造、古地理、古植物演化和海平面变化的函数；在空间上，煤层分布范围和富煤带的展布受到构造、古地理、古气候带的控制。系统阐述我国区域地质背景和演化特征，对于全面研究聚煤规律是十分必要的。

（一）构造、古地理演化

按照活动论和阶段论相结合的指导思想，将地质发展史可以划分为阜平、吕梁、晋宁、加里东、海西、印支、燕山、喜马拉雅 8 个阶段（曹代勇等，2007a）。前三个阶段为板块的形成阶段，后五个阶段为板块演化阶段。

1. 板块形成阶段

板块形成阶段包括阜平、吕梁和晋宁三个阶段。阜平运动阶段（＞2500Ma），为陆核形成阶段，以陆核的增生为特征。吕梁运动阶段（1850～2500Ma）是华北地台的形成阶段。其形成过程首先沿鄂尔多斯陆核，冀鲁陆核外缘和陆核之间，由五台群及其相当岩群绿岩带、花岗岩带连接，再由滹沱群及其相当岩群的进一步焊接，形成初步固结的华北原始地台。晋宁运动阶段（850～1850Ma）是扬子地台、塔里木地台逐步形成的阶段。显然，华北、扬子等地台或地块的形成及其稳定性，为今后的聚煤作用埋下了重要的伏笔。

2. 板块演化阶段

（1）加里东运动阶段的古构造和古地理格局

加里东运动阶段是大规模聚煤作用到来的前夜，这个时期的构造、古地理格局的演化，为晚古生代聚煤盆地的发育和煤的聚积奠定了基础。

加里东阶段以祁连山加里东褶皱带和华南加里东褶皱带的形成为特征。祁连山加里东褶皱带的形成，使塔里木地台、柴达木地块在早古生代末与华北地台相连接，形成广泛的北方大陆。扬子地台的东南发育一系列的边缘海和岛群，最后褶皱抬升形成华南加里东褶皱带，使扬子地台和印支-南海地台拼贴在一起形成南方大陆。此外，在华北地台的北缘和南缘,由于古蒙古洋和古秦岭洋(古特提斯北支)的俯冲作用,在地台南北两侧形成狭窄的加里东褶皱带,属大陆增生性质。

早加里东阶段是中国地史上的最大海侵期,全国大部分地区为海水所覆盖。古蒙古洋、古秦岭洋和古特提斯洋将我国分为三个大区。华北地台区为陆表海,仅北部东胜、阴山一带展布着岛状的古陆。扬子区为准陆表海,呈现出台盆相间的古地理格局。塔里木地台大部分为浅海环境。褶皱带分布区基本上为海槽。晚奥陶世,由于古蒙古洋和古秦岭洋壳的相向俯冲,华北地台整体抬升成古陆,抬升一直延续到晚石炭世,经历了长达1.5亿年的风化和剥蚀。塔里木区从志留纪开始,逐步演化为古陆,随着祁连海槽的褶皱回返,同华北地台连为一体,成为北方大陆的一部分,华南古地理的演化相对比较复杂,这是同它的基底构造和区域构造背景密切相关的,华南裂陷槽的演化是控制该区古地理演化的主导因素,志留纪东南海槽主体褶皱回返,仅在钦州、防城一带存在残留海槽,大部分地区为古陆,并一直延续到早泥盆世。

(2) 海西运动阶段的古构造和古地理格局

海西运动阶段构造演化表现在两个重要方面:

西伯利亚地台南侧陆缘区与华北-塔里木地台北侧陆缘区于海西晚期对接拼合。索伦-西拉木伦地壳对接带的北侧为西伯利亚古板块的陆缘区,在二连浩特一带,可能存在着向北俯冲的消减带;南侧为华北古板块的陆缘区,早二叠世末,上述两个陆缘区沿索伦、西拉木伦一线对接拼合,南侧存在一条火山喷发带,反映出有向华北地台俯冲的可能。显然,这种俯冲和碰撞作用,对于华北聚煤盆地沉积物的供给、古地理格局的演化起到了关键的作用。塔里木古板块和西伯利亚古板块沿艾比湖-居延海对接带发生碰撞,西部地区对接带闭合于晚石炭世,东部地区闭合较晚。由于特提斯洋(滇藏地区)以及相邻的大陆地区发生大规模的地裂运动,使破碎的地块与母体大陆移离,导致中国南部大陆构造域和南方的冈瓦纳大陆构造域之间在沉积组合、生物区系、岩浆活动和构造变动等方面呈现错综复杂的关系。此外扬子地台已远离澳大利亚向北运移,其间的古西域洋逐步缩小。扬子地台西缘处于拉张阶段,康滇古陆发生大规模的地裂活动,造成大量玄武岩喷发。

海西期古地理与加里东期古地理比较,发生了根本的变革。泥盆纪华北地台、柴达木地块和塔里木地台已连为一体,成为我国北方大陆,并一直呈准平原状态;华南泥盆纪重新发生海侵,呈现出南北为海、中部为陆的新格局。北方海域由西伯利亚大陆和北方大陆的边缘海组成,其间相隔有不太宽的古蒙古洋。早石炭世古地理继承了晚泥盆世的古地理特点,但海侵作用明显加强。祁连加里东褶皱带和塔里木地台的北部遭受海侵,华南海域面积明显扩大,海侵来自北东及南西两个方向,扬子地台东、南、西的周边地区发育海陆交互相含煤沉积。晚石炭世海侵范围进一步扩大,华北地台结束了长达1.5亿年的风化、剥蚀,在准平原的基础上发育陆表海,海侵来自东方,并沉积了一套海陆交互相含煤沉积。华南地区海侵范围几乎遍及全盆地,古陆仅分布在下扬子地区和东南沿海,华南海的沉积特点是,台盆相间,陆(古陆)盆(残留洋盆)共存。古蒙古洋的西部开始关闭,向东呈喇叭状,大陆边缘有利地段尚发育大陆边缘聚煤盆地。

　　二叠纪古地理格局的特点突出体现在古蒙古海的关闭,使西伯利亚古板块和华北-塔里木古板块连为一体。中国首先呈现出南海北陆的古地理格局。早二叠世古地理基本继承了晚石炭世的格局。华北盆地由陆表海转为河流、三角洲、障壁海岸环境。古蒙古洋新疆部分已经关闭,使塔里木地台、准噶尔地块和西伯利亚地台连为一体。华南地区栖霞期海侵更为广泛,茅口期发生明显的海退,在华夏古陆边缘的浙闽粤区发育障壁海岸体系的含煤岩系。晚二叠世,古昆仑山—古秦岭—古大别山以北地区全部为陆地,华北盆地为河流、湖泊、三角洲、障壁海岸体系沉积,聚煤作用仅发生在北纬35°以南地区。天山—阴山对接带以及东北发育夹火山岩和火山碎屑岩的碎屑岩系,新疆发育准噶尔等大型内陆盆地。晚二叠世是华南盆地的重要聚煤期,康滇古陆和华夏古陆东西对峙,康滇古陆东侧和华夏古陆西侧对称分布着冲积平原-滨海平原含煤岩系。盆地中部南北向展布着台地相和盆地相沉积。康滇古陆西侧、滇西地区、青海玉树地区也形成了大陆边缘型聚煤盆地。

　　(3)印支运动阶段的构造和古地理格局

　　印支运动阶段是中国构造演化中的一个转折期,构造格局演变有其重要特色。主要表现在两个方面,一是通过印支运动,扬子地台、羌北地块向北与华北-塔里木地台拼合,古西域洋闭合;二是印支晚期在中国境内结束了长期存在的南海北陆的古地理面貌,形成了统一的中国大陆,开始出现东西分异的构造格局,标志着欧亚板块、古太平洋板块与印度板块相互作用的开始。西伯利亚古板块和华北-塔里木古板块在海西期已经对接,碰撞后的造山活动仍然相当强烈,索伦-西拉木伦对接带的挤压作用一直持续到早三叠世。

　　华南古板块与华北古板块、南海-印支地台发生碰撞、拼合,从根本上改变了华南古板块的构造格局,早印支期,华南裂陷槽进一步开裂,出现了洋壳沉积组合,晚印支期,转化为右江、云开等北北东向褶皱带。滨太平洋构造域构造活动对华南盆地具有明显的影响,形成上三叠统底部明显的不整合和花岗岩侵入,盆地面积明显缩小,转化为分离的北北东向川滇和赣湘粤海湾聚煤盆地。松潘-甘孜地区二叠纪和三叠纪基本上为连续的边缘海沉积,晚三叠世褶皱回返,并形成向川滇盆地逆冲的态势,使川滇盆地只有前陆盆地的某些特点。

　　三叠纪古大陆的演化以拉丁期为界,拉丁期以前,继承了南海北陆的古地理格局,拉丁期后,进入东西分异的过渡阶段。早中三叠世继承了晚二叠世的南海北陆的格局,北方大陆剥蚀区进一步扩大,盆地内多沉积杂色岩系。南方海区重要的古地理变化为扬子海的咸化,松潘海域裂陷沉降,滇西地区整体上升成陆。晚三叠世(拉丁期后),南海北陆的格局由东西分异所替代,贺兰山—龙门山以东地区连成一个完整的大陆。华北盆地进一步缩小,鄂尔多斯、河西走廊和准噶尔地区发育内陆河湖相含煤地层。华南盆地整体呈陆,黔桂高地成为川滇、赣湘粤盆地的分水岭。

　　(4)燕山运动阶段的构造和古地理格局

　　燕山运动阶段构造演化的特点是,东部受太平洋洋壳俯冲影响,南部受特提斯洋壳俯冲、挤压联合作用的影响。由于古太平洋板块俯冲的影响,中国大陆东部发生了强烈的构造运动与岩浆活动,叠加在东西向的构造带之上,其影响边界延伸至贺兰山—龙门山—哀牢山一线。印支运动以前,中国大陆构造以东西向为主,到燕山阶段逐渐转变为以北东、北北东向为主。青藏地区,随着印度板块的不断北移,洋壳不断向北俯冲、消减,冈底斯和拉萨地块逐渐与中国北方大陆拼合在一起。中国东部陆缘,那丹哈达岭以及东南沿海的中酸性火山活动,可以与锡霍特阿林的火山带相连,组成一条新的火山弧。中国陆域的西北地区以广泛发育大型北西向拗陷盆地为特征,东北地区则以广泛发育断陷盆地群为特征。这些盆地为中生代聚煤创造了条件。

侏罗纪古地理在继承晚三叠世古地理格局的基础上有了进一步发展(赵文智等,2000)。由于古太平洋板块、东亚古板块和印度板块的三向不均衡运动,导致贺兰山、龙门山以东地区的盆地和山脉呈北东、北北东向展布,以西呈近东西向。东部地区,大兴安岭、太行山、武陵山以东发育北东、北北东向的小型断陷盆地,以西地区以大型内陆拗陷盆地为主。西部地区由北而南为新疆大型内陆盆地,昆仑山-祁连山小型山间盆地和唐古拉、喜马拉雅山海相区。

白垩纪,中国大陆已基本形成,仅在雅鲁藏布江地区存在古地中海,台湾东部属于古太平洋海区外,其他地区基本上摆脱了海水的影响。早白垩世东北地区受古气候的影响,形成了断陷聚煤盆地群;西藏地区随着班公错-怒江对接带的形成,在昌都地区形成了陆缘型的聚煤盆地。其他广大地区均为干旱和半干旱条件下形成的内陆盆地,盆地范围进一步缩小。

中晚白垩世,燕山二期运动使中国古地理面貌发生了重大的变化,突出表现在古兴安岭、古太行山的升起,中国东部形成一系列新的断陷盆地。全球气候变暖以及古欧亚大陆干旱带的形成,对我国西北、华北和华南沉积产生了明显的影响,普遍发育红层夹膏盐沉积,盆地多呈萎缩状态。东部地区在原小型盆地的基础上形成大型断拗型含油盆地。

(5) 喜马拉雅运动阶段的构造和古地理格局

喜马拉雅构造阶段是地质发展史中最新的一个阶段,虽历时仅数千万年,但对中国地质构造面貌具有重大影响。特提斯洋的消失,亚洲大陆的最后形成,青藏高原的升起以及中国东部边缘海的出现,奠定了中国现代构造格局。

古近纪,中国大陆存在一个巨大的北西西向干旱气候带,该带中的盆地多为蒸发盐岩和红层沉积。东北为潮湿气候区,沿依兰-伊通和抚顺-密山断裂带分布有多个走滑拉分聚煤盆地;西南地区气候干湿相间,发育百色等多个聚煤盆地。

新近纪干旱气候带退缩至西北地区,中国东部及西南均为潮湿气候带,华北、苏北、南阳为主要储油区,西南、台湾为主要聚煤期,东海、黄海等海域不仅是重要的储油区,还是重要的聚煤区。西南聚煤盆地分布十分广泛,盆地的分布与印度板块向北的碰撞、挤压有关,由于印度板块向北的挤压,在西南形成了一系列北西、北北西向的大型走滑断裂,沿走滑断裂形成多个走滑拉分和其他类型的聚煤盆地。

（二）古气候演化

古气候对于聚煤作用具有决定性作用，潮湿的古气候是泥炭沼泽发育的基本条件，成煤期的古气候格局决定了聚煤域的分布（王仁农等，1997）。

1. 石炭纪古气候

石炭纪全球气候的基本特点是潮湿、多雨、植被繁茂、沼泽遍布于滨海地带，变化的趋势是由暖变冷，石炭纪末进入石炭纪-二叠纪冰期。石炭纪中国主体处于热带、亚热带区域，这是由古板块所处的位置所决定的，由南而北可划分为藏南-滇西区、华夏区和准噶尔-兴安区。

（1）准噶尔-兴安北温带区

该区位于天山—西拉木伦一线以北地区，包括新疆北部和东北部地区。生物以小型单体珊瑚、腕足动物群和安加拉植物群为主。新疆阿勒泰、东准噶尔以及大兴安岭具有含煤地层，缺失灰岩和白云岩沉积。由此推断本区为温暖的潮湿气候。

（2）华夏热带-亚热带区

该区北以天山-西拉木伦对接带为界，南至班公错-怒江断裂带。早石炭世早期，华南区碳酸盐岩广布，产丰富的珊瑚、腕足类化石，龙门山地区长沟群产白云岩；大塘期普遍出现含煤沉积，其中产欧美植物群化石，晚石炭世早期普遍发育白云岩，晚期华南灰岩遍布，产鑝、腕足类、珊瑚等多种热带暖水型动物群，浙江、云南东部、西藏昌都相继发现晚石炭世的含煤沉积，这些均表明石炭纪华南气候炎热，总体潮湿有时干燥的基本特点。

北方大陆晚石炭世开始接受沉积，广泛发育滨浅海及海陆交互相含煤地层，灰岩、铝土岩及赤铁矿普遍发育，森林密布、沼泽发育，含丰富的鑝、珊瑚。这些都充分说明，华北呈炎热多雨的气候条件。塔里木西南缘晚石炭世出现紫红色沉积和白云岩，表明具有燥热的气候。

（3）藏南-滇西寒温带区

该区位于班公错-怒江断裂带以南。尹集祥、郭师曾（1976）在聂拉木、定日等地发现冰成沉积、舌羊齿植物群和冰水动物群，晚石炭世冰水的规模及影响相当广泛。

2. 二叠纪古气候

二叠纪是全球联合大陆逐步形成和气候由冷转暖期。分散的古板块不断增生和相互对接，至二叠纪形成联合大陆。联合大陆的东边为一个西窄东宽的喇叭形半封闭海，在此形成了独特的洋流体系。我国南天山-西拉木伦对接带以北地区为北方温带气候区，以冷温生物群为特征，发育安加拉植物群以及北极海区生物群。

北方大陆（华北塔里木）为亚热带气候区，气候由潮湿转为干燥，发育以鑝、腕足类、珊瑚组合的暖水动物群和华夏植物群,随着西伯利亚古板块和华北-塔里木古板块的对接,具有华夏植物群和安加拉植物群的混生现象。随着古蒙古洋的逐渐关闭和海水由北而南退出,聚煤作用逐渐南移,北方逐渐被干旱气候所取代,至晚二叠世晚期,华北全部转为干旱气候,红层遍布、植物稀少,聚煤作用终止。

华南和藏北地区为亚热带、热带气候区。华南一带灰岩遍布,含丰富的䗴、珊瑚、海绵等暖水动物群,生物分异度高,生物礁广布,东南及扬子区多灰岩含煤岩系。藏北改则一带坚扎弄组含煤地层中有大量的栉羊齿及楔羊齿,具有舌羊齿植物群和华夏植物群的双重性。以上均说明华北为热带亚热带潮湿气候区。

位于雅鲁藏布江以南的藏南寒温带气候区,长兴期发现 *Waagenophyllum* 组成的珊瑚礁,说明晚二叠世该区已处于温暖气候区。

3. 三叠纪古气候

三叠纪是全球地史上的干旱期,这是古大陆联合以及所处的高纬度位置所决定的。中国各古板块处于联合古大陆东缘的低纬度区,早中三叠世各气候带的展布基本一致,晚三叠世由于印支运动的影响,南北大陆对接,改变了古气候的格局。

准噶尔盆地北缘至西拉木伦河以北地区为凉温带半潮湿气候带,吉林发育芦家屯组含煤线和杂色碎屑沉积,含丰富的湖生生物化石,中三叠世该区气候基本与西北、华北接近。

西北-华北为暖温带半干旱、半潮湿气候带,早三叠世多为杂色河湖相碎屑岩,植物化石稀少;中三叠世,准噶尔盆地及吐鲁番盆地克拉玛依组上部开始出现 D (*Danaeopsis*)-B (*Beraoullia*) 植物群分子,华北盆地二马营组及铜川组发育灰绿色碎屑岩及 D-B 植物群,反映了气候由干转湿。

华南为热带、亚热带半干旱-干旱气候。扬子区及湘赣交界处,普遍出现白云岩及盐溶角砾岩,代表蒸发环境;中三叠世红层发育,川东、鄂皖扁担山组、黄马青组为紫红色碎屑岩系,黔南、滇东一带发育珊瑚和海绵,反映了热带干旱气候条件。

青藏地区气候比较潮湿,为热带半潮湿气候。藏南为温带潮湿气候带。晚三叠世古气候发生根本的变化,很大程度上受古太平洋暖流和季风的影响。古昆仑山—古秦岭—古大别山以北的广大区域为温带潮湿气候带,以内陆盆地为主,普遍含 D-B 植物群,鄂尔多斯盆地为灰色、黄绿色含煤碎屑岩系;新疆准噶尔、伊宁、吐鲁番等盆地为河湖相含煤碎屑沉积,显示了温带潮湿气候带的特征。

古昆仑—古秦岭—古大别山以南为亚热带潮湿气候区。川滇及湘赣盆地中发育海湾充填特征的含煤岩系,普遍发育 D-B 植物群,反映出炎热潮湿气候特点。藏东及藏北巴贡组为海陆交互相含煤岩系,产 D-B 植物群以及菊石、珊瑚,显示热带潮湿气候特征。

4. 侏罗纪古气候

侏罗纪联合大陆开始解体,新的海陆格局和洋流体系开始出现,导致全球气候发生剧烈变化,无疑也影响着我国古气候的演化。早中侏罗世,主要为潮湿半潮湿气候区。以古昆仑山—古秦岭—古大别山为界,分为北方温带区和南方热带-亚热带气候区,晚侏罗世,绝大部分向干旱气候发展,仅东北保持潮湿气候。

早中侏罗世,北方温带气候区的新疆、内蒙古以及甘肃、青海均发育聚煤盆地,东北以北票群为代表,早期为中基性火山喷发岩,晚期发育含煤地层。主要植物为真蕨和银杏类,这些都表明该区为偏暖的温带潮湿气候。南方东部为热带亚热带潮湿气候区,广东东部、安徽均发育下侏罗统含煤地层;西南为热带亚热带半湿、半干草原气候,发育紫红色细碎屑岩,以食草类动物的大量繁殖为特征。晚侏罗世潮湿气候仅限于东北地区和西南地区,其他地区均为温带、亚热带干旱气候区。

5. 白垩纪古气候

白垩纪联合大陆进一步解体,特提斯洋达到最大规模,从而有利于赤道环流的发展,而影响全球环流体系。白垩纪全球广大地区均遭受海侵,而亚洲总体却呈古陆状态,这种海陆格局对中国古气候产生巨大的影响。白垩纪古气候基本继承了晚侏罗世的格局,但是干旱程度进一步扩展。

东北仍为暖温潮湿气候带,古阴山以北发育近200个断陷聚煤盆地,古植物以银杏类、松柏类繁盛为特征,许多裸子植物上附有被称之为潮湿气候指示针的真菌类化石,这些都充分说明为温暖潮湿的环境。中晚白垩世向半干旱-半湿润气候转化。

西北、华北区为干湿过渡区,岩性上表现为杂色岩石发育,煤、石膏同时出现的干湿相间的特点,晚白垩世演化为干旱气候。

华南为亚热带干旱气候带,川南、滇中地区发育含铜砂岩、紫红色泥岩和石膏层。晚白垩世干旱程度进一步加深,普遍发育红层和膏盐层。班公错以南的雅鲁藏布江地区仍保持着热带潮湿气候的特点。

6. 古近纪和新近纪古气候

古近纪与新近纪全球气温明显高于现代。我国古近纪与新近纪气候受所处的古纬度和海陆格局的双重控制,古气候可明显分为东北温暖潮湿气候带、中部干旱-半干旱气候带以及西南亚热带潮湿气候带。

阴山以北地区为温带潮湿气候带,沿伊兰、伊通断裂带发育多个断陷聚煤盆地,含煤数层。植物群为阔叶、落叶、针叶混交林。

中部亚热带干旱区分布广泛,包括东北、滇藏以外的全部地区,这一气候区与古地中海的海岸线基本平行。区内大量发育红色、杂色内陆河湖相沉积并伴有白云岩和石膏层,植物稀少,孢粉以榆科、麻黄科占优势,代表了干旱条件下的孢粉区系,巨型干旱带的东部受古太平洋的影响,在海域和山东半岛发育煤系和油页岩。

西南热带气候区位于南岭—昆明—拉萨以南的古地中海之滨。古近纪为半潮湿气候区,广西、广东发育含煤岩系,新近纪为潮湿气候区,普遍发育含煤岩系,尤以云南含煤面积最广,显然是受古地中海和古太平洋的双重影响所致。

（三）我国聚煤作用的基本特点

煤田地质工作者在对我国煤田地质特征多年研究的基础上，系统总结出了我国聚煤的基本特点和规律（李思田等，1992；程爱国、林大扬，2001；李增学等，2009）。

1）聚煤作用受板块构造控制，富煤构造域的迁移，是板块构造、古气候、区域古地理和海平面系统作用的结果。

不同聚煤时代、不同地区、不同板块构造背景下的聚煤作用强度具有显著差别，相似大地构造特点的富煤区域可以理解为富煤构造域，富煤构造域在时空上的迁移规律十分明显。石炭二叠纪为塔里木华北-华南聚煤构造域，晚三叠世为华南沉积聚煤构造域，早中侏罗世富煤构造域迁移至西北-华北地区，早白垩世迁移至东部地区，古近纪与新近纪沿太平洋和新特提斯洋沿岸分布。因此，富煤构造域的迁移，是板块构造、古气候、区域古地理和海平面系统作用的结果。煤是对古气候最敏感的产物之一，富煤构造域总是同潮湿气候带相伴而生。板块的运移改变着板块上的古气候带，由于板块的碰撞对接，造山带的形成使古地埋格局和古地形改变，在一定程度上控制古气候的分区，因此，富煤构造域的迁移实质是潮湿气候带的迁移。

2）在富煤构造域内，不同板块构造特点及板块的不同部位，聚煤作用具有显著不同。

在同一沉积聚煤构造域内，大陆地壳内部聚煤盆地的聚煤作用明显强于过渡壳上的聚煤盆地。晚古生代古蒙古洋封闭之前的西伯利亚沉积聚煤区域聚煤作用弱，是因为陆缘部分构造活动性强，不利于泥炭沼泽的长期稳定发育。大陆地壳内部的盆地由于其基底不同。聚煤强度和煤层稳定性也有明显的差异，富煤带或聚煤中心多位于地台、地块之上，地台上的聚煤强度及煤层稳定性好于地块，地块好于褶皱带。聚煤强度也与地台的固结期有关，在晚古生代塔里木-华北沉积聚煤构造域中，华北地台聚煤强度及煤层稳定性好于祁连山加里东褶皱带；在华南晚古生代聚煤盆地，扬子地台的聚煤强度优于华南加里东褶皱带。

3）不同类型盆地的聚煤作用有显著差异，聚煤盆地是在特定的板块构造背景下的产物，板块构造的形成与研究不仅控制着盆地的形成与演化，也控制着聚煤作用的强弱。

以克拉通盆地、前陆克拉通复合盆地的聚煤条件最好，盆地规模大，形成的煤层厚度大而稳定；拉分盆地、断陷盆地的聚煤作用次之，盆地规模较小，由于盆缘断裂的控制，往往能形成巨厚煤层，但煤层厚度变化大；前陆盆地、拗陷盆地、山间盆地、裂陷盆地的聚煤条件不一，有时能形成巨厚煤层；陆缘盆地构造活动性强，聚煤作用弱。

4）聚煤盆地的构造演化及其阶段性（或称幕式活动）不同程度地控制着盆地古地理的演化、沉积相带的展布以及富煤带、富煤中心的分布，并直接影响到煤层的厚度和结构。

中国聚煤盆地的演化表现出早期的聚煤盆地以板内稳定类型为主，随着时代的更新盆地趋向小型化与群体化，由浅海、滨海向陆相盆地演变，中、新生代以陆相盆地为主，聚煤盆地类型与样式趋向多样化。

大型同沉积断裂控制盆地的构造演化和古地理格局及富煤带富煤中心的迁移。盆地内的中、小型同沉积断裂往往影响含煤岩系的厚度和煤层厚度及结构；盆缘同沉积断裂往往构成聚煤盆地的边界，控制盆地的构造演化和沉积充填。这类同沉积构造在中生代和古近纪与新近纪的断陷盆地、拉分盆地和前陆盆地中表现最为突出。

同沉积隆起和拗陷是聚煤盆地中一种普遍的同沉积构造，是拗陷和克拉通盆地的主要构造样式，在一定程度上控制富煤带的分布和煤层的分叉、尖灭。

5）富煤带与富煤中心的形成、分布与迁移受沉积体系、沉积环境的影响。

富煤带与废弃的三角洲、潮汐沙滩、障壁海岸和扇三角洲等沉积体系有关，这是由于这些废弃的体系接近水体，地形低凹，易于积水，地下水充足，并具有相对平整和开阔的古地貌特征，在其上发育的相互孤立的泥炭沼泽可以很快地向四周扩展，利于泥炭沼泽大范围长期稳定发育，形成大面积分布的稳定煤层。废弃的冲积扇、河流、无障壁海岸的地形高差大，较狭窄，远离水体，地下水不很充足且水位低，或距水体太近，易受海侵或湖侵的影响，不利于泥炭沼泽的广泛长期稳定发育。

滨岸带的坡度在一定程度上控制着沉积类型和泥炭沼泽的分布范围，因而，陆表海盆地比陆缘海盆地、浅水湖盆比深水湖盆具有更为广阔的聚煤空间。如华北陆表海盆地、华南陆表海盆地具有优越的聚煤古地理条件，形成的煤层分布广，稳定性好，而扬子西缘陆缘海盆地煤层分布面积小，厚度薄。

6）近海与海陆交互型聚煤盆地，聚煤作用的强度受海平面升降变化的控制，不同体系域的聚煤作用特点不同。

海陆交互相聚煤盆地的聚煤作用同海平面变化密切相关，聚煤作用总体上发生在海平面的下降期。对华北、华南晚古生代聚煤盆地的层序地层学研究表明，聚煤作用与同海平面升降的 III 级周期相当的 III 级层序有关，主要煤层多形成于体系域的转换期，一般煤层则形成于准层序界面附近。高位体系域最有利于聚煤，海进体系域次之，低位体系域与前两者相比聚煤作用要弱得多。

低位体系域（LST）是海平面下降期间的沉积。低位体系域早期的海平面下降迅速，构造活动强烈，陆源碎屑物质供给充分，一般不发育煤层；中晚期的海平面下降速度减小，风化剥蚀作用减弱，沉积物源供应减少，因而局部出现有利于泥炭沼泽形成的条件，形成了范围有限的薄煤层。在低位体系域和海侵体系域的转换期，构造活动减弱，陆源物质输入贫乏，泥炭沼泽在大面积陆表暴露面上发育，一般能形成重要煤层，如华南盆地 D 煤组的底部煤层。但是，大型陆表海盆地含煤沉积中，低位体系域不发育或比较局限（李增学等，1996，1997，1998，2003，2006）。

海进体系域（TST）是海平面上升期间形成的，总体上是一个向上变深的相序，由一个或数个向上变浅的 IV 级准层序组成。每个准层序的顶部都可能有泥炭聚积，泥炭沼泽发育在海岸线一带，随着海水的退却，泥炭沼泽向海退方向扩展。下一次海泛则终止泥炭沼泽的发育，而海岸线附近泥炭沼泽得以持续发育，往往形成富煤带，如华北盆地 C 煤组。

高位体系域（HST）是海平面由快速上升转变为缓慢上升、缓慢下降至快速下降期间形成的，是海平面高位期间的沉积。该期间的聚煤盆地处于相对稳定状态，古陆风化剥蚀作用减弱，陆源碎屑物质供应贫乏，使盆地能够大范围泥炭沼泽化，形成大面积分布的重要煤层,如华北盆地的 B、D、E、F、G 煤组,华南盆地的 A、B、E 煤组。相对而言,从海平面缓慢上升至最高位置这段时期内的以加积准层序为主的早期高位体系域,比缓慢下降期间以进积型准层序为主的晚期高位体系域更有利于聚煤。在海侵体系域和高位体系域的转换期,常常形成分布范围广和厚度大的重要煤层,如华北盆地 B 煤组,华南盆地 E 煤组。

7) 我国中、新生代的陆相聚煤盆地尽管构造样式不同,但盆地都经历了初始充填、湖泊扩张、湖泊退覆三个阶段,可以同低位体系域、海侵体系域和高位体系域类比;体系域的转换期常常是重要煤层的形成期。这一充填特征对于中、新生代盆地的聚煤作用有预测意义。

初始充填期以冲积体系为主,活跃的碎屑环境抑制了泥炭的聚积,仅在废弃的冲积平原或其他长期积水洼地局部有泥炭堆积。随着古地形的填平以及湖平面的相对上升,盆地逐渐进入初始充填体系域和湖泊扩张体系域的转换期,在已废弃的冲积扇、扇三角洲、河流、三角洲之中有泥炭沼泽的大面积发育。由于湖平面上升缓慢,构造长期稳定,可形成较好的煤层,如中、新代陆相聚煤盆地的下含煤段。

随着湖平面的快速上升,盆地充填进入湖泊扩张阶段,湖相沉积覆盖了泥炭沼泽,聚煤范围明显缩小或终止。随着湖平面由快速上升转换为缓慢上升,并开始下降,湖泊由扩张期进入退覆期,陆表暴露面的逐步扩大,泥炭沼泽逐渐由滨湖带向湖心扩展,形成分布范围广、厚度大的煤层,常构成盆地的上含煤段,尤其是湖泊扩张和退覆体系域的转换期,常形成全盆性富煤单元(李思田等,1992),如在鄂尔多斯(王双明等,1996)、霍林河等盆地。

8) 泥炭沼泽在其形成、发展和衰亡的过程中,在聚煤期前、聚煤期和聚煤期后,古地理条件仍然是其直接的控制因素。下伏的沉积环境对泥炭沼泽的形成影响不大,仅表现为下伏废弃的沉积环境所造成的古地形差异及不同沉积物所引起的差异压实作用,对泥炭沼泽发育产生的一定影响。泥炭沼泽可以分为全盆性泥炭沼泽、局部泥炭沼泽和附属泥炭沼泽。

全盆性泥炭沼泽是在物源区的构造稳定,碎屑活动几乎终止,体系域转化期形成的(如华北的 D1 煤、鄂尔多斯盆地 3-1 煤),泥炭沼泽发育于不同的沉积体系之上,起伏不平的暴露面为泥炭沼泽的发育提供了平台。泥炭沼泽的发育范围随海(湖)平面的升降相应变化。

局部泥炭沼泽发育于废弃的碎屑体系之上,如废弃的三角洲朵叶、障壁海岸体系等,独立于其他活动的沉积体系并与之同时发育。在泥炭沼泽发育过程中,受邻近活动碎屑环境的影响,其范围比全盆性泥炭沼泽小,但能作为独立的沉积体系进行发展,形成较大范围的稳定煤层。

附属泥炭沼泽是活动碎屑体系的沉积相之一,发育于分流河道间湾、河漫滩等地区,由于受河流决口、泛滥、潮汐作用等活动碎屑环境的影响,仅能形成高灰煤或碳质泥岩。

成煤后的古环境对煤质产生明显的影响。全盆性和局部泥炭沼泽被海水(湖水)覆盖而消亡,使海水(湖水)渗透到疏松的泥炭中,海水所覆盖的煤层硫分高(如华北盆地的石炭系煤层),湖水所覆盖的煤层硫分低。后期三角洲、河流、潮汐等水动力较强流体的冲刷,可以使煤层局部尖灭,但影响范围较小。

9) 泥炭沼泽作为独立的沉积体系有着自身的演化规律。

泥炭沼泽沉积体系由有机相和无机相组成。有机相包括干燥森林沼泽相、湿地森林沼泽相、覆水森林沼泽相、芦木芦苇沼泽相、开阔水域沼泽相和较深覆水森林沼泽相等,无机相有碎屑沼泽河、沼泽湖相等。这些沉积相在时间和空间上的规律性变化,影响煤岩、煤质和煤的结构。泥炭沼泽相的演化主要取决于沼泽的覆水深度,而覆水深度主要取决于地下水、降雨和沼泽河的补给以及下伏碎屑沉积物的差异压实作用。泥炭沼泽中存在着的细小的碎屑沼泽河和以泥质为主的沼泽湖都是低能的,仅能形成煤层的夹矸。当沼泽水补给充足而排泄不畅时,沼泽湖将扩展,使泥炭沼泽退缩和消亡,形成泥质夹矸。泥炭沼泽水介质条件是影响煤质的主要因素之一,在一定程度上控制着煤层的硫分和灰分的变化。

10) 煤的聚积规律受多种因素的控制,是岩石圈、水圈、大气圈、生物圈耦合作用的结果,这些因素既相互独立,又相互制约,构成一个复杂的聚煤作用系统。聚煤作用的阶段性、连续性是聚煤作用系统在不同地质阶段整体作用的反映(王双明等,1996)。古构造控制着其他因素的发生与发展,成为煤的聚积和形成有工业价值煤层的决定性因素,古植物、古气候是泥炭聚积的基本条件,古地理是泥炭沼泽发育的最直接因素,海(湖)平面的变化控制着富煤带的迁移。因此,煤的聚积是聚煤作用系统整体作用的结果。

第二节 煤炭地质勘查方法

煤炭地质勘查是一项系统工程,涉及面广、科学性强,因此需要遵循一定的准则和程序,按照统一的技术要求提交相应的成果,煤炭地质勘查规范就是煤炭地质勘查工作必须遵循的统一标准(曹代勇等,2007)。矿产资源地质勘查规范、规程、规定直接关系到地质勘查的投资、进度、地质成果、开发建设、正确评价和合理利用等问题。长期以来,国内外对矿产勘查规范的制订都十分重视。在市场经济体制中,勘查规范的服务对象首先是矿产勘查开发的投资者,然后才是地勘队伍的技术人员和矿山设计单位的技术人员及其上级主管和有关政府部门。投资者要学会利用勘查规范为开发投资服务。

一、煤炭地质勘查的程序

为了满足煤炭工业的长远发展规划和建设布局的需求,对于那些资源条件好、煤田面积大、可形成相当建设规模矿区的地区,其煤炭地质勘查工作一般是按阶段顺序进行。范围由大到小,研究由粗到细。如预查或普查通常以煤田为单元进行,对于面积分布很广的煤田,则可根据煤层赋存条件分区进行,以便在普查的基础上划分矿区;详查是在普查划分矿区的范围内进行详查勘查;勘探则是在详查划分井田的基础上按井田进行。各阶段的施工要合理组织过渡,并提交相应的地质报告。但是,在某些情况下,勘查阶段可以进行调整,勘查程序可以适当简化。

1. 勘查程序的简化

根据资源条件和开发建设的需要以及勘探区已往的研究程度,凡属于下列情况时,对某些煤矿床的勘查可以简化。

1) 经预查阶段了解煤炭资源具有工业价值的地区,在工作范围没有大的变动并能接续施工时,可以从预查直接进入普查。

2) 对于资源比较丰富,有可能形成相当规模矿区的普查区,在勘探范围没有大的变动并能接续施工时,可以从普查直接进入详查。

3) 对于资源条件好、煤层比较稳定、构造不太复杂的暴露地区,可以在预查的基础上,通过大比例尺地质填图,直接进入普查或详查,提交普查或详查地质报告。

4) 对于资源条件较好,构造比较简单,煤层比较稳定的暴露地区,可以在普查的基础上,划分井田,进行勘探。

5) 资源分布比较零星,普查资料可以满足划分井田的需要,或不需做矿区总体设计的地区,以及面积有限的孤立盆地,从普查可直接进入勘探。

6) 在煤炭资源条件较差、地质条件较复杂地区,可根据实际达到的工作程度,进行"详终"或"普终"勘探,提交详查最终地质报告或普查最终地质报告,作为矿井设计的依据。

7) 对于拟建小型矿井的井田,勘探的工作程度可根据矿井建设的实际需要,参照勘探阶段工作程度要求并加以简化和调整。

8) 现有生产矿井为了扩大井田范围,超出原已批准的地质报告范围的部分,其工作程度应视扩大区所处的井田部位,依据矿井改扩建设计对扩大(延深)范围的要求,由探矿权人与地质单位商定。

9) 老矿区深部、生产矿井之间以及孤立的小煤盆地等不涉及井田划分的地区,可一次勘查完毕。

对于符合上述情况,经上级机关批准,可适当简化勘查程序的地区,可不编制前一阶段的勘查报告,但仍应编制后一阶段的勘查设计,并履行审批手续后方可施工。各国对煤炭资源勘查程序一般划分为 4 个或 3 个阶段,除预查、普查阶段外,当进入煤田勘探时,一般按两个阶段进行。

2. "详终"或"普终"勘查

对于煤炭资源条件较差、地质条件较复杂,虽进行较详细的地质勘查工作也不能提交勘探报告时,在详查或普查后,不再进一步进行勘查,可根据实际达到的工作程度,进行"详终"或"普终"勘查,提交详查最终地质报告或普查最终地质报告,作为矿井设计的依据。

"详终"与"普终"勘查的要求如下:

1) 对于煤炭资源条件较差、地质条件较复杂只能提交详查(最终)报告的井田,则不再投入勘查工程量,而只提交"详终"地质报告作为矿井设计的依据,估算可采煤层的控制的、推断的和预测的资源储量。

2) 对于煤炭资源条件较差、地质条件较复杂只能提交普查（最终）报告的井田，则不再投入勘查工程量，而只提交"普终"地质报告作为矿井设计的依据，估算可采煤层的推断的和预测的资源量，其中推断的资源量的比例参照表 2.1 要求确定。

表 2.1　煤炭地质勘查各阶段工作程度要求对比表

勘查阶段＼地质因素	普查（最终）	详查（最终）	勘 探	
说　明	在煤炭资源条件较差、地质条件较复杂只能提交普查（最终）报告的井田	在煤炭资源条件较差、地质条件较复杂只能提交详查（最终）报告的井田	对于拟建小型矿井的井田	现有生产矿井为了扩大井田范围，超出原已批准的地质报告范围的部分
构　造	基本查明井田的构造形态和初期采区内的主要构造，详细了解井田构造复杂程度	查明井田的构造形态和初期采区内的主要构造，对井田边界构造应作适当控制	勘探的工作程度可根据矿井建设的实际需要，参照勘探阶段要求并加以简化和调整	工作程度应视扩大区所处的井田部位，依据矿井改扩建设计对扩大（延深）范围的要求，由探矿权人与地质单位商定
煤　层	初步查明可采煤层的层数、层位、厚度、结构及可采范围，适当加密控制初期采区范围内煤层的可采边界	基本查明主要可采煤层的层数、层位、厚度、结构和可采范围，在先期开采地段范围内适当加密控制可采煤层的可采边界，控制主要可采煤层的露头位置		
煤　质	初步查明可采煤层的煤质特征，基本确定煤类及其分布，详细了解其他有益矿产的工业价值	基本查明可采煤层的煤质特征，确定煤类及其分布，详细了解其他有益矿产的工业价值		
水文与其他开采技术条件	水文地质条件及其他开采技术条件等方面的勘查工作程度，参照勘探阶段要求并按实际情况调整后确定	水文地质条件及其他开采技术条件等方面的勘查工作程度，参照勘探阶段要求并按实际情况调整后确定		
资源/储量	估算可采煤层的推断的和预测的资源量，推断的资源量应不少于 50%	估算可采煤层的资源/储量，其中控制的资源/储量比例参照《煤、泥炭地质勘查规范》对小型井的要求确定	资源/储量的比例要求参照《煤、泥炭地质勘查规范》要求确定	

3) 对于构造极复杂，煤层极不稳定的地区，虽进行较详细的地质勘查工作，仍不能达到小型矿井资源/储量比例要求，则可在初期采区布置一定的工程量进行适当控制，供矿井边采边探。

4) 对无论是进行"详终"勘查或"普终"勘查的地区，为了满足矿井建设与安全生产的需要，在水文地质、工程地质、煤层瓦斯、煤尘爆炸危险性、煤层自燃发火、地温变化等开采技术条件方面的查明程度均要求达到勘探要求,阶段性质与勘探相同。

二、预查、普查与科学找煤

（一）预测与找煤

煤炭资源预测目的是通过对预测区有关地质资料与物探资料的收集与整理,进行野外观察与室内分析鉴定工作,并经过系统的分析研究,用图件和文字说明预测区煤炭资源的情况,找出区内各地质时代含煤沉积的地质特征及其分布规律,从而指出可能发现新的煤田及已知矿区的发展远景。

1. 预测任务

我国除少数边远地区外,地表出露的或浅部埋藏的含煤沉积,大部分已进行了勘查或开发。煤炭资源预测的主要任务在分析和研究预测区成煤时代含煤沉积特征、赋煤条件及其分布规律,各地质时代含煤岩系赋存范围,以及确定埋藏深度、覆盖程度、主要煤层的煤类、资源量大小和其预测区的可靠程度等煤炭资源情况的基础上,指出在预测区内寻找新的煤炭资源的方向(特别是隐伏煤田的寻找)和为已知矿区发展远景提供可靠的地质依据或后备基地。因此,煤炭资源预测是开展煤田预查与普查工作的基础。具体来说,就是通过煤炭资源预测必须指出各地质时代含煤岩系赋存的范围、埋藏的深度、大致煤种牌号、资源量大小及其可靠程度,寻找那些被新地层掩盖的隐伏煤田,或预测那些含煤沉积自然延伸部分的含煤远景。

2. 预测方法

煤炭资源预测是通过系统研究工作区内的地质特征、沉积环境和聚煤作用,分析成煤地质特征和分布规律,以便预测煤田的分布。煤炭资源预测主要是通过编制煤炭资源预测图来完成,图的比例尺应根据预测区的大小、地质研究的详细程度,以及预测的任务与要求来确定。预测图比例尺大小取决于预测范围的大小预测任务的要求及地质研究程度。

一般全国性的煤炭资源预测图比例尺小于 1：100 万。只概略地反映煤炭资源分布情况及重点找煤方向,主要用于制定地质普查工作的总体规划。省(区)煤炭资源预测图比例尺为 1：50 万或 1：20 万,比较详细地反映煤炭资源分布情况及找煤方向,主要作为进行地质普查工作的依据,编制地质勘查工作的总体规划。矿区(或煤田)预测图比例尺为 1：5 万或 1：2.5 万,主要作为提供普查设计的资料依据,指导开发矿区外围及深部的普查工作。

3. 预测图件与预测成果

煤炭资源预测主要图件的内容与要求,除表示出预测区内地理点,勘查区与矿井开发的位置、名称、范围和边界内容外,在预测图上应使用不同颜色来表示含煤地层时代与分布范围,或在煤质、煤类分布图上用不同颜色表示煤层的煤类分布范围。在综合性预测图上,可用颜色和不同线条花纹来分别表示含煤时代或煤质内容。

　　煤炭资源预测图是在地质调查的基础上,结合煤田地质图和以往勘查、开发过程中获得的资料,通过分析区内预查(找煤)的地质依据,研究成煤规律与赋存条件后而编制的,是反映煤炭资源预测成果的主要图件。以省(区)煤炭资源预测图为例,其主要内容与要求如下:

　　(1) 地理部分

　　一般与煤田地质图的要求相同,但须把与预测有关地理点的名称和位置反映在图上。

　　(2) 地质部分

　　除反映与煤炭资源预测有关的地层界线、构造线和岩浆岩等外,还需将区内主要含煤地层,切割煤盆地的主要断裂和煤盆地内或附近的岩浆岩标在图上。

　　地层单位:1:50 万煤炭资源预测图上出露区含煤地层要求划到组,1:20 万煤炭资源预测图划到段(如含煤地层太薄,可划到组),非含煤地层要求划到统,在个别情况下,因工作程度较低或比例尺所限而表示有困难的,可划到系。

　　地质界线:除地质界线(包括隐伏的地质界线)外,不整合界线也应表示出来。

　　构造:一般应根据原有地质图的资料,尊重前人实际观察所取得的成果,不宜在室内运用新的观点加以改动。只有那些经过调查和确有证据的构造,才能加以修改,并一律用几何形态分类加以表示。

　　岩浆岩:按期分大类划出,对含煤地层有影响的岩浆岩体,要尽量表示。

　　已探明的含煤区,用某煤层或煤系底板等高线表示。

　　(3) 开发部分

　　表示出开发范围和边界、井筒位置以及煤矿名称和驻地。

　　(4) 勘查程度部分

　　含煤区、煤田名称、范围及矿点,不同勘查程度的勘查区范围和边界,各类资源储量及其开发利用情况。

　　(5) 预测部分

　　预测区名称、范围及边界,预测区等级划分。

　　可靠区:位于控煤构造的有利区块,浅部有一定密度的山地工程或矿点揭露,以及少量钻孔控制;或有有效的地面物探工程控制;或位于生产矿区、已发现资源勘查区的周边;或进行了1:2.5 万及以上大比例尺煤炭地质填图的地区,结合地质规律分析,确定有含煤地层和煤层赋存。资源量主要估算参数可直接取得,煤类、煤质可以基本确定。它可作为煤田普查工作的后备基地。

　　可能区:位于控煤构造的比较有利区块,进行过小于1:2.5 万煤田地质填图;或少量山地工程、矿点揭露和个别钻孔控制；或有较有效的地面物探工作了解；或可靠级预测区的有限外推地段，结合地质规律分析，确有含煤地层存在，可能有煤层赋存，地质构造格架基本清楚，估算参数与煤类、煤质是推定的。

推测区：按照区域地质调查或物探、遥感资料，或可能级预测区的有限外推地段，结合聚煤规律推断有含煤地层、可采煤层赋存，估算参数和煤类、煤质等均为推测的。

预测深度划分。

预测深度主要划分有 300m 以上，300～600m，600～1000m，1000～1500m，1500～2000m 五个深度段，预测最大深度根据地质条件和具体情况而定。起算深度以当地侵蚀基准面为零点计算，若采用海拔标高计算，则要注明侵蚀基准面高程。

预测深度是个技术经济指标，要根据具体情况来确定，一般含煤性好，经济地理条件好，开采技术条件好的地区预测深度可大些。其中，含煤性条件起决定性作用。

预测区应表示出含煤地层基底等高线或最下一层主要可采煤层底板等高线，以带色的实线和虚线分别表示实际控制的和推定的。

隐伏的预测区还需表示出含煤地层的上覆地层或盖层的底界面等高线或等深线，以带色实线和虚线分别表示实际控制和推定的。

有关预测的实际资料，如控制性钻孔的编号、位置、穿过最下一层可采煤层的底板深度（或标高），终孔深度及层位、物探成果等均反映在图上。对于研究程度较低的地区，人工露头，小煤窑等也要编号，注记位置，煤厚及煤层产状等。

预测成果应按预测图图式加以表示。

预测区面积系指平面积。

（6）煤质部分

已探明地区和预测区的煤种牌号，按中国煤分类方案表示，一般单独编制煤质、煤种分布图。

一个煤田有很多煤层，上下煤层煤种又不相同时，在图面上只要求表现主要煤层的煤种。

双纪、多纪或多煤种煤田的预测区，原则上仍按上述要求圈绘，如因重叠部分不能清晰表示时，可只绘主要的一纪煤田，但插表仍须填上各时代的全部预测成果，也可分时代编制含煤预测图。

（7）其他

矿区（或煤产地、煤田）预测图，除按省（区）级煤炭资源预测图的内容与要求外，还应表示如下一些内容：已开发区的井田界线与井口位置、名称，勘查区的界线、名称，井田划分，勘查程度（预查、普查、详查，精查），预测区的界线与各级预测储量边界，储量计算按分区、分块进行，若煤种带状分布明显时，应分煤种来统计储量。

（8）煤炭资源预测提交成果

煤炭资源预测成果提交形式主要包括：文字说明书（预测报告）、预测图、表格等三大类,随着信息技术应用的普及,还要求提交预测成果的电子文档、相应的数据库或建立预测信息系统。

(二) 预　　查

煤炭预查又称为找煤,此项工作要以一定的地质基础和找煤标志为指导,使其建立在科学可靠的基础上,并把工作重点放在最有希望的含煤远景区。

1. 地质研究找煤

在一定地区内,含煤沉积只发生于一定的地质时代,在区域地层层序中含煤地层占有特定的层位,通过含煤地层在时间上和空间上的分布规律的研究,可指出普查找煤的方向,在选择普查区进行找煤工作过程中把含煤地层作为找煤的主要地质依据。①地层研究找煤:依据含煤地层区域性分布的规律找煤、根据区域地层层序规律找煤、根据含煤地层内主要含煤层位的迁移规律找煤。②岩性岩相找煤:根据岩性岩相组合关系找煤、根据沉积体系与演化找煤等。③根据地质构造规律找煤:根据聚煤盆地类型及聚煤特征关系找煤、根据含煤岩系的后期构造变形特征找煤。④根据地貌形态找煤:由于含煤地层主要是砂、泥质沉积岩组成,抗风化剥蚀能力差,多形成负向地貌;而含煤岩系下伏地层则一般抗风化剥蚀能力强,从而形成隆起的正向地貌。此外,赋煤向斜往往又与地区的地质构造或继承性沉降有关,常表现出盆形地貌(多被新地层覆盖),含煤岩系的分布大体与盆地范围相一致。上述这些地貌特征,有利于寻找新的煤田。

2. 找煤标志

凡能直接地或间接地指出有煤层存在的标志,称作找煤标志。在暴露区和半暴露区,依据找煤标志可以迅速找到煤层或借以追溯煤层。前面我们提到的找煤依据只能指出含煤远景及普查找煤方向,也就是说只能解决含煤岩系有可能赋存的问题。而找煤标志则是一些具体的事物和现象,说明煤层的存在。

(三) 煤炭地质普查

大范围的预、普查工作遵循的一般工作流程如图 2.1 所示。由于受掩盖程度和地质条件所制约,各地区煤田普查方法有所不同。掩盖程度支配着技术手段的选择和相互配合,而地质条件的复杂程度却决定着揭露点(或观察点、工程点)的密度和间距。因此,在不同条件下对技术手段的选择、工程布置和工作方法就显示出普查方法的特点有差异,研究的侧重方面也不一样。

1. 暴露区普查方法的特点

暴露区煤田普查以地质填图为主,充分利用遥感资料,配合槽探、井探和少量的钻探工程。

由于含煤岩系及其上覆和下伏地层出露较好,可以采用大量的槽探工程揭露含煤岩系和地表构造形迹,对生产小井和废弃窑峒进行观测和调查。充分揭露地表地质现象,进行认真而仔细的地表地质研究,是做好暴露地区煤田地质普查工作的关键,在后续的地质勘查中将起着十分重要的作用。在做好地表地质工作的基础上,为了解深部煤层赋存和构造情况可布置少量钻孔。

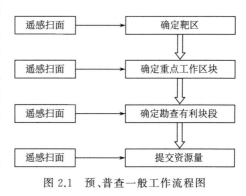

图 2.1　预、普查一般工作流程图

2. 半覆盖区普查方法的特点

半覆盖区按照含煤岩系出露和掩埋程度,可分为两种情况。一种情况是含煤岩系部分出露地表,部分被表土覆盖,表土厚度一般较薄,另一种情况是含煤岩系基本没有出露,出露的基岩一般是属于含煤岩系的上覆或下伏地层,覆盖的表土一般较厚。

3. 隐伏区普查方法的特点

隐伏区一般来说地表没有基岩出露,或者虽有零星露头分布但很难判定地下地质构造形态与赋煤情况。在隐伏区进行普查,可以在省(区)煤田预测图或煤矿区预测图上所圈定的预测区内进行;也可在预查成果的基础上或区域赋煤规律推测赋煤的可能范围内,进行大面积综合地质填图,采用重力、磁法、电法、二维地震等一种或多种地面物探工作相配合,大致圈出含煤地层分布和埋藏深度,以指导钻探工程的布置。

三、详查与勘探

（一）勘查工程的部署

勘查工程的布置必须从勘查区的实际情况和煤矿建设实际需要出发,正确、合理地选择勘查技术手段,勘查工程的布置采用一定的排列组合形式,用尽可能少的勘查工程量争取达到较好的地质效果,即用较少的投资和较短的时间,查明煤层的赋存状况,以满足提交合格的地质报告为目的,做到地质效果与经济效益的辩证统一。

勘查工程的布置必须体现"全面控制、突出重点"的勘查方针,要在认真分析各种地质因素的基础上,抓住主要矛盾,采取单项分析,综合研究,区别对待,统一布置的方法,尽量做到一项工程,多种用途。

在勘查工程布置时,既要考虑各勘查阶段的具体地质任务和煤矿设计及建设部门的需要,又要考虑勘查工程在勘查区内大致成均衡布置,同时也要突出浅部、中部的勘查重点;此外,还要充分考虑勘查区地质、地形、地貌等因素的影响。在此基础上,合理选择勘查工程的布置系统。

1. 勘查工程布置系统

勘查工程布置系统是指勘查工程在平面上的排列形式。为了有效地探明煤矿床并对其作出正确评价,在煤炭资源勘查工作中,一般采用勘查线系统、勘查网系统和叠合勘查系统。其中勘查线系统用得最为普遍,实践证明该系统也是行之有效的。

(1) 勘查线系统

当地层产状变化比较明显且具有方向性时,采用勘查线系统。该系统就是先布置勘查线,然后在勘查线上进行勘查工程布置,其目的是为编制不同方向的剖面图。用剖面图反映地质构造形态,研究含煤性变化及地层接触关系。此外,以剖面图为基础,还可编制出诸如煤层底板等高线图、基岩地质图及立体图等地质图件,可直观地表示煤层的空间赋存状态。

1) 勘查线的布置方式

根据勘查区的地质构造特点,勘查线可采用不同的布置方式。

① 当地层产状明显且沿一定方向变化不大、为简单的单斜时,勘查线垂直地层走向成平行排列的方式布置(图 2.2)。

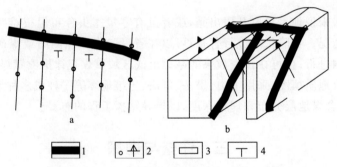

图 2.2　简单单斜时勘查线成平行排列布置示意图

a. 平面图;b. 立体图

1. 煤层露头;2. 钻孔;3. 探槽;4. 产状

② 当地层褶皱紧密,两翼走向虽有变化但基本与褶皱轴向一致,且为线状褶皱时,勘查线垂直褶皱轴向成平行排列(图 2.3)。

③ 当地层走向有大的方向性变化,且主要走向呈弧状时,两条或两条以上的勘查线可在其延长方向上相互斜交(图 2.4)。

④ 当地质构造为盆地或穹窿构造时,勘查线呈放射状排列(图 2.5)。

⑤ 当地质构造比较复杂,地层产状在勘查区内变化大且无规律时,则在勘查区内采用平行、斜交或放射状排列的综合布置方式(图 2.6)。

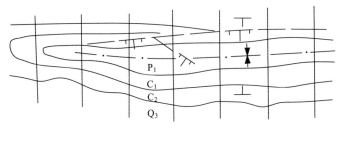

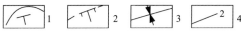

图 2.3　勘查线垂直褶皱轴向布置示意图

1. 地层界线及地层产状；2. 正断层；3. 向斜轴线；4. 勘查线

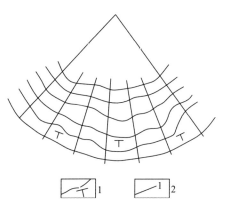

图 2.4　地层走向变化大时勘查线延长相交

1. 地层界线及地层产状；2. 勘查线

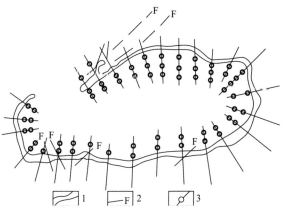

图 2.5　勘查线成放射状排列布置

1. 煤层露头；2. 断层；3. 勘查线

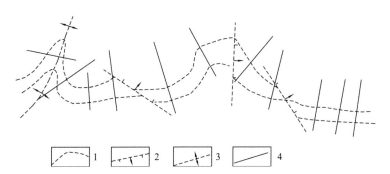

图 2.6　勘查线成平行、斜交或放射状排列布置

1. 地质界线；2. 正断层；3. 背斜轴；4. 勘查线

2）勘查线的种类

根据勘查线用途或施工目的，勘查线可分为主导勘查线、基本勘查线和辅助勘查线三种。

① 主导勘查线。它是全区起主导作用的勘查线。布置主导勘查线的目的在于有重点地解剖和分析勘查区内的基本地质特征，取得认识经验，用以指导整个勘查区内的工程布置与施工。主导勘查线根据勘查区范围的大小和地质条件的不同，可布置一至数条。它可在地质勘查初期专门布置，亦可从一般勘查线中选定。主导勘查线上的工程点应密于一般的勘查线，以能严密地控制地质情况变化，获得完整的地质剖面为原则。

② 基本勘查线。根据煤矿床勘查类型所规定的基本勘查线距，再结合勘查区的具体地质特点所布置的勘查线，称为基本勘查线。其目的在于控制勘查区的基本构造轮廓及煤层、煤质变化，使之在开采时不致发生较大变动。这类勘查线在勘查区内为数最多，是主要的勘查线。

③ 辅助勘查线。一般是在基本勘查线之间增布的若干短线。其目的在于进一步查明勘查区内的局部地质异常，如岩层产状急剧变化、断层和岩浆岩体的分布及煤层冲刷、尖灭带等，以便提高其控制程度。由于这类勘查线上工程点较少，所以又称辅助短线。

3）勘查线布置的基本要求

为了使勘查工作达到预期的地质目的，在布置勘查线时应满足以下几点基本要求：

① 在勘查区内布置勘查线时，首先要根据勘查区的岩层产状变化与地质构造特点，选择合适的布置方式。然后按照所确定的勘查线距，在勘查区地形地质图上正确布线之后，再在线上布置勘查工程。

② 勘查线应尽量垂直含煤地层的基本走向和主要构造线方向布置，勘查线方向与煤系地层走向、主要构造线方向之间的夹角应大于 75°，以便沿这个方向编制的勘查线剖面能正确反映真实的构造形态。

③ 勘查线的布置应尽量利用原有的地质成果，如实测剖面、探槽剖面和物探测线等，以便进行检查和对比。

④ 主导勘查线的布置一般应在井田中央或井筒附近，以及在勘查区内地质构造具有代表性的地段，以能获得煤系地层的完整剖面和控制构造形态为原则。

⑤ 勘查线的布置尽量避开不利于施工的地段，如地形切割剧烈的悬崖陡壁、河流、湖泊或沼泽地带、居民区或高压线附近，以利钻探设备的搬迁、运输、施工与安全。

（2）勘查网系统

1）勘查网的种类

勘查网一般是指由两组彼此呈正交或斜交的勘查线所组成，勘查工程布置在两组勘查线的交点上。根据勘查网的网格形态，可分为正方形、长方形与菱形三种。

正方形勘查网　适用于岩层产状水平或近于水平，且煤层厚度变化无明显方向性的地区。采用正方形网布置勘查工程及施工后，可以编制相互正交的两个方向或其他方向的剖面图。采用正方形勘查网系统的典型实例为莫斯科近郊煤田,该煤田岩层产状是水平或近水平的,构造简单,但煤层的稳定性很差,一般呈似层状、扁豆状或凸镜状。勘查的主要任务,不是解决构造问题,而重点是要对煤层进行控制(图2.7)。

又如内蒙古准格尔露天煤矿,含煤地层沿走向、倾向产状变化不大,倾角平缓,一般在10°以内,断层稀少,无岩浆岩影响,构造简单,主要可采煤层厚度2.95~55.28m,平均26m,属较稳定煤层,采用500m×500m和250m×250m正方形勘查网进行勘查(图2.8)。

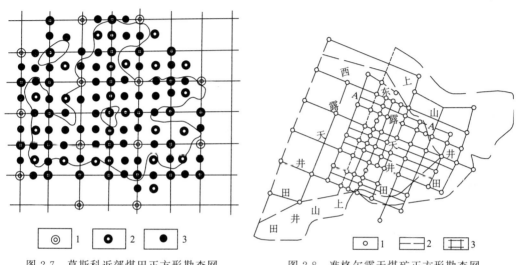

图 2.7　莫斯科近郊煤田正方形勘查网
1. 第一批钻孔;2. 第二批钻孔;3. 第三批钻孔

图 2.8　准格尔露天煤矿正方形勘查网
1. 钻孔;2. 井田边界;3. 勘查网

正方形勘查网具有两个显著特点:一是勘查网的规则性和钻孔分布的相对均匀性,二是它的不定向性。由于含煤地层近于水平,岩层产状无明显的走向和倾向,因此在具体布置方格网时,为了便于钻探施工,应更多考虑地形特点,可垂直或平行山脉走向进行布置。

长方形勘查网　适用于构造形态简单的单斜,或煤层沿某个方向变化最大的地区。布置时,必须使网格的短边方向与岩层倾向或煤层变化最大的方向一致。长方格网亦可编制出两个或多个方向的剖面图,但一般以编制短边的剖面图为宜(图2.9)。

菱形网　钻孔分布呈三角形,故亦称为三角形网。采用菱形勘查网时,其勘查工程数目可比原正方形或长方形网减少一半,在煤炭资源勘查实际工作中,该勘查网用得较少(图2.10)。

2)勘查网的加密方法

随着勘查施工的进展,勘查工程要逐渐加密,一直到勘查结束。在采用勘查网系统的情况下,一般有以下一些加密方法;

正方形勘查网的加密方法有两种:①在方格网的每边中点加一个钻孔(图2.11);②在方格网的中心加一个钻孔,即"插心法",又称"信封"法(图2.12)。

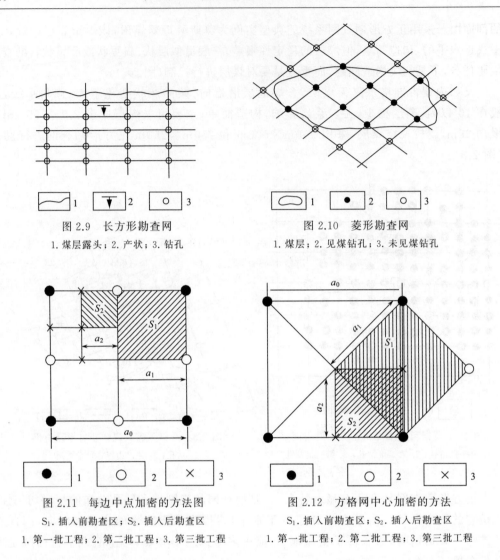

图 2.9　长方形勘查网
1. 煤层露头；2. 产状；3. 钻孔

图 2.10　菱形勘查网
1. 煤层；2. 见煤钻孔；3. 未见煤钻孔

图 2.11　每边中点加密的方法图
S_1. 插入前勘查区；S_2. 插入后勘查区
1. 第一批工程；2. 第二批工程；3. 第三批工程

图 2.12　方格网中心加密的方法
S_1. 插入前勘查区；S_2. 插入后勘查区
1. 第一批工程；2. 第二批工程；3. 第三批工程

　　长方形勘查网的加密方法有三种：①在长边方向上工程间距缩小至原来的 1/2，工程数量增加一倍（图 2.13）；② 在长边和短边的方向上工程间距均缩小至原来的 1/2，工程数量为原有的三倍（图 2.14）；③ 在长方形勘查网中心加密钻孔的方法比较合适，这是因为钻孔控制范围之间的空白地带中心孔控制均匀（图 2.15）。

　　加密并改变网形的方法：在加密勘查工程的过程中，可以变正方形网为长方形网，或变长方形网为三角形网，或者变三角形网为长方形网（图 2.16）。

　　（3）叠合勘查系统

　　在煤炭资源勘查中，除了按基本的勘查线或勘查网布置勘查工程外，有时为了追溯覆盖层下的煤层露头、煤层对比、控制断层及圈定煤层的分布范围和冲刷带等，往往需要在线上或线间增加钻孔。有时布置钻孔因受地形的限制，钻孔不可能严格地按一定系统布置，致使勘查工程的分布成不规则的几何图形。

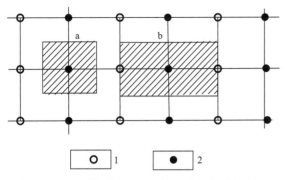

图 2.13　在长边方向工程间距缩小至原来的 1/2

a. 正方形阴影部分为加密后的工程控制块段；

b. 矩形阴影部分为加密前的工程控制块段

1. 原施工钻孔；2. 加密钻孔

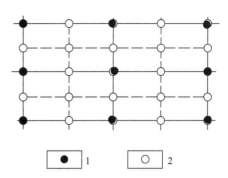

图 2.14　在长边和短边方向上加密工程

1. 原施工钻孔；2. 加密钻孔

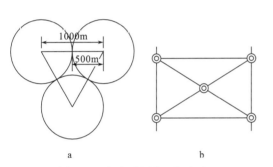

图 2.15　长方形网中心加密法

间距均缩小至原来的 1/2

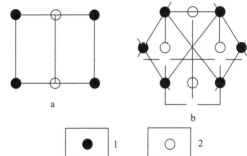

图 2.16　加密并改变网形的方法

a. 变正方形网为长方形网；b. 变菱形网为长方形网

1. 第一批工程；2. 第二批工程

再者，随着煤矿开采综合机械化程度的提高，对煤炭资源勘查工作也提出了更高的要求，不仅需要提供地质构造和煤层形态方面的可靠资料，而且还要求了解影响采掘机械化顺利进行的各种开采地质条件。因此，在原勘查系统的基础上，还应针对各种特殊需要，叠加一些专门的勘查工程，使勘查后期形成的勘查网实际上是不均匀的，称为叠合勘查系统。

2. 勘查工程布置的基本原则

勘查工程布置的正确与否关系到煤炭资源勘查的效果。因此，在布置勘查工程时，必须考虑以下基本原则：

1）勘查工程布置一般是在勘查区已确定了勘查类型之后，再根据勘查区的具体情况进行布置的。勘查类型提供了探明各类资源/储量的基本线距，但在同一勘查区的不同地段其地质情况可能有变化，特别当勘查区的范围比较大时更是如此。因此，在具体确定勘查线间距时要有所不同,在同一勘查区内不能是完全等距的。为此,必须综合研究,区别对待。

2)在布置勘查工程时,应根据勘查区的地质特点,并结合煤矿设计和建设的要求,有区别地进行勘查工程的布置工作。在详查阶段,应紧密结合矿区规模、井田划分、井型大小及开发顺序等布置勘查工程;在勘探阶段,勘查重点为先期开采地段(第一水平),以及设计的井筒和运输大巷位置等处,应加密勘查工程。

3)在一个勘查区(井田)进行勘查的初期,为了获得评价煤矿床的基础地质资料,常常采用大体上均匀分布的勘查网。在详查、勘探初期,在勘查区(井田)内还应布置一至数条主导勘查线,但在勘查后期除布置基本勘查线外,还要布置辅助勘查线及一些专门的钻孔。

4)勘查工程原则上应布置成直线,但有时因特殊的地质目的和其他技术需要,或因地形地物的影响,勘查工程可在勘查线之间加密,或在勘查网中布置插心孔。

5)在暴露区或半掩盖区,应尽量运用地表地质资料,山地工程及生产井、老窑调查的资料;在掩盖区,应充分利用物探成果,作为布置钻探工程的依据。

6)在首先保证勘查质量的前提下,才能布置无岩心钻孔。在勘查设计中,应说明不取心钻进的原因及不取心钻孔的分布和施工顺序,并将不取心层段和施工要求在钻孔技术说明书中加以明确规定。

(二)勘查工程的布置方法

当勘查类型和工程基本线距及勘查工程布置系统确定之后,就要进行勘查工程的具体布置。为了合理地布置勘查工程和经济有效地完成勘查任务,一般采用三种布置方法。

1. 勘查线剖面法

勘查线剖面法是煤炭资源勘查行之有效的最基本的布置工程的方法。通过勘查线上工程点对煤矿床的揭露,能将煤层在地下的赋存状态直观地反映在剖面上。关于勘查线在平面上的布置方式前已述及,这里主要介绍在勘查线上布置工程时,应考虑的一些问题。

1)在勘查线上布置工程时,工程点的位置要尽可能落实在勘查线上,以保证勘查线剖面编制的正确性。

2)勘查线上工程点的水平间距,与煤层倾角陡缓有关,一般要比线距小。实际上勘查工程间距应是指相邻勘查工程揭穿同一煤层底板点的间距。当地质条件和资源储量类别相同的煤层,沿煤层底面,在其走向和倾向上,勘查工程间距应该相等。

3)主要煤层在勘查线上必须有两个或两个以上工程点揭露,以便连接煤层,控制煤层的产状,以保证资源/储量估算的正确性(图 2.17)。

4)在构造比较复杂的地段(如既有褶曲、还有断裂破坏时),为了控制构造形态和连接剖面,勘查线上工程的布置要保证各主要可采煤层在勘查区内每一主要构造单元(如褶曲的一翼或断层的一盘)上至少有两个钻孔控制(图 2.18)。

图 2.17　主要煤层至少应有两个工程点控制　　　图 2.18　构造复杂地段钻孔布置示意
工程点控制示意图

5）当向斜轴部煤层埋藏较深且两翼地层倾角较大时,在勘查线上应对褶曲两翼布置斜孔加以控制,对其轴部可打一些构造孔,以控制其上部地层层位,用来推断深部的构造(图 2.19)。当轴部不太深时,则应打钻直接控制(图 2.20)。

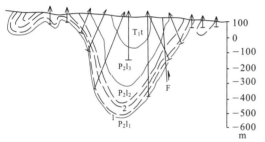

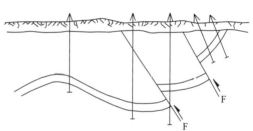

图 2.19　对向斜两翼及轴部控制示意图　　　图 2.20　向斜轴部埋藏不太深时钻孔
直接控制示意图

对于一些呈箱状褶曲的煤层,其在两翼浅部倾角较陡且深部产状急剧转折的情况下,为了查明煤层的赋存状态,在勘查线剖面上应对浅部煤层和深部转折部位采用斜孔和直孔相结合的方法进行控制(图 2.21)。

6）在勘查线剖面上,为了控制断层的确切位置,钻孔最好能通过断层面,同时对断层两侧的煤层也要有钻孔控制(图 2.22)。

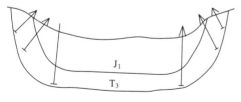

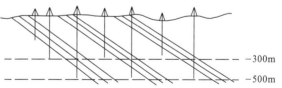

图 2.21　箱状褶曲钻孔布置示意图　　　图 2.22　正断层和逆断层钻孔布置示意图

7）在多煤层地区(如煤层多而间距小时),首先要保证各煤层的浅部都有工程控制,并尽量使各主要可采煤层的勘查深度一致,控制程度也较均匀(图 2.23)。如煤组间距大且可按煤组划分井田时,则应分别进行控制。

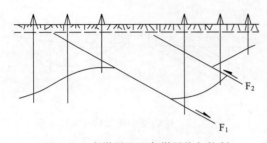

图 2.23　多煤层地区各煤层均匀控制
布孔示意图

8）主要可采煤层位于煤系剖面的下部，而上部是较稳定或不稳定的非主要可采煤层时，应在控制深部煤层钻孔的基础上，布置浅孔，以提高上部煤层的勘查程度，保证先期开采的需要（图 2.24）；反之，当主要可采煤层位于上部时，则只在主导剖面上布置深孔，借以了解下部较稳定或不稳定非主要可采煤层，以达到相应的勘查程度即可。

9）在掩盖地区，由于第四系覆盖层厚，在不增加工程量的情况下，布置较少的深孔，用深孔代替浅孔，使之起到既能控制煤层露头又能获得完整剖面，以及控制深部煤层和构造的作用（图 2.25）。

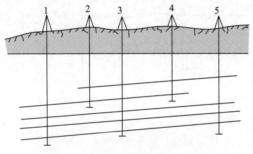

图 2.24　按主要可采煤层赋存部位
布孔示意图

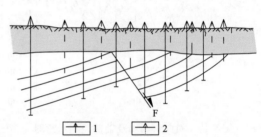

图 2.25　用深孔代替浅孔布置示意图
1. 深孔；2. 浅孔

10）对主导勘查线剖面上的地质构造形态和含煤地层应完全揭露，不能有推断的地段，以便正确确定勘查区的范围，正确评价煤系含煤情况。

类别资源/储量的合理分布，即在井田的中、浅部为研究程度高的资源/储量、在露头附近和井田边部、深部为研究程度低的资源/储量，以保证矿井设计和建设的需要（图 2.26）。

11）地形切割强烈的山区在勘查线上布置钻孔时，应尽量选择有利的地形，以利于钻

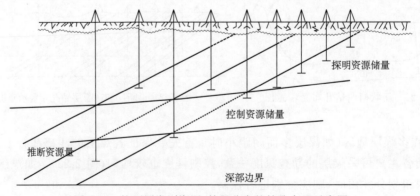

图 2.26　按不同类别资源/储量分布的钻孔布置示意图

机安装施工和减少非煤系地层的进尺（图
2.27）。在植被茂密和多雨的山区，由于山
谷通行困难或有山洪暴发的危险，则需选
择地形平坦的地点布钻。

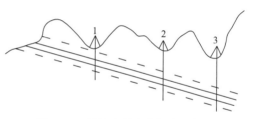

图 2.27　利用有利地形布孔示意图

　　综上所述，在勘查线上布置勘查工程
时，受到多种因素的影响。如褶皱和断裂的
发育情况以及煤层产状的变化；煤层分组特
点及其稳定程度；对煤层露头的控制和储量类别分布的要求；地形起伏情况和覆盖层的厚
度等。

　　为了在勘查线上合理地布置勘查工程，必须综合考虑各种因素的影响，以达到用最少
的工程量获得查明各种地质条件的足够资料，从而满足各阶段相应勘查程度的要求。

2. 煤层露头和底板等高线追溯法

　　沿煤层露头和底板等高线进行追溯，在线间加密工程也是常用的方法。

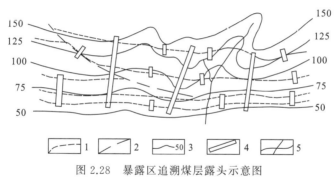

图 2.28　暴露区追溯煤层露头示意图

1. 煤层露头；2. 断层；3. 地形等高线(m)；4. 探槽；5. 河流

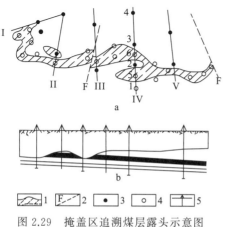

图 2.29　掩盖区追溯煤层露头示意图

a. 平面图；b. 剖面图

1. 风、氧化带；2. 断层；3. 原有钻孔；4,5. 加密钻孔

　　1）煤层露头追溯法。在暴露区，进行地
表地质工作时，可先按主导勘查线或基本勘
查线的间距布置主干槽，以揭露整个煤系和
含煤岩段及其煤层和标志层。在此基础上，
沿主要可采煤层及标志层的走向布置短槽，
进行走向追溯，目的在于了解煤层沿走向的
分布，查找倾向断层（图 2.28）。在掩盖区或
半掩盖区，采用浅钻或电测剖面法（物性条
件比较好的地区）确定覆盖层下的煤层露头
位置。浅钻除可在勘查线上加密布置外，还
可在勘查线间加密布置，以控制煤层露头，
搞清煤层沿走向的变化，发现倾向断层（图
2.29）。

2）沿煤层底板等高线追溯法。矿井水平运输大巷多设计在主要可采煤层下部岩层中某一标高的水平面上,该大巷是沿与它同标高的煤层底板等高线保持一定距离的平行方向上布置的。为了保证水平运输大巷的设计精度,就必须使与它同标高的煤层底板等高线达到一定的精度。因此,当煤层底板有起伏时,应沿与水平运输大巷同标高的煤层底板等高线的附近位置上,在勘查线间加密工程,进行走向追溯(图2.30)。

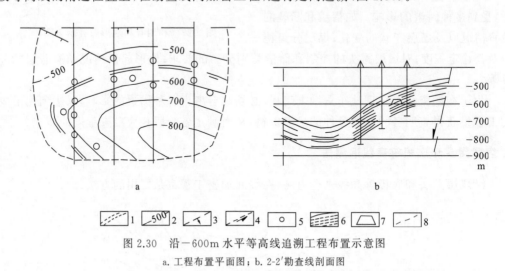

图 2.30　沿－600m 水平等高线追溯工程布置示意图

a. 工程布置平面图；b. 2-2′勘查线剖面图

1. 设计－600m 水平运输大巷；2. 煤层底板等高线(m)；3,4. 断层；5. 原有钻孔；
6. 加密钻孔区；7. 水平运输大巷断面；8. 井田边界

3. 解决专门地质问题的勘查工程布置法

一般在勘查工作的后期,对勘查区的地质情况已基本查清,矿井设计的意图已经明确。为了满足煤矿设计和建设部门的要求,需要在已有工程的基础上,再布置一些专门性的勘查工程,对影响煤矿设计和建设的一些地质问题进一步查明。一般有以下几种情况：

1）查明煤厚及煤质变化界线的工程布置。在煤厚、煤质变化比较大的井田,为了搞清煤厚变化规律、可采边界线、高灰分煤分布界线、高硫分煤分布界线及煤质牌号分布界线等,需要根据已有的资料编制一些分析图件,如煤层等厚线图、灰分等值线图、硫分等值线图等,以表示煤层、煤质的变化规律,按图中这些指标变化的临界带来确定专门性勘查工程的位置。如图2.31所示,在井田东部出现煤层尖灭带,为了确定不可采边界,需要布置一定的工程量。又如图2.32所示,在15号与16号钻孔之间,由于煤层分叉、变薄,为了取得适合于露天开采的剥离系数,需要在上述两钻孔之间再布置若干钻孔,以确定露天采矿场的边界。

2）煤层底板等高线畸变部位的工程布置。在煤层底板等高线发生突然转折或突变的地段,可布置"丁"字形排列的加密钻孔,借以探明其变化原因,搞清构造形态(图2.33)。

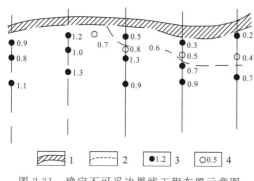

图 2.31　确定不可采边界线工程布置示意图

1. 煤层风、氧化带；2.0.6m 最低可采边界线；

3. 原施工钻孔及其厚度(m)；

4. 增加钻孔及其厚度(m)

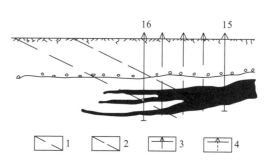

图 2.32　确定露天采矿边界加密钻孔示意图

1. 原边界线；2. 经加密钻孔后确定的边界线；

3. 原有钻孔；4. 加密钻孔

3) 岩浆岩破坏地段工程布置。侵入煤系或煤层中的岩浆岩体,其分布一般是不规则的,为了控制岩浆岩体的分布边界及接触面产状,可布置"十"字形勘查线和加密钻孔(图 2.34)。

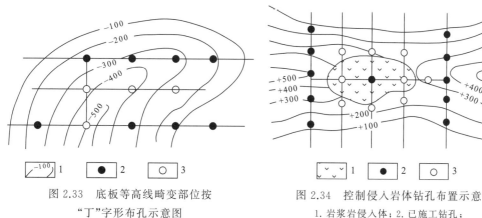

图 2.33　底板等高线畸变部位按

"丁"字形布孔示意图

1. 底板等高线(m)；2. 已施工的钻孔；

3. 畸变部位的加密钻孔

图 2.34　控制侵入岩体钻孔布置示意

1. 岩浆岩侵入体；2. 施工钻孔；

3. 新设计钻孔

4) 解决其他专门地质问题的工程布置。如在掩盖区,有时为了研究煤的工艺性能,详细研究煤层顶底板岩石物理性质和瓦斯、地温等开采技术条件,也需要加密勘查工程。

四、补充勘查和专门勘查

（一）补 充 勘 查

1. 补充勘查的概念

补充勘查不作为一个独立的勘查阶段,它只不过是某一阶段的继续而已,其任务与要

求,根据具体情况确定。一般有以下两种情况:

1) 资源地质勘查部门所提交的地质报告(主要指勘探报告),经上级主管部门会同有关设计、生产部门的专门会议审查后,认为尚有某些地质问题的研究或控制程度还不能满足矿井设计要求,而需要补充一定的勘探工作量时,经上级领导机关批准后,列入补充勘探项目,进行补充勘探。

2) 原有生产矿井的扩大延伸部分,由于地质资料不足,不能满足矿井扩建延伸的需要,根据具体情况,经上级领导机关批准后,亦可交由地质勘探部门作为资源勘探项目进行补充勘探。

2. 补充勘查的任务

1) 重新评定新发现或勘探程度不足的可采或局部可采煤层。

2) 解决矿井改、扩建和开拓延伸工程设计中存在的地质问题。

3) 提高延深水平高级储量的比例。因延深水平高级储量比例达不到规定标准,不能满足设计需要必须进行矿井补充勘探。

3. 补充勘查的原则

1) 补充勘查工程的布置,要针对问题全面规划、合理布置,充分利用矿井有利条件,因地制宜,地面与井下结合,物探与巷探结合,配套使用。

2) 补充勘查工程布置系统原则上应继承原有勘查线系统,加密勘查线应尽量与石门、采区上(下)山等主要井巷工程的位置和方向保持一致。

3) 补充勘查工程密度应以普遍提高勘查程度,满足水平延深工程设计要求为准。

4) 补充勘探程度一般应达到延深水平开拓前的地质工作标准:延深水平的基本地质构造形态已经查明,一、二类矿井应查明落差大于 20m 的断层,三类矿井应基本查明影响采区划分的主要地质构造,四、五类矿井应对有开采可能的地段的地质构造进行必要控制,并提出结论性意见;与水平延深主体工程有关的地质构造、层位、水文工程地质条件均已控制;延深水平高级储量所占比例应达到表 2.1 的要求。

煤炭资源勘查和补充勘查的工作范围,前者可在井田内或井田外进行;后者是煤炭资源勘查的补充工程,它的工作范围仅限井田范围内,即原勘查报告工作范围内。但就其目的来说,它们都是相似的,即为了提高储量级别,为生产服务。

(二)专门地质勘查

1. 生产勘查

(1) 生产勘查的概念

生产勘查是指为查明生产矿井采区内部影响正常生产的各种地质条件而进行的地质勘查。生产勘查是矿井地质一项经常性的工作,它贯穿于煤矿开采的整个过程,具有如下特点:

1) 生产勘查直接为采掘工程服务,勘查任务单纯,解决问题具体。

2）生产勘查工程布置要灵活机动,因地制宜,强调其针对性和实用性,不宜苛求其规范性和勘查网度。

3）勘查手段可用钻探、巷探、物探,井上与井下结合,钻探与巷探结合。

4）生产勘查尽管是局部的小工程,但也要编制详细的设计,提交一份能说明勘查目的、要求和数量的任务书,报请主管部门批准后,即可施工。竣工后也要提交专门的地质报告,并按新的地质资料修改图件、编制和补充地质说明书。

（2）生产勘查的任务

1）查明采区内影响工作面划分、采煤方法选择的地质构造和煤层赋存状态。

2）查明采区内影响正常采掘和安全生产的各种地质和水文地质因素。查明巷道掘进中遇到的断层并寻找断失煤层,为巷道掘进指明方向;查明影响采煤工作面连续推进的各种地质构造、喀斯特陷落柱、煤层冲刷带、火成岩侵入体等的位置与分布范围,以及它们对正常采掘工作的影响,圈定不稳定煤层的可采范围;查明采区内可采煤层的伪顶、直接顶、基本顶的厚度、岩性、含水性以及各煤层间距变化情况;查明采区与老采区、小窑等的空间关系等。

3）查明采区内煤层的可采性。①采区准备期间的生产勘查,主要是查清采区内地质构造形态、煤层赋存状况,以及水文地质等情况,使采区布置合理,各种工程施工安全顺利。在新采区设计前,常常由于局部煤厚变化不清,或个别断层延展情况不明,一般需要布置一定的钻探工程,进一步予以查明。在采区准备过程中,也可利用巷探查明邻近煤层或地质构造的变化情况。②巷道掘进期间的生产勘查,主要是圈定不稳定薄煤层的可采范围,查清断层位置和落差,寻找断失翼煤层,为巷道掘进指明正确方位。有时为了查明可采边界,采用副巷超前主巷,边探边掘的方法,查明变薄区的范围,确定主巷的方位和位置,这种探巷一般都为"一巷多用"。有时在掘进中遇到断层,断层性质难以确定,为了寻找另一盘断失煤层,也可在迎头布置放射状探钻进行探测。③回采期间的生产勘查,包括分层回采工作面的探煤厚,探明不稳定煤层的薄化带和各种中小型地质构造,以保证回采顺利进行和煤炭资源的充分回收。当采用分层回采时,可利用电煤钻探下分层的煤厚。有时也可利用小断面的巷道探侧变薄区或小断层等。如果有条件,也可利用物探手段,查明工作面内的异常情况。

2. 采区地震勘查

《煤炭煤层气地震勘探规范》（MT/T 897-2000）将地震勘探工作划分为概查（找煤）、普查、详查、精查和采区地震勘探 5 个阶段,其中前 4 个阶段分别与《煤、泥炭地质勘查规范》的 4 个勘查阶段相对应;而采区地震勘探的任务则是为矿井设计、生产矿井预备采区设计提供地质资料,其地质构造成果应能满足井筒、水平运输巷、总通风巷及采区和工作面划分的需要。勘探范围由矿井建设单位或生产单位确定。

采区地震勘探的地质任务及工作程度的一般要求是:①二维勘查应查明落差 10m 以上的断层,其平面位置误差应控制在 50m 以内,三维勘查应查明落差 5m 以上的断层（地震地质条件复杂地区查明落差 8m 以上断层）,其平面位置误差应控制在 30m 以内。

②进一步控制主要煤层底板标高,其深度大于200m时,解释误差二维勘探不大于2%;三维勘探不大于1.5%。深度小于200m时,解释误差二维不大于6m;三维不大于4m。③查明采区内主要煤层露头位置,其平面位置误差二维勘查不大于50m;三维勘查不大于30m。④当覆盖层厚度大于200m时,其解释误差不大于3%;小于200m时解释误差不大于6m。⑤进一步圈出区内主要煤层受古河床、古隆起、岩浆岩等的影响范围。⑥解释区内主要煤层厚度变化趋势。⑦解释较大陷落柱等其他地质现象。

20世纪90年代以来,煤田高分辨率三维地震技术发展迅速,在煤矿采区地震勘探中得到普遍运用,大幅度提高了勘查精度。三维地震能查明波幅>5m的褶曲、煤层底板深度误差<1%,圈定直径大于20m的陷落柱和岩体,控制落差>5m的断层,平面摆动范围<15m,条件有利地区可精确到落差3～5m的小断层。近年来,采区三维地震在探测煤层厚度和结构、煤层顶底板岩性、瓦斯富集区等方面也取得可喜进展,已经成为现代化煤矿地质保障技术体系的核心组成部分。

3. 矿井工程勘查

矿井工程勘查是生产建设中根据专项工程的要求而进行的勘查。其勘查任务、原则和施工要求均依专项工程要求而定。

例如,在老采空区进行寻找残余煤的工程勘查。它的主要任务和要求是①查明老采空区的开采时间、位置、范围、巷道布置方式及其位置,采煤方法和采出的煤量;②查明老采区的煤层厚度及其变化,开采厚度和丢煤厚度,计算可采残余煤量;③查明地质构造和水文地质条件及瓦斯含量等情况;④确定有可能进行的复采地段及找煤方向。

4. 专门水文地质勘查

勘查区(井田)水文地质勘查工作应与地质勘查工作结合进行。水文地质勘查工作应在研究地质和区域水文地质条件的基础上,把含水层的富水性、导水性、补给排泄条件及向矿井充水途径视为一个整体进行勘查和研究。对于水文地质条件复杂的大水矿区(每昼夜涌水量超过100000m³的井田),工作范围宜扩大为一个完整的水文地质单元。可根据矿井设计的需要,经上级机关批准,进行专门的水文地质勘探。

《煤炭煤层气地震勘探规范》(MT/T 897-2000)将煤矿床水文地震勘探定义为:为煤矿床专门水文地质勘探、供水水文勘查、煤矿防治水和安全生产提供水文地质资料而进行的地震勘探。供水水文地震勘探应按水文地质工作需要确定是否开展。供水水文地震勘探一般可分为普查、详查、勘探和开发4个阶段。大水矿区一般应进行专门水文地震勘探。供水水文地震勘探的工作重点是勘查主要含水层段的分布及富水性,断层阻、导水性和蓄水构造,其地质任务及精度要求参照《规范》普查、详查、精查阶段地质任务及工作程度要求的规定由任务来源单位确定。

5. 煤层气的勘查评价

(1) 煤炭和煤层气资源的综合勘查

国土资源部2007年4月下发了《关于加强煤炭和煤层气资源综合勘查开采管理的通

知》(国土资发〔2007〕96 号),对煤炭、煤层气将分立矿业权进行管理,但是,支持鼓励煤炭矿业权人综合勘查开采煤层气。《通知》要求,除去露天开采等方式采煤外,投资人申请煤炭探矿权,都应提交煤炭和煤层气综合勘查实施方案;煤炭探矿权人在依法取得煤炭勘查许可证后,应对勘查区块范围内的煤炭和煤层气进行综合勘查。

《通知》要求,经勘查,煤层中吨煤瓦斯含量高于国家规定标准的大、中型煤炭矿产地,在进行小井网抽采煤层气试验的基础上,提交煤炭和煤层气综合勘查报告,并按规定的程序进行储量评审(估)、备案。国土资源部根据国家矿产资源规划,综合考虑煤层气、煤炭资源赋存状况和煤炭矿业权设置方案,在煤层气富集地区,划定并公告特定的煤层气勘查、开采区域。

（2）煤炭资源勘查中的煤层气勘查工作

《煤、泥炭地质勘查规范》(DZ/T0215-2002)将煤层气勘查与其他有益矿产勘查并列。煤层气和其他有益矿产的勘查,一般利用各种探煤工程进行,确有必要时也可布置部分专门勘查工程和测试研究工作。各阶段勘查工作中所发现的有一定前景的煤层气资源和其他各种有益矿产,均应在地质报告中加以评述。对证实具有开发前景的煤层气资源和其他有益矿产,必要时应提交专门性地质资料。

（3）煤层气勘查

国土资源部 2002 年 12 月发布的《煤层气资源/储量规范》(DZ/T0216-2002)对煤层气勘查的定义为:在充分分析地质资料的基础上,利用钻井、地震、遥感以及生产试验等手段,调查地下煤层气资源赋存条件和赋存数量的评价研究和工程实施过程。

煤层气勘查可分为选区、勘探两个阶段:

1）选区,主要根据煤田(或其他矿产资源)勘查(或预测)和类比、野外地质调查、小煤矿揭露以及煤矿生产所获得的煤资源和气资源资料进行综合研究,以确定煤层气勘查目标为目的的资源评价阶段。根据选区评价的结果可以估算煤层气推测资源量。

2）勘探,在评价选区范围内实施了煤层气勘查工程,通过参数井或物探工程获得了区内关于含煤性和含气性的认识,通过单井和小型井网开发试验获得了开发技术条件下的煤层气产能情况和井网优化参数的煤层气勘查实施方案。根据勘探结果可以计算煤层气储量。煤层气资源已成为国家重要的战略性资源,本书第十一章专门论述煤层气的勘探开发技术与方法。

6. 其他有益矿产的勘查评价

煤炭地质勘查坚持"以煤为主、综合勘查、综合评价"的原则,对于与煤共伴生的其他矿产,要做好综合勘查评价工作。《煤、泥炭地质勘查规范》附录 C 规定了各阶段对其他有益矿产的勘查评价工作要求:

1）预查和普查阶段,应在详细研究区内和邻区有关资料的基础上,对已知的矿层和可能具有某种工业意义的岩层,进行描述、鉴定和采样分析化验,大致了解有益矿产的种类及其分布范围、厚度和品位。对具有含矿特征的岩层和可能用作建筑材料的岩层、松散沉积物等,进行详细的分层描述,并采取样品进行分析试验。选择部分探槽、探井、小煤矿和少量钻孔,对所有煤层(包括夹矸和顶底板)、碳质泥岩进行系统采样,先做光谱分析,然后根据微量元素的含量进行定量分析。还应选择一至两个钻孔,对所有岩层分别采样作光谱分析,发现有价值的元素做定量分析。

2)详查阶段,对已初步确定达到工业品位的矿产,利用自然露头、小煤矿和钻孔,布置一定数量的采样点进行采样分析,初步查明其厚度和品位变化,做出有无工业价值的初步评价。

3)勘查阶段,对具有工业价值的有益矿产,应根据探矿权人的要求,有针对性地进行采样试验,圈定符合工业品位和可采厚度要求的范围。根据实际达到的工作程度,估算其资源/储量,并对开发利用的可能性和途径做出评价。若需要进行专门性的勘查工作,参照有关矿种规范研究确定。

第三章　中国煤炭地质综合勘查技术新体系

第一节　中国煤炭资源勘查分区体系

在适宜的古构造、古地理、古气候和古生态条件下发育起来的聚煤盆地,经历了地质演化历程中地壳运动和构造-热作用的改造,被分割为不同类型、不同面积的煤田或含煤区。煤炭资源勘查开发前景,取决于聚煤作用等原生成煤条件和构造-热演化等后期保存条件综合作用的结果,称为煤炭资源赋存状态。术语"赋煤"(黄克兴、王佟,1982)、"赋存"含有形成和保存两重含义,相应的成矿区带称为煤系赋存单元或称赋煤单元(毛节华等,1999;程爱国、林大扬,2001)。

我国煤炭资源分布地域广阔,煤炭资源的形成和演化的地质背景多种多样,不同聚煤期、不同地质环境的成煤条件、聚煤规律和构造演化差异显著,各地区的自然地理和生态环境、经济发展水平也有很大差别。为了反映煤炭资源基本特征及其勘查开发前景,采用以成煤条件和构造背景为主线、结合其他因素的方式,进行煤炭资源赋存区划。"中国煤炭资源预测与评价"项目建立了赋煤区、含煤区、煤田或煤产地、勘探区(井田)或预测区四级方案(毛节华等,1999)。

赋煤区是根据主要含煤地质时代成煤大地构造单元划分的 I 级单元,即东北、华北、西北、华南、滇藏五大赋煤区(图 3.1、图 3.2 和表 3.1)。含煤区是在赋煤区范围内,按主要煤系聚煤特征、构造特征和煤系赋存特征划分的 II 级单元,是聚煤盆地或盆地群经历后期改造后形成的赋煤单元。煤田是按后期改造和含煤性进行划分的 III 级单元,强调煤系赋存在空间上的相似性和连续性。矿区是与煤炭开发布局区划相当的 IV 级赋煤单元,南方大多数地区和北方的部分地区,矿区与煤田相当。矿区包含若干井田(勘查区)或预测区。

尽管我国煤炭资源丰富,含煤盆地众多,但通过对比分析发现,我国煤炭资源赋存情况主要受东西向的昆仑-秦岭-大别山构造带、天山-阴山-图门山构造带两大巨型构造带和斜贯中国南北的大兴安岭-太行山-雪峰山构造带、贺兰山-六盘山-龙门山构造带控制。田山岗等学者称为"井"字形分布。我们通过对比分析看到,以秦岭-大别山造山带为界,北方赋煤盆地多,南方赋煤盆地少。特别是东北、华北以及西北的阿尔金山以西地区发育大型赋煤盆地,如准噶尔、塔里木、鄂尔多斯、二连、松辽等,还包括吐哈、焉耆、大同、沁水、海拉尔、漠河等中型盆地。而秦岭-大别山以南仅四川盆地为大型含煤盆地,余多为中小型赋煤盆地,且分散于赣中、闽北、闽西、滇西南以及两广南部近海地区。在造山带或造山带附近邻近区域的煤盆地规模普遍偏小,甚至没有煤盆地分布。

通过分析造山带的存在空间和煤炭资源分布空间的关系(图 3.1),我们可以看出:沿昆仑-秦岭-大别山造山带从西往东,两侧的煤炭资源分布差异显著,以北的新疆、晋陕、安

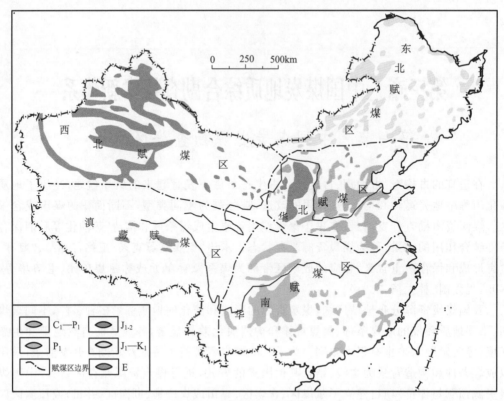

图 3.1　我国煤炭资源分布特征

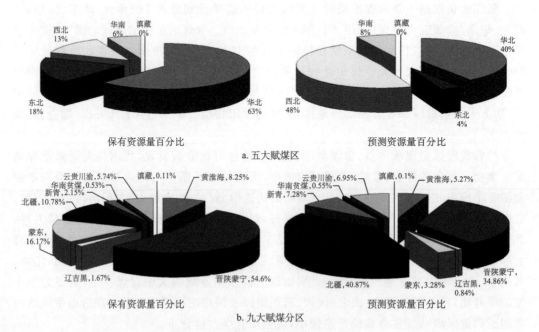

图 3.2　各赋煤区煤炭资源量百分比

表 3.1　各赋煤区资源分布统计

赋煤区	赋煤分区	保有资源量/亿 t		保有资源总量比重/%	2000m 以浅累计预测资源总量/亿 t		2000m 以浅累计预测资源总量/%
华北	黄淮海	1604.757	12224.71	62.83	2045.503	15573.67	40.14
	晋陕蒙宁	10619.95			13528.17		
东北	辽吉黑	325.08	3471.54	17.84	324.52	1596.638	4.11
	蒙东	3146.465			1272.11		
西北	北疆	2097.85	2517.378	12.94	15857.84	18683.12	48.15
	新青	419.53			2825.28		
华南	华南贫煤	103.29	1219.776	6.27	214.777	2912.084	7.50
	云贵川渝	1116.48			2697.317		
滇藏		21.939		0.12	39.336		0.10
全国		19455.34		100.00	38804.85		100.00

徽、河南等省区煤炭资源分布集中,而南部主要在四川地区才有大规模煤炭资源分布,往东延伸造山带一线仅在大别山的商城、固始一带石炭系杨山组发育薄煤层。其余地区基本是煤炭资源分布空白区;天山-阴山-图门山两侧煤炭资源分布差异虽不如中央造山带两侧明显,但在天山南北两侧的塔里木和准噶尔盆地内,煤炭资源近似环状分布,而沿天山一线,煤炭资源呈明显线状展布,新疆地区以东直至贺兰山西的中间广阔区域,煤炭资源呈明显零星分布;往东延在呼和浩特市南北,煤炭资源在主聚煤期分布上表现出明显差异。近南北向大兴安岭两侧的煤炭资源分布显著不同,西部蒙东地区煤炭资源主要集中于二连等盆地,分布相对集中,而以东的东三省,煤炭资源呈明显零星分布,大兴安岭一线几乎不存在煤炭资源;沿大兴安岭一线向南至燕山为煤炭资源分布空白区,进入太行山脉的自然延伸线,两侧煤炭资源分布也均较为富集;再往南河南的南部到湖北鄂西为煤炭资源分布空白区,湖南的雪峰山两侧邻近地区的煤炭资源均比较分散,但雪峰山以西、龙门山-哀牢山以东的川黔滇渝地区煤炭资源集中度较高,和雪峰山以东煤炭分布差异明显;贺兰山-六盘山-龙门山两侧的煤炭资源主要集中于造山带东部,以西地区资源分布较少。

造山带附近无煤炭资源分布主要是因为先期形成的造山带,在后期煤炭资源形成过程中通常作为构造高部位,充当物源供给区而几乎没有聚煤作用发生;或者是先期形成的煤炭资源,在后期造山带隆起过程中,通常遭受较为强烈的剥蚀而造成煤炭资源基本剥蚀殆尽。也就是说,不管造山带形成时间和聚煤作用发生时间存在怎样的耦合关系,均造成沿造山带基本不含煤炭资源这一共同表现的结果。现今沿造山带分布的非常微量的煤炭资源也基本都处于造山带之间接受沉积覆盖而难以剥蚀的低洼部位,煤炭资源通常是未完全剥蚀的残余煤炭资源。

截至目前,我国大量的煤炭地质勘探资料表明:我国煤炭资源除西北、华北、西南地区相对集中以外,其他地区均呈现明显的零星分布特点(图3.1),煤炭资源总体表现为"西多东少,北富南贫"的分布特征。

因此,根据区域造山带对于煤田地质构造,煤炭资源空间分布,煤盆地类型,煤系宏观构造特征的主导控制。在我国传统的五大煤炭地质分区的基础上,以大兴安岭-太行山-雪峰山、贺兰山-六盘山-龙门山、天山-阴山-图门山和昆仑山-秦岭-大别山为界进一步将其划分为9个赋煤分区,图3.3。自北而南,自东向西分别为:东部地区辽吉黑赋煤分区(辽、吉、黑三省)、黄淮海赋煤分区(冀、鲁、豫、京、津、苏北、皖北)、华南贫煤赋煤分区(闽、浙、赣、苏南、皖南、鄂、湘、粤、桂、琼);中部地区蒙东赋煤分区(内蒙古东部地区)、晋陕蒙宁赋煤分区(晋、陕、陇东、宁东、内蒙古西部)、西南云贵川渝赋煤分区(云、贵、川东、渝);西部地区北疆赋煤分区(新疆北疆地区)、南疆赋煤分区(青、甘、新疆南疆地区)、滇藏赋煤分区(藏、滇及川西地区)。在我国煤田地质构造、含煤盆地类型、煤系宏观构造变形显著受控于纵横交错的两横两纵巨型造山带,它们在平面上相互交错切割成"井"字形,控制了煤炭资源的分布。但在煤炭资源的空间分布上,煤炭资源明显集中于交错造山带之间的方格空间区域内,呈现"九宫分布"格局。

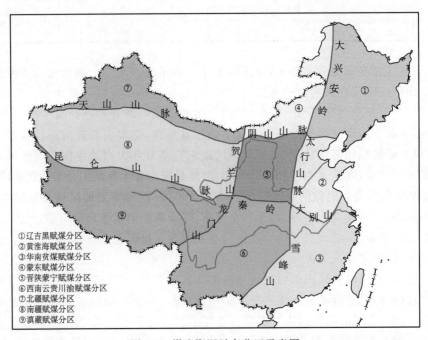

图 3.3　煤炭资源赋存分区示意图

　　中国煤炭资源的"九宫分布"格局不仅体现出各区含煤岩系沉积特点、主聚煤期分布、资源聚集与赋存等地质规律的不一致,同时也体现出各分区地理环境、气候、水资源、生态特点等要素的不尽一致,更为突出的是还与中国区域经济社会的发展现状基本吻合。这种分布上的区域性造成了我国煤炭工业开发的局部集中,如晋陕蒙宁地区已经成为我国煤炭工业高速发展的金三角,新疆北疆东部地区下一步将成为新的煤炭能源中心。

　　我国煤炭资源相对丰富,资源总量为5.82万亿t,其中,保有煤炭资源量为1.94万亿t,尚有预测资源量3.88万亿t。尚未利用资源量中精查储量仅为2593.58亿t,占尚未利用资源总量的16.8%。1000m以浅预测资源量1.4万亿t,2000m以浅预测资源量3.88万亿t。总体讲我国煤炭资源西多东少、北多南少。主要的资源富集区域为晋陕蒙(西)宁区、蒙东区和北疆区。东部地区煤炭资源严重匮乏,浙、闽、赣、鄂、湘、粤、桂、琼八个贫煤省区的保有煤炭资源总量仅占全国总量的0.5%,而资源丰富的中西部地区,占全国保有资源总量的89.5%。黄淮海区、东北区、东南区的剩余资源量分别为1090亿t、171亿t和62亿t,可采煤炭资源大幅减少,东北和南方贫煤地区濒临枯竭。

东部地区(包括东北地区)煤炭资源勘查精度较高,可以说,煤炭资源的分布情况基本清楚,大规模勘探工程已经完成,当前和今后的主要勘探任务集中于深部区块和构造隐伏区,如巨厚新生界覆盖区、大型推覆体覆盖区等。

西南云贵川地区煤炭资源分布广泛,但地貌和地质构造复杂,资源总量较小,煤质变化大,不适宜大规模建设开发。

西部的晋陕蒙宁甘和新疆北疆地区地质构造简单、煤层厚、埋深浅,但区域内水资源极度短缺,生态环境十分脆弱,煤炭资源勘查开发程度较低,除晋陕和蒙东、陇东、宁东地区,其他大范围尚未完成普查勘探,新疆等地区是我国今后煤炭资源勘查与开发的重要区域。

一、东北赋煤区

东北赋煤区南部大致以北票至沈阳一线与华北赋煤区相邻,东、北、西界为国界,包括黑龙江、吉林、辽宁三省,内蒙古的东部和中部以及河北张家口-承德以北地区,面积154.5万km²,含煤面积7.03万km²。该区煤炭资源保有量为3471.54亿t,占全国的17.84%,预测资源量1596.64亿t,占全国的4.11%(见表3.1、图3.2)该区是我国重要煤炭基地之一。抚顺、阜新、鹤岗、鸡西等一批老矿区,开发时间很早,开采强度大,不少已经衰老,矿区周围的后备资源有限。

该区含煤地层有下中侏罗统、下白垩统及古近系。其中,下白垩统为该区最重要的含煤层位,主要分布于内蒙古和本区东北部。该类聚煤盆地数目多,分布广,盆地中常有厚到巨厚煤层赋存,它们埋藏浅,储量大,宜于露天开采。下、中侏罗统煤系主要分布于本区的西南部,如辽宁的北票、内蒙古的锡林浩特。古近系煤系主要分布于辽宁(如抚顺、沈北、下辽河)、吉林(如敦化、梅河、伊通、舒兰)、黑龙江(如虎林、密山)三省。

该区聚煤作用的特点是:除黑龙江东北部有一部分晚侏罗世—早白垩世的海陆交互相沉积外,其余均为陆相沉积;聚煤古地理类型绝大多数为内陆山间盆地,局部地区有滨海山前盆地型。为断陷性质聚煤盆地,其受盆缘主干断裂控制呈北东至北北东向展布,盆内岩性、岩相、富煤带等也往往呈北东或北北东向的带状展布;煤层层数多、厚度大且较稳定,但结构复杂;煤系与火山碎屑岩、含油页岩沉积关系密切。

东北聚煤区煤的变质程度普遍较低,大兴安岭两侧的早白垩世煤均为褐煤。伊通-依兰以东,早白垩世和早、中侏罗世煤以低变质烟煤为主;三江-穆棱含煤区因受岩浆作用影响,出现变质程度较深的以中变质烟煤为主的气、肥、焦煤。南部浑江、长白山一带的石炭-二叠纪煤也因受区域岩浆热影响,有无烟煤类;辽西一带则以气煤为主。古近纪煤以褐煤类为主,有少量长焰煤。各煤类煤多属中高灰分、低硫、低磷煤。

东北赋煤区又细分为辽吉黑赋煤分区和蒙东赋煤分区。

1. 辽吉黑赋煤分区

辽吉黑赋煤分区主要分布在东北辽、吉、黑三省。早白垩世含煤地层为区内主要含煤地层,黑龙江东部三江穆棱河盆地为海陆交互相含煤地层,煤层层数多而薄,分布稳定。其他地区多为陆相断陷盆地,主要含煤地层为沙河子组与营城组、杏园组与元宝山组、奶子山组与乌林组、沙海组与阜新组。以元宝山组及奶子山组含煤性较好,常以巨厚煤层产出,有时厚达 100 余米。煤层较稳定—稳定,结构中等至较复杂。

石炭-二叠纪含煤地层太原组、山西组,主要分布在辽西、辽东太子河,吉林南部零星分布,资源有限,煤层结构中等,煤层发育较稳定,主煤层厚 1.45～3.35m。

古近纪始新世—渐新世的抚顺群、杨连屯组,含巨厚褐煤层与油页岩;达连河组、舒兰组,含多层薄煤;梅河组、桦甸组含薄—中厚煤层;珲春组、宝泉岭组含可采煤层 5 层;虎林组含 1～2 层可采薄煤层。煤层厚度变化大,常有巨厚煤层产出,煤层单层厚一般 1.3～3.5m,最厚达 54m,沈北、抚顺矿区的煤层厚度一般在 8m 以上,

东北赋煤分区处于华北地台北东台缘和内蒙古-大兴安岭褶皱带。辽西和浑江-辽阳石炭-二叠纪煤田受华北地台北东缘强挤压变形构造影响,呈北东向零星分布,如南票、红阳、本溪、浑江、长白等煤产地,后期改造强烈,地层倾角大,一般为 35°,断层发育,主要有北西、北东两组,岩浆岩对煤层的影响较严重,构造复杂,多属于中等—复杂构造类型。

受库拉-太平洋板块和欧亚板块相互作用的影响,在侏罗纪和早白垩世形成了一系列断陷盆地群,如北票、阜新-长春、铁法-康平等,单个盆地规模小,构造复杂。黑龙江东部三江-穆棱含煤区早白垩世为大型近海型含煤盆地,构造线走向南部(鸡西)为近东西,中部(勃利)为北西—北东东,褶皱较宽缓,一般倾角较平缓,多为 12°～15°,局部达 40°以上,断裂发育。有岩浆侵入,对煤层产生较明显的影响。

古近纪含煤盆地主要分布于环太平洋构造西带北段,有以北北东走向为主的佳伊、抚顺-沈北、珲春、敦化、虎林等断陷盆地,煤层倾角平缓,构造简单。

2. 蒙东赋煤分区

蒙东赋煤分区主要包括内蒙古呼和浩特以东地区,属于东北赋煤区的次一级赋煤分区。早白垩世含煤地层多为断陷盆地陆相含煤沉积,岩相岩性及含煤性差异变化大。北部海拉尔为扎赉诺尔群中部的大磨拐河组和上部的伊敏组含煤,煤层厚度大,变化大,结构复杂;二连含煤区内为巴彦花群中上部及霍林河组含煤,从东向西煤层层数减少、厚度变薄,可采累厚百余米至西部厚不及 10m。

早白垩世含煤断陷盆地群处于华北地台北东台缘和内蒙古-大兴安岭褶皱带,盆地构造样式多为走向北东—北北东向狭长形地堑和半地堑式含煤盆地。区内多为北北东、北北西向正断层,盆地被切割成大小不等的断块。煤层倾角多小于 10°,局部构造较复杂区倾角为 10°～20°,蒙东局部地段还受岩浆岩影响。

锡林浩特胜利煤田是蒙东赋煤分区煤层发育最好的地区,也是中国最大的、煤层最厚的褐煤田,煤层时代为早白垩世。含煤十多层,煤层总厚一般 200m 以上,最厚达 400m。

二、华北赋煤区

华北赋煤区位于我国中、东部,北起阴山-燕山,南至秦岭-大别山,西至桌子山-贺兰山-六盘山,东临渤海、黄海,包括北京、天津、河北、山西、山东诸省市及宁夏、甘肃的东部,河南、陕西大部,江苏与安徽的北部和内蒙古的中、南部,面积102.2万km²。该区是我国煤炭资源最丰富的地区之一,保有煤炭资源量达1222.71亿t,占全国保有煤炭资源总资源的62.83%。华北赋煤区是我国最重要的煤炭基地,分布有大同、太原西山、开滦、峰峰、焦作、平顶山、兖州、淮南、淮北等著名的煤炭企业,在我国能源供应体系中,占有举足轻重的地位。

华北地区的聚煤期主要为石炭-二叠纪,其次为早、中侏罗世和晚三叠世,古近纪也有煤的聚积。石炭-二叠纪太原组、山西组广泛分布于全区,为区内主要含煤地层。太原组以海陆交互相沉积为主,在鄂尔多斯的北西缘为陆相沉积。北纬38°线以北的大同、平朔、准格尔、桌子山、贺兰山和河北保定—开平一线为富煤区。山西组以陆相沉积为主,鄂尔多斯东缘的中南段、晋南、晋东南及太行山东麓豫西、鲁西南等地发育较好,主采煤层厚达3~6m。早二叠世下石盒子组为陆相沉积,可采煤层发育于北纬35°以南的豫西、两淮地区。晚三叠世瓦窑堡组含薄煤或煤线30层,仅子长一带可采或局部可采。中侏罗世延安组、大同组、义马组分别于鄂尔多斯盆地、晋北宁武-大同和豫西出露,含可采煤层。早白垩世青石砬组在冀北隆化张三营含煤1~4层,局部可采,不稳定。古近纪含煤地层主要发育于山东东北部的临朐、昌乐、黄县一带,河北、山西等地有零星分布。含煤地层有鲁东黄县组/五图组和豫东的东营组、馆陶组等。以鲁东黄县组/五图组较为重要。

该赋煤区位于华北地台的主体部位,被构造活动带所环绕,受基底性质、周缘活动带和区域力源的控制,煤系变形存在较大差异,具明显的变形分区特征,总体呈不对称的环带结构,变形强度由外围向内部递减。北、西、南外环带挤压变形剧烈,为构造复杂区。赋煤区主体西部为鄂尔多斯含煤盆地,东部为华北(山西)、环渤海(冀、鲁、皖)含煤盆地(群)。鄂尔多斯含煤盆地主体构造变形微弱,呈向西缓倾的单斜,环绕盆地边缘有缓波状褶曲,断层稀少,构造简单。东部吕梁山-太行山之间以山西隆起为主体的石炭-二叠纪含煤区变形略强,以轴向北东和北北东的宽缓波状褶皱为主,伴有同褶皱轴向的高角度正断层。太行山以东进入冀、鲁、皖内环伸展变形区,以断块构造为其特征,断层密集,中生代岩浆岩侵入比较广泛,煤的区域岩浆热接触变质规律明显。

华北赋煤区煤系主要受深成变质作用的影响,局部叠加了岩浆热变质作用。古生代石炭-二叠纪煤田煤的变质程度较高,主要为烟煤、无烟煤。从整体轮廓上看煤变质具明显的东西向分布特点,且以中部地区(焦作、沁水煤田)高变质烟煤与无烟煤带为中心向聚煤区边缘煤的变质程度逐渐降低,依次出现中变质烟煤和低变质烟煤带。中生代煤田,除宁夏汝箕沟、北京京西、山东坊子为无烟煤外,大部分为长焰煤和气煤。新生代古近纪、新近纪煤田则多属褐煤,也有少量的长焰煤。

华北赋煤区又分为黄淮海赋煤分区和晋陕蒙宁赋煤分区两个二级赋煤分区。

1. 黄淮海赋煤分区

黄淮海赋煤分区主要包括太行山以东地区。主要含煤地层为石炭-二叠纪太原组、山西组,太原组以海陆交互相沉积为主,35°带以南厚度变薄,可采总厚一般不足 3m。山西组以三角洲-潮坪体系沉积为主,含煤 1~3 层,太行山东麓鲁西南等地主采煤层厚达 3~6m。一般稳定,结构简单—中等。

早二叠世下石盒子组为三角洲沉积,北纬 35°以北基本不含可采煤层,以南于山东、安徽南部开始形成可采煤层,自北向南增多,厚度变大。上统上石盒子组在两淮、平顶山一带含可采煤层,厚 2~6m。一般较稳定,结构简单。

晚古生代煤系后期变形强烈,从西向东,鲁西北、鲁中、鲁西南至徐淮,以断块构造为其特征,断层密集,局部推覆构造发育,褶皱紧密。中生代岩浆岩侵入比较广泛,煤的区域岩浆热和接触变质规律明显。煤系地层倾角一般在 20°左右,局部可达 60°。黄县一带的第三纪盆地区内构造线方向总体为北东东,煤层倾角 5°~7°。

2. 晋陕蒙宁赋煤分区

晋陕蒙宁赋煤分区主要包括太行山以西、贺兰山—六盘山以东的华北地区。太原组含煤地层以海陆交互相沉积为主,由灰岩、泥岩、砂岩、煤层组成,一般厚 40~100m。含灰岩 2~5 层,一般厚 10~20m,含煤 6~12 层,可采总厚达 20~40m。北纬 38°线以北的大同、平朔、准格尔、桌子山—贺兰山一线为富煤区,可采总厚达 20~40m;北纬 38°~35°之间的吕梁、晋中一带的含煤性中等,可采总厚 3~8m;鄂尔多斯东缘的中南段、晋南、晋东南等地发育较好,主采煤层厚达 3~6m。在鄂尔多斯的北西缘为陆相沉积,太原组在宁夏香山厚 69~389m,含可采、局部可采煤层 1~10 层,厚 1.0~13.9m。太原组煤层大多稳定,结构简单。

山西组以河流-三角洲沉积为主,岩性主要为泥岩、页岩、粉砂岩、砂岩及煤层。厚度变化较大,具有北厚南薄、东厚西薄的特点。含煤层 3~5 层,富煤中心分布于北缘,以及太原附近地区,煤层最大累计厚度大于 16m,全区中厚煤层发育,大范围可以对比,煤层稳定—较稳定。

延安组大面积分布于鄂尔多斯盆地,为大型湖盆沉积,含煤 1~6 组,一般 3~4 组,煤层厚度大,稳定—较稳定。山西北部大同-宁武煤田的大同组,含可采煤层 6~8 层,宁武以南变薄,含可采煤层 2 层,单层厚 1m 左右。煤层稳定—较稳定。

鄂尔多斯侏罗纪盆地构造变形微弱,呈向西缓倾斜的单斜构造,断层稀少,构造简单,盆地西部的宁夏地区推覆构造较发育。吕梁山-太行山之间以山西隆起为主体的石炭-二叠纪含煤区变形略强,以轴向北东和北北东的宽缓波状褶皱为主,边翼较陡,伴有同褶皱轴向的张性(局部挤压)为主的高角度正断层,煤层赋存于复式向斜中,如大同-宁武、沁水、霍西煤田,地质构造简单—中等,局部较复杂,煤层倾角平缓,局部受岩浆岩的轻微影响。

三、西北赋煤区

西北赋煤区东以贺兰山、六盘山为界与华北赋煤区毗连,西南以昆仑山、可可西里山为界与滇藏赋煤区相邻,东南以秦岭为界与华南聚煤区相连,面积275.8万km²。全区煤炭资源保有总量达2517.38亿t,占全国总保有量的12.94%,2000m以浅累计预测资源量18683.12亿t,占全国的48.15%(见表3.1)赋煤区地域辽阔,煤炭资源丰富,处于待开发阶段,是我国煤炭工业战略接替区。其中新疆储量最大,占本区总储量的90%以上,居全国各省之首。

区内有石炭-二叠纪、晚三叠世、早-中侏罗世、早白垩世各地质时代含煤地层,其中以早-中侏罗世为主。早-中侏罗世西山窑组、八道湾组在新疆天山-准噶尔、塔里木、吐鲁番-哈密、三塘湖、焉耆、伊犁等大型含煤盆地广泛发育;北祁连走廊及中祁连山以早侏罗世热水组、中侏罗世木里组、江仓组为主要含煤地层;柴达木盆地北缘以中侏罗世大煤沟组含煤性较好。

西北赋煤区位于塔里木地台、天山-兴蒙褶皱系北部褶皱带和准噶尔地块以及秦祁昆褶皱系祁连山褶皱区等构造单元中。该区以早-中侏罗世特大型聚煤盆地为主,如准噶尔、吐鲁番-哈密、塔里木等,其含煤地层及煤层沉积稳定,煤炭资源丰富。受后期构造运动的改造,盆地周缘构造较复杂,断裂发育,地层倾角较大,盆地内部为宽缓的褶曲构造,倾角变缓。祁连褶皱区断陷含煤盆地后期改造剧烈,周边断裂发育,褶皱构造复杂,致使含煤区、煤产地分布零散,规模也较小。

西北聚煤区煤类较多,但总的变质程度较低,以低变质烟煤为主。早-中侏罗世煤以中灰、低硫、低变质烟煤为主。准噶尔、塔里木盆地周边含煤区多为长焰煤和不黏煤;乌鲁木齐、吐鲁番-哈密、艾维尔、焉耆等区的煤产地和深部有少量气煤、肥气煤;梧桐窝子—野马泉一带有少量中灰、低硫焦煤;伊犁、三塘湖—淖毛湖一带以长焰煤类为主,气煤、不黏煤次之,多属低-中灰、低硫煤。甘、青境内北祁连、中祁连、西宁-兰州等含煤区侏罗纪煤为低变质烟煤,以不黏煤、长焰煤为多,并有中变质烟煤如气煤、肥煤;而石炭-二叠纪煤则变质程度稍高,山丹、黑山、冰草湾一带为焦煤和瘦焦煤,苦水湾有无烟煤、贫煤。

中国西北区是我国最重要的赋煤区,煤炭资源丰富,开发条件好。但是,这些地区主要是高山、沙漠、常年冰冻和黄土覆盖区,自然条件十分恶劣,由于经济技术条件和自然条件的限制,勘探程度较低。西北赋煤区二级赋煤区为北疆赋煤分区(新疆北疆地区)、南疆赋煤分区(青、甘、新疆南疆地区)。

1. 北疆赋煤分区

北疆赋煤分区(新疆北疆地区)属于西北赋煤分区的西部地区,主要成煤期为早-中侏罗世。该区含煤层数多,煤层厚度大,煤层区域延伸稳定,构造简单至中等,部分矿区褶皱发育,岩层倾角变化较大,总体来说煤层埋藏浅,赋存条件好。新疆天山-准噶尔、塔里木、吐鲁番-哈密、三塘湖-淖毛湖、焉耆、伊犁等大型含煤盆地广泛发育,准噶尔盆地乌鲁木齐及吐哈盆地沙尔湖、大南湖等地主要发育早-中侏罗世西山窑组、八道湾组,含煤性极好,煤层稳定至较稳定,含巨厚煤层 5~30 层,总厚 174~182m;伊宁含煤 6~13 层,厚 40~47m。2009 年在新疆沙尔湖煤田勘查见到单层 217.14m 厚煤层。

2. 南疆赋煤分区

南疆赋煤分区含煤盆地主要分布于塔里木盆地的周边地区。该区煤层为薄—中厚层状,区域延伸较稳定或不稳定,煤层埋藏或赋存条件较北疆地区差。

石炭-二叠纪靖远组、羊虎沟组、太原组、山西组分布于河西走廊,甘、青交界的中祁连山、北祁连走廊、靖远香山和柴达木盆地北缘。在北祁连山富煤带,太原组含可采煤层 2~4层,可采总厚 24m;山西组仅含 1~2 层可采煤层,一般厚 1~2m,山丹煤产地含煤性较好,煤厚 5m 左右。柴达木盆地北缘的乌兰煤产地扎布萨尕秀组含可采、局部可采煤层 2~7 层,煤层薄,但较稳定。

甘肃、青海等地中侏罗世含煤地层的地方名称颇多。北山、潮水盆地的芨芨沟组含薄煤及煤线,青土井群含煤 6~12 层;兰州-西宁分别为窑街组及元术尔组、小峡组,含可采煤层 2~3 层。北祁连走廊及中祁连以早侏罗世热水组、中侏罗世木里组、江仓组为主要含煤地层,柴达木盆地北缘以中侏罗世大煤沟组含煤性较好,煤层较稳定。

早白垩世含煤地层仅见于甘肃西北部的吐路—驼马滩一带,新民堡组(群)含 3 个煤组,1~10 层可采,局部薄煤层可采。

西北赋煤区位于塔里木地台、天山-兴蒙褶皱系(西区)北部褶皱带和准噶尔地块,以及秦祁昆褶皱系祁连山褶皱区等构造单元中。以早中侏罗世特大型聚煤盆地为主,有准噶尔、吐鲁番—哈密、塔里木等,含煤地层及煤层沉积稳定,煤炭资源丰富,构造简单至中等,局部受岩浆岩的轻微影响;天山及祁连山褶皱区的伊犁、尤尔都斯、焉耆、库米什及祁连山等山间断陷盆地型含煤盆地,受后期构造运动的改造,盆地周缘构造较复杂,挤压断裂发育,地层倾角较大,盆地内部为宽缓的褶曲构造,倾角变缓。褶皱区还有断陷含煤盆地经受后期改造剧烈,周边断裂发育,褶皱构造复杂,致使含煤区、煤产地分布零散,规模也较小。石炭-二叠纪含煤由于受多期构造运动影响,构造复杂程度多属中等—复杂,断层发育,一般西部比东部复杂,西部的褶曲被断层切割和上升剥蚀,仅保留褶曲残留形态,地层倾角 16°~60°,东缓西陡,局部倾角平缓;早-中侏罗世含煤盆地多呈北西向展布,盆内以宽缓向斜或单斜为主,盆缘多发育挤压断层,构造复杂程度属于中等到复杂。

四、华南赋煤区

华南赋煤区北界秦岭—大别山一线,西至龙门山—大雪山—哀牢山,南东临东海、巴士海峡、南海及北部湾。包括贵州、广西、广东、海南、湖南、江西、浙江、福建等省(区)的全部,云南、四川、湖北的大部,以及江苏、安徽两省南部。区内煤炭资源分布很不均衡,西部资源赋存地质条件较好,东部资源赋存地质条件差,地域分布零散,煤炭资源匮乏。不同地质时代的含煤面积合计 11.13 万 km²,煤炭资源量保有量 1219.78 亿 t,占全国保有资源总量的 6.27%,2000m 以浅累计预测量 2912.08 亿 t,占全国预测总量的 7.5%。

区内有早石炭世、早二叠世、晚二叠世、晚三叠世、早侏罗世、晚侏罗世、古近纪和新近纪各期的含煤地层。晚二叠世龙潭组、吴家坪组、宣威组的分布遍及全区,大部分含可采煤层,以贵州六盘水、四川筠连、赣中、湘中南及粤北一带为煤层富集区。晚三叠世含煤地层以四川、云南的须家河组,湘东-赣中的安源组含煤性较好。早、晚侏罗世含煤地层分布零星,含煤性差,多为薄层煤或煤线。古近纪和新近纪含煤地层主要分布于云南、广西、广东、海南、台湾及闽浙等地。其中滇东的昭通组、小龙潭组为主要含煤地层,含巨厚褐煤层;台湾含煤地层为古近纪木山组、新近纪石底组及南庄组,以石底组含煤性稍好,其他均差。

华南赋煤区处于特提斯构造域与环太平洋构造域的交汇部位,跨扬子地台和华南褶皱系。扬子地台煤系变形具有近似同心环带结构的基本特点。上扬子四川盆地变质基底发育完整,构成扬子地台盖层变形分带的稳定核心,川中地区以宽缓的穹窿构造、短轴状褶皱变形和断层稀疏为特征。由此向周边,煤系变形强度递增,沿反时针方向,分别由扬子地台北缘逆冲带、川西龙门山逆冲带、滇东压扭褶皱带和雪峰山褶皱逆冲推覆带所组成。华南褶皱系的基底为前泥盆纪浅变质岩系,其活动性大于扬子地台,盖层变形十分复杂,煤田推覆和滑覆构造全面发育。就整个华南赋煤区而言,构造变形强度和岩浆活动强度均有由板内向板缘递增的趋势,煤田构造格局明显受区域性隆起和拗陷的控制。由东南沿海中生代闽浙火山岩带向西北扬子地台,一系列北东—北北东向大型隆起和拗陷相间排列,煤系保存在基底隆起之间的拗陷之中,逆冲推覆与滑覆由隆起指向拗陷,北东—北北东向展布的条带状变形分区规律性明显。

华南聚煤区的煤类齐全,其中非炼焦煤占的比重较大,炼焦煤集中分布于云南、贵州地区。东部沿海地区由于岩浆岩发育,煤种多为高变质烟煤、无烟煤;西部地区则主要为低、中变质的烟煤和褐煤。从时间上来说,本区早古生代石煤全为腐泥无烟煤,晚古生代以高变质烟煤和无烟煤为主;中生代则多为中、低变质的烟煤;新生代古近纪和新近纪为褐煤,第四纪均为泥炭。由此可知,本区西部以深成变质作用为主,东部则由深成变质与岩浆变质共同作用而成。华南赋煤区分为华南贫煤赋煤区和云贵川渝赋煤分区。

1. 华南贫煤赋煤分区

华南贫煤赋煤区主要成煤期为二叠纪。早二叠世含煤地层梁山组在湘鄂川边分布,含煤性较差,仅含局部可采煤层。闽西南及粤中的中二叠世晚期含煤地层童子岩组以及江西上饶组含煤性较好,含可采及局部可采煤层。

晚二叠世龙潭组/吴家坪组/合山组为主要含煤地层,分布遍及全区,大部含可采煤层。以赣中、湘中南及粤北一带为煤层富集区。广西局部也含可采煤层。

晚三叠世含煤地层以湘东的安源组含煤性较好,含可采及局部可采煤层。闽北、粤北、闽西南的焦坑组、红卫坑组、文宾山组虽含煤,但多不可采。

早石炭世含煤地层在鄂西称万寿山组与祥摆组,湘、赣、粤称测水组,桂北、桂中称寺门组,其中以测水组在湘中的含煤性较好,粤中、粤北次之。万寿山组、祥摆组、寺门组也含可采或局部可采煤层,以桂北红茂罗城一带含煤性较好。东南沿海各地的梓山组、忠信组、叶家塘组等虽也含煤,但大多不具稳定可采煤层。

早、晚侏罗世含煤地层分布零星,各地名称不一,鄂西称香溪组,鄂中南为武昌组,湘东为造上组,桂东称北大岭组,湘西南称下观音滩组等。含煤性差,多为薄层煤或煤线。

古近纪和新近纪含煤地层主要分布于广西、广东、海南等地,广西南宁、百色盆地的那读组含多层可采及局部可采褐煤。广东茂名盆地油柑窝组及海南长昌组、长坡组含油页岩及薄煤层。

华南地区煤层一般较薄,煤层不稳定—极不稳定,多呈鸡窝状产出。

含煤区跨扬子地台和华南褶皱系,以晚二叠世聚煤盆地为主体,晚三叠世后经历了十分强烈的改造,中部和东部盖层的隆起与褶皱发育,平行赋煤区周边构成褶皱群。北缘至鄂东为北西西或近东西向,西南缘桂西南为南北或北西向,断裂也较发育。中部的鄂西等地,以比较完整的连续缓波状褶皱带为特征。东部的鄂东南、湘、赣、粤北地区处于华南和东南沿海褶皱系,以煤系的强烈变形、褶皱发育、断层密集、推覆构造普遍为特征,地质构造复杂。古近纪和新近纪含煤盆地大部以断陷盆地形式存在,并经过后期改造,盆地展布与区域构造方向一致,岩浆活动微弱。

2. 云贵川渝赋煤分区

云贵川渝赋煤分区区内有早石炭世、早二叠世、晚二叠世、晚三叠世、古近纪和新近纪各时期的含煤地层。主要含煤地层为晚二叠世含煤地层。

早石炭世含煤地层在滇黔边称万寿山组与祥摆组,含可采或局部可采煤层,但大多不具稳定可采煤层。在西藏为马查拉组,中部含煤段在自家浦、马查拉一带厚 870～1185m,含煤多达数十层,均为不稳定薄煤层或煤线。

早二叠世含煤地层梁山组在滇东、滇西有分布,含煤性较差,仅含局部可采煤层。

晚二叠世龙潭组/宣威组的分布遍及全区,大部含可采煤层。以贵州六盘水、云南富源、四川筠连一带为煤层富集区。晚二叠世煤云南主要分布在滇东宣威、恩洪、圭山,占91.75%,其次为镇雄、大理,煤厚 8～15m;贵州主要分布于六盘水、织纳、黔北等地。含可采煤层 9 层,可采总厚 7.21～36.13m,煤层结构中等,较稳定,在六盘水三角形地域内的六盘水煤田,晚二叠世龙潭组早期、晚期和长兴期三个聚煤期叠加,成为富煤区,煤层层数多,厚度大,比较稳定。资源丰度一般 1000 万～2000 万 t/km²,水城发耳、格目底勺米、马场、大寨、六枝双夕等煤产地的资源丰度大于 3000 万 t/km²;四川主采煤层单层厚度小,稳定性差,资源丰度低,主要分布在川南筠连、芙蓉、古叙、松藻、南桐、南武及川中华蓥山、天府、中梁山等地含可采或局部可采煤层 17 层,其中 4 层层位稳定,分布广,平均厚0.97～1.83m,最大厚度 6.26～7.73m。资源丰度一般 300 万～800 万 t/km²。

晚三叠世含煤地层以四川、云南的须家河、大荞地组、干海子组含煤性较好,含可采及局部可采煤层,一般可采厚度 0.7～2.0m,花果山组呈北西-南东向展布在祥云煤产地,含可采煤层 1～5 层,总厚 0.6～9.32m。白土田组主要分布于北部,上段含可采及局部可采煤层 1～4 层,总厚 0.6～20.4m。干海子组为一平浪煤田主要含煤组段,含可采煤层 1～3层,总厚 0.5～3.5m,煤层自南向北变薄,在四川主要分布在永荣、华蓥山、雅乐、广旺及西部的攀枝花、盐源等地,可采或局部可采煤层 3～7 层,以薄煤为主,单层可采厚一般

0.40～1.00m，个别可达 3m 以上，厚度变化大，稳定性较差。

古近纪和新近纪含煤地层主要分布于滇东的昭通组、小龙潭组，为主要含煤地层。昭通盆地煤层的最大厚度达 193.77m，小龙潭褐煤盆地含巨厚的结构复杂的复煤层（组），煤厚约 72m，最大厚度达 215.68m，煤层较稳定。

本区跨扬子地台、华南褶皱系。以晚二叠世聚煤盆地为主体，晚三叠世后经历了十分强烈的改造，西缘龙门山一带强烈褶皱、逆掩，中部和东部盖层的隆起与褶皱发育，平行赋煤区周边构成褶皱群。西南缘康滇、滇南为南北或北西向，断裂也较发育。中部的川东、川南、黔北、黔东等地，以比较完整的连续隔档式和隔槽式褶皱为特征。晚二叠世云、贵、川东地质构造比较复杂，断层、褶皱均较发育，对煤层破坏较大，构造复杂程度多属中等至复杂类。晚三叠世煤系构造中等至复杂。古近纪和新近纪含煤盆地以滇东盆地群为主，以断陷盆地形式存在，后期改造微弱，盆地展布与区域构造方向一致，岩浆活动微弱、构造简单。

五、滇藏赋煤区

滇藏赋煤区（也即滇藏赋煤分区）北界昆仑山，东界龙门山—大雪山—哀牢山一线，包括西藏的全部和云南的西部，面积约 204.7 万 km²。该赋煤区地处青藏高原，地域辽阔，交通困难，地质条件复杂，地质工作程度很低，煤炭资源的普查勘探及开发更少。据已有资料，将有限的煤炭资源分布区划分为扎曲-芒康、滇西两个含煤区，以及青海巴颜喀喇山东部、藏北、藏南等若干个零散分布的煤产地。不同地质时代的含煤面积共 5370km²，煤炭资源量不足全国总资源的 0.2%（表 3.1）。

滇藏赋煤分区从石炭纪至新近纪各地质时代的含煤地层均有发育，其中以早石炭世马查拉组、杂多组和晚二叠世妥坝组、乌丽组较为重要，其次为晚三叠世土门组（西藏）、结扎组（青海）、麦初箐组（滇西）以及滇西的新近纪含煤地层。

赋煤分区位于滇藏褶皱系藏北-三江褶皱区和藏南（喜马拉雅）地块上。受北西-南东向深断裂的控制和成煤后期的破坏，多为小型断陷盆地。强烈的新构造运动，使含煤盆地褶皱、断裂极为发育。按区域构造特征，大致可划分为藏北（含青海西南乌丽）、昌都-芒康、藏中、滇西 4 个分别以石炭纪、二叠纪、三叠纪、新近纪为主要聚煤时代的含煤盆地（群）区。

区内煤变质程度较深。早石炭世煤以无烟煤为主；晚二叠世及晚三叠世煤以贫煤—无烟煤为主，有少量瘦煤、肥煤或长焰煤；新近纪煤均为褐煤。

该区位于造山带附近的煤系以紧密线形褶皱和断裂变形为主，部分卷入构造混杂岩中，断块内部煤系褶皱和层滑变形强烈，深断裂的控制和成煤后期的破坏，多为小型断陷盆地。强烈的新构造运动，使含煤盆地褶皱、断裂极为发育。虽然从晚石炭世到新近纪均有聚煤作用发生，但复杂动荡的构造背景使得有效聚煤期限短，沉积环境不稳定，煤盆地规模小，含煤性与煤层赋存条件极差，开采地质条件复杂。

第二节　中国煤炭地质综合勘查新体系基本构成

一、新体系的基本架构

中国煤炭地质条件的复杂性和自然、地理条件的差异性,造成单一勘查技术手段难以解决复杂地质条件下的勘查目标,不同地区不同阶段的勘查工作应以取得最佳勘查效果为目标,统筹考虑勘查区具体的地理、地质和地球物理条件,选择最适宜的勘查技术手段及组合为特色。1993 年王佟根据河南豫西煤田地质特点,提出了研究豫西煤田勘查类型划分原则和方法的基本思路(王佟,1993)。近年来,通过不断总结煤炭地质勘查经验,逐步形成了新的煤炭地质勘查技术体系基本架构。王佟、曹代勇、李增学等在系统分析我国煤炭资源赋存规律的基础上,根据我国煤田地质勘查工作的特点、重新确立了煤炭地质勘查的基本原则,将"煤田地质勘探"发展为涵盖煤炭勘查、矿井建设、安全生产、环境保护等内容的"煤炭资源综合勘查",提出了适合当代需要的煤炭资源综合勘查技术新体系(徐水师、王佟等,2009a;Wang,2011)。

二、构建模式确立原则

根据建设煤炭地质综合勘查新技术体系的要求,为规范煤炭地质工作,以煤炭地质勘查要以当代科学技术为依托,立足于煤炭地质条件复杂,逐步形成适合中国煤炭地质特点并且具有现代科技特色的煤炭资源综合勘查新技术体系。新体系重新确立遵循了 4 个原则。

1. 从实际出发原则

正确、合理地选择采用勘查技术手段,确定勘查工程部署与施工方案,加强煤炭地质勘查过程中的地质研究,充分掌握煤矿床的赋存特点进行施工。

2. 先进性原则

在研究解决煤炭工业生产建设中采用新技术、新装备,提高勘查成果精度,适应煤矿建设技术发展的需要。

3. 全面综合原则

1)对整个煤田应做全面研究,对煤炭资源的地质勘查工作做整体研究和总体布局。

2)坚持"以煤为主、综合勘查、综合评价"的原则,做到充分利用、合理保护矿产资源,做好与煤共伴生的其他矿产的勘查评价工作,尤其是煤层气和地下水(热水)资源的勘查。高原终年冻土地带应增加对可燃冰存在的勘查。

3)综合利用各种技术手段,并使之相互配合,相互验证,以提高勘查的地质效果。

4. 循序渐进原则

首先研究地表或浅部地质情况,然后根据所获得的地质资料来布置深部的勘查工程;

勘查工程的布置和施工要由已知到未知,由疏到密来进行。在地质勘查过程中,对煤矿床的研究,必须分清问题的主次,循序加以解决,既要突出重点,又要考虑调查研究的全面性。

三、新体系构成要素

根据我国煤炭资源东西分带、南北分区的分布特点,以中国煤田地质理论新进展为支撑、新形势下煤炭地质勘查规范为依据,在系统分析我国煤炭资源赋存规律和煤炭地质勘查工作特点的基础上,重新确立了煤炭地质勘查的基本原则,将"煤田地质勘探"发展为涵盖资源调查、地质勘查、矿井建设、安全生产、环境保护全过程地质工作的"煤炭地质综合勘查"。形成了以中国煤田地质理论新进展为支撑、新形势下煤炭地质勘查规范和标准体系为依据,由煤炭资源评价技术、煤炭资源遥感技术、高精度地球物理勘查技术、快速地质钻探技术、煤炭资源勘查信息化技术、煤矿区环境遥感监测技术、煤矿生产地质保障技术、煤炭煤质测试技术构成的当代煤炭地质综合勘查理论与技术体系(图3.4)。其中,煤炭资源遥感技术、高精度地球物理勘查技术、快速地质钻探技术、煤炭资源勘查信息技术、煤矿区环境遥感监测技术为五大关键技术。

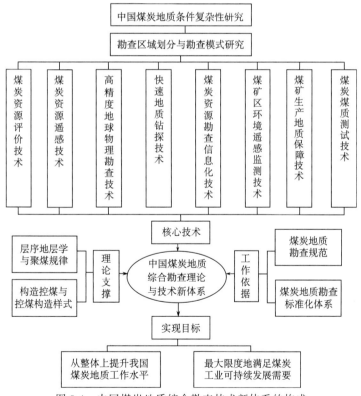

图3.4　中国煤炭地质综合勘查技术新体系的构成

这就是逐步形成的具有中国特色的"中国煤炭地质综合勘查技术新体系",其由"一个创新思路、两大支撑理论、五大关键技术、一套标准规范"构成。

　　一个创新思路就是提出集煤炭勘查、矿井建设、安全生产、环境保护为一体的"煤炭资源综合勘查"新思路。在系统分析我国煤炭资源赋存规律和煤炭资源勘查工作特点的基础上，重新确立了煤炭地质勘查的基本原则，将"煤田地质勘探"发展为涵盖煤炭勘查、矿井建设、安全生产、环境保护的"煤炭资源综合勘查"，形成了以中国煤田地质理论新进展为支撑、新形势下煤炭地质勘查规范为依据，由煤炭资源遥感技术、高精度地球物理勘查技术、快速地质钻探技术、煤炭资源勘查信息化技术、煤矿区环境遥感监测技术等核心技术构成的当代煤炭资源综合勘查理论与技术体系。

　　聚煤规律研究和构造控煤作用研究取得突出进展，为当代煤炭资源综合勘查技术体系提供了强大的理论支撑。煤炭资源综合勘查技术体系以煤田地质理论研究为基础。近年来，聚煤规律研究和构造控煤作用研究取得重大进展：煤系高分辨层序地层模式、陆相成煤模式、海侵成煤模式、幕式成煤作用等新观点的提出，深化了对聚煤规律的认识；盆地动力学分析、煤田滑脱构造研究、控煤构造样式的划分等新成果推动构造控煤作用日趋深入和实用化，从而为建立煤炭资源综合勘查技术体系提供了有力的理论支撑。

　　关键技术之一：煤炭资源遥感技术。

　　遥感技术以其视域广、效率高、成本低、综合性强以及多层次性、多时相性、多波段性等特点，成为煤炭资源调查评价的重要技术手段，随着遥感传感器种类的增多、遥感图像分辨率的提高以及遥感数据处理和信息提取技术的发展，遥感技术的应用前景日趋广阔。提出了煤炭资源调查遥感探测模式、工作流程和技术方法体系。中国煤炭资源地域分布的广泛性，导致不同地区遥感找煤方法的差异。在中国西部广大地区，煤层煤系出露较好、地质工作程度低、人类活动干扰少，遥感解译可以直接寻找煤层煤系为目标，通过大范围中小比例尺遥感地质调查，选择赋煤有利区段，开展较大比例尺的遥感地质填图或地表地质填图，结合常规地质手段，经济、高效地发现煤炭资源。而在中国东部地质工作程度较高、植被和新生界覆盖较多的隐伏和半隐伏地区，遥感技术应用则应以查明控煤构造、间接找煤为目标，同时重视与物探、钻探等多元地学信息的综合。

　　关键技术之二：高精度地球物理勘查技术。

　　我国聚煤盆地类型多样，构造十分复杂，煤炭地质工作的难度很大。而机械化采煤对地质报告精度的要求却日益提高，以往供建井设计的地质报告只能查明初期采区内落差大于 30m 的断层，精度远远不能满足建井设计及开采的要求。以三维地震勘探技术为核心的高精度地球物理勘查技术的应用，极大地提高了煤炭统合勘查的效率。近几年，高精度磁法勘探在预测矿体、划分大地构造单元、圈定岩体和断裂（如大型侵入体的分布及规模、喷出岩的范围、大断裂及破碎带的位置等）、研究基底起伏和固定含煤远景区、预测煤层自燃区边界等方面均取得了长足进步。

　　关键技术之三：快速地质钻探技术。

　　根据我国煤炭地质复杂、含煤区多样性的特点，因地制宜地发展研究了多种钻进工艺，如空气泡沫钻进工艺、潜孔锤反循环钻进工艺、气动潜孔锤钻进工艺、液动冲击回转钻进工艺、受控定向钻进技术等。目前，在煤田勘探施工中，全液压顶驱钻机已逐步替代现有立轴式和转盘式钻机，而且可能在未来 3～5 年内实现大部分设备的更新换代，这是煤田勘探设备自动化发展更新的成果之一。

关键技术之四：煤炭资源勘查信息化技术。

充分结合煤田资源勘查、开发的生产实际与工作方法，考虑具体地测空间信息的特点，开发设计了适合煤田资源勘探、煤矿开采的功能需求的软件开发平台。深入开展了煤炭勘查地测空间信息系统关键技术的研究。考虑煤炭地质勘查、数字地质报告编制信息化及对信息共享的迫切需求，实现了大量数据处理、图形图件制作、信息交流的自动化。充分利用网络技术，实现了不同部门间信息的共享。

关键技术之五：煤矿区环境遥感监测技术。

应用遥感资料进行矿山管理；以多年来实测的煤矿开采区地物光谱数据为其理论依据，遥感技术在煤火区探测、矿区突水预测、控制开采区塌滑流（塌陷、滑坡、泥石流）发生发展的地裂缝监测、煤炭资源开发引发的地面塌陷造成的土地破坏和地貌变化、植被破坏、矸石山污染等方面的监测方法及应用，通过精准监测为煤矿区环境治理修复与地质灾害防治提供具体目标区。

一套标准规范即编制了一套规范与技术标准。构建中国煤炭资源综合勘查理论与技术新体系提供了政策和技术性操作依据。这些规范包括：煤、泥炭地质勘查规范，也是煤炭地质勘查的总纲；煤田地质填图规程；煤炭勘查地质报告编写规范；遥感煤田地质填图规程；煤炭地质勘查钻孔质量评定；煤矿床水文地质、工程地质、环境地质评价标准；煤炭地质勘查煤质评价技术标准；煤炭煤层气地震勘探规范；煤炭电法勘探规范；煤田地球物理测井规范；煤层气勘查技术标准；煤炭地质勘查报告图示、图例标准和煤矿床水文地质勘查工程质量标准等。

根据我国聚煤条件的不同，将全国划分为五大勘查区域（赋煤区）九个勘查分区（赋煤分区），建立了中国煤炭地质勘查分区体系。归纳总结了各类煤矿床勘查类型的基本特点，建立了适宜中国煤炭地质勘查特点的四类煤矿床勘查模式，包括勘查手段的组合、勘查程序和勘查工程布置等方面。即老矿区深部或外围勘查模式、深部新区勘查模式、复杂地质条件煤矿床勘查模式、复杂地理条件煤矿床勘查模式。煤矿床类型的划分和勘查模式的建立，提供了类比、借鉴类似煤矿床勘查经验的基础，有助于采用有效的勘查技术方法手段组合，为制定合理的勘查工程布置方案和施工顺序奠定了基础。

中国煤炭地质综合勘查理论与技术新体系的建立，是广大煤炭地质工作者针对我国复杂地质条件下煤炭资源勘查的实际需求，立足于长期科学研究和工程实践所取得的集成性成果。该体系集理论研究、工作方法、技术装备于一体，涵盖了煤炭资源勘查→采前建设→开采→采后治理的多个方面，广泛采用了国内、外最先进的技术方法，实现了我国煤炭地质勘查理论和技术的跨越式发展，极大地推动了我国煤炭地质勘查工作，在实践中已取得煤炭资源综合勘查方面的突破性进展。

四、遥感技术应用

（一）遥感技术类型

随着现代空间技术的发展，人类已经实现了感知遥远目标的愿望，人类可以在几千米直至数十万米以外的高空,通过飞机和人造地球卫星等平台所运载的各种传感仪器,接收地面反射与辐射的电磁波信息,然后再将这些信息传输到地面并加以处理,达到对目的物的识别与监测的全过程,这就是通常所称之遥感技术或被动遥感。从飞机或人造地球卫星向地面发射电磁波,然后接收目的物反射的信息,称为主动遥感或遥测。

目前国际上比较常用的遥感技术手段有:摄影遥感、多光谱遥感、红外遥感、雷达遥感、激光遥感、全息摄影遥感等。

遥感技术提供的图像数据,一方面可以提供高分辨率、高精度定位的立体观测地貌,可在前期踏勘阶段准确、迅速地查明地形、地貌、露头岩性组合和覆盖区地下构造的基本形态及地层、断层延伸走向等方面的信息;另一方面可以利用其与地表、地下信息的相关关系,作为普查勘探的信息源。在野外,将遥感(RS)、地理信息系统(GIS)及全球定位系统(GPS)等所谓的"3S"技术相结合,可以很清楚、直观地利用彩色立体观测地貌图进行跑点定位。

随着科学技术的发展,特别是各国军用卫星的研发,极大地促进了遥感地质调查手段的进步。印度1994年发射的IRS-P2卫星有一波谱的空间分辨率达到了5.8m。加拿大1995年发射的雷达卫星(Radarsat SAR)分辨率为10～100m可选,幅宽45～500km可选,而且不受时间和气候条件的限制,能够进行全天候工作。美国Spaceimage公司1999年9月发射的IKONOS高分辨率商用卫星,可采集1m分辨率的黑白影像和4m分辨率的多波段影像,EarthWatch卫星搭载的快鸟(QuickBird)传感器,最高可达0.61m的空间分辨率。中国-巴西合作研制的资源一号卫星(CBERS-1)于1999年10月14日在中国成功发射,兼有法国SPOT-1和美国Landsat 4的主要功能,卫星上装有先进的遥感器,其中包括5谱段、分辨率为19.5m的CCD相机,红外多光谱扫描仪和广角成像仪,它投入使用后为我国的资源调查和环境监测作出了重要贡献。

目前,美国民用对地观测卫星的限定政策是:全色,0.5m空间分辨率;多光谱,2m空间分辨率;高光谱,产品8m分辨率和原始数据20m分辨率;合成孔径雷达(SAR),3m分辨率。

"探地雷达"是另一种遥感技术。澳大利亚昆士兰大学研制了一种新的探地雷达(GPR),它有"浅层"和"深层"两种机型,并可以安装在汽车上,用微波技术探测1～30m深的目标。浅层型GPR在一个煤矿进行了成功的试验,使过去认为不可能进行回采的6000万t薄煤层成为可能。深层GPR还可用于探测地下管道等地下装置。

(二)我国遥感技术的应用概况

我国自1984年建立煤炭部遥感地质应用中心,到1996年煤航遥感应用研究院正式成立,通过引进设备、技术改造,以及计算机软、硬件技术的飞速发展和计算机技术的普及,遥感技术发生了突破性的飞跃,在煤炭资源调查评价、煤矿区灾害调查与监测、环境地质调查与动态监测等方面发挥了重要作用。先后完成了"云南三江地区煤炭资源调查评价"、"西部地区煤炭资源调查评价"、"鄂尔多斯盆地构造特征的遥感地质研究"和"中国北方煤田火区调查与研究"等项目,取得了一系列的高水平研究成果

（张文若等，2006）。

将遥感技术应用于煤炭资源调查，大多局限于小比例尺的研究范畴，大比例尺（≥1∶5万）的地质调查还需做进一步努力。2000～2001年，我国分别在云南三江、青海南部和新疆塔南三个有代表性的煤炭资源调查评价中采用了遥感技术，进行了1∶10万的TM图像地质解译工作。经野外实际验证和综合分析研究，圈定了煤系赋存的有利区段，为下一步地质填图和物探、钻探等地质勘查提供了依据（吕录仕等，2005）。另外，煤航遥感应用研究院以SPOT数据和TM数据复合的卫星图像为信息载体，在自然条件十分恶劣的西昆仑山东麓完成1∶5万煤田地质填图2250km^2，查清了煤层的层数、厚度以及空间展布规律，确定了区域地质构造形态和赋煤构造样式，为聚煤规律研究和煤炭资源评价提供了地质依据。1996年利用法国SPOT全色卫片进行了宁夏碱沟山1∶2.5万大比例尺煤田地质填图试验，并取得了良好效果。

2007年开始实施的新一轮全国煤炭资源潜力评价强调包括遥感技术在内的多源地学信息的综合应用，要求各省（区、市）应视本地区煤田地质特点和研究工作基础开展不同程度的遥感信息预测找煤研究。要在充分分析和研究前人资料的基础上，采用中等比例尺的遥感影像（有条件的单位可进行必要的数字图像处理），进行全省（区、市）线性构造解译和煤系分布特征解译。在此基础上，针对预测区，归纳和总结煤田构造、煤系和其他地质体的成像规律和成像特征，建立相应的解译标志，对预测区实施系统的煤田地质解译和验证，为煤炭资源潜力预测提供遥感技术依据。

在出露良好地区，遥感研究有着明显的技术优势，在大面积覆盖区它又存在一定的局限性；同时，各省区的地质研究程度也不尽相同，遥感技术在那些研究程度较低的地区，能够发挥其他技术无法替代的技术优势。因此，在不同的省区煤炭资源潜力预测评价工作中，遥感研究的工作任务和侧重点有所不同。《全国煤炭资源潜力预测评价技术要求》（2007年5月）根据地层出露、煤田地质研究程度以及遥感技术研究方法适应性等特点，将全国划分为三种类型区，即应用条件有利省区、应用条件较好省区和应用条件一般省区。不同类型区域遥感技术应用的要求和任务不同。

1）应用条件有利省区。在地层露头良好、煤田地质研究程度相对较低、工作面积较大的省区（新疆、青海、内蒙古、西藏等）进行新一轮煤炭资源潜力预测与评价工作时，应根据以往研究资料，选择有煤炭资源潜力的预测区开展1∶5万～1∶10万煤田遥感地质详细解译，开展全省区1∶25万遥感煤田地质构造解译。

2）应用条件较好省区。在煤田地质研究程度较高的省区（河北、陕西、山西、甘肃、宁夏、辽宁、吉林、黑龙江等）或地区，其主要任务为：开展1∶25万遥感煤田地质构造解译；将遥感图像作为基本信息源，结合物探成果资料、区域地质以及以往煤田地质资料，总结煤田地质特征、煤系在空间上的展布规律，进行资料的二次开发利用，建立新的煤炭资源预测模式，发现新的煤炭资源。

3）应用条件一般省区。在第四系覆盖较厚、植被茂密的省区或地区，其主要任务为：开展全省区1∶25万遥感煤田地质构造解译。

（三）煤炭地质调查评价中遥感技术应用类型划分

遥感技术在煤炭地质评价中的应用效果取决于煤系赋存状况、地理条件和煤炭资源研究程度等三方面的因素，因此，首先分别从三个方面划分单因素类型，然后综合考虑三方面因素组合划分煤炭资源调查评价中遥感技术应用综合类型。

1. 按煤系赋存条件的划分

根据煤盆地形成类型和改造类型的组合划分遥感应用效果类型为 I（有利）、II（中等）、III（不利）三类（表 3.2）。

2. 按自然地理条件的划分

以地形地貌和覆盖程度建立二维表，划分遥感应用效果类型为 A（有利）、B（中等）和 C（不利）三类（表 3.3）。

表 3.2　按煤系赋存条件的遥感技术应用分类

聚煤盆地稳定性	盆地后期改造程度		
	弱改造型	中间型	强改造型
稳定型	I	I	II
过渡型	I	I	III
活动型	II	III	III

表 3.3　按地理条件的遥感技术应用分类

地形地貌	新生界植被覆盖率		
	<30%	30%～50%	>50%
中、高山	A	A	B
丘陵	A	B	C
平原（戈壁、沙漠）	B	C	C

3. 按人类活动和研究程度的划分

本节在决定遥感技术应用效果的因素部分，讨论了人类活动和地质研究程度对遥感技术应用的影响。一般说来，人类活动的产物对地质体光谱信息起到干扰作用，人类活动的强、中、弱，对应于遥感应用条件的有利、中等、不利类别。相应的，煤田地质研究程度高、中、低，也分别对应于遥感应用条件的有利、中等、不利类别。人类活动强度和地质研究程度通常作为遥感技术应用类型的辅助指标。

表 3.4　煤炭资源调查评价中遥感技术应用综合类型划分简表

煤系赋存条件级别	自然地理条件级别		
	A	B	C
I	优	良	中
II	良	中	差
III	中	差	差

以煤系赋存状况级别和自然地理条件级别为两个基本序列，结合考虑人类活动和研究程度因素，划分煤炭资源调查评价中遥感技术应用综合类型为优、良、中、差四类（表 3.4）。

1）优类。煤系大面积连续稳定分布，成煤盆地为拗陷型或稳定的断陷型，后期演化以继承性为特征，变形较微弱；基岩出露良好,第四系或植被覆盖小于30%;人类活动弱,煤田地质研究程度低。遥感图像上影像特征清晰,解译标志稳定可靠,基本可解译出地层填图单位、构造线、主要煤(矿)层以及地表水文、地貌、不良地质的位置,可直接填绘地质要素的界线、确定煤系分布范围。

2)良类。煤系基本连续,构造格局较清楚,成煤盆地类型为较稳定至活动的拗陷或断陷,后期构造演化中等至较强烈,原型盆地受到不同程度的破坏;基岩大部分出露,第四系或植被覆盖占30%~50%;人类活动弱至中等,煤田地质研究程度较低。遥感图像上影像较清晰,解译标志较稳定、较可靠,连续性较差,能够建立大部分填图单位的解译标志,可填绘出大部分地质要素的界线,概略确定煤系分布范围。

3)中类。煤系分布不连续,煤田构造格局较复杂或成煤盆地稳定性差、后期改造强烈;第四系或植被覆盖占50%以上,仅在沟谷、山坡等基岩出露的地段可分析局部影像特征;人类活动性强,煤田地质研究程度高。遥感图像上影像解译标志不稳定,只能解译地质要素大致轮廓和部分界线,可大体推断煤系分布范围。

4)差类。煤系基本无出露,煤田构造格局不明;第四系或植被覆盖占90%以上,基岩仅局部出露;人类活动性一般很强,或煤田地质研究程度一般较高。遥感图像上影像标志不明显,规律性差,难以解译地质构造和其他地质要素的轮廓,仅可配合其他地质地球物理资料使用。

五、以钻探技术为主的勘查技术应用

煤炭勘查体系中,以钻探技术为主的技术系统是煤炭资源勘查的关键技术系统,钻探能够完整采集岩心样、煤心样,直观了解岩层和煤层及构造的发育与演化,是不能替代的勘查手段。在煤炭地质钻探勘查过程中,对勘查阶段划分、勘查工程布置、勘查工程密度、勘查施工及地质勘查的控制程度等需要进行研究。应从不同类型煤田的地质特征和开采方法出发,如对掩盖式煤田勘查方法的研究、露天开采煤田勘查方法的研究、小型煤矿勘查方法的研究等;也可按地区进行研究,如南方晚二叠世煤田地质勘查方法的研究、华北石炭-二叠纪煤田地质勘查方法的研究等;还可按煤田的构造复杂程度和煤层稳定程度进行勘查方法的研究。

勘查技术手段的发展,影响到煤炭地质勘查的质量与速度。因此,要研究钻探、物探、遥感等方面的新技术、新方法以及信息技术在煤炭地质勘查中的运用,探索针对不同勘探类型煤矿床的精细、快速勘查方法最佳组合和工程布置方案,大力发展综合勘查技术和数字煤田技术。

煤炭资源综合勘查方法的核心,是根据各勘查阶段的目标任务,从勘查区的地貌、地质和地球物理条件出发,针对煤系赋存特点,遵循经济可行和适用性原则,选择各类勘查技术手段如地质填图-钻探-测井-样品测试或地质填图-地震-钻探-测井-样品测试的最佳组合和工程布置方案。无论何种组合,物探手段仅是对勘探区构造轮廓大致控制,钻探工作是主要的技术手段。其一般工作流程如图3.5所示。

进入新世纪之后,随着我国社会主义经济体制改革的深化和对外开放的扩大,原煤炭地质勘探规范已不完全适应我国社会主义市场经济和煤炭工业技术的进步,并且难以和

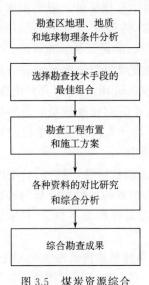

图 3.5　煤炭资源综合
勘查方法流程图

国际惯例接轨。

　　为使煤炭地质勘查符合当前我国社会发展的需要,并与《固体矿产资源/储量分类》(GB/T17766-1999)相一致,国土资源部于 1999～2001 年组织对原有规范进行修订,在总结煤、泥炭资源地质勘查经验教训的基础上,将《煤炭资源地质勘探规范》与《泥炭地质普查勘探规定(试行)》合并修订为《煤、泥炭地质勘查规范》(DZ/T0215-2002),2002 年 11 月以地质矿产行业标准发布,于 2003 年 3 月 1 日实施。经过数年的实践在实施过程中广泛征求意见的基础上,2007 年 2 月,以国土资发〔2007〕40 号文形式下发了《煤、泥炭地质勘查规范》起草小组提出的《煤、泥炭地质勘查规范实施指导意见》,对现行规范进行统一解释并出台实施说明。以钻探为主体的、多种勘查技术与方法的勘查系统逐步形成。

六、二维地震勘探技术在资源勘查中的应用

　　在煤田地质勘探的预查、普查、详查和勘探阶段一般采用的都是二维地震勘探方法,只是在生产阶段和勘探阶段的首采区才采用三维地震勘探。因此,以下重点对二维地震勘探方法、过程进行叙述。三维地震勘探后面煤矿生产地质保障技术部分专门叙述。

　　地震勘探的生产工作,大体上可分为三个环节:野外资料采集、室内资料处理和资料解释。

1. 野外资料采集

　　地震测线布置的网度与勘探阶段以及测区构造复杂程度有关,具体见表 3.5。

表 3.5　各勘查阶段测线线距表

勘查阶段	主测线线距/m	联络线线距/m
预查	≥2000	≥4000
普查	1000～2000	2000～4000
详查	250～1000	500～2000
勘探	125～500	250～1000
采区地震(二维)	125～250	125～500

2. 室内资料处理

　　地震勘探数据处理是地震勘探系统工程中的重要一环,起着承上启下的关键作用。地震勘探数据处理本身又是一项系统工程,在完成一项处理任务时,需要把许多个模块(一个处理步骤)有机地组织起来,组成各种各样的处理流程,执行这些流程,才能实现处理目的。地震数据处理是一门技术,同时也是一门艺术,要求处理员不仅要详细了解每个处理模块的内容,还要有系统的整体构思,才能合理选择模块搭配,取得理想的处理效果。所谓合理搭配,首先是在模块库内选择你所需要的模块,其次是安排所选模块在流程中出

现的先后顺序,然后再分析每一个主导模块的前置处理和后续处理是否都合适,保证前置处理结果满足主导模块的假设条件,后续处理保证主导模块的处理效果在最终输出中得到充分的显示。

一个处理流程包括许多处理步骤,而每一个处理步骤又要涉及好几个模块。处理模块是处理流程中的最小组成单位,是实现某一个独立处理方法的程序。一个常规处理流程通常由两大部分组成,即叠前处理和叠后处理,如图 3.6 所示。

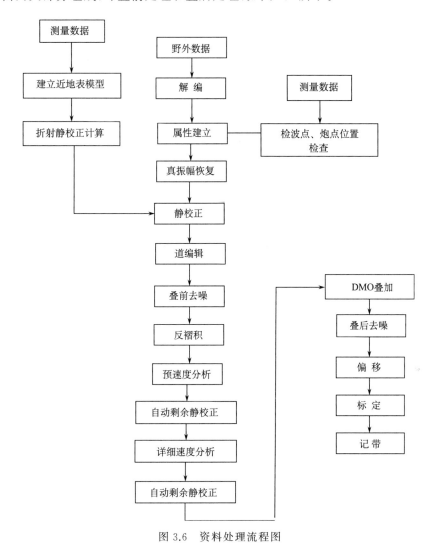

图 3.6　资料处理流程图

3. 资料解释

地震资料解释就是将地震资料处理获得的地震时间剖面进行分析,最终将其转化为地质成果的过程。它分构造解释和岩性解释两种。利用地震波的反射时间、同相性和速度等运动学信息可将地震时间剖面变为地质深度剖面,进行构造解释;利用地震波的频率、振幅、极性等动力学信息,并结合层速度、密度等资料,可以进行岩性解释。应该说,煤田地震勘探目前主要还是进行构造解释,岩性解释仍然处于研究和发展阶段。

七、煤炭安全生产精细地质保障工作

(一) 安全生产保障体系的建立

矿井地质工作是煤矿生产建设的一项重要技术基础工作,也是煤炭地质工作的一个主要方面,通过精细地质工作,查清煤炭生产中的主要地质构造和水害、瓦斯、工程地质隐患等灾害地质现象。矿井的一切采掘工程都必须以可靠的地质资料为依据。矿井地质安全保障系统就是在矿井生产过程的各个阶段,针对不同阶段的工作区域,在对相关地质资料进行综合地质分析的基础上,对工作区进行地质评价,做出超前地质预测预报,并在实践中不断检验和总结合理的、高效的地质工作系统,从而保障矿井生产建设的安全高效进行。

根据矿井生产建设的不同阶段,矿井地质工作可以分为资源勘探、建井地质和生产地质3个阶段。建立矿井地质安全保障系统就是要在上述各个阶段的地质工作中,针对不同的工作对象,采用科学有效的方法进行地质分析,在宏观上提出对工作区地质特征的预测预报资料,然后使用先进的地质、物探技术及装备,依据微机数据处理构成的现代综合物探技术,对工作区进行综合勘探与评价,在微观上精确查明影响开采的各种地质异常情况,进而提出对生产具有建设性、指导性意见的预测预报资料。

1. 开采地质条件评价

地质分析是矿井地质安全保障系统使用的有效工作方法。地质分析就是在矿井地质各个工作阶段、对各个阶段的工作对象的地质特征进行全面、系统的了解和掌握的基础上,运用多元分析方法,进一步对其相关的地质资料进行综合分析,得出全面客观的认识,从而预测其未知的地质特征,并与开采相结合,为矿井的设计、生产提供详细、可靠的预测预报资料,起到指导矿井合理高效开采的作用。

地质分析的范围主要包括对采矿设计有影响的地质特征,如构造组合的定性与定量及预测,煤厚的变化规律及其预测,开采地质条件的综合评价,储量计算的可靠性及储量变化情况的预测等等。

在进行地质分析、深刻理解和全面掌握地质资料的前提下,要对工作区内的地质特征(构造、煤层、瓦斯、水文等)的结论作出正确评述,并指出勘探中的不足和补充勘探的方向。

在以上工作基础上,还对工作区内主要地质特征的发育规律及其区段特征,运用多种可行性方法,进行总结与分区的预测,为开采提供更为详细的预测预报资料。

在不同的地质勘查阶段,必须以服务矿山开采为目的,对以往的勘查资料重新进行综合分析和评价,特别要研究矿产资源开采过程中其围岩和上覆岩层的变化和破坏特征。从煤层本身和煤层顶、底板岩层结构和地应力分析入手,结合岩石工程力学、采矿工程的综合研究,逐步建立和完善预测采区岩体应力状态、采区地质异常状况、巷道和工作面顶板冒落、冲击地压、煤与瓦斯突出及矿井突水的地质综合方法和技术。

2. 物探手段的应用

地质分析使对工作区的地质构造及其地质现象有了定性的、宏观的认识,但对高产高效矿井实现还缺乏可操作性的、定量的微观控制,要做到这些除采用常规钻探工作外,还需要进行地质物理探测。

通过国内 20 多年来的生产实践,矿井地质物探已成为矿井生产不可缺少的生产环节。到目前为止,现已具备的许多先进物探技术(表 3.6)不断应用于生产中,并在实践中不断发现问题,改进设备、充实和完善技术,力图更好地为生产服务。

表 3.6　矿井物探技术分类

分类	勘探方法	解决地质问题
地表物探	高分辨地震(包括三维地震) 多波综合地震	勘探埋深 1500m 以下煤系地层及煤层产状
	频率电磁测深	勘探 5000m 深度以内断裂及油气构造
	高密度直流电法 地下水体电磁 放射性	勘探 15～500m 范围内的含水层有关系数
井下矿井物探	横波地震	探测煤矿回采工作面内影响开采的地质构造,如断距为 1/3～1/2 煤层厚度的断层,冲刷、陷落柱等构造
	瑞利波地震 多波地震	超前探测煤矿掘进前方或巷道的顶底板、巷道两帮一定范围内的煤层、岩层的厚度及其小构造情况
	矿井直流电法	探测回采工作面巷道顶板的水文地质条件,如断层、破碎带位置、隔水层厚度等
	坑道无线电波透视法	查明下组煤层的厚度及其展布规律等地质情况
	矿井钻孔无线电波透视法	查明矿井钻孔的地质柱状剖面及钻孔的空间产状
	矿井钻孔测井和井斜法	探测矿井地层钻孔之间灰岩地层中的岩溶和破碎带位置、隔水层厚度等

3. 矿井地质安全保障系统的作用

（1）使矿井地质工作规范化

矿井地质安全保障系统建立以后,可以规范矿井地质工作人员的工作,使其能够以一定标准进行程序化的工作,避免了工作的遗漏疏忽。同时,通过地质分析,使矿井地质工作人员较全面系统地理解和掌握现有的地质资料,并通过系统化的工作提高自己的综合分析能力和基础理论的掌握程度,从而更好地做好矿井地质工作。

（2）地质异常体解释的定量化

为以后的物理勘探解释提供准确的依据,物理勘探主要是依据先进的装备,通过一定的方法和手段,获取地质体物性差异信息,利用计算机对这些现象加以定性处理,得以对地质体内各种地质构造和地质现象加以定性和定量解释。在这个解释过程中,如果地质分析工作越细,对物探资料的解释、定性定量解释就越精确,对全面查明地质现象将起到积极的推动作用。同时,矿井地质分析与矿井物探相互解释验证,结合矿井开采实际资料,可以发现各项工作的不足,从而推动各项工作理论与技术进步。

（3）为矿井生产设计起安全保障作用

矿井地质安全保障系统(彭苏萍等,2007)工作过程中,通过地质分析能够对地质资料进行全面客观的评价,对工作对象提出多种地质特征的规律性预测,由地质和设计人员对地质资料进行充分地吸收、消化、加工和深化,同时作出全面客观的综合性评价,以使采矿设计人员对地质资料有着更为全面的掌握和更加透彻的理解,做到设计心中有数。同时在地质评价与地质预测完成之后,还可以通过地质渗透从地质角度,探讨那些与地质因素密切相关的部分采矿设计内容。如井口位置的选择、井田边界的划分、井型的确定、开拓大巷位置的选择和支护形式的确定以及综采架型的选择确定等,便于拓宽采矿设计思路,集思广益,促进采矿设计更臻完善,避免了设计不合理造成的一系列浪费,提高了工作效率,确实保证高产高效矿井的建设。煤矿开采中根据地质规律的变化经济合理布置采掘工作面、工程支护、顶板锚固等工程,指导科学开拓,实现安全高效生产。

（二）三维地震勘探技术在煤矿地质保障工作中的应用

这一技术提高了煤矿采区的勘探精度,不仅可以优化采区设计,降低地质风险,而且能够优化综采面布置,降低支护成本,减少矿井施工的盲目性,成为安全高效矿井建设的有力地质保障。许多矿区的实践表明,采区三维地震勘探是煤炭生产安全高效地质系统中最成熟而经济的主要技术手段之一。在现代高强度煤炭生产中值得进一步推广运用,充分利用三维地震勘探中所采集的有效信息为矿山开采服务。

为保障在煤矿高产高效的生产管理,在开采设计前,煤矿采区或工作面范围内必须进行三维地震勘探,这是安全生产地质保障系统的核心。

1. 三维地震勘探解决的地质问题

三维地震勘探主要用于煤田精查和煤矿建设与生产过程中,所能解决的地质任务以控制构造为主,所能解决的构造规模较二维地震有质的提高。三维地震勘探,可以为采煤工作面设计和高产高效生产提供地质依据,是矿井高产高效地质保障系统的重要勘探手段,可承担如下主要地质任务:

1）在断层控制方面,可查明落差大于5m的小断层,平面摆动范围一般小于30m;较理想的测区可解释落差3～5m的小断层。

2）能够严密控制并查明主要煤层的赋存形态,查明波幅大于等于5m的褶曲,深误差一般不大于1.5%。

3）查明主要煤层的隐伏露头,位置误差一般不大于30m;详细圈定原始沉积的及后期冲刷剥蚀形成的无煤带、煤层变薄区,确定可采煤层的厚度变化、圈定煤层分叉合并边界、主要煤层的风氧化带边界等。

4）探明长轴直径大于等于20m的陷落柱及发育形态。

5）探明岩浆岩对煤层的影响范围;探查地下巷道分布情况、探明老窑、采空区及赋水情况;研究煤层顶底板及其岩石力学性质。

6）结合电法勘探,探测煤系底部的碳酸岩界面,划分岩溶裂隙发育带、富水带及地下水径流带,探测煤中薄层灰岩及其富水性。

7）严密控制并查明新生界的厚度。

2. 三维地震勘探的特点和优势

众所周知,我国聚煤盆地类型多样,构造十分复杂,煤田地质工作的难度很大。而机械化采煤对地质报告精度的要求却日益提高,以往供建井设计的地质报告只能查明初期采区内落差大于30m的断层,精度远远不能满足建井设计及开采的要求。受地质报告精度的影响,一些矿井工作面布置不合理,资源回收率低,不能按期达产,经济效益差;个别矿井遇地质构造后巷道、矿井突水被淹,安全效益差。因此提高新建矿井及生产矿井地质勘探程度,为高产高效矿井建设服务,成为煤田地质勘探部门迫在眉睫的课题。理论和实践表明,三维地震勘探能够识别更小的构造,其地质成果更加丰富、更加可靠。相对二维地震而言,三维地震有如下优点:数据齐全完整,准确可信;偏移归位准确,横向分辨率高,利于复杂构造和小构造的研究,地震反射波对振幅有更大的保真度,利于地层岩性的研究;资料解释的自动化及人机交互解释系统的发展使资料解释精度高,是煤矿生产阶段的主要勘探方法。

（三）其他矿井物探技术的应用

地球物理探测技术用于矿井地质条件探查,是近几十年发展起来的探测技术之一。地球物理探测技术具有非接触、无损、超前、快速、简便、高效、低成本等其他技术无法比拟的突出技术优势。

目前常用的方法有:瑞利波勘探,槽波地震勘探、高密度电法勘探和矿井地质雷达。这些手段可以用来勘查煤厚的变化、查明小断层、陷落柱、富水区段、采空区等。目前有许多煤矿在运用瑞利波勘探技术和便携式矿井地质探测仪,实践证明效果较好。建议煤矿配备适合矿井作业和实时处理的物探仪器,为煤矿安全高效生产提供有力的保障。

（四）建立数字矿山技术与安全高效矿井地质条件预测技术

"3S"技术是全球定位系统(GPS)、遥感(RS)和地理信息系统(GIS)的总称。是集

GIS、RS 和 GPS 技术,构成整体、实时和动态地对地观测、分析和应用的运行系统。GIS技术用于矿山地质工作已取得许多重要成果,与"3S"技术的整体结合,构成高度自动化、实时化和智能化的地理信息系统,是空间信息适时采集、处理、更新及动态过程的现时性分析与提供决策支持辅助信息的有力手段。

通过矿山地质工作与"3S"技术的结合,进行矿区的多源、多维、多时相空间与资源环境信息的获取,对矿区所有的地质数据建库、处理、综合评价及量化预测分析(夏玉成、王佟,2001)。通过对矿井开采地质条件,如沉积环境、地质构造、煤层厚度、顶底板岩层稳定性、瓦斯等进行综合评价研究,建立地质条件数据库。通过对地质异常体如断层、陷落柱、煤层薄化带、古河床冲刷带的预测预报研究,建立预测评价软件系统和地质信息处理系统,为综采设计,设备选型,预测回采工作面的生产效率提供地质数据和分析判断,从而对回采工作面地质异常及诱发工程灾害源进行实时预测预报。

八、煤矿闭坑地质工作与矿区环境监测

煤矿开采阶段不但要做好矿井生产地质保障工作,还要做好矿区环境监测,包括环境背景值变化、环境污染与治理情况、地面塌陷监测与治理等环境地质工作。矿井的煤炭资源开采完毕后,地质勘查工作并没有结束,为了保护检查煤炭资源的开采合理性与闭坑后的环境治理,必须做好闭坑前后的地质勘查与评价工作。对闭坑煤矿地质问题进行研究,总结地压、地温、瓦斯地质等方面的有关规律。闭坑后提出尚需解决的地质问题及安排意见。

(一)闭坑矿井的地质工作

1. 调查闭坑矿井的基本情况

调查矿井基本情况(包括开发史、矿井建设情况、井型、开拓方式以及与相邻矿井的关系等)、矿井现状(指当时回采、掘进、开拓的状况存在的主要问题)和截止到提出闭坑地质报告前一年末的矿井地质储量、现存可采储量(包括各种呆滞煤量、尚能全部或部分回收的煤柱和可供老区复采的煤量等)的分布状况、有关地质、水文地质、岩移破坏等情况,总结建井以来在地质、水文地质上所发生过的大事和对它们的认识,以及对煤系沉积特征、煤层稳定性(煤层厚度结构及煤质变化)和地质构造、矿井水文地质特征,岩浆活动等主要规律的认识。

2. 提出进一步改进地质勘探和矿井地质勘探的意见

分析矿井资源的回收情况,各种损失的统计与分析,并提出以下四个方面的分析数据:

1)勘探储量的可靠系数。系指截至闭坑地质报告编写时,矿井现有范围内的累计采出量、累计损失量、核实剩余储量之和,与相同范围内原勘探报告中地质储量之比。

2)勘探储量有效利用系数。系指截至闭坑地质报告编写时,矿井累计产量和尚可采出的煤量之和,与相同范围内原勘探报告中地质储量之比。

3)矿井回采率。

4)矿井地质、水文地质损失率。

(二)矿区环境监测

1. 生产矿井与闭坑矿井流变塌陷灾害现象与特点

地下资源开采后引起的地面沉陷是一个复杂的时间空间过程,一般分为开始阶段、活跃阶段和衰退阶段。《煤矿测量规程》规定:6个月内累计下沉不超过30mm时则认为地表移动停止;影响地表移动持续时间的因素主要包括覆岩的物理力学性质、开采深度和工作面推进速度。在其他条件相同的情况下,采深越大移动总时间越长,当采深为100~200m时,地表点移动总时间约为1~2年。通常生产阶段引发的地面塌陷相对范围较小,而闭坑矿井的塌陷灾害具有与传统的开采沉陷截然不同的特点:①塌陷范围大,一般在几十平方千米以上;②持续时间长,一般都在几十年以上;③具有突发性;④塌陷分布规律不明显;⑤预测预报难度大等。

国内外闭坑矿井和老采空区的流变塌陷持续时间已经远远超过了传统意义上的持续时间,且塌陷灾害具有突发性,并已经造成了重大财产损失。

以北京西山煤矿区为例,说明煤矿塌陷的严重破坏性。作为北京主要能源生产基地的西山煤矿区,煤炭资源主要分布在百花山、庙安岭-髻鬟山、九龙山-香峪大梁、北岭等向斜区,范围达1000km²。据统计,1949年至1993年京西各国营统配煤矿开采出煤炭约19539.92万t,形成采空体积约15280.2万m³。据不完全统计,1949年至1993年共有乡镇煤矿、个体开采煤窑423座,煤炭总产量约6500万t,开采总面积约651.9万m²,形成采空区总体积约1870.39万m³。地表及地下浅部煤炭已被采完,在地下深部也形成了大面积多层次立体采空区。

继20世纪50年代出现的大范围地面塌陷后,在80年代以来又形成了地面塌陷的高峰期。目前北京西山采煤区已经出现涉及房山、门头沟、丰台、海淀四个区的20多个乡镇和9个国营矿区的地面塌陷集中发育区,总面积超过1370km²,塌陷造成的各类灾害直接损失达2亿元。特别是门城镇地区,地下有近5km²的老窑采空区,地表有5万居民和众多的企事业单位,近十年来已经发生塌陷灾害45处,塌陷坑17个,塌房32间,给当地居民造成了严重的心理负担。同时,地面塌陷也严重破坏了交通等基础设施,例如门头沟区斋堂-柏峪公路青龙涧段自1998年7月开始观测至2002年6月尚未稳定阶段,公路最大塌陷深度达1500mm;虽经多次整修,但由于塌陷不断、随整随塌,公路整体向山沟方向倾斜,给安全行车造成了严重威胁。而在108公路房山区大安岭—堆金台4km路段内就有3处塌陷,最严重的东村标志碑东侧10~60m段,经2001年6月、2002年3月和2002年6月的3次观测,累计塌陷深度已达720mm,虽经多次整修但公路路面因不均匀下陷而凹凸不平,沿山坡坡向产生严重的向坡面下方的倾斜,成为交通安全的重大隐患。

2. 闭坑矿井塌陷灾害的监测

（1）GPS 监测

随着测绘科学技术和对地观测技术的发展，传统水准测量方法已有逐渐被周期短、精度高、布网迅捷的 GPS 技术方法所替代的趋势。与水准测量相比，虽然 GPS 监测所得的也是点、线上的沉降信息，但监测周期较短、速度快，数据处理快，且不受天气条件制约。由于 GPS 采用 WGS-84 坐标系，获得的地面点高程是大地高，为了确定地面沉降的绝对量，必须首先确定出高程异常值，以便将大地高转换为我国目前使用的正常高。对于小范围、大地水准面起伏不大的区域，当采用确定高程异常的 GPS 水准法、等值线图示法或解析法等，只要根据地形选取分布均匀、密度合理的 GPS 观测点进行水准联测，就可较精确获得这些点的已知高程异常。

（2）DinSAR 监测

合成孔径雷达（Synthetic Aperture Radar，SAR）是一种使用微波探测地表目标的主动式成像传感器，具有全天候、全天时成像能力。经过预处理的 SAR 图像与一般的可见光和近红外遥感图像存在着本质的区别，因为 SAR 图像除了具有高分辨率特征外，每一分辨元的影像信息所记录的地表反射能量（灰度）大小和相位信号，一般可用复数表示。借助于覆盖同一地区的两个 SAR 图像的干涉处理和雷达平台的姿态参数重建地表三维数字高程模型的精度一般在 1～20m 范围内。

DinSAR 监测到的距离上的变化表示的是一定面积的空间平均的变化估算值，而传统的测量方法测量的是点的差异。如果传统的测量点过于稀疏，则无法给出整个区域的沉降趋势。因此与常规的测量方法相比，差分干涉测量技术监测地面沉降具有大面积、动态、快速、准确的优势，是矿井塌陷灾害动态监测的有效方法，也是对传统水准测量和 GPS 测量的有效补充。

第四章　中国煤矿床勘查模式及实例

　　煤炭是我国的基础能源,在能源构成中一直占70%以上。煤炭地质勘查是煤炭工业的基础和前提,承担着为煤炭工业可持续发展提供充分资源保障和为煤炭安全高效开发提供可靠地质保障的两大基本任务。

　　我国煤炭资源丰富、地理分布广泛、煤种齐全(毛节华、许惠龙,1999)为煤炭资源洁净利用提供了良好的基础。但是,煤炭资源现状不容乐观,数量和品种分布不均,经济可采储量和人均占有量少,资源保障程度低,此外聚煤盆地构造类型和成煤模式多样化、煤系后期改造强烈,导致煤层赋存条件复杂,勘查开发难度加大。

　　中国东部地区是我国煤炭需求量最大的经济区带,地质研究程度高、煤炭开发强度大、后备资源短缺。经过数十年勘查开发,露天和浅部煤炭资源基本上均已动用,地下开采深度越来越大。2006年华北东部地区煤矿平均开采深度达到647m,且正以每年10~20m的速度增加(虎维岳,2008),2012年山东新汶矿区孙村矿开采深度已超过1400多米。预计在未来20年我国很多煤矿将进入到1000m到1500m的开采深度。煤炭资源勘查作为煤炭开发的先导性工作,在东部地区的工作重点也由暴露型煤田和浅部煤田转向巨厚新生界覆盖区、推覆体下、老矿区深部等区块。上述地区煤系赋存条件的复杂性和已有信息的有限性,造成找煤难度大、勘查精度低、开采地质条件复杂(彭苏萍,2008;张继坤等,2008;曹代勇等,2009)。尽管近年来我国东部地区煤炭地质勘查工作取得了长足进展,但是,在东部复杂地质条件下地质勘查的思路和方法、技术手段等方面,还存在不少有待攻关的难题(Xu et al.,2008;曹代勇等,2009)。自20世纪90年代中期完成第三次全国煤田预测以来,中国东部地区找煤和地质勘查工作一直未有实质性突破,煤炭资源接替紧张的局面长期得不到缓解,难以满足东部煤炭生产基地建设的需要,已成为制约我国煤炭工业可持续发展的瓶颈问题。

　　中国西部地区煤炭资源丰富,总量占全国煤炭资源的80%以上,尤其是西北地区,中生代含煤地层地质条件相对较简单,且主要为低灰低硫的优质煤。随着西部大开发战略的深化实施,西部煤炭资源的重要地位愈加凸显,将与油气资源共同构成我国21世纪能源战略接替基地。然而,西部地区煤炭资源工作程度较低,自然地理条件恶劣,西北主要为黄土塬、高寒山区、沙漠、戈壁等类型,生态环境脆弱;西南山区地貌复杂、交通不便。在西部地区如何快速、有效地实施煤炭勘查工程,是煤炭工业战略西移的必须解决的基础问题。

　　当前,中国煤炭资源勘查工作已经从直接找煤和以钻探为主的勘查模式,转变为地质、物探、遥感等多种方法结合,识别深、难、新类型的综合勘查阶段。鉴于中国煤炭资源勘查面临的一系列复杂地质难题,必须加强对煤炭资源赋存规律研究,着重总结归纳不同煤矿床的空间差异性,建立科学的煤矿床勘查模式,以指导煤炭资源勘查工作。

第一节　煤矿床勘查类型与勘查模式

一、煤矿床勘查类型与勘查模式概述

1. 关于勘查类型的讨论

中国煤田地质界长期使用"煤田勘探类型"的概念,所谓煤田勘探类型是在煤炭资源勘查过程中,根据对煤矿床的地质研究和以往勘查经验的总结,按照影响煤矿床勘查难易的主要地质因素(地质构造复杂程度和煤层稳定程度)的不同,对煤矿床进行分类(陶长辉等,1988)。勘探类型划分的目的是为了选择勘查(钻探)线距、布置勘查工程,探明和控制不同类别的煤炭资源量,使勘探工作有统一的分类尺度,指导勘查工作,避免投入过多或过少的工作量。勘探类型集中反映了不同勘查地质条件下煤炭地质勘查方法的特点,同时也反映了不同历史时期对煤炭勘查的技术经济政策和经验的总结。

我国煤田勘查类型的划分始于 20 世纪 50 年代初期新中国煤炭地质勘查事业初创阶段,学习苏联的经验,初步划分了勘查类型,即"三类九型"。从 60 年代起,我国开始总结国内经验,制定相关煤炭资源勘探规定和规范。历次的勘探(查)规范基本上都采用单因素相对分类法,以构造的复杂程度和煤层的稳定程度来确定勘探类型和勘探工程基本线距。上述勘查类型是以地质构造复杂程度和煤层稳定程度这两个主要地质因素为依据,以定性描述和经验类比为基础,以钻探工程为单一勘查手段的条件下划分的,实际上是一种"网度类型"(杨锡禄、周国铨,1996)。

2. 煤矿床勘查类型

煤矿床勘查类型是指从煤炭地质勘查工程角度,按照煤层赋存的基本特征和勘查难易程度,将相似煤矿床加以归并而进行的划分。煤矿床勘查类型可以理解为煤层地质条件(煤层构造、煤层稳定性)、区域地质条件(区域构造、沉积类型等)、开采地质条件(水文、瓦斯、地压等)、地理条件(地形、地貌、交通等)、开发条件(勘查和开采程度)等方面的概括或综合。影响煤矿床勘查工程的主要因素包括:①地理条件,决定勘查工程施工的难易程度和勘查方案的选择;②开发程度,决定勘查策略和勘查工程布置方式;③地质条件,决定勘查任务从而决定勘查技术手段的选择(表4.1)。

不同煤矿床勘查类型在勘查手段的应用、勘查程序、勘查工程布置等方面各具特点,实现不同的勘查目的和任务,显然,煤矿床勘查类型包含了传统"勘探类型"的

表 4.1　煤矿床勘查类型的分类因素

大　类	主　导　因　素
地理条件	暴露、半暴露(丘陵、低山)区
	巨厚新生界覆盖(平原、盆地)区
	沙漠、戈壁、高山、黄土塬区等复杂地形区
开发程度	勘查区或生产矿井邻区
	尚未开发的新区
地质条件	地质构造问题为主型
	水文地质问题为主型
	动力地质问题为主型
	环境地质问题为主型
	复合问题型

内容,但范畴更广。

　　中国大陆地域辽阔、煤系赋存状况差异显著、地质工作程度不等,目前尚难建立全面、系统的煤矿床勘查类型分类体系。本书从上述影响煤矿床勘查工程的三大类因素出发,根据大量实例归纳总结,初步提出煤矿床勘查类型的划分方案(图4.1)。

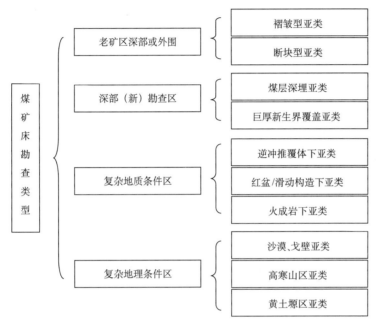

图 4.1　煤矿床勘查类型划分

3. 煤矿床勘查模式

　　勘查模式借鉴了找矿模型(赵鹏大,2001)的概念,表述为:针对不同煤矿床勘查类型,在赋煤规律研究的基础上,针对查明某类煤矿床所必须具备的有利地质条件、有效勘查技术手段、合理勘查程序和勘查工程布置方案的高度概括和总结。

　　勘查模式是在时-空尺度中建立的,具有空间性(煤矿床赋存条件的空间差异)和时间性(煤矿床开发程度)等特点。煤矿床勘查模式是在总结分析大量地质勘查成果的基础上,确定煤矿床勘查类型,对勘探手段进行优化组合,制定科学合理的勘查程序,实施煤炭资源高效、经济地勘查,获取煤炭资源数量、质量和开采地质条件方面的可靠信息。

　　煤矿床类型的划分和勘查模式的建立,提供了类比、借鉴类似煤矿床勘查经验的基础,有助于采用有效的勘查技术方法手段组合,为制定合理的勘查工程布置方案和施工顺序奠定了基础。

　　系统总结各类煤矿床勘查类型的不同特点,建立了相应的勘查模式,包括勘查手段的组合、勘查程序和勘查工程布置等方面。

二、各类型煤矿床勘查模式

（一）老矿区深部或外围勘查模式

1. 基本特征

我国东部众多大型矿井（区）经过多年开发，浅部资源相继动用，接替资源普遍紧张，现有生产矿井的深部或外围就理所当然地成为首选勘查目标区。这些区块的勘查对象一般是与生产矿井相同地质时代的煤层，只是因为构造位置不同而导致埋深不同。因此，老矿区深部或外围勘查区可视为浅部或开发井田的地质延深，其成煤条件、煤层、煤质等指标与浅部区具有可比性。围绕老矿区进行资源的勘查工作是增加资源储量、延长生产矿井服务年限的有效途径，在国内外不同固体矿种的资源勘查中，老矿区的外围区均是一个优势区域。

国内尤其是中东部的大型煤矿区开采历史都很长，现开采井田的勘查工作主要完成于 20 世纪 60 年代到 90 年代。这些井田边界的划分有两种情况：第一，以大断层、自然风化带等地质因素为边界，此种边界综合考虑井田的储量和当时开采技术的限制，在边界外围区域也可能存在达到划分一个完整井田储量的范围，但由于当时技术手段的落后而不能进行开采；第二，以人为界限为边界划分，在一些构造相对简单的区域划分井田边界的时候，限于当时的开采技术水平，人为地圈定一个深度作为边界。

2. 煤系赋存特点

煤矿床作为典型的固体层状矿床，经历后期改造后的赋存状态具有连续性渐变（褶皱型）和不连续性突变（断裂型）等特征，老矿区深部或外围煤系（层）构造格局也可划分为褶皱型和断块型两种基本类型。

老矿区深部或外围煤层通常是开采区同时代煤层的延伸，在形态展布和赋存规律上具有相似性、渐变性等性质，通过对生产矿井的对比和推断，可获取大量的和有用信息。

对于褶皱型类型而言，深部勘查区是浅部勘查开发区的连续延深，通常位于向斜核部。此类勘查区应着重研究区域褶皱的类型，分析煤层产状向深部的变化趋势，揭示构造形态的渐变性规律，以正确推断深部勘查区煤层赋存状况。

在一些具有断块构造或者山前构造带的煤矿区，如太行山东麓邯邢煤田的峰峰矿区、邯郸矿区、邢台矿区等，煤田构造基本形态为单斜断块格局，煤层的埋深总体上沿区域地层倾向逐渐增大，呈阶梯状下降。此类断块型勘查区构造分析的要点，一是根据阶梯状单斜断块的区域产状和局部变化，推断煤层的埋深状况，尤其注意由铲状正断层控制的掀斜断块掀起端；二是注意阶梯状断裂系统内的次级构造分异，形成地垒煤层抬升变浅。

3. 勘查策略

老矿区深部或外围的勘查方法必须从"老矿区外围"这个角度出发，在充分利用原有资料的基础上进行,譬如将钻孔尽量布置在原有勘探线的延伸上,使之构成同一条勘探剖面。由于有浅部工程揭露,老矿区深部或外围的煤炭资源比较可靠,关键是查明深部构造形态和煤层赋存状况。因此,勘查工作应该遵循由浅至深,从已知到未知的原则,在对浅部已有资料的详细分析的基础上,对矿区深部的构造形态和煤层延伸状况做出初步推断,由浅部勘探线向外延展,布置深钻控制主采煤层埋深。然后,采用适量的钻探和物探工程查明煤层赋存和开采地质条件(图 4.2)。

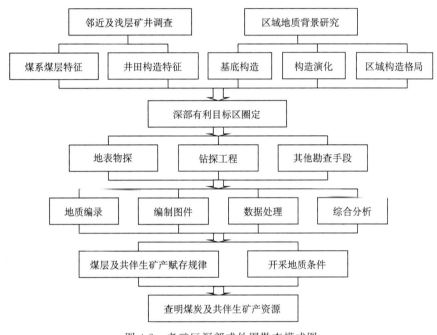

图 4.2　老矿区深部或外围勘查模式图

(二)深部新勘查区模式

1.煤系赋存基本特征

我国过去的煤炭资源勘查工作主要集中在 600m 以浅,对深部煤矿床赋存状况和开发地质条件的协调配合研究较少,在勘查思路和程序、探测手段的选择和配合、资料处理技术和综合分析等方面均无成熟的经验,导致深部新区勘查开发的难度加大。

深部新区类型是指覆盖层巨厚、主采煤层埋深较大(800~1500m)的区域,可进一步划分为煤层深埋区、巨厚新生界覆盖区等亚类型。由于煤层赋存较深,这些地区通常没有或很少进行过煤炭勘查和开采,地质工作程度低,资料相对缺乏,勘探难度较大;但另一方面,上述地区通常开展了较多的物探工作,且往往是油气勘查的目标区,油气勘查的地震和钻井工作揭露的煤系和煤层信息为深部勘查提供了宝贵资料(曹代勇等,2008a,b)。

不同尺度的地质构造之间存在密切的联系,煤田构造是区域构造格架中的一个有机组成部分。对于煤层深埋勘查区亚类,应重点分析煤系盖层的结构和构造特征,尤其是地层接触关系。若煤系与上覆地层整合或假整合接触,可根据地表构造推断深部煤层赋存状况,如山西沁水盆地核部地表出露三叠系地层,下伏石炭—二叠纪煤系的构造形态与地表构造形态具有一致性;若煤系与上覆地层不整合接触,则要着重分析其所反映的构造运动性质和强度特征。

对于巨厚新生界覆盖亚类,新生界底界通常是一个显著的不整合面,地表构造形态与深部煤田构造没有必然的联系。如华北平原区,其新生界覆盖厚度超过500m,石炭-二叠系煤层埋深一般均超过千米,呈现伸展断块的构造格局,主要构造样式包括掀斜断块、地堑、地垒等。

2. 勘查工程的布置

勘查工程的布置必须从勘查区的实际情况和煤矿建设实际需要出发,正确、合理地选择勘查技术手段。勘查工程的布置采用一定的排列组合形式,用尽可能少的勘查工程争取达到较好的地质效果,即用较少的投资和较短的时间,查明煤层赋存状况。深部新区类型的特点是煤层埋藏深、工作程度低、已有信息少。这些地区以前由于技术和手段的限制通常没有或很少进行过煤炭勘查和开采,煤层赋存状况的资料缺乏,几

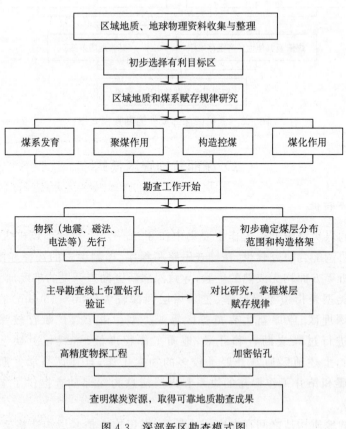

图 4.3 深部新区勘查模式图

近于空白勘查区。因此,此类新区没有成熟的经验与模式可循,尚未形成比较系统成熟的方法和工作流程。

深部新区的勘查模式应该是在充分收集与整理区域地质资料的基础上,对区域聚煤规律展开详细的研究,了解聚煤环境、聚煤古地理、古构造,掌握沉积和构造的控煤规律。勘查工作开始后,首先进行地面物探(地震勘查、磁法勘查)工作,初步确定煤层的分布范围、连续性、自然边界和剥蚀边界等。然后,有针对性地施工验证煤层自然边界及剥蚀边界的钻孔,施工控制性钻孔及主导勘探线上的钻孔与获取的物探成果进行对比研究,去伪存真,初步掌握勘查区煤层赋存状况及地质特征,以确定下一步施工方案,最后根据所取得的钻探、测井、磁法、电法等勘查成果,综合确定煤层的自然边界和剥蚀边界,全面施工加密探煤孔及水文孔,以取得可靠的地质资料。深部新区勘查模式如图 4.3 所示。

深部新区煤炭资源勘查是目前能源勘查工作的重点,与浅部勘查相比,有相同点,亦有不同。深部勘查应以经济、快速地完成勘查目的为原则,在勘查设计及现场工作中要充分利用已有的各种资料,最大可能地发挥物探技术的作用,钻探勘查线距和钻孔点密度较浅部要稀疏,尽可能以较低的成本来获取更多的勘查成果。总而言之,要根据勘查区的具体条件,选择符合目前技术经济水平和国家政策许可的科学勘查方法。

(三)复杂地质条件区煤矿床勘查模式

1. 基本特征

含煤岩系组成的基本特点是成层性好、旋回频繁、软硬岩层相间、煤和泥岩等软弱层位发育,往往以巨厚的碳酸盐岩系或变质岩系、火成岩等能干性岩层为直接基底,岩石力学性质差异悬殊,因而含煤岩系对构造应力较为敏感,易于变形。含煤岩系特有岩性组合使得逆冲断层、推覆构造、重力滑动构造、伸展构造等滑脱构造样式在煤田构造中十分普遍,造成不同于正常层序的特殊赋煤状态,从而提供了煤炭资源勘查的新领域。推覆构造、滑动构造等以缓倾角断层为特征的滑脱构造系统,可以造成煤系被老地层所覆盖(图 4.4)和"红层压煤"(图 4.5)等特殊的赋煤状态,如我国华南地区、华北燕山地区,以及豫西煤田重力滑动构造分布区(王桂梁等,1992;王文杰、王信,1993)。本类型可进一步划分为推覆体下、红层下、火成岩下勘查区等亚类型。这些地区煤系和煤层埋深可能相对较浅,但地质构造复杂或特殊是控制煤层赋存状况的首要因素,也是决定勘查成功与否和勘查效果的首要因素。

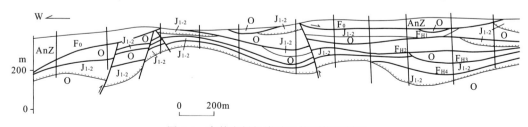

图 4.4　吉林省杉松岗矿区推覆构造剖面

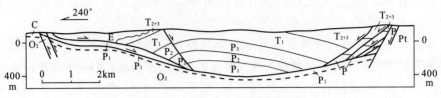

图 4.5 河南省芦店滑动构造剖面

2. 勘查策略

复杂地质条件下的找煤勘查,要特别重视地表和浅部地质工作,加强区域构造格局和控煤构造样式的研究。在构造预测的基础上,选择有利区段,采用地质填图、槽探和井探等山地工程,配合浅钻,初步了解煤系赋存状况,在此基础上,施工钻探和物探工程,控制赋煤块段,查明煤炭资源。如为老矿区,则应利用地质理论知识和先进的勘探技术、方法手段,对矿区或井田已有地质资料进行收集、整理、统计、分析、推测、论证,合理选择勘探手段,探明煤田或井田范围内煤层的赋存和分布规律,在此基础上,施工物探和钻探工程,查明矿区外围和深部的煤炭资源,为煤炭开采设计生产提供可靠准确的地质资料(曹代勇等,2008a,b)。复杂地质条件下的一般性勘查模式如图 4.6 所示。

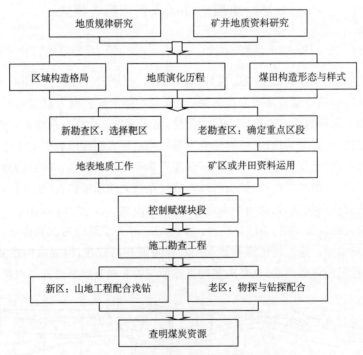

图 4.6 复杂地质条件煤矿床勘查模式图

（四）复杂地理条件区煤矿床勘查模式

1. 基本特征

中国西北地区煤炭资源丰富，煤质优良，是煤炭工业的战略接替地。但是，西北地区地域辽阔，人烟稀少，交通不便，地理地质条件复杂，由北向南为阿尔泰山、天山、祁连山、昆仑山，分隔准噶尔盆地、塔里木盆地、柴达木盆地，以及伊犁盆地、吐鲁番-哈密盆地等山间盆地。西北地区大部分属于亚洲中部温带荒漠，气候干旱，降水集中于夏季，年降水量低于蒸发量，物理风化作用强烈，地表植被稀少，盆地主体多为沙漠、戈壁，山区基岩出露或浅覆盖。

受自然地理、交通条件的限制以及历史的原因，西北大部分地区煤炭地质勘查程度较低甚至存在地质勘查的"空白区"，从而制约了煤炭资源的开发和利用。随着西部大开发战略的实施，建立国家新疆大型煤炭基地，满足国民经济发展对能源的需求，以及实施以煤代薪工程以保护西部脆弱的生态环境，必然将加快西部地区煤炭资源开发的进程。针对西北地区地广人稀、交通不便、地形复杂、地质工作程度低的实际情况，选择合适的勘查技术手段和勘查程序，实现经济、快速的煤炭地质勘查，则是此类地理条件复杂类型勘查模式的核心。

2. 勘查手段的选择

遥感技术以其宽阔的视域、较少的野外工作量、成本低、工期短等优势，可以克服或减少地理及交通等不利因素的影响，大面积地查明区域地质情况，圈定煤系赋存区域，提供勘查靶区。遥感技术与常规地质勘查手段相结合，是快速开展西部煤炭资源调查和地质勘查的有效途径（徐水师等，2009a，b，c；吕录仕等，2005）。

西部地区煤炭资源调查和地质勘查运用遥感技术具有以下两大显著优势：其一，受自然地理和交通条件影响小。遥感技术的一个显著特点就是"站得高、看得远"，对于地域辽阔、气候恶劣、人烟稀少的西北地区，常规地质调查不仅工作量太大、成本极高，而且工作条件极为艰苦，遥感技术是在室内地质解译的基础上，只需投入少量的野外验证工作即可完成区域地质调查和煤炭资源评价任务。因此，在西部地区开展煤炭资源调查应首先考虑遥感手段，可节约成本，提高工作效率。其二，遥感地质可解译程度高。由于西部大部分地区构造变形强烈，新生代以来处于强烈隆升剥蚀状态，差异升降显著，尤其是西北干旱区的干燥气候和青藏高原的高寒气候，地表植被覆盖度低，基岩和地质构造裸露程度高，使得含煤地层大片出露，各种岩石地层的遥感解译标志明显，可根据各类岩石的典型波谱曲线特征进行直观的地层、构造目视解译或计算机自动信息识别，提高遥感地质解译效率。

以遥感技术为先导的找煤勘查工作程序大致可分为四大阶段（Tan et al.，2008）：①首先是在广泛收集和分析区域地质资料基础上，确定含煤远景区；②然后对主要含煤远景区开展1：10万～1：25万的遥感地质调查，初步了解调查区地质背景和煤系发育特征，确定重点调查区；③对重点调查区开展1：5万～1：10万的遥感地质填图，调查了解含煤盆地和聚煤规律、含煤地层分布、构造演化与控煤构造,确定有利含煤区;④选取有利含煤区开展1:5万煤田地质填图、布置一定量的电法和地震等物探工程,以及槽探等山地工程,调查了解煤系和煤层赋存特征,对资源潜力较大、赋存有利的区段布置适量的钻探工程验证;最后综合分析各种技术手段所获取的资料,对煤炭资源潜力做出总体评价,确定有利的勘查区(图4.7)。

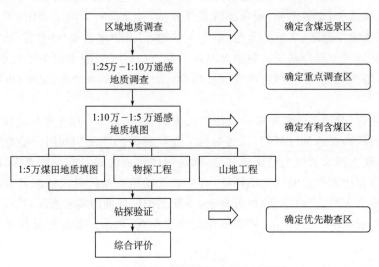

图 4.7　煤炭资源遥感技术勘查流程图

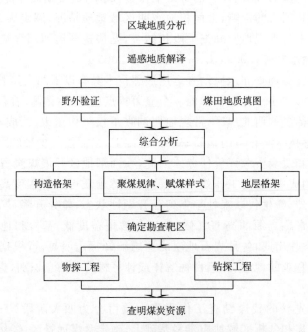

图 4.8　中国西部复杂地理条件煤矿床勘查模式图

3. 勘查模式

　　中国西部煤炭地质勘查工作的特点是范围广、地形复杂、前期工作程度低、已知信息少,煤田地质工作者在长期实践中,总结出"遥感扫面、物探先行、钻探验证"的综合勘查模式,取得良好应用效果。按照区域展开、重点突破、从面到线到点,逐步深化的原则,在充分收集、分析地质资料基础上,利用中等分辨率遥感(TM、ETM 卫星图像)地质与成矿信息提取技术、GPS 技术,根据不同地理-地质景观,确定遥感地质可解译性,进行分类分区解译,最大限度提取地质与成矿信息。在此基础上,进行野外调查验证和重点区高分辨率遥感地质填图。通过控煤构造、含煤盆地、煤系与煤层展布范围、性质及变化规律的分析与研究,圈定有利勘查区,进入地质勘查阶段。西部地区以遥感技术为先导的煤炭地质勘查工作流程如图 4.8 所示。

第二节　　典型勘查实例

一、实例 I：邯峰矿区外围深部区勘查

（一）勘查区地质背景

　　邯峰矿区位于河北省南部,地处太行山东麓,地理坐标为东经 114°04′～114°23′,北纬 36°15′～36°51′。地跨邯郸、磁县、武安所辖地界。北与邢台矿区相接,南止漳河,西自煤层露头,东至京广铁路。南北长约 45km,东西宽 20km,矿区面积约 900km²。京广铁路经矿区东侧通过,北有褡裢-矿山村铁路支线,南有邯郸至马头镇环行铁路相连,各矿有专用铁路及公路连通,交通甚为便利。

　　邯峰矿区外围深部勘查区北起永年县城、南至漳河,西起邯峰矿区各生产矿井东部边界,东至宁晋-邯郸大断层,属于邯峰矿区深部自然延伸,南北长约 55km,东西宽约 10km。深部勘查区主采煤层(山西组 2 号煤)埋深 1000～1600m,随区域地层倾向自西向东加深,邯峰矿区外围深部区由邯西深部勘查区与磁西深部勘查区两部分组成(图 4.9)。

1. 地层和煤层

　　邯峰矿区为半掩盖区,基岩主要出露于鼓山、紫山山区及其边缘,其他地区均为第四系地层所覆盖。区域地层具有典型的地台型二元结构,变质基底由太古界中深变质岩系和下元古界浅变质岩系组成,分布在西部太行山赞皇隆起核部,沉积盖层为中元古界、古生界至新生界。地层总体走向近南北向,向东倾,地层出露和展布受地质构造和地形的控制。

　　岩浆岩的侵入主要分布在磁山-流泉村以北,以岩床、岩墙和岩脉形式侵入各时代地层中。由于岩浆岩侵入较强烈,对煤层有不同程度的影响和破坏,使煤层结构复杂、厚度变薄、可采性减小及变质程度增高(由肥煤增至无烟煤),局部为天然焦。侵入岩体岩性以

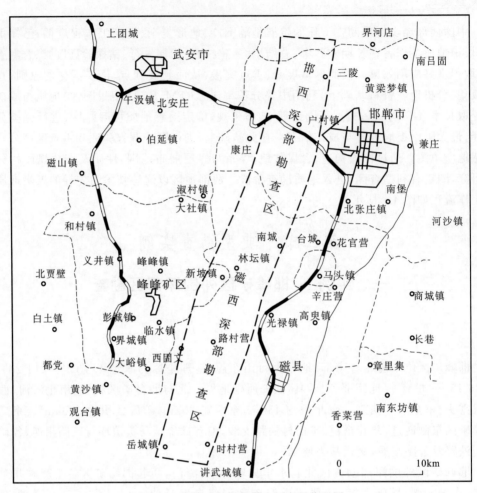

图 4.9　邯峰矿区深部勘查区交通位置图

闪长岩、闪长玢岩、正长岩等为主,侵入时代主要为燕山期。

　　邯峰矿区含煤地层主要为晚古生代太原组和山西组。煤系厚度 170~240m,平均厚度 225m;煤系含煤 10~26 层,煤层总厚 15m 左右;其中可采和局部可采煤层 9 层,总厚 11m 左右;含煤系数约 7%。矿区深部勘查区的煤层埋深 1000~1500m。煤层分布特征与浅层相似,在构造条件较好的区域,煤层产状和煤质等具有相似的特性。

2. 煤田构造

　　邯峰矿区位于太行山东麓,太行山山前断裂带对煤系影响最大,此断裂带在本区的部分亦称为邯郸-磁县断裂,其北起邢台以北,南至安阳南,控制了邯峰矿区煤系赋存的东部边界。区域构造格局为整体东倾的单斜,发育大量北东和北北东向的正断层,深部和浅层的煤层赋存状态均受区域构造格局的控制(徐杰,2000;曹代勇,2008)。

邯峰矿区及其外围延伸部分属于伸展类型的煤田构造,沉积盖层挤压变形较微弱,褶皱较宽缓,控制矿区构造形态的大型褶皱为平行排列的鼓山-紫山背斜和武安-和村向斜。邯峰深部勘查区属于鼓山背斜东翼的单斜构造,其向东深部延伸止于邯郸-磁县断裂(图 4.10)。

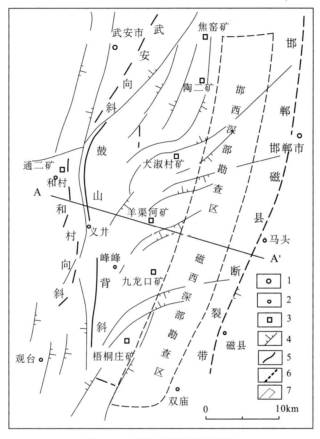

图 4.10　邯峰矿区构造纲要图
1. 市；2. 村镇；3. 矿区；4. 正断层；5. 背斜轴；6. 向斜轴；7. 深部勘察区范围

煤炭是固体层状矿床,后期构造活动的改造作用是其赋存状态的主导因素。邯峰深部勘查区与浅部勘查开采区段相比较,具有相似性和渐变性等特点,是浅部区的连续延深。在断块构造和山前构造带的背景下,煤田构造基本形态为单斜断块格局,煤系埋藏深度沿区域地层的倾向向东逐渐加大,并在堑垒结构的影响下,呈断阶、断块状,局部含煤地层受其造成的次级构造差异影响而突然抬升和下降(图 4.11)。

3. 浅部生产矿井

邯峰深部勘查区西侧分布着 29 个生产矿井和勘查区(图 4.12),为深部勘查工作提供了大量数据和经验,这是老矿区外围勘查区有别于其他深部勘查区的显著特征。因此,对浅部勘查区和生产矿井资料的利用,将始终渗透到本区深部勘查工作的每一个环节。

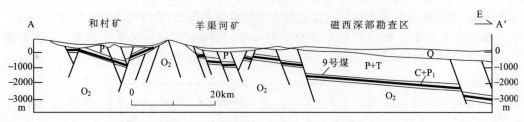

图 4.11　邯峰矿区东西向构造剖面 A-A′（位置见图 4.10）

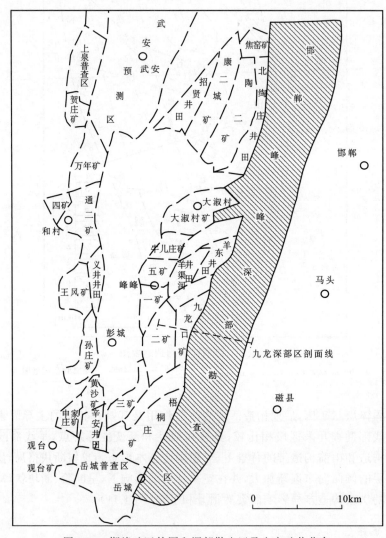

图 4.12　邯峰矿区外围和深部勘查区及生产矿井分布

（二）勘查思路

深部资源的勘查方法在选择上除常规浅层勘查手段之外，还应采取针对深部煤层赋存特点的方法。邯峰深部煤层勘查工作重点是矿井间的空白地带和煤层沿倾向延伸的区域，可以依据生产矿井和勘查井田揭露的地质信息，布置深部勘查工程。对于断块型煤田的老矿区外围，由于浅部已知信息对深部煤层展布规律的掌握程度较高，因此，可以由浅部勘探线向深部延伸，直接布置钻探工程，控制深部煤层赋存状况和获取测试分析煤样，深部钻孔在技术难度和经济投入上都远大于浅层钻孔，钻探工程的正确运用成为深部勘查工作成效高低的关键（林中月、曹代勇等，2012）。

煤田地质勘查方法除钻探之外还有遥感、地质填图、山地工程和物探方法等等。遥感、地质填图等方法着重于地表和浅部的地质特征，可以用于深部勘查区的区域地质规律分析；山地工程用于揭露浅部的地质特征，常用于圈定煤层露头、地质界线等，但是在深部煤炭资源勘查中，由于深度增加受到严重制约。物探方法具有适用面广、经济、高效的特点，以高分辨地震勘探技术为核心的综合勘查技术体系代表了煤炭地质勘查的发展方向。与钻探技术比较，物探技术受深度影响较小，在深部煤炭资源勘查中，物探方法是主要的技术手段之一。

深部煤炭资源勘查的关键之一，是要针对不同勘查区（类型）的特点，选择与之相适应的技术手段的最佳组合，以及勘查工程布置方案。邯峰矿区深部勘查属于老矿区外围和深部勘查类型，由于大量浅部勘查区和生产矿井积累的丰富资料，以及区域构造格局的研究成果，深部煤田构造和煤层赋存状况了解程度相对较高，因此，可以适当减少物探工程量，甚至在浅部勘查的基础上，直接布置钻探工程向深部延伸，同样能取得预期的勘查效果。

（三）勘查工程布置

1. 钻探深度的选定

浅层勘查工作，一般是针对埋深 1000m 以内的煤层，煤田勘查钻探过程中，以达到目的层位为止。本区深部勘查工作的煤层埋深在 1000~1600m，深度的增加要求更强的煤田钻探技术和经济支持，因此需制定合理的钻进深度来平衡和优化资源埋深与经济及技术投入的关系。

钻探深度的设定与煤田地质条件、钻井技术及资金投入息息相关。本区深部勘查区钻探深度为 1500m，选定此深度的主要依据为：第一，本区主采煤层埋深由西向东逐渐增加，钻探须到达预测煤层的深度，同时也要对可采煤层的底板状况进行勘查，而本区最下部煤层底板（奥陶纪石灰岩）深度平均为 1500m；第二，普查阶段，在此深度下，传统钻探技术和经费预算基本能与勘探目的达到较好的平衡效果，并能为下一步勘查工作提供可行性依据（表 4.2）。

表 4.2 邯峰深部勘查区钻孔设计深度

矿区	终孔层位	孔数/个	钻孔深度/m
九龙口	煤层底板(O_2)	15	1500
	2、4、9 号煤层	8	1500
梧桐庄	煤层底板(O_2)	8	1200~1500
邯郸西	煤层底板(O_2)	5	1200~1400
	2 号煤	2	1 500
	6 号煤	3	1 600
大淑村	煤层底板(O_2)	3	1400~1500
	4 号煤	2	1550

2. 钻孔及勘探线布置

勘查钻孔的布置是在勘探线基础上进行,布置原则是要保证做出连续完整的剖面,以控制含煤地层的分布规律。在不同的勘查阶段,钻孔密度取决于当地的地质构造复杂程度、煤层稳定性及地层倾角等因素。本区深部勘查的钻探工程布置,除考虑以上因素外,还考虑到钻孔数量少和对已有矿区资料的有效利用的问题。

钻孔位置要选择其中的最有利的因素进行布置,选择煤层预测埋深较浅的部位进行布孔。孔距可以根据具体情况进行调整,选择能获取更多信息量的位置钻进。《煤、泥炭勘查规范》规定:中等构造和煤层较稳定勘查类型区域,钻探工程基本线距为500~1000m(查明程度为"控制的"),邯峰深部勘查区构造和煤层稳定情况符合以上分类,但在实际勘查钻探中,钻孔网布置基本为 2000m×2000m,孔距远大于规范中规定的距离,钻孔比浅部区稀疏(图 4.13),这主要是因为由本区已开采的浅部煤层赋存规律可推断出深部区含煤地层的聚集规律,从而节省了深部勘查经济成本。同时,也要求更加详细和缜密地布置每一条勘探线和钻孔。主要体现在:深部区勘探线布置在原勘探线向深部延伸的部位,使新旧钻孔能够在一个勘探剖面上,更大程度地发挥原有不同地区数据的作用(图 4.13)。

3. 钻孔信息量的强化

深部钻孔每米成本要远高于浅层,1200m 以深钻孔的每米钻探成本是 500m 以浅的几倍,并且随着深度的增大,孔斜控制和钻进的难度增大。深部煤炭资源勘查对钻孔的控制能力要求较高,因此,深部钻孔的资料需全面而精确,应增加数据的采集量以及岩心采取率,并且对井斜进行控制。浅部区煤田勘查钻孔仅对含煤地层取心,其他地层不取心,而深部勘查钻孔则要全取心,岩心采取率因地层性质而异,并增加对含煤地层地球化学分析、含气性测量和全井段测井等工作。这样可在钻孔较少的情况下充分利用每一深部孔的原始资料(表 4.3)。

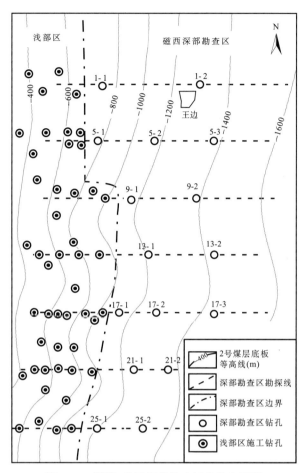

图 4.13　邯郸-磁西深部勘查区钻孔布置图

表 4.3　邯峰深部勘查区钻孔参数

深度/m	孔斜控制	地层段	岩心采取率/%
0～300	<5°	掩盖层	15～70
300～600	1.5°/hm	非煤系基岩	50
600～900	1～1.5°/hm	煤系/煤层	60/75
>900	1°/hm	破碎带	40

4. 地球物理勘探方法

　　除钻探工程之外,地球物理勘探、遥感、地质填图、山地工程等方法在煤田地质勘查中运用较多。

　　但在深部煤炭资源勘查中,遥感、地质填图、山地工程等依靠地表或浅层地质特征的勘查手段对揭示深部煤田构造具有较大的局限性,而地球物理勘探对深度增加带来的影响相对较弱,尽管其没有钻探工程获取的信息准确度高,但具有适用面广、经济、高效的特点,配合深部钻探工程的高分辨地震勘探技术在深部煤炭地质勘查工作中已取得较好的效果。高分辨地球物理勘探已成为深部煤炭资源勘查的重要手段,也是邯峰矿区今后煤炭资源勘查的首选技术。

（四）勘 查 效 果

按照以上思路和方法的勘查工作正在邯峰地区展开,相对较浅(主采煤层为1000～1300m)的区段九龙口矿深部的勘查工作已经完成,在原有浅部资料的基础上,布置少量钻孔,对深部主采煤层的赋存状态和煤层构造有了较好的控制。图4.14是九龙口矿第V剖面,其中8-8孔是原有钻孔,10-8孔则是深部勘查新钻孔,通过两个钻孔的对比分析,控制了深部(>1000m)煤层的赋存状况和构造特征。

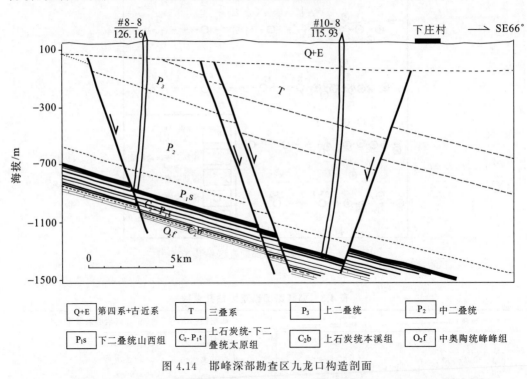

图 4.14　邯峰深部勘查区九龙口构造剖面

二、实例 II: 高家堡勘探区赋煤规律研究与勘查模式

（一）勘 查 区 概 况

我国过去的煤炭地质勘查工作主要集中在600m以浅,对深层煤矿床赋存状况和开发地质条件的协调配合研究较少,在勘查思路和程序、探测手段的选择和配合、资料处理技术和综合分析等方面均无成熟的经验,导致深部新区勘查开发的难度加大。本节通过对陕西省黄陇煤田彬长矿区高家堡勘查区勘查工作历程的分析总结,探讨深部新区类型

中巨厚新生界覆盖亚类区煤炭资源的赋存规律及其勘查模式。

高家堡勘查区位于彬长矿区西北部,西边界及北边界以陕、甘两省省界为界,南与孟村井田及杨家坪勘探区毗邻,东与雅店勘查区毗邻。勘查区东西长平均约 20.0km,南北宽约 13.5km,面积约 280km^2(图 4.15)。

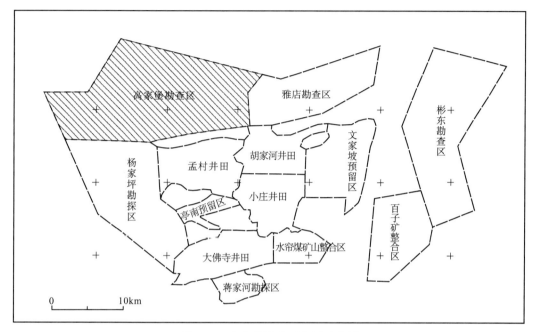

图 4.15　高家堡勘查区位置示意图

高家堡勘查区所处地区属典型的黄土塬、梁、沟、坡地貌,地表被黄土层大面积覆盖,仅在沟谷中出露有产状平缓白垩系地层。本区含煤地层为中侏罗统延安组,主采煤层埋深 750~1200m。早期煤田勘查工作根据地质填图和少量钻孔资料,提出"区内有层状煤田"的初步评价。

自 1974 年至 2006 年,本区施工钻孔 20 个、见煤钻孔 10 个。为了加快勘查进度,相关单位在以往地质资料分析的基础上,圈定煤层分布范围(图 4.16a),于 2007 年 1~4 月相继施工 21 个钻孔,其中,见煤孔 11 个、无煤孔 10 个(图 4.16b)。加上原有钻孔共施工 41 个钻孔,见煤孔 21 个,钻遇率仅 51.22%。显然,以钻探为主要手段勘查方法不仅造成了极大的浪费,也难以实现勘查目标。

(二)赋煤规律研究

结合区域地质背景分析,高家堡井田尽管构造简单,但是,由于本区位于鄂尔多斯侏罗纪煤盆地南缘,成煤期古构造相对复杂,古地形起伏幅度大。中侏罗统延安组煤系属于陆相含煤沉积,煤层沉积不稳定。此类深部新区具有煤层埋藏深、工作程度低等特点,在布置勘查工程之前必须加强聚煤规律的研究,确定有利靶区,减少勘查工作的盲目性(李

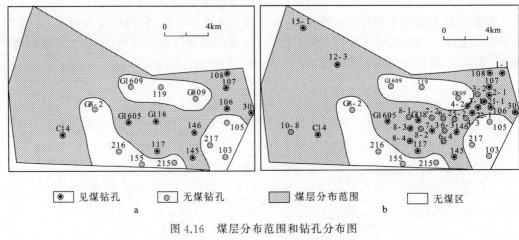

图 4.16　煤层分布范围和钻孔分布图

a. 2006 年前钻孔分布图；b. 2007 年后钻孔分布图

小明等,2010)。

1. 地层与煤层

勘查区地层属华北构造地层区鄂尔多斯地层分区彬县小区,地表出露最老的地层为下白垩统,区域地质调查和钻孔深部地质揭露表明,地层从老到新为三叠系、侏罗系、白垩系、新近系和第四系(表 4.4)。

表 4.4　彬长矿区高家堡勘查区地层简表

地 层 系 统			岩石地层单位及成因类型
界	系	统	
新生界	第四系	全新统	风积、冲洪积层、坡积等 Q_4
		中上更新统	风积黄土夹腐殖土 Q_{2-3}
	新近系	中新统	风积红土、冲洪积砂砾岩层 N_2
中生界	白垩系	下统	华池–环河组 K_1h
			洛河组 K_1l
			宜君组 K_1y
	侏罗系	中统	安定组 J_2a
			直罗组 J_2z
			延安组 J_2y
		下统	富县组 J_1f
	三叠系	上统	胡家村组 T_3h

彬长矿区含煤地层为中侏罗统延安组,依据岩性、岩相、旋回结构及煤层特征等,自下而上划分为第一、二、三段,简述如下：

第一段：顶部为深灰色泥岩，含植物化石。中部为 4 煤层，分布广，为主要可采煤层。底部为烟灰色、灰褐色铝质泥岩，局部含鲕粒。本段厚度一般 15m。

第二段：灰白色中、细粒砂岩、深灰色泥岩、砂质泥岩夹局部可采煤层。泥岩中含植物化石。底部为灰白色中-粗粒砂岩。本段厚度 30m 左右，勘查区内本段未发育可采煤层。

第三段：灰白色中、细粒砂岩，灰色粉砂与深灰色泥岩、灰色砂质泥岩互层，夹有粗砂岩、碳质泥岩和 1、2、3 号煤层。顶部常夹有薄层紫灰色、棕红色泥岩。底部为灰白色中、粗粒砂岩。本段在矿区东部普遍发育，厚度 60m 左右，勘查区内本段遭剥蚀缺失。

延安组第一段的中部的 4 号煤层为区内可采煤层，厚度大，倾角较小，结构简单，一般不发育夹矸，局部夹 1～2 层，可采厚度为 6.80～17.43m，一般为 10m，厚度较稳定，结构简单。顶板为深灰色泥岩、砂质泥岩及粉砂岩，有时见碳质泥岩伪顶。底板为灰色、灰褐色含鲕粒状结构铝土质泥岩，为一重要的标志层。没有岩浆侵入现象。

2. 煤田构造

彬长矿区位于鄂尔多斯盆地南部的渭北挠褶带北缘庙彬凹陷，地表大面积被黄土层所覆盖，沟谷中出露的白垩系地层产状平缓，其深部侏罗系隐伏构造总体为一走向 N52°～70°E，倾向北西—北北西的大型单斜构造。在此单斜上发育一组宽缓而不连续的褶曲，从南到北有彬县背斜、大佛寺向斜、路家-小灵台背斜、南玉向斜、董家庄背斜、孟村向斜、七里铺背斜、西坡背斜、四郎河向斜(图 4.17)。褶皱轴向与地层和煤层走向一致，两翼产状多不对称，背斜南翼平缓，一般 1°～3°，北翼略陡，一般 4°～8°。矿区断层不发育，东南部的水帘矿、火石咀矿、下沟矿的生产矿井中见少量 1.2～6m 的小断层。

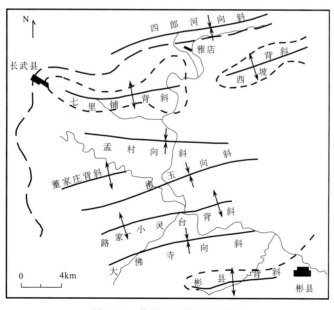

图 4.17　彬长矿区构造纲要图

　　勘查区位于七里铺、西坡背斜与四郎河向斜之间,北部倾角较小,南部为七里铺、西坡背斜北翼,倾角较大。

3. 成煤作用

　　本区煤层是在区域性构造转折时期、有机沉积作用异常活跃、大量植物残骸形成泥炭沉积的前提下形成的,主要形成方式是大量植物残骸通过异地沉积聚积而成的。植物残骸在埋藏前凝胶化程度较低,并经历了较强的氧化分解作用。通过对煤层成因标志的研究和泥炭沉积过程分析,认为煤层属于内陆局限湖泥炭沉积,局部属洪泛湖泥炭沉积。本区中侏罗世早期总体呈亚热带、暖湿带湿润气候,但延安组沉积早期气候相对比较干燥,中期显著湿润,后期气候进一步干燥化。延安组主采煤层煤岩特征中,镜质组及半镜质组含量<30%,丝质组及半丝质组含量>60%,根据上述理论及其成煤原始植物以木本植物为主。这一结论与其地球化学标志所反映的环境因素完全一致。

　　侏罗纪含煤岩系包括富县组及延安组,其顶部为构造界面限定,本身构成一完整的层序。尽管陆相盆地中层序的内部特征与大陆边缘盆地存在着很大差异,然而从沉积演化特点上看,体系域类型也存在三分性。下部反映了初始充填的特征,古地貌复杂,冲积体系发生;中部为相对稳定阶段,主要为湖泊及湖泊三角洲发育期;顶部河流作用增强,是新的构造强化期之前奏,将鄂尔多斯盆地侏罗纪含煤岩系可以分为3个体系域,自下而上分别为初始充填体系域、超覆充填体系域和退覆充填体系域(王双明等,1996)。高家堡勘查区只发育有初始充填体系域和超覆充填体系域(表4.5),其中第二、第三、第四小层序组大致相当于延安组的第一、第二和第三段。

表 4.5　勘查区层序地层划分表

地　层		层序	小层序组	小层序	沉积体系域	沉积体系	沉积环境
延安组	J_2y^3	层 序 一	第四小层序组	8 7	扩张充填 体系域	冲积体系	辫状河 曲流河
	J_2y^2		第三小层序组	6 5 4		开阔湖体系	三角洲 湖湾 开阔湖
	J_2y^1		第二小层序组	3 2	初始充填 体系域	冲积体系	冲积扇 辫状河 曲流河
富县组	J_1f		第一小层序组	1		局限湖体系	三角洲 (湖湾) 局限湖

4. 聚煤规律

　　聚煤作用的发生,是古气候、古植物、古地理和古构造等地质因素综合作用的结果,其中,古构造因素起到主导作用,构造沉降的幅度和速度,控制了煤盆地的范围、沉积相带组成和分布,在很大程度上决定了聚煤作用的兴衰和厚煤带的展布(Ferm,1976;韩德馨等,1980)。

彬长矿区中侏罗世延安早期基底隆、拗比较发育,矿区南部在近东西及北东东向基底隆起背景之上叠加近南北向构造,使其呈古陇岗与洼地相间地貌,具有一定的等间距性。

正是由于这些古陇岗的存在,为煤层的形成提供了充足的物源区,控制了煤系地层及煤层的沉积。延安组下段地层受古地貌影响,其厚度变化较大,古陇岗部位沉积薄或无沉积,出现无煤区;古洼地部位沉积厚,最大厚度超过84m。聚煤作用一般仅发生在基底隆起冲积扇前缘低洼地带,分布范围很小。本区4号煤层就是上

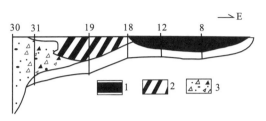

图 4.18　冲积扇与 4 号煤之间的关系
1. 煤层;2. 碳质泥岩;3. 扇沉积

述条件下形成的,富煤带位于冲积扇前方,向两侧迅速变薄、尖灭(图 4.18)。

(三)勘查工程布置

赋煤规律研究表明,圈定延安组下部含煤段无煤区,是本区勘查成功的前提。2007年 3 月,项目组确定了"地质选区、物探扫面、地震先行、钻探验证、以点带面,点面结合动态配合"的勘查模式,针对本区在复杂的地表条件(黄土塬区)、复杂的地质条件(煤层赋存不稳定)、煤层埋深较大(大于 800m)等诸多不利因素,开展了深层煤矿床地震探测的多种试验(郗昭等,2009),按照沿沟弯线与塬面直线相结合的原则,部署二维地震勘探线 21条、物理点 12828 个。边施工、边处理、边解释,着重控制侏罗系煤层的分布范围(图4.19)。在二维地震解释和钻孔验证的基础上,重新优化了勘查部署,2007~2008 年钻探施工,其中,见煤钻孔 86 个、无煤孔仅 16 个(其中 6 个孔用来控制含煤边界),钻探成功率为 90.02%(图 4.20)。钻孔密度由 9 个/km² 减少为 0.69 个/km²、勘探工期由 6 年缩短为2.5年,获得了约 10 亿 t 的煤炭资源量。

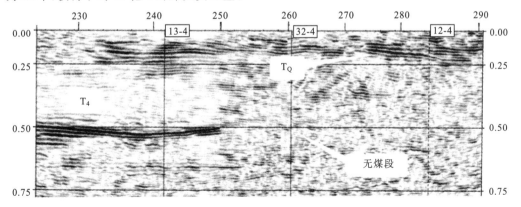

图 4.19　高家堡井田地震勘探 D7 线时间剖面
T_Q. 第四系底界反射波;T_4. 侏罗系煤层反射波

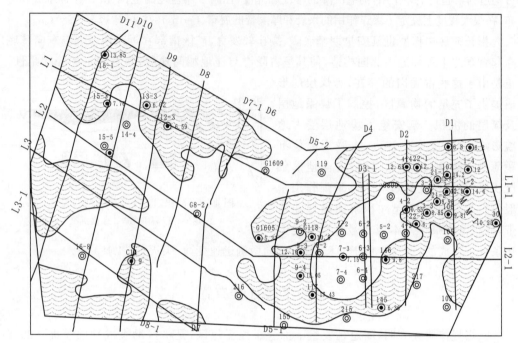

图 4.20   高家堡井田地震勘探成果与钻探验证示意图(据郗昭等,2009,有修改)

阴影部分为含煤区;纵横交叉线为地震测线

三、实例 III:白兔潭矿区普查

白兔潭矿区位于韶山煤田东部,湖南省煤炭地质勘查院于 2005 年进入该区进行普查,通过 1:10000 地质填图,发现煤田构造格局较为复杂,可能存在逆冲推覆构造。针对本区地质构造复杂、新生界覆盖层薄等特点,湖南省煤炭地质勘查院与中国矿业大学(北京)合作,开展煤田推覆构造专题研究,采用基础地质调查、测试分析技术与勘查工程紧密结合的技术路线和研究方法,从构造形态、成因机制、地质背景等方面,系统深入地研究煤田推覆构造特征及其控煤意义,为该区煤炭资源勘查提供科学依据。

通过上述地质工作,在白兔潭矿区荷田区段确定了煤田推覆构造的存在,建立了推覆外来系统即曹家尖飞来峰下由含煤地层构成的荷田向斜的构造模式,扩大了普查成果。

(一)普查区地质

白兔潭矿区荷田区段位于湖南省醴陵市东北部,行政隶属醴陵市白兔潭镇管辖。其地理坐标为 113°40′45″~113°42′30″,北纬 27°46′45″~27°49′00″。普查区范围西南起自荷田水库一带,北东止于殷家冲一带,浅部起自煤层露头,深部止于批准的探矿权登记范围为界。北东、南西走向长 6.05km,平均宽 5.00km,面积约 30.25km²。

区内为丘陵地貌,海拔最高点曹家尖 307.0m,最低点位于西部鸭婆洲附近为 64.1m,一般标高 150～250m。地表大面积出露古生界地层。

1. 区域地质背景

白兔潭矿区位于韶山煤田东部,与江西省毗邻。在区域构造上,韶山煤田整体位于华南古板块的北缘,在扬子地台和华南加里东褶皱带的交界地带。区域构造线方向总体呈北东向,断层、褶曲十分发育。区域构造格局和构造演化历史复杂,煤田构造样式种类繁多,尤其是以缓倾角断裂为基本要素的逆冲推覆构造发育,造成地层层序的倒置、煤系重复等特殊赋煤条件。

根据区域地层分区,白兔潭矿区为上二叠统龙潭组含煤地层北型的东部亚型。地层厚约 80m,岩性以泥岩为主夹细粒石英砂岩、粉砂岩及煤层,含煤 1～4 层,2～3 层可采,属近岸湖泊沉积环境。

2. 普查区地层

荷田区段及其附近出露地层由老至新为上泥盆统锡矿山组(D_3x)、下石炭统大塘组(C_1d)、下二叠统茅口组(P_1m)、上二叠统龙潭组(P_2l)和长兴组(P_2c)。

锡矿山组:为一套海陆交互相-滨海相碎屑岩沉积。底部以石英砂岩及含铁质泥岩、钙质、泥质粉砂岩为主;中部以泥质灰岩为主,夹钙质泥岩;上部以钙质、泥质粉砂岩为主,夹石英砾岩。

大塘组:底部以泥质砂岩为主,夹石英砾岩;下部以石英细砂岩为主,夹泥质粉砂岩;中部以石英砾岩为主,夹细粒石英砂岩及泥质粉砂岩;上部以细-粉砂岩为主,夹石英砾岩。

茅口组:由灰白-深灰色白云质灰岩、泥质灰岩及白云岩组成,厚 200～440m。

龙潭组:为区内含煤岩系,属近岸湖泊碎屑岩沉积,厚度为 47.41～139.89m,平均约95.12m。

长兴组:由薄至中厚层状硅质岩、硅质灰岩、硅质泥岩组成,厚 0～164m。

研究区主要含煤地层为上二叠统龙潭组,岩性以泥岩为主,夹细粒石英砂岩、粉砂岩及煤层,含煤四层,两层可采(2、4 煤)。1 煤厚 0～4.37m,平均煤厚 1.07m,不稳定,结构较复杂,不可采;2 煤厚 0～3.0m,平均煤厚 1.34m,不稳定,结构简单,为本区主要可采煤层;3 煤厚 0～0.25m,为不可采煤层;4 煤厚 0.64～1.62m,平均煤厚 0.92m,较稳定,结构简单,局部稳定可采。

3. 构造特征

荷田区段位于白兔潭矿区中东部,地表出露地层走向北东,倾向北西。据 1996 年该地区电法勘探资料,推测该含煤地层为一短轴向斜,称之为荷田向斜(图 4.21),由于受区域上九岭推覆构造的影响,下石炭统大塘组地层沿缓倾角近顺层断层覆盖于上二叠统龙潭组含煤地层之上,即曹家尖飞来峰(图 4.22)。但是,由于工作程度较低,对煤田构造格局尤其是推覆体下煤系的展布控制程度不高,由此影响到普查工程布置和对预期勘查成果的估算。

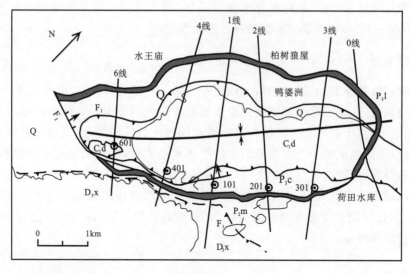

图 4.21　白兔潭矿区荷田区段构造略图（1996 年）

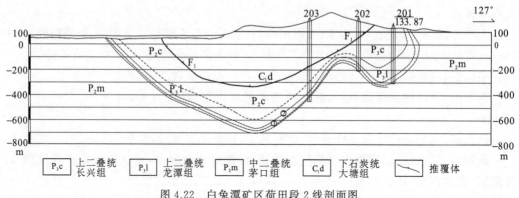

图 4.22　白兔潭矿区荷田段 2 线剖面图

（二）普查工作

1. 勘查程序

　　白兔潭矿区属于复杂地质条件煤矿床勘查类型的逆冲推覆体亚类，对此类煤矿床的勘查，要特别重视地表和浅部地质工作，加强区域构造格局和控煤构造样式的研究，揭示推覆体下煤系赋存状况，确定有利勘查区段。本区煤炭资源勘查前景的关键是对煤田构造特征的认识，针对区内基岩出露较好的有利条件，普查工作首先开展详细的野外地表地质调查和遥感构造解译，提出对区内煤田构造格局的基本认识，在此基础上，布置物探工程和钻探工程验证。

2. 推覆构造解释方案

本区存在两个构造模式,由此确定不同的勘查方向(曹代勇等,2009c)。

(1)短轴向斜模式

推测荷田向斜为一短轴向斜构造,该向斜南起黄甲村以南,北止于荷田水库,轴向北东-南西,长约9km,宽约2km,面积约18km²(图4.23)。在杨家大屋以南,向斜绝大部分被新近系所掩盖,埋藏较浅;杨家大屋-荷田水库,是埋藏最深地段,也是煤系主要赋存地段,其地表出露较差,核部被曹家尖飞来峰掩盖。西翼及东南翼被新近系掩盖,仅东北翼的泉山-荷田水库出露长兴组(P_3c)和龙潭组(P_3l)地层。东翼地层走向NE40°,倾向NW310°,倾角25°~55°,其控煤构造样式为褶皱型,含煤地层基本保持褶皱形态,局部被断裂切割破坏,但不破坏煤层整体形态,多构成矿区或井田的自然边界。曹家尖飞来峰推覆于龙潭组含煤地层之上,飞来峰地层之下应该蕴含丰富的煤炭资源,若预测含煤面积18km²,两层可采煤层平均厚度按2.26m计算,容重1.4t/m³,含煤系数0.7,估算煤炭资源量约4000万t。

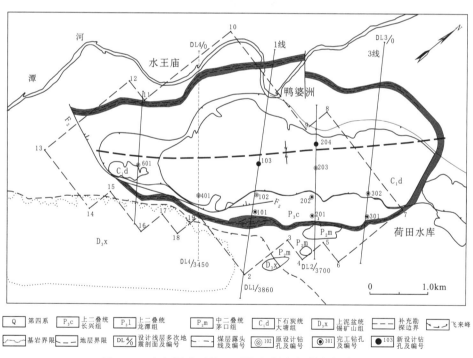

图4.23 白兔潭矿区荷田区段地质图(短轴向斜模式)

(2)长轴向斜模式

2005年以来,湖南省煤炭地质勘查院在白兔潭矿区荷田区段施工了5个钻孔,其中西南部 2 个钻孔(601 孔、401 孔)未见煤,而东北部的钻孔(101 孔、201 孔、301 孔)均揭露龙潭组煤系。这一结果用前述的"短轴向斜模式"无法得到很好的解释。

ETM 遥感图像线性构造解译(图 4.24)和 1∶5 万王仙幅区域地质图均显示含煤地层在荷田水库附近可能并未转弯,而是穿越荷田水库继续向北东方向延伸。据当地村民介绍,荷田水库水下有煤,因而存在含煤地层穿越荷田水库向北东方向延伸的可能,野外实地踏勘,在荷田水库的北东侧的几个观测点都可见煤系的出露。

图 4.24　白兔潭矿区荷田区段遥感影像图

2007 和 2008 年,湖南省煤田地质局物探测量队相继利用联合剖面法和浅层地震反射法进行了地面物探工作,对荷田向斜的南西翼和东北翼进行了一定的控制。2008 年 8 月提交的荷田区段的地震勘探解释资料,对该区断层的可靠程度进行了评价,其中可靠断层为 F_2,较可靠的断层有 5 条,分别是 F_5、F_6、F_7、F_8 和 F_9。并发现上面所解释的荷田向斜有穿越荷田水库向北东方向延伸的迹象。

因此,荷田向斜穿越荷田水库向北东方向延伸的可能性大大提高。根据这一解释可推测,该工作区含煤地层或基本为一向北西倾斜的单斜构造(含煤地层有沿北西向下倾伏的趋势),或为一长轴向斜构造(图 4.25)。无论是单斜或长轴向斜,其都应该是在荷田水库的北东侧经过罗家湾附近继续向北东方向延伸,长度超过 20km,沿含煤地层穿越荷田水库向北东方向追踪,可寻找到有利的赋煤区段,含煤面积和资源量都可能会超过上一解释方案。

3. 钻探验证

依据上述找煤前景,湖南省煤炭地质勘察院于 2009 年下半年,在白兔潭矿区先后施工完成了 302 孔,203 孔两个钻孔,正在施工 103 孔。根据已经完成的两个孔的情况,对于白兔潭的构造特征有了进一步了解。302 孔于孔深 150m 左右穿越大塘组(C_1d),进入龙潭组(P_3l)煤系,于 300～350m 见到龙潭组煤层,以及 F_2 断层将 2 煤层断开(图 4.26)。因此,F_2 断层在原来长度上应继续向北东方向延伸至少到 3 线附近。

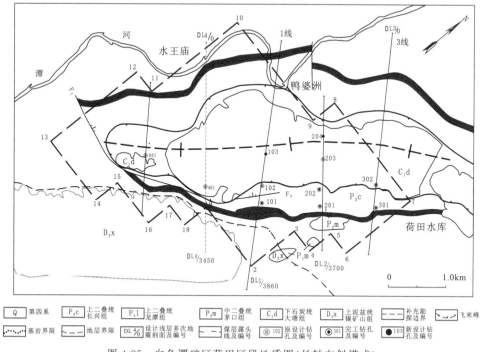

图 4.25　白兔潭矿区荷田区段地质图（长轴向斜模式）

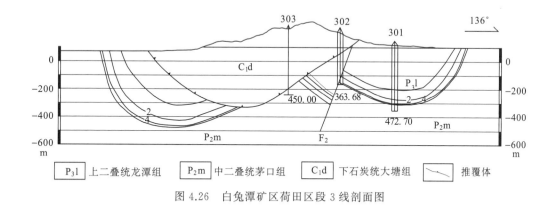

图 4.26　白兔潭矿区荷田区段 3 线剖面图

　　由于 301 孔、302 孔均见龙潭组煤层，推断原地系统含煤条带并未在 3 线附近变窄扬起收敛构成"荷田向斜"的转折端（图 4.23），相反，含煤面积有所扩大，具有继续向北东延伸的趋势（图 4.25）。这在一定程度上验证了前述长轴向斜模式，沿荷田区段现有勘查范围的被动方向，将可能发现新的含煤块段。

四、实例 IV：云南昭通地区煤炭资源预查

（一）预查区概况

1. 自然地理

昭通地区位于云南省东北部，北、西两面与四川省毗邻，东面与贵州省相连，西南端与云南省曲靖市会泽县接壤。1∶10 万遥感地质调查区位于昭通市东北部，属盐津、彝良、威信和镇雄四县管辖，面积 3000km²。地理坐标：东经 104°07′～105°00′，北纬 27°39′～28°19′。

昭通区地处云贵高原北部，乌蒙山脉及五莲山脉贯穿整个调查区，地势总体呈南高北低，东高西低。海拔 600～2000m，区内高山、盆地和峡谷地貌发育，微地貌类型多样，河流切割剧烈，地形高差大。调查区内的各主要含煤区山高谷深，人口稀疏，局部仅有少量简易公路，交通条件极差（图 4.27）。

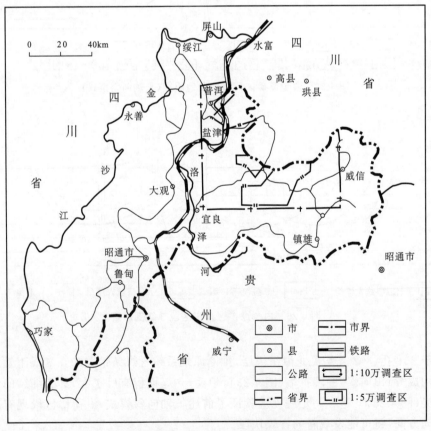

图 4.27　昭通地区交通位置示意图

2. 地质背景

昭通地区位于扬子板块中部的滇东断褶带之滇东北台褶束上,南以会泽断裂与会泽台褶束毗邻,东面和北面分别延入贵州和四川省。褶皱基底于巧家县新街和会泽以西小江断裂带附近零星出露,其上为下震旦统不整合覆盖。下震旦统澄江组以河湖相磨拉石建造为主,上震旦统底部为冰碛层,向上依次为滨海-浅海相砂泥质、碳酸盐建造和浅海相硅质碳酸盐建造、含磷硅质碳酸盐建造。寒武系以含石膏镁质碳酸盐建造、碳酸盐建造和泥质碳酸盐建造为主。奥陶系为滨海-浅海相碳酸盐建造和砂泥质建造。下志留统为笔石页岩建造,中、上志留统为浅海相泥质建造和泥质碳酸盐建造。上古生界主要由砂泥质建造和碳酸盐建造组成3个海进沉积旋回层序,每一旋回均由陆相至海陆交互相沉积组成。西北部和北部基本缺失泥盆系和石炭系。下二叠统遍布全区,以碳酸盐建造为主,上二叠统下部玄武岩受小江断裂控制,厚度自西向东逐渐减薄。上二叠统上部为海陆交互相含煤碎屑建造夹少量铝土质建造。下、中三叠统为浅海相砂泥质和碳酸盐建造。上三叠统和侏罗系由含煤碎屑建造和河湖相红色建造组成。新生界仅见于昭通等小型断陷盆地中,为含煤磨拉石和含煤碎屑建造。

岩浆活动仅有晚二叠世基性岩浆的喷溢活动。

构造形变相对较简单,以褶皱构造为主,其中羊场、黄华-盐津背斜可能是晋宁运动的产物,对晚古生代沉积具明显的控制作用。由古生界组成的褶皱大多开阔,基底褶皱则具紧密线状特征。盖层褶皱多为隔槽式或隔档式,轴向以北东—北北东向为主,近东西向次之。断裂构造相对发育较差,以北东向断裂为主,北西-北北西向断裂次之,挤压逆冲断层占据主导地位。

昭通地区成煤期主要有早石炭世、早二叠世、晚二叠世、晚三叠世及上新世,其中早石炭世、晚二叠世及上新世含煤地层的含煤性较好,而早二叠世和晚三叠世含煤地层的含煤性则较差。含煤地层多被植被和第四系浅层覆盖,利用常规地质工作手段开展煤炭资源调查评价的难度极大。

（二）技 术 方 法

昭通地区属于复杂地理条件煤矿床勘查类型的山区亚类,在煤炭地质勘查的早期阶段,可采用以遥感技术为先导的勘查模式。

利用遥感技术有以下优越条件:其一,调查区各地质历史时期沉积稳定,地层和岩石类型发育较齐全,相邻不同地层间的岩石类型差异明显,不同岩石地层和地质构造所呈现的微地貌、水系、土壤和植被类型等具有明显的独特性和规律性,尽管该区岩石地层和地质构造多被植被和第四系堆积物浅层覆盖,但不同岩石地层和地质构造所呈现的光谱反射特征及其微地貌、水系、土壤和植被发育特征差异较大,各自的遥感影像特征明显(图4.28)。其二,区域构造样式以褶皱构造为主,对晚古生代沉积具明显的控制作用,褶皱形态保存完整,受断裂破坏较小,褶皱和断裂的轮廓清晰且规律性明显。不同历史时期的构造对聚煤盆地演化及其含煤地层和煤层的沉积及后期保存具有明显的控制,为遥感

图 4.28　昭通地区 ETM 卫星遥感影像图

技术在该区煤炭资源调查评价中的应用提供了优越条件。

　　针对调查区自然地理和地质条件,充分发挥遥感技术直观、准确、高效的优势,以 ETM(TM)、SPOT2 和 RADARSAT 卫星图像为主要信息源,利用计算机图像信息提取技术提取地层(特别是含煤地层)、构造及煤田地质信息,在分析以往地质资料的基础上,通过开展 1:10 万煤田遥感地质解译和适量的野外调查与验证等工作,初步了解调查区聚煤盆地、控盆及控煤构造、含煤地层及其煤层的发育特征,研究聚煤规律,圈定含煤远景区,为后续煤田地质填图和钻探验证与控制提供地质依据,其工作流程如图 4.29 所示。

(三)遥感地质解译

1. 地层解译

　　预查区地层发育较齐全,下古生界分布范围较广,多出露于各大背斜的核部,以相对稳定的陆表海碳酸盐和砂泥质建造为主;上古生界主要分布于区内各主要向斜的翼部,除早石炭世、早二叠世早期及晚二叠世晚期有海陆交互相砂泥质含煤碎屑岩建造和晚二叠世早期峨嵋山玄武岩沉积外,其余均以浅海相碳酸盐建造和砂泥质建造为主;中生界分布广泛,以浅海-滨海相碳酸盐、砂泥质建造和河流-湖泊相砂泥质建造为主,其中上三叠统为一套陆相砂泥质含煤碎屑岩建造。

　　虽然预查区的地层多被植被和第四系坡积物浅层覆盖,但由于地层发育齐全,相邻地层的岩石类型差异明显,使各岩石地层的遥感影像特征非常清晰,且差异明显,非常有利于地层的遥感解译和分析。本次确定 1:10 万遥感地层解译层位单元 15 个,即 K、J_2sn、J_2s、J_1z、T_3x、T_2g+T_1y、T_1f、P_2x、P_2β、P_1、C_1w、D、S、O、Є(表 4.6)。

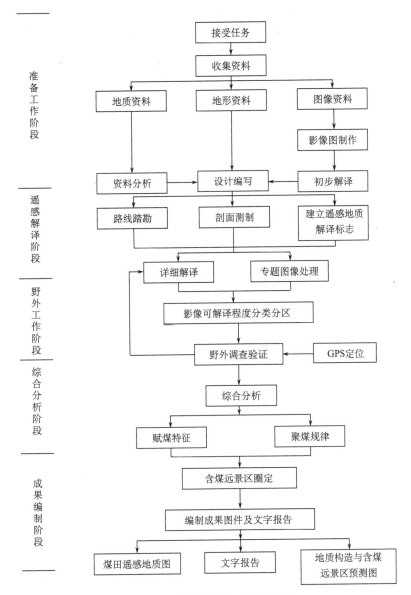

图 4.29　技术方法和工作流程图

2. 构造解译

调查区共存在北东、北西、近东西、近南北向四组地质构造,以北东向和近东西向构造最为发育,北西向和南北向次之。其中北东向构造为本区最主要的后期控煤构造(图 4.30)。

(1)褶皱构造

区内褶皱构造发育,在遥感图像上影像明显,多以不同色彩、微地貌、水系、影纹结构特

表 4.6　昭通地区岩石地层特征及典型影像标志一览表

系	统	组	主要岩性及分布范围	遥感影像标志
白垩系	下统	蓬莱镇组 K_1p	出露于洛旺含煤区东北部的云台山及彝良县城西南的下雄块两地,为一套河流相红色砂砾岩沉积,最大厚度达 537m 以上。与下伏地层呈不整合接触	以绿色为基色,辅以不规则的块状斑体,其中深褐色短轴细条带与上述色彩平行排列,显示羽状水系及冲沟。图面不平滑,较粗糙,显示砂砾岩较多
侏罗系	中统	遂宁组 J_2sn	主要分布于洛旺、彝良等向斜的核部,主要由紫红色泥岩、钙质泥岩、粉砂岩夹细砂岩及泥灰岩组成。厚 190～1050m。与下伏地层呈整合接触	蓝色、浅蓝色、灰白色、粉红色相互组成不规则块状体,在洛旺向斜南东翼的中部和北部组成不规则弯曲宽带状分布,可显示出砂岩、灰岩组成的岩层三角面
		沙溪庙组 J_2s	广泛分布于辛庄、石坎、洛旺、彝良、兴隆等向斜及其普洱度以北广大地区。上段主要为紫红、紫灰色泥岩、砂质泥岩和泥质细砂岩、粉砂岩不等厚互层,并夹多层紫灰色中-细粒长石石英砂岩。厚 360～915m。下段主要由紫红、暗紫红色砂质泥岩与紫灰色含长石石英细砂岩及泥质细砂岩不等厚互层组成,一般泥岩多于砂岩。厚 100～285m。与下伏自流井组呈假整合接触	兴隆含煤区:以绿色为基色,辅以紫红色大小、形状不一的块状体。其中西南部浅绿色和深绿色若干个小型环状体以及密集小型似绒冠状纹理显示出砂岩、砂质泥岩经风化侵蚀后形成的凹地和残丘
	下统	自流井组 J_1z	分布范围与自流井组相同。岩性主要为紫红色砂质泥岩、泥质粉砂岩夹细砂岩,底部具厚约 1m 的砂砾岩。厚 93～584m。与下伏须家河组呈假整合接触	以浅灰绿色为主,部分地段辅以紫红色缓曲形长带状展布,其底有一条褐色细带状体,显示出砂砾岩及细砂岩、砂质泥岩的展布区
三叠系	上统	须家河组 T_3x	分布于各向斜翼部。底部为一套细砾岩;下部为灰黄色中-粗粒长石石英砂岩,偶夹页岩,局部夹薄煤层(线);中部为灰黄、灰白色巨厚层状细-中粒长石石英砂岩,夹泥质粉砂岩及页岩;上部为深灰、灰黄色厚层状页岩、粉砂岩及细粒岩屑长石石英砂岩,间夹煤层(线)。厚 181～680m。与下伏地层呈假整合接触	色彩以灰褐色为基色,部分地段辅以浅绿、浅粉红色交互状不规则块状体,砂岩则表现为灰白色线状展布
	中统	关岭组 T_2g	上段以浅灰、深灰色灰岩、生物碎屑灰岩、白云质灰岩及白云岩为主。厚 34～224m。下段上部为暗紫红色及灰绿色细砂岩、粉砂岩,中下部则以灰-深灰色灰岩、泥质灰岩、白云岩为主,底部为灰紫色泥灰岩,厚 54～218m。与下伏地层呈整合接触	洛旺含煤区:以浅绿色为基色,不同地段辅以浅粉红色不规则的块状体。与低山山脊走向垂直的浅褐色短轴细带体,则为羽状冲沟。庙坝含煤区:浅绿色为基色,部分地段辅以粉红色小斑块及阴坡紫褐色斑块组成了山坡、山脊。局部地段可见岩层三角面
	下统	永宁镇组 T_1y	总厚 164～520m。可分为上、下两段。上段以灰色灰岩、泥质灰岩为主(87～331m)。下段上部为紫红、灰绿色粉砂岩、细砂岩夹泥质灰岩;下部为灰色灰岩、泥质灰岩(77～189m)。与下伏地层呈整合接触	

续表

系	统	组		主要岩性及分布范围	遥感影像标志	
三叠系	下统	飞仙关组 T_1f（含卡以头组）		岩性主要以紫、灰紫色粉砂岩、细砂岩、页岩为主，上部夹薄层灰岩或鲕状灰岩。底部为厚16～203m的灰绿、黄绿色粉砂岩、泥岩。该组厚352～673m。与下伏地层呈整合接触	庙坝含煤区：东段由于岩性相对较软，加之褶皱关系，影像上形成了排列不规则的浅绿色与褐色短轴带状体，显示出水系、冲沟形态。中西部则以灰绿、紫红色不规则块体与褐色块体为主	
二叠系	上统	长兴组 P_3c	宣威组 P_2x	灰绿色页岩、钙质泥岩、灰岩，间夹薄煤层或煤线。厚38～45m。与下伏地层呈整合接触	主要由灰黄、灰绿色页岩、粉砂岩、细砂岩及碳质页岩和煤层（线）组成。厚99～166m。与下伏地层呈假整合接触	以蓝褐色为基色，部分地段辅以紫色小斑块沿向斜围绕的缓曲线带状展布
		龙潭组 P_3l		以灰、灰绿、黄绿色泥岩、页岩、粉砂岩为主，间夹煤层（线）。含可采或局部可采煤1～5层。厚98～142m。与下伏地层呈假整合接触		
		玄武岩 $P_2\beta$		灰黄、黄绿、深灰色致密状、杏仁状、气孔状玄武岩。底部常具一层厚约1m的黄绿色黏土岩。厚66～1859m。与下伏地层呈假整合接触	庙坝含煤区：以蓝褐色、绿、褐色为基色，部分地段分布红色小斑块。东南部、西部粉红色、灰绿色与深褐色组成的岩体和不规则展布的窄带状相交处，为山脊和树枝状水系。其他地区则为灰绿色夹少量粉红色斑块与褐色短轴带状斑块似平行排列，此段为似羽状沟谷	
二叠系	中统	茅口组 P_2m		浅灰-深灰色厚层状灰岩、生物碎屑灰岩，含燧石结核或条带。厚100～614m。与下伏地层呈整合接触	茅口组上部以浅绿色为主，呈缓曲形宽带状展布。下部栖霞组以浅紫色为主的缓曲形宽带状，其间夹有褐色似平行排列的短轴宽线体，为较密集的冲沟分布区。图面较平滑，显示灰岩层的表现。梁山组则以褐色为主，辅以浅紫红色、绿色小斑块，以此组成的缓曲形窄带状即为梁山组展布区	
		栖霞组 P_2q		灰-灰黑色厚层块状灰岩，并夹少量燧石结核。厚67～430m。与下伏地层呈整合接触		
		梁山组 P_2l		岩性主要为灰黄、深灰色薄-中层状细粒石英砂岩、页岩夹煤层（线）。在大关寺山等地含可采或局部可采煤1～2层。厚0～228m。该组与下伏地层呈假整合接触		
石炭系	下统	万寿山组 C_1w		灰-深灰、褐黄色砂岩、粉砂岩、页岩夹碳质页岩、煤层（线）及泥灰岩。厚50～274m。与下伏地层呈假整合接触	以褐色为基色，辅以深绿色、紫红色小斑块组成的缓曲形窄带状纹型。部分地段出现不规则的块状	
泥盆系	上统	在结山组 D_3z		灰-灰黑色结晶白云岩、灰色灰岩，厚41～609m。与下伏地层呈整合接触		

续表

系	统	组	主要岩性及分布范围	遥感影像标志
泥盆系	中统	曲靖组 D_2q	上部为灰白、黄绿、紫红色细砂岩、钙质页岩、瘤状灰岩；中部为灰色灰岩；下部为泥质灰岩、白云质灰岩、钙质页岩。厚 35～289m。与下伏地层呈整合接触	北部主要以紫褐色为基色，局部夹有粉红、浅绿色小斑块，组成了山区。由于构造影响山形和水系展布无规律；南部以深绿色为主色调，间夹不规则的短带状块体，水系较乱，组成了高原残丘地貌
泥盆系	中统	红岩坡组 D_2h	灰、灰黑、黄绿、紫红色页岩、钙质页岩、粉砂岩、细粒石英砂岩、泥灰岩互层，厚 39～238m。与下伏地层呈整合接触	
泥盆系	中统	缩头山组 D_2s	灰白色块状细-中粒石英砂岩，顶部为灰绿色粉砂质页岩。厚 27～441m。与下伏地层呈整合接触	
泥盆系	中统	箐门组 D_2q	灰绿、灰黑色页岩、粉砂岩夹薄层灰岩。厚 19～113m。与下伏地层呈整合接触	
泥盆系	下统	坡脚组 D_1p （坡松冲组）	上部为深灰、灰黑、灰绿色生物碎屑灰岩与页岩、粉砂岩互层。厚 10～97m。中部东段为灰-灰黑色灰岩、页岩、粉砂质页岩，西段为灰绿、黄绿色页岩夹细砂岩或灰岩透镜体。厚 11～78m。下部为灰白、灰黄、褐黄色细粒石英砂岩、粉砂岩。厚 25～300m。与下伏地层呈假整合接触	
志留系	上统	菜地湾组 S_3c	紫红色页岩、粉砂质页岩、泥质粉砂岩、粉砂岩。厚 58～211m。与下伏地层呈整合接触	紫褐色为主夹似平行排列的灰绿、浅紫红色短细带状斑块往往以不规则的宽带状斑块出现，显示水系较乱
志留系	中统	大路寨组 S_2d	灰绿、黄绿、灰黄色钙质粉砂岩、泥灰岩、灰岩。厚 70～395m。与下伏地层呈整合接触	
志留系	中统	嘶风崖组 S_2s	灰黄、黄绿、灰色页岩、粉砂岩、细砂岩及灰岩。厚 38～220m。与下伏地层呈整合接触	
志留系	下统	黄葛溪组 S_1h	以灰、灰绿、灰黄色灰岩、结晶灰岩及细粒长石石英砂岩及粉砂岩为主。厚 72～255m。与下伏地层呈整合接触	
志留系	下统	龙马溪组 S_1l	西部上部为黑色泥灰岩、灰岩；下部为黑色、深灰色碳质页岩、粉砂质页岩及粉砂岩。厚 135～322m。与下伏地层呈整合接触	
奥陶系	上统	宝塔组 O_3b	上部为灰黑色泥质灰岩或钙质砂岩，厚 0.5～11m。中部为灰黑、黑色页岩、钙质页岩或粉砂质页岩，厚 4～37m。下部为深灰、灰黄色钙质灰岩或砂质灰岩，厚 0～44m。与下伏地层呈整合接触	

续表

系	统	组	主要岩性及分布范围	遥感影像标志
奥陶系	中统	十字铺组 O_2sh	上部为灰-深灰色龟裂纹状灰岩，厚 $20\sim186m$。下部东段以紫红色灰岩、鲕状灰岩、结晶灰岩及泥灰岩为主，夹钙质页岩。厚 $8\sim77m$。与下伏地层呈整合接触	粉红色、浅绿色大小不同斑块交替出现。部分地段在上述特征的基础上基色为紫褐色，呈不规则环形分布，表现为山区或山顶地貌
	下统	湄潭组 O_1m	上部为灰色结晶灰岩、鲕状灰岩及泥灰岩；中部为灰黑色页岩、细砂岩；下部为灰色页岩、砂质页岩。厚 $166\sim386m$。与下伏地层呈整合接触	
		红花园组 O_1h	东部为灰色、灰绿色灰岩、结晶生物灰岩，西部为灰绿色页岩夹深灰色生物灰岩透镜体。厚 $0\sim21m$。与下伏地层呈假整合接触	
寒武系	上统	娄山关组 $\mathbb{C}_{2-3}ls$	上部为浅灰至灰黄色白云质灰岩；中部为深灰色致密灰岩夹薄层粉砂岩；下部为灰色含硅质泥质灰岩。厚 $317m$。与下伏地层呈整合接触	以深褐色为基色，部分地段辅以灰绿色和浅紫红色小斑块，多呈不规则的环形展布，显示该地层分布于山顶处
	中统	高台组 $\mathbb{C}_2g$	上部为紫红色钙质粉砂岩夹灰绿色、橘红色石英砂岩；下部为浅灰色泥灰岩、白云质灰岩。厚 $42m$。与下伏地层呈整合接触	
	下统	清虚洞组 $\mathbb{C}_1q$	灰黑、灰绿色泥质石英粉砂岩夹细砂岩及泥灰岩。厚 $187\sim236m$。与下伏地层呈整合接触	

征的影像条带体呈北东或近东西向展布，并构成不规则椭圆形或弧形影像体。北东向褶皱影像体多表现为"S"型、"C"型，具有明显的旋扭构造特征。

本次解译和调查主要褶皱构造17条，其中背斜7条，向斜10条。背斜紧闭，两翼岩层陡立，核部或翼部多受与轴线近平行的大型逆断裂破坏，保存不完整。向斜较宽缓，多数北翼陡，南翼缓，受断裂影响较小，保存较完整。各向斜构造几乎均具北西翼陡而南东翼缓的特点，显示轴面多向北西倾斜，平面上组成一系列"S"形及雁行排列的"多"字形构造，各含煤地层主要保存于向斜构造中。洛旺、马河、辛庄、庙坝、兴隆等向斜和贾村背斜为调查区主要后期控煤构造，控制着上二叠统含煤地层及煤层的分布。高家山背斜则控制着下石炭统与下二叠统含煤地层及煤层的分布。早石炭世、早二叠世、晚二叠世、晚三叠世含煤地层的后期控煤构造样式均为褶皱类隔档型。

区内北东向褶皱构造最为发育，近东西向次之，北西向和近南北向则发育较差。羊场、米摊子等近东西向褶皱构造的形成时间最早，均形成于加里东期，对晚古生代及中生代沉积控制作用明显；北东及北西向褶皱构造的形成时间较晚，均为燕山晚期和喜马拉雅期运动的产物。北东向褶皱为本区最主要的后期控煤构造，主要含煤地层及煤层的赋存均受该方向褶皱的控制，其他三个方向褶皱的控制作用则较小。

（2）断裂构造

区内线性影像体发育，以近南北、北东、北西及近东西向为主，常常构成两侧不同色

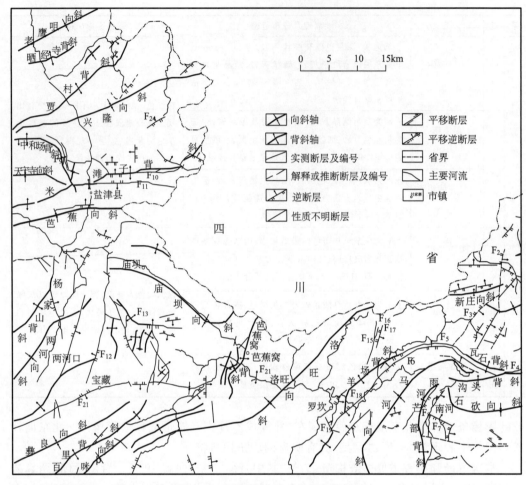

图 4.30　昭通地区遥感构造解译图

彩、地貌、水系、影纹特征影像体的截然分界，大型线性影像体多呈束状，分叉、交接现象明显。

　　本次解译和调查主要断裂构造 50 余条，其中新发现 19 条。分近南北、北东、北西及近东西向四组，以北东和北西向为主，近南北和近东西向次之；近南北和北西向断裂形成最早，且活动时间长，近东西向次之，北东向断裂则形成时间相对较晚；以挤压逆断层为主，后期又多兼走滑性质，具有发育数量多、规模大等特点，对含煤地层及煤层最具破坏性。张性正断裂则发育差，以与褶皱轴大角度斜交的小型正断层为主，对含煤地层及煤层影响较小；南北向断裂具有多期、多性质活动的特点，为各成煤期的主要控盆断裂和同沉积断裂，对含煤地层和煤层沉积具有明显的控制作用。其他三个方向的断裂则是本区主要的后期控煤断裂。

　　（3）含煤地层及含煤性

　　通过遥感解译与野外调查验证，初步确定了调查区各主要含煤地层的分布范围，了解了其岩性组合及赋煤特征。调查区含煤地层主要有下石炭统万寿山组、下二叠统梁山组、上二叠统宣威组(龙潭-长兴组)和上三叠统须家河组。

（4）聚煤作用分析

古地磁、古植物研究成果表明,早石炭世至晚三叠世,昭通地区处于古赤道附近,隶属热带、亚热带气候带。该气候带内雨量充沛,热带、亚热带植物种属众多,植物繁茂,为各期聚煤作用提供了适宜的气候和植被条件。各期聚煤作用在不同地段所表现出的差异主要取决于古构造、古地理等因素。

（四）靶 区 优 选

1. 圈定含煤远景区

上二叠统含煤远景区最大预测深度为埋深 1000m 以浅,并分 600m 以浅和 600～1000m 水平分别预测;下石炭统、下二叠统、上三叠统含煤远景区最大预测深度为埋深 600m 以浅。最低预测单层可采厚度均为 0.7m。

遵循上述预测原则,共圈定含煤远景区 12 个,总面积 739.4km² (图 4.32)。其中下石炭统万寿山组与下二叠统梁山组无烟煤类远景区 2 个,面积 105.6km²;上二叠统龙潭-长兴组贫煤-无烟煤类远景区 3 个,面积 269.2km²;上二叠统组-宣威组贫煤-无烟煤类远景区 6 个,面积 362.5km²;上三叠统须家河组焦煤类远景区 1 个,面积 2.1km²。

2. 资源量预测

在含煤远景区圈定的基础上,结合对各远景区内主要可采煤层和局部可采煤层的可采厚度、可采范围等实地调查成果,依据中国地质调查局《固体矿产预查暂行规定》DD 2000-01 中资源量估算的要求,对本次遥感地质调查所圈定的 12 个含煤远景区埋深 1000m 以浅的煤炭资源潜力进行了预测评价,共获预测资源量(334?) 334357 万 t。

（五）工 程 验 证

在 1：10 万遥感地质调查圈定的 12 个含煤远景区内,选取洛旺、庙坝及兴隆三个主要含煤远景区,进一步开展了 1：5 万煤田地质填图、槽探、采样测试等地面地质工作,并对洛旺含煤远景区的深部煤层进行了少量钻探验证与控制,累计完成 1：5 万煤田地质填图 1000km²、槽探 4025m³、钻探 874.73m (钻孔 2 个)、地球物理测井 748.0m、煤质化验 52 件。取得良好验证效果。

确定洛旺、庙坝及兴隆含煤远景区的主要含煤地层为上二叠统宣威组,煤层主要分布于该组的上段,含煤 7～17 层,可采或局部可采者 5 层,由上至下编号为 C1、C2、C3、C4、C5,其中 C5 煤为三个含煤远景区的全区稳定可采煤层,洛旺含煤远景区 C5 煤厚 0.8～6.1m,平均厚 2.1m (36 个工程点)。庙坝含煤远景区 C5 煤厚 0.7～1.4m,平均厚 1.0m

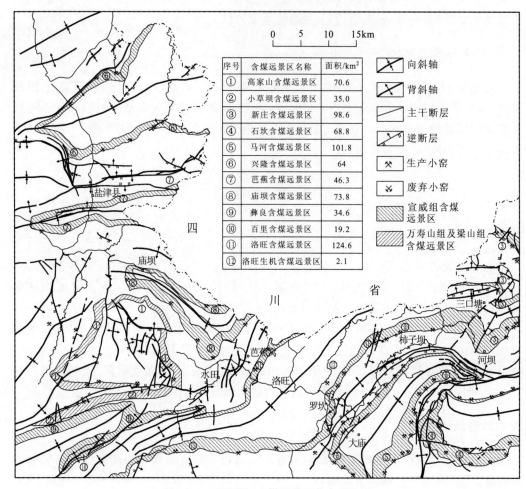

序号	含煤远景区名称	面积/km²
①	高家山含煤远景区	70.6
②	小草坝含煤远景区	35.0
③	新庄含煤远景区	98.6
④	石坎含煤远景区	68.8
⑤	马河含煤远景区	101.8
⑥	兴隆含煤远景区	64
⑦	芭蕉含煤远景区	46.3
⑧	庙坝含煤远景区	73.8
⑨	彝良含煤远景区	34.6
⑩	百里含煤远景区	19.2
⑪	洛旺含煤远景区	124.6
⑫	洛旺生机含煤远景区	2.1

图 4.31 昭通地区含煤远景区分布示意图

（14 个工程点）。兴隆含煤远景区 C5 煤厚 0.7～1.5m，平均 1.1m（19 个工程点）；C3 煤层厚 0.4～1.5m，平均厚 0.9m，在庙坝含煤远景区南部大部分可采，是该含煤远景区的主要局部可采煤层。在洛旺、兴隆含煤远景区则零星可采；Cl 煤层厚 0.2～1.5m，平均厚 0.4m，仅在洛旺含煤远景区西部塘房煤矿至桃子湾煤矿之间可采；C2 煤层厚 0～2.2m，平均厚 0.6m，仅在庙坝含煤远景区茶山煤矿至花果腾达煤矿之间可采；C4 煤层厚 0.1～1.1m，平均厚 0.66m，仅在庙坝含煤远景区零星开采。

对洛旺、庙坝及兴隆含煤远景区 C5 可采煤层和庙坝含煤远景区 C3 局部可采煤层当地最低侵蚀基准面以下 600m 以浅的资源量进行了估算，共获推断的、预测的内蕴经济资源量（333＋334?）97433 万 t，其中推断的内蕴经济资源量（333）为 8077 万 t，预测的内蕴经济资源量（334?）为 89356 万 t（表 4.7）。

表 4.7　洛旺、庙坝及兴隆含煤远景区估算资源量统计表

含煤远景区名称	煤层编号	333 级资源量/万 t	334? 级资源量/万 t	合计
洛旺含煤远景区	C5	5078	53816	58894
庙坝含煤远景区	C5	889	11328	12217
	C3	1234	6424	7658
兴隆含煤远景区	C5	876	17788	18664
总　计		8077	89356	97433

五、实例 V：临汝煤田煤炭资源勘查

临汝煤田地处豫西汝州市境内，是河南省主焦煤主要产地之一。随着煤炭资源勘查工作的推进，矿区内推覆构造、滑覆构造等后期叠加改造的赋煤构造区段逐渐被认识清晰(王佟,1993,1994)，并按此思路布置了找煤钻孔及相关勘查工作，在南部老地层和中部红层之下找到了新的煤炭资源，通过前文对我国煤矿床勘查模式的分类，本区属于复杂地质条件区的逆冲推覆体下亚类和滑动构造下亚类。

（一）煤田推覆构造特征

临汝煤田位于华北板块南缘。基底为太古代至早元古代的中、深变质石英岩、片麻岩及片岩组成的褶皱岩系，盖层由中元古代至三叠纪的沉积岩组成，包括碎屑岩和碳酸盐岩层。盖层中断裂构造极发育，褶皱则不甚强烈。但局部却发育推覆构造，煤系间滑覆构造和断块构造也很发育，其间又夹持着次一级的宽缓褶皱，构造格局比较复杂（图 4.32）。

推覆构造主要发育在煤田的中西部，以温泉街推覆构造为典型代表。

温泉街推覆构造地表出露仅在温泉街一带可见。走向出露长约 15km，呈北西-南东向分布。该断层的南东、北西两端分别被大张和武庄正断层所切。据重力异常和卫片影像反映，其北西端过武庄断层后继续向北西方向延伸，构成了伊川盆地的南缘，其南东端过大张断层后也仍继续延伸，基本保持原有的走向，大致隐伏于汝州市城南朝川矿区北侧，甚至有可能延至平顶山煤田深部(图 4.32)。

在温泉街一带，地表见及的逆冲推覆带发育于零星出露的元古界熊耳群(Pt)，古生界寒武系、石炭系、二叠系，中生界下、中三叠统(金斗山砂岩 T_1)中。这些地层或呈直立，或呈倒转，并由老至新依次由南西向北东推覆，构成了驼背状的逆冲断裂系。在推覆构造带中，尚可划分出三四条比较醒目的逆冲断层。以前，由于钻孔未穿越推覆体，故曾将平顶山砂岩与寒武系灰岩间的接触断层误判为正断层。由于按接触地层时代推算的地层断距甚大，认为含煤断盘埋伏甚深，故历来皆以此断层带作为庇山矿区外围的西南部找煤边界。对于其西南侧的古老地层分布区，也认为已无含煤地层保存的可能。对于庇山矿区外围的北部也认为属地堑构造，于是在临汝煤田北部中段受第四系掩覆的广大地区都得

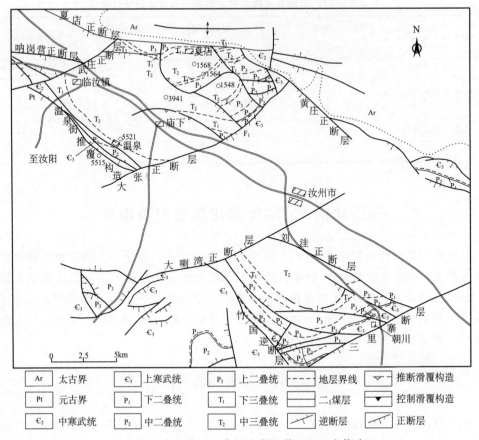

图 4.32　临汝煤田地质略图（据王佟，1993，有修改）

出了煤层赋存过深的结论，这就使各矿区外围的找煤工作长期裹足不前。

　　王佟等（1993a）在温泉街夏店一带重新填绘了 1∶2.5 万地质图，提出了这是一套推覆构造的认识。后经 5517 孔和 5515 孔证实，温泉街一带确实存在着一个自南西向北东的推覆构造系，地表所见的一系列断层面实际上多属于上陡下缓的犁式断层，它们最终都汇聚于同一滑动面而依次发生逆冲。在主逆冲面下尚发育有一系列滑覆断层，致使主煤层（二₁煤）的埋深大大变浅并向南延伸（图 4.33）。

　　温泉街一带推覆体的厚度大约为 100～500m。以前钻孔所见的地层实际上都是推覆体的夹片。这些岩层一般都很破碎，多由碎粒岩和碎裂岩组成。破裂带或宽或窄，但基本都由糜棱岩组成。还可见到绿泥石化、高岭土化及碳酸盐等低退动力变质现象。下盘（即原地系统）由二叠系和三叠系组成，接近推覆体附近发育较宽的挤压破裂带。据 5515 孔揭露，破裂带宽约 200m，往下岩层则逐渐完整。据钻孔控制的二₁煤层形态推断，推覆体下盘基本为一宽缓向斜，推覆带的前锋大致位于下盘向斜的核部或稍偏南翼部位。粗略复原其初始构造形态，推算推覆距离达数十公里以上。现在看来，临汝煤田南带的焦古山、梨园以及汝阳城关等煤产地都应属于推覆体上部大小不等的断片，在推覆体的长期演化过程中造成了它们各自构造都很复杂且走向上彼此互不连续的特征。

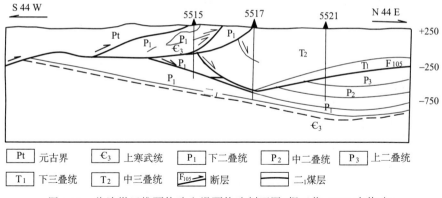

图 4.33　临汝煤田推覆构造和滑覆构造剖面图(据王佟,1993 有修改)

在夏店一带,1973 年以前提交的地质报告按断块构造方案解释,在图 4.32 现在解释为滑动构造的位置按北西方向倾斜的正断层解释,得出夏店一带煤层赋存深度大的判断。

1987 年后,在开展庞山矿区深部和外围找煤勘探时,在夏店南部毛寨断层上盘部署了部分找煤钻孔,并开展了重力勘探,发现钻孔揭露地层均缺失上石盒子组到石千峰组间的部分层段,各个钻孔缺失的层段基本一致。得出夏店一带滑覆构造的判断,以后进一步勘探证实了这一解释,夏店一带属梅庄向斜的西延部分,梅庄向斜被滑覆构造掩覆,滑覆体下煤炭资源赋存深度较浅,构造简单,具备开展进一步勘探和规划建设的条件。

(二) 勘查模式及方法

通过上一部分对临汝矿区的控煤构造特征分析可以看出,推覆构造和滑覆构造控制了煤炭资源的分布,在对此类矿区的煤田勘查时,需要结合其构造特征进行勘查工程的布置,下面以矿区中夏店井田的勘查过程为例进行说明。

1. 勘探区概况

夏店井田位于河南省汝州煤田西北部,处于豫西嵩箕隆起带的禹王山、盘龙山南麓,总体地貌特征为山前斜坡和平原地貌,呈北高南低之势。除北部为缓斜坡状,山麓附近沟壑较发育,向中部和南部演变为小冲沟或消失。中部和南部基本为平原,地势平坦。井田内地势最高处海拔414.20m,最低处海拔270.60m,相对高差143.60m。井田范围,北以夏店正断层为界,南以毛寨正断层为界(图 4.33),东、西界至勘查登记范围边界。地理坐标:东经 $112°41'16'' \sim 112°46'03''$,北纬 $34°14'03'' \sim 34°17'15''$。东西长约 6km,南北宽约5km,面积 30.54km²,勘探阶段井田范围和探矿权范围完全重合,但略小于普查范围。规划首采区大致位于 18 勘探线以东、F303 正断层以南至井田东南部边界之间区域内的二₁煤层和四₃煤层范围。形态近长方形,面积 4.87km²。

2. 地层与煤层发育情况

井田地层属嵩箕地层小区。井田内基本为第四系掩盖,仅在磨庄和河西陈一带有两处零星的基岩露头。根据野外地质填图和钻孔揭露,在北部边界,古生界地层和太古界登封群呈断层接触,煤系地层基底为古生界上寒武统崮山组。该井田地层从老而新,自崮山组以上地层为:上寒武统崮山组;下二叠统太原组;中二叠统山西组、中二叠统下石盒子组,上二叠统上石盒子组、上二叠统石千峰组;中生界下三叠统金斗山组、中三叠统二马营群、新生界新近系及第四系。含煤地层为太原组,山西组、下石盒子组及上石盒子组,煤系基底为寒武系崮山组,煤系上覆地层为二叠系石千峰组、三叠系。煤系依据岩性组合和沉积旋回分为八个含煤段,总厚 620.00m。

(1) 太原组(P_1t)即含煤地层第一含煤段,底部为铝质泥岩,上界止于 L_6 灰岩或海相泥岩顶面。与下伏崮山组地层呈整合接触,平均厚度 40.52m,根据岩性特征分为三段:下部灰岩段由 $L_1 \sim L_3$ 深灰色生物碎屑泥晶灰岩、泥岩及薄煤层(一$_1$、一$_2$、一$_3$ 煤层)组成,L_1、L_2 灰岩局部相变为泥岩,L_3 灰岩发育稳定,富含腕足类、鲢、海百合茎等化石。中部砂泥岩段由灰色、深灰色泥岩、粉砂质泥岩、粉砂岩、细粒砂岩及 3~4 层薄煤层(一$_4$ 至一$_7$ 煤层)组成,中部夹一薄层生物碎屑泥晶灰岩(L_4)。上部灰岩段由深灰色灰岩(L_6 灰)、泥岩及煤层(一$_8$、一$_9$ 煤层)组成。L_6 灰岩全井田稳定发育,为含燧石结核隐晶质灰岩,致密坚硬,为一$_8$ 煤层直接顶板。一$_8$ 煤层为局部可采煤层,厚度 0.00~1.43m,其他煤层均不可采。

(2) 山西组(P_2s)为第二含煤段。顶界止于 K_3 砂岩底。厚度 62.06~129.31m,平均厚度 97.23m。根据岩性特征分为三段:下段由灰、深灰色泥岩、砂质泥岩、粉砂岩、薄层细粒砂岩及煤层组成,泥岩中含较多黄铁矿结核。含煤 1~7 层,其中二$_1$ 煤层为本井田主要可采煤层,全井田大部可采,煤层厚度 0.00~9.75m,平均厚度 3.12m,偶见分叉。二$_1$ 煤层底板为深灰色泥质和灰白色砂质互层,由明暗纹理显示波状、透镜状、脉状层理,具生物潜穴构造,富含黄铁矿结核。中段由灰色、灰白色中、细粒砂岩和灰、灰绿色泥岩、砂质泥岩、粉砂岩和薄煤层或煤线组成。大占砂岩是全区的主要标志层,为浅灰色中细粒岩屑砂岩,顺层理面富含碳质成分和大量白云母片而显麻灰色,是二$_1$ 煤层直接或间接顶板。上段小紫泥岩段由绿灰、灰绿带紫斑泥岩、砂质泥岩、粉砂岩夹少量中、细粒砂岩组成,泥岩中含较多菱铁质细鲕粒。

(3) 下石盒子组(P_1x)平均厚度 309.96m。又分为三、四、五、六含煤段。三煤段平均厚度 69.54m。为浅灰、灰绿、紫花色泥岩、砂质泥岩、粉砂岩及细、中粒砂岩组成,偶见 1~2 层煤线。底界"砂锅窑"砂岩,为灰白、灰绿色中、粗粒石英砂岩。其上大紫泥岩段,为灰绿、紫红色泥岩、砂质泥岩,色泽鲜艳,岩性细腻,具鲕状结构。四煤段平均厚度 70.72m。为浅灰色、深灰色,局部绿灰色泥岩、砂质泥岩、粉砂岩夹中、细粒砂岩及 1~8 层煤层组成。底部为浅灰色中、细粒砂岩。四$_3$ 煤层发育稳定,为大部可采煤层,厚度 0.12~4.45m,平均厚度 1.26m。其他煤层为薄煤层。五煤段平均厚度 79.99m。由灰、深灰色砂质泥岩、粉砂岩、泥岩和少量中、细粒砂岩及 1~7 层煤层组成。五$_3$ 煤层厚度稳定,厚度 0.00~3.64m,平均厚度 0.86m,局部可采;其他煤层均不可采。六煤段平均厚度 82.58m。上部和下部为灰绿色带紫色斑泥岩、砂质泥岩夹细粒砂岩组成,中部为灰、深灰色泥岩、砂质泥岩和中、细粒砂岩及 1~3 层薄煤层组成,六$_2$ 煤层层位比较稳定,为薄煤线或碳质泥岩,其他煤层亦均为不可采煤层。

（4）上石盒子组（P_3s）平均厚度 187.93m，顶界止于平顶山砂岩底。底部田家沟砂岩厚度稳定，是区域性良好标志层。主要岩性为灰绿、灰白色中、粗粒石英砂岩、岩屑石英砂岩，分选好，硅钙质胶结。其上、下部泥岩中常见紫斑。其中，七煤段：由灰色、深灰色、紫花色砂质泥岩和浅灰色长石石英砂岩及煤层组成。煤段中部发育 1～4 层薄煤层，其中以七$_2$偶见可采点，七$_2$煤层顶板泥岩中见 *Lingula* sp.化石。八煤段平均厚度 82.96m。由灰色、绿灰色中细粒砂岩，及灰色、灰绿色、紫花色砂质泥岩、泥岩及不稳定煤层组成。上部泥岩中见 1～2 层厚度 0.1～0.05m 含海绵骨针水云母泥岩（硅质泥岩），层位稳定。

（三）井田构造特征

井田基本构造形态为一轴向南西-北东，向南西倾伏，向北东扬起，在井田东部再转折为向北东倾伏的向斜构造（图 4.34）。向斜轴部位于上鲁—夏店南—扈寨一线，轴向南西-北东，向南西倾伏，向北东扬起，在井田东部再转折为向北东倾伏的向斜构造。两翼基本对称，地层倾角较平缓，一般为 9°～15°，南翼东南部因受逆冲推覆作用影响，地层发生掀斜而倾角较陡，倾角 23°左右，最大倾角 31°。向斜翼间角 70°～120°，为两翼基本对称的开阔向斜。北翼被近东西向夏店正断层（F_{100}）及支断层所切割，发育不完整；南翼发育较完整，其南部被毛寨正断层（F_{25}）等所切割，东部被贾庄正断层（F_{70}）、梅庄正断层（F_{16}）所切割。向斜的东部受逆冲覆构造（F_{21}、F_{23}、F_{74}等）和滑覆构造（F_{25}、F_{102}、F_{103}等）的影响，煤系上覆地层不同程度地存在缺失、顺层滑动或重复（图 4.35）。向斜基本被第四系覆盖，仅在

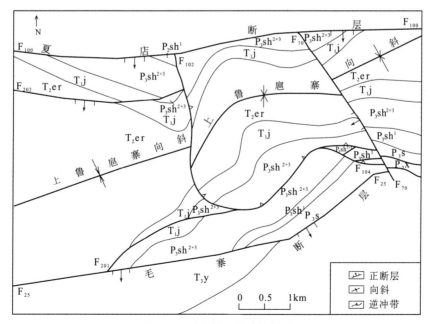

图 4.34　夏店井田构造特征图

T_3y. 上三叠统延长群；T_2ey. 中三叠统二马营群；T_1j. 下三叠统金斗山组；P_3sh^{2+3}. 上二叠统石千峰组二、三段；P_3sh^1. 上二叠统石千峰组一段；P_2s. 上二叠统上石盒子组；P_1x. 中二叠统下石盒子组

南北两翼有零星的基岩露头。北翼在周庄—尚庄西北一线见北西-南东向分布的金斗山砂岩零星露头,南翼在磨庄—河西陈北—毛寨一线和荆河河床见南西-北东向分布的平顶山砂岩零星出露形成走向方向小山丘。向斜核部为三叠系二马营群,向两翼依次为三叠系金斗山组、二叠系石千峰组、上石盒子组等。

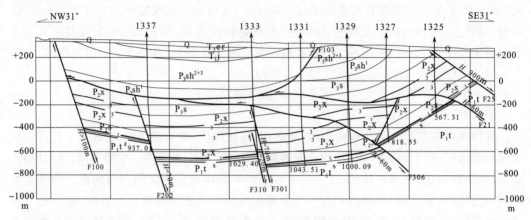

图 4.35　夏店井田 13 勘探线地质剖面图

T₂ey. 中三叠统二马营群;T₁j. 下三叠统金斗山组;P₃sh²⁺³. 上二叠统石千峰组二、三段;P₃sh¹. 上二叠统石千峰组一段;P₂s.上二叠统上石盒子组;P₁x. 中二叠统下石盒子组;P₂s. 中二叠统山西组;P₁t. 下二叠统太原组

　　本井田中小规模的断裂构造较发育,向斜的两翼及转折端见断层 20 条。其中<30m 的断层 5 条,30~50m 的断层 5 条,50~100m 的断层 3 条,100m 的断层 7 条。按构造走向统计,以近东西和北东向断裂构造为主,见少量北西向断裂构造。区域性的大断裂构造走向近东西向,井田内部多为北东向斜交正断层。由于区域构造位置位于华北聚煤区南缘逆冲推覆构造带前锋部位,以及其北部隔嵩箕隆起与豫西滑动构造区毗邻,因而本区构造的另一重要的特征表现为逆冲推覆构造(F_{21}、F_{23}、F_{74} 等)和滑覆构造(F_{25}、F_{102}、F_{103} 等)较发育,对煤层赋存具有重要的控制作用。

(四)勘探方法与成果

　　夏店井田基本为掩盖性煤田,普查阶段对本区构造特征进行了初步控制,后续开展的控煤构造研究工作亦较多,对影响煤炭资源赋存的区域性推覆构造和滑覆构造有较为深刻的认识(王佟,1994),因此,勘查工作由普查阶段直接跨入勘探。

　　根据井田内实际的地形、地质和地球物理条件,结合对复杂构造区推覆构造和滑覆构造的认识,选择有针对性的地震勘探和钻探布置,配合以地质填图、物探测井、采样测试分析、抽水实验等多种手段进行综合勘查。各种勘查手段在实际运用中相互配合,并重视地质分析、研究,注重地质效果和勘探效益。

　　勘探工程布置采用地震勘探先行,主导勘探线钻探跟进验证,保证勘探工程布置不至于由于构造形态较大变化而出现误差,具体工程布置如下:

　　地震:主测线垂直地层构造走向,呈北西向布置。首采区主测线线距 500m,联络测线线距为1000m。对可能影响井田划分的井田内断层 F_{201}，采用 $500m \times 500m$ 正交测网进行加密控制。另外，首采区周边适当放宽控制线距及网度，采用 $1000m \times 1000m$ 正交测网。共布置地震测线20条，其中主测线13条，联络测线7条。

钻探：勘探线垂直主要构造和地层走向，呈北西向布置，首采区基本勘探线距为500m，孔距原则上小于基本勘探线距。首采区周边适当布置少量钻孔。共布置勘探线12条，分别为12、－12、13、14、15、16、17、18、21、22、23、39勘探线，钻孔34个。

施工顺序和各工序的衔接做到：

1) 钻探在后的原则，充分发挥相互配合、互相验证的综合勘探优势。施工顺序上，按照由已知到未知、由浅而深、由简单到复杂的原则进行。

2) 遵循地震工程优先施工。

3) 基准孔优先施工，以获取该井田各种物性信息和测井参数。

4) 加强了地质勘探的"三边"工作，根据地质情况变化，及时调整勘探布置。

通过地震和钻探两种主要勘探手段的科学配合，体现了综合勘探的优势，勘探工程质量和地质研究程度得到提高，勘探工作开始于2003年7月，于2006年8月顺利结束并完成勘探报告的编写工作。2006年12月24日中国矿业联合会评审组织专家进行了评审，并批准了河南省汝州煤田夏店井田煤炭勘探报告。此后于2003年勘探报告被中国煤炭工业协会评为第十一届优质地质报告。

夏店井田（与普查范围不完全重合）获得总资源量19675.3万t，其中探明的资源量（331）3810.7万t；控制的资源量（332）6124.2万t；推断的资源量（333）9740.4万t。一$_8$煤层获得资源量1449.8万t，二$_1$煤层共获得资源量11772.8万t，四$_3$煤层共获得资源量4843.5万t，五$_3$煤层共获得资源量1609.2万t（表4.8）。

表4.8　夏店井田煤炭资源量统计表(万t)

煤层编号	331			332			333			331+332+333
五$_3$	0			0			1609.2	JM	1609.2	1609.2
四$_3$	974.6	JM	864.6	1680.5	JM	1680.5	2188.4	JM	2178.6	4843.5
		SM	110.0					SM	9.9	
二$_1$	2836.1	PS	1434.1	4443.7	PS	3806.2	4493.0	PS	3559.0	11772.8
		PM	1402.0			PM	637.5		PM	279.8	
								SM	654.2	
一$_8$	0.0			0.0			1449.8	PM	1449.8	1449.8
合计	3810.7			6124.2			9740.4			19675.3

首采区获得总资源量3242.6万t，其中探明的资源量（331）2623.6万t，占总资源量的80.9%；控制的资源量（332）212.9万t，占总资源量的6.6%；推断的资源量（333）406.1万t，占总资源量的12.5%。

第五章　煤炭资源遥感调查与地质填图技术

第一节　煤炭资源遥感技术的发展及理论基础

一、煤炭遥感技术发展及应用回顾

以地球为对象的遥感对地观测技术，经历了地面遥感试验、航空遥感、航天遥感等发展阶段。进入 20 世纪 90 年代以来，随着科学技术的进步，遥感技术有了突飞猛进的发展。新的遥感平台陆续升空，传感器不断更新换代；传感器光谱范围不断拓宽，从可见光扩展到近红外、红外波段及微波遥感；数据获取从全色、多光谱发展到高光谱，空间、频谱和时间分辨率也不断提高。高空间分辨率和高光谱分辨率数据，极大地增强了遥感技术对地观测能力。

煤炭遥感应用初期，主要用于地形制图和煤炭地质调查，随着遥感技术不断深入和完善，出现了煤炭遥感地质填图，极大地提高了填图工作效率。经过多年来不断探索、创新和发展，煤炭遥感技术已形成了航空高光谱、航天高分辨率、地面探测以及与 GPS、GIS 相结合的较为完善的"3S"技术应用体系，被广泛应用于煤炭资源调查、评价的众多方面，取得了良好的社会效益和经济效益(谭永杰，1998；徐水师，2006；张文若等，2006)。

当前，遥感技术在煤炭领域的应用和研究热点包括：煤炭资源及煤炭伴生矿产资源调查、高精度煤田地质填图、煤炭基地水资源调查、煤矿区地质灾害调查与监测、生态环境调查与动态监测、矿区地表开采沉陷监测以及矿山地理信息系统与数字矿山建设等方面(卢中正等，2003；梁洪有、陈俊杰，2006)。

2007 年实施的全国煤炭资源潜力评价强调采用包括遥感技术在内的多源地学信息的综合应用，要求各省(区、市)应视本地区煤田地质特点和研究工作基础，开展不同程度的遥感信息预测找煤研究。在充分分析和研究前人资料的基础上，采用中等比例尺的遥感影像(有条件的单位可进行必要的数字图像信息提取)，进行全省(区、市)线性构造解译和煤系分布特征解译。在此基础上，针对预测区，归纳和总结煤田构造、煤系和其他地质体影像特征，建立相应的解译标志，对预测区实施系统的解译和验证，为煤炭资源预测提供遥感技术依据。

二、煤炭遥感技术基础

(一)遥感理论基础

遥感地质是利用传感器记录的地质体的电磁波谱特征，从中提取信息，研究地质体和各种地质现象。不同地物具有不同的反射和辐射电磁波的特性(即光谱特性),不同的波长的电磁波,需要不同性能的传感器才能接收、量测和记录。所以,地物的光谱特性是遥感技术的主要依据,它既是选择传感器波段的依据,又是正确分析和判读遥感数据的理论基础。遥感工作者的一个主要任务就是根据生产和科研的要求,正确选择工作波段和传感器,要做到此点,必须进行一系列遥感测试工作,提供设计参考(晁吉祥,1994)。

岩石是地壳主要的物质组成,是各种地质现象和矿产资源赋存的载体。随着遥感信息获取技术的不断进步,高光谱分辨率(纳米级)和高精度空间分辨率(米级)遥感数据为岩性解译和岩性填图带来了大量的新型信息和新的发展机遇,使遥感地质工作在更高水平上开拓和深化。来自太阳的电磁波在岩石表面产生反射,绝对零度(−273℃)以上的物体会发射相应波长的电磁波,在可见光、近红外和热红外形成各自光谱分布,不同组分的岩石形成不同的光谱,光学遥感就是依据这些光谱特征(能量、谱形等)来探测目标的,了解、认识了这些光谱特征,就能够利用遥感信息提取技术识别它们(周成虎等,1999)。含煤岩系具有特定的岩石(岩层)组合,表现出特定的光谱分布特征,这就是从遥感图像上识别含煤地层甚至煤层的理论依据。

影响岩石光谱特征的主要因素(周成虎等,1999):岩石的组分、结构构造、风化作用、表面特征(苔藓或风化物等覆盖物厚度与类型、浸染物作用等)、背景地物(土壤、植被等)。

(二)煤系的岩石学基础

含煤岩系具有其独特的岩性特征(杨起等,1979;邵震杰等,1993)。含煤岩系一般是在潮湿气候条件下沉积的,其颜色主要以灰色、灰绿色及黑色的沉积岩组成,含有一定的杂色岩石。主要的岩石类型有各种粒度的砂岩、粉砂岩、泥质岩、碳质泥岩、煤、黏土岩、石灰岩,以及少量的砾岩等,有的还含有油页岩、硅质岩、火山碎屑岩等,这些岩石一般交互出现;岩性变化较大、不同地区有明显的差异,即不同时代、不同地区的含煤岩系,其岩性组成差异很大,这主要取决于含煤岩系沉积时的古地理和古构造。含煤岩系一般具有较好的旋回结构,往往以巨厚的碳酸盐岩系(如华北石炭二叠纪煤系以下古生界碳酸盐岩系为基底)或变质岩系、火成岩(如东北的晚中生代煤系基底)等岩层为基底,岩性组合差异显著。

1. 煤盆地的基本特征

煤矿床不同于金属矿床,规模一般很大。煤层形成于聚煤盆地,经后期构造改造,仍以面状或条带状展布于含煤盆地,盆地面积一般为几十到几千平方千米。煤层赋存的地层即含煤地层,厚度通常为几十到几百米,地表延伸数十到数百千米。因此,作为主要解译目标的含煤盆地或含煤地层,其平面范围远大于卫星图像数米至数十米的空间分辨率,在遥感图像上显示清楚、可以识别,具备了宏观遥感解译的基本条件。

含煤盆地、含煤地层、煤田构造等主要煤田地质体不仅具有较大的展布范围,而且具有特定的影像特征。含煤盆地大多具有盆地的地貌形态特征,边缘高内部低,边缘地层老、内部地层新;盆地的纹理图案与盆地外的明显不同,解译标志明显。含煤地层是一种比较稳定的沉积地层,由特定的岩性组合而成,不仅有地表出露厚度和长度,而且具有一定的影像特征。

对于后期构造改造强烈而残缺不全的盆地也可以根据含煤地层的影像特征判定。

2. 煤系的地面特征

1) 含煤岩系主要以灰色、灰绿色及黑色的沉积岩组成,富含有机质,其反射率较低,在遥感影像上与非煤系的厚层碳酸盐岩、岩浆岩、变质岩比较,通常呈相对暗色调。

2) 含煤岩系沉积韵律明显、旋回发育,不同岩性的组合及软硬岩层交替呈现典型的层理特征,由于岩性的差异分化,在遥感影像上形成特殊的条带状纹理。

3) 含煤岩系有各种粒度的砂岩、粉砂岩、泥质岩、碳质泥岩、煤、黏土岩、石灰岩,以及少量的砾岩等构成,其中粉砂岩和泥质岩等软弱岩石占较大比例,尤其是煤层、碳质泥岩等更易于风化,整体较松软,在地貌上往往构成负地形。

4) 由于煤系易风化且富含有机质,有利于土壤形成和植物生长,因此,煤系、特别是煤层通常被表土覆盖,植被发育,在遥感影像上构成特定的间接解译标志,易于与非煤系基岩区别。

5) 煤田地质构造特别是断裂构造,如:煤盆地边界断裂、含煤区边界断裂及大型的隐伏断裂等,虽然在地表呈现为很窄的条带,但因它们呈线性延伸,常形成不同的地貌单元分界、线性延伸沟谷、山脊错断、河流的直线分布或直角拐弯、泉水线状分布、地层不连续等非常清楚的线性影像特征。对煤田构造的解译,有助于了解煤系和煤层的赋存状况。

3. 煤炭资源调查评价的遥感解译标志

遥感图像真实、客观地记录了地质体的多种特征,包括它的地表几何特征和光谱特征,以及松散沉积物下面地质体的"透视信息"即掩覆信息。遥感图像又是按一定比例尺缩小了的地表景观的综合,它反映了一定区域内全部宏观轮廓。遥感影像特征,反映地质体之间成分、结构、物理性质、生物和人文活动等的差异,以及在当地自然条件下各种内外动力综合作用的结果,也是地壳表层景观现象的综合缩影。

地面地质工作以岩石露头为主要观察对象,在遥感图像上除了可以看到岩石露头的影像外,还可以看到许多说明各种地质现象的间接标志,能更多的反映地物之间的相互关系,为认识地质现象提供更有利的条件。

(1) 解译基本要素

根据遥感影像的光谱信息和空间信息,可以一般性地划分为9个基本解译要素,即:色调或颜色、阴影、大小、形状、纹理、图案、位置、水系、组合(赵英时等,2004)。

1) 色调或颜色。指图像的相对明暗程度(相对亮度),在彩色图像上色调表现为颜色。色调是地物反射、辐射能量强弱在影像上的表现。地物的属性、几何形状、分布范围和规律都通过色调差异反映在图像上,因而可以通过色调差异来识别目标。色调的差异多用灰阶表示,即以白—黑不同灰度表示,一般分为10~15级。由于人眼识别色彩的能力远强于灰度,因而往往利用彩色图像的不同颜色来提高识别能力和精度。有两点需要说明:一是解译者必须了解该解译图像中影像色调的支配因素,如可见光—近红外的摄影或扫描图像,均反映地物反射波谱特征的差异,涉及地物的物质组成、水分含量等,而热红外图像则反映地物热辐射特征的差异,是地物温度差的记录,雷达图像反映地物后向散射能量的差异,涉及地物介电常数、表面粗糙度等物理性质。二是影像色调受多种因素影响,除了受目标本身的波谱特征、环境变化(如背景的反光、坡度与坡向)的影响外,还受到成像高度、成像时间(太阳高度角、时相)、传感器的观察角度、大气条件(能见度、程辐射)、传感器的信噪比、光电转换中的量化精度、成像后处理及成像材料(如相纸材质)等多种因素的影响。因而,用色调解译要特别注意,且色调一般仅能在同一像片上进行比较。对于多张像片的比较,色调不能作为稳定而可靠的解译标志。

2)阴影。指因倾斜照射,地物自身遮挡光线而造成影像上的暗色调。它反映了地物的空间结构特征。阴影不仅增强了立体感,而且它的形状和轮廓显示了地物的高度和侧面形状,有助于地物的识别,如铁塔、高层建筑等,这对识别人文景观的高度和结构等尤为重要。地物的阴影可以分为本影和落影,前者反映地物顶面形态,迎面与背面的色调差异;后者反映地物侧面形态,可根据侧影的长度和照射角度,推算出地物的高度。当然阴影也会掩盖一些信息,给解译工作带来麻烦。

3)大小。指地物尺寸、面积、体积在图像上的记录。它是地物识别的重要标志。它直观地反映地物(目标)相对于其他目标的大小。

4)形状。指地物目标的外形、轮廓。遥感图像上记录的多为地物的平面、顶面形状。地物的形状是识别它们的重要而明显的标志,不少地物往往可以直接根据它特殊的形状加以判定,如河曲、冲洪积扇、火山锥等。

5)纹理。纹理指图像的细部结构,指图像上色调变化的频率。它是一种单一细小特征的组合。这种单一特征可以很小,以至于不能在图像上单独识别,如岩层裂隙、河床的卵石等。目视解译中,纹理指图像上地物表面的质感(平滑、粗糙、细腻等印象),一般以平滑/粗糙度划分不同层次。纹理不仅依赖于表面特征,且与光照角度有关,是一个变化值。同时对纹理的解译还依赖于图像对比度。

6)图案。即图型结构,指个体目标重复排列的空间形式。它反映地物的空间分布特征。许多目标都具有一定的重复关系,构成特殊的组合形式。它可以是自然的,也可以是人为构造的。这些特征有助于图像的识别,如住宅区的建筑群、果园排列整齐的树冠、岩层层理、褶皱构造等。

7)位置。指地理位置,它反映地物所处的地点与环境,地物与周边的空间关系。如堤在河渠两侧,并与之平行,道路与居民点相连,河漫滩与阶地在河谷两侧高低、远近不同部位等。

8)水系。指地表负地形如冲沟、沟谷、河流和洼地的组合体,有水的水系在真彩色遥感影像上为蓝黑色或黑色,但是在北方遥感影像上绝大多数水系表现为干旱的冲沟。

9)组合。指某些目标的特殊表现和空间组合关系。它不同于那种严格按图型结构显示的空间排列,而指物体间一定的位置关系和排列方式,即空间配置和布局。如砖场由砖窑的高烟囱、取土坑、堆砖场等组合而成,军事目标可能有雷达站、军车、军营及周围配套的军事设施等。

（2）解译标志

1）解译标志。解译标志，是指在遥感图像上能具体反映和判别地物或现象的光谱特征和空间特征。根据上述 9 个解译要素的综合，结合图像要素（如摄影时间、季节、图像的种类、分辨率等），可以整理出不同目标在该图像上所特有的表现形式，建立识别目标所依据的影像特征——解译标志（赵英时等，2004）。地质解译标志就是指那些能帮助判别某一地质体或地质现象的存在，并能表明他们的特点、性质的影像特征。

2）直接解译标志与间接解译标志。直接解译标志指图像上可以直接反映地质要素的影像标志，如不同岩性的岩层、煤层、褶皱构造和断层构造等。间接解译标志指运用某些直接解译标志，根据地物的相关属性等地学知识，间接推断出的影像标志。如根据水系的分布格局与地貌、构造、岩性的关系，来判断构造、岩性，如树枝状水系多发育在黄土区或构造单一、坡度平缓的花岗岩低山丘陵区，放射状、环状水系多与环状构造有关，格状水系多受断裂构造、节理裂隙的控制等；通过采石场、石灰窑、水泥厂的分布，推断该地区为石灰岩地层分布区等等。

（3）遥感图像地质解译的任务

1）确定某些地质体（如煤系或煤层）的存在，判明它们的性质。
2）解译地质体的延伸方向、分布范围，圈定其边界。
3）测量一些地质体的参数，如产状、经纬度、长度、面积。
4）解译各种地质体在时间上、空间上、成因上的相互关系。

这些基本解译结果为探索和分析地质体的成因类型、发展历史，以及为其他问题提供第一手地质资料。

三、煤炭遥感的工作任务

煤炭资源调查中遥感应用一般包括 4 个研究内容：①分析煤系及相关地质体的电磁波谱特征。②确立煤系及相关地质体在遥感图像上的解译标志。③遥感图像的专题信息提取。④遥感技术在煤田地质制图、资源勘查等方面的应用。

在出露良好地区，遥感技术有明显的技术优势，在大面积覆盖区又存在一定的局限性；同时，各省区的地质研究程度也不尽相同，在那些研究程度较低的地区，遥感技术能够发挥其他技术无法替代的优势。因此，在不同省区煤炭资源潜力预测评价中，遥感地质工作的任务和侧重点有所不同。《全国煤炭资源潜力预测评价技术要求》（2007年 5 月）根据地层出露、煤田地质研究程度以及遥感技术适应性等特点，将全国划分为三种类型，即应用条件分为有利区、较好区和一般区，不同类型区域遥感技术应用的要求和任务不同。

（一）应用条件有利省区工作任务

在地层露头良好、煤田地质研究程度相对较低、工作面积较大的省区（新疆、青海、内蒙古、西藏等）进行新一轮煤炭资源潜力预测与评价工作时，应根据以往研究资料，选择有煤炭资源潜力的预测区开展 1∶5 万—1∶10 万煤田遥感地质详细解译，开展全省区 1∶25 万遥感煤田地质构造解译。

（二）应用条件较好省区工作任务

在煤田地质研究程度较高的省区（河北、陕西、山西、甘肃、宁夏、辽宁、吉林、黑龙江等）或地区，其主要任务为：开展 1∶25 万遥感煤田地质构造解译；将遥感图像作为基本信息源，结合物探成果资料、区域地质以及以往煤田地质资料，总结煤田地质特征、煤系空间展布规律，进行资料的二次开发利用，建立新的煤炭资源预测模式，寻找新的煤炭资源。

（三）应用条件一般省区工作任务

在第四系覆盖较厚、植被茂密的省区或地区，其主要任务为：开展全省（区）1∶25万遥感煤田地质构造解译。

第二节　煤炭资源遥感调查

一、遥感技术应用的目的和工作原则

（一）工 作 目 的

煤炭资源调查评价中遥感技术应用的目的，是采用航天遥感的技术，结合常规地质手段，对研究区进行系统地质解译和观测，最大限度地提取有关岩石、地层、构造等地质信息，研究各种地质体、地质现象的时空分布及其相互关系，推断地质作用过程及其演化特点，增强地质工作预见性，有效地部署野外调查研究工作，提高地质填图速度、质量和深化区域地质认识；其核心任务是发现煤炭资源并研究煤系和煤层赋存规律，为煤炭资源预测评价提供基础地质资料和依据。

遥感技术应用研究应以当代地质理论为指导，以地质体的成像规律为依据，充分研究和综合分析遥感地质信息以及填图区已有的地质勘查资料，通过对工作区的含煤岩系、含煤盆地、控煤构造等进行解译和分析，研究遥感地质信息与煤系赋存特征的相关性，以达到最大限度地获取煤炭资源评价信息的目的。

（二）工 作 原 则

1）遥感地质应用应以遥感理论为基础，以遥感影像为依据，在现代地质理论和地质调查方法指导下，根据不同自然景观区遥感地质特点进行工作。

2）煤炭资源遥感地质调查以使用航天遥感资料为主，提倡尽可能使用多平台、多类型、多分辨率和多时相的遥感资料；研究区使用的主导性遥感资料类型和时相，应针对区内自然地理-地质景观特点选取，应该尽量选择冬、春季节的图像，降低植被（阴影）和雨（增加地表湿度）、雪（覆盖）对地质体的表面影响。

3）遥感地质解译，应采用从已知到未知，从区域到局部，从总体到个别，从定性到定量，循序渐进，不断反馈和逐步深化的方法进行工作。

4）遥感地质找煤应以遥感异常和其他可能与控制煤系和煤层赋存状况有关的可视化遥感找矿信息为主要依据。

5）遥感解译通常采用目视解译和计算机图像处理相结合的方法，其中，目视解译是基础性方法，选择恰当的数字图像处理方法，则是增强有用信息、提高解译效果的关键，图像处理人员必须比较深入地掌握地质背景资料，参与地质解译，这样才能及时捕获有用的图像信息，提高工作效率，避免图像处理的盲目性。

二、工 作 流 程

（一）煤炭资源遥感地质调查工作层次划分与流程

煤炭地质勘查的整个过程是实践、认识、再实践、再认识的勘查研究过程。从范围上是由大范围的概略了解，到小面积的详细研究；从认识程度上是由粗到细，由表及里，由浅入深的过程（曹代勇等，2007）。煤炭资源调查评价属于煤炭资源地质勘查全过程的早期阶段，其工作性质是对研究区内煤炭资源存在的可能性和可靠程度做出评价，指出找煤方向，为开展煤炭地质勘查工作提供依据。煤炭资源调查评价阶段的特点是研究范围广、前期工作程度低，遥感技术在此阶段具有明显的优势。我国煤田地质工作者在长期实践中，总结出"遥感扫面、物探先行、钻探验证"的综合找煤模式，在中西部地区煤炭资源调查评价工作中取得良好应用效果。

依据研究范围和研究深度，以遥感为先导的综合找煤模式大致可分为 4 个层次（图 5.1）：①首先是在广泛收集和分析区域地质资料基础上，确定含煤远景区；②然后对主要含煤远景区开展 1∶10 万～1∶25 万的遥感地质调查，初步了解调查区地质背景和煤系发育特征，确定重点调查区；③对重点调查区开展 1∶5 万～1∶10 万的遥感地质填图，调查了解含煤盆地和聚煤规律、含煤地层分布、构造演化与控煤构造，确定有利含煤区；④选取有利含煤区开展 1∶5 万煤田地质填图、布置一定量的电法和地震等物探工程，以及槽探等山地工程，调查了解煤系和煤层赋存特征，对资源潜力较大、赋存有利的区段布置适量的钻探工程验证；最后综合分析各种技术手段所获取的资料,对煤炭资源潜力做出总体评价,确定有利勘查区,为进入勘查阶段(预查或普查)提供依据。

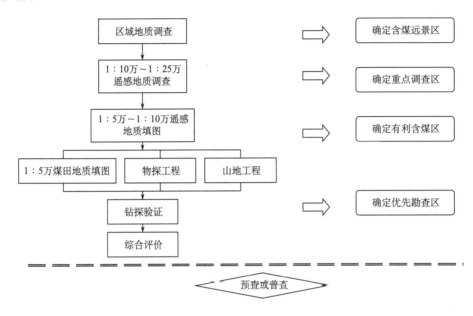

图 5.1　煤炭资源调查评价流程图

通常每个层次的煤炭资源遥感地质调查工作流程又可以划分成 7 个步骤:准备工作、图像数据处理、初步地质解译、野外踏勘与地面地质工作、详细地质解译、野外调绘、综合分析等(图 5.2)。

(二)煤炭资源遥感地质调查各阶段的工作内容

1. 准备工作

煤炭资源遥感地质调查的准备工作阶段的主要内容是系统地收集和分析整理已有资料,为制定工作计划奠定基础。收集资料要尽可能齐全,主要包括:

(1)地质和地球物理资料

全面收集已有的地质、地球物理、矿产、矿山地质、水文地质等资料,以及邻区地质和区域地质和地球物理资料,特别要注意收集前人对工作区的综合研究成果和煤田地质研究成果,在整理、分析资料的基础上,对工作区的煤田地质研究程度进行分区。

(2)自然地理和经济地理资料

收集工作区最新地形图资料、自然地理、气候资料,以及相关的社会经济发展资料,为研究遥感影像图可解译程度提供依据。

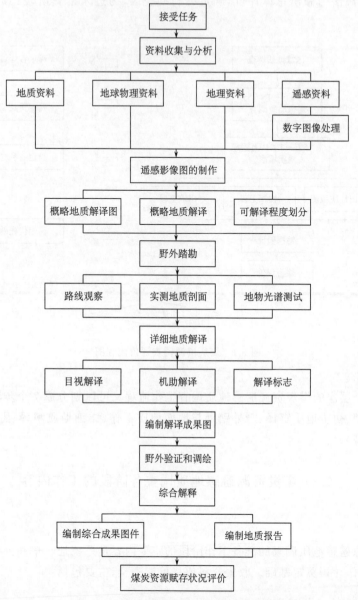

图 5.2 煤炭资源遥感地质调查工作程序图

（3）遥感基础资料

详细了解并掌握工作区现有遥感图像数据情况，根据工作区自然地理、地质景观特点，确定拟主要（和辅助）使用的遥感图像数据类型、时相、空间分辨率和光谱分辨率等参数，并根据云、雪覆盖情况优选最佳的图像数据。

应尽可能收集可用于建立信息提取训练场和样区等的高质量的自然地理、地质矿产资料和地物波谱资料。

2. 图像处理和遥感影像图的制作

数字图像处理是制作高质量遥感影像图和提高遥感图像解译效果的前提，遥感数据处理一般包括几何校正、波段合成、图像增强、图像融合、数字镶嵌、分幅与制图、出图等步骤（图 5.3）。

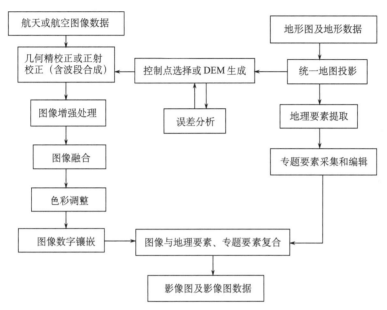

图 5.3　遥感数据处理和影像图制作流程（据谭克龙等，2008）

根据精度要求，采用相应比例尺的地形图选地面控制点，应用 ENVI 和 PCI 等图像处理软件对原始遥感图像进行几何精校正和数字镶嵌处理，以及不同波段、时相或分辨率的图像融合，并辅以色彩均衡、图像数字增强处理、图像与地理要素和专题要素的复合处理，再按照标准分幅的要求，分幅、编辑、输出满足调查工作要求的遥感影像图。

3. 概略解译

（1）概略地质解译的任务

在综合分析以往地质工作和资料的基础上，结合形（线、环、多边形等）、色（色调、色彩）、点（疏、密、亮、暗、大、小等）以及不同的图案纹形、地貌、水系等影像标志组合，进行概略地质解译，编制概略地质解译图，划分填图区内不同类别可解译程度的区段（表 5.1）。有条件的地段可初步建立部分地质体的影像标志，为野外踏勘设计和工作量布置提供依据。提出需要解决的地质问题和可能的找煤方向。

（2）概略地质解译的内容

主要包括：工作区不同自然地理景观分区及可解译程度分区、工作区地质解译标志建

表 5.1   遥感影像图可解译程度分类(据谭克龙等,2008)

类别	可解译程度	特 征 及 条 件
I	好	基岩出露良好,第四系或植被覆盖小于 30%,影像特征清晰,解译标志稳定可靠,连续性强,基本可解译出地层填图单位、构造线、主要煤(矿)层以及地表水文、地貌、不良地质的位置,可直接填绘地质要素的界线
II	较好	基岩大部分出露,第四系或植被覆盖占 30%~50%,影像较清晰,解译标志较稳定、较可靠,连续性较差,能够建立大部分填图单位的解译标志,可填绘出大部分地质要素的界线
III	较差	第四系或植被覆盖占 50%以上,仅在沟谷、山坡等基岩出露的地段可分析局部影像特征,解译标志不稳定,只可解译地质要素大致轮廓和部分界线
IV	差	基岩仅部分或局部出露,影像标志不明显,规律性差,难以解译地质构造和其他地质要素的轮廓

立、构造格架解译、区域岩石解译。解译方法以目视解译为主,人机交互式解译为辅。遥感地质解译草图可采用概略解译结果和前人资料综合编制。

4. 野外踏勘

(1) 工作任务

野外踏勘的主要任务是通过路线观察和实测地质剖面,以及在条件允许时开展地面波谱测试等手段,初步建立各种地质解译标志,以便开展详细的地质解译工作。

(2) 工作要求

踏勘工作应达到下列要求:①初步了解工作区的地层层序、填图单位分层标志层、煤层分布概况以及主要地质构造类型和分布;②初步了解地质体影像特征及影像与目标物的相关性;③初步确定实测地质剖面位置及山地工程的位置,预计施工工程量;④修测概略地质解译图;⑤初步建立填图区地质体影像解译标志。

(3) 踏勘路线布置

踏勘路线应根据工作区(不同自然地理、地质景观区)建立解译标志的需要合理地加以部署,路线力求通行条件最好、穿越的影像岩石单位最多。踏勘路线上应着重了解各种地质体、地质构造的影像特征,研究地质体划分及确定相邻地质体之间界线的特征解译标志。

5. 详细解译

(1) 解译方法

详细解译是在踏勘和初步建立解译标志的基础上开展的,应遵循先宏观后微观、从已知到未知、单因子到多因子、定性到定量、目视解译和计算机辅助解译相结合的信息提取原则。

(2) 工作内容

详细解译包括以下内容:①主要岩石类型的识别,岩石地层单位或影像岩石单位解译,重点是含煤地层、煤层(其他有益矿产)的解译;②线性影像和环状影像的识别,属性(如与地质体、地质构造、地质作用或成矿作用等之间的相关关系)解译;③地质构造的识别,构造形迹(如:褶皱、断裂、剪切带、推覆体、走滑或伸展构造等)性质及相对时、空关系解译;④其他地学专题信息(如水文地质,环境地质及灾害地质等)的识别与解译;⑤各类生产矿井、老窑;⑥其他与工作程度要求相关的内容。

通过概略解译、踏勘、实测地质剖面对填图区的影像、地质体获得感知和认识,按照不同比例尺遥感地质调查(遥感地质填图)的工作程度要求,分析工作区地质体与遥感影像之间的关联性,建立直接和间接解译标志。填写解译点记录卡(表5.2)。

表 5.2　解译点记录卡(据谭克龙等,2008)

图像景(片)号	图幅号	解译点编号	解译点性质	解译依据		备注
				影像特征描述	地质特征描述	

记录人:　　　　　检查人:　　　　年　　月　　日

6. 野外验证和调绘

（1）工作任务

遥感地质解译的成果,必须经过野外验证才能保证其可靠性。野外验证和调绘的主要任务包括:①验证详细解译成果的可靠性和准确性;②修测详细解译图;③布置野外地质观测点和野外调绘路线,通过调绘和观测,在影像图上标绘详细解译中难以识别的地质体。

（2）工作方法

按照工作性质、地质条件复杂程度和图像可解译程度分区布设野外调查验证路线和调绘工作量,已知和可能的含煤区段是调查验证的重点。①可解译程度Ⅰ类和部分Ⅱ类区段,以图像解译为主,验证调绘为辅;②可解译程度Ⅲ类和部分Ⅱ类区段,以验证调绘为主,图像解译为辅;③可解译程度Ⅳ类和部分Ⅲ类区段,进行全野外调绘。

7. 综合分析

（1）综合分析的任务

综合分析是在详细遥感地质解译和野外验证调绘的基础上,以煤田地质理论为指导,运用类比分析的工作方法,结合现有各类研究成果,进行含煤盆地成因类型与演化、沉积环境及聚煤规律、煤层及煤变质作用、煤田构造格局和控煤构造等方面的研究,对煤炭资源的赋存状况做出初步评价,圈定有利含煤区段,为下一步工作布置提供遥感地质依据。

综合分析成果主要体现为遥感地质编图和遥感地质报告。

（2）遥感地质编图

遥感地质调查成果图件通常包括：①遥感影像图（见图5.4）；②煤田遥感地质图（见图5.5）；

图5.4　新疆和田-民丰地区煤炭资源预测遥感影像图

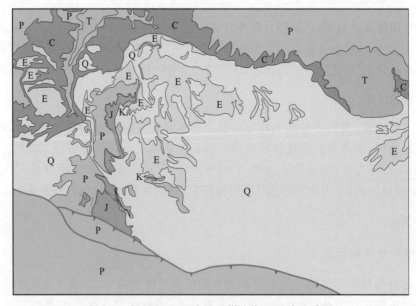

图5.5　新疆和田-民丰地区煤炭资源遥感地质图

C.石炭系；P.二叠系；T.三叠系；J.侏罗系；K.白垩系；E.古近系；Q.第四系

③含煤远景区预测图;④其他遥感地学专题图;⑤实际材料图。

(3) 遥感地质报告编写

遥感地质调查报告在综合研究及遥感地质编图基础上编写,对工作方法和工作量、工作区煤田地质特征、煤炭资源调查评价等进行系统论述。

煤炭资源遥感地质调查工作各阶段的主要内容、技术路线、规范要求参见本书第九章第一节和第二节。

第三节 遥感煤田地质填图

遥感煤田地质填图工作是煤炭资源调查工作的重要组成部分,是在完成了1:10万遥感地质调查之后选定的重点调查区中进行的(参见图5.1),适用于不同类型地质可解译程度地区的煤田地质勘查阶段(1:5万、1:2.5万、1:1万、1:5000)。

遥感煤田地质填图技术的宏观性和实时性强,且具有工期短、工效高的优势,能够满足煤田地质勘查不同阶段的填图技术和质量要求,所以,凡可获取遥感图像的填图区,尽可能使用遥感煤田地质填图技术。

遥感煤田地质填图结果是编制勘查区地质图的依据。在进行地质勘查时,遥感煤田地质填图安排在钻探工作之前实施。

遥感煤田地质填图应以适宜的地质理论为指导,以地质体的成像规律为依据,运用遥感(RS)、地理信息系统(GIS)、全球定位系统技术(GPS),综合分析遥感地质信息以及填图区已有的地质勘查资料,以达到填图区相应的地质研究程度。在实施遥感煤田地质填图时,可根据基岩裸露程度和填图精度要求适当安排探槽等山地工程,验证解译结果,提高地质研究程度和填图质量。

一、目的与任务

遥感煤田地质填图的目的是采用航天、航空遥感技术和方法,结合常规地质手段,对填图区进行系统地质解译和调查,采集并编辑各种地质信息,着重研究岩石、地层、构造、煤层赋存特征及地表地质规律,为相应阶段的煤田地质勘查提供基础地质资料。

遥感煤田地质填图的基本任务包括:设计编制、原始编录、资料整理、成图方法、填图报告编制、检查验收等。

二、工 作 要 求

不同勘查阶段遥感煤田地质填图比例尺要求:预查阶段为1:5万~1:2.5万;普查阶段为1:5万~1:2.5万,也可采用1:1万;详查阶段为1:2.5万~1:1万,也可采用1:5000;勘探阶段为1:5000,也可采用1:1万。各个阶段的填图工作程度和精度要求如下。

（一）1∶5万填图工作程度要求

初步查明地层层序,建立填图单位。根据多重地层划分要求,划分岩石地层单位和时代地层单位。填图单位划分到"组";可能和必要时,含煤地层和上覆重点层段应划分到"段";第四系可根据需要划分。初步查明含煤地层时代、分布、厚度;了解煤层层数、厚度;建立含煤地层区域性对比标志,有条件时对主要煤层进行初步对比。初步了解地质构造形态。初步查明断距大于100m或出露长度大于1000m断层的地面位置及性质;初步查明长度大于2000m褶皱轴的地面位置及性质。初步了解下列内容:各类生产矿井和老窑的分布状况,煤类和煤质,其他有益矿产、岩浆岩、变质岩种类及其岩性、时代和大致分布特征,初步了解填图区内不良地质现象(不良地质体)、区内地表水文地质特征。

解译并标定长度大于1000m,且具有一定地质意义的线形影像;解译并标定直径大于500m,且具有一定地质意义的环形影像、多边形影像。

（二）1∶2.5万填图工作程度要求

查明地层层序,建立填图单位。根据多重地层划分要求,详细划分岩石地层单位和时代地层单位。填图单位划分到"组";有条件时,含煤地层和上覆重点层段划分到"段";第四系可根据需要划分。查明含煤地层时代,详细了解其厚度和分布范围;了解主要煤层层数、层位、厚度、结构及可能的变化特征;建立填图区的煤层对比标志,对主要煤层进行初步对比,并标定主要煤层的露头位置。

初步查明断距大于50m或出露长度大于500m断层的地面位置及性质;初步查明长度大于1000m褶皱轴的地面位置及性质。

了解下列内容:地质构造形态,各类生产矿井和老窑的分布及开采情况,主要煤层的煤类和煤质,其他有益矿产、岩浆岩、变质岩的种类及其岩性、时代和分布特征,填图区内不良地质现象(不良地质体)。初步查明对人类活动有影响的不良地质现象(不良地质体)的位置、范围及类型。初步了解填图区内地表水文地质特征。

解译并标定长度大于500m,且具有一定地质意义的线形影像;解译并标定直径大于250m,且具有一定地质意义的环形影像、多边形影像。

（三）1∶1万填图工作程度要求

详细划分地层,含煤地层和上覆重点层段的填图单位到"段",有条件时,划分到"亚段";其他地层根据实际需要划分,详细进行煤岩层对比。初步查明可采煤层层数、层位、厚度、结构及其地表变化特征;建立填图区的煤层对比标志,主要可采煤层应准确对比;对主要可采煤层,应标定其露头位置。

初步查明地质构造特征。初步查明断距大于30m或出露长度大于200m断层的地面位置及性质;初步查明长度大于200m褶皱轴的地面位置及性质。初步查明各类生产矿井和老窑的分布及开采情况。了解主要煤层的煤质特征和区内地表水文地质特征,初步确定煤类及其他有益矿产的赋存状况。

初步查明岩浆岩、变质岩的种类,及其岩性、时代和分布特征;初步了解其对煤层和煤质的影响。初步查明填图区内宽度或长度大于100m的不良地质现象(不良地质体),具有特殊意义的不良地质现象(不良地质体)可放大表示;初步评价不良地质现象(不良地质体)的影响程度。

解译并标定长度大于200m,且具有一定地质意义的线形影像;解译并标定直径大于100m,且具有一定地质意义的环形影像、多边形影像。

(四) 1：5000 填图工作程度要求

根据多重地层划分要求,详细划分地层。含煤地层和上覆重点层段其填图单位划分到"段"或"亚段";其他地层根据实际需要划分。详细进行煤岩层对比。查明可采煤层层数、层位、厚度、结构及其地表变化特征;建立填图区的煤层对比标志,可采煤层应准确对比,大部可采煤层和局部可采煤层应基本准确对比;对主要可采煤层,应实测其露头位置;有条件时,应实测主要标志层。初步查明地质构造特征。初步查明断距大于20m(地质条件好的地区为10~15m)或出露长度大于100m断层的地面位置及性质;初步查明长度大于100m褶皱轴的地面位置及性质,初步查明填图区内宽度或长度大于50m的不良地质现象(不良地质体),具有特殊意义的不良地质现象(不良地质体)可放大表示;评价不良地质现象(不良地质体)的影响程度。详细调查各类生产矿井和老窑的分布及开采情况。

详细了解可采煤层的煤质特征及其变化情况,初步确定煤类及其他有益矿产的赋存状况、岩浆岩、变质岩的种类,及其岩性、时代和分布特征,详细了解填图区内地表水文地质特征;了解其对煤层和煤质的影响。

解译并标定长度大于100m,且具有一定地质意义的线形影像;解译并标定直径大于50m,且具有一定地质意义的环形影像、多边形影像。

(五) 遥感图像的选择和质量要求

遥感图像的适宜性选择见表5.3。

表5.3　遥感图像选择基本参数

遥感图像填图要求比例尺	航天遥感图像空间分辨率	航空遥感图像比例尺
1：5万	高于或等于10m	不小于1：6万
1：2.5万	高于或等于5m	不小于1：3万
1：1万	高于或等于2m	不小于1：1.8万
1：5000	高于或等于1m	不小于1：1.5万

　　遥感图像质量的基本要求为：图像中单片云层覆盖≤5％，分散云量总和≤15％，且不能覆盖主要地物。层次丰富，地物影像清晰，色调均匀，反差适中。

三、遥感煤田地质填图技术流程

（一）收 集 资 料

　　收集的资料主要包括：填图区已有的地质、矿产、灾害地质、矿山地质、水文地质等资料，以及邻区地质和区域地质资料；比例尺不小于填图比例尺的填图区最新地形图资料；相应分辨率的遥感图像。

（二）遥感影像图制作

　　影像处理和制作方法可根据图 5.3 所示的工作流程进行。目前，用于 1∶5 万比例尺填图的卫星遥感影像的分辨率应该达到或优于 2.5m（如国产天绘一号、资源一号 02C、资源三号等卫星遥感图像），1∶5000 比例尺填图的遥感影像分辨率应该达到或优于 0.6m（如快鸟、geo-eye1、worldview2 等）。影像图应达到下列要求：层次丰富、影像清晰；色调（色彩）一致、均匀、反差适中；遥感图像控制点和地形图对应点误差≤0.4mm；遥感图像与地形图所对应的经纬度网（或公里网）平面位置中误差≤0.3mm 影像图图廓实际尺寸与理论尺寸误差：边长误差在 ±0.2mm 以内，对角线长误差在 ±0.3mm 以内；影像图图幅应与地形图图幅一致。

（三）初 步 解 译

　　在分析以往地质工作和资料的基础上，结合地物的形状、色调、色彩以及不同的图案纹形、地貌、水系等影像标志组合，进行概略地质解译，编制概略地质解译图，划分填图区内不同类别可解译程度的区段，可解译程度分类见表 5.1。有条件的地段可初步建立部分地质体的影像标志，为填图设计和工作量布置提供依据。

（四）踏　　勘

　　踏勘工作是为了初步了解填图区的地层层序、填图单位分层标志层、煤层分布概况、主要地质构造类型和分布；初步了解地质体影像特征及影像与目标物的相关性；初步确定实测地层剖面位置及山地工程位置，预计施工工程量；修测概略地质解译图；初步建立填图区地质体影像解译标志。

（五）设　计　编　审

设计编制的依据为项目的工作目标和任务要求、以往地质资料、精校正的航天或航空遥感影像图、概略地质解译成果及踏勘成果。设计必须经过审核合格后，方可开展实际工作。

（六）地　质　填　图

1. 实测地层剖面

填图区内全层实测地层剖面应不少于1～2条。全层实测地层剖面时，应对区内地层进行详细分层描述。描述内容包括：岩石成分特征、结构和构造特征等，地层层序、时代、厚度、分层标志、含煤特征、接触关系、地层产状等，遥感影像特征及影像标志等。实测地层剖面时应采集岩石、矿石、化石标本，进行室内鉴定。重点层段实测地层剖面的所测层位从含煤地层基底开始，到含煤地层之上500～700m的上覆地层为止，以能控制煤系的发育特征及其岩性和厚度在空间上的变化为原则，同时应重点了解各剖面间影像特征及其变化规律。剖面间距参照表5.4。

表5.4　重点层段实测地层剖面间距

比例尺	1：5万	1：2.5万	1：1万	1：5000
间距/m	6000～8000	4000～6000	2000～4000	1000～2000

属于可解译程度Ⅰ类地区，其间距可放宽一倍。属于Ⅱ类以及岩性、厚度较稳定的地区，其间距可在上述基础上适当放宽；在岩性、厚度变化较大地区，其间距可适当加密。构造复杂或地表大面积掩盖地区，其间距可根据实际情况确定。

实测地层剖面分层厚度一般为2m。岩性标志层、重要化石层、主要煤层以及解译标志层不论厚度大小，均应单独分层。编录中对重要地段的煤层，应直接量测真厚度。1：5万～1：2.5万比例尺填图的实测地层剖面比例尺为1：5 000；1：1万～1：5000比例尺填图的实测地层剖面比例尺为1：2000。实测地层剖面必须按照行业标准编录。

通过实测剖面，建立工作区内岩性、地层、构造及其他地质体的解译标志。在实测过程中，为了有效地揭露地层、构造的特征，在条件许可时，需要开展一定数量的探槽。

2. 详细解译

详细解译应遵循先宏观后微观，从已知到未知的原则；单因子到多因子地质信息提取，目视解译和计算机图像处理相结合的方法；从定性解译到定量解译的过程。

详细解译应包括以下内容：填图单位、地质构造、含煤地层、煤层（其他有益矿产）、井、泉及河流洪水位线等地表水文信息、不良地质现象（不良地质体）、各类生产矿井、老窑、其他与工作程度要求相关的内容。

（1）建立解译标志

通过概略解译、踏勘、实测地质剖面对填图区的影像、地质体获得感知和认识，按照不同填图比例尺的工作程度要求，分析填图区地质体与遥感影像之间的关联性，建立直接和间接解译标志。

1）建立直接解译标志。通过分析和确定填图区地质体在遥感影像上呈现的色彩（色调）、纹形图案、大小、形态、影像结构、粗糙度等影像特征，建立其直接解译标志。

2）建立间接解译标志。通过分析岩性、标志层、填图单位及其组合与地貌、微地貌、水系、植被、人文活动之间的关联性，研究其内在联系，建立其间接解译标志。

3）建立填图区综合解译标志表。

（2）解译方法

通常采用目视解译和计算机图像处理相结合的方法。

1）目视解译。通过直接或借助一些简单工具对影像观察，运用解译标志、地质知识和实践经验，在遥感影像上识别规定的目标物，定性、定位提取其位置、范围、结构等信息。

2）计算机图像处理。利用计算机和图像处理软件对遥感影像进行处理，帮助发现和识别不易在遥感影像上直接目视解译的目标物。

（3）详细解译的控制要求

详细解译的控制要求如下：

点的控制要求：应在解译图上标定解译点位。在遥感影像上可以识别的含煤地层和上覆重点层段解译线平均每 2cm 一个解译点，其他目标物可适当放宽；点位误差≤0.2mm。

线的控制要求：详细解译的各类地质体连线误差≤0.5mm。

图的控制要求：及时将遥感图像解译成果转绘到实际材料图上，详细解译的编录要填写解译点记录卡（参见表 5.2），详细解译后，应在解译图上编绘与填图比例尺相同的详细解译图。

3. 野外验证和调绘

野外验证和调绘任务如下：验证详细解译成果的可靠性和准确性、修测详细解译图、布置野外调绘路线和野外观测点，通过调绘和观测，在影像图上标绘详细解译中难以识别的地质体。

（1）野外验证和调绘的方法

1）图像解译为主，验证调绘为辅，适用于可解译程度 I 类和部分 II 类区段。

2）验证调绘为主，图像解译为辅，适用于可解译程度 III 类和部分 II 类区段。

3）全野外调绘，适用于可解译程度 IV 类和部分 III 类区段。

（2）野外观测点布置要求

遥感煤田地质填图野外观测点间距和密度可参照表 5.5 确定。

表 5.5　野外观测点间距和密度

比例尺	界线点	构造点	每平方公里点数			
	间距/m	间距/m	地质构造			
			简单	中等	复杂	极复杂
1∶5 万	1000～2000	2000～4000	0.6～0.8	0.8～1.2	1.2～2.0	＞2.0
1∶2.5 万	500～1000	1000～2000	2～3	3～4	4～6	＞6
1∶1 万	200～400	400～800	10～15	15～22	22～30	＞30
1∶5000	100～200	200～400	30～45	45～60	60～75	＞75

第四节　遥感找煤应用研究

遥感技术是大面积找煤的一种重要手段，在各类资源调查与找矿过程中发挥着重要的作用。但是，在不同覆盖的区域，遥感的作用显著不同：

1）在我国西北部裸露地区，可直接用低–中等分辨率卫星图像圈定含煤远景区，然后用高分辨率卫星图像进行大比例尺煤田地质填图和圈定远景区/靶区，甚至在部分人迹罕至的区域，可以直接在高分辨率图像上解译含煤地层，发现煤层。

2）在中东部植被欠发育区和浅层覆盖区，首先利用中等分辨率的（ETM、ASTER）图像进行解译和识别，解译出控煤构造、煤系地层的风化土壤等，圈定浅层隐伏、半隐伏区盖层下隐伏煤盆或含煤向斜或背斜构造，结合研究区的地质、物探、化探资料，确定靶区。再对靶区采用高分辨率卫星图像解译和判别出间接标志，如含煤岩系中的抗风化标志层、煤层燃烧后的烧变岩。

3）在东部植被覆盖区下，主要强调构造解译，通过中等分辨率遥感图像解译和信息提取，发现隐伏构造，分析构造控煤规律，依靠地貌影像特征和植被影像特征预测含煤盆地及其赋煤性，确定靶区。然后借助 GIS 技术，综合分析地质、物探（重、磁异常）、化探资料，确定靶区，再进行钻探验证靶区。

遥感找煤的研究区通常范围较大，地质测量的比例尺较小，工作精度要求较低，以确定区域含煤盆地和控煤构造为目标。因此，可选择 TM、ETM、ASTER、SPOT 或 IRS-1C 图像为遥感信息源，开展 1∶20 万、1∶10 万或 1∶5 万比例尺工作。首先采用遥感解译结合地面地质调查的方法进行异常区圈定，然后再以少量的物、化探及钻探工程进行验证。

一、煤系裸露地区找煤

中国新疆、西藏、青海、甘肃等荒漠和高原地区，自然地理条件恶劣，交通不便，工作困难,以往地质工作程度很低,尤其是煤田地质工作,很多地区还属于空白区。荒漠和高原地区含煤盆地及含煤地层出露良好,构造变形相对较小,高分辨率遥感影像清晰,可解译程度较高,能充分发挥遥感宏观、准确、快速、高效的优势,找煤效果明显。

高分辨率卫星遥感图像已经得到广发应用,在暴露区高分辨率卫星遥感图像进行大比例尺遥感地质填图,具有独到的优势。在中国西北地区进行遥感找煤时,可通过概略解译、踏勘和实测地质剖面,分析研究区地质体与遥感影像之间的关联性,建立煤系地层和构造的解译标志。解译的标志分为直接解译标志和间接标志两类。

(一)直接解译标志

直接解译标志,包括区内各种地质体在遥感影像上呈现的色彩(色调)、纹形图案、大小、形态、影像结构、粗糙度、小煤窑的开采痕迹等。如图 5.6,为新疆铁厂沟煤田,该煤田的煤层在地表有零星出露,沿煤层有一系列的小煤窑分布。由于长期的小煤窑开采,在地面形成了大量的采空塌陷区,在快鸟图像上清楚可辨。在这类高清图像,可以清楚地勾绘煤层分布的范围,经过野外验证和调绘。可以达到大比例尺煤田地质填图的要求。

图 5.6 乌鲁木齐铁厂沟镇煤矿(快鸟)遥感影像图

(二)间 接 标 志

在干旱地区,煤层出露地表,常常氧化自燃,煤层的顶底板被烘烤形成烧变岩。烧变岩具有较强的抗风化性能,后期常常会形成正地形出露在地表,颜色暗红色,相对围岩植被欠发育。如图 5.7、图 5.8。

　　图 5.7 为新疆三工河（上图左快鸟 3、2、1 波段合成）到小黄山（上图右 TM4、3、2 波段
合成）图像，下部为对应的火区地质图，比较两种图像发现，由于分辨率的差距，导致烧变
岩和煤系地层在两类图像上的可解译度差异极大。快鸟图像上的烧变岩为砖红色，煤层
露头为灰黑色、条带状；在 TM 图像上的烧变岩和煤层露头的可解译程度显著降低，说明
了高分辨率遥感图像对煤炭资源调查的独到优势。

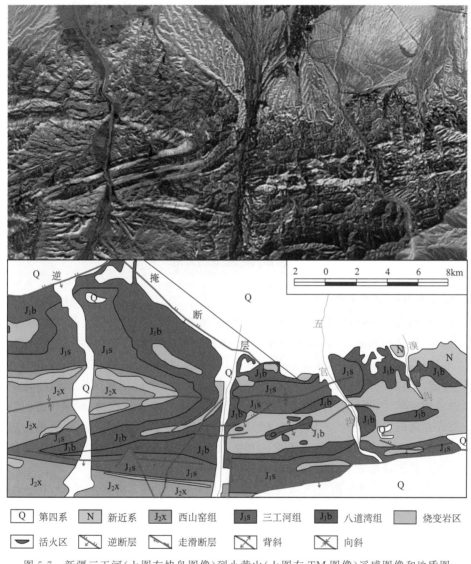

　　　　　　　图 5.7　新疆三工河（上图左快鸟图像）到小黄山（上图右 TM 图像）遥感图像和地质图

　　大量反射光谱测试表明：无论是西北地区还是华北地区，烧变区与未烧变区光谱反射
率在可见光—红外反射波段均有差异。但在 0.5～0.8μm 波长范围内，烧变区烧变岩平均
反射率低于未烧变区岩石的平均反射率，在 1.1～3μm 范围内，烧变区烧变岩平均反射率
却高于正常区岩石平均反射率，且差值较大。0.8～1.1μm 范围烧变岩与未烧变岩反射率

值处于交错变化,因而 $0.5\sim0.8\mu m$,$1.1\sim3\mu m$ 波长段是区分烧变区与未烧变区的最佳波长区间,见图 5.8,烧变区呈现砖红色,非烧变区呈黄色(黄土覆盖)。

图 5.8　神府煤田乌兰木伦镇北烧变岩,快鸟图像 3、2、1 波段合成

二、浅覆盖区找煤

中国西南地区煤系地层埋藏较浅,完全被古近纪、新近纪和第四系地层或植被覆盖,如四川、贵州和云南等省区,煤炭资源丰富,地质、地貌条件复杂,植被生长茂盛,在这些地区找煤遵循"从已知到未知、从简单到复杂"的原则。首先通过踏勘和实测地质剖面,掌握已知区地层、构造、含煤地层、煤层及其他矿产,建立含煤地层、含煤盆地和构造的直接及间接解译志。然后进行全区地层、构造、地貌和植被解译,确定调查区煤田遥感地质构造格架,划分构造单元;再结合已知资料分析构造控煤作用,特别是控盆、控煤构造的性质和规模,聚煤盆地的展布范围、成因类型,研究聚煤期的古地理、沉积环境、同沉积构造和聚煤规律;最后推断圈定可能的含煤远景区和富煤地段。这些地区的遥感找煤主要依靠地貌、植被等间接解译标志和构造规律分析来进行。

1998～2001 年中煤航测遥感局与云南煤田地质局,应用 TM 遥感手段,在云南三江地区解译主要断裂构造 33 条,控煤断裂 13 条;确定芒棒盆地、尼西盆地为新生代断陷聚煤盆地,中甸和小中甸为新生代拉分聚煤盆地,永胜区分别为二叠纪和三叠纪大陆边缘型聚煤盆地以及新生代断拗聚煤盆地。在昭通地区圈定含煤远景区 12 处(见图 4.28、图 4.31),总面积 $739.4km^2$,共获预测资源量(334?) 334357 万 t(1000m 以浅)。在隐伏区找煤,要在遥感图像上寻找地表特殊标志,然后结合构造、成煤分析以及物探、化探等资料,综合圈定含煤区。以新疆富蕴县扎河坝含煤区和哈拉通沟含煤区为例,首先对已知含煤区的遥感图像进行了分析,建立了遥感影像异常与该区 1:20 万地质、重磁之间的对应关系,再开展综合分析,圈定出含煤远景区(图 5.9)。

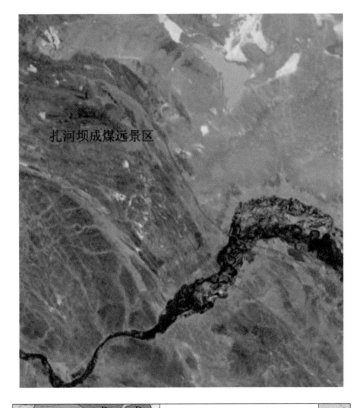

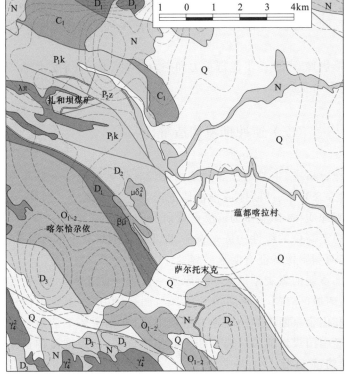

图 5.9　扎河坝含煤区快鸟图像(上)与重磁异常综合图(下)

三、深埋区找煤

寻找埋藏较深的煤炭资源,主要通过研究区域控矿构造格架,总结成矿规律来进行。遥感图像覆盖范围大、概括性强,对构造解译具有优势,为宏观研究提供了有利条件。遥感图像对于环形、线性构造、推覆体构造及隐伏构造的判译简捷、准确,结合地质特征分析能反映不同类型的成矿信息。

(一)线性影像解译

线性影像解译分析是研究区域地质构造的有效手段之一。地壳的构造变形常以丰富的构造地貌景观和线性构造信息显示在遥感图像上。深部构造信息也有可能通过地层的动力变形和深部地球化学反应传递到地表。在覆盖区找煤时,对线性构造主要进行:对遥感新发现的线性构造的地质意义的研究;对已知断裂构造在走向上的发展趋势的追溯判读;新发现的线性构造与已知断裂的共生组合特征研究。

(二)环形影像解译

以色彩、色调差异或地形、水系和植被等纹理特征组成的比较隐晦的环形影像常常是隐伏岩体或深部构造的反映。隐伏、半隐伏含煤盆地也可产生环形影像,因此,环形影像具有找煤意义。

对区域上圈定的环形影像,可进一步进行重力和磁力探测。隐伏、半隐伏含煤盆地呈重力低反映,隐伏岩体呈磁力正异常。

(三)逆冲推覆构造解译

以往在遥感找煤解译分析中,主要是在煤盆地内判读含煤远景区。近些年来逆冲推覆构造研究表明,在席状外来岩系、冲断体或推覆体下掩盖有含煤地层。因此,与含煤盆地或含煤地层有关的外来地质体,都应作为遥感解译研究的目标。

逆冲断层往往是由居于高位的线性构造来表征,即正向地貌背景上的线性构造,一般与山脊线重合或平行,其两侧影像特征有明显差异。

淮南煤田是中国东部重要的煤炭基地之一。原来一直认为淮南煤田南界为南升北降的阜凤正断层,通过对淮南地区 TM 遥感图像的解译与调查,发现淮南煤田南缘一系列低山丘陵是由阜凤断裂和山金家断裂高角度逆冲推覆形成,在推覆体下依然存在比较可观的二叠系煤系地层。经中国煤炭地质总局一四七队钻探证实,南缘推覆构造下确实存在煤层,新获得煤炭远景储量 11 亿 t,见图 5.10。

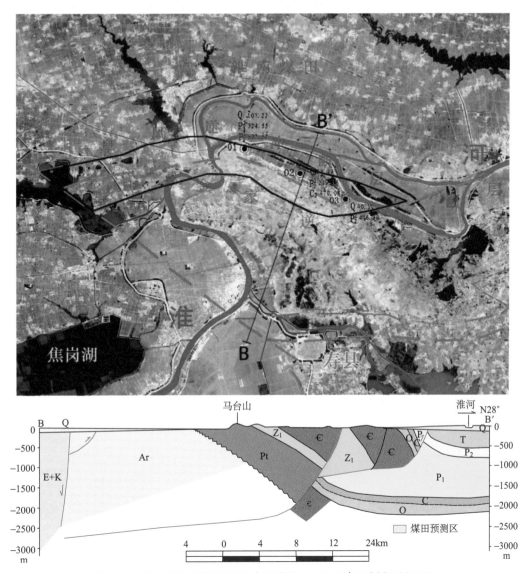

图 5.10　淮南煤田南翼东段遥感地质图（上）和 BB' 地质剖面图（下）

根据构造控煤规律推断可能的煤田分布区域：当煤田或异常群的分布排列具一定规律性，特别是与一定的成煤地质条件有空间联系时，需进行未知区预测与查证；寻找逆冲推覆构造形迹，研究其对煤系的控制，预测逆冲岩席下的赋煤性；对具有重力低异常的环形影像需作进一步的异常查证工作；遥感影像异常本身的特征包括异常强度、形态和产状等与已知的煤田遥感影像异常相似时，则可认为由地下矿体引起，有必要考虑做进一步的异常查证工作。

总之，遥感作为资源勘查的重要技术手段，属于前段工作，具有视域广、宏观性强、费用低、效率高的优势，是选择后续工作靶区的最有效手段。但遥感也离不开地面地质调查、野外验证等常规地质工作,必须通过地面工作,验证解译结果、修正解译标志、确定重点工作区域,再进行后续详细解译和综合分析。遥感必须以 GIS 为纽带,与地质资料、物探(重、磁异常)资料、化探资料紧密结合,综合分析,才能提高找矿工作效率。随着遥感技术的不断发展,与地质学、地理学、煤岩学、数字地质学、地球物理学、构造地质学、地质力学、现代沉积学等新理论、新方法的紧密结合,遥感找煤方法与传统的找煤方法相比,具有良好的发展前景。

第六章　煤炭地质快速精准钻探勘查技术

钻探工程就是在地质勘探和建筑基础勘查中,用钻机按一定设计角度和方向施工钻孔,通过钻孔采取岩心、煤心或其他矿心、岩屑或在孔内下入测试仪器,以探查地下岩层、矿体、油气和地热等的工程。近年来,钻探工程还扩展到矿山抢险、注浆排水等方面。它的研究对象及内容是如何借助机械方式、水力方式、热力方式或化学方式破碎岩土层,在地下形成其规格和质量符合设计要求的钻孔,并实现快速成孔,以达到寻找和开采矿产(固、液、气态)及其他工程建设的目的。

钻探工程是煤炭勘探中最普遍、最常用、最直观的勘查手段,也是不可缺少的勘查手段。而快速精准钻探技术就是利用先进钻探技术或有机组合技术高效地实现实际钻孔轨迹与设计轨迹偏差最小的钻探技术。随着人们对钻进速度、钻进成本和安全性要求的提高,快速精准钻探技术将成为今后钻探技术的主要发展方向(李世忠,1989)。

第一节　钻探技术的应用

一、主要钻探方法

钻探技术涉及的内容众多,但其核心内容是根据地层特性和工程特点选用合适的钻探方法,其他内容均依附于所选用的钻探方法。由于地层的多变性和钻探工程应用的广泛性,因此与之相适应的钻探方法也是多种多样的。但从大类上讲可分为机械碎岩、水力碎岩、热力碎岩及化学碎岩方法。广泛应用的机械碎岩钻探方法分类如下:

二、钻 孔 分 类

1. 根据孔身轨迹进行划分

　　1）直孔是垂直地表向下钻进的钻孔。直孔在钻探技术上相对比较容易，其岩心、煤心采取率较高，故在地质勘查工作中，绝大多数情况下使用直孔钻进（图 6.1a）。

　　2）斜孔又称定向斜孔。由于地表条件的限制或因特殊施工目的，需要以一定的方向和倾斜角向下钻进的钻孔。例如：矿山抢险救灾施工透巷井时，由于垂直巷道地表有障碍物无法组装钻机而采用定向钻进；在煤层气井及油气井施工中，为减少土地征用面积，在同一井场施工多口定向井，达到节约土地的目的（图 6.1b）。

　　3）水平孔是在煤层气钻井及油气钻井中，为增加煤层气及油气产量，沿矿层走向钻进的水平或近水平钻孔。近年来，随着煤层气的勘探开发出现了多分支羽状水平井布置方式（图 6.1c）。

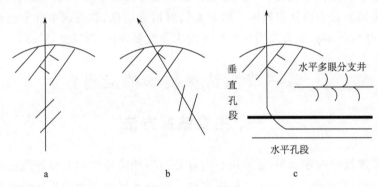

图 6.1　钻孔类型

a. 直孔；b. 定向斜孔；c. 水平孔

2. 根据任务不同进行划分

　　1）探矿孔主要用以揭露含矿地层，确定矿层的厚度、结构与埋藏深度，采取矿样，并进行简易水文地质观测。

　　2）构造孔主要用以控制和查明地质构造。

　　3）水文孔是为了查明勘探区水文地质条件而专门施工的抽水（或注水）孔及其配套的观测孔。这类钻孔往往有特殊的钻进技术要求，如清水钻进、多层套管以及所规定的抽水试验层位等。

　　4）水源孔是为了寻找和解决供水水源而施工的钻孔。

　　5）取样孔是在勘探掩盖式矿区时，由于邻近没有生产矿井或小矿井提供半工业性的工艺试验资料或矿质变化资料时，为了保证所采取的矿样有足够的重量进行半工业性试验而施工的大口径（直径 168～300mm）钻孔。

6）井筒检查孔为矿井井筒的设计和施工提供可靠的地质资料,而在井筒或其附近施工的专门钻孔。其内容主要查明井筒通过的表土层、岩层及矿层的深度、厚度、物理力学性质,断层破碎带,各主要含水层的埋藏深度、厚度等水文及工程地质条件。

7）定位孔为了配合地震勘探对标准层的深度和形态的控制,修改其初步定量解释资料而施工的钻孔。

8）验证孔为验证地面物探成果的精确程度而施工的钻孔。如地震勘探所解释的断层,需用钻探验证其是否存在及其产状及落差等。

9）煤层气孔为抽采煤层所含瓦斯而施工的井。其目的是利用煤层气资源,减少温室气体排放造成的污染,解决煤矿安全隐患。近年来,我国非常重视煤层气产业的发展,这类孔呈上升趋势。

10）油井、天然气井等为抽采石油、天然气等资源而施工的井。

11）煤矿瓦斯排放井及排水井等功能井这类孔孔径较大,孔径在 400～700mm,井底和巷道连通,为采集煤矿地下瓦斯、排放矿井积水及其他任务而设置的井。

12）抢险救灾孔因煤矿或其他矿井发生井下严重复杂情况临时施工的孔,其目的主要是钻透巷道,疏通矿井废气,向井内提供临时补给,注浆封堵等。

三、钻探技术的应用领域

钻探技术的应用领域十分广泛。凡涉及需要在岩土体里形成柱状圆孔和槽(尤其深度较大的孔),或采取岩心或土样已获得地层有关信息的工程均可采用钻孔工程。其主要应用领域为:

1）地质找矿勘探。大多钻孔均需要采取岩矿心,根据目的和阶段不同,又可分为普查找矿钻探和矿产勘查钻探。前者是为了揭露地表覆盖层,探查基岩的性质及实际状况或为了了解地质构造或验证物探结果等,必须进行普查找矿探矿。一般这类钻孔都较浅,常使用地表取样钻或轻便浅孔钻机等。而后者是为了查明某一地区某种或若干种矿产的分布、产状、品味情况,以求得资源储量,为矿产开采作物质上的准备。此类钻孔通常根据地质要求,按勘探网或勘探线而确定孔位,孔径小于 150mm,孔深多为大于 300m 的中深孔,其钻探工作量比较集中。

2）工程地质勘察。为了查明桥基、坝基、路基、港口和房屋建筑地基及其性状,必须进行钻探工程。工程地质勘察钻孔一般都较浅,孔深小于 100m,孔径不大于 150mm。但为了了解地层性状,除了采取原装土样或岩样用以进行室内试验外,常需在孔内进行动载或静载等原位试验工作。在工程地质勘察中,国家制定有许多标准规范,作为共同遵守的测试标准。现在随着水利和工程建设事业的发展,必须进行边坡稳定勘察和地质灾害勘察,由此要求钻孔工程对基岩裂隙中的软泥层作重点了解,或要求进行定向采取岩心以便设计露天开采时的边坡倾角等。

3）水文地质勘查。为了查明某地区地下水的赋存状况、水质和水量以及在地下运动规律等水文地质情况,常需要进行钻探工程。在钻孔中不仅要采取岩样,还须采取水样和进行多种观测试验等特种工作。有的钻孔完井后留作长期观察孔,作为考察水文地质的一个点。有的钻孔在进行了水文地质勘查工作之后,下入井管建成水井,可作为开采井用。

4）开采地下资源。为了开发地下水资源、地热资源、石油和天然气资源及某些固体矿产资源,必须进行钻探工程,建设开采井。

5）建筑深基础建造。随着改革开放,基本建设的迅速发展,钻探工程广泛应用于桥梁、港口、码头、城市高层建筑的桩基础、排桩墙或地下连续墙、降水井、锚杆等工程的施工中。

6）地基防渗加固处理。为了进行大坝、水库等建筑的防渗处理和古旧建筑物的地基加固处理等,均需采用钻探工程进行钻孔注浆处理。

7）非开挖铺设地下管线。在城市的发展、建设和改造中,经常需要在已建好的城市铺设地下管道和电缆等工作。为了避免断路、拆迁或绕道开挖铺设造成的经济损失,可采用钻探技术进行水平定向钻进非开挖铺设。如在瑞典首都斯德哥尔摩火车站完成一个距地面 3.5m 深、105m 长的地下电缆铺设工程,从钻进成孔（孔径 280mm）到完成电缆铺设仅仅用了 16 小时。

8）工业污水处理及防治城市地面沉降。为了进行深层曝气法污水处理,常需利用钻探技术进行大直径钻孔施工;在某些大城市,由于过量开采地下水,造成地面沉降,建筑物毁坏,因此有时需要利用钻探技术进行钻孔回灌。

9）矿山开采。在矿山开采中常需要一些通道或孔,如爆破孔、通风孔、排水孔、巷道延伸的探孔、某些送料管和竖井,这些孔或井常需要采用钻探工程。

10）其他方面。地震和地基变形观测常需钻孔安装仪器;某些桩基和混凝土工程的质量检查需探孔取样;某些地质灾害治理的探孔;隧道或坑道施工的预注浆加固和管棚施工、军事工业导弹发射井的施工及科学钻探等。

第二节　岩石的物理力学性质

构成地壳的岩石是由一种或多种矿物在一定地质环境中形成的自然集合体,按岩石的成因,可分为岩浆岩、沉积岩、变质岩三大类。岩石的物理力学性质直接影响到钻进效率、钻探工具使用寿命以及钻进成本(汤凤林,1997)。

一、岩石的物理力学性质概述

1）岩石的物理性质取决于它的物理成分。在各种物理性质中我们只研究那些直接或间接影响岩石破碎过程的物理性质,如黏结状态、孔隙度、密度、结构和构造等。

2）岩石的力学性质是物理性质的延伸,它在外载作用下才表现出来,通常表现为岩石抵抗变形和破坏的能力,如强度、硬度、弹性、脆性、塑性、研磨性等。

　　强度是固态物质在外载（静或动载）作用下抵抗破坏的性能指标。岩石在给定变形方式（压、拉、弯、剪）下被破坏时的应力值称为岩石的强度极限。

　　岩石的硬度反映岩石抵抗外部更硬物体压入（侵入）其表面的能力。

　　物体在外力作用下产生变形，撤销外力后，变形随之消失，物体恢复到原来的形状和体积的性质称为弹性；而外力撤销后，物体变形不能消失的性质称为塑性。

　　用机械方法破碎岩石的过程中，工具本身也受到岩石的磨损而逐渐变钝，直至损坏。岩石磨损工具的能力称为岩石的研磨性。

二、岩石的可钻性指标及坚固性系数

　　在钻进工程设计与实践中，人们常常希望能事先知道所钻进岩石的破碎难易程度，以便正确选择合理的钻进方法、钻头的结构及钻进规程参数，制定出切合实际的钻探工程生产定额。岩石的可钻性及坚固性指标，在实际应用中占有重要地位。

1. 岩石的可钻性

　　岩石的可钻性是在一定钻进方法下岩石抵抗钻头破碎它的能力。它反映了钻进作业中岩石破碎的难易程度，它不仅取决于岩石自身的物理力学性质，还与钻进的工艺技术措施有关，所以它是岩石在钻进过程中显示出来的综合性指标。由于可钻性与许多因素有关，要找出它与诸影响因素之间的定量关系十分困难，目前国内外仍采用试验的方法来确定岩石的可钻性。不同部门使用的钻进方法不同，其测定可钻性的试验手段，甚至可钻性指标的量纲也不尽相同。例如，钻探界在回转钻进中以单位时间的钻头进尺（机械钻速）作为衡量岩石可钻性的指标，分成 12 个级别，级别越大的岩石越难钻进；在冲击钻进中常采用单位体积破碎功来进行可钻性分级。

　　几种有代表性的划分岩石可钻性级别的方法是：

　　（1）力学性质指标法

　　采用单一的岩石力学性质来划分岩石的可钻性级别。据压入硬度值把岩石分成 6 类 12 级（表 6.1），据摆球的回弹次数把岩石分成 12 级（表 6.2）。如果用上述两种方法确定的可钻性级别不一致，可按包括压入硬度值（H_y）和摆球硬度值（H_n）的回归方程式（6.1）来确定可钻性（K）值。

表 6.1　按压入硬度值对岩石的可钻性分级表

岩石类别	软		中软		中硬		硬		坚硬		极硬	
岩石级别	1	2	3	4	5	6	7	8	9	10	11	12
抗压强度/MPa	≤100	100～250	250～500	500～1000	1000～1500	1500～2000	2000～3000	3000～4000	4000～5000	5000～6000	6000～7000	>7000

$$K = 3.198 + 8.854 \times 10^4 H_y + 2.578 \times 10^{-2} H_n \qquad (6.1)$$

表 6.2　按摆球硬度计的回弹次数对岩石的可钻性分级表

岩石级别	1~2	3	4	5	6	7	8	9	10	11	12
回弹次数	≤14	15~29	30~44	45~54	55~64	65~74	75~84	85~94	95~104	105~125	≥125

（2）实际钻进速度法

在规定的设备工具和技术规范条件下进行实际钻进，以所得的纯钻进速度作为岩石的可钻性级别。这种方法随着技术的进步，必须实时修正。原地质矿产部曾制定了适合于金刚石钻进的岩石可钻性分级表，如表 6.3 所列。

表 6.3　适合于金刚石钻进的岩石可钻性分级表（据鄢泰宁，2001）

岩石级别	钻进时效/(m/h)		代表性岩石举例
	金刚石	硬质合金	
1~4		>3.90	粉砂质泥岩,碳质页岩,粉砂岩,中粒砂岩,透闪岩,煌斑岩
5	2.90~3.60	2.50	硅化粉砂岩,滑石透闪岩,橄榄大理岩,白色大理岩,石英闪长玢岩,黑色片岩
6	2.30~3.10	2.00	黑色角闪斜长片麻岩,白云斜长片麻岩,黑云母大理岩,白云岩,角闪岩,角岩
7	1.90~2.60	1.40	白云斜长片麻岩,石英白云石大理岩,透辉石化闪长玢岩,混合岩化浅粒岩,黑云角闪斜长岩,透辉石岩,白云母大理岩,蚀变石英闪长玢岩,黑云角石英片岩
8	1.50~2.10	0.80	花岗岩,夕卡岩化闪长玢岩,石榴子石夕卡岩,石英闪长玢岩,石英角闪岩,黑云母斜长角闪岩,混合伟晶岩,黑云母花岗岩,斜长闪长岩,混合片麻岩
9	1.10~1.70		混合岩化浅粒岩,花岗岩,斜长角闪岩,混合闪长岩,钾长伟晶岩,橄榄岩,斜长混合岩,闪长玢岩,石英闪长玢岩,似斑状花岗岩,花岗闪长岩
10	0.80~1.20		硅化大理岩,夕卡岩,钠长斑岩,斜长岩,花岗岩,石英岩,硅质凝灰砂砾岩
11	0.50~0.90		凝灰岩,熔凝灰岩,石英角岩,英安岩
12	<0.60		石英角岩,玉髓,熔凝灰岩,纯石英岩

（3）微钻法

采用模拟的微型孕镶金刚石钻头，按一定的规程，对岩心进行钻进试验。我国原地质矿产部的规范是以微钻的平均钻速作为岩石可钻性指标，其分级情况如表 6.4 所列。而原石油部 1987 年颁布的岩石可钻性分级办法是用微钻在岩样上钻三个深 2.4mm 的孔，取三个孔钻进时间的平均值为钻时 t，对式（6.2）的结果取整后作为该岩样的可钻性级别

(K_d)，据此值可把各油田地层的可钻性分成 10 个等级，等级越高的岩石越难钻。

$$K_d = \log_2 t \tag{6.2}$$

表 6.4　按微钻的平均钻速对岩石可钻性分级表

岩石级别	3	4	5	6	7	8	9	10	11	12
微钻钻速 /(mm/min)	216～259	135～215	85～134	53～84	34～52	21～33	14～20	9～13	6～8	≤5

（4）破碎比功法

用圆柱形压头作压入试验时，可通过压力与侵深曲线图求出破碎功，然后计算出单位接触面积破碎比功(As)，根据破碎比功法是对岩石进行可钻性分级的方法，如表 6.5 所列。

表 6.5　按单位面积破岩比功对岩石可钻性分级表

岩石级别	1	2	3	4	5	6	7	8	9	10
破碎比功 As /(N·m/cm²)	≤2.5	2.5～5.0	5.0～10	10～15	15～20	20～30	30～50	50～80	80～120	≥120

2. 岩石的坚固性系数

由俄罗斯学者于 1926 年提出的岩石坚固性系数（又称普氏系数）至今仍在矿山开采业和勘探掘进中得到广泛应用。岩石的坚固性区别于岩石的强度，强度值必定与某种变形方式（单轴压缩、拉伸、剪切）相联系，而坚固性反映的是岩石在几种变形方式的组合作用下抵抗破坏的能力。因为在钻掘施工中往往不是采用纯压入或纯回转的方法破碎岩石，因此这种反映在组合作用下岩石破碎难易程度的指标比较贴近生产实际情况。岩石坚固性系数(f)表征的是岩石抵抗破碎的相对值。因为岩石的抗压能力最强，故把岩石单轴抗压强度极限的 1/10 作为岩石的坚固性系数，即

$$f = \sigma_c / 10 \tag{6.3}$$

式中，σ_c 为岩石的单轴抗压强度，MPa。

f 是个无量纲的值，它表明某种岩石的坚固性比致密的黏土坚固多少倍，因为致密黏土的抗压强度为 10MPa。岩石坚固性系数的计算公式简洁明了，f 值可用于预计岩石抵抗破碎的能力及其钻掘以后的稳定性。根据岩石的坚固性系数值的大小可把岩石分成 10 级（表 6.6），等级越高的岩石越容易破碎。为了方便使用又在第 III，IV，V，VI，VII 级的中间加了半级。考虑到生产中不会大量遇到抗压强度大于 200MPa 的岩石，故把凡是抗压强度大于 200MPa 的岩石都归入 I 级。

表 6.6　按坚固性系数对岩石可钻性分级表（据鄢泰宁,2001)

岩石级别	坚固程度	代 表 性 岩 石	f
I	最坚固	最坚固、致密、有韧性的石英岩、玄武岩和其他各种特别坚固的岩石	20
II	很坚固	很坚固的花岗岩、石英斑岩、硅质片岩,较坚固的石英岩,最坚固的砂岩和石灰岩	15
III	坚固	致密的花岗岩,很坚固的砂岩和石灰岩,石英矿脉,坚固的砾岩,很坚固的铁矿石	10
IIIa	坚固	坚固的砂岩、石灰岩、大理岩、白云岩、黄铁矿,不坚固的花岗岩	8
IV	比较坚固	一般的砂岩、铁矿石	6
IVa	比较坚固	砂质页岩,页岩质砂岩	5
V	中等坚固	坚固的泥质页岩,不坚固的砂岩和石灰岩,软砾石	4
Va	中等坚固	各种不坚固的页岩,致密的泥灰岩	3
VI	比较软	软弱页岩,很软的石灰岩,白垩,盐岩,石膏,无烟煤,破碎的砂岩和石质土壤	2
VIa	比较软	碎石质土壤,破碎的页岩,黏结成块的砾石、碎石,坚固的煤,压实硬化的黏土	1.5
VII	软	致密黏土,较软的烟煤,坚固的冲击土层,黏土质土壤	1
VIIa	软	软砂质黏土,砾石,黄土	0.8
VIII	土状	腐殖土,泥煤,软砂质土壤,湿砂	0.6
IX	松散状	砂,山砾堆积,细砾石,松土,开采下来的煤	0.5
X	流沙状	流沙,沼泽土壤,含水黄土及其他含水土壤	0.3

这种方法比较简单,而且在一定程度上反映了岩石的客观性质。但它也还存在着一些缺点:

1) 岩石的坚固性虽概括了岩石的各种属性(如岩石的凿岩性、爆破性、稳定性等),但在有些情况下这些属性并不是完全一致的。

2) 普氏分级法采用实验室测定来代替现场测定,这就不可避免地带来因应力状态的改变而造成的坚固程度上的误差。

3. 钻头优选表

根据岩石的硬度的不同,在钻进过程中应选用不同钻头钻进,表 6.7 为参考的钻头优选表。

表 6.7　钻头优选表

钻头类型		适应岩层											
		软岩层			中硬岩层			较硬岩层		硬岩层		坚硬岩层	
		煤、黏土、泥岩层			砂岩、石灰岩、大理岩					燧石、石英岩、砾岩			
	f系数	1	2	3	4~5	6~7	8~9	10~11	12~13	14~16	17~19	20~25	>25
	可钻性级别	1	2	3	4	5	6	7	8	9	10	11	12
PDC 不取心钻头	多翼刮刀钻头	√	√	√	√	√	√						
	内凹多翼钻头	√	√	√		√	√	√	√	√	√		
	圆弧支柱钻头							√	√	√	√		
PDC 取心钻头		√	√	√		√	√						
金刚石孕镶钻头								√	√	√	√	√	√
天然金刚石表镶钻头					√	√	√	√	√	√		
合金钻头	刮刀钻头	√	√	√	√	√	√						
	球齿钻头									√	√	√	√
牙轮钻头	钢齿钻头	√	√	√	√	√	√						
	球齿钻头									√	√	√	√

第三节　钻探设备

钻探设备主要包括钻机和泥浆泵。钻机是完成钻进施工的主机,它带动钻具和钻头向地层深部钻进,并通过钻机上的升降机或动力头来完成起下钻具和套管、提取岩心、更换钻头等辅助工作。泥浆泵的主要功能则是向孔内输送冲洗液以清洗孔底、冷却钻头和润滑钻具(鄢泰宁,2001)。

一、钻　机

1. 钻机的分类

钻探工程的目的与施工对象各异,因而钻机种类较多。钻机可按用途、钻孔深度和钻进方法与结构特点进行如下分类:

按用途分
{
勘查用岩心钻机
工程施工钻机
水文水井钻机
石油钻井钻机
砂矿钻机
坑道钻机
地热钻机
}

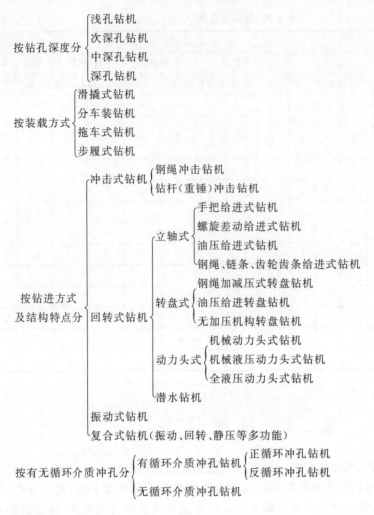

2. 常用钻机

（1）立轴式钻机

机械传动、液压给进的立轴式钻机，是目前国内外广泛使用的一种主要机型。现代立轴式钻机为了适应金刚石钻进工艺的需要，并兼顾硬质合金及 PDC 钻进工艺的要求，提高了立轴转速（最高达 2500r/min），扩大了调速范围，增加了速度挡数（6～8 挡，多的达12～24 挡）。为了缩短升降和辅助工序时间，采用上、下两卡盘，实现"不停车倒杆"、自动倒杆，以及加长立轴行程等措施。由于绳索取心金刚石钻进的广泛应用，钻机上增加了绳索绞车。有些钻机升降机的升降手柄采用液压控制，在深孔钻机中采用涡轮变矩器。采用调速电机为动力，使用双联齿轮泵或变量叶片泵作为液压系统动力源，给进液压缸操作阀改用"OH"或"OY"型滑阀，为给进液压缸下腔油路设置给进速度控制阀，从而减少功耗，并能在液压泵卸荷的情况下，实现减压钻进、自重钻进和"称重"等，都是钻机设备新的发展趋势。

立轴式钻机的主传动多数为机械传动，传动效率高，调速范围大，扭矩也大，调速特性为恒功率。立轴式钻机基本上可满足各种钻进工艺对转速、扭矩等参数的要求，可以钻进不同角度的倾斜孔和水平孔；能完成三班连续作业的要求；钻机的造价比较低；易于使用和维护，运行费用低，使用可靠、寿命长，广泛服务于煤炭工业中的地质勘探、井下钻孔、地震普查和一些水文水井的钻孔施工。

（2）转盘式钻机

以转盘为回转器的钻机叫做转盘式钻机，如 SPJ-300 型、SPC-600R 型、GPS-15 型、红星-400 型、TSJ-1000 型和 GJC-40HF 型等，它们多用于水文钻孔、水源井和基础工程施工，一般具有多功能性。

转盘式钻机按减速方案分类，有一级传动和两级传动两种形式。二级传动的结构使齿轮制造工艺大为简化，转台轴承布置较为合理，主副轴承距离较大，增加了转台回转稳定性。但结构比较复杂，小圆锥齿轮受力过大，容易损坏。相反，一级传动的转盘，齿轮副少，齿轮副和各轴承的润滑条件较好，使用寿命较长。但主副轴承距离太近，受力情况较差。

转盘向主动钻杆传递扭矩的方式有大小补心式和回转梁式两种。大、小补心是沿用石油钻机转盘的一种主动钻杆传动装置。即在转台中央开有方形或六方形内孔，内置两块呈半方形或半六角形的大补心。大补心的内孔也呈方形或六方形，可再放置两块小补心。小补心放入后组成方形内孔，可通过并带动方钻杆回转。大、小补心传扭装置的同心度靠转台和补心的尺寸配合来保证，回转稳定性较好。取出大、小补心后，可以通过较大直径的钻头。升降钻具时，只需用卡瓦取代小补心，即可利用转盘承受钻具质量和拧卸钻具的反扭矩，而不必使用垫叉。但是，大小补心尺寸、质量较大，靠人力提放，费力费时。

SPJ-300、GPS-15 和红星-400 型钻机都采用这种传扭装置，而在大口径工程施工钻机中较少使用。

回转梁式传扭装置是靠转台上的两个拨柱拨动回转梁回转，回转梁再利用中心的方形孔带动方钻杆回转。升降钻具时靠下垫叉承受孔内钻具质量和拧卸钻杆的反扭矩，利用转台、上垫叉带动上部钻具正、反向回转以拧卸钻具。回转梁式传扭装置，结构简单，尺寸、质量较大的回转梁可随主动钻杆一起由卷扬机提放，操作省力方便。但这种传扭装置难以保证方钻杆与转盘的同心度，故钻具回转稳定性较差。多用于中、小型转盘。SPC-600R、TSJ-1000型水井钻机和 SH30-2、CH50-2 型工程地质勘查钻机都用这种传扭装置。图 6.2 为GPS-15 型钻机。

图 6.2　GPS-15 型钻机

（3）动力头式钻机

动力头式钻机是钻机三大主要机型之一，是最近十余年来发展最快、应用日益广泛的钻机。它以其回转器自带动力——液压马达、风动马达或电动机而得名。动力头式钻机传动系统简单，执行机构各自独立没有刚性连接，主机重量小，因而布局灵活。在功能上可以打任何角度孔——水平孔、下向孔乃至上向扇面孔，而且给进行程长，钻压控制平稳、准确，从而能获得更高的钻效、钻孔质量和岩心采取率。在总体结构方面，只有一个动力头和一个给进导向机构，施工时不需要另立钻塔，被称为"无塔钻机"。在工艺上适应性好，很容易增加一些机构来实现各种钻进工艺，有的还配有具有冲击、振动、静压功能的机构。动力头式钻机既有适应大口径钻孔的低速大扭矩型的动力头，也有适应小口径钻孔的高速小扭矩型动力头；有功能齐全的多用钻机，也有参数单一的专用钻机。图 6.3 为常见的分别适用于地面和坑道的全液压钻机。

a   b

图 6.3 全液压钻机

a. G-3 型全液压钻机；b. ZDY 型全液压坑道钻机

二、泥 浆 泵

泥浆泵就是在钻探过程中，向钻孔里输送泥浆或水等冲洗液的机械。泥浆泵是钻探设备的重要组成部分。在常用的正循环钻探中，它是将地表冲洗介质——清水、泥浆或聚合物冲洗液在一定的压力下，经过高压软管、水龙头及钻杆柱中心孔直送钻头的底端，以达到冷却钻头、润滑钻具、清除岩屑的目的。常用的泥浆泵是活塞式或柱塞式的，由动力机带动泵的曲轴回转，曲轴通过十字头再带动活塞或柱塞在泵缸中做往复运动。在吸入和排出阀的交替作用下，实现压送与循环冲洗液的目的。

第四节　煤矿井下坑道钻进技术

在煤炭钻进中,主要包括地面钻进和井下坑道钻进两个方面。地面钻进属于常规钻进,其后各节的钻探技术中分别介绍,而坑道钻进属于特殊钻进,本节先重点介绍坑道钻进技术。

所谓坑道钻进,就是指为了地质、工程、安全、采矿等目的而在矿山坑道中进行的一种特殊钻进技术。

一、坑道钻探的类型和特点

1. 坑道钻探的特点

煤矿开采工程中,在矿井下选择适宜的地方造穴并安装钻探设备,开展如探水、探构造、探煤等钻探工作。由于井下的特殊条件,井下钻探除满足地面钻探的条件外,还必须满足:①由于矿井巷道空间有限,运输、通风、通水、排水、通电困难,其施工条件较为恶劣。②除少量垂直孔外,施工的主要为各种角度的上仰孔和下斜孔,施工难度增大。③受钻进方向及各种防爆要求等条件的限制,一些地面仪器及设备均采取防爆措施,其施工安全要求比较严。④由于地层中或多或少含有瓦斯,故存在瓦斯突出危险。

2. 坑道钻探类型

（1）按施工目的分类

1）地质孔。为了满足地质要求,用来探查煤层厚度、走向、倾角、倾向变化或地质小构造等目的而施工的钻孔。

2）瓦斯抽放孔。为了安全目的,在开采前在高位、本煤层和穿煤层中施工的以进行瓦斯预抽放的钻孔。

3）探放水孔。为探明或排放井下水而施工的钻孔。

4）锚杆支护孔。为安放锚杆(索)用以实现锚杆(索)支护而施工的钻孔。

5）灭火孔。为扑灭煤矿井下煤层自燃而施工的用于注入灭火材料的钻孔。

6）其他工程孔。为了达到地质或安全目的而施工的特殊钻孔,例如矿井物探槽波地震钻孔、煤层注水孔等。

（2）按倾角分类

按倾角的不同,坑道钻探可分为垂直钻孔、水平钻孔、上仰孔、下斜孔和沿煤层钻进钻孔等。

二、坑道钻进工艺

1. 冲洗介质

受井下条件限制,煤矿坑道施工钻孔大多使用清水作为冲洗介质,浅孔段直接用井下管网水,钻孔较深时需使用泥浆泵送水。但钻进粉煤层等不易成孔钻孔时,须采用空气作为冲洗介质,浅孔段可直接使用井下通风系统压风,较深孔段需配备防爆空压机,有时浅孔段可不使用任何冲洗介质,直接采用螺旋钻杆干式钻进。只有较深孔段复杂地层才考虑使用泥浆、泡沫等特种冲洗介质(韩广德,2000)。

2. 强突煤层钻进工艺

在我国可采煤层中,受煤层成因、地质构造运动等因素影响,有相当数量的煤层具有煤层薄、易坍塌、瓦斯高富集和强突出的特点。在这类煤层中钻进,除了使用高压空气作为冲洗介质外,还可配套使用多级组合钻具。所谓多级组合钻具,就是将一次成孔孔径,分为 2 或 3 级,孔底钻头由直径由小到大的 2 或 3 只连续相接的钻头组成,前面小直径钻头破碎煤层后提前释放产生量较少的瓦斯,后面较大直径钻头接着破碎煤层,这样最终成孔后释放的瓦斯总力将大大降低,减小了煤层突出的危险。

3. 沿煤层定向钻进工艺

在坑道定向钻进中,有时为了达到地质目的,需要钻进预定方向的钻孔,即为定向孔。施工这类钻孔,开孔前必须了解所钻岩(煤)层的特征,确定合理的开孔参数,选择正确的钻具组合和钻进工艺。在钻进过程中应根据钻进参数的变化,随时掌握钻头所在位置,结合测斜结果,及时调整钻具组合,确保钻孔轨迹沿设计层延伸。如果钻孔轨迹出了设计层,就应根据钻孔轨迹和设计层或煤层顶、底板岩层的遇层角大小,选择合适的钻具。钻孔一旦重新进入原岩层或煤层,必须选用功能相反的钻具组合,尽快地将钻孔倾角调到近似度,再使用保直钻具继续钻进。

对于倾斜煤层,在施工过程中如果钻孔的方位发生变化,沿钻孔向煤层的伪倾角就会发生变化。要使进入煤层顶、底板的钻孔轨迹重新进入煤层,由于煤层伪倾角的变化,必然就会增加或减少造斜工作量。在沿煤层钻进或水平孔钻进,孔壁掉块和岩(煤)粉沉淀在钻孔任一孔段时,将会影响起下钻具,甚至会造成孔内事故。因此,必须使用泥浆钻进,保护孔壁,防止岩(煤)粉沉淀造成卡埋钻事故。

实现定向钻进造斜的钻具较多,坑道定向钻进常用稳定组合钻具和螺杆钻具造斜。

(1) 稳定组合钻具钻进工艺

所谓稳定组合钻具,就是在靠近钻头的一段钻杆柱的适当位置接数个直径接近钻头直径的稳定器,在近水平状态下,这些稳定器相当于支点,稳定器间的钻杆在重力、给进力的作用下产生变形,对和其刚性连接的钻头产生作用,使其上仰、下倾或保持原方向不变。稳定组合钻具由三部分组成如图 6.4 所示。

稳定组合钻具根据其对钻孔倾角的影响,可分为使钻孔上仰、保直、下斜三种类型。

基本原理:

1) 钻孔上仰组合钻具钻进过程中,在靠近钻头部分稳定器的支撑作用下,利用钻杆的自重,使靠近稳定器的钻杆向下弯曲,由于钻压和回转时离心力的作用,弯曲加剧,钻头对孔壁上侧岩石的切削作用加强,使钻孔轨迹上仰。

图 6.4　稳定组合钻具的基本结构
1. 钻头；2. 稳定器；3. 钻杆

2）保直稳定组合钻具在钻进过程中，钻头后的三个稳定器等间距布置，整个钻具达到"满"、"刚"、"直"的要求，使钻头不对或很少对孔壁岩石产生切削作用，故钻孔轨迹按原方向延伸。

3）钻孔下斜的稳定组合钻具用细钻杆和加重钻杆解除钻杆柱对钻头的约束力，加大钻头对孔底下侧孔壁的切削力，从而改变钻孔的倾角，使钻孔轨迹下斜。实际上，岩屑楔不仅在使用稳定组合钻具时有，在使用其他钻具时，若孔底排粉不彻底，也同样会产生，只是作用的大小不同。

一般情况下，当钻具正转钻头上仰切削上侧孔壁岩石时，上方碎岩阻力较下方大，钻孔在向上偏斜的同时，有向左偏斜的趋势。但在上仰组合钻具实际使用中，钻孔却向右偏斜，其原因有两方面：一是第一稳定器后面的钻杆较细，钻头右转，第一稳定器与孔壁下的摩擦力促使钻头向右漂动；二是在近水平孔中钻进钻速较快时，岩煤粉颗粒粗大，不易冲离孔底，在细钻杆处堆集，钻杆回转时，由于钻杆与岩煤粉颗粒之间摩擦力的作用，钻杆左侧形成较大的岩屑楔将迫使钻杆向上右方向偏移，从而带动钻头也向上右偏移。岩屑楔对上仰孔起加大倾角弯曲强度的作用；对于下斜孔，则起减小倾角弯曲强度的作用。

（2）螺杆钻具钻进工艺

螺杆钻具是地面钻探常用且最为有效的造斜钻具，它主要由溢流阀、螺杆发动机、万向联轴节、驱动轴及轴承等组成。而坑道钻探一般选用合适口径的地面钻探用螺杆钻具用作造斜钻进，或用来作为坑道深孔正常钻进的动力。

螺杆钻具能够进行定向钻进主要基于两个缘由：一是螺杆钻具工作时钻头回转破碎岩石，而钻具外管及钻杆柱不回转；二是可以在阀接头上连接不同角度的定向弯接头或更换不同角度的弯外管。只要保证正常钻进中螺杆钻具的方向不发生变化，就可使钻孔按预定方向延伸。钻进中弯接头或弯外管向哪个方向弯曲，由安装角决定，也就是属于定向问题，而如何保证钻杆柱不回转，则决定于反扭矩装置的作用。

在地面垂直孔中，螺杆钻具的定向一般使用电测量定向法，即将导线连接的测量装置通过钻杆中心依靠重力送入孔内螺杆钻具上端的定向接头处，用地面仪表监测，通过转动杆找出下钻前确定好的螺杆钻具的安装角位置。该方法简单可靠，定向精度较高，但由于测量装置的防爆及输送问题，不能用于煤矿井下。一般可利用 ZDY 系列钻机卡盘和夹持器联动功能，辅以人工定向，解决螺杆钻具在近水平钻孔中的定向问题。

下钻前，根据定向钻进的需要，确定螺杆钻具的安装角。螺杆钻具和钻机上的钻杆连接，拧紧后调好方向，用夹持器夹紧钻杆，然后，在钻机动力头的回转和不回转部分的螺栓之间卡住一异形钢件,即可防止用油缸推动动力头下钻时动力头的回转。由于下钻过程中,卡盘和夹持器处于联动状态,当一个卡紧钻杆时另一个才松开钻杆,所以只要动力头前进和后退的操作过程动作不十分连贯,而在换向时稍有停顿,就可保证下钻过程中螺杆钻具安装角不发生变化,并具有较高的定向精度。用这种方法定向,必须靠人工拧紧新接钻杆,不能使用钻机回转器。通过在钻杆上的连续定向试验结果,说明上述方法是可行的。

根据作用力与反作用力原理,当高压液流通过螺杆发动机使转子产生转动、向外输出扭矩时,定子上将产生一反扭矩,使整个钻杆柱有向相反方向转动的趋势,一旦钻具转动,其定位方向即改变。为避免这种情况发生,要在孔口设置一个装置来克服反扭矩。该装置应能够在 360°范围内调整和锁定钻杆柱,以适应钻进各种方向钻孔的需要。

第五节　煤炭钻探取心技术

取心技术在煤炭钻探工程中占有十分重要的地位。无论地质钻孔、水文钻孔、井筒检查钻孔大多数都要进行取心钻进,从钻孔中取出的岩、煤心是进行煤田地质研究的基础资料。通过对这些地质资料的研究,可以了解煤层厚度、煤层结构、埋藏深度、分布规律、埋藏规律、埋藏条件,特别是通过煤心煤样进行工业分析和化学成分分析,确定煤质、煤质牌号、瓦斯含量等情况。因此,岩、煤心采取质量的好坏,直接影响推断地质构造、评价煤炭资源,甚至影响矿山建设和开采的准确性和可靠性。故此在钻探施工中,必须高度重视岩、煤心的采取质量,不但采取长度要能满足地质要求,而且要采出保持原生结构、污染少、有最大代表性的岩、煤心。

一、普通取心技术

1. 常用取心钻具

(1) 单管取心钻具

单层岩心管钻具简称单管钻具,它是最简单的取心钻具。为提高岩心采取率防止提钻过程中岩心脱落,常在单管钻具中增加分水投球接头盒活动分水帽(如图 6.5)。

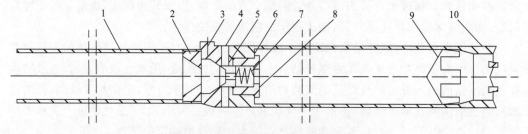

图 6.5　单管取心活动分水投球钻具

1. 导向管;2. 分水投球接头;3. 取球孔螺塞;4. 小卡螺塞;5. 小卡及弹簧;6. 带阀座的活塞;7. 弹簧;8. 弹簧座;9. 活动分水帽;10. 硬质合金钻头

（2）双管取心钻具

双层岩心管钻具是提高岩矿心采取率和采样质量的重要工具，在复杂地层和金刚石钻进中，应用较为普遍。为了适应各类不同特点的岩、煤层，双管钻具的结构又分为单动双管钻具和双动双管钻具。

1）双动双管钻具　双动双管是内、外两层岩心管同时回转的钻具（如图6.6），主要由双管接头，内、外岩心管，内、外钻头和止逆阀组成。一般适用于松散、易坍塌和怕冲刷的岩、煤层。

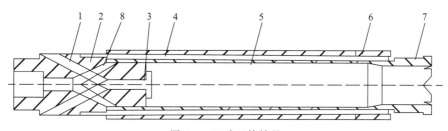

图6.6　双动双管钻具

1. 回水孔；2. 双管接头；3. 球阀；4. 外管；5. 内管；6,7. 外、内硬质合金钻头；8. 送水孔

2）单动双管钻具　钻进过程中，外管转动而内管不转动的双管钻具称为单动双管钻具（如图6.7）。它比双动双管钻具优越，主要表现为钻进中不仅避免了冲洗液直接冲刷岩、煤心，更重要的是避免了振动、摆动和摩擦力对岩、煤心的破坏作用。另外，有些单动双管还设有防振、防污、防脱及退心的装置。因此，岩煤心的采取率、完整度、纯洁性等均有较大提高，代表性更好。

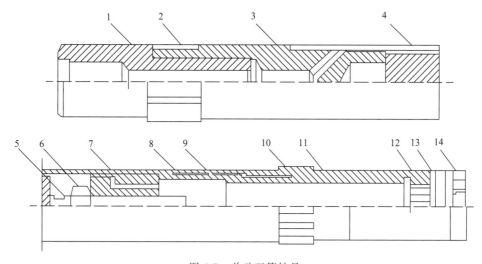

图6.7　单动双管钻具

1. 上接头；2. 固定环；3. 外管接头；4. 单动部分；5. 心轴；6. 锁紧螺母；7. 内管接头；8. 外管；9. 内管；
10. 扩孔器；11. 短节；12. 卡簧；13. 卡簧座；14. 钻头

2. 卡断岩心的方法

在钻进回次结束前,特别是在完整岩、煤层中必须先将岩、煤心卡断,然后再将岩、煤心管提至地表。

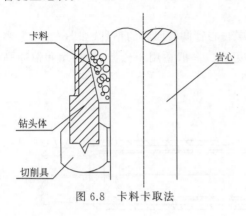

图 6.8　卡料卡取法

（1）卡料卡取法

当用硬质合金和钢粒钻进中硬及中硬以上、完整的岩、煤层时,钻进回次终了时,可从钻杆内向孔底投入卡料(小碎石、铁丝、钢粒)卡紧并扭断岩、煤心。用卡料卡心时,要注意卡料的粒度、长度、粗细、硬度和投入量,卡料的粒度和粗细应与岩、煤心和岩心管之间的间隙相适应。卡料卡取法示意图如图 6.8。

图中标注：卡料、钻头体、切削具、岩心

（2）卡簧卡取法

卡簧(也称提断器)装于钻头体或双管钻具卡簧座的内锥面上,回次终了时稍上提钻具,既可把岩、煤心卡住并拉断。它主要适用于岩、煤心完整、直径均匀的中硬及中硬以上地层。卡簧一般用 40 铬钢或 65 锰钢加工,并经淬火处理。应注意卡簧与卡簧座、卡簧与岩、煤心之间隙必须很好配合。常用的卡簧结构有三种形式:内槽式卡簧、外槽式卡簧和切槽式卡簧。

卡簧卡取法多用于金刚石钻进。由于金刚石钻进内出刃小且于钻进中变化不大,因而岩、煤心直径均匀性好,当回次进尺结束,只需要上下提动钻具,卡簧即可把岩、煤心抱住,确保将岩、煤心取出。

硬质合金钻进采用卡簧取心较为困难,主要原因是硬质合金耐磨性差,钻头内径尺寸不易保持稳定,致使岩、煤心直径变化较大,卡簧容易磨损,抱不住岩、煤心。

（3）干钻卡取法

在回次终了停止送水,干钻进尺一小段(20～30cm),利用未排除的岩粉来挤塞住岩、煤心,再通过回转将其扭断提出。它适用于硬质合金钻进用卡料和卡簧都卡不住的松散、软质和塑性岩煤层。

（4）沉淀卡取法

在回次终了停止冲洗液循环,利用岩心管内悬浮岩粉的沉淀,挤塞卡牢岩、煤心。此法适用于反循环钻进和在松软、脆、碎的岩煤层。通常沉淀 10～20 分钟。

（5）楔断器卡取法

在钻进回次终了将钻具提出孔外,下入楔断器,利用吊锤冲击楔子将岩心楔断,再下入夹具将岩、煤心提出。该法适用于大直径和岩石比较坚硬、完整的岩、煤层钻进。

（6）无水泵孔底反循环取心法

这是煤田钻探中经常采用的取心方法。如使用投球式，当每次取心时，先将钢球由钻杆内投入，到达无水泵接头球阀座。取心时，钻具在回转的同时须上下提动，当向上提动时，钢球将钻杆内的冲洗液全部带动上提，在孔底产生一定负压，孔内水位下降；钻具上提后又迅速下降，下降过程中，孔内冲洗液进入岩心管顶开钢球而进入钻杆内，冲洗液在孔底形成局部反循环，从而达到循环冷却钻头作用。每当下放钻具时，冲洗液自回水管返地面。

无水泵取心适用于冲积层、松散岩层、破碎带或断层带以及煤层顶板等岩层，尤其适用于软岩层。每当在上述岩层钻进时，先给水钻进一定深度，然后投球取心。每当钻进一定深度，准备投球以前，先开泵冲洗钻孔，尽量将孔底冲洗干净，然后关泵停车投球。投球以前，应先试探孔内是否有劲（即卡劲现象，因为投球以后就不能开泵循环，排除孔内异状就会发生困难），然后再投。投球以后开泵向下冲，并设专人看泵，发现憋泵立即停止送水，此时证明钢球已经到达球阀座，然后开车钻进。在钻进同时要注意上下提动钻具，提动高度与提动次数是无水泵钻进的主要关键。提动高度和提动次数应根据现场实际情况而定。

二、绳索取心技术

绳索取心技术是用一种不提钻取心的钻进装置，即在钻进过程中，当内岩心管装满岩心或岩心堵塞时，不需要把孔内全部钻杆柱提升至地表，而是借用专用的打捞工具和钢丝绳把内岩心管从钻杆柱内捞取上来，只有当钻头被磨损需要检查或更换时，才提升全部钻杆柱。

20 世纪 20 年代，绳索取心方法多用于石油钻井，但到 50 年代，国外已广泛用于岩心钻进。一些发达国家绳索取心钻进的工作量已占到金刚石钻探工作量的 90% 以上。我国于 1975 年研制成功绳索取心钻具，现已广泛推广使用，在地矿、冶金、煤炭等部门都形成了各自的规格系列。单动双管绳索取心钻具由内管总成和外管总成组成，如图 6.9所示。

1. 绳索取心器的基本结构

绳索取心器是在双层单动岩心管的基础上，增加锁紧装置（弹卡）、悬吊装置、信号装置以及供打捞器进行打捞的矛头装置而组成。

（1）取心器结构

如图 6.10，取心器分外管和内管两部分。外管上部与钻杆相连，下部与扩孔器和钻头连接，是钻具的钻进部分；内管储放岩（煤）心，并可被打捞器捞取并提至地面。

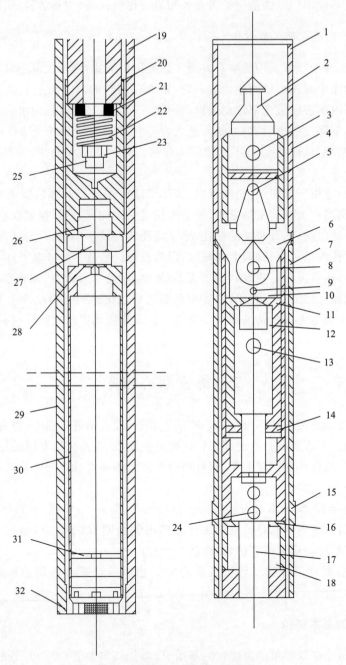

图 6.9　绳索取心钻具双管结构

1. 弹卡挡头；2. 捞矛头；3. 弹簧销；4. 回收管；5. 弹簧；6. 弹卡；7. 弹卡室；8,9. 弹卡销；
10. 弹卡座；11. 弹卡架；12. 复位簧；13. 阀体；14. 调紧螺堵；15. 扩孔器；16. 接头；
17. 轴；18. 碟簧；19. 调节螺栓；20. 轴承座；21. 轴承；22. 弹簧；23. 螺母；24. 弹簧销；
25. 开口销；26. 钢球；27. 调节螺母；28. 调节接头；29. 外管；30. 内管；31. 挡圈；32. 钻头

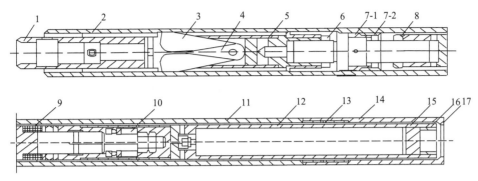

图 6.10　绳索取心器的基本结构

1.筒式矛头凸缘；2.导向管连接器；3.弹卡；4.弹簧；5.弹卡导管；6.调整螺母；7-1.悬吊环；

7-2.座环；8.调整螺母；9.信号装置；10.防震垫圈；11.外管；12.内管；

13.扶正环；14.扩孔器；15.卡簧座；16.卡簧；17.钻头

（2）打捞器结构

如图 6.11,打捞器的升降由专用绞车和钢丝绳带动。在大斜度钻孔和水平孔下放打捞器时,它需通过泵送才能到达孔内的预定位置。打捞器由打捞矛、脱钩装置、解卡装置和保险装置四部分组成,用于干孔和水平孔时还要附加装置。

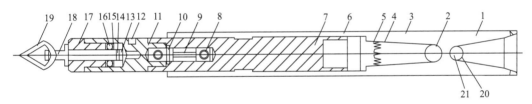

图 6.11　打捞器结构图

1.打捞器；2,8.弹簧销；3.打钩架；4.弹簧；5.铆钉；6.脱卡管；7.重锤；9.安全销；

10,20.定位销；11.接头；12.油杯；13.开口销；14.螺母；15.垫圈；16.轴承；

17.压盖；18.连杆；19.套环；21.定位销套

2. 绳索取心技术的特点

1) 在岩心钻探过程中,升降钻具是一项费时、费力的辅助工序。据统计,在不深的钻孔中一般纯钻进时间和升降钻具各占 30％～40％左右。钻孔越深,升降钻具所占的时间比例越大。因此,绳索取心钻进是岩心钻探领域一次重大的技术革命。由于减少了升降钻具的辅助时间,因而提高了时间利用率,使回次钻速、技术钻速一般可提高约 25％～100％。

2) 岩、煤心采取率高。由于绳索取心在钻进过程中遇到岩心堵塞时,机构会报信,可立即起钻提取岩心,减少了岩心在岩心管内的磨损时间,从而有利于提高岩、煤心采取率和质量。

3）钻头寿命长。由于提钻次数减少,对金刚石钻头损坏的机会也相应减少,加之绳索取心钻杆与孔壁间隙小,钻头工作稳定,因而相对延长了钻头寿命。

4）在复杂地层中钻进适应性强。它提钻次数少,减少了孔壁裸露的机会,此外,钻杆柱还可以起到套管的作用,因此,有利于快速穿过复杂地层。

5）工人劳动强度低。用普通钻进方法钻进时,升降钻具次数多,工人拧卸钻杆的劳动强度大,而绳索取心钻进可使劳动强度大大降低。

6）钻杆柱与孔壁间隙小,增加了钻杆柱的磨损,使得冲洗液循环阻力增大。

7）绳索取心钻头壁较厚,钻杆柱较粗,回转阻力大,动力消耗大,钻进硬岩时,效果较差。

8）要求钻杆的材质好,加工精度高,钻杆价格较高。

3. 绳索取心技术应用范围

绳索取心钻具的应用范围很广,它不受钻孔深度的影响,从几十米的浅孔直至超万米的超深孔均可使用,而且钻孔越深越能体现其优越性;可以钻进任意方向的钻孔和钻进各种地层,在中等硬度的岩层中效果尤为显著;针对不同的地层,该钻具即可用清水,又可用优质泥浆,还可采用泡沫等作为冲洗介质,所以现在绳索取心技术应用范围广泛。

4. 绳索取心钻进技术的改进与发展

（1）完善与改进钻具结构

1）现有煤田绳索取心钻具型式比较单一,应进一步扩大规格品种,以适应取煤的需要。例如,将内管换成带半合管或三层管的煤心容纳管,以钻取松软煤层;打捞器增加铰链机构;提高到位报警机构和岩、煤心堵塞报警机构的灵敏性可靠性等。

2）进一步开发大口径绳索取心系列,内管改换成薄壁压入式取样管或在内管下部连挂超前压入取样管,以适应复杂岩层或松散的非胶结砂土层钻进的需要。

3）扩大绳索取心钻具的使用范围。例如,将内管总成更换为无岩心钻进内管总成（用无岩心钻头）,以利于在不需要取心的层段实现无岩心钻进;研制适合矿井坑道钻进水平孔和仰孔的绳索取心钻具等。

（2）加强长寿命钻头的研究

1）发展人造金刚石钻头,降低钻探成本。在软到中硬岩层中采用人造聚晶和复合片钻头,在中硬到硬以至坚硬岩层中采用人造金刚石孕镶钻头。同时,加快大颗粒高强度人造金刚石的研制。

2）几年来,虽然研制了多种适应煤田钻探的绳索取心钻头,但品种仍不能满足需要。因此,应进一步加强不同唇面形状、胎体性能和薄壁钻头的研究,尤其加强适应软硬互层地层高效长寿钻头的研究。

3）加强绳索取心孔底不提钻换钻头技术的研究。实现孔底换钻头,可减少升降钻杆柱的次数,节省升降工序时间,提高钻进效率,减少机械的磨损,减轻工人的体力劳动。

（3）提高钻杆的强度和耐磨性

应加强焊接钻杆（包括等离子弧焊接钻杆和摩擦焊接钻杆）的研究，提高焊接质量，延长钻杆的使用寿命。同时，严格把住钻杆加工质量关。与钢厂合作研发能满足深孔绳索取心钻进需要的加强钻杆。

（4）努力实现附属设备液压化

应加强深孔液压驱动钻机（动力头钻机）的试验研制和努力实现夹持器、拧卸管装置及绳索取心绞车的液压化。

（5）绳索取心与空气钻进和泡沫泥浆钻进相结合

空气钻进和泡沫泥浆钻进在煤田松散岩层钻进中已取得很好的效果。因此，在绳索取心钻进这种岩层时，应很好地结合应用，并不断改善这种冲洗液的质量。

三、粉煤心采取技术

煤是松软矿体，石化程度较低，有粉状软质煤、块状硬质煤之分。按国家煤质牌号，一般褐煤、长烟煤、肥煤均属粉状煤，煤质松软，在钻探中是取心较为困难的一类，部分肥煤、贫煤属块状煤；贫煤、焦煤及无烟煤则属于较硬块状煤。在有些地区，由于构造破坏，几乎所有煤层都呈粉末状产出。煤质不同，其取心工具与钻进规范有所不同。

1. 取心工具的结构特点

1）煤心容纳管直接与煤心接触，煤心采取好坏与煤心容纳管直接相关，因而要求其具备以下条件：①平直度要求严格，内壁要求光滑，使煤心易于进入；②内管对煤心的震动、磨损要小；③煤心容易从容纳管中退出。鉴于以上要求，取心器结构应使煤心易于进入内管，同时要求内管的回水装置要畅通；内管尽量不回转，以减小对煤心震动、磨损；为使煤心容易退出，可使用半合管。

2）外管要求平直度和导向性要好，使整个取煤器在进尺回转过程中有良好的垂直度与导向度。所以，取煤器异径接头附近与钻头附近应安装扶正器，与孔壁保持最小的间隙，减少回转时所产生的离心力与纵弯曲力，以提高煤心采取质量。

3）为防止冲洗液直接冲刷煤心，应采用超前式底喷钻头（图 6.12）。

4）卡取煤心装置应根据煤质的软硬程度来选择。

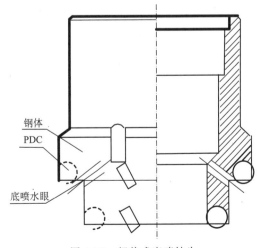

图 6.12 超前式底喷钻头

2. 操作规程的特点

1）钻进规程。钻进煤层与钻进岩石有显著的不同，不但钻进压力与立轴转速要适当控制，更主要是冲洗液流量一定要掌握好。正常取煤时的压力要控制在 6～8kN；立轴转速以中低转速为准，应当控制在 100r/min 以内；冲洗液量掌握在 100L/min 以内。应快速通过煤层，以减少对煤心的磨损时间。

2）分水接头与回水接头均应保持良好的性能。煤层是石化程度极差的物体，要绝对避免冲洗液的冲刷。回水接头也占有较重要的地位，一旦堵塞则影响煤心进入内管，不但使进尺降低而且严重影响煤心质量。

3）钻进中严禁提动钻具，以免污染煤心及造成钻头堵塞。钻进软硬夹层时，要特别注意由硬变软时的情况，以防打丢煤层。

4）在卡取煤心前，应减小冲洗液量，加大孔底压力，形成煤心堵塞，以利煤心的采取。

5）应控制单次采取煤心长度。

6）提取取心管过程中应保持操作平稳。

第六节　金刚石钻进技术

金刚石钻进是指将金刚石及其超硬材料作为切削具镶嵌在钻头唇体面上破碎岩石的一种方法。

金刚石具有极高的硬度、强度、耐磨性及导热性。在钻探领域人们逐渐利用金刚石特有的性能制作钻头来钻进坚硬岩石。自 20 世纪 70 年代，我国在人造金刚石超硬材料、钻头焊接技术方面取得突破性进展，使得金刚石钻头寿命和钻进效率有了大幅度提高。进入 20 世纪 90 年代（刘广志，1991），金刚石复合片（PDC）材料及钻头设计制造技术也有了长足的发展，尤其在软-中硬岩层中表现出长寿、高效的特点，使金刚石钻头适应岩石硬度范围更加广泛。为了发挥金刚石钻进优势，缩短提取岩心辅助时间，开发了绳索取心技术，两者的结合，大大提高了钻进效率（马植侃等，1998）。

一、钻探用金刚石

1. 钻探用天然金刚石

（1）钻探用天然气金刚石品级

依据金刚石晶体形态、表面特征、透明度、颜色等评价钻探用天然金刚石分级见表 6.8。

（2）钻探用天然金刚石粒度

天然金刚石衡量重量的国际公用单位为克拉（carat，1 克拉＝0.2g），钻探用小颗粒金刚石常用 1 克拉多少粒或用过筛网目数（每平方英寸内的网格数）来衡量。钻探用金刚石粒度：粗粒——5～20 粒/克拉；中粒——20～40 粒/克拉（粗、中粒多用于表镶钻头）；细粒——40～100 粒/克拉；粉粒——100～400 粒/克拉（细、粉粒多用于孕镶钻头）。

表 6.8　天然金刚石品级分级表

品级	特级	优质级	标准级	低级	等外级	
代号	TT	TY	TB	TD	TX	TS
特征	具天然晶体或浑圆状、光亮，质纯，无斑点及包裹体，无裂纹，颜色不限，十二面体含量达 35%～90%。八面体含量达 65%～10%	晶粒规则完整，较浑圆，十二面体达 15%～20%，八面体含量 80%～85%，每个晶粒应不少于 4～6 个良好尖刃，颜色不限，无裂纹，无包裹体	晶粒较规则完整，八面体完整晶粒达 90%～95%，每个晶粒应不少于 4 个尖刃，由光亮透明到暗淡无光泽，可略有斑点及包裹体	八面体完整晶粒达 30%～40%，允许有部分斑点及包裹体，颜色为淡黄至暗灰色，或经过浑圆化处理的金刚石	细小完整晶粒或呈圆块状的颗粒	碎片，连晶砸碎使用，无晶形
用途	钻进特硬岩层或制造绳索取心钻头	钻进硬岩层或制造绳索取心钻头	钻进中硬至硬岩层	钻进中硬岩层	择优以后用于制造孕镶钻头	

2. 钻探用人造金刚石

1）单晶——人工合成的较粗粒的单个晶体，有较规则的几何形状。

2）聚晶——把一些细小的人造金刚石微粒，经过再一次压制而成的有一定几何形状的大颗粒多晶体的聚合体。

3）复合片——由层厚 0.5～2mm 的金刚石层与层厚 4～8mm 的硬质合金层组成的圆柱状复合体。硬质合金层为金刚石层的衬片，可提高复合片的抗冲击性能。最新成果还有一种中间凸出的复合片，在破碎地层时有较好的钻进效率。

二、常见的金刚石钻头种类

金刚石钻头的分类多种多样。根据其钻进工程和碎岩特点的不同，可分为表镶金刚石钻头、孕镶金刚石钻头、复合片钻头、聚晶金刚石钻头以及各类混镶金刚石钻头。

1. 表镶金刚石钻头

表镶金刚石钻头大都选用天然金刚石，常用的粒度为 15～60 粒/克拉，主要依据岩层性质来选择金刚石的粒度，岩层越硬越致密，选用的粒度可越小。见表 6.9，钻头外貌如图 6.13 所示。

表 6.9　表镶钻头用的金刚石粒度及适用地层

粒度/（粒/克拉）	粗粒/15～25	中粒/25～40	细粒/40～60
适应岩层	中硬	硬	坚硬

图 6.13 天然金刚石表镶取心钻头

图 6.14 孕镶金刚石钻头

2. 孕镶金刚石钻头

孕镶金刚石钻头使用小粒的不同质量的天然或人造金刚石。根据所钻岩层不同,可选用不同粒度,当钻进较为坚硬的岩层时,应选用质量较好的金刚石(表 6.10)。钻头外貌如图 6.14 所示。

表 6.10 孕镶用金刚石粒度及适用地层

粒度/目	人造	>46	46~60	60~80	80~100
	天然	20~30	30~40	40~60	60~80
岩层		中硬—硬		硬—坚硬	

在孕镶钻头的胎体中,以金刚石的浓度来表示金刚石的含量,它是影响孕镶式钻头钻进性能的一个重要参数。目前,沿用国际砂轮制造业中所采用的"400%浓度制"来表示,当金刚石的体积占胎体工作层体积 1/4 时,其浓度为 100%。一般而言,钻进最理想的金刚石浓度为 70%~120%。

3. 复合片钻头

复合片钻头简称 PDC 钻头。其设计主要包括唇面结构、复合片在唇面的布置、镶嵌角度、出刃高度、保径方式和水路系统。PDC 钻头分为取心钻头(图 6.15)和不取心钻头(图 6.16)。

a   b

图 6.15 PDC 取心钻头

a. 肋骨式取心钻头模型;b. 普通取心钻头

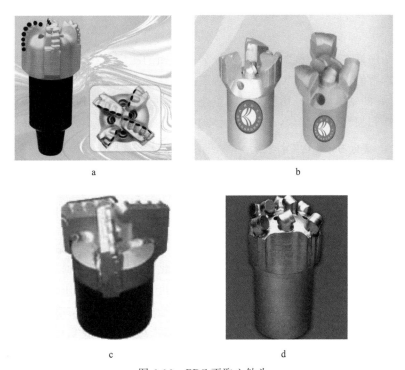

图 6.16 PDC 不取心钻头

a. PDC 内外锥钻头；b. PDC 内凹三翼钻头；c. PDC 三翼刮刀钻头；d. PDC 圆弧支柱钻头

4. 聚晶钻头

聚晶钻头常见三角聚晶和圆柱状聚晶钻头，分别适用于较软岩层和硬岩层，石油钻井用得较多，煤田钻探在 20 世纪 90 年代曾使用，发挥了一定作用，现在用得较少。

5. 复合片-聚晶混镶钻头

胎体式复合片-聚晶混镶钻头（图 6.17），由胎体式钻头体和隔组镶嵌的复合片和聚晶切削具组成。遇破碎的硬脆碎岩石，具有高抗冲击性的聚晶起主要作用；遇完整岩石，具有高破岩效率的复合片起主要作用。因此该型钻头是目前适应软硬互层岩层的较佳取心钻头。

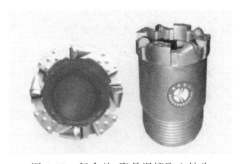

图 6.17 复合片-聚晶混镶取心钻头

三、金刚石钻进规程参数

金刚石钻进的规程参数包括钻压、转速和泵量。影响规程参数选择的因素有：钻头的结构类型、钻孔结构、设备性能、钻具结构、冲洗液种类和岩石物理力学性质等。实际钻进时还应注意各钻进规程参数的配合。

1. 钻压

钻压是切削具在轴向荷载作用下,施于岩石表面的压力。在金刚石的抗压强度之内,金刚石压入岩石的深度和破碎区体积与钻压为线性函数。钻进过程必须保持足够的钻压,以取得良好的钻进效果。由于金刚石强度较低,并具有脆性,压入岩石深度过大,将导致金刚石磨耗和损坏量的增大,并增大胎体的磨损,缩短钻头寿命。因此,钻压必须限定于极限值之内,钻压选择就是要确定维持较高而稳定的钻速所需要的最低钻头单位压力。对于孕镶钻头可称恒钻速最小钻压,在这一压力下,钻头可以保持自锐;小于恒钻速最小钻压则钻速下降,钻头"打滑",应调整钻压,使处于新的恒钻速状态。

钻头压力主要根据岩石的抗压硬度、抗压强度和金刚石的抗压强度确定,并考虑钻头类型、钻头结构及钻速等因素。煤田钻进中,钻压选择参见表 6.11。

表 6.11　金刚石钻头钻压推荐表

钻头类型		钻头直径/mm		
		75	84	91
		钻压/kN		
表镶	普双	5～10		6～11
	绳索	6～11	7～12	8～13
孕镶	普双	5～11		6～12
	绳索	6～12	7～13	8～14
复合片	普双	6～12		7～13
	绳索	7～13	8～14	9～15

2. 转速

钻头转速根据线速度计算,要提高钻进速度,主要依靠提高单位时间内切削岩石的次数,两者的关系可按下式计算:

$$V = \pi D n / 60 \times 10^{-5} \tag{6.4}$$

式中,V 为圆周线速度,m/s;D 为钻头外径,mm;N 为钻头转速,r/min。由于煤田金刚石钻进孔径较大,难于实现合理的级配,工作稳定性较差,实际采用的线速度较低,一般要求线速度为:表镶钻头 1.0～2.0m/s;孕镶钻头 1.5～3.0m/s;复合片钻头 0.7～1.7m/s。常见金刚石钻进推荐转速见表 6.12。

转速一定时,适当提高钻压可以获得较高的钻速。但是,若钻压过高,则可能导致钻头早期磨损;而钻压偏低,则钻头有被抛光的趋势。

表 6.12　金刚石钻进推荐转速

钻头类型	钻头直径/mm		
	75	84	91
	转速/(r/min)		
表镶	250～500	220～440	200～400
孕镶	380～750	350～650	300～610
复合片	170～420	150～370	140～350

3. 泵量

泵量即冲洗液量,是金刚石钻进的重要参数。冲洗液在金刚石钻进过程中具有冷却钻头、排除岩粉、保护孔壁和减震润滑等作用。泵量的选择:煤田金刚石钻进常用泵量可参照表 6.13。

应根据不同钻进规程调整泵量。例如，高转速钻进可加大泵量。泵量过大，可使胎体受到冲蚀。应根据磨损情况适当调整水量。钻进坚硬、研磨性弱的岩石，减小泵量可促进钻头自锐。

表 6.13 金刚石钻进泵量参照表

钻头类型	钻头直径/mm		
	75	84	91
	泵量/(L/min)		
普双	40～70	50～80	60～90
绳索	40～60	45～70	55～85

第七节 空气潜孔锤钻进技术

空气潜孔锤钻进是以压缩空气为循环介质，驱动孔内冲击器产生冲击力的一种冲击回转钻进。空气潜孔锤钻进工艺的诞生及发展是世界钻探技术的一次重大革命，它改变了传统的切削和研磨碎岩方式，改变了传统液体循环介质的模式，使岩石成体积破碎，岩屑快速返出，大大提高了钻进效率和对坚硬地层的适应性。

一、空气潜孔锤的工作原理与分类

空气潜孔锤工作特点是以压缩空气为动力（包括含泡沫的压缩空气），将压缩机产生的压缩空气的能量通过潜孔锤这个能量转换装置，对需要破碎的岩石产生高频的能量冲击，当这个能量冲击达到岩石的临界破碎功时，便产生体积破碎，通过钻机和钻杆的回转驱动，形成对岩石的连续破碎能力，同时工作后气体在一定的风速条件下将钻头进行冷却和排粉以实现钻进目的。

从岩石破碎的角度来看，潜孔锤钻进是以冲击碎岩为主，而回转是改变冲击碎岩位置同时起辅助碎岩作用。因此钻进效率的高低，在很大程度上取决于冲击器的性能和质量，其重要特点是钻进硬岩效率高、钻头使用寿命长、回转速度低、扭矩小、轴心压力轻。

1. 空气潜孔锤的工作原理

如图 6.18 所示，在气缸中有一个活塞，当压缩空气从进气口进到气缸的上室时，由于压缩空气的压力作用在活塞的上端，推动活塞向下运动，到终点时冲击钻头尾部，在活塞向下运动过程中，气缸下室空间的气体从排气口排出。相反，压缩空气从排气口进入下室时，活塞就向上运动，上边的气体从进气口排出。如果不断改变进排气方向，就可实现活塞在气缸内的往复运动，从而反复冲击钻头尾部，实现冲击钻头连续工作。美国录码（NUMA）气动潜空锤的孔径范围为 89～1092mm，冲击频率为

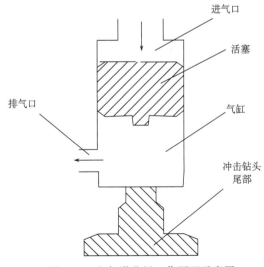

图 6.18 空气潜孔锤工作原理示意图

（进气口、活塞、气缸、排气口、冲击钻头尾部）

925～1750 次/min,工作压力为 1.4～2.4MPa;国产嘉兴气动潜空锤的孔径范围为 85～450mm,冲击频率为840～1200 次/min,工作压力为 0.63～1.6MPa。

2. 空气潜孔锤的分类

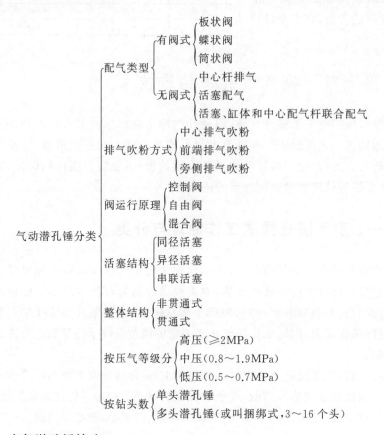

3. 空气潜孔锤钻头

　　潜孔锤钻头是传递冲击能量并直接破碎岩石的工具,它与冲击器形成整体机构,钻头的结构形式和制造质量的好坏,直接影响着潜孔锤的使用效果。所以根据岩石物理机械性质的不同,合理选用不同形式不同结构的钻头是提高钻进效率、增加钻头使用寿命的重要技术条件。

　　潜孔锤钻进所用的钻头可分为取心式、不取心式和扩孔钻头三种。目前使用较多的是不取心式全面钻进钻头。常用的取心钻头有岩心管取心式钻头和无岩心管反循环连续取心式钻头,两种常用的不取心潜孔锤钻头有齿柱形钻头、柱片混镶钻头。

二、潜孔锤钻进技术参数

　　潜孔锤钻进操作技术虽比较简单容易,但必须科学和熟练地操作,才能取得理想的钻进效果。钻进效率的高低,不仅取决于所用空压机、冲击器和钻头的性能,还必须做到合理的操作,正确选用钻进技术参数。

1. 风压与风量

在潜孔锤钻进时,其钻进速度与所用压缩空气的压力密切相关。选用空压机时,在充分参考潜孔锤规定风压值的同时,也要考虑因管路消耗、克服水柱背压、启动潜孔锤的压力及维持空气或空气泡沫循环的压降等部分组成的额外压力。一般来说,较高的空气压力将增加潜孔锤的工作效率,空气压力还决定了潜孔锤的钻井深度,钻井深度越深,所需空气压力越大,这就是潜孔锤钻进配备增压机的原因。

关于潜孔锤钻进所需风量,一是碎岩钻进所需风量,二是此风量值也能满足排岩屑的需求。由于潜孔锤钻进速度快且岩屑颗粒大,所以需较大的风量才能使井底干净。对于常用的潜孔锤正循环钻进而言,岩屑从孔底经钻杆与孔壁的间隙排送到孔外要依靠气流,其速度应尽可能达到 20m/s,一般情况下不小于 15m/s,否则孔内岩屑多,会严重影响钻进效率。

2. 钻压

空气潜孔锤的基本工作过程,是在静压力(钻压)、冲击力和回转力三种力作用下破碎岩石的。其钻压的主要作用是为钻头齿能与岩石紧密接触,克服冲击器及钻具的反弹力,以便有效地传递来自冲击器的冲击功。钻压过小,难以克服冲击器工作时的背压和反弹力,直接影响冲击功的有效传递,钻压过大,将会增加回转阻力,使钻头早期磨损。对于216mm 孔径的潜孔锤来说,最佳压力在 1.5t 左右。一般来说,按潜孔锤直径计算,每增加 1cm 可增加压力 0.5~0.8kN,可根据地层情况适当调节。

3. 转速

潜孔锤回转速度对于顺利钻进和延长钻头寿命起着决定性的作用。潜孔锤钻进时,回转的唯一目的是锤头上的球齿在每经过一次冲击后都能落在新的岩面上,在钻头外缘上的球齿对回转特别敏感,假若回转速度过慢,钻头上的球齿将打入先前冲击过的坑穴中,会引起钻头的不稳定,使回转受阻,并使钻进效率下降,若回转速度过快,钻速不会增加,而钻头的球齿由于强大的摩擦力将引起过早磨损。所以合适的锤头回转速度将延长钻头寿命,但合理的回转速度选择,主要与冲击器所产生的冲击功的大小、冲击频率的高低、钻头的形式以及所钻岩石的物理机械性能有关。

最优的钻头回转速度,以获得有效的钻速、平稳的操作和经济的钻头寿命作为一般要求,美国水井学会(N.W.W.A)康伯尔认为:潜孔锤旋转存在着最优转角,其值为 11°,最优转角与转速、冲击频率之间的关系为:

$$A = n\frac{360}{f} \tag{6.5}$$

式中,A 为最优转角(°);n 为转速,r/min;f 为冲击频率,次/min。

4. 潜孔锤的操作技术

1) 开孔阶段操作必须小心,不要使锤头偏离孔口,并防止吹塌孔口充填物。

2）当钻孔开始钻进时，需降低空气压力，使空气仅能推动潜孔锤运转即可，等工作平稳后再增大压力提高效率。

3）正循环钻进时要加注泡沫剂，它有助于钻进过程中岩屑的清理，孔壁的稳定，并能控制孔内涌水。

4）潜孔锤必须在要求的气压下工作，气压过高会明显缩短零件的使用寿命，过低会降低凿岩效率和缩短锤头的使用寿命。

5）为了及时清除孔内岩渣，减少钻具的磨损，应经常从孔底提起潜孔锤，对孔内进行充分的排渣。

6）如果孔内突然发生坍塌，应保持潜孔锤工作并立刻在孔内上下活动。必要时还可增加转速，一直到潜孔锤能自由上下、使岩渣从孔内排净为止。

7）加接钻杆时，要特别注意钻杆内的清洁，以避免砂土及管内铁锈等脏物进入潜孔锤内，引起零件损坏或发生停钻事故。所以必须保证气路清洁通畅，并对钻杆丝扣涂抹丝扣油。

8）一根钻杆打完后，必须先将孔内岩渣吹扫干净，进而减小气量，慢慢放入孔底，过一会儿再慢慢的停气，然后才能加接钻杆，以防岩渣倒流到潜孔锤内。

9）更换钻头时，要保证所换钻头直径小于被换下的钻头直径，以防钻头下不去。

10）严禁钻具反转，以预防钻具掉入孔内。

三、空气潜孔锤钻进的特点及应用范围

1. 空气潜孔锤钻进特点

1）该工艺方法钻进效率高，钻头寿命长，所需回转速度低，扭矩小，轴压小，并且有预防孔斜和纠斜作用。同时设备和钻具的损耗也很小，已得到人们的公认。

2）潜孔锤钻进是目前提高硬岩钻进效率最有效的方法之一，生产实践表明，其钻进效率比回转钻进高 10 倍左右，尤其在干旱缺水地区和地表出露岩石地区，可以有效地钻进，达到提高生产效率，降低施工成本目的。

3）空气潜孔锤钻井工艺携带岩粉的能力主要取决于空气上返速度，钻井外环空间隙过大时岩粉上返困难，空气潜孔锤钻进适用于井径 400mm 以下的钻井施工。

4）空气潜孔锤钻进适宜钻进较硬地层，在第四系表土层尤其是松软土层冲击钻进时，容易造成孔壁垮塌。钻进裂隙发育的地层时，由于空气漏失、岩屑很难返出，造成空气潜孔锤钻进无法施工。

5）空气潜孔锤钻进属于负压欠平衡钻进，地层水容易侵入钻孔，如果出水量大于 $10m^3/h$，钻效将降低甚至无法施工。这种情况下，需要在空气中加入泡沫施工，必要时通过外置空压机增加风量、通过增压机增加风压，这时钻井成本将上升。

2. 空气潜孔锤适用的地层

空气潜孔锤钻进由于其突出的特点和多工艺性，使其具有广泛的应用性。首先潜孔锤钻进不仅适用于几乎包括所有的火成岩和变质岩及中硬以上的沉积岩。对于硬岩，使用潜孔锤钻进更为有效。因为硬岩脆性大,在冲击荷载作用下,除局部岩石直接粉碎外,在钻头齿刃接触部位岩石将产生破裂,形成一个破碎区,并产生较大颗粒的岩屑,因而钻进速度大大高于单纯回转钻进。气动潜孔锤钻进也适合于在片理、层理发育,软硬不均及多裂隙等易斜地层钻孔,可有效防治或减少孔斜。

就应用领域而言,潜孔锤钻进广泛应用于各工程领域:如工程地质勘探钻孔,基岩水井钻凿施工,各种爆破孔施工,锚固孔与注浆孔的施工,嵌岩桩孔的施工,矿山各类竖井的施工(包括采矿井、通风井、溜矿井、充填井、排水井等),砂矿床及固体矿产勘查钻孔与取样,管棚工程、地下管线铺设工程及栽埋线杆工程的施工等。

四、空气潜孔锤配套设备——顶驱车载钻机及应用实例

1. 顶驱车载钻机优越性

对钻井而言,提高效率分为两方面,一方面是钻进效率的提高,另一方面是辅助时间的缩短。空气潜孔锤改变了传统回转钻进工艺原理,解决了钻进效率难以提高的问题。车载钻机的应用是缩短钻井辅助时间的最好选择。车载钻机不需另外的吊装和运输,可直接开到井位并快速竖起井架,和常规回转钻机相比,大大节省了开钻前的准备时间,可达到当天搬迁当天开钻的水平。又因该钻机装配顶驱动力头,可实现自助给压回转目的,克服了常规钻机开孔无法给压的难题,开孔后可用空气潜孔锤施工。

有的顶驱车载钻机自身携带空压机,可自身实现供气功能,可快速进行钻井施工。顶驱车载钻机施工,空气潜孔锤钻进,两者相互结合,实现了快速钻进目的。目前,在国内煤层气钻井领域应用较多的为 T685WS 顶驱车载钻机(图 6.19)。

图 6.19 T685WS 顶驱车载钻

2. T685WS 顶驱车载钻机和 T200XD 顶驱车载钻机主要配置及性能

T685WS 顶驱车载钻机是美国 Schramm 公司生产的钻机,车身长 14m,宽 2.55m,自重 26t,主要配置如下:

1)动力系统。主发动机为康明斯 QSK-19 型,功率 563kW,由曲轴前法兰盘向液压泵提供动力,从飞轮一端驱动空压机。

2)回转及提升钻进系统。由全自动液压动力驱动,最大提升能力 42t,最大钻进压力 16t,最大扭矩 12045N·m,转速 0~143r/min 无级调速。顶驱动力头既可加压给进,也

可通过上提钻具减压给进。

3）井架结构。井架为焊接的巨型钢管结构，最大提升高度 11.80m，井架底部最大开口直径为 711mm。

4）空压机系统。配置两挡油淹没旋转螺杆空压机，空压机最大排量 38m³/min，最大排放压力 34.5kg，并配有外接空压机、增压机接口。

5）钻具系统。配置 Φ 114.3mm 钻杆；Φ146mm、Φ159mm 钻铤；Φ311.15mm、Φ215.9mm 和 Φ155mm 潜孔锤钻头及牙轮钻头。

6）操作系统。该钻机回转提升给进系统操作手柄集中，可根据井内情况调节给进压力、转速。该钻机还配有起下钻具、套管的专用起吊装置。

T200XD 顶驱车载钻机为美国 Schramm 公司生产的钻机，主要配置如下：

1）动力系统。主发动机为 Detroit Dlesel DOC/MTU 12V-2000TA DOEC 型，功率 567kW，1800r/min，包括 2 个 415L 烯油箱，气动控制空气存储装置。

2）回转及提升给进系统。由全自动液压动力头驱动，液压系统共有 10 个液压泵，3 个定流量和 7 个变流量泵，最大提升能力 90t，最大扭矩 23259N·m，转速 0～90r/min 无级调速。该钻机顶驱动力头既可加压给进，也可通过上提钻具减压给进。

3）井架结构。井架为焊接的巨型钢管结构，最大提升高度 15.24m。井架底部的滑块箱内有用于 Φ114mm、Φ203mm、Φ368mm 标准钻具的滑块套子。

4）空压机系统。该钻机配置两挡油淹没旋转螺杆空压机，配有空气释放控制装置，ASME 认证的空气/油箱、安全阀、油冷却剂、恒温计和高排放安全停机。1750r/min 下空压机最大排量 1.10m³/min，最大排放压力 12.1MPa。

同时外配了 1150XH 型空压机，排气量为 32.6 m³/min，增压达 2.41MPa。

5）钻具系统配置。Φ114.3mm 钻杆（内径 Φ73mm，扣型 411×410）、Φ159mm 钻铤（内径 Φ72mm，扣型 4A11×4A10）；Φ311.15mm、Φ215.9mm 和 Φ152.4mm 潜孔锤钻头及牙轮钻头。

6）操作系统。该钻机回转及提升给进系统操作手柄集中，可根据井内情况调节给进压力、转速。该钻机还配有起、加、卸钻具和套管的专用快绳。

7）循环系统。配置 RS-F800 泥浆泵和 TBW-850/5A 泥浆泵，其中 RS-F800 泥浆泵，流量 30.30L/s，压力 17.5MPa，缸套直径 Φ150mm，冲数为每分钟 150 次，配备 8V190 型 800HP 柴油机动力；TBW-850/5A 泥浆泵，流量 850L/min，压力 5MPa，吸浆管内径 Φ152mm，排浆管内径 Φ64mm，活塞行程 260mm，活塞直径 Φ140mm，配备 6135AN 型 110kW 柴油机动力。

3. 工程实例

晋城沁水盆地潘庄 1 号井田，一期工程第一阶段共布置 40 口煤层气井，该区钻井设计井深 300～520m，目标煤层为 3 号煤层，厚度约 6m。采用直径 139.72mm 生产套管完井，布井间距 300m。该区地形起伏较大，不适于大型设备搬迁，为提高钻井速度，减少对煤层的伤害，引入两台 T685WS 顶驱车载钻机施工。

在用 T685WS 钻机施工的 30 口煤层气井中，26 口钻进的井内最大涌水量小于 8m³/h，适合空气潜孔锤钻进。在施工中,最高钻速达 30m/h,平均转速 10m/h,单井平均建井周期 6.5 天。其余 4 口井内涌水量较大,最大涌水量达 30m³/h,井内液柱压力大,岩屑上返困难,潜孔锤不能正常工作。为实现欠平衡钻进,通过钻机泡沫注入泵注入 2%浓度的 ADF 泡沫剂,减低井内液柱压力,实现正常钻进。在这 4 口煤层气井的施工中,最低钻速达 4m/h,平均钻速达 7m/h,平均建井周期 9 天,较常规钻井工艺建井周期提前 4 天。

第八节 气举反循环技术

气举反循环钻进技术是一种先进的钻探工艺,由于液流上返速度高,携带岩粉能力强,具有钻进效率高、成井质量好,在复杂地层中钻进安全可靠,减少辅助时间和减轻劳动强度等特点,已成为国内外施工水井、地热井、煤层气井、瓦斯排放井及大口径工程施工孔的主要技术方法之一(许刘万等,2009)。

目前国外已广泛采用此项技术,而且发展得较为完善。我国的应用研究工作也取得了突破性的进展,应用范围不断扩大。结合我国目前水井、煤层气和瓦斯排放井施工中主要以转盘钻机为主的情况,我国双壁钻具已形成系列的 SHB114/76、SHB127/66、SHB127/70、SHB127/87、SHB140/100 五种。

一、气举反循环钻进工作原理

气举反循环钻进工作原理同空压机气举抽水工作原理相类似,即以压缩空气通过双壁气水龙头,经双壁主动钻杆、双壁钻杆的内管和外管之间的环状间隙从混合器处喷入内管,形成无数小气泡,气泡一面沿内管迅速上升,一面同时膨胀,压力降低,从而产生气举作用。

由于压缩空气不断进入钻井液,在混合器上部形成低密度的气水混合液,而井中的液体密度大,根据连通器原理,内管的气水混合液在压差作用下向上流动,把孔底的岩心或岩屑连续不断带出地表,排入沉淀池。沉淀后的泥浆再流回孔中,经孔底进入钻杆内补充循环液空间,如此不断循环形成连续钻进的过程(图 6.20)。

气举反循环的供气方式是指采用何种钻具结构向孔内输送压缩空气进行气水混合。方式可有多种,下面介绍常用的几种。

1. 同心式供气法

这是利用双壁钻杆的环状间隙向孔内输送压缩空气的进气方式,是气举反循环最常用的一种供气方式。采用该方式供气需解决好双壁钻杆的加工工艺、上部进气盒和下部气水混合室结构问题。

2. 并列式多空气室供气法

该法是指反循环排渣管与供气管并列,而且在不同深度安装两个或两个以上空气室的供气方式。

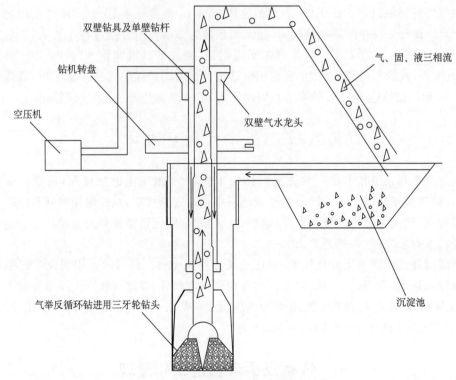

图 6.20 气举反循环钻进工作原理图

3. 悬挂式风管供气法

悬挂式风管供气法是风管自气水龙头处插入,悬挂在气水龙头上供气的一种方式。

4. 全孔双壁管供气方法

这种供气方法是在全孔使用双壁钻杆,利用一个镶有硬质合金的冠状钻头和其上的一个交叉流动件实现气水混合,形成反循环。

二、气举反循环应用

(一)气举反循环应用前技术准备

1. 钻具的选择

实现气举反循环钻进的核心就是要选用一套合理的钻具。钻具选择的好坏,直接影响着钻进速度的高低。从技术角度出发,一般钻孔口径在 600mm 以内宜选用双壁钻具,大口径工程孔可选用并列式钻具,或者选用大直径带扶正的特殊双壁钻具。

所用的单壁钻杆内径与双壁钻杆内径应尽可能一致,以提高排屑能力,保证管内畅通。

当空压机压力能满足需要时,尽可能多配双壁钻杆,最好能做到将双壁钻杆下端的混合器放置在钻头或钻铤上部为好,这样不仅可以尽量减少使用单壁钻杆,而且还能减少为增加单壁钻杆而下钻的次数,减轻工人的劳动强度,更重要的是还能提高钻头处岩屑的上返速度,从而获得更高的机械钻速。

2. 配套设备的选择

(1) 钻机的选择

凡具有转盘式钻机的均可进行气举反循环钻进,也可在全液压动力头车装钻机上使用。在浅孔时要想获得较高的钻进效率,应优先选用有加压装置的钻机,否则应配备加压钻铤。

(2) 空压机的风量与压力选择

为了获得足够的上返速度,当地下水位较深、沉没比较小、钻孔口径和双壁钻杆内径较大时,应选用大风量的空压机,以提高钻进效率;反之可选择小风量的空压机,以节约能源和降低成本。

由于钻孔口径决定了钻杆内径,而钻杆内径和风量有着密切的关系,根据我国研制成功的几种规格双壁钻具来说风量一般可选为 $4\sim12m^3/min$。要想得到足够的上返速度和较高的钻进效率,一般来讲,空压机的压力以大些为好。因为压力大,混合器下入得深,可以获得较高的钻进效率。

空压机的排气量和工作压力是决定气举反循环钻进效率和孔深的主要参数,因此,空压机的选择也是气举反循环钻进技术的应用关键。因为它关系到循环液流在钻杆内上升速度,而循环液流的上返速度是携带岩屑的主要因素。循环液流把处于钻头下部的岩屑冲向钻头的吸口,很快进入钻杆内腔。岩屑进入吸口时间越短,重复破碎的现象就越少,钻进效率就越高。另外岩屑进入钻杆内腔之后还靠液流垂直上升速度把岩屑从孔底带到地面,这就要求液流上升的速度要大于岩屑的沉降速度。

3. 钻头类型的选择

要根据地层情况、钻机的加压能力等来合理选择不同的钻头。具体说,就是钻头吸口孔径比钻杆内径要小 $15\sim20mm$,这样有利于岩屑在钻进过程中经钻杆能顺利排至地表。目前,不论国外还是国内,反循环钻进采用的钻头大致相同。一般可分为翼状刮刀钻头、牙轮钻头及组焊牙轮钻头、普通滚刀钻头、阶梯式滚刀可换组合钻头等。

4. 冲洗液的选择

尽管气举反循环钻进时管外环流速度低,而且不存在冲洗液对孔壁的直接冲刷问题,但由于钻进时有可能产生坍孔现象,钻进黏性土地层时易出现糊钻等。一般应选用静切力小、流变性好的优质泥浆作为钻进松散地层的冲洗液。如果遇到漏失以及不稳定地层时,可直接向孔内注入黏土粉或红胶泥土。但是,在地层较稳定以及钻进基岩时可采用清水作为冲洗液。当在基岩裂隙、溶洞层地下水丰富且能满足沉没比的情况下,不需要再往孔内回水,可直接往外排水钻进。

（二）气举反循环钻进操作注意事项

1）下钻前应对双壁钻杆密封圈认真进行检查，下钻时要清除丝扣污物，涂好丝扣油。另外空气和排水胶管上、下连接要牢固，并对取样装置固定好，以免启动时冲击力过大引起事故。

2）在下钻临近孔底时，应先开动空压机，使钻具旋转缓慢下放，以免井底沉积物突然堵塞钻头使循环终止，尤其正循环改为气举反循环钻进及长时间停钻后，应留适当长度钻具进行扫孔。

3）钻进时应根据循环液排渣情况，控制钻进速度，对孔底及时冲洗，钻进第四纪地层要特别注意。

4）钻进中突然不返水，或时大时小以及间断返水，风压降低，排水管只冒气不返水，出现原因有几方面：

① 钻头吸管被不规则形状砾石堵塞，这种情况卵砾石层最易发生。

② 黏土地层常因钻头结构不合理等因素逐渐泥包，使机械钻速降低，局部进水循环或完全泥包，无进尺。

③ 沉没比不够或混合器以上钻杆内严重磨损以及密封圈失落。这时可采用测量内管水位方法判别，如果内管与钻孔间水位连通则说明混合器以上有问题，反之钻头堵塞。处理堵塞方法可将钻具提离孔底上下活动并回转，结合空压机瞬时开关强举，还可用泥浆泵正循环方法来冲。若处理无效，提钻检查。

④ 在加单根或提钻时，应待循环液中岩屑排净后再停空压机。

⑤ 双臂钻具搬迁或长时间不用时，必须将内管清洗干净，接头丝扣涂好丝扣油，带好丝扣帽，保证下次的顺利应用。

三、气举反循环应用条件及范围

气举反循环钻进效率主要取决于压缩空气的压力和风量，以及混合器沉没在水中的深度。要使此种技术获得好的效果，下述条件应参考：

1）钻孔内水位必须保持较高的水平，使混合器外的液柱压力大于混合器内气液柱压力，才能在压力差下实现循环。

2）地层中不宜有湿胀性黏土以及大的卵砾石。由于黏土层岩屑在管内发生碰撞由小块变成大块，大块与水发生膨胀会堵塞内管，有时也因别的原因岩屑不能及时排除极易产生糊钻，另外，当遇到较多的超径卵砾石时，它们不能从管内通过，若钻头不能将它们破碎，将会聚集在孔底，给继续钻进带来困难。

3）在第四系漏水地层或地下水贫乏的地区施工时，应有充足的水源供给才能保证气举反循环正常钻进。通常要求泥浆池中冲洗液必须和孔内水位连通并不断补给，不能使循环液断流。

第九节　液动潜孔锤钻进技术

液动锤冲击回转钻探技术在我国的地质勘探领域已经广泛应用并成为我国地质钻探工艺技术的一大特点。经 30 多年的实践证明:它可有效地提高钻进效率、减轻孔斜、提高岩心采取率、大幅度降低钻探成本、且可用于深孔施工。

液动潜孔锤(又名液动冲击器)是利用钻探泥浆泵输出的高压冲洗液作为动力传输介质,驱动井下钻具组合中液动潜孔锤内的冲锤作轴向的往复运动,对钻头施加冲击载荷以提高钻进效率的井底动力机具。液动潜孔锤通常连接在钻头或岩心管的上部与钻杆、钻铤或其他孔底动力机具之间,因而能量传递损耗小、效率高。使用液动潜孔锤进行钻井施工,具有不需增加其他设备、操作简单、应用范围广、钻进效率高、钻进质量好、钻探成本低的特点。

一、液动潜孔锤的分类与专业技术参数

(一)液动潜孔锤分类

1. 按工作原理结构型式分类

1)正作用式:阀和冲锤的回程运动依靠各自弹簧,而冲程依靠冲洗液的压力驱动冲锤下行产生冲击能量。

2)反作用式:利用冲洗液的压力增高推动冲锤上行压缩工作弹簧储存能量,当阀门打开,液流畅通,工作室压力降低,工作弹簧释放储存能量驱动冲锤下行产生冲击。

3)双作用式:冲锤的回程及冲程运动均依靠冲洗液的压力驱动,当冲锤下行时产生冲击能量。

4)射流式冲击器:采用双稳射流元件作为控制机构的冲击器,冲击器能量利用率高,适用于高温高压条件下的深井作业。

5)射吸式冲击器:利用高压液流喷射时的卷吸作用,使活塞冲锤的上下腔产生交变压力差推动活塞往复运动。

2. 按频率冲击功分类

1)高频率低冲击功潜孔锤,主要用于深孔岩心钻探。

2)低频率高冲击功潜孔锤,主要用于无岩心全面钻进,钻进五级以上岩石时,效果明显(表 6.14)。

表 6.14　液动潜孔锤技术参数

型　号	钻具外径/mm	钻孔直径/mm	工作排量/(L/min)	工作压力/MPa	冲击功/J	冲击频率/Hz
YZX54	54	56～60	60～90	0.5～3.5	20～45	15～25
YZX73	73	76～82	90～120	0.5～3.5	30～65	15～25
YZX89	89	91～102	100～180	0.5～3.5	40～90	15～25

续表

型　号	钻具外径/mm	钻孔直径/mm	工作排量/(L/min)	工作压力/MPa	冲击功/J	冲击频率/Hz
YZX98	98	110～115	200～350	1.5～4.0	70～150	15～20
YZX108	108	120～130	200～400	1.5～4.0	80～180	15～20
YZX127	127	132～158	200～550	2.0～5.0	100～300	7～15
YZX146	146	165～190	600～800	2.0～5.0	150～350	7～15
YZX146	146	165～190	400～850	2.0～5.0	120～350	7～12
YZX165	165	200～216	600～1000	2.0～5.0	450～600	5～12
YZX178	178	215～245	800～1200	2.0～5.0	450～600	5～12
YZX273	254	311～375	1000～2200	2.0～6.0	500～950	4～10

（二）钻进规程参数的选择

液动潜孔锤钻进的规程参数主要指钻压、转速和泵量。

1. 钻压

钻压即钻头上所加的静荷载。根据冲击回转钻进的性质,在钻进中,钻头承受周期性的冲击力作用时,还必须给予施加一定的钻压,而且钻压大小对钻进效率和钻头磨损等有显著的影响。在选择钻压时,既要考虑提高机械钻速,还须考虑降低钻头的单位损耗。

2. 转速

在硬质合金冲击回转钻进时,常选用较低转速,以降低切削刃的磨损和增加回次长度。若增加转速,在冲击频率不变的情况下,就增加了冲击间隔,增大了切刃的切削难度。因此,一般采用低转速(40～60r/min)。

实际上,影响转速的主要因素是岩石性质。对硬岩或强研磨性岩石,破碎岩石主要靠冲击作用,转速一般为30～45r/min;对于裂隙发育的岩层和软塑性岩层,转速可高达120～170r/min。

3. 泵量

泵量是冲击回转钻进的一个重要参数。因为泵量不仅影响冲孔效果,而且直接影响冲击器的工作性能——冲击功和冲击频率,从而影响钻进效率。例如 SC-89 型射流式冲击器,当水量由 200L/min 增至 320L/min 时,则冲击功由 32J 增至 80J,而频率从650/min 增至 1200/min,并且呈线性增长。

二、液动潜孔锤特点及适用范围

1. 液动潜孔锤的特点

由于驱动液动锤的动力源就是回转钻探用的泥浆泵,而泥浆泵目前的泵压可以达到

7～12MPa甚至更高,故钻孔深度可达数千米以上,完全可以满足钻孔目前不断加深的需求。其特点有:

1)利用现场常规设备,配套方便,投资少。

2)适用孔深大(目前最大井深已达5129m)。

3)潜孔钻进,能量损失小。

4)给钻头施加的载荷是高频脉动载荷,瞬时可达极高值,易使岩石产生体积破碎,提高钻效。

5)冲击振动作用,在破碎地层可有效减少岩心堵塞,提高回次长度。

6)与回转相比,可采用低钻压和低转速钻进,钻具磨损小,可降低井斜。

7)液动潜孔锤钻进所需冲洗液排量大,流速高。

8)高频脉动冲击有利金刚石出刃,减少钻头打滑。

2. 适用范围

1)可应用于地质勘探、工程勘探、基础工程施工、地质灾害治理、环境工程与地基处理等工程领域中。

2)不仅应用于硬质合金钻进,而且可应用于金刚石钻进和牙轮钻头钻进。

3)硬质合金冲击回转钻进适用于粗颗粒的不均质岩层或可钻性为Ⅵ～Ⅸ级的岩层;金刚石冲击回转钻进适用于细颗粒、均质、致密、可钻性为Ⅵ～Ⅹ级或Ⅹ级以上地层,在致密打滑地层用金刚石钻进,钻进效果尤为突出。

4)液动冲击器可钻进直径为56～300mm、孔深为几十米至几千米的钻孔。

总之,冲击回转钻进可用于不同的地层、尤其是硬质岩层中进行各种勘察孔和工程孔的施工,其钻进孔径和孔深也在不断扩大,是硬岩层钻进的一种有效方法。

中国大陆科学钻探是国家重点工程项目,它的实施从钻探技术的角度将是全面检验和提高我国钻探技术水平的一个极好的机会。其2000m先导孔采用了具有中国特色的先进技术:螺杆马达＋液动锤＋金刚石取心钻进工艺方法。YZX127型液动锤自2001年8月到2002年4月CCSD(中国大陆科学钻探)先导孔施工结束(2046.54m),共计下井127回次,累计进尺548.26m,最大井深2025.17m(先导孔结束)。平均钻进效率1.11m/h,最高达2.97m/h。平均回次长度4.317m,最高7.82m(满管,占30％以上)。通过与回转钻进效果对比,采用该液动锤可提高钻进效率和回次长度1倍以上。

煤炭资源勘查中成功应用的案例是2009年5月,北京中煤地集团大地公司YZX178液动锤配合用于GZ-2000钻机,在山西晋城进行煤层气钻进生产试验。试验井深从441.42m至564m,试验累计进尺122.58m,液动锤入孔后的连续工作时间43.30h,平均效率为2.83m/h,与相邻的井位在同样地层中的钻进效率提高35％以上。在坚硬地层段,液动锤钻进效率达到2.16m/h,相邻的井段采用同样的钻压和转速时钻进效率为1.28m/h,钻进效率提高幅度超过68％。停止和启动次数超过30次,未出现不启动现象,证明该液动锤的启动性能和可靠性很高。

第十节　受控定向井钻井工艺

随着固体矿产、石油天然气、煤层气、地热和地下水资源勘探和开发的日益扩大,许多项目施工要求也在不断提高,在达到同样施工目的前提下,定向钻进能大大节约钻进工作量及施工费用,受控定向钻进应用越来越广。

一、定向井施工技术概况

(一)定向井分类

根据钻孔孔身轨迹可分为:

1)单孔底定向孔。只有定向主孔而无分支孔的定向钻孔。

2)多孔底定向孔。既有主孔又有分支孔的定向钻孔,主孔只有一个,而分支孔有一个或多个。从主孔中分出的支孔,称一级分支孔,从分支孔中再分出来的支孔,称二级分支孔。

3)丛式井。在同一井场,施工多口定向孔,定向孔孔深轨迹呈立体放射状,总称丛式井。

4)水平"L"井。井身轨迹底部基本称水平状,形状像"L"形。

5)水平对接井。即直井和定向水平井井底实现连通,剖面呈"U"字形,直井和水平定向井井口相距几十米至上千米不等。

6)多分支水平羽状井。在主水平井眼的两侧不同位置分别钻出多个水平分支井眼,也可在分支上继续钻二级分支,因其形状像羽毛,称其为羽状水平井。

(二)定向井的应用范围

1. 由于地面情况限制使用定向钻进

1)由于地面有建筑、公共设施等障碍物。

2)山高坡陡,修路和修井场困难的,可采用定向钻进。

2. 由于地质条件要求使用定向钻进

1)对矿体产状急倾斜的地层采用定向钻进可增大遇层角,获得有代表性的资料。

2)矿体埋藏较深或上部地层坍塌严重时可采用多孔底定向钻进方式,避免多次穿过无效和复杂地层。

3. 由于工程技术需要使用定向钻进

1)矿山抢险救灾中需用定向钻进透巷进行封堵、灭火或疏通等。

2)绕过孔内事故段或补取岩矿心。

3）为增加出气量、出油量、出水量而施工的水平井、水平对接井、多分支水平羽状井等。

4）铺设地下电缆或管道而施工的定向井。

（三）定向井孔身轨迹设计的主要内容

1）确定定向钻孔类型，孔身轨迹形式。

2）确定定向孔靶点、靶区。

3）确定主孔和分支孔施工方案。

4）确定造斜点和分支点。

5）定向钻孔曲线段的曲率半径。

6）确定定向钻孔孔身轨迹参数。

7）进行经济效益评估。

二、定向工具及仪器的应用现状

1. 液动螺杆钻具的概述

　　液动螺杆（图 6.21）是目前施工定向井中造斜段、稳斜段和水平钻进段的常用钻具。液动螺杆以钻井液作为动力介质，底部输出动力，推动钻头工作，这种方法的优点是钻具可以不转动，减少了井下钻具磨损及钻杆折断事故，可精确控制井眼轨迹。

　　螺杆钻具分为直螺杆、弯螺杆和可调螺杆三种，水平定向钻进一般采用单弯螺杆钻具钻进，其角度有 1°、1.25°、1.5°、1.75°等多种，可依据具体情况选用，并配合无磁钻铤和测斜仪器组成定向钻具组合，通过液动钻进方式实现增斜、降斜，通过复合钻进方式稳斜，即达到连续钻井目的，又可随时调整井眼轨迹。

图 6.21　液动螺杆钻具

2. 定向测斜仪的应用

　　定向钻进主要控制的井身轨迹参数包括：井斜角、方位角、工具面和斜深。在钻进过程中必须及时测得井眼轨迹参数。应用单点照相测斜仪，有线随钻测斜仪和无线随钻测斜仪可确定上述参数，水平对接井连通时，还需强磁连通工具。

　　（1）单点照相测斜仪

　　这类仪器（图 6.22）在国内应用已很普遍，这类仪器在螺杆钻具上部工作面设有定位座,单点照相测斜仪下到定位座位置时,在设定的时间内胶片曝光,胶片上留有该点的井斜角,方位角。适当转动钻具可实现工作面的调整,按设定的井身轨迹钻进。单点照相测斜仪操作简单、性能稳定,但每次测量时需停钻静止等待,测出的轨迹不连续,适用于倾斜角不太大的定向井、丛式井施工。

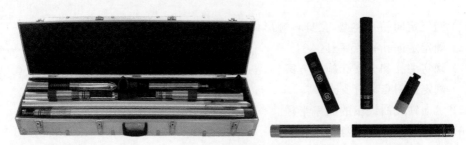

图 6.22   单点照相测斜仪

（2）有线随钻测斜仪

此测斜仪（图 6.23）通过电缆将信号从孔底输到地表,此种方法传输信号衰减小,数据

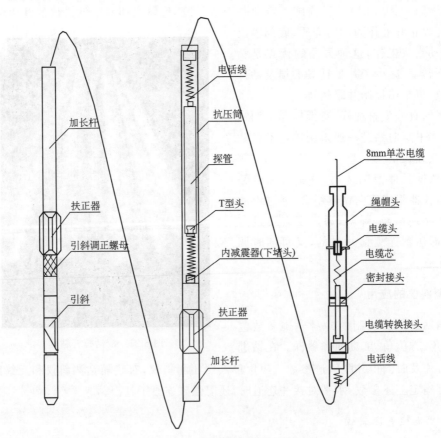

图 6.23   有线随钻测斜仪结构图

可靠,但需把测量探管的电缆从钻杆中送入井底,在回次终了需提升仪器,需要专门的水龙头和电缆绞车。有线随钻测斜仪实现了井身轨迹在钻进时的连续测量,进而随时控制钻进轨迹。有线随钻测斜仪的使用缺点在于每次加尺时需将探管提升和下放,影响作业时间,在水平段钻进时,有时依靠钻井液的冲力使探管下到井底。有线随钻测斜仪适合于井斜较大、井身轨迹要求精度高的井,在地层稳定情况下,在水平段也有应用,但由于煤层的不稳定性,不适合在煤层中水平钻进。

（3）泥浆脉冲无线随钻测斜仪——PMWD

PMWD系统(图6.24)可将测量的井斜、方位、工具面、井深等数据通过泥浆脉冲介质传递到地面,还可在PMWD系统中安放伽马探管进行随钻判层,这点在煤层气水平钻井中非常重要。

PMWD系统将采集数据通过确定的编码方式转化为电磁铁动作,当泥浆脉冲泵打开时,电磁铁的直线运动转换为旋转阀的开关模式,从而产生泥浆脉冲压力变化,泥浆脉冲压力信号传到地面,经过滤波、译码等处理后,转化为定向测量数据和伽马电阻率等数据。PMWD测斜仪不用电缆,只需用泥浆流作为传输介质,钻进过程中可随时读取井眼的空间要素和岩层信息,对水平井井身轨迹可随时控制,真正意义上达到了随钻目的。PMWD的工作原理依赖于泥浆,泥浆性能的好坏对PMWD工作影响很大,当泥浆中固相含量高到一定程度时,容易堵塞PMWD系统;由于泥浆流长时间冲刷PMWD系统,有些部件容易损失,影响水平井钻井进程;煤层气钻井中常常采用欠平衡钻井,PMWD系统将不能应用。目前,PMWD已做到国产化,但伽马探管需引进。

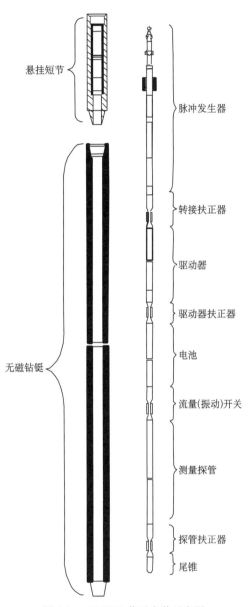

图6.24　PMWD井下安装示意图

（4）电磁波无线随钻测斜仪——EM-MWD

电磁波无线随钻系统(图6.25、图6.26)利用低频电磁波经过地壳将信息传送到地面,通过地面天线接受,然后由计算机解码和处理,发布到司钻的显示屏上。EM-MWD系统采用连续传输方式,能够在钻杆连接的时候传输静态测量值。

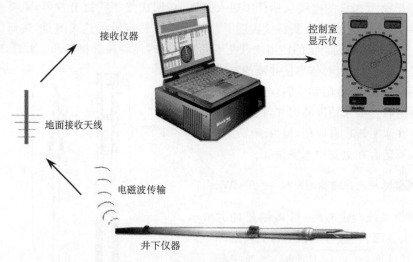

图 6.25 电磁波传播原理示意图

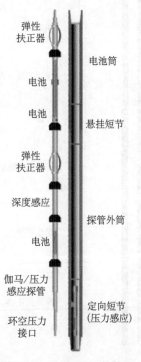

图 6.26 EM-MWD 结构图

以美国国民油井生产的 Blackstar EM-MWD 为例,它测量的关键数据点包括:

1)磁力、重力、工具面;

2)井斜;

3)近钻头井斜;

4)方位角;

5)高边伽马;

6)低边伽马;

7)定向伽马和 360°伽马;

8)环空压力。

EM-MWD 适合下列应用:

1)欠平衡钻井;

2)低压地层;

3)循环损失地层;

4)受污染的泥浆系统。

EM-MWD 目前国内无生产,应用依赖国外引进。它的应用受电阻率限制,若地层电阻率低,信号容易发散损失,地面将接收不到传输信号。

(5)强磁连通仪器

两井连通过程中采用的技术为近钻头电磁测距法——RMRS。RMRS 技术的硬件构成包括强磁短节和强磁探管(图 6.27)。强磁短节的长度约为 40cm,由横行排列的多个强磁体组成。它主要用来提供一个恒定的待测磁场,电磁信号的有效传播距离为 40m。

探管由三部分组成：扶正器、传感器组件、加重杆，其长度约为 3m。当旋转的强磁短节通过另一井洞穴附近区域时，洞穴中的探管可采集强磁短节产生的磁场强度信号，最后通过采集软件可准确计算两井间的距离及当前钻头的位置（图 6.28）。RMRS 必须与 MWD 和螺杆马达等配合使用，钻具组合通常为：钻头＋强磁短节＋马达＋无磁钻铤＋MWD＋钻杆。目前强磁连通仪器国内无生产，依靠国外引进或国外提供租赁服务。

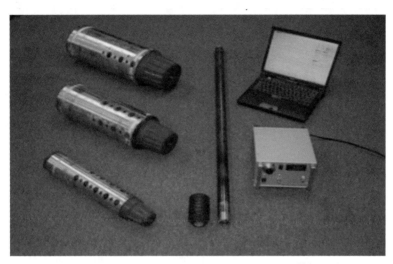

图 6.27　RMRS 仪器设备

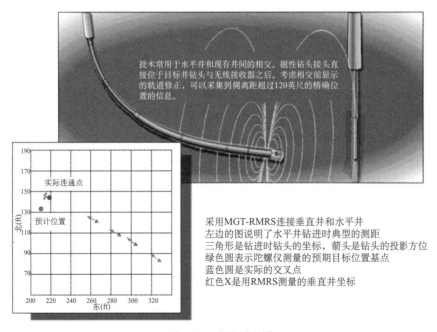

图 6.28　连通原理图

三、煤层气多分支水平羽状井技术应用

目前,受控定向钻进技术以煤层气多分支水平钻进(图6.29)最为复杂,最具代表性。煤层气多分支水平羽状井钻井工艺集水平井钻进、两井连通、分支井眼钻进、地质导向、欠平衡钻进技术为一体,是一项技术性强、施工难度大的系统工程。同时为了保持煤层的井壁稳定,煤层段采用小井眼钻进(Φ152.4mm井眼),这对钻进工具、测量仪器、钻井设备等都提出了新的要求。

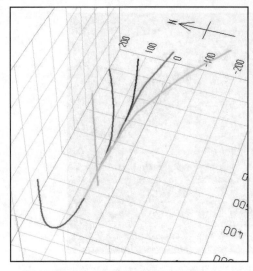

图6.29　多分支水平井示意图

1. 井眼剖面设计与轨迹控制技术

1) 主井眼入煤层方位的确定。考虑到煤层产能优化和井壁稳定,进入煤层的井眼方位尽量垂直于煤层最小主应力方向。

2) 井眼轨迹设计必须满足现场施工要求。煤层气多分支水平井垂直井段短,通常在500m以内,而水平段一般在1000m以上,钻柱提供的钻压是有限的,在井身剖面设计中,要使所设计的井眼轨迹满足滑动钻进的要求。

3) 井身剖面设计应满足各种设计条件下的最短轨迹。根据目标点,按照不同设计方法设计出的井眼轨迹,其长度是不同的,应尽可能选择轨迹长度短的轨迹,减少无效进尺,既可提高钻井的经济效益,又可降低施工风险。

4) 钻杆摩阻和扭矩最小。煤层气多分支井的显著特点是水平位移大,分支较多,80%以上的进尺在水平段,这导致钻杆柱和套管柱在井眼内摩阻和扭矩很大,以及钻压难以施加等问题,摩阻和扭矩是多分支水平井的水平位移大小的主要限制因素,应尽可能选择摩阻和扭矩小的轨迹。

5) 井眼轨迹在煤层中上部设计。考虑到煤层的井壁稳定性差,主井眼和分支井眼要处于煤层中上部位,以利于安全钻进。

2. 井身结构优化设计

考虑到煤层气直井洞穴井与水平井的连通,后期的排水采气和煤层的井壁稳定等因素,水平分支井井身结构通常采用以下设计:

1) 井身结构:Φ244.5mm表层套管×$H1$+Φ177.8mm技术套管×$H2$(下至造斜段结束处)+Φ152.4mm主水平井眼(裸眼完井)+Φ152.4mm分支水平井眼。

2) 洞穴井井身结构:Φ244.5mm表层套管×$H1$+Φ177.8mm技术套管×$H2$(煤层顶)+裸眼段(包括口袋)。

3) 由于煤层承压强度低,技术套管一般不能下到煤层中,防止固井时将煤层压裂,导致后续钻进过程中井壁坍塌。

4）从抽排采气角度考虑，套管必须将煤层上部大量出水的地层封堵。

5）考虑到洞穴井井底造穴有落物，井底必须留有合理容量的口袋，口袋留深以不揭开下部含水层为原则，适当增大口袋留深。

3. 多分支井眼钻进技术

（1）水平井主井眼垂直段

采用常规钻井方法施工，控制井斜。

（2）主井眼造斜段

采用"钻头＋螺杆马达＋MWD（无线随钻测斜仪）"的定向钻具组合，施工过程中要确保工具的造斜率达到设计要求，使井眼轨迹在煤层顺利着陆。

（3）水平主井眼及分支井眼钻进

采用"钻头＋单弯螺杆马达＋LWD（综合数据参数的无线随钻测斜仪）＋减阻器"的地质导向钻具组合钻进。通过连续滑动钻进的方式实现增斜、降斜，通过复合钻进的方式稳斜，即达到连续钻进的目的，又可随时根据需要调整井眼状态。为了将井眼轨迹更好的控制在煤层气中钻进，采用地质导向技术进行井眼轨迹实时监测和控制。首先利用前期地震的资料建立区块的地质模型，然后利用从 LWD 随钻监测到的储层伽马、电阻率参数来修正地质模型并调整井眼轨迹。另外，定向井工程师还可以结合录井仪实时监测钻时和返出的岩屑，判断钻头是否穿出煤层。

（4）分支孔侧钻技术

1）起钻至每一个分支的设计侧钻点上部，然后开始上提下放，将钻柱中的扭力释放后开始悬空侧钻。

2）侧钻时将工具面角摆到 $\pm 140° \sim \pm 150°$，首先向左/右下方侧钻，形成一条向下倾斜的曲线，因为钻柱处于水平井眼的底部，而不是中心线部位，$\pm 140° \sim \pm 150°$ 的工具面角能够让钻头稳定地和井眼接触，以防止振动引起煤层的垮塌。

3）侧钻时采取连续滑动的方式，严格控制 ROP30S 参数（30S 的平均机械钻速），新井眼进尺的 $1 \sim 2m$ 内 ROP30S 控制为 $0.8 \sim 1.2m/h$，$2 \sim 3m$ 内控制为 $1.2 \sim 2.5m/h$，$3 \sim 10m$ 内控制为 $3m/h$，整个侧钻工序预计需要 5 小时。

4）滑动侧钻至设计方位和井斜后开始复合钻进，钻进过程中要密切注意摩阻和扭矩的变化。钻完每一个分支后，至少循环一周，起钻至下个分支的侧钻点位置。重复上述步骤，完成其余分支井眼的作业。

4. 煤层气井造洞穴技术

煤层气井在煤储层通常下入一根 $\Phi 177.8mm$ 玻璃钢套管。为了易于实现水平井与洞穴井在煤层中成功对接并建立气液通道,需要在洞穴井的煤层部位造一洞穴,洞穴的直径一般为 0.8～1.5m,高为 2～5m。目前有两种造穴方式,水力造穴和机械扩孔钻头造穴(图 6.30、图 6.31)。因机械扩孔造穴对煤层扰动小,有利于保持孔壁稳定,现在大多采用这种方式造穴。

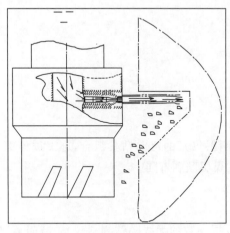 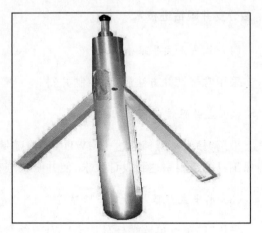

图 6.30 水力造穴示意图   图 6.31 常用机械造穴工具

5. 水平井与洞穴井连通技术

两井连通采用强磁对接设备。连通过程中首先在洞穴井中下入探管,在水平井地质导向钻具组合钻头上部连接一个强磁短节。连通前首先将两井井底所测的陀螺数据输入

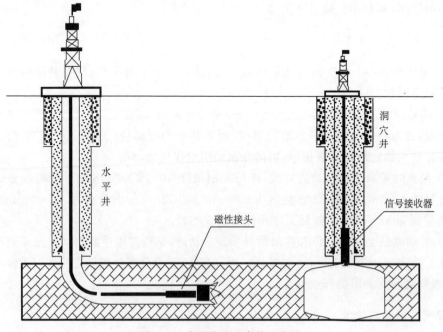

图 6.32 水平井连通直井示意图

到强磁设备配套的采集软件中,初始化坐标系。当钻头进入到探管的测量范围后(40m),探管就可以不断地收到当前磁场的强度值,定向井工程师根据采集的测点数据判断出当前的井眼位置,实时计算当前测点的闭合方位并预测钻头处方位的变化,然后通过调整工具面及时地将井眼方向纠正至洞穴中心的位置。接近洞穴时,根据防碰原理,利用专用的轨迹计算软件进行柱面法扫描,判断水平井与洞穴中心的距离,从 3D 视图上分析轨迹每接近洞穴一步其变化趋势,达到连通的目的(图 6.32)。

第十一节　冲　洗　介　质

钻孔冲洗介质是钻进中在地表和孔内循环使用的液体、气体或泡沫介质,由于绝大多数情况下使用的是液体,故又称"冲洗液"。

一、冲洗介质的用途及其性能要求

1. 冲洗介质的种类

1)清水。在稳定岩层中钻进使用清水洗孔,钻进效率高,钻头冷却效果好,使用简便。

2)泥浆。泥浆是黏土分散在清水中形成的冲洗介质。钻进不稳定岩层时,使用泥浆可得到良好的护壁效果。通过性能调节,泥浆还可以对付涌水、漏失等复杂情况。

3)乳化液及乳化泥浆。小口径金刚石钻进时,为了使钻具能开高钻速,多采用水包油型乳化液、乳化泥浆或表面活性剂水溶液冲洗钻孔。

4)空气。采用压缩空气或天然气冲洗钻孔,有利于提高机械转速,并适应于在缺水地区及漏失地层中采用。若采用高压空气作为介质,既可作为动力,又可冲洗钻孔。

5)其他。饱和盐水、泡沫、充气泥浆以及雾化冲洗介质等。

2. 冲洗介质的功能

钻孔冲洗介质的主要功用是:及时排除钻进中产生的岩粉并携带至地表,冷却钻头,润滑钻具,保护孔壁。另外,冲洗介质还有平衡地层压力,辅助破碎岩石和提供所钻地层的有关信息等功能。冲洗液是预防孔壁坍塌的主要技术措施,也是治理孔壁坍塌的首要技术方法。因为,对于坍塌不严重的地层,可以使用合适的强护壁性冲洗液消除坍塌情况并使孔壁在一段时间内保持稳定;对于坍塌严重的地层,使用强护壁性冲洗液后,可以使孔壁不再坍塌,为清除孔内坍塌物和进一步用其他方法护壁创造条件;对于坍塌但不严重漏失的地层,强护壁性冲洗液往往起到护壁和堵漏双重作用。因此,使用强护壁性冲洗液来处理孔内坍塌或坍塌但不严重漏失地层时,能取得很好的效果。

为此,针对不同的地层条件和钻探目的,要求冲洗介质有下述功能:

1)良好的冷却散热能力和润滑性能;

2)良好的剪切稀释功能;

3)良好的护壁、防漏和抗御外界影响(盐钙侵、黏土侵、温度影响等)的能力;

4)具有自身不发酵变质和不腐蚀钻具的性能。

二、钻孔冲洗方式与冲洗液添加剂

1. 钻孔冲洗方式

1) 全孔正循环,即来自泵的冲洗介质通过钻杆柱中心进入孔底,由钻头水口处流出,经钻杆与孔壁间隙上返至孔口,流入地面循环槽中。由于介质流动的方向与岩粉在离心力作用下的排出方向一致,故有利于排除岩粉。正循环方式在钻进施工中用的最多。

2) 全孔反循环,即来自泵的冲洗介质由钻杆与孔壁环状间隙进入孔底,由钻头水口进入钻具和钻杆柱中上返至地表,经胶管返回循环系统或水箱源中。全孔反循环孔口必须密封,并允许钻杆柱能自由回转和上下移动。由于孔底介质流动的方向与岩心进入方向一致,故有利于提高岩矿心采取率或进行连续取心,但钻孔漏失时则不适用。

3) 孔底局部反循环,孔底局部反循环包括喷射式反循环,无泵钻进法和空气生液器钻进法等循环方式。

2. 冲洗液护壁

随着钻孔加深,一方面岩石连续暴露形成新的孔壁,失去了原始状态的平衡;另一方面钻具不断在孔内回转、升降,都会摩擦和碰撞孔壁。因此,保护孔壁是钻井工程的关键技术之一,除了在特殊孔段下套管外,最常用的办法是用冲洗液护壁。

保护孔壁稳定的实质是充分利用孔壁岩石自身的强度,并在此基础上调整冲洗液柱压力及其他工艺参数,来维护力学不稳定地层。对于遇水不稳定岩层,则应尽量避免水对岩层的影响。

3. 冲洗液添加剂

(1) 冲洗液处理的目的与要求

为了使冲洗液性能适应各种地层的要求,必须对冲洗液进行处理。通常主要采用化学处理方法,它包括初步处理和补充处理两个阶段。初步处理在泥浆造浆时进行,通过加入化学药剂帮助黏土颗粒分散或适度絮凝,使新配制出的不同类型的冲洗液各种性能指标都能达到钻进的要求;补充处理是在钻进过程中,根据钻进工艺的要求,加入化学处理剂对冲洗液性能进行调节。

需要调节的冲洗液性能主要包括:降低冲洗液的失水量,增加或降低冲洗液的黏度、切力、密度以及防漏、絮凝、乳化、发泡、消泡性能,调节冲洗液的 pH,增加冲洗液的润滑、防卡、防腐蚀、杀菌、表面活性、去钙等性能。

(2) 冲洗液添加剂的作用机理

无机处理剂的作用原理大体可归结为:分散作用、控制絮凝作用、调节 pH、离子交换作用、有机处理剂的溶解或水解、沉淀作用、络合作用、抑制溶解作用、形成溶胶作用。

有机处理剂的作用机理比无机处理剂更为广泛,主要有:降失水作用、絮凝作用、减稠作用、增稠作用、乳化作用、减摩润滑作用、发泡和消泡作用。

三、各种冲洗液的适用范围

1. 不同岩性对冲洗液的要求

1）黏土层。一般黏土层都易造浆，使冲洗液的密度和黏度升高，所以要求入井冲洗液的黏度尽量低些。

2）砂岩。砂岩易侵入冲洗液，使冲洗液的密度和黏度升高。所以要求冲洗液具有较低的密度、黏度和适当高的切力，并应采用一些防坍塌性能较好的冲洗液，并严格控制冲洗液的含砂量。

3）砾岩。砾岩胶结性极差，没有黏土充填，要求冲洗液有较高的黏度和切力，并且要采用防塌效果较好的冲洗液。

4）盐膏层。要求冲洗液具有一定的抗盐、抗钙能力，并适当提高冲洗液的密度，增大静液压力，以保持孔壁稳定。

2. 地层物理性质对冲洗液性能的要求

1）低渗透性地层。要求冲洗液具有较低的失水量，否则形成厚泥饼则会使孔径缩小。

2）高渗透性地层。要求冲洗液具有较低的密度和较高的黏度，并且防漏效果较好。

3）高压油气水层。要求冲洗液具有低失水量和密度，以提高静液压力防止井喷。

3. 钻进工艺对冲洗液性能的要求

（1）喷射钻进对冲洗液性能的要求

1）低密度、低含沙量和低固相含量，以减少孔底的静压迟效性；

2）低黏度、低切力和低摩擦系数，以减少循环系统中的功率损失；

3）具有剪切稀释特性，在孔底水眼处黏度低，在环形空间里能形成平板型层流，有利于携带岩屑和提高钻速；

4）具有良好的流变性能，即有效黏度低，动、塑比值高和具有适宜的触变性。

（2）回转钻进对冲洗液性能的要求

要求低密度，减小孔底压差，以使钻速更快。同时要求低黏度、低含沙量和适当的切力，而且滤失量要低，泥饼质量要高。

煤系地层冲洗液的选用要充分考虑煤系地层比较松软和破碎的特点，钻进中易发生卡钻、坍塌等钻进事故，所以煤系地层可以选择最适宜的冲洗液为双聚泥浆。其优点很多，主要包括固相含量少、相对密度小、黏度低，能有效提高钻探效率；护壁携沙能力强、润滑性能好有效地防止卡钻具等事故的发生；有良好的选择性絮凝能力，可以使混入泥浆中的劣质土、岩粉聚结絮凝沉淀排出，减少了钻具的磨损；性能稳定，使用周期长。

双聚泥浆作为一种高效冲洗液，只要严格按照规定配制、使用管理，必定会有效地提高钻进效率，不仅能满足施工要求，而且能大量节省经费，从而提高经济效益。

第十二节　河南新安煤田正村井田快速精准精查勘探

河南新安煤田是豫西的主要煤炭产地,2003 年洛阳新安电力集团有限公司获得新安煤田正村井田的探矿权,为加快井田勘探速度、缩短工程工期、提高工程质量,新安电力集团于 2003 年 1 月 2 日向多家地勘单位发出招标通知,中国煤炭地质总局一二九勘探队中标,勘探工作随即开始。

一、井田地质概况

正村井田位于新安县城北约 15km。井田范围:北西以新安县石寺镇洞子崖煤矿、正村石泉煤矿、二道桥煤矿及新安煤矿深部边界(即二$_1$ 煤层底板等高线−300～−200m 水平)为界;北东以 31 勘探线为界;南东以二$_1$ 煤层底板等高线−600m 水平标高为界;南西以 19 勘探线为界;井田最大勘查深度为 1000m。井田走向大致呈 45°～225°。走向长约 6.3km,倾向宽约 5.5km,面积 28.744km^2。

正村井田为半暴露区,大部分地区被第四系地层覆盖,基岩主要出露于井田北部的沟谷及半山坡以下地带。从全区的基岩出露情况来看,上、中元古界震旦系、洛峪群、汝阳群、熊耳群和下古生界寒武系及奥陶系中统主要分布于本井田以外的西部及西北部;石炭系中、上统出露于井田以外的北部地区;二叠系、三叠系则出露于井田的北部及中部,新近系发育于井田的南部外围;第四系大面积分布在整个井田。

含煤地层由老至新依次为太原组、山西组、下石盒子组及上石盒子组,地层总厚度 582.25m;共划分为 8 个煤段,含煤 13 层,煤层总厚度 5.95m,含煤系数 1.02%。区内可采煤层为二$_1$、二$_2$ 煤层。二$_1$ 煤层全区可采,为区内主要可采煤层;二$_2$ 煤层为局部可采煤层,其他属不可采或偶尔可采煤层。可采煤层厚度为 4.84m,可采煤层含煤系数 0.83%。

二、主要地质任务

根据设计和规范的有关要求,确定本次勘探的主要地质任务如下:

1) 查明井田范围内先期采区 F$_{29}$ 断层的产状、落差及其延伸情况;对井田小构造的发育情况作出评述。

2) 查明二$_1$ 煤层,特别是先期采区二$_1$ 煤层的厚度变化及其分布情况。

3) 查明井田内可采煤层的层数、层位、厚度、结构和主要可采煤层的可采范围。

4) 查明二$_1$ 煤层的煤质特征及其变化情况,对其工艺性能及工业用途作出评价。了解煤矸石的质量及其变化情况。

5) 查明二$_1$ 煤层直接充水含水层和间接充水含水层的岩性、厚度、埋藏条件、水位、水质、富水性、导水性等水文地质条件;详细了解直接充水含水层、间接充水含水层和地表水三者之间水力联系及地下水补给、排泄条件;预计先期采区矿井涌水量。对矿井供水水源作出评价。

　　6）详细了解二$_1$煤层的瓦斯成分、含量，煤的自燃趋势和煤尘爆炸危险性；详细了解二$_1$煤层顶、底板的工程地质特征；初步查明地温及其变化情况。

　　7）估算各煤层的探明的、控制的、推断的资源储量。

三、勘探工程布置与钻探施工

　　井田为半暴露区，构造复杂程度属简单类，煤层稳定程度属于较稳定型。根据确定的主要地质任务，选择采取钻探工程、地球物理测井、采样测试及地质填图等勘探手段相互配合，相互验证的综合勘探的方法，符合国土资源部颁发的《煤、泥炭地质勘查规范》（DZ/T0215-2002）要求。

　　勘探阶段的钻探工程布置在遵循普查阶段工程布置的基础上，选择 1000m 为基本勘探线距，先期采区勘探线距加密至 500m。我们在选择勘查密度上，在遵循勘查类型对勘查网度要求的基本原则的同时，又充分考虑了对煤层基本控制的需要和技术经济的合理性。本区选择的网度是以 500m×500m 求取探明的资源储量，1000m×1000m 求取控制的资源储量，2000m×2000m 求取推断的资源量。全区共布置勘探线 12 条，以满足现行《煤、泥炭地质勘查规范》中勘探阶段的要求，为矿井的设计与开发提供所需要的地质资料。

　　通过对地层和构造发育程度的研究分析，由于覆盖层很薄，地质孔基本开孔采用Φ110mm 孔径钻进，平顶山砂岩底界至终孔，采用 Φ89mm 孔径钻进。钻具组合由岩心管、异径接头、取煤管、扶正器（或扩孔器）、钻铤、钻杆和主动钻杆等组成。

　　取心钻孔自覆盖层以下至平顶山砂岩底界，采用：

　　孔深 1000m 以浅：Φ110mm 合金钻头和复合片钻头＋Φ108mm 岩心管＋Φ68mm 钻铤＋Φ50mm 钻杆＋立轴

　　平顶山砂岩底界至终孔，采用 Φ89mm 复合片钻头和金刚石钻头＋Φ89mm 岩心管＋Φ68mm 钻铤＋Φ50mm 钻杆＋立轴

　　采取煤心样品时采用半合取煤器取煤。无心段钻进时采用合金或金刚石无心钻头钻探。

　　在钻进时，随钻孔孔深的延深，钻铤长度应逐渐减少，但必须保证孔底所需压力，实现满眼粗径长度 45～65m，有效减少孔底钻具与孔壁之间的间隙的摆动，预防孔斜。同时钻铤选用钻杆口型。

　　为保证煤心样品采取，重要的是重视煤心采取的柱状完好，保证煤心描述和送样化验的基本重量。勘探阶段煤心采用 Φ89mm 的半合取煤器取煤，仅 2802 孔采用 Φ110mm 的半合取煤器取煤，煤心柱状采取完好，结构清楚。经计算 Φ89mm 每米煤心的理论重量为 3.00kg，Φ110mm 每米煤心的理论重量为 4.67kg，实际采取情况为：采用 Φ89mm 的半合取煤器采取的二$_1$煤层平均每米重量 2.65kg，平均重量采取率为 88%；采用 Φ110mm 的半合取煤器采取的二$_1$煤层平均每米重量 4.51kg，平均重量采取率为 96%。

　　通过对本阶段所有施工钻孔进行系统的孔斜测井，终孔斜度最大的为 25012 孔，终孔深度为 669.00m，孔斜度为 6°30′，方位角 355°；2601 孔终孔斜度最小，终孔深度为644.93m，孔斜度为 2°30′，方位角 140°。钻孔终孔斜度均达特级质量标准。

四、取得的主要勘探成果

本次勘探共施工钻孔 37 个,累计钻探工程量 28611.78m。其中完成地质钻孔 35 个,总工程量 26932.74m,其中特级孔 32 个,甲级孔 3 个,特、甲级孔率 100％。二$_1$煤层见可采点 34 层次,其中优质 31 层次,合格 3 层次,优质率达 91％。二$_2$煤层见可采点 13 层次,其中优质 7 层次,合格 6 层次,优质率 54％。水文地质钻孔 2 个,钻探工程量 1679.04m。抽水试验 6 层次,其中优质 4 层,合格 2 层。全部达到特级孔标准。物探测井 37 孔,工程量 28372.70 实测米,占钻探进尺的 99.2％。对 7 个钻孔进行了工程地质测井;对 17 个钻孔进行了简易井温测井。采集各类试验样品 127 件(组),其中煤心样 65 件,夹矸样 19 件,伪顶、底样 7 件,瓦斯样 7 件,简选样 1 件,自燃样 4 件,煤尘样 4 件,岩石力学试验样 12 组,水质全分析样 8 件。采样及测试质量均达到现行规范的要求。

二$_1$煤层为全区可采煤层,二$_2$煤层为局部零星可采煤层;二$_1$煤层底板为厚层的中、细粒砂岩或粉砂岩。二$_1$煤层具有厚度大、结构较简单、分布广等特点。其上部发育中、细粒砂岩及粉砂岩,夹二$_2$煤层。下石盒子组平均厚度 247.80m,仅含碳质泥岩或煤线 3～12 层,井田内未发现可采煤层;上石盒子组平均厚度 195.66m,含煤 1～4 层,一般仅含煤线,仅七$_2$煤层偶见可采点。

本井田为一平缓的单斜构造,构造复杂程度为简单类型。地层走向 45°～225°,倾向 135°,地层倾角 5°～15°,一般为 6°～10°,仅中部地段由于 F$_{29}$断层的影响,发育有极为宽缓的褶曲形态。F$_{29}$断层位于井田的中部,为一正断层,断层走向近南北,倾向西,倾角 65°～70°,西盘下降,东盘抬升,落差 10～30m。向北落差渐大,南部趋于尖灭。区内延展长度约 4.5km。

根据钻孔揭露各含水层(组)的地质时代、岩性特征和富水性强弱,井田内可划分为五个含水层(组),自下而上分别为:奥陶系灰岩岩溶裂隙承压含水层(Ⅰ);太原组灰岩裂隙岩溶承压含水层(Ⅱ);山西组砂岩裂隙承压含水层(Ⅲ);下石盒子组砂岩裂隙承压含水层(Ⅳ);第四系砂、卵石孔隙潜水含水层(Ⅴ)。主要可采的二$_1$煤层顶板砂岩及底板太原组薄层灰岩均为弱富水性充水含水层,水量有限,易于疏排。井田水文地质条件简单。矿井涌水量计算成果:-400m 水平矿井预计正常涌水量为 312m³/h,最大涌水量为 580m³/h。

根据 7 个钻孔的二$_1$煤层瓦斯样测试分析,含气量为 4.02～12.19mL/g,其中 CH$_4$ 含量为 61.81％～95.57％,该区为高瓦斯区。煤尘具爆炸性,煤层为非自燃性。地温梯度平均值为 2.03℃/100m,无地温异常现象。-210m 水平以深,会出现因地温梯度增高的一级高温区;-530m 水平以深,会出现因地温梯度增高的二级高温区。

二$_1$煤层顶、底板岩性为中厚层状沉积岩,岩体较为完整,平均抗压强度 23.1～96.3MPa。井巷围岩岩体质量等级大多属于 Ⅱ 级,岩体质量良。总体评价,本区可采煤层顶底板大多属于稳定型,工程地质条件简单。

煤炭资源储量估算结果:全井田共获各级煤炭资源储量 16407 万 t。其中,探明的经济基础资源储量(121b)3295 万 t,控制的经济基础资源储量(122b)5546 万 t;探明的和控制的经济基础资源储量(121b+122b)占全井田总资源储量的 53.9%。

正村井田精查勘探是快速钻探技术应用于煤炭地质勘查工程的成功案例,包括野外施工、地质报告编制工期 6 个月,工程质量优良。井田勘查工作目的明确,重点突出,工程量布置合理,施工质量高,各种勘查手段配合有序,对矿井开采影响较大的构造、煤层、煤质、水文地质及工程地质条件均已查明,煤炭资源储量估算方法合理,估算结果可靠,勘探报告质量和所提交的各项地质资料能够满足矿井初步设计和先期采区开采需要,勘查程度符合规范要求。2004 年 4 月国土资源报在题为"河南地质找矿渐入佳境"的专题报告曾这样评述"过去需要几年甚至十几年完成的任务,现在仅需要一年甚至不足一年就能完成勘探。如新安煤田正村大型井田勘探。"正村井田勘探报告被评为中国煤炭工业协会第十二届优质报告。

第七章　高精度煤炭地球物理勘探技术

地球物理勘探是 20 世纪才形成并得到迅速发展的一门应用技术学科,它是随着工业发展对各种矿产资源需求量的增大,进而要求探明隐伏矿体或深部矿产而发展起来的科学。高精度煤炭地球物理勘探方法应包括地震勘探、电法、磁法、重力以及地球物理测井等。

第一节　地　震　勘　探

一、基本原理和特点

地震勘探是用人工方法引起地壳震动,再用精密仪器记录下爆炸后地面上各点震动情况,然后利用记录下来的资料经过室内资料处理分析后,推断解释地下地质构造的一种物理勘探方法(陆基孟,2004)。沿着地面上一条测线打井放炮激发地震波,同时在地面上用地震仪器把来自地下各个物性分界面的反射波记录下来,经过地震资料处理后就获得了该测线段的地震时间剖面,它形象、直观地反映了物性分界面埋藏深度起伏变化和构造。地震勘探是一项系统工程,必须做好野外采集、室内处理和解释的每一个环节才能取得好的地质成果。

多年来的实践证明,地震勘探是查明地下煤层地质情况(特别是构造和埋藏深度)的一种最为有效的方法。与地质钻探相比,地震勘探控制构造(断层、陷落柱、褶曲、煤层冲刷、分叉合并等)的能力更强、精度更高。我们知道,对煤层进行勘探常用的方法是钻探,钻孔获得的地层(煤层)数据包括深度、厚度等精度很高,是地震勘探无法达到的,但它只是点数据,钻孔之间煤层变化情况就只能靠人为推断了。当然,地震勘探也离不开钻探资料的标定和指导,没有已知地质资料,仅靠地震勘探则无法判断获得的反射波的地质含义(是否为要寻找的煤层),其勘探精度也无法保证,另外地质钻孔获得的一些其他资料(如煤质)利用地震勘探方法也是无法取得的。地震与钻探不是互相替代而是互相补充的,也就形成了目前煤田地质勘探最为常用和标准的综合勘探方法。

二、二维地震勘探资料的采集、处理和解释

在煤田地质勘探的预查、普查、详查和精查阶段一般采用的都是二维地震勘探方法,在生产阶段和精查勘探的首采区采用三维地震勘探。

地震勘探的生产工作,大体上可分为三个环节:野外资料采集、室内资料处理和资料解释。

1. 野外资料采集

（1）地震工程（测线）布置

地震测线布置的网度与勘探阶段以及测区构造复杂程度有关,具体见表7.1。

表 7.1　各勘查阶段测线线距表

勘查阶段	主测线线距/m	联络线线距/m
预查	≥2000	≥4000
普查	1000～2000	2000～4000
详查	250～1000	500～2000
勘探	125～500	250～1000
采区地震(二维)	125～250	125～500

地震测线的布置依据以下原则:
1）地震测线应布置成直线(特殊地区的专门弯线除外);
2）地震主测线尽量垂直于构造走向布设;
3）地震联络测线基本垂直地震主测线,与主测线形成正交测网;
4）充分利用有利的地震地质条件。

（2）试验工作

为了确定最佳采集参数,获得有效的第一手地震资料,在采集前首先要进行系统而全面的地震地质条件分析和试验工作。
1）波场调查——了解测区有效波、干扰波发育情况,以便在资料采集时尽可能地消除或避开干扰波(面波、声波、折射波等),突出有效波(界面反射波)。
2）了解地震地质条件——包括潜水面、低速带、地震反射界面等。
3）选择激发地震波的最佳条件——如激发岩性、井深、药量、激发方式等。
4）选择接收和记录地震波的最佳条件——如接收检波器类型和组合形式、观测系统等。
5）观测系统参数试验——以选择最佳接收窗口、道距、排列长度等观测系统参数。

（3）地震观测系统的概念

地震资料采集是以观测系统为基本单元进行的,每激发一次地震波,就有一个以观测系统为单元的接收设备进行采集,然后依次向前滚动,就完成了一条测线的采集工作。因此,有必要了解地震观测系统的基本概念。地震勘探中的观测系统是指地震波的激发点与接收点的相互位置关系。观测系统的参数有:
1）道间距——两个相邻接收检波器组间的距离;
2）炮间距——两个相邻激发炮点间的距离;
3）炮检距——激发炮点与检波点之间的距离;

4）偏移距——激发炮点与最近检波点之间的距离；

5）覆盖次数（叠加次数）——被追踪的界面上同一反射点被观测的次数；

6）激发方式——端点激发或中间点激发。

观测系统的选择依据以下原则和方法：

1）根据地下地质情况、地质任务和干扰波特点来选择观测系统的形式——如果工区内断裂发育、多次波、面波、声波的干扰又不太严重，则应以中间爆破或短排列的端点爆破的观测系统来进行工作。反之，在干扰波发育的工区则宜采用大偏移距的端点爆破的观测系统。

2）经济原则——在保证地质任务、保证资料质量的前提下，应尽可能用低覆盖次数、大道间距、大排列，以便用较小工作量就能有效地完成地质任务。

（4）地震波的激发

对激发的地震波首先要有足够的能量。地震波从震源出发，传到几百米甚至上千米的地下，再返回到地面，传播的距离是很长的，因此，需要有足够的激发能量；其次，在激发出有效波的同时还会产生各种干扰波，激发应根据工区条件的不同采用合适的激发方式以突出有效波，压制干扰波。此外，煤田地震勘探要求分辨规模较小的地质构造和厚度不大的煤层，因此，还应在保证激发能量的同时，尽可能地激发出频带范围宽、主频高的地震波。一般规律是在潜水面以下 3～5m 的黏土中、山区的基岩中爆破激发能够获得好的地震波，而在沙土、潜水面以上地层、山区的坡积物中激发则不能够获得能量强，有效波突出的地震记录。

用于地震勘探的震源基本上可分为两大类：一类是炸药震源，另一类是非炸药震源（可控震源、气枪震源、锤击等），目前以炸药震源为主。

（5）地震波的接收

接收地震波的设备主要有两类：地震仪器和检波器。

来自地层深处的地震信号是微弱的，一般地震波引起的地面位移只有微米的数量级，为了能把如此微弱的信号记录下来，要求地震仪器有放大作用；在接收地震波的同时，除了有效波外，不可避免地有许多干扰波，为了突出有效波，压制干扰波，要求地震仪器有频率选择作用；地震波在地层内传播的过程中，因为波前的扩散、地层的吸收等原因，它的能量会受到损耗，结果就造成当波传到地面时，浅层反射波因传播路程短，能量很强，深层反射波因传播路程长而能量很弱，这种差别可达百万倍，因此，为了同时能记录到浅、深层反射波就要求地震仪器有较大的动态范围。此外，地震仪器是在野外比较复杂的自然条件下工作的，因而还要求地震仪器轻便，稳定性好。目前国内外通常采用的地震仪器主要有：法国 Sercel 公司生产的系列地震仪器、加拿大 Aries 公司生产的 ARAM-Aries 地震仪器、美国 I/O 公司生产的 Image 系统地震仪器以及德国 DMT 公司生产的 Summit 地震仪器等。

检波器是地震波接收的另一重要设备。由于煤田地震勘探深度一般在 1000m 以浅，激发的地震波传播到地下再返回到地面后，反射波的主频一般在 40～70Hz，为了达到高分辨勘探的目的,就要求检波器本身的主频与之匹配,因此,煤田地震勘探多采用 60～100Hz 主频的检波器。检波器本身的技术指标达到要求后,野外埋置时与大地耦合好才能提高对波的分辨能力,减少干扰,野外一般采用挖坑的办法,挖去地表浮土、杂草,保证检波器和大地有好的耦合。

　　(6) 地震采集参数的选择

　　1) 道间距——它的大小直接影响到后续资料的处理与解释工作,道间距过大,将导致同一层有效波追踪辨认的可靠性受到影响,甚至在资料处理时带来空间假频。而道间距过小,则增加了不必要的工作量,因此,道间距的选择要适中,煤田地震勘探的道间距一般选 10～20m。

　　2) 偏移距——偏移距指第一个接收点(检波器)到激发炮点的距离,它的大小与工区地震地质条件有关。偏移距过小,近道面波、声波干扰可能严重,而偏移距过大,会使远离炮点的道因炮检距过大而在资料处理时造成畸变。

　　3) 叠加次数——指接收地下同一反射点的次数。叠加次数高,则信噪比高,工作量相应增加;反之,信噪比降低,工作量减少。因此,叠加次数的选择要根据工区条件,适中选取。

　　4) 最大炮检距——指最远的接收道到激发炮点的距离。一般说来,最大炮检距应与勘探的最深界面的深度相当。

　　(7) 排列的滚动

　　野外施工中,每爆破一次排列和炮点都要向前移动,最终完成一条地震测线的资料采集工作。移动的道数为

$$S = N/2n \qquad (7.1)$$

式中,N 为接收道数;n 为覆盖次数。

　　反之,计算覆盖次数公式为

$$n = N/2S \qquad (7.2)$$

式中,N 为接收道数;S 为每爆破一次排列和炮点向前移动的道数。

2. 室内资料处理

　　地震勘探数据处理是地震勘探系统工程中的重要一环,起着承上启下的关键作用。地震勘探数据处理本身又是一项系统工程,在完成一项处理任务时,需要把许多个模块(一个处理步骤)有机地组织起来,组成各种各样的处理流程,执行这些流程,才能实现处理目的。地震数据处理是一门技术,同时也是一门艺术,要求处理员不仅要详细了解每个处理模块的内容,还要有系统的整体构思,才能合理选择模块搭配,取得理想的处理效果。所谓合理搭配,首先是在模块库内选择你所需要的模块,其次是安排所选模块在流程中出现的先后顺序,然后再分析每一个主导模块的前置处理和后续处理是否都合适,保证前置处理结果满足主导模块的假设条件,后续处理保证主导模块的处理效果在最终输出中得

到充分的显示(熊翥,2002;渥·伊尔马滋,2006)。

　　一个处理流程包括许多处理步骤,而每一个处理步骤又要涉及好几个模块。处理模块是处理流程中的最小组成单位,是实现某一个独立处理方法的程序。一个常规处理流程通常由两大部分组成,即叠前处理和叠后处理。如图 7.1 所示。

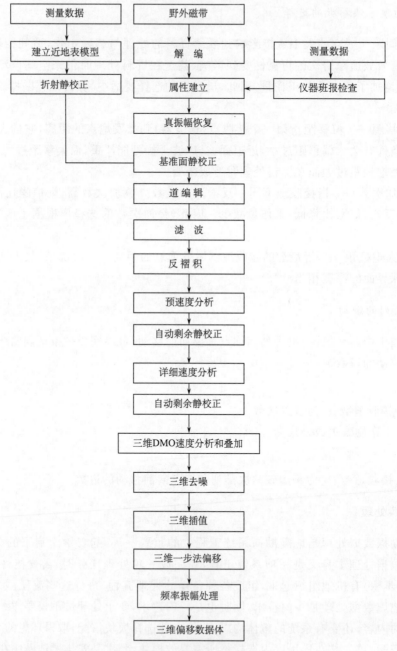

图 7.1　资料处理流程图

叠前处理工作量比叠后处理工作量大得多,有些处理方法是以道为单位进行的,如频率滤波、脉冲反褶积和动校正等。有些处理方法是在一组道上进行的,如视速度滤波、初至折射波静校正、剩余静校正和基于统计模型的反褶积等。有些叠前处理方法需要重复地调用同一组模块。形式上类似于数学上迭代法求解。例如叠加速度分析和剩余静校正,当道集中存在剩余静校正量时,叠加速度分析的精度就会大幅度地降低,反之,当叠加速度不准时,不管用什么方法求取的剩余静校正量都存在较大误差。它们之间不仅互相影响而且相互制约,需要多次迭代进行速度分析和剩余静校正计算。叠前数据不仅量大信息丰富,而且真实,它包含了采集到的全部信息,因此发展叠前处理技术很重要。

叠后处理主要包括叠后数据的偏移归位和信噪比以及分辨率的提高,这些方法的前提是叠加以后得到了一个零炮检距数据体。叠后偏移方法归纳起来可分为三大类,即克希霍夫积分法、波动方程有限差分法和频率域偏移法。叠加本身就是一种提高数据信噪比的最有效方法,但叠后数据上仍然保留某些规则噪音和不规则噪音,需要用多道数学模型进一步提高信噪比。

在常规处理流程的基础上增加一些专有功能的处理模块或限制一些模块的使用就成为完成某种特殊处理任务的专项处理流程。随着处理技术的发展和解决地质问题能力的提高,处理流程愈来愈复杂。一些新的处理技术,如深度偏移,不能用一个模块来完成,需要组织一个专门流程。

当地表高差较大,浅层地震地质条件复杂多变时,对处理成果影响较大而且难以处理好的关键步骤是静校正,当初至折射波静校正假设模型与实际的浅表条件差别太大时,其误差较大。最新的层析法静校正要求有较多的近道数据,其假设条件较少,值得进一步深入研究。

静校正做好后,偏移成像成为决定成果好坏的关键步骤,要根据解决问题的复杂程度和经济效益选择相应的偏移成像方法,若构造简单,速度变化不大,用叠后时间偏移;若构造简单,但速度横向变化大,则应选择叠后深度偏移;若构造复杂,但速度横向变化不大,则可选用叠前时间偏移;只有当构造复杂且速度横向变化大时,才选用叠前深度域偏移,以上原则如图7.2所示。

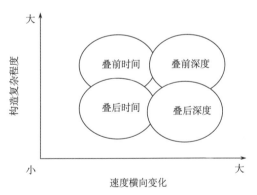

图7.2 偏移方法选择原则图示

由于深度域偏移将地面接收到的时间记录转换成以空间坐标表示的地质构造剖面,在效果上,深度域偏移相当于时间偏移与折射校正和时深转换的总和,并克服了时间域的固有缺点,因此它具有时间域成像不可比拟的优势;深度域成像技术是基于模型的正、反演相结合的处理方法,将地震成像、模型模拟和解释融于一体,成像结果即为深度剖面;深度域偏移就能够获得准确的偏移归位效果,其成像点与地质模型绕射点位置完全一致,成像位置准确;深度域成像能够解决速度横向复杂变化问题和克服上覆地层对下伏地层的不利影响;叠前深度域偏移能够克服共中心点叠加的缺陷,实现真正的共反射点叠加,使图像清晰,位置准确。因此,随着计算效率和计算机硬件性价比的提高,叠前深度域偏移成像应用日益广泛,尤其从地表开始的波动方程叠前深度域偏移是我们未来的发展方向。

3. 资料解释

地震资料解释就是将地震资料处理获得的地震时间剖面进行分析,最终将其转化为地质成果的过程。它分构造解释和岩性解释两种。利用地震波的反射时间、同相性和速度等运动学信息可将地震时间剖面变为地质深度剖面,进行构造解释;利用地震波的频率、振幅、极性等动力学信息,并结合层速度、密度等资料,可以进行岩性解释。应该说,煤田地震勘探目前主要还是进行构造解释,岩性解释仍然处于研究和发展阶段。因此,以下我们重点介绍构造解释的技术和方法。

（1）地震波的识别

地震资料的解释首先要识别时间剖面上的地震波。识别地震波的原则是:

1）同相性——同一个反射波的相同相位在相邻地震道（CDP）上的到达时间是相近的,一个一个会套起来。

2）振幅（能量）——有效反射波能以较强的振幅出现在干扰的背景上。

3）波形特征——同一反射波在相邻地震道上的波形特征相似。

（2）地震波的标定

识别的地震波需要赋予其地质含义,这样才能将地震时间剖面转化为地质剖面,这就是地震波的标定工作。

地震波的标定方法主要有两种:地震测井（VSP）和制作人工合成地震记录。目前主要采用制作人工合成地震记录的方法。当然,对已经开展过地震勘探的区域,已经掌握了地震反射波的特征及和地质层位对应的关系,也可以凭经验对地震波进行标定。

制作人工合成地震记录的方法是采用钻孔测井曲线（速度、密度）,与理论地震子波（也可以和钻孔旁实际地震资料提取的子波）褶积,求得钻孔处地震记录,然后再与过钻孔实际地震时间剖面对比,将地质层位和地震反射波一一对应起来。

（3）地震波的追踪对比

地震波的对比简单说就是把同一张剖面上属于地下同一地层的反射波（已赋予地质含义）识别出来;把不同剖面之间属于地下同一层的反射波识别出来,最终完成全区某一地层（煤层）反射波的全区追踪解释。

波的对比首先要确定重点研究的标准层反射波同相轴。具有强振幅和较稳定波形的反射波叫做标准层波,我们一般指煤层反射波和新生界底界反射波。通过对标准反射波的确定,就可以了解工区内地震时间剖面波组特征和结构。然后对确定的标准层反射波进行追踪对比。当反射界面连续性好,岩性稳定时,其反射波反射振幅强,连续性好,可进行强相位连续对比追踪;遇到断层或其他地质构造将所追踪的反射波错断时,应根据其波形特征,经对比后找出断层另一盘的同一反射波继续进行相位对比追踪。为了提高对比的可靠性,一般要采用波组对比的方法,即对比较靠近的若干个反射波组成的反射波组进行对比。测区不同测线地震时间剖面之间的对比掌握两个原则:一是相邻测线地震时间剖面所反映的地质层位、构造形态应基本相似,对于断层、尖灭等地质构造现象应有相应的反映;二是相交测线的交点处,同一反射层位的到达时间应相等。

（4）叠加时间剖面与偏移时间剖面

波的对比解释首先是在叠加时间剖面上进行的,但其构造解释、构造点确定等要参考偏移时间剖面,有时甚至构造图的获得直接来自于偏移时间剖面,这是因为相对于叠加剖面,偏移剖面有其自身的特点与优势。我们知道,地质剖面反映沿测线铅垂剖面上的地质情况（深度、厚度、构造、分层、岩性等）,而地震叠加时间剖面得到的是来自三维空间的地震反射层的法线反射时间,并显示在记录点的正下方。在构造复杂地区,叠加时间剖面上还会出现各种异常波,如绕射波和凹界面的回转波,它们的同相轴的形态与地质剖面完全不同。而偏移时间剖面沿测线方向进行了归位,地震反射波的形态、构造点位置更接近地下地层的实际情况,一些特殊波也进行了收敛和归位,地质构造显示更加清晰。

（5）断层的解释依据、断层要素的确定和断层组合

断层的解释依据:

1）反射波同相轴错断或重复,一般是中型断层的显示,如图 7.3 所示。

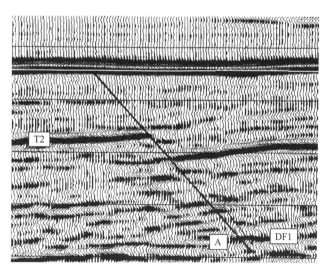

图 7.3　反射波同相轴错断

2）反射波同相轴突然增减或消失,往往是大断裂的显示。

3）反射波同相轴发生分叉、合并、扭曲等,一般是小断层的反映。

4）出现异常波,如断面波、回转波等。

断层要素的确定:

1）断层面的确定——将对比解释中确定的浅、中、深层的断点连起来就是断层面的位置。同时，不仅要注意标准层的断点，也要注意辅助层的断点。

2）断层升降盘和落差的确定——断层升降盘及落差应根据标准层在两盘的关系确定。上下盘的垂直深度差就是断层的落差。

3）断层倾角的确定——当测线与断层垂直时，剖面上断层的倾角为断层真倾角；当测线与断层不垂直时，剖面上断层的倾角为断层视倾角，这时，要将视倾角换算成真倾角。

断层组合：

即将属于同一条断层的相邻断点组合为断层。组合原则一是同一条断层在相邻剖面上的断点显示特征和性质应一致；二是同一条断层相邻断点落差接近或呈有规律变化。

（6）陷落柱的解释

陷落柱的解释依据：

1）反射波同相轴中断，并伴随有异常波（图 7.4）。

图 7.4　陷落柱在时间剖面上的反映

2）反射波同相轴扭曲。

3）反射波同相轴下凹。

4）反射波同相轴圈闭。

5）反射波同相轴变得杂乱。

6）反射波同相轴能量变弱。

（7）向斜、背斜构造在地震时间剖面上的反映和解释

向斜构造在地震时间剖面上表现为反射波同相轴的下凹；背斜构造在地震时间剖面上表现为反射波同相轴的隆起。

（8）等时线平面图的绘制

1）t_0 等时线平面图一般以水平叠加剖面为基础编制，但要参考偏移时间剖面。

2）在每一条地震时间剖面上按一定间隔读取同一层反射波的 t_0 时间值并落点到平面图上，测线交点、构造特征点（如背、向斜轴部）、断点两侧也要读值。

3）根据成图比例尺及地层倾角大小按一定的等时线距构制 t_0 等时线平面图。

（9）速度研究

地震资料解释一个重要的内容就是将时间域转换为深度域。这中间的一个重要参数就是层速度（平均速度）。在预查阶段，一般采用资料处理时的速度谱资料计算获得，普查及以后阶段则采用钻孔标定获得。

（10）构造图的编制

1）利用 t_0 等时线平面图和地层速度经空校后，获得剖面上煤层底板标高和构造点实际位置。

2）根据测区地层倾角的大小和勘探程度，按一定等高线距绘制等高线平面图。

3）在找煤或普查阶段，也可以先绘制深度剖面，然后再编制等高线平面图。但在地层倾角较大的地区，地震界面必须进行空间位置校正。

4）在某一方向测线基本垂直构造走向时，也可以用偏移剖面直接构制构造图。

三、煤炭三维地震勘探的发展史

1978 年，中国煤炭地质总局（时为煤炭工业部地质局）组织一个地震队及有关专家在伊敏煤田中部开始了我国煤田地质系统第一块三维地震勘探试验工作。野外采集使用两台 TYDC-24 型模拟磁带地震仪，48 道接收，6 次覆盖，形成 15m×15m 的 CDP 网格。资料处理在总局物探研究院（时为煤炭工业部物探攻关队）利用 TQ-16 计算机系统，自编软件处理完成，为煤炭地质系统开展三维地震勘探进行了积极的探索。

1988 年，在山东省济宁煤田唐口中日合作勘探项目中，首次进行了煤田地质系统第一个三维地震勘探生产项目，面积 5km^2。野外采集使用法国产 SN338 数字地震仪，96 道接收，12 次覆盖，形成 10m×15m 的 CDP 网格，资料处理在日方公司进行。

煤矿采区三维地震勘探始于 1993 年，在淮南矿务局谢桥煤矿的东、西一采区进行的，CDP 网格选用 10m×10m，获得了极大的成功，基本上可以查明 5m 以上断层和褶曲，矿井地下巷道清晰可见。之后，在中国煤炭地质总局的组织协调下、在国家开发银行和各省（区）煤炭工业局（厅）、广大煤炭企业、有关学校、科研院所的配合支持下，在各物探专业队伍的努力下，从东部到西部、从平原到山区、从陆地到湖上、从国有大型矿井到地方煤矿，三维地震勘探得到了迅速的推广应用。地震勘探的精度和分辨率大大提高，取得了显著的地质效果和巨大的社会经济效益，得到了广大煤炭企业和社会的一致认可。山东、安徽、江苏、河南、河北、山西、陕西、黑龙江、辽宁、贵州、新疆等省、自治区的各大矿区均开展了此项工作,取得了丰富的地质成果,对高产高效矿井建设提供了有效的地质保障,获得了巨大的经济和社会效益。

四、煤炭三维地震勘探的特点和优势

众所周知,我国聚煤盆地类型多样,构造十分复杂,煤田地质工作的难度很大。而机械化采煤对地质报告精度的要求却日益提高,以往供建井设计的地质报告只能查明初期采区内落差大于 30m 的断层,精度远远不能满足建井设计及开采的要求。受地质报告精度的影响,一些矿井工作面布置不合理,资源回收率低,不能按期达产,经济效益差;个别矿井遇地质构造后巷道、矿井突水被淹,安全效益差。因此提高新建矿井及生产矿井地质勘探程度,为高产高效矿井建设服务,成为煤田地质勘探部门迫在眉睫的课题。理论和实践表明,三维地震勘探能够识别更小的构造,其地质成果更加丰富,更加可靠。相对二维地震而言,三维地震有如下优点:数据齐全完整,准确可信;偏移归位准确,横向分辨率高,利于复杂构造和小构造的研究,地震反射波对振幅有更大的保真度,利于地层岩性的研究;资料解释的自动化及人机交互解释系统的发展使资料解释精度高。

仅从地面来说,二维地震勘探是一种线性勘探,我们获得的用于资料解释的是一条条沿一定间距的地震测线时间剖面;而三维地震勘探是一种面积勘探,获得的用于资料解释的是高密度网格的数据(一般是 10m×10m)。如果再加上纵向时间坐标,获得的就是一个数据体(一般为 10m×10m×1ms)。如图 7.5 所示,数据密度是二维的几百倍,其精度的高还不仅仅在于数据量的优势,还有高精度偏移归位、多种全三维资料解释手段等技术优势。

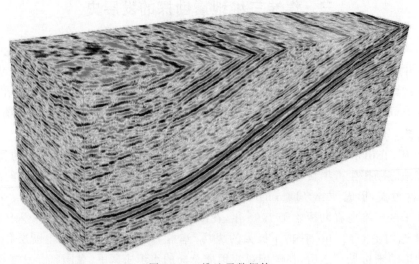

图 7.5　三维地震数据体

三维地震勘探主要用于煤田精查和煤矿建设与生产过程中,所能解决的地质任务以控制构造为主,所能解决的构造规模较二维地震有质的提高。三维地震勘探,可以为采煤工作面设计和高产高效生产提供地质依据,是矿井高产高效地质保障系统的重要勘探手

段,可承担如下主要地质任务:

1) 在断层控制方面,可查明落差大于 5m 的小断层,平面摆动范围一般小于 30m;较理想的测区可解释落差 3~5m 的小断层。

2) 能够严密控制并查明主要煤层的赋存形态,查明波幅大于等于 5m 的褶曲,深度误差一般不大于 1.5%。

3) 查明主要煤层的隐伏露头,位置误差一般不大于 30m;详细圈定原始沉积的及后期冲刷剥蚀形成的无煤带、煤层变薄区,确定可采煤层的厚度变化、圈定煤层分叉合并边界、主要煤层的风氧化带边界等。

4) 探明长轴直径大于等于 20m 的陷落柱及发育形态。

5) 探明岩浆岩对煤层的影响范围;探查地下巷道分布情况、探明老窑、采宅区及赋水情况;研究煤层顶底板及其岩石力学性质。

6) 结合电法勘探,探测煤系底部的碳酸岩界面,划分岩溶裂隙发育带、富水带及地下水径流带,探测煤中薄层灰岩及其富水性。

7) 严密控制并查明新生界的厚度。

五、煤炭三维地震勘探技术发展的新成果

通过对煤炭三维地震数据采集、处理和解释三环节多年开展的科学技术研究和攻关,建立了一整套适用于我国复杂地质条件区的高分辨三维地震勘探技术,能够查明落差大于 5~10m 的断层;查清直径大于 30m 的陷落柱及老窑采空区的空间分布形态,提高了煤矿区的三维地震勘探精度,为建设高产高效矿井提供了地质保障。

1. 煤炭三维地震高密度采集技术

构造的识别主要还需人的视觉来识别,如果一个构造体或单元没有足够的地震信息,我们就会无从识别或识别不清。为满足煤矿生产建设安全提出的解决更小构造更多地质问题的需求,我们必须提高地震勘探的数据采集密度,获得更多更为丰富的地震信息,才能提高解决地质问题的能力。原因是,首先它能够提高横向分辨率。我们知道一个地质目标在一个方向上通常最少需要 2~3 道,这样在平面上就会有 4~9 道数据来显示它,如果道数太少就不可以对其进行分辨及识别。如果用大的面元就有可能漏掉小的构造,有些地质体在横向上就会分辨不开。高密度采集通过加密空间采样间隔,提高了横向分辨率,保证了对小构造能够有足够多的采样。其次,它还能够提高纵向分辨率。由于高密度采集缩小了面元边长,使叠加对高频的损失大大减少,有保护高频的作用,在山西某矿区使煤层反射波主频由原来的 50Hz 提高到 80Hz,大大提高了纵向分辨率,有利于小构造识别。高密度采集做到了全方位资料采集,炮检距和方位角分布均匀,有利于今后的"三高资料处理"和叠前时间偏移,有利于和各向异性有关的岩性资料解释。高密度三维地震面元道集炮检距分布比较均匀,能够兼顾浅、中和深部有效信号,有利于今后资料处理中的速度分析和保真处理。

常规与高密度三维地震观测系统的面元道集方位角对比见图 7.6。

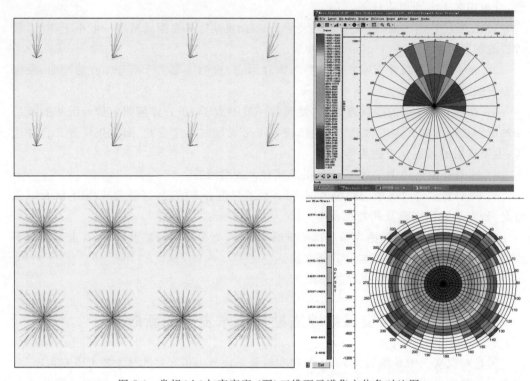

图 7.6　常规（上）与高密度（下）三维面元道集方位角对比图

　　高密度三维地震面元道集方位角可以达到 360°。高密度三维地震数据具有空间上的高密度采样、均匀的宽方位和炮检距，在采集、处理阶段就很容易接收并保护宽频数据，实现高信噪比、高分辨率、高保真度。

2. 煤炭三维地震初至层析静校正技术

　　在我国西部复杂山地蕴藏着丰富的煤炭资源，但勘探程度低。一个重要原因就是地形复杂，高差变化大、地貌单元多变。在平原地区三维地震勘探技术以其成像精度高、控制构造准成为煤矿采区勘探中不可替代的重要勘探手段。但三维地震勘探技术在复杂山地因高差变化大、地貌单元多变的地区勘探精度远低于平原区的技术水平，主要反映在断层或陷落柱位置与实际相差大、"假断层或假陷落柱"、对断层或陷落柱无特征响应等方面，严重影响到煤矿生产、威胁着矿井安全。这种结果的原因除激发、接收因素影响外，另一个最重原因就是地震资料处理流程中的静校正的精度不够。地震勘探理论模型是建立在水平观测面上，即激发点和接收点在同一水平面上，下部目标煤层反射点（CDP）在水平观测面上的垂直投影点的位置与激发点和接收点的连线的中点（CMP）是重合的，但是，当观测面为非水平状态时，目标煤层反射点位置的垂直投影与 CMP 点不重合，且随着激发点与接收点的高差增大反射点偏离 CMP 点的距离越大。为解决这个问题，在处理上引入了利用浅层折射建立复杂地形基岩趋势面，称浮动基准面技术，在这个浮动基准面上先进行动校正，然后校正到处理人员选定水平基准面上叠加来消除由于非水平观测面带来的影响。显然静校正的精度直接影响到叠加后的地震资料精度。初至折射静校正方法因其采用地表一致性模型、不需要确定基准面等优势在地形起伏较大地区地震勘探中广泛使用。但随着地形高差增大、地貌单元多变，近地表模型复杂，初至折射静校正的精度达不到希望的目标。最近开发移植的初至层析静校正技术取得了明显成效。

　　初至层析静校正分两步实现：第一步，由给定的初始模型进行正演，用射线追踪方法得到该初始模型的初至波。第二，用计算的初至波和实际拾取的初至波进行比较，计算地表模型的修正量，经过几次迭代最终得到比较精确的地表模型。假设低速带模型由横向不均匀介质和高速折射界面组成，折射波旅行时层析折射成像矩阵可表示为

$$t = f_0 + J \Delta p \tag{7.3}$$

式中，$f_0 = f(p_0)$ 为通过模型 p_0 得到的旅行时向量，J 为 $m \times n$ 维的雅可比矩阵。Δp 为模型参量的扰动向量，它与深度、速度有关系。

　　令 Δt 为观测的折射波旅行时 t_0 与模型计算出的旅行时的差，将 Δt 泰勒级数展开后忽略高次项写成矩阵形式为

$$\Delta t = J \Delta p \tag{7.4}$$

式中，雅可比矩阵 J 为灵敏矩阵，Δt 为观测误差向量，Δp 为近地表模型参数（深度、速度）的初始值的修正量。令 A 为 J 的逆矩阵，则近地表模型的修正量矩阵为

$$\Delta p = A \Delta t \tag{7.5}$$

为了得到精确的近地表模型，需要进行迭代运算，迭代过程直到满足收敛条件为止。

　　山西某区三维地震勘探中成功地应用了层析静校正处理技术。其效果对比如图7.7所示。

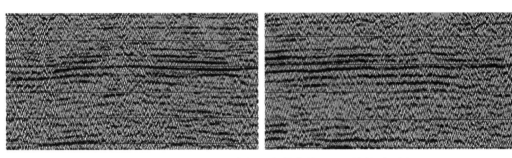

图 7.7　层析静校正（右）与绿山折射静校正（左）效果对比图

3. 煤炭三维地震叠前时间偏移技术

　　随着煤炭资源的开发向深部、向西部、向构造复杂区转移已是大势所趋，随之而来的是地震勘探的难度加大，对地震资料处理技术的要求也越来越高。尤其在构造复杂地区、地层陡倾角区，叠后时间域偏移处理不能使这类构造正确成像，满足不了准确落实断层位置，搞清断块之间的关系，为煤矿开采工程设计布置提供可靠地震资料的要求。叠前偏移技术能够很好地解决此类问题。

　　叠前时间偏移适用于速度垂向变化的介质和横向速度中等变化的介质条件,具有较好的构造成像效果和保幅性,能满足大多数探区对地震资料的精度要求。叠前时间偏移对偏移速度场的精度要求相对较低,假设条件少,容易实现;叠前时间偏移的相关配套技术如静校正去噪等比较成熟和完善。

　　叠前时间偏移算法可基本分为三大类,即 Kirchhoff 积分法、有限差分法和 Fourier变换方法。通过研究,我们选定 Kirchhoff 积分法进行开发,它的优点是运行速度快,能够适应西部复杂地区不规则的观测系统。

　　Kirchhoff 积分法叠前时间偏移是建立在点绕射的非零炮检距方程基础上,并沿非零炮检距的绕射旅行时间轨迹对振幅求和。一般在共炮点道集上进行,首先将共炮点记录从接收点向地下反射点外推,外推计算使用的 Kirchhoff 积分表达式为

$$u(x,y,z,t) = \frac{-1}{2\pi} \iint_A \frac{\cos\theta}{RV} \left[\frac{V}{R} u\left(x_0, y_0, 0, t+\frac{R}{V}\right) \right.$$

$$\left. + \frac{\partial u\left(z_0, y_0, 0, t+\frac{R}{V}\right)}{\partial t} \right] \mathrm{d}x\,\mathrm{d}y \tag{7.6}$$

式中,$\cos\theta = Z/R = Z/[(x-x_0)^2+(y-y_0)^2+Z^2]^{1/2}$,$R$ 为从地下反射点(x,y,z)到地面点$(x_0,y_0,z_0=0)$的距离。这样求得从地面某炮点激发,地下(x,y,z)点接收的反射波。

　　然后计算从炮点到地下(x,y,z)点的下行地震波入射射线的走时 t_d。可用均方根速度 v_{rms} 去除炮点至地下反射点的距离近似得到,或用射线追踪法更为准确地求取。用求出的走时 t_d 到 $u(x,y,z,t)$ 的延拓记录的对应时刻取出波场值作为该点的成像值。

　　对所有深度点上的延拓波场都如上所述提取成像值,就完成了一个炮道集的 Kirchhoff 积分法偏移。对所有的炮集记录都做上述处理步骤后按地面点相重合记录相叠加的原则进行叠加,即完成了叠前时间偏移。Kirchhoff 积分偏移对倾角无限制,适应非规则观测系统和复杂地形。

　　叠前时间偏移从理论上取消了输入数据为零炮检距数据的假设,避免了 NMO 校正所产生的畸变,应比叠后时间偏移效果好。应用的是克希霍夫积分算法。克希霍夫积分法建立在对点反射的非零炮检距方程基础上,它沿着非零炮检距的绕射曲线旅行时间轨迹对振幅求和,速度场决定了求和路径,对每个共炮检距剖面单独成像,然后将所有结果叠加起来得出偏移剖面。适用于地层倾角大、构造复杂的地区。

　　叠前时间偏移相对于叠后时间偏移而言,主要是力图在叠前通过对单炮记录进行时间偏移,求解参加叠加的各道的反射点真实位置,从而克服山区资料的非深度点叠加的错误。因此,相对于叠后时间偏移来讲,所得数据体上反射波空间归位更准确,绕射波收敛更彻底;进而构造清晰、自然,波组特征明显,波组关系合理;更适用于陡倾角、构造复杂等地下结构的成像。因此,所获三维数据体比较真实地反映了地下实际地质构造现象。图7.8 显示了叠后时间偏移与叠前时间偏移剖面的效果对比。

4. 煤炭三维地震解释技术

　　在资料解释方面,三维地震与二维地震有着比较大的区别,可以说是本质的区别。二

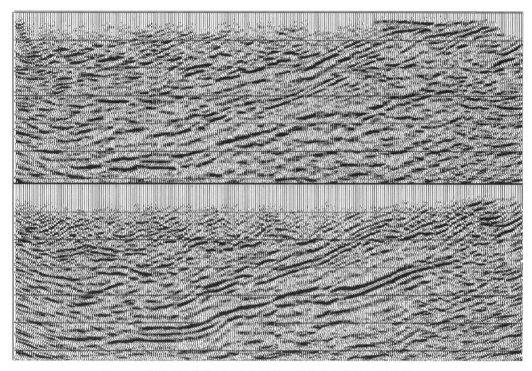

图 7.8　叠后时间偏移(上图)和叠前时间偏移(下图)剖面效果对比

维地震提供给解释人员的仅仅是未经过归位的叠加时间剖面和经过部分归位(沿测线方向)的偏移时间剖面,而三维地震资料解释面对的是三维地震数据体,要想能够充分利用好如此丰富的信息和资料,必须采用最新煤炭三维地震解释技术。

(1) 全三维解释技术

全三维综合解释技术研究利用垂直剖面、双极性剖面、水平剖面、沿层切片、平行层位切片、其他反演剖面等综合解释方法,提高三维地震资料解释的精度。由于三维地震勘探数据量大,包含的地质信息非常丰富,必须要利用三维可视化技术来对这些丰富的地质信息进行快速的研究和提取。

如图 7.9 所示,使用相干、方差属性、谱分解技术、振幅属性等,开展了属性体解释技术研究与应用,可以快速详细确定构造平面展布形态和检测微小构造。

(2) 属性体解释技术

在三维地震资料中,一切与构造有关的特殊形态、特殊反射,都可以用地层学、沉积学理论从沉积作用和岩性变化方面加以解释。地震层位属性分析是众多属性分析的一种,主要是通过叠前、叠后地震数据,经过数学变换而导出有关地震波的几何形态、运动学特征、动力学特征和统计学特征的特殊属性值。研究表明:在给定的属性体上,沿层位按照瞬时值、数学平均、几何平均、标准偏差等提取方法得到的表征层面微小构造属性值,进行

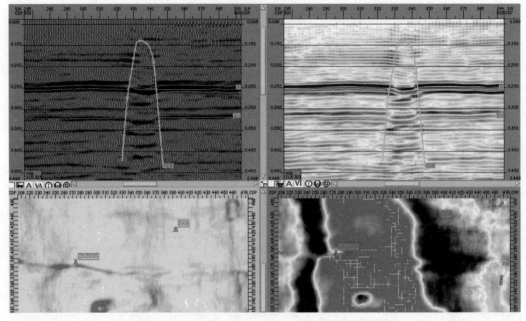

图 7.9　垂直时间剖面(上)和水平切片联合解释陷落柱

上：垂直时间剖面；下左：沿层切片；下右：水平时间切片

地震层位属性分析，这样，能够使原来无法识别的地质构造信息得到识别，使原来不清楚的地质构造信息得到加强，提高了小构造的检测能力和精度(汪洋等，2008)。

（3）陷落柱解释技术

通过正演模拟，系统地研究各种陷落柱地震波反应特征，指导煤层陷落柱解释，如图 7.10 所示。

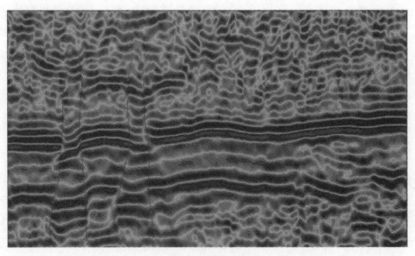

图 7.10　陷落柱在地震时间剖面上的特征

第二节　电　　法

一、概　　述

电法勘探技术是寻找金属、非金属、煤炭、油气等矿产和地下水资源的重要有效的地球物理方法,近年来其应用领域又扩展到地质工程、工程勘查、环境监测等领域,与国民经济建设、人民社会生活有密切关系,是勘探地球物理中的重要分支。

电法勘探是根据岩石和矿石电学性质(如导电性、电化学活动性、电磁感应特性和介电性,即所谓"电性差异")来研究地质构造、寻找有用矿产、探测水文工程环境地质问题的一种地球物理勘探方法。它是通过仪器观测人工的、天然的电场或交变电磁场空间和时间的分布特点和规律,分析、解释这些场的特点和规律达到勘探的目的。

电法勘探分为两大类。研究直流电场的,统称为直流电法(或称为传导类电法),包括电阻率法、充电法、自然电场法和直流激发极化法等;研究交变电磁场的,统称为交流电法(或称为感应类电法),包括交流激发极化法、可控源电磁法、瞬变电磁法、大地电磁场法、无线电波透视法和微波法等。按工作场所的差别,电法勘探又分为地面电法、孔中电法、坑道电法、航空电法、海洋电法等。

新中国的电法勘探工作始于 20 世纪 50 年代初,主要是引进苏联的方法技术,以直流电法为主;随后又逐渐引进、发展了电化学方法,如激发极化法;到 60 年代,我国科研人员开始研究以绝对测量为特点的电磁感应类方法;至 70 年代,则以相对测量为主,并在 80 年代有较大的进展。到 90 年代,数字化、图形图像化等技术的引进,使得电法勘探技术有了飞跃的发展,逐步形成了集设计、采集、处理解译、成果提交一体化工作模式。进入 21 世纪,随着计算机技术、电子技术和计算技术的飞速发展与空前进步,地球物理勘探技术也进行了一次脱胎换骨的变化。在数字采集、数字处理、数字解译、数字成图、数字报告的基础上,又增加了有线遥测与无线遥测技术、多测道窄带蜂窝传输技术、宽频带纳秒级采样技术,使其从原始数据的有效性、工作环境的适应性、解决地质问题的可靠性等多方面均有了大幅度的提高。其地位也从配合技术转变为主要的、不可缺少的、不可替代的实用技术。要求在开矿前、开采中提前探清地质构造及其他地质现象的程度越来越高,坑道无线电波透视法能够预先探明采煤工作面内的地质构造以保证采煤,特别是综采的顺利进行。为了更进一步提高其有效性,应加强仪器的抗干扰能力,加大探测透视距离的研究,并应进一步开展电磁层析成像探测技术的研究与应用。

二、对称四极测深勘探原理

电测深法是在同一测点上逐次增大供电电极极距,使勘探深度由小变大,于是可观测到测点处沿深度方向上由浅到深的视电阻率变化规律,从而达到探测目的。在电测深法中,最常用的是对称四极装置,装置如图 7.11。

图中 AB 为供电电极,MN 为测量电极,它们对称与观测点 O 布置。工作时供电电

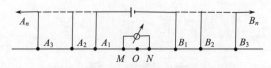

图 7.11　对称四极电测深装置

极距 AB 从最小电极距 A_1B_1 变化到 A_nB_n，每改变一次电极距，相应观测一次 ΔUMN 和 ΔIMN。对称四极装置的电场分布如图 7.12。

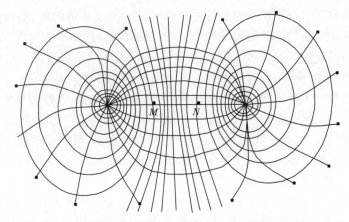

图 7.12　对称四极电测深装置的电场分布

根据探测结果可以利用公式

$$\rho_s = K \frac{\Delta U_{MN}}{I} \tag{7.7}$$

式中，K 为装置系数，随装置形式的改变而不同，并且装置形式一旦确定装置系数就确定下来。ρ_s 为视电阻率值（在非均匀介质中，供电电流所分布的范围包括不同电阻率的介质，因而利用上式计算得到的电阻率值是整个电场分布范围内各种岩石电阻率综合影响的结果，我们称其为视电阻率值）。

根据所得的视电阻率值可以推测探测目标体的各种物性参数等。

根据一些理论推导，电流沿深度方向上分布的最大深度为

$$h \approx 0.71AB \tag{7.8}$$

式中，AB 为电极距。

但实践证明，即使最理想的地质条件下，在地面上发现地质不均匀地质体的能力都小于 $AB/2$。在电法勘探中把勘探深度 $AB/2$ 称为理想勘探深度。通常把宽高等于 $AB/2$，长为 AB 的长方体，定为勘探体积。只有包括在这个范围内的地质体才能被观测到。

对称四极电测深法可测量底板、顶板和侧帮的含水、导水构造。借助改变供电电极距大小，研究测点以上或者以下深度方向上的视电阻率的变化，从而解决垂直方向上的地质构造问题。

三、瞬变电磁法

瞬变电磁法（Transient Electromagnetic Methods，TEM）是一种利用接地或不接地线源向地下发射一次电磁场，在一次电磁场的间歇期间，利用线圈或接地电极观测因地下地质异常体所产生的二次涡流电磁场，通过研究不同地质异常体所产的二次涡流电磁场特征，预测地下矿产、地质构造、地下含水层等地质异常分布的电磁感应类地球物理方法（蒋邦远，1998）。

依据瞬变电磁法发射装置及接收装置的不同组合，可以形成各种观测系统。但考虑到对客观环境的要求及野外的方便，常用装置为回线型（图7.13）。重叠回线装置是发送回线与接收回线相重合敷设，但由于有互感现象，故在野外施工时将两者分开1~2m的距离。TEM方法的供电和测量在时间上是互相分开的，因此发送回线 T_x 与接收回线 R_x 可以共用一个回线，称之为共圈回线。重叠回线装置是频率域方法无法实现的装置，它与地质探测对象有最佳耦合，重叠回线装置响应曲线形态简单，具有较高的接收电平、较好的穿透深度及异常便于分析解释等特点。中心回线装置是使用小型多匝接收线圈（或探头）放置于边长为 L 的发送回线中心观测的装置，常用于探测1km以内的中、浅层测深工作。中心回线装置和重叠回线装置都属于同点装置。因此，它具有和重叠回线装置相似的特点，但由于其线框边长较小，纵横向分辨率高，受外部干扰较小，对施工环境要求较低，适应面较宽。

图7.13　瞬变电磁法的重叠回线装置和中心回线装置

工作过程可以划分为发射、电磁感应和接收三个部分：①当发射回线中的稳定电流突然被切断后，根据电磁感应理论，在其周围将产生磁场，该磁场称为一次场。②一次场在向周围传播过程中，如遇到良导地质体，则在其内部激发产生感应电流，该电流称为二次电流，又称为涡流。二次电流随时间的变化而变化，在其周围又产生新的磁场，该磁场称为二次磁场。由于良导体体内感应电流的热损耗，由理论推算，二次磁场大致按指数规律随时间衰减成瞬变磁场。该瞬变磁场主要来源于良导体体内感应电流随时间的变化，它包含着大量与良导体有关信息（图7.14）。③通过接收回线观测并分析、处理、解释该二次磁场，以达到预测地下地质异常的目的。

地面瞬变电磁法工作装置有多种，工程勘查中通常采用的有重叠回线和中心回线、分离回线等装置。

根据电磁理论，Nabiehian指出，在发射回线中的电流关断以后，对于均匀半空间其感应电流场呈环带状分布，环带极大值随时间延迟向下、向外扩展，经计算其形态如图7.15所示。可见，该感应电流线随时间的变化规律类似于由发射回线吹感的"烟圈"（图7.16），

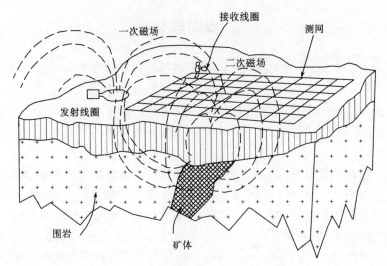

图 7.14 瞬变电磁法工作原理示意图

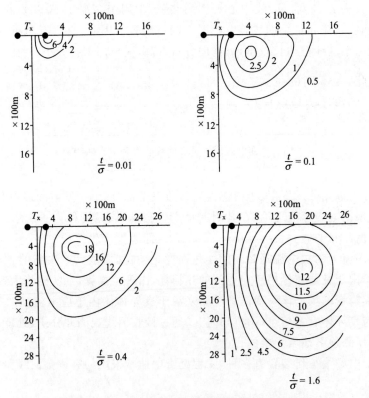

图 7.15 穿过发射回线中心断面的感应电流分布图

纵坐标为深度 Z，横坐标为平分发射回线 T_x 的直线 X

其半径 R 和深度 Z 的表达式为

$$R = \sqrt{8C_2} \times \sqrt{\frac{T}{\sigma \times \mu_0}} \tag{7.9}$$

$$Z = \frac{4}{\sqrt{\pi}} \times \sqrt{\frac{T}{\sigma \times \mu_0}} \tag{7.10}$$

式中，t 为时间，单位秒；σ 为电导率，西门子/m；μ_0 为磁导率，$4\pi \times 10^{-7}\mathrm{H/m}$；$C_2 = 0.546479$。

由于 $\tan\theta/R = 1.07$，$\theta = 47°$，故"烟圈"的扩展将沿着 $47°$ 斜方向进行，其下移速度为

$$V_z = \frac{2}{\sqrt{\pi\sigma\mu_0 t}} \tag{7.11}$$

式中，t 为时间，单位秒；σ 为电导率，西门子/m；μ_0 为磁导率，$4\pi \times 10^{-7}\mathrm{H/m}$；

依据"烟圈"理论，在一次场关断后延迟较小时，二次场分布于地下浅层部分，此时观测到的信息主要反应浅部地质特征；随着延迟的增加，"烟圈"向地下深部扩展，浅部二次场衰减变弱，此时观测到的信息主要反映地下中深部特征。因此，在不同的延迟观测到的二次场，反映了不同深度的地电信息，从而达到深度探测的目的。

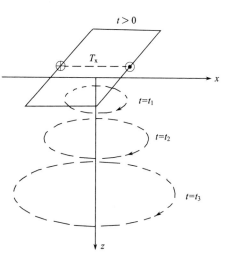

图 7.16　感应电流随时间的变化规律

四、二维直流地电影像法

由电磁场理论知，在电阻率为 ρ_0 的无限半空间中存在一电阻率为 ρ_1 的球体(图 7.17)，当地表有一点电源 A，其电流强度为 $+I$，其地表距点 A 为 R_{AM} 的 M 点的电位为

$$U_{AM} = \frac{I_\rho}{2\pi}\left[\frac{1}{R} + 2\sum_{n=0}^{\infty}\frac{(\rho_1 - \rho_0)n}{n + \rho_1(n-1)} \cdot \frac{r_1^{2n+1}}{d^{n+1}r^{n+1}} \cdot P_n(\cos \cdot \theta)\right] \tag{7.12}$$

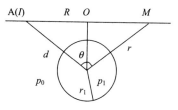

图 7.17　均匀半空间点电源球体模型图

经理论计算，其电场分布见图 7.18 所示。可见，由于球体异常的存在，电性的差异导致地表点电源的正常电场分布发生干扰，产生畸变。其表现特征为在地表点电源的正常电场的背景上叠加一个干扰值。

如定义

$$\Delta U_s = U_s - U_0 \tag{7.13}$$

式中，U_s 为地表观测电位值；U_0 为地表点电源均匀介质电位值；ΔU_s 被定义为电流归一化电位纯扰值。

显然，该值反映了因电性差异体的存在而导致的地表点电源的正常电场之纯扰动量。

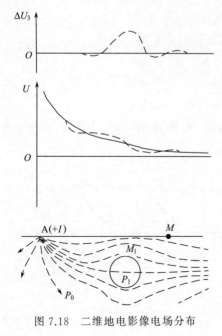

图 7.18　二维地电影像电场分布

大量的理论计算可知,当地表点电源所对应与性差异体的位置不同,其电流归一化电位纯扰值则表现出不同的形态、数值、位置特性。

二维地电影像勘探技术就是应用该特性,通过在预测地区(地段)布置相应的探测系统,观测其电流归一化电位纯扰值 ΔU_s,经过数据模拟重构技术的处理,还原地下电阻率的分布,以达到探测预测地区(地段)地质特征的目的。

对于二维地电断面,如选择 y 轴平行于地质体走向,及地电参数仅沿 x、z 方向变化,与 y 方向无关。则根据场论知识,地表某点存在一点电源 $A(I)$ 时,有下列公式满足:

$$\Delta \cdot [\sigma(x,z)\Delta\phi(x,k,z)] - k^2\sigma(x,z)\phi(x,k,z)$$
$$= -\frac{1}{2}\delta(x-x_0)\delta(z-z_0) \qquad (7.14)$$

式中,$\Delta\phi(x,k,z)$ 为 $\Delta\phi(x,y,z)$ 空间的电位 U 经富氏变换的结果;K 为空间波数;δ 为狄拉克函数;x_0,z_0 为点电源坐标;I 为供电电流。

依据二维地电影像系统的要求,结合二维地电断面地表点电源电场计算公式特点,采用矩形块、中心等距、边缘稀疏的网格剖分技术将二维地电断面离散化。

如假设备矩形块为电阻率均匀体,显然,应用有限差分技术,即可实现地表点电源二维地电断面的二维地电影像正演数值模拟。

如设 $U_i^s(i$ 为 $0,1,2,\cdots,N)$ 为实测电流归一化电位纯扰值,$U_i^0(i$ 为 $0,1,2,\cdots,N)$ 为计算电流归一化电位纯扰值。

显然,影像重构的核心为求取一组 $\rho_j(j$ 为 $0,1,2,\cdots,M)$ 值满足下式:

$$U(\rho) = \sum_{i=0}^{N}[U_i^s - U_i^0(\rho)]^2 = 极小 \qquad (7.15)$$

式中,N 为电流归一化电位纯扰值个数。

由函数极值原理知,如使上式达到极小,需使下式满足:

$$\nabla U(\rho) = 0 \qquad (7.16)$$

可见,影像重构问题实质上是一个非线性平方和形式评价函数的最小二乘法求解问题。应用通用的改进阻尼最小二乘法(马奎特算法),即可完成求解,达到影像重构目的。

五、瞬变电磁发展趋势

关于瞬变电磁法的发展方向,可以概括为如下两个方面:在理论方面,目前瞬变电磁法资料的定量解释仍然是以一维水平层状大地模型的正演计算为基础,与实际地质构造接近的复杂二维和三维问题正反演,是摆在地球物理工作者面前的一项重大课题;在仪器方面,主要是发展大功率、多功能、智能化电测系统,高温超导磁探头的研制及磁场观测方法和解释方法的研究等。

　　除了陆地地面勘探之外,从目前我国资源勘探情况分析,今后一个时期,海上将是我国能源增储上产的重点地区。21世纪被称为"海洋开发时代",将是人类开发利用海洋的世纪。海洋电磁法尤其是海洋瞬变电磁法具有装备轻便、野外施工快捷、成本较低等优点,在国外该方法已被用于海底地质填图及油气资源调查等方面;在我国的海洋油气资源或其他矿产资源勘探中也可以发挥重要作用,具有广阔的应用前景。如在天然气水合物(methane hydrate,又称甲烷水合物,它有可能成为代替石油的一种很有希望的新型能源)勘探方面,作为对地震勘探的重要补充,用海洋瞬变电磁法确定天然气水合物的上边界(天然气水合物的上边界在反射地震剖面上不能清晰地确定),以便对天然气水合物的总体积及它的资源价值进行科学的总体评估;在海底地质填图方面,海洋 TEM 法对通常的声波无法得到的地质断面是一种有效的替代手段(金翔龙,2004)。从原理上讲,海底探测采用声波或地震方法应该是很有效的,但我国广大海域的海底沉积腐蚀层,在海底与海水界面形成一层气泡,阻碍了声波与地震波的透入,无法获得清晰的图像,而电磁波可穿透,瞬变电磁法可以发挥作用;在长江口、杭州湾及珠江口等地区,由于生物层及砂砾石层的分布,通常的声波探测法无法得到有效的地质断面,此时,海洋瞬变电磁法将是一种有效的替代手段。

第三节　磁　　法

　　地球是一个巨大的磁性体,产生一个正常磁场。地壳的岩石和矿石由于具有不同的磁性,可产生各不相同的磁场,它使地球磁场在局部地区发生变化,出现地磁异常。利用仪器发现和研究这些磁异常,进而寻找磁性矿体和研究地质构造的方法,称为磁法勘探。

　　磁法勘探是常用的地球物理勘探方法之一。它包括地面、航空、海洋磁法勘探及井中磁测井等。磁法勘探主要用来寻找和勘探某些金属矿产(如铁矿、铅锌矿、铜镍矿等),进行地质填图,以及研究与石油和煤田有关的地质构造及大地构造。我国大多数铁矿区、多金属矿区及油气田普查区等都进行了大量的磁法勘探工作,尤其是在探明铁矿资源方面地质效果显著。近年来,在煤田勘探解决构造及圈定煤层燃烧带方面也取得了一定的效果。

一、地磁场及磁异常的测量

1. 地球的磁场

（1）地磁场的基本特征

　　在地球上任何地方悬挂的磁针,都能停止在一定的方位上,说明地球表面各处都有磁场存在。经过地磁台站的长期观测,发现地球的磁场分布是有规律的,它相当于一个磁偶

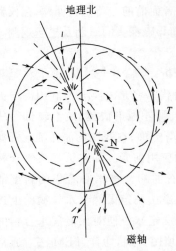

图 7.19 地球磁力线分布示意图

极子的磁场。即如果在地球中心放一个强磁偶极子,则它在地球表面所产生的磁场就会和地磁场相似。它的磁南极(S)大致指向地理北极附近,磁北极(N)大致指向地理南极附近。磁轴相对于地理轴倾斜 11.5° 左右(图 7.19)。地表各处地磁场的方向和强度随地区不同而不相同。其磁力线分布特点是:赤道附近磁场方向水平,而两极附近则与地表垂直。赤道处磁场最小(约 30~40kγ),两极最强(约 60~70kγ)。

由世界各地的地磁台对地磁场的长期观测结果表明,地球表面的磁场受到各种因素的影响而随时间发生变化。除了有周期性的日变化、月变化、年变化和历年变化外;还有短时间的非周期性的强烈变化,如磁暴和磁扰。

(2)地磁要素

地磁要素是用来表示地球磁场方向和大小的物理量。地表某点的地磁场强度是个矢量,用 T 表示。研究这个矢量的参考坐标系选择如下:坐标系的原点 o 位于测点上,x 轴指向地理北,y 轴指向地理东,z 轴垂直向下,指向地心。在此坐标系中,矢量 T 与水平面 xoy 的夹角称为磁倾角 I,与 x 轴的夹角称为磁偏角 D(又称方位角);它在水平面上和在 z 轴上的分量称为地磁强度的水平分量 H 与垂直分量 Z,在 x、y 轴上的分量称为北分量(X 分量)与东分量(Y 分量)。磁倾角、磁偏角、地磁场总强度及其各个分量,统称为地磁要素(图 7.20)。

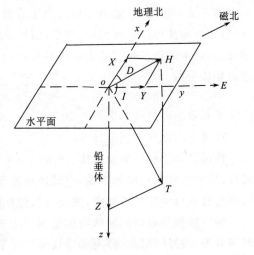

图 7.20 地磁要素示意图

2. 磁异常场

由公式计算的理论磁场强度与实测的地球磁场强度之间常有差别,这种差别称地磁异常。

按面积大小,一般把地磁异常分为区域性异常和局部异常。

(1)区域性异常

区域性异常且指由区域地质构造所引起的,面积在数十至数百平方千米甚至达 1000~2000km² 的磁场。

（2）局部异常

局部异常是指由地质构造或矿产所引起的,面积只有数平方千米至数十平方千米的局部磁场。

正常磁场和磁异常场由于是相对的,因此在研究局部矿产的磁异常场时,叠加在正常磁场上的区域性异常场也可以看作是正常磁场。此外,在非磁性岩层中圈定磁性岩层,可以把非磁性岩层上的磁场看成正常场,而把磁性岩层上的磁场称为异常场;也可把磁性岩层上的磁场当作正常场,而把非磁性岩层产生的磁场称作异常场。

在磁法勘探中,通常将低于理论地磁场的异常地区称负异常或磁力低值地区;将高于理论地磁场的磁力异常地区称正异常或磁力高值地区。磁异常一般都由正负两部分组成,有时以正值为主,有时以负值为主。比较不同磁异常时,磁异常强度是指某磁异常最大值的伽马数,也可用磁异常幅度（异常的最大值与最小值间的差值）的伽马数来表示。磁异常强度受地质体的形状、规模大小、埋藏深度、磁性强弱等因素控制,最大的可达10000γ甚至数万伽马,小的也可仅有数伽马,甚至更小。

3. 岩石的磁性

（1）物质的磁性

物质由于地磁场的作用而产生磁性,称为磁化。不同的物质被磁化的程度不同,受单位强度的磁场磁化所产生的磁性,称为磁化率 k。

物质按磁化率不同可分为逆磁性（$k<0$）、顺磁性（$k>0$）及铁磁性（$k \geqslant 0$）物质。

铁磁性物质是指易于磁化的物质（如铁、钴、镍）,当把它们移近磁铁处,磁铁的磁场会使它们产生磁化感应,靠近磁铁北极（N）的一端就成为南极（S）。这类高磁性的物质称为铁磁性物质。

顺磁性物质是一种非铁磁性物质（如铂、铝、氧）,把它们移近磁场时,也会发生磁化,但很微弱,需要用精密仪器才能测出。

逆磁性物质又称抗磁性物质,也是一种非铁磁性物质（如金、银、铜、铝、二氧化碳、水等）,把它们移近磁场,会发生反向磁化而互相排斥。

（2）岩（矿）石的磁性

岩（矿）石之所以有磁性是因为岩（矿）石中含有磁性矿物,特别是铁磁性矿物（如磁铁矿、磁黄铁矿、钛铁矿等）,这些铁磁性矿物在地磁场中被磁化而具有了磁性（感应磁性和剩余磁性）。

1）感应磁化强度。感应磁化强度是表示岩（矿）石受地磁场磁化所产生的感应磁性大小的物理量,用 J_i 表示。感应磁化强度是个矢量,其数值等于磁化率 k 与磁化磁场 T 的乘积,即 $J_i = kT$ 其方向一般与现代地磁场方向一致。

2）剩余磁化强度。岩（矿）石形成时产生的磁性,在历经地质变动后所保留下来的部分磁性称为剩余磁性。剩余磁化强度是表示剩余磁性大小的物理量,用 J_r 表示。它的大小和方向与现代地磁场无关,而决定于形成时的环境及所经历的地质变动。例如,经过高温作用的岩(矿)石具有热剩余磁性;经过化学成岩过程或相变过程而形成化学剩余磁性沉积岩在沉积过程中,一些磁性物质顺着当时地磁场方向磁化而获得沉积剩磁及其他一些原因形成的剩磁。由此可知,几乎所有岩石都具有剩余磁化强度。古地磁学就是通过岩(矿)石的剩余磁化强度来研究古地磁场,从而解决某些地质问题。

3) 总磁化强度。总磁化强度表示岩(矿)石的总磁性,用 J 表示。它是感应磁化强度 J_i 和剩余磁化强度 J_r 之和,即

$$J = J_i + J_r = kT + J_r \tag{7.17}$$

4) 岩(矿)石磁性的一般规律。岩(矿)石的磁性主要决定于铁磁性矿物的含量和结构。常见的岩(矿)石的磁性见表 7.2 所示。

表 7.2　常见岩(矿)石的磁性

岩(矿)石	$k(10^{-8}\mathrm{CGSM})$	$J_r(10^{-8}\mathrm{CGSM})$
磁铁矿、钛磁铁矿	$10^3 \sim 10^6$	$10^3 \sim 10^6$
其他铁矿	$10^1 \sim 10^5$	$10^4 \sim 10^5$
超基性岩	$10^2 \sim 10^4$	$10^2 \sim 10^4$
基性岩	$10^1 \sim 10^4$	$10^0 \sim 10^4$
酸性岩	$10^1 \sim 10^3$	$10^0 \sim 10^4$
变质岩	$10^0 \sim 10^2$	$10^0 \sim 10^2$
沉积岩	$10^0 \sim 10^1$	$10^0 \sim 10^2$

注:表中数字表示数量级。

由表中可知,自然界中火成岩的磁性最强。这是因为火成岩一般都不同程度地含有铁磁性矿物,大多显示铁磁性的特征。火成岩的磁性与其中的磁性矿物含量多少、颗粒大小、结构、构造、生成环境及所经历的地质过程等复杂因素有关,即使同一成分的火成岩,其磁性差异也很大,因而在研究火成岩时,既要注意磁化率值 k,又要注意剩余磁化强度 J_r,并结合地质情况作具体分析。一般来说,由酸性岩到基性岩,二氧化硅含量逐渐减少,铁磁性矿物含量逐渐增多,磁性逐渐由弱到强。

变质岩的磁性一般与其变质前岩石的磁性有关,但应注意岩石受到高温高压作用可能产生物理变化或矿物成分的变化。在具有层状结构的变质岩中,往往还有磁的各向异性,不仅 J_r 的方向接近片理方向,k 值沿片理方向也比垂直片理方向要大。

沉积岩的磁性很弱,对于不含任何铁磁性矿物的沉积岩(如石灰岩及一些生物沉积而成的岩石),其磁化率接近于零,基本上是非磁性。在接近火成岩或变质岩剥蚀地区的沉积岩,由于含有随母岩剥蚀而来的磁性矿物颗粒,因而可能具有稍高的磁化率值,如有些砾岩和粗砂岩等。

4. 磁异常的测定

(1) 磁力仪

测量磁场在空间上和时间上的变化的仪器,称为磁力仪。

在磁法勘探中,主要研究磁场的相对变化。按所测量的地磁要素,可分为测量垂直磁场变化的垂直磁力仪、测量水平磁场变化的水平磁力仪、测量地磁场总强度或其变化的总强度磁力仪;根据不同的结构原理,可分机械式(有悬丝式和刀口式的磁力仪)、电子式(有磁通门、光泵和超导的磁力仪)及核子旋进式的磁力仪(图7.21)。

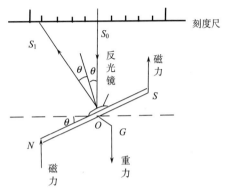

图7.21 悬丝式垂直磁力仪的原理

在地面磁场测量中,常用悬丝式垂直磁力仪,它的工作原理是:用一根水平的金属丝将一根磁棒悬挂在仪器内,磁棒可绕金属丝转动,安装时让悬丝的支点靠向磁棒的 N 极一方,使磁棒的重心 G 稍偏高向 S 板,位于旋转轴右下方,于是重力对磁棒将产生力矩。磁力矩使磁棒逆时针转动,而重力矩及悬丝的扭力矩使磁棒顺时针转动。二者达到平衡时,磁棒位于水平位置,或转动 θ 角与垂直分量值 Z 相对应。Z 值增大则磁力矩增大,破坏了平衡,磁棒将逆时针偏转,与重力矩和扭力矩达到新的平衡,这个增加的角度正比于磁场垂直分量的变化 △Z,通过反光镜可在刻度尺上读出相应的格值。

(2) 磁法勘探的野外工作方法

根据观测的空间位置,磁法勘探可分为地面磁测、航空磁测和海洋磁测。采用各自相应的磁力仪进行工作。

地面磁测的野外工作和重力勘探相似。由测线、测点组成测网,比例尺的选择与测网的布置是根据地质任务和勘探对象的范围大小而定。工作时要选好观测的起始点,称为基点。基点分为总基点、主基点、副基点及分基点。其中,总基点作为全区磁异常起算的标准点,必须选在正常磁场上,并埋设固定永久标志;主、副基点作为工区磁场的间接起算点和用作检查校正仪器的性能。总基点与主、副基点组成基点网,主、副基点与分基点组成分基点网。当开始面积磁测时,每天以基点为起始点,按一定的测线进行观测,最后回到基点。

设基点的仪器读数是 S_0,某一测点的读数是 S,则该点的磁异常为

$$\Delta Z = \varepsilon(S - S_0) \tag{7.18}$$

式中,ε 为仪器的格值,即每掉1格的伽马数。

需要指出,由于气候温度的变化、地磁场存在的日变化及仪器机械性能的改变都会影响仪器的读数,此外,在进行大面积磁测时,还要考虑地磁场随纬度的变化而需进行正常梯度改正。因此,磁异常的计算需用下式进行各种改正。

$$\Delta Z = \varepsilon(S - S_0) + \Delta Z_1 + \Delta Z_2 + \Delta Z_3 + \Delta Z_4 + \Delta Z_5 + \Delta Z_6 \qquad (7.19)$$

式中，ΔZ_1、ΔZ_2、ΔZ_3 为扭鼓改正、温度改正和日变改正；ΔZ_4、ΔZ_5 为零点位移改正与正常梯度改正；ΔZ_6 为总基改正。

各项改正并不是所有磁测工作都要计算，而是按各项磁测工作的精度要求不同而异。在强磁区的测量中，可以不作温度改正；在弱磁区的精密测量中，则须加进上述各项改正。

（3）磁测异常图的绘制

磁测数据经过计算和各项改正后，可按一定比例尺将结果绘制成磁异常剖面图、磁异常平面图和磁异常剖面平面图等。

磁异常剖面图是表示磁异常沿一测线的变化规律的图件（图 7.22a）。其纵轴代表磁异常强度，横轴代表测点位置。剖面上一般都注有剖面方向及比例尺。有时，剖面图附有根据磁异常推断的地质剖面或经过钻探验证的地质剖面（图 7.22b）。

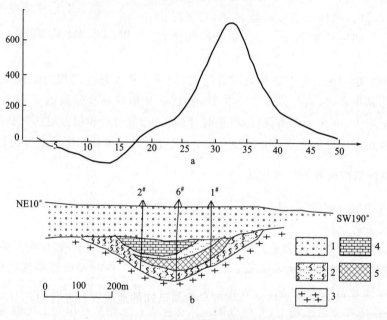

图 7.22　磁异常剖面图
1. 表土；2. 夕卡岩；3. 闪长岩；4. 灰岩；5. 铁矿

磁异常剖面平面图是用磁异常剖面表示测区内磁异常平面分布规律的一种图件。这种图件有利于反映磁异常的局部特征，从而有利于分析研究叠加磁异常、低缓磁异常和孤立磁异常的规律。

磁异常平面图是用磁异常等值线表示磁异常在平面上的分布规律的图形，它能反映磁异常的走向、连续性，分布规律等异常体特征，常与剖面图配合使用。

二、磁异常资料的解释与应用

1. 磁异常的定性解释

根据磁异常的特点,结合工作地区的地层、构造、岩性及磁性资料,初步判断引起磁异常的地质原因,大致估计地质体的形状、产状及空间位置。对找矿来说,还需要区分哪些是矿异常,哪些是非矿异常,这些工作称为磁异常的定性解释。它是定量解释的基础。

在定性解释时,除了必须掌握已知的地质及物探资料外,对岩(矿)石磁性的研究是进行正确解释的重要基础工作。

(1) 研究工作区岩石的磁性特点

1) 侵入岩。侵入岩从超基性岩到酸性岩,随着铁磁性矿物含量的减少,磁性由强逐渐变弱,磁场由不稳定到稳定。比较大的侵入岩体,其磁异常曲线表现为中间平缓、两翼较陡。

当侵入岩以岩脉或岩墙的形式产出时,磁异常具有类似薄板状岩体的异常特征,即在平面上表现为狭窄的磁异常带。

2) 火山岩。火山岩由于所含铁磁性物质分布不均匀,因此磁化也不均匀。其强度变化可以很大,方向也不一致,磁场的显著特征是强、弱、正、负迅速交替,形成不规则变化的磁异常。由于异常的规律性很差,相邻测线间的磁异常也难以对比。

3) 沉积岩。沉积岩的磁性很小,磁力仪往往测不出来,因此在沉积岩分布地区,磁异常表现为近于零值或平稳的负值。例如石灰岩的磁场平稳,只有微弱的变化,在磁测图上表现为正常场,其间如有侵入体,由于侵入岩能产生一定强度的正异常,因而可用磁法勘探划分出沉积岩与侵入岩的界线进行地质填图。

4) 变质岩。变质岩的磁性比较复杂,各种变质岩的磁异常差别也很大。例如大理岩、石英岩等的磁异常与沉积岩相同,而一些片麻岩、角闪岩及角岩的磁异常较大且不稳定,但却具有明显的走向。

(2) 对磁异常特征的分析研究

1) 研究已知区磁异常的特征。将磁异常与已知的地质资料进行对比分析,寻找磁异常与地质体间的相应关系,分析磁异常形成的原因,然后将所得到的规律性运用到邻近地质情况未知的覆盖区,以确定有地质或成矿意义的磁异常。

2) 根据平面图上磁异常的形状、走向和分布范围等,分析地质体的形状、走向及大致分布范围。例如磁异常形状为狭长带状的,可解释为接触带、断层、水平柱状矿体或产状陡倾的厚层状与薄层状矿体,磁异常呈等轴状,可推断为球状矿体、水平透镜状矿体,以及其他在地表上的投影近似为圆形的矿体等。

3) 根据剖面图上磁异常的强度、极大值、极小值、异常的变化梯度等,来分析地质体的倾向、磁化方向及顶部的大致埋藏深度。例如,利用正异常周围有关负异常的特点,可以估计地质体向下延伸的情况。在北半球,地磁场对地质体的磁化是使其上端呈 S 性,下端呈 N 性。如果下端埋藏深度不大,则由它引起的负磁场将与上端所引起的正异常相叠加,在离开球体中心不远处、磁异常会出现负值(图 7.23a);如下端埋藏深度很大,那么在地表所引起的负磁场通常弱到不能显示出来(图 7.23b)。如果地下岩体的延伸方向与磁化强度 J 方向不一致时,磁异常曲线显示为不对称形,岩体倾斜南向一侧的曲线下降较缓,另一侧曲线下降较陡,并出现负异常(图 7.23c)。

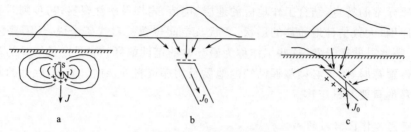

图 7.23　磁异常剖面图的解释

a. 地质体的下端埋深不大时;b. 地质体的下端埋深较大时;c. 地质体的延伸方向与磁化方向不一致时

　　4) 在地质条件复杂的情况下,有时很难确定引起磁异常的地质原因。此时,需配合其他物探、化探资料,综合分析磁异常产生的原因。即利用综合物探方法,从密度、导电性等不同角度去研究异常源的性质,这样往往能取得较好的效果。

　　5) 对所有磁异常都要查明来源,不仅是对矿异常,即使是非矿异常也要查明来源。但当测区面积很大且异常很多时,则可根据异常和地质特点,将异常分类,有步骤、有重点地进行分析研究。

2. 磁异常的定量解释

　　磁异常的定量解释又称磁法勘探反演同题。它是在磁异常定性解释的基础上,选择一些磁测精度较高的典型剖面及适合的计算方法,利用磁场的反演公式计算出磁性地质体的埋藏深度、产状、形状及其磁性。通常,这一工作要借助于电子计算机来完成。

　　定量解释的方法很多,如切线法、特征点法、选择法、积分法、理论曲线法等。对于复杂的磁异常,往往需要进行适当的数学处理,使之变得简单化和理想化,以便于计算。

　　(1) 切线法

　　切线法是作为计算磁性地质体顶端埋藏深度的一种经验方法。其优点是简便、快速,事先可以不考虑磁化体的形状及磁化方向,也无需考虑正常场的选择问题,因此用途较广。

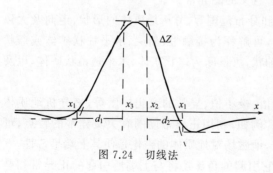

图 7.24　切线法

　　切线法的具体作法是在磁异常剖面曲线上的拐点、极大点和极小点等处作切线(图 7.24),各切线之交点在 x 轴上的投影分别为 x_1、x_2、x_3、x_4,即可得到磁性体上端的埋深。

如果异常曲线无极小值,则用 x 轴来代替极小值切线。

（2）选择法

选择法又称理论曲线与实测曲线对比法。首先根据磁异常曲线、地质资料及磁性资料估计磁性体的形状、大小、产状与埋深等参数,计算出理论曲线（正演）,将它与实测曲线对比（反演）,如果差别较大,则改变参数重新计算,然后再次对比。如此往复,逐步逼近实测曲线,并以最后对比上的理论曲线的参数作为定量解释的结果。

地质模型的理论曲线可用计算机计算,也可采用计算量板来进行。利用计算机可以对磁异常数据进行空间延拓等计算处理,还可自动修改地质模型参量,使其产生的理论曲线与实测曲线偏差最小,从而提高了磁测定量解释的精度。

（3）磁异常延拓

根据某一面上已知的磁异常值,计算出空间任一点上相应的磁异常值的方法,称为磁异常的延拓。例如,已知某一平面上的磁异常值后,计算出比此平面高或低的平面上的磁异常,分别称为磁异常的向上延拓或向下延拓,已知某一平面上的磁异常,计算磁性体外某铅垂直线上的磁异常值,称为旁侧延拓;已知某一表面上的磁异常值,计算除磁性律以外全部空间的磁异常值,称为全空间延拓。目前在磁异常解释中,向上和向下延拓的研究和应用较为普遍。它主要侧重区分矿体与岩体异常,求解磁性体的产状,解释和处理叠加异常等。

第四节　地球物理测井

一、测井参数方法与用途

地球物理测井,简称测井。它是由地面物探演变而来的。测井是在钻孔内进行的物探工作。钻孔内有各种岩层和煤层,它们具有不同的地球物理特性（如电性、磁性、放射性等）,为了研究这些特性,因此产生了不同的测井方法、探测仪器和解释手段。目前应用于煤田测井的主要方法有:自然电位测井法、电阻率测井法（不包括侧向测井的普通电阻率法测井）、侧向测井法、自然放射性测井法、密度测井法和声波测井法。

煤田测井主要解决的地质问题有:确定岩层岩性,判断地层岩性组合;划分煤、岩层界面,估算煤层厚度,进行煤质分析,计算煤层的碳、灰分、水分含量;寻找构造;为地震勘探和开发矿山提供速度参数和岩石的各种弹性模量。

测井又称井中地球物理勘探,是钻井中的一种特殊测量,这种测量作为井深的函数被记录下来。它常常作为井深函数的一种或多种物理特性的测量,然后从这些物理特性中推断出岩石和煤的特性,从而获得井下地质信息。由于它的工作领域、观测方式和所要解决的任务与地面地球物理学方法有较大差别,因而成为地球物理学的一个独立分支学科。

煤田测井是利用钻孔内不同煤、岩层的电性、密度及放射性等物理性质的差异,通过测井仪器测出反应不同物性的曲线,然后对曲线进行综合解释,用以确定煤层的深度、厚度、结构,划分并对比煤、岩层,了解煤质、断层、含水层、水文、水量、井温以及孔斜和煤、岩层的产状,煤层气、页岩气储层特征等。目前,在煤炭地质勘查中广泛应用的测井方法,根据所依据的物理性质的不同可分为以下几类。

1)以研究煤、岩导电性为基础的一类方法。如普通电极系电阻率法,其中包括电阻率电位、视电阻率梯度、双电位、双梯度等方法;电流法,包括屏蔽电流、接地电阻梯度法等;侧向测井,主要是双侧向测井和三侧向测井;微电极系测井,包括微电位、微梯度以及微侧向测井。

2)以研究煤、岩石电化学性质为基础的一类方法。其中包括自然电位、人工电位和电极电位测井等。

3)以研究物质核性质为基础的一类方法。其中有自然伽马法与自然伽马能谱法;人工伽马测井和选择伽马-伽马测井;中子测井,包括中子-中子测井、中子-伽马测井、中子俘获伽马能谱测井。

4)以研究岩石弹性波传播性质为基础的一类方法。包括超声成像测井、声波速度测井和声波全波列测井。

5)其他测井方法。包括温度测井、地层产状测井、井液电阻率测井以及井径、井斜测井等方法。

二、电 测 井

1. 视电阻率法

影响视电阻率曲线的因素很多,归纳起来主要有以下三点:

1)地层厚度及地层电阻率的影响。在所有影响因素中,地层厚度及地层电阻率的变化对视电阻率曲线的影响占主导地位。假定在其他条件不变的情况下,随着地层厚度增大和电阻率的增高,视电阻率曲线的幅度会逐渐增大。

2)井径及泥浆电阻率的影响。测井是在钻孔内进行的,为了保护井壁,在钻井时向井内灌满泥浆。由于泥浆的存在,使得分流作用增强,削弱了地层电场,因此测得的曲线受泥浆的影响增大。同时,井孔的扩大将进一步导致探测范围内的泥浆增多,使得视电阻率曲线幅值降低,曲线变得更加圆滑,完全消失了理论曲线中的直线段。需要指出,在井径严重扩大处,其实测的地层视电阻率曲线值就等于井内泥浆电阻率值。因此,在扩井处要进行井径校正,以消除上述影响。围岩电阻率的变化,直接影响了地层电阻率曲线的变化,不但可使曲线幅值降低,而且还可使其曲线变形。一般来说,当围岩与地层的电阻率值有一个合适的比例时,所测曲线才能符合实际情况。

3)倾斜岩层的影响。视电阻率理论曲线是在无井条件下的水平高阻岩层中得出的最佳结果。在实际工作中,经常接触到的大都是倾斜岩层,在其他条件不变情况下,岩层倾角发生变化,所测曲线形状则发生变化。随着岩层倾角增大,电位曲线形状无大的变化,只是曲线所反映岩层的视厚度增加。因此,在岩层倾角大的地区,可进行适当的厚度校正。在一般情况下,如果倾斜岩层所测曲线计算出来的视厚度与岩层的实际厚度的差值不超过规程规定时,可不进行厚度校正。随着岩层倾角增大,梯度曲线的极大值向地层中心移动,曲线与岩层中心呈对称形态;曲线的极大值随着倾角的增加而降低,极小值消失,曲线变得平缓。因此,在岩层倾角较大的地区,不要采用梯度电极系,这是由于所测的梯度曲线已不能反映它原有的面貌和失去分层定厚的意义。

在煤田、油田、冶金等各种勘探中,视电阻率测井主要用于解决各类岩层的厚度和深度、地层的渗透率,以及高电阻率的特殊矿层。在煤田测井中,视电阻率曲线主要用来划分煤层和确定煤层厚度。如配合其他测井曲线,还可解决勘探区内小型构造,划分钻井地质剖面、确定含水层等。

视电阻率测井是煤田测井中的一种主要方法,从几十年的实际应用来看,它的优点较多,解决地质问题的效果也好。但在岩层间电阻率比较相近的情况下,单靠视电阻率曲线不可能把煤层划分出来时,就需采用多参数的解释法,来获取可靠的地质资料。

根据钻孔中煤、岩层的电阻率不同,利用电位仪测量人工电场沿钻孔深度而变化的电位差,由于煤、岩层的电阻与电位差成反比关系,即煤、岩层的电阻高时,电位差减小,而当煤、岩层的电阻低时,则电位差大,从而取得了反映煤、岩层电阻率变化的曲线,然后据此进行地质解释。

在视电阻率曲线上,一般采用曲线根部的突变点,来确定煤层厚度(图 7.25)。视电阻率梯度电极系可以确定厚煤层和薄煤层的厚度;而视电阻率电位电极系只能确定厚煤层的厚度。当高阻煤层的顶、底板及夹矸为高阻的石灰岩等时,或低阻煤层(无烟煤,天然焦等)的顶、底板及夹矸为低阻的泥岩等时,一般对煤层无法进行定性、定量解释,必须借助不同物理参数的测井曲线(如自然伽马或人工伽马)进行综合解释。

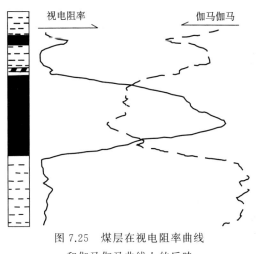

图 7.25　煤层在视电阻率曲线
和伽马伽马曲线上的反映

2. 电流法

电流法又称单电极测井法。当电极在钻孔中通过不同电阻的煤、岩层时,使线路中的电流大小发生变化,从而引起电位差的变化(岩层电阻高时,电流减小,电位差也变小,反之当岩层的电阻低时,电流增加,电位差也增大),通过测定电位差的变化,取得了反映电流强度变化的曲线,用以进行地质解释。

电流曲线表现为与视电阻率曲线一一对应相反的特征,具有较高的分层能力,可以用来确定煤层厚度及结构,也可以进行全孔煤、岩层的划分。当煤层厚度大时,一般采用曲线的"半幅度点"或"拐点"来确定界面(图 7.26),当煤层厚度较小时可用 2/3 幅度点来确定界面。

由于电流法探测的范围不大,当钻孔中岩层的电阻很高时,电流法测量的结果就要受

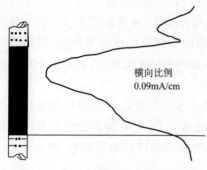

图 7.26　电流曲线对煤层厚度的解释

泥浆的很大影响,从而降低了电流曲线的使用价值。

3.接地电阻梯度法

由于钻孔中的煤、岩层电阻不同,通过测定放入钻孔中的两个电极的接地电阻之差,取得反映岩层电阻变化的接地电阻梯度曲线,用以进行地质解释。

接地电阻曲线在煤、岩层的上、下分界面处,出现一对反向异常尖峰,这有利于界面的划分和定厚解释。一般来说,在高阻层上,由两个相反尖峰外推半个电极距作为分界点,在低阻层上则由两个相反尖峰内推半个电极距作为分界点(图 7.27)。但本曲线对过于薄煤层的定厚解释还有待作进一步的研究。

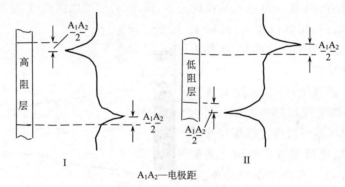

A_1A_2—电极距

图 7.27　接地电阻梯度法对煤层厚度的解释

4.自然电位法

在井内及井周围,由于岩层本身的电化学活动性会产生自然极化电场,利用自然电场的变化来研究井内地质情况的方法,称为自然电位测井法。

自然电位在渗透性比较好的砂岩层上异常反映较大,而在泥岩上异常反映很小且近似一条平的直线。所以,在自然电位测井解释中,通常规定泥岩的自然电位值为基值。

钻孔内自然电位形成的因素较复杂,对于煤田钻井来说,自然电位的产生是由三种原因形成的,即:由浓度不同的地层水和井液之间离子的扩散作用,以及岩粒对离子的吸附作用产生的扩散吸附电位;导电性矿体与井液或围岩中溶液发生氧化还原作用产生的氧化还原电位;地层与井液压力不同时,在岩石孔隙中产生的液体过滤作用所形成的过滤电位。

将两种不同浓度的溶液相接触时,高浓度溶液中的离子向低浓度溶液中移动,逐渐达到浓度均衡状态,这种现象称为溶液中离子的扩散现象,由它产生的电位差称扩散电位。实验证明,扩散电位的产生是由溶液的浓度差造成的,其数值大小与浓度差、离子类型、温度、离子迁移率等因素有关。

在煤田钻井内,当地层(含水砂岩)水浓度大于泥浆浓度时,其扩散结果使地层水带正电、泥浆带负电,在地层水与泥浆的接触面上(即井内的井壁上)富集大量的正、负电荷,形成扩散电位。

在渗透性能较好的地层上,地层与泥浆相接触,形成的电位在井内为负,地层为正;在渗透性能较差的地层(如泥岩等)上,地层与泥浆相接触时形成的电位在井内为正,地层为负。对煤田测井来说,氧化还原作用主要发生在煤层上。即被氧化的煤层因失去电子而带有正电,被还原的煤层因得到电子而带负电,因而在煤层与围岩、煤层与泥浆之间就形成了电位差,电位差是由氧化还原作用造成的,故称氧化还原电位由氧化还原作用所产生的自然电位,其值的大小与煤层处于氧化带还是还原带有直接关系。当煤层处于氧化带,自然电位大,曲线呈正异常;当煤层处于还原带,自然电位的大小决定于电动势,自然电位大,曲线出现负异常,自然电位小,曲线则出现正异常。

钻孔中的煤、岩层在自然条件下,进行电化学作用(如溶液中离子的扩散,岩石对离子的吸附,岩层的氧化还原作用以及地下水、泥浆的过滤、渗透等),从而产生自然电位。通过测得自然电位沿钻孔深度变化的曲线,反映出不同煤、岩层的自然电化学活动性能,然后据此对钻孔揭露的剖面,进行地质解释。

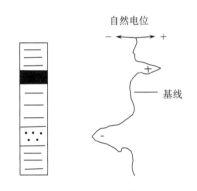

图 7.28　自然电位曲线对煤、岩层的反映

一般将泥质岩的自然电位显示,作为曲线的基线,向右突出者为"正异常",向左突出者为"负异常"(图 7.28)。自然电位曲线主要用于定性解释,划分煤、岩层,特别是天然焦、无烟煤和黄铁矿具有明显的异常。在定厚时,通常采用曲线的半幅度点。

自然电位通常作为渗透性岩层的指示,所以在某些情况下它可以作为煤层渗透率的定性指标。但自然电位测井不能用于仅为气体饱和的煤层中,为改善这一条件,可以用水充满井孔,然后再进行自然电位测井。

5. 电极电位法

在含煤岩系中,通常无烟煤、天然焦和黄铁矿等属于电子导电体,具有一定的电极电位,而它的顶、底板一般都为离子导电体,它们没有电极电位。通过测得电极电位沿钻孔深度变化的曲线,就可以区分出含煤岩系中的无烟煤、天然焦和黄铁矿等电子导电层。

电极电位曲线仅能在电子导电层上显示异常,并在矿层界面处有明显的电位变化(图 7.29),因此利用曲线急剧变化处(拐点),可以比较精确地确定出矿层界面的深

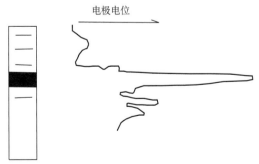

图 7.29　电极电位曲线对无烟煤的反映

度和矿层的厚度。该曲线可以比较清楚地反映出无烟煤的结构和天然焦中的岩浆岩夹矸。并且在含有石煤的早古生代浅变质岩系中，电极电位法对石煤进行定性、定厚解释，也有较好效果。

对于有些地区的高阻无烟煤，有时测不到电极电位，此法不能使用；另外，在扩孔层段，由于刷子电极不能保证与煤层有良好的接触，该方法也不能使用。当孔壁不光滑时，刷子电极与煤层时而接触，时而又离开，曲线就会出现一切尖锐的刺，这种现象并非是煤层结构或夹矸所引起的，资料解释时必须应引起注意。至于煤与菱铁矿之间，可通过密度测井予以区分。

6. 人工电位法

用电流通过煤、岩层时产生人工电位，由于不同煤、岩层的电化学性质不同，它们所产生的人工电位也不同。通过测得人工电位沿钻孔深度变化的曲线，就可以解释钻孔所揭露的地质剖面。

人工电位曲线对于天然焦、无烟煤、烟煤及石灰岩等均显示明显的异常，但当供电电流增加到一定程度时，石灰岩的人工电位有"饱和"现象，不再增高，而煤层的电位却继续增加，这样就可以把煤层与石灰岩区分开来。

在确定煤层的厚度时，通常采用曲线的半幅度点。此外，还可以利用人工电位曲线划分岩层，研究煤的变质程度及灰分等。

除上述测井方法外，近年来为了划分薄煤层和结构复杂的煤层，提高分层、定厚的精度，在电测井中采用了侧向测井技术，使测井资料的定性、定厚解释和煤、岩层物性探测都得到了大幅度提高。

三、放射性测井

自然界中，沉积岩石在不同程度上都具有一定的放射性，它们是由放射性元素（如钠、钍、铜、钾等）在蜕变过程中产生的。沉积岩石中放射性元素的含量与岩石的成分、沉积条件和后期作用有关。一般来说，不同类型的岩石，其放射性元素含量不同。因此，沉积岩石的自然放射性也不相同。通常，可把沉积岩石的自然放射性分为强、次强、中等、弱和次弱五种类型。

强放射性的沉积岩主要包括钾盐和深水泥岩等，其中钾盐的自然放射性最强；

次强放射性的沉积岩主要为泥岩；

中等放射性的沉积岩主要包括砂质泥岩、泥质砂岩和砂岩；

次弱放射性的沉积岩主要包括石灰岩和白云岩；

弱放射性的沉积岩主要包括岩盐、煤和硬石膏，其中硬石膏最低。

根据上述分类，可看出沉积岩石是随着岩石粒度和孔隙度的减小及泥质含量的增高，其自然放射性增强。此外，岩石的颜色由浅变深，自然放射性增高。

1. 自然伽马测井（又称伽马测井）

钻孔内的岩石都具有不同含量的放射性元素，这些元素在蜕变过程中放射出大量的伽马射线，其中射线因穿透能力强而应用于测井中。我们把测量这种由自然形成伽马射线强度的方法称为自然伽马测井法。测量仪器是由探测器、放大器、高压电源、放射性测井仪和曲线记录仪五部分组成。测量时，将探管放入钻孔泥浆中，岩层中放射线元素放射出的射线经过泥浆射入探管，探管内的探测器将这些射入的伽马射线转换成电脉冲（电脉冲的多少反映射线强度的大小），再经放大器放大后送入地面放射性测井仪，最后以电位差的形式被记录仪记录下来。

自然伽马测井是测量地层中放射的自然伽马射线，即记录地层内的天然放射性。不同的煤、岩层所含有的天然放射性元素是不同的，其发射的伽马射线数量大小取决于煤、岩层中钾、钍和铀的含量，一般随岩石中的泥质含量增加而增高。通过测定沿钻孔不同深度的自然放射性强度，取得自然伽马曲线，用以对钻孔剖面进行地质解释。

自然伽马测井理论曲线有基本特征：被测目的层上、下围岩性质相同时，曲线对称于岩层中点，如果上、下围岩性质不同，曲线与岩层不呈对称，其极大值倒向自然放射性强度大的围岩一方。

在自然伽马曲线上，一般煤层和石灰岩以低峰出现，而泥质岩则显示高峰，其他岩层随着其泥质含量的增加而曲线峰值增大（图7.30）。因而可以用来划分岩性剖面，特别是可以区分出粒度较细的岩石。有时煤层在曲线上为明显的低峰时，也可以对煤层进行定性、定厚解释，以曲线的半幅度点确定厚度。另外，依据不同时代地层的天然放射性平均基值，可以确定新地层或其他地质时代地层的分界面。依据煤层的放射性强度与煤中灰分含量的关系，可以确定煤的灰分含量。根据自然伽马曲线上的放射性异常层（超过一般岩层放射性平均强度的3～5倍），可以寻找放射性铀矿。

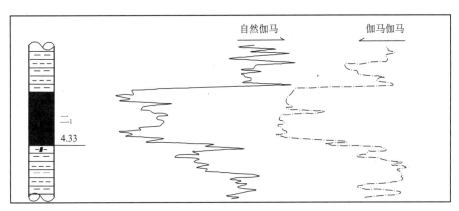

图7.30　煤层在自然伽马和人工伽马曲线上的反映

2. 人工伽马测井

人工伽马测井又称伽马伽马测井或散射伽马测井或密度测井，是以研究煤、岩层对入射伽马射线的散射和吸收为基础的一种测井方法。它所测量的是被煤、岩层所散射的伽马射线的强度,由于被测定的散射伽马射线强度与煤、岩层的密度有关,故也称之为密度测井。

由伽马射线源发射的伽马射线进入岩层后,由被测物质中的原子轨道电子所散射。这种现象称之为康普顿散射,它导致伽马射线能量损失。如果物质很致密(电子较多),伽马射线会产生更多的散射,有更多的伽马射线被物质吸收,所以到达探测器的伽马射线很少;在密度较低(电子较少)的地层中,伽马射线没有被衰减到同等程度,所以有较多的伽马射线到达探测器。通过测定沿着钻孔不同深度的煤、岩层散射伽马射线的强度,取得人工伽马曲线,即可以对钻孔剖面进行地质解释。

为了补偿泥饼和钻孔不规则变化时的体积密度,改进的人工伽马测井还增加了短距伽马探测器。

由于含煤岩系中的岩层密度一般比煤层密度高,而各种不同牌号的煤其密度变化不大,因此煤层在人工伽马曲线上,均以高峰出现,而其他岩层均以低峰出现,特别是石灰岩更低。这就使得在用人工伽马曲线对煤层进行定性、定厚解释时,能有较好的效果,尤其是可以将具有高电阻的煤层与高电阻的石灰岩(或岩浆岩),以及低电阻的煤层与低电阻的围岩区别开来。通常在确定煤层及夹矸厚度时,采用曲线的半幅度点。

此外,人工伽马曲线还可以用来划分岩性剖面,在密度小的断层破碎带上,曲线反映明显,可作为划分断层的标志;由于煤的灰分和密度近似地成正比关系,因此当灰分增高时,散射伽马射线强度降低,故而可以利用人工伽马曲线来确定煤的灰分。在水文地质上,还可以用来确定高渗透性岩层的位置。

上述各种测井方法在使用上均各有一定的特点和局限性,为了发挥各种测井方法的特长,必须根据各个地区的煤、岩层的地球物理性质特点,选用效果最佳的方法。

一般来讲,在煤炭地质勘查中,将电阻率测井、自然伽马测井和人工伽马测井作为评价煤层所用的最低限度的一套测井方法。同时,对井径和电缆张力曲线也应做好记录,因为这些记录数据对各种测井质量的控制是必不可少的。目前,随着数字测井技术的发展,对煤层厚度的界定已经可以达到 0.03m 的误差范围。

各种测井方法及其对煤的响应见表 7.3。

表 7.3　测井方法及其对煤的响应

测井方法	对 煤 的 响 应
电阻率测井	纯煤的电阻率一般较高
	煤中黏土(灰成分)常常引起电阻率读数低,因为与黏土经常伴生的结合水增加了导电性
自然伽马测井	纯煤的自然伽马值很低
	黏土矿物的存在引起较高的读数,因为黏土矿物吸附天然放射性元素
	其他灰成分,如细砂,通常对煤的自然伽马读数无影响
人工伽马(伽马伽马或密度)测井	由于煤基质密度低,所以密度测井显示低密度值(高的视孔隙度)
	灰成分,如细粒石英,能引起密度值增高
	与密度测井相关联的光电效应(Pe)曲线,在纯煤中为 0.17%~0.20%,灰成分会使其极度增高(灰成分矿物的光电效应至少是煤的 10 倍)

测井方法	对煤的响应
声波测井	在煤中显示高孔隙度(高传播时间)
	黏土矿物对煤的这些测井值无大的影响,因为纯黏土与煤的视孔隙度范围相同
	其他灰成分,如细粒石英,可能降低煤的视孔隙度
中子测井	在煤中常常显示高的视孔隙度,因为它常把煤中氢作为孔隙度的指示而显示
	黏土矿物对煤的视孔隙度无大影响,因为黏土与煤的视孔隙度范围相同
	其他灰成分,如细粒石英,可能降低煤的视孔隙度
自然伽马能谱测井	在纯煤中显示低值
	根据黏土中钾、钍、铀的贡献,黏土会增加仪器读数
	其他灰成分,如细粒的砂,一般对应于低计数率
中子伽马能谱测井	对煤的元素组成以高精度响应,通常足以识别煤中的碳和氢
	灰成分(包括黏土矿物)具有指示更多元素的效应,增加的典型元素有硅、钙、铁、铝和钾

四、侧 向 测 井

煤田侧向测井主要有侧向电流法测井、三电极侧向测井和侧向梯度测井。这些测井方法,都是在解决低阻井液和高阻薄岩层对电流分流作用的基础上发展起来的,目前已成为煤田测井中解决煤中薄层夹矸的行之有效的一种方法。

侧向电流法供电电极的电流是聚焦的,且集中成水平层状垂直于井轴流入地层。因此,该法基本能反映地层电阻率的变化,分层能力较高,解决地质问题效果好。三侧向测井较其他电阻率测井方法更能反映岩层的真电阻率,但由于受部分泥浆和围岩的影响,因此所测出的参数仍是视电阻率。

影响三侧向测井视电阻率曲线的因素很多,但主要影响因素是电极系参数和地层参数。电极系参数对三侧向视电阻率的影响包括主电极长度、屏蔽电极长度、电极系直径和绝缘环厚度;地层参数对三侧向视电阻率的影响包括泥浆、层厚、地层电阻率、围岩电阻率等。这些因素在不同程度上直接或间接地影响了三侧向视电阻率曲线,使其在形状上和数值上都有一定的变化。在电极系参数选择合理的情况下,三侧向测井能克服围岩和井孔及泥浆的影响,并能取得接近于地层真电阻率的视电阻率测量值,其精度大大超过了其他电阻率测井。因此,三侧向测井发展很快,在不久的将来我国煤田测井的电阻率参数将由三侧向测井来提供。

五、密 度 测 井

密度测井是一种孔隙度测井。它是根据井下岩石密度的大小,来研究伽马射线与岩层作用后产生的康普顿效应形成的人工放射场。岩石的密度是指每立方厘米岩石所具有的质量。对于沉积岩石来说,其密度除与组成矿物有关外,还受到其压实和胶结程度的影响。不同的岩石,具有不同的密度。对于煤层,它的密度和其他岩石密度相差很远,利用这一差异就可准确地把煤层划分出来。

在密度测井中,要保证被测量的散射伽马射线强度是反映伽马射线在地层中的康普顿效应过程。从密度测井的整个测量装置来看,基本与自然伽马测井相同。由于密度测井测量的是由人工形成的放射场,因此在下井仪器中还装有伽马源;为了防止伽马源的直接照射,在探测器与伽马源之间放一铅屏,使直接射向探测器的伽马射线全部被铅屏吸收;探测器所记录的是被地层介质散射后而未被吸收的散射伽马射线。

根据密度测井曲线可确定岩石的岩性。如砂岩在密度曲线上显示较低异常,泥岩及泥质砂岩在密度曲线上显示中等异常,利用密度测井曲线可划分定出煤层。煤层在密度曲线上异常变化明显,配合电阻率曲线容易把煤层从围岩中划分出来,并能确定出煤层的结构及其厚度。还可以确定岩石孔隙度,岩石的密度是随孔隙度增大而减小。根据密度测井曲线可确定出岩石密度,然后通过公式进行运算求得岩石的孔隙度。还可以确定煤层灰分,根据统计学原理,利用密度测井曲线可作出煤层密度和灰分关系量板图。量板图作成后,每给一个密度测井值就可在图上读出一个对应的灰分值。

六、中子测井

中子测井主要是反映岩层中的含氢量。因此,它是一种非常好的孔隙度测井。中子是一种不带电荷的中性粒子。它与物质作用时,能穿过原子的电子壳层而与原子核相碰撞,引起各种核反应。能量较高的中子,具有很强的穿透力,它能穿透仪器金属外壳,射入坚硬的岩石达几十厘米。通常,中子被束缚在原子核内,要得到它很不容易。

在测井工作中,是通过人工核反应来得到中子。用来产生中子的装置称为中子源。测井中所用的中子就是由中子源产生的。测井时,将装有中子源的探管放入井内,随着探管的移动,由中子源发出的高能量的高速中子流便射入地层,并产生相互作用,使得快中子减速变成慢中子(热中子),最后被各种元素的原子核所俘获,并放出中子伽马射线,即所谓的次生伽马射线。次生伽马射线被探测器接收后变换为电脉冲,经放大后送入地面仪器,最终以电位差的形式被记录下来。由于测井是连续进行的,故可获得一条反映地层岩性的中子伽马伽马测井曲线。

中子伽马射线强度的大小,主要取决于快中子的减速作用,在渗透性比较好的地层中,快中子的减速主要是由氢来决定的。氢的数目越多,快中子的减速作用越强,探测器接收到的中子伽马射线就越少,曲线异常反映就越低;反之,曲线异常反映就越高。

同其他放射性测井一样,中子伽马测井也受很多因素的影响,主要包括:地层条件、地层的中子特性、井参数及测试条件等。为了尽量消除这些因素的影响,必须合理地选择所用参数,尤其要重视源距的选择。

根据中子曲线所反映的地层含氢量的变化,可以判断岩石岩性。一般在孔隙率大的地层,岩石的中子伽马射线强度小;在孔隙率小的地层上,岩石的中子伽马射线强度大,在孔隙率小的地层岩石(如致密砂岩和灰岩)上,中子伽马射线强度大,曲线显示高值。利用中子测井曲线和其他测井曲线相互配合,可进行地层对比。可以计算地层岩石孔隙度,在一般情况下,中子射线强度是由含氢量决定的,而含氢量的多少可直接反映地层孔隙度的大小。因此,可利用中子曲线来求地层岩石孔隙度。可以确定煤质,煤由于变质程度的不同,则含氢量的多少也不相同,因而在中子伽马曲线上呈现的异常也不一样,故可根据中子伽马曲线来判断煤质的好坏。

七、声波测井

声波测井也是一种孔隙度测井。它是利用声波在岩石中的传播性质来研究钻孔内岩石岩性的。声波测井主要包括声速测井、声波幅度测井和井下声波电视三类。目前,在煤测井中主要应用的是声速测井。

根据弹性力学理论可知,当声波能量较小且作用时间短的情况下,物体主要表现为弹性。测井中所遇到的各类岩石都具有这个特性,因此,可将岩石看作弹性体。岩石中声波的传播主要是纵波和横波两种。它们的传播速度是纵波大于横波。声速测井研究的是最先到达接收器的初至波。由于纵波速度大于横波速度,所以初至波就是纵波。目前,声速测井利用的就是纵波。

声速测井仪器主要有单发射单接收、单发射双接收和双发射四接收三种类型。煤田测井主要采用单发射双接收。声速测井,实际上是测量纵波在地层中旅行一段距离所需的时间来反映地层的速度。

当上、下围岩的性质和声波传播速度相同时,曲线在岩层中心呈对称形状。曲线异常幅度的中点就是对应岩层的上、下界面。因此,可用半幅值点法来划分岩层界面。

同其他测井一样,声速测井曲线也受很多因素的影响,如井径的影响、源距的影响、间距的影响、周波跳跃现象的影响等。为了保证声速测井曲线能准确地反映地层岩性的变化情况,应采取相应的措施减少或消除上述各因素的影响。

可以确定岩性、划分渗透性岩层,由于各类岩石的声速不同,因此可根据声速测井曲线确定不同岩性的岩层。一般情况下,砂岩、灰岩和砾岩显示低时差,而泥岩、黏土则显示高时差。此外,在渗透性比较好的砂砾岩剖面上,时差曲线表现为低声速(高时差),因此可利用声速测井曲线的高异常来划分渗透性地层,并确定含水层位。

可以确定岩层孔隙度,岩层中的声波传播速度主要由密度来决定。密度越大孔隙越小,声速就越大,时差就越小;反之,孔隙增大,时差就越大。

可以划分煤层,在煤系地层中,煤的声波传播时间最长,因此在时差曲线上以高异常出现。当煤层围岩为高速岩层时,曲线在煤层上反映效果最好。

可以对比地层,当钻井剖面上的岩石岩性基本稳定时,主要利用时差曲线,再与其他测井曲线相配合,可用来划分对比地层。

八、其他技术测井

除上述为了对钻孔剖面进行各种地质解释而需要进行的测井外,还有一些为物探或钻探所特需的技术测井,主要有井径测量、孔斜测量、井温测量三种。

1. 井径测量

为了解钻孔孔径的变化情况而进行的测井,所获取的井径变化曲线(图 4.53)是进行其他测井曲线解释时的一项重要参数资料。井径的测定是通过井径仪进行的。它的基本原理是,当井径仪的"腿"沿孔壁相贴移动时,井径仪的"腿"就会随着钻孔孔径的变化而张开或收缩,从而带动可变电阻,使电路中的电位差发生变化,测定了电位差的变化即得到反映孔径变化的曲线。

2. 孔斜测量

钻孔歪斜的参数,一个是天顶角(即钻孔轴线与铅垂线间的夹角),另一个是方位角(即钻孔轴线的水平投影与真北方向之间的夹角);前者反映了钻孔的歪斜程度,后者反映了钻孔的歪斜方向。了解钻孔的歪斜状况,对于钻探施工和钻孔资料的正确使用有着重要意义。

钻孔歪斜的天顶角和方位角是通过井斜仪测定的。其基本原理是当钻孔的天顶角和方位角变化时,能够引起仪器内部可变电阻的变化,从而使得电位差发生变化。通过测定电位差随着钻孔深度的变化,并找出电位差与钻孔天顶角和方位角变化的关系,即可以计算出天顶角与方位角。

3. 井温测量

井温测量是以研究不同岩石的导热率产生不同电阻值的变化为基础,通过井温仪测定而得到井温曲线,进行地质解释。

由于井温曲线对含煤岩系的反映并不十分明显,因而在实际工作中很少用此法来确定煤层深度与厚度。但是井温测量可以获得地温资料,而地温资料对于煤矿建设与开发是十分重要的,如矿井通风设计与设备选型就与地温情况密切相关。测量地温时,不能在钻孔停钻后立即进行,而需要等一段时间,使井液温度与地温达到平衡后,所测得的资料才接近于实际地温。

通过上面的讨论,我们已经了解到各种技术手段的使用条件和所能解决的地质问题是不相同的。因此,应根据工作区的具体情况选择不同的技术手段,进行综合运用,这是勘查方法中一个重要的技术经济问题。影响勘查技术手段选择的因素是多方面的,如地层的掩盖程度、地质条件变化程度、施工条件等等。因此,要具体情况具体分析,以各阶段所提出的勘查任务为目标,因地制宜地选择技术手段。

九、测井资料处理和解释

目前国内煤田测井仪器几乎全部为数字测井仪,测井数据在野外采集时便录入计算机,测井资料处理与解释就是应用各种处理和解释软件进行预处理、测井参数计算、岩性识别与分层、岩性和煤质分析、岩石力学性质计算、断层与破碎带解释、含水层解释、煤岩层对比。

1. 预处理

（1）深度对齐

由于各类方法曲线记录点位置不同,在读库时应将各类方法曲线置于同一深度系统,同时不同的方法探管质量和直径不一样也会造成系统深度差,此时要进行合理的平差。

（2）纠错

有时个别点的测量数据因某种原因造成错误,应将这些错误点剔除,再补入相对合理的数据。

（3）滤波

选择合适的滤波器对部分起伏较大的测井曲线进行光滑处理,突出有效信号,压制干扰。

2. 测井参数的计算

各类测井曲线受井眼、围岩等影响,以及各测井仪器灵敏度等技术参数不一致,应将测井数据转换成岩石的物理参数值。

（1）自然伽马计算

使用的自然伽马测井仪器首先要在刻度井中进行井径、泥浆密度影响刻度,并将现场刻度环作 API 值传递,然后由校正公式和量板进行死时间、井径、泥浆密度与套管校正,计算出地层自然伽马值（API）。

（2）密度计算

双源距补偿密度仪主要是对井壁泥饼或不平坦造成的误差进行校正,在刻度井中刻度制作脊肋图,并得到计算方程式的 C、D 值,现场使用铝、有机玻璃模块刻度出 C、D 值,再计算出地层的密度值（g/cm^3）。

（3）中子孔隙度计算

中子测井仪刻度是在不同井径刻度中刻度计数率与视石灰岩孔隙度的关系,进行井径校正,计算时首先要将计数率转换为 API 单位,再由刻度方程或量板计算地层的视石灰岩孔隙度。

3. 岩性识别和分层

利用计算机自动识别岩性和分层主要有概率统计法和岩性判别树法,因符合率低,目前很少采用,习惯模拟人工屏蔽分层识别岩性。

（1）煤层

煤层一般相对围岩具有低密度、低自然伽马和较高视电阻率的物性特征，易于识别。当井径扩径影响时，可能形成似煤异常反映，则应结合钻探、地质资料综合分析，慎重解释。

确定煤层界面常以密度曲线为主，以异常半幅点为分层点；自然伽马曲线以异常半幅点为分层点；声波时差曲线以异常半幅点为分层点；三侧向视电阻率曲线以异常根部突变点为分层点。

（2）岩层

一般砂泥质地层随着粒度的增加、泥质含量的减少，在测井曲线上，视电阻率值由小到大，自然伽马值由大到小，密度值稍有增大。岩层具有极高视电阻率、高密度、低自然伽马值的特点。

岩层的分层点，在三侧向视电阻率曲线上为异常根部的突变点，在自然伽马曲线上为异常半幅点。

4. 岩性和煤层分析

（1）煤层炭、灰分、水分分析

把煤层体积分成纯煤（包括固定碳和挥发分）、灰分、水分（孔隙中充满水）三部分组成，作为对测井响应贡献之和，建立体积模型和相关的测井响应方程，可求得煤层炭、灰、水的体积百分数，一般又将相对体积含量转换成相对质量含量。

（2）砂泥质地层砂泥水分析

把岩石体积分成岩石骨架、泥质、孔隙（饱和含水）三部分，作为对测井响应的贡献之和，建立体积模型和相关的测井响应方程，可求得岩石的砂、泥、水体积百分数。

5. 岩石力学性质计算

目前通过密度测井和声波测井一般可直接得到岩石的密度和纵波速度值，横波速度则由经验公式估算。因此，根据弹性力学知识，便可计算煤岩层的杨氏模量、体积模量、切变模量、泊松比、岩石强度指数。计算的结果与试验室测试数据有一定的相关性，可作为评价岩石强度的依据。

6. 断层和破碎带解释

破碎带在一些测井曲线上通常也有较明显的特征，但具有多解性，必须结合钻探、地质资料综合分析判断。而要确定断层还必须进行煤岩层测井曲线对比，有的破碎带并不一定是断层，只有部分地层缺失或重复才能判定为断层。

7. 含水层解释

含水层解释一般是在岩性解释的基础上进行的,在砂泥质地层砂岩(砂层)是可能的含水层,在碳酸盐地层只有岩溶裂隙发育且无泥质充填,才有可能是含水层,同时需要进行扩散测井或流量测井确定真正的含水层。

8. 煤岩层对比

煤岩层对比目前主要还是曲线形态对比,首先是寻找曲线特征标志确定标志层,然后通过各孔曲线对比进行标志层的追踪,达到掌握煤岩层变化规律和摸清地质构造的目的。

煤岩层对比可以确定煤层层位、地层年代、断层、地质标志层层位,研究煤、岩层区域变化规律。

十、测井仪器设备

国内煤炭系统自 1985 年引进美国 MT-III 数字测井仪,至今几乎没有引进国外先进测井仪器设备,目前煤田测井仪器设备淘汰了落后的模拟测井仪,全部使用先进的数字测井仪,主要仪器型号为:渭南煤矿专用设备厂生产的 TYSC-3Q 数字测井仪、北京中地英捷物探仪器研究所生产的 PSJ-2 型轻便数字测井系统、上海地学仪器研究所生产的 JHQ-2D 型数字测井系统、重庆地质仪器厂生产的 JQS-1 智能工程测井系统。另外,一些单位经科研攻关研制了专用的方法仪器。

1. MT-III 数字测井仪

本仪器具有测井方法多、探管组合程度高、工作稳定可靠、刻度计算量板齐全等特点,主要用于煤田,也适用于水文、工程、热源及浅油层等测井。因引进年限长,配件少、方法面板多、故障较多,但目前在煤田测井界仍属最先进、最可靠的测井仪器。地面仪器主要由计算机、四笔记录仪、方法面板、绞车控制器、数字格式器、绞车等组成;下井探管有 6 种,分别为密度组合仪、中子组合仪、声波仪、井温柔仪、电测仪、产状仪。测量方法有补偿密度、聚焦电阻率、自然伽马、井径、中子-热中子、自然电位、0.4m 电位电阻率、接地电阻、声波时差、声幅、全波列、井温、井液电阻率、激发极化率、1.6m 电位电阻率、1.8m 梯度电阻率、井斜、微侧向等。

2. TYSC-3Q 型数字测井仪

本仪器是轻型车载或散装煤田勘探测井设备,具有综合化、轻便化和多参数的特点,便于拆卸搬运。还适用于金属、工程和水文地质勘探。该测井系统主要由计算机、针式打印机、测井控制面板、绞车控制器、绞车和测井探管组成。测井探管包括声速、密度三侧向、井温井液电阻率、电测电极系四种,测量方法为声波时差、密度、井径、自然伽马、三侧向电阻率、电位电阻率、自然电位、梯度电阻率、激发极化率、井温、井液电阻率。

3. PSJ-2 型轻便数字测井系统

本仪器是目前我国煤田地质勘探测井的主要设备,具有体积小、质量轻、选用范围广,可广泛用于煤田、水文、冶金及桩基勘测、工程地质等领域。该测井系统主要由笔记本电脑、针式打印机、数字采集记录仪、绞车控制器、绞车和测井探管组成。测井探管包括声速、声幅、密度三侧向、井温井液电阻率、电测电极系、连续孔斜检测、双井径检测、双侧向、补偿中子、磁定位自然伽马、桩基孔检测等,可组合探管多、方法齐全。测量方法为声波时差、声幅、补偿密度、井径、自然伽马、三侧向电阻率、激发极化率、井斜、双井径、双侧向、补偿中子、确定位等。

4. JHQ-2D 型数字测井系统

本仪器是专为地质、煤田、水文、冶金、核工业行业而设计,具有质量轻、操作维修简单,可连接井下探管种类多,抗震、耐温、耐湿、可靠性高等特点。该系统主要由笔记本电脑、打印机、绘图仪、综合测井仪、电测面板、绞车控制器、绞车和测井探管组成。测井探管包括三侧向、磁三分量、声速、放射性密度、井温井液电阻率、数字井径仪、高精度测斜仪、电极系、磁化率、流量仪、闪烁辐射仪。探管种类多,组合程度较低。测量方法为三侧向电阻率、磁三分量、声速、密度、井温、井液电阻率、井径、井斜、自然电位、视电阻率、磁化率、流量、自然伽马。

5. JQS-1 智能工程测井系统

本仪器具有设备轻便、功能齐全、图形清晰、直观全中文菜单、用户界面良好等特点。主要由笔记本电脑、打印机、智能工程测井系统主机、绞车控制器、绞车和测井探管组成,测井探管包括声波、双源距密度贴壁组合、井温井液电阻率、中子组合、磁化率、多道能谱、井径等,探管种类多,组合程度较高。测量方法有近接收、时差、密度、自然伽马、视电阻率、井径、井温、井液电阻率、中子、磁化率、自然伽马能谱。

十一、测井技术发展趋势

中国煤田测井事业经过几代人的艰苦创业,测井队伍从无到有,测井仪器设备不断更新换代,地质应用领域逐渐扩大,发展成为煤田地质勘探的先进手段之一。自 20 世纪 80 年代中期美国 MT-Ⅲ数字测井系统的引进和应用,煤田数字测井技术便登上一个新台阶。在消化、吸收国外先进测井技术的同时,根据我国国情和煤田勘探的特点,研制和开发了一大批煤田数字测井系统,而且在新方法仪器的研制、仪器的刻度、软件开发和一些基础理论研究都做了大量工作,取得了可喜成果。近年来,煤炭勘查小口径煤层气、页岩气测井技术和煤炭勘查钻孔流量测井技术有重大进展,王佟、刘承民、苏中起等人的研究成果还获得了发明专利。

在石油测井系统除了常规的九条测井曲线外,自 20 世纪 90 年代引进、吸收发展起来许多测井新技术、新方法。如核磁共振测井,就是通过测量地层孔隙介质中氢核的核磁共振弛豫信号的幅度和弛豫速率,来探测岩石孔隙结构和流体信息。在解释孔隙度、渗透率等储层参数具有以往测井方法无法比拟的优势。随着测井技术的迅猛发展,先进的成像测井技术渐趋完善和成熟,在井下采用传感器扫描测量,沿井眼纵向、径向大量采集地层信息,通过图像处理技术得到井壁二维图像或某一深度以内三维图像。成像测井技术有三个显著特点:其一是高纵向和横向分辨率,其二是可视化程度高,其三是人机互动功能强,及时以定量方式或者以直观、清晰图形方式呈现各种地层面和结构构造面要素,可用于研发储层精细的结构和沉积环境,对地层进行各种分析描述,拓宽了测井信息的应用范围。

总之,随着地球物理学技术以及电子技术、计算机技术的发展,以及我国国民经济建设对地球测井的迫切和广泛要求,在今后一段时期内的测井工作中,评价煤、油、气藏的理论,新方法技术、仪器设备都将有长足的发展,具体表现在以下几个方面:

1) 加强煤田测井和煤层气测井基础理论工作的研究,构建更加完整的地球物理测井学科体系。

2) 继续完善已有测井仪器和评价方法,提高仪器的测量精度和分辨率,建立完整的定量刻度体系,为定量解释提供必要的基础。

3) 不断研究新的方法技术,满足目前煤层、煤层气尚存定性、定量解释的不足,成像测井是当前大趋势,套管井测井技术也会有较大发展。

4) 测井仪器朝着多组合、小尺寸、高可靠性、低成本、以软代硬的方向发展,充分发挥计算机技术的优势。

5) 提出更加完善的煤层、煤层气测井解释模型,研发丰富的测井资料处理和解释软件,计算机自动解释与综合评价。

6) 应用更加先进的测井技术,取得更多的地层参数,减少钻探取心和煤岩层化验工作,提高勘探效益,拓展煤田、地层气测井的应用领域和效果,为煤田测井工作发展奠定基础。

第五节 重力勘探

重力勘探是测量与围岩有密度差异的地质体在其周围引起的重力异常,以确定这些地质体存在的空间位置、大小和形状,从而对工作地区的地质构造和矿产分布情况做出判断的一种地球物理勘探方法。

一、基本原理

地球表面任何地方物体都要受到地球重力作用,即受到地球引力和地球自转引起的惯性离合力的合力作用。地球表面随着地点的变换而变化。重力的变化与地下物质密度分布不均匀有关;而密度又与地质构造和矿产分布有密切的联系。因此,研究地下物质密度分布不均匀引起的重力异常,可以了解和推断地球的结构、地壳的构造,以及矿产资源等。所以,重力勘探的前提条件是:被探测的地质体与围岩的密度存在一定的差别;被探测的地质体有足够大的体积和有利的埋藏条件;干扰水平低。重力勘探在煤炭勘查中主要解决以下几个问题:

1）了解煤田区域地质构造，划分成矿远景区。

2）进行煤田地质填图，包括圈定断裂、断块构造、侵入体等。

3）广泛用于煤田普查及探测煤矿采空区。

4）查明区域构造，确定基底起伏，发现盐丘、背斜等局部构造。

二、应用实例

图 7.31 为某区 13 线重力剖面曲线，曲线中间部位重力值较高，两边值相对较低，图中 360 号测点到 760 号测点的重力值超过 570mg，用红色圈闭表示出来，根据已知资料，把重力值大于 570mg 的对应地段定性解释为未采空区。其他部位解释为采空区。

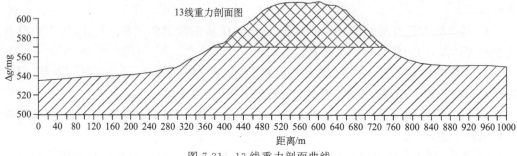

图 7.31 13 线重力剖面曲线

把各个测点的重力值数据连接起来，形成平面数据，并绘制等值线平面图（图 7.32）。图中，红色区域重力值较高，推测与未采空区域有关。蓝色与绿色区域为采空区域。蓝色区域为采空程度严重区，绿色区域为采空程度相对不严重区域。

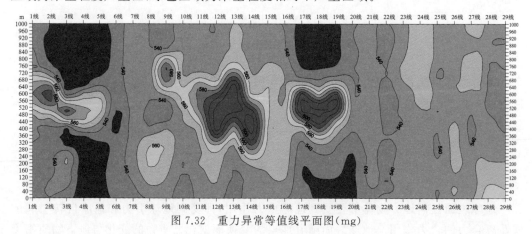

图 7.32 重力异常等值线平面图（mg）

第八章　煤炭地质勘查信息化技术

第一节　煤炭资源勘查信息化概述

信息化是当今世界发展的大趋势,是推动经济社会变革的重要力量。早在 1998 年,美国前副总统戈尔就提出了"数字地球"的概念,之后 1999 年召开的首届"国际数字地球"大会上又提出了"数字矿山"的概念。"数字矿山"作为信息时代的必然产物,在矿业中发挥出越来越大的作用。自从"数字地球"被提出以来,使得"数字城市"、"数字矿山"、"数字海洋"、"数字勘查"、"数字煤田"等概念纷纷出现。我国的地矿勘查工作信息化工程因被纳入"数字中国"和"数字国土"(吴冲龙,2008)工程而加速进行。2006 年,我国制定的《2006~2020 年国家信息化发展战略》指出:大力推进信息化,是覆盖我国现代化建设全局的战略举措,是贯彻落实科学发展观、全面建设小康社会、构建社会主义和谐社会和建设创新型国家的迫切需要和必然选择。《中华人民共和国国民经济和社会发展第十二个五年规划纲要》中也明确提出:"十二五"期间要全面提高信息化水平,推动信息化和工业化深度融合,加快经济社会各领域信息化。2010 年 6 月,胡锦涛主席在两院院士大会上指出"互联网、云计算、物联网、知识服务、智能服务的快速发展为个性化制造和服务创新提供了有力工具和环境",将云计算应用提到了创新性生产力的高度。我国煤炭行业为了进一步推动煤炭行业信息化建设,在 2003 年 9 月正式成立了中国煤炭工业协会信息分会,进一步推进了煤炭信息化技术与管理创新,加强国内外、行业内外的信息交流。煤炭资源勘查信息化促进了煤炭资源勘查的跨越式发展,提高了勘查工作效率,减少了勘查风险,取得了显著的效果。

顺应时代的发展,在煤炭资源评价与地质勘查、煤矿建设与开发等领域,计算机技术得到广泛运用。计算机不但能实现地质勘查方面的数据采集、存储、处理,还能实现辅助制图软件开发、图件处理和三维空间模拟,实现对勘查工程的各种工程参数和勘探设备的运行,如受控定向钻进、数字测井智能化控制,显示出其巨大的优越性,推动了煤炭地质行业的快速发展。

一、煤炭资源勘查信息化现状

1. 地质勘查数据采集技术

野外地质勘查数据的采集,包括区域地质调查、水文地质调查、环境地质调查、工程地质勘查的露头、坑探、槽探以及钻探工程的观测编录。国外 20 世纪 80 年代在沿用传统的笔记本记录方式时,对采集的内容进行了标准化、定量化和代码化,并制定出标准化表格,在野外按表格填写,回室内由人工键入计算机。到了 20 世纪 90 年代,人们普遍使用掌上机采集数据,其采集的内容也在20世纪80年代标准化、定量化和代码化的基础上,做了进一步改进。与此同时,野外数字录像技术也得到了普遍应用,所录的影像信息可以直接传输到计算机内,我国煤炭地质工作也开发了野外数据采集系统,在野外地质调查中得到广泛应用。

图件是煤炭地质勘查与研究成果的主要载体。能否准确、迅速而方便地采集原有的地质勘查图件及公用地理底图的图形数据,是实现老图件计算机管理和新图件计算机辅助编绘的关键环节。先进国家均采用手持鼠标矢量数字化方式或自动扫描栅格数字化方式,或采用自动扫描栅格数字化加屏幕矢量化方式,来实现这些图形数据的采集。这为早期勘探资料的采集提供了大量数据来源,也为以后的计算机数据管理、资料分析处理提供了基础。

2. 地质勘查数据库与图形库技术

地质勘查数据资料具有反复使用、长期使用的价值,同时又适用于不同勘查对象、不同勘查目的和不同勘查阶段,有共享的必要。为此,资源数据库与图形库的建设就成为资源信息系统建设的核心问题。

在美国,联邦地质调查局从20世纪60年代起投入了巨大的人力、物力和财力,经过30多年的努力,先后建立了许多重要的数据库。如美国资源库、全国煤炭数据库、全国水文数据存储检索系统、海洋地质数据库、地球化学与岩石学分析数据库等。在这些数据库中存入了全美国数万个矿床和矿点信息、数十万处钻孔和野外露头的观测数据。英国地质调查所也先后建立了陆地钻孔数据库、水文钻孔数据库、全国重力库、全国地球化学库、石油数据库、近海研究数据库、世界矿山数据库、工业矿产评价库、世界矿产品年度生产情况库、世界地磁数据库、地震灾害数据库、矿产地质索引数据库等等。其中,海洋数据库也存储了数百个海上钻孔数据和几十万千米的地震测线数据。澳大利亚数据库建设比美国和英国稍晚几年,但经过20多年的努力,已建立了可供实际应用的数据库数百个。

我国资源数据库和图形数据库建设起步较晚,但发展迅速。原地质矿产部曾于1986年对全国地矿信息系统的建设做出了规划,根据总体方案,该系统共包括多个子系统,多个国家级数据库及若干个模型库、方法库。经过十几年的努力,也已建成各种综合数据库和基础数据库数以百计,其内容几乎涉及地矿勘查工作及管理的所有方面。煤炭地质勘查单位也于20世纪80年代中后期作出了相应的近期和长远规划,并且分别开发了大量专业数据库和点源数据库。如,"八五"期间开发研制了"煤田地质工作站系统",实现了地质报告编制的数字化。开发了勘查区点源数据库,建设了全国煤质数据库,完成了国家规划矿区煤炭资源评价信息系统。建设了基于GIS平台的全国煤炭资源数据库信息系统,作为国土资源"金土工程"的一部分可为政府和社会使用。

地质勘查数据库有两个并行的发展方向,即大型集中式方向和微型分布式方向。大型集中式数据库都是建立在巨型和大、中型机上的,其优点是数据简洁,分类清楚,便于集中管理,有利于支持上级机关决策;缺点是专业划分过细,不便于各地使用,难于组织、容纳繁多的数据类别和复杂的数据结构,更难于应付勘查和科研中日益增多的信息处理需求。近年来,随着高容量、高速度、低价格的微机和工作站大量涌现,分布式数据库和图形库系统受到普遍的重视,特别是网络技术的发展和信息高速公路的建成,使分散于各地的计算机资料和信息资源的管理、交叉访问及远距离传输成为可能。开发一种既能够作为全国地矿信息网络结点,又能够支持基层勘查与科研单位进行信息处理的地矿点源信息系统,显得十分必要(吴冲龙等,1996)。

3. 勘查数据分析技术

主要是利用电子计算机的快速运算功能,来实现各种数学模型的解算,并且对有效信息进行各种统计、分析和综合。发达国家勘查数据的计算机分析技术自 20 世纪 80 年代起,已从单纯的运算、统计扩展为地质资料的综合解释推断。国外在石油地质领域中所开发的许多软件,都属于这种类型,其中以美国的 GeoQuest 和 Landmark 最为著名。这些软件能够对二维、三维的地震勘探、钻探和测井数据进行构造、沉积和含油气性的综合解释,能够辅助人们完成勘探研究、井位确定、成藏分析和油藏描述等项任务。

国内勘查数据分析方面的软件开发很快,近年来吴立新等研究开发了数字矿山地理信息系统,汪应宏、汪云甲开发了集图形与数据管理、模型建立、辅助决策为一体的资源条件信息管理与决策支持系统。这些系统总体功能针对矿业时空数据采集、处理、存储、共享,基本能满足勘查和矿山日常数据处理,煤矿开采与加工与利用过程的时空查询、拓扑分析、动态模拟与调动指挥。目前,煤炭地质勘查领域的软件大多仍是分散开发、分散应用的,其数据模式、应用模式和标识符缺乏标准化,有必要按照统一标准,编制并按专题进行技术集成,勘查数据的计算机处理才能真正进入地矿勘查工作的主流程。

4. 计算机辅助制图和多维图示技术

利用计算机图形技术来编制和显示地质勘查图件,既能保证质量、减少编图、制图和修编的工序和程序,还可以实现图形数据共享,方便图形的存储、管理和使用。英国地调所(BGS)的数字制图生产工序,已试验定型并形成常规生产流程,他们的 1∶5 万、1∶25 万的高质量彩色地质图件的再生产都采用了数字技术。澳大利亚 1990 年开始的第二代全国地质填图计划的全部项目,都采用了计算机辅助编图技术。地质勘查中最为成熟的作图软件有 LogPlot 和 RockWare 等,基本上实现了地质柱状图、平面图和剖面图的自动生成和任意截取功能。目前,发达国家的计算机辅助编图技术既能完成对旧图的修编与再版,又能在实际填(编)图项目中一次性自由成图。

我国矿产地质勘查图件计算机辅助编制技术的研究始于 20 世纪 80 年代初期,到 80 年代末已基本实现了除彩色地形地质图之外的各种二维勘查图件的计算机辅助编绘。三维勘查图件的计算机辅助设计技术也日趋完善。我国彩色地质图的计算机辅助开发系统的研究始于 80 年代末,中国地质大学(武汉)已经开发出国际先进水平的软件系统 MapCAD 和 MapGIS,并得到了广泛应用。中国科学院研制的新一代地理信息系统软件 SuperMap GIS,已经形成了全系列 GIS 软件产品。西安科技大学同西安煤航合作研发的煤矿地测信息系统(MSGIS),涉及煤矿地测部门的全部日常工作,有功能强大的多种地测数据库,可以处理台账和报表、地测图形等。北京大学和中国矿业大学合作开发的资源地理信息系统(RGIS),其中的数字地质报告编制模块,实现了对钻探地质勘探报告的数字化建设,系统主要由数据库系统、剖面图系统、平面图系统组成。建立钻探数据库(含钻孔柱状及煤层、煤质、水位、测井等资料)后,系统能够自动生成钻孔柱状图、勘探线剖面图、各种等值线图和储量计算图,实现了平面数据和剖面数据的动态修改和储量计算。

计算机多维图示技术的迅速发展及其在地质模型研究中的应用,是最近几年研发的热点。借助三维乃至四维图示技术,能将庞杂的地质数据形象化、立体化、动态化,大大地提高了它们的可视性和推断解释的准确性。多维图示技术与数据库、地理信息系统(GIS)、地质勘查数据分析及地质过程模拟技术相结合,产生了计算机地质动画技术。

随着三维地质建模及可视化基础理论研究的深入,国内外地质矿业界开始在生产领域采用三维可视化技术,涌现了众多地质采矿三维可视化方面的软件。比较有代表性的国外软件有澳大利亚 SURPAC 公司的 SURPAC 软件、Micromine 公司开发的 Micromine 软件、MAPTEK 公司开发的 VULCAN 软件、加拿大 LYNX GEOSYSTEM 公司开发的 LYNX 与 MicroLYNX＋软件、Gemcom 公司的 Surpac 软件,以及英国 MICL 公司的 DataMine 软件等。国内在地学三维可视化研究与应用方面主要有:吴立新等基于 LYNX 进行了三维地学模拟可视化技术在煤矿的应用研究;北京龙软公司研发的煤矿地测空间管理系统在许多煤矿得到广泛应用;西安科技大学、山东蓝光软件公司等进行了三维地学模拟可视化技术研究,开发研制了 SVS(Subsurface Visualization System)系统,实现地下水动态随机分析及实时模拟;中国地质大学开发的三维可视化地学信息系统(GeoView)可实现真三维地学信息管理、处理、计算分析与评价决策支持等。

5. 地质过程计算机模拟技术

地质过程计算机模拟也称为地质过程数学模拟,它是近 20 年来在计算机地质应用领域迅速发展的一种仿真技术。地质过程计算机模拟的一般方法是首先通过地质研究来建立对象的地质过程和地质特征的概念模型,再选择适当的数学模型来描述其中的主要过程,然后让计算机按一定的时序和法则来执行数值运算和逻辑推理。所采用的数学模型可以是准确的数学函数表达式,也可以是概率性的、经验性的甚至逻辑启发性的关系表达式。地质过程数学模拟随之可分为静态确定型、动态确定型、动态随机型、动态混合型和人工智能型。

当前发展得最为迅猛的领域是石油天然气勘查领域的盆地模拟、油气成藏动力学模拟和油藏模拟,其已经进入资源预测评价的实际应用阶段。其他领域的地质过程数学模拟虽然也取得了很大进展,但基本上停留在理论探讨和简单的过程再造,还难以进入地矿勘查工作的主流程。地质过程数学模拟的一个发展方向是与数据可视化技术相结合。数据可视化技术是一种“将解译图像数据输入计算机,以及从复杂多维数据集生成图像”的工具,包括科学计算可视化、分析可视化、过程可视化、结果可视化和决策可视化。地质体、地质现象和地质作用都不同程度地存在着参数信息不完全、结构信息不完全、关系信息不完全和演化信息不完全的情况,对这种不良结构化或半结构化问题进行定量化描述十分困难,借助三维动态可视化技术可以提供新的洞察力,启迪思路,有助于直观地感知和了解地质体、地质现象和地质过程。

6. 地质资源的人工智能评价

资源预测评价专家系统是一种计算机程序,它由知识库和推理机部分组成。在知识库内凝聚有相当数量的权威性知识,并能根据用户提供的信息,运用所存储的专家知识,通过推理机以专家水平或接近专家的水平来解决特定域中的实际问题。资源预测评价一直是专家系统应用研究的活跃领域,许多复杂地质问题的解释和处理,在很大程度上依赖专家的知识和经验。专家系统可以充分发挥专家作用,使得一般地质人员能像专家那样工作,从而提高找矿和勘探效果。在固体矿产资源评价和油气资源勘探评价方面,已经涌现出一批有实用价值的软件系统,但为了解决复杂的组合优化和多目标决策问题,例如,地矿勘查、开发和管理中的技术方法和手段组合优化决策、最优勘探方案的选择、资源配置与合理利用、勘查投资结构优化及投资风险评估决策等,地质领域的专家系统(ES)需要与人工神经网络技术(ANN)相结合。而为了使 ANN 具有求解不确定性、模糊性和随机性问题的能力,并解决地质矿产资源预测评价领域中的复杂空间分析问题,有必要把模糊数学、数理统计、拓扑几何等方法结合到 ANN 的学习规则中来,并且将 ES 和 ANN 与 GIS 及可视化技术结合起来。此外,将资源预测评价专家系统置放于共用地矿数据平台之上,也是使之进入地矿勘查工作流程的必由之路。

随着计算机的广泛应用,专家系统已被应用到许多领域,在地质学中也得到广泛的应用。如矿产资源评价预测、矿床勘探、地质和测井资料分析、矿床地质特征监控、地质工程自动监控、地震资料解释、水资源寻找等专家系统。

世界上第一个地学领域的专家系统(prospector)是 1974～1983 年,由斯坦福国际研究所与美国地调所协作开发与完善的,主要用于固体矿产资源评价。加拿大 Dome Ventures 公司开发了 MINEMATCH 系统辅助勘探专家,能对特定地区所见矿化类型进行识别。加拿大 Agterberg F P 及美国 Duda 研制了矿产资源预测专家系统。澳大利亚地质调查局 Lesley Wyborn 等 1995 年编写了在已知矿床不多的地区运用 GIS 进行矿产资源勘查评价的模型,试图将专家系统与 GIS 技术结合起来。Singer 领导的资源评价项目组提出了基于专家系统的 Digital Deposit Model。

20 世纪 80 年代初期开始国内地学领域专家系统的研究得到迅速发展,建立了一些具有实用价值的地质专家系统,如胜利油田研制的石油测井解释专家系统;海洋石油勘探开发研究中心研制的油气资源评价专家系统;吉林大学研制的 AMRB4 航空物探专家系统;浙江大学研制的钨矿预测评价专家系统;长春地质学院研制的金矿综合信息预测专家系统;中国地质科学院矿床地质研究所研制的火山岩型铜多金属硫化物矿床专家系统;桂林有色矿产地质研究院和华南理工大学联合研制的岩浆铜镍硫化物矿床专家系统;成都科技大学研制的三江地区锡矿评价专家系统;中国地质科学院矿床地质研究所与吉林大学研制的南岭花岗岩类含矿性专家系统;中国地质大学(武汉)赵鹏大领导的研究集体研发的大比例尺矿床统计预测专家系统(MILASP);肖克炎提出了数字矿床模型,建立了铜、金矿床的数字知识库,研制了基于专家系统和 GIS 的数字矿床模型区域矿产资源评价系统;中国科学院熊利亚提出将"3S"技术[遥感(RS)、地理信息系统(GIS)、全球定位系统(GPS)]一体化,开发新一代资源管理与决策支持系统。

7. 地质勘查数据数字化传输

地矿数据数字化传输,既包括将野外采集的数据向室内数据处理中心传输,也包括在室内进行远程数据查询、交换和互操作。地矿信息数字化传输主要是通过数字通信网络来实现的。国家信息高速公路和通信网络建设的加速进行,将使地矿数据的远程共享和综合应用成为现实。建立了国家空间数据基础设施,国家空间数据基础设施包括:空间数据协调、管理与分发体系和机构,空间数据交换网站,空间数据交换标准以及数字地球空间数据框架。我国的信息基础设施,即中国信息高速公路,已于1994年启动,并根据国情以"金桥工程"为起步工程,实现了全国联网及国际联网。我国的空间数据交换格式标准也已经制定,且完成了全国1∶100万、1∶25万和1∶5万基础空间数据库的建设。

煤炭信息公路建设在山东、四川、山西的试点工作基本达到预期目标。目前大型煤业集团、煤炭地质勘查、科研教育单位基本都建立了不同规模的计算机网络,服务于教学、科研、设计、地质勘查、采选矿等领域。

二、煤炭资源勘查信息化发展趋势

近年来,随着生产实践的需求和IT技术的发展,煤炭资源勘查信息的数据采集、数据存储、数据制图及可视化显示、地质过程模拟、资源评价、数据传输等方面取得了显著成果,为煤炭资源勘查信息化建设奠定了良好的基础。开展"多S"(GPS、RS、DBS、GIS、CADS、MIS、DSS和ES)的结合与集成化技术研究是煤炭资源勘查信息化发展趋势,其主要有以下几方面:

1. 系统集成化

系统数据集成是指通过一定的技术方法将系统的各类数据或信息连接起来进行提取和处理。随着煤炭资源勘查的综合化,煤炭资源勘查的数据呈现多源、多类、多量、多元、多维、多主题等特征,对煤炭资源综合勘查的多元信息进行集成和动态管理,必须对分散的数据库的数据及各种形式的数据按照统一标准,统一完善到统一的煤炭资源勘查数据平台上,在数据的处理上采用多元信息的复合、融合、处理技术和数据挖掘技术。

系统技术集成是指将系统建设中使用的多种技术或技术系统有机地结合起来,共同实现某项功能要求。煤炭资源勘查方面的软件很多,大多是分散开发、分散应用的,需要把实现某一功能的多种技术有机地结合起来,共同实现某项功能要求。

系统网络集成是指通过现代化的网络技术(包括硬件和软件)将地理上呈分布状态的各子系统或功能模块连接起来,达到信息共享和增强系统功能的目的。煤炭资源勘查方面的点源勘查区数据库和勘查方面的软件很多,大多是分散开发的,通过网络集成,实现信息共享和功能共享的功能。

系统应用集成是指将各子系统或功能模块通过先进的技术方法连接组合或相互作用,实现系统的功能集成和操作集成。煤炭资源勘查方面的软件很多,功能各异,通过应用集成,实现系统的功能集成和操作集成。

2. 智能化

针对煤炭资源勘查信息具有已知信息的有限性、信息的隐蔽性、灰色性和不确定性、及各种信息间的关系主要是非线性的等特点,由于模糊技术在处理其不确定性时具有其优越性,专家决策系统在处理经验性知识、复杂领域问题、模糊或不确定性知识时具有其优越性,因此,各种非线性的智能化辅助决策评价可解决煤炭资源勘查中的复杂评价问题。

3. 三维可视化

在煤炭资源勘查图件机助编制技术和显示上要与三维建模技术和可视化相结合,实现煤炭资源勘查的立体可视化。煤炭资源勘查信息具有三维、动态等特征,可视化技术将结合虚拟现实、体视化、仿真、动态模拟等技术,实现三维可视化的"数字煤炭资源勘查"。

三、煤炭资源勘查信息化技术应用动态

随着计算机技术及网络技术的飞速发展,尤其是 Internet/Intranet 的广泛应用,信息基础设施不断完善。现代地学的信息化的同时促进了地质勘查工作的发展,海量勘查数据处理与分析成为勘查工作的难题。如何应用新技术,以高效的信息化基础,解决规模、成本和效益之间的矛盾,发挥兼并重组的"聚合效应",正在成为企业调整后的一个难题。

1. 互联网、云计算、数据仓库和数据集市技术

数据仓库和数据集市技术亦为地质勘查数据统计分析和决策支持应用服务,以及不同数据的深层融合及数字信息的共享与表达。云计算这个近年来被国内热议的新技术能否解决这些问题,大型企业兼并重组后信息化建设,现在没有定论。云计算的应用安全、数据安全如何保障? 如何解决云计算标准的不统一? 云计算是不是意味着更高的成本? 这些诸多的疑问仍然让很多企业信息化的决策者们感到忧虑,随着云计算应用的不断完善及在地勘、煤炭企业的不断磨合,"企业云"必将推动我国企业信息化建设长足的进步和广泛应用。

2. 地测空间信息系统

煤炭地质地测空间信息系统是一个地勘、地测领域的专业软件系统,是一个全软件化设计、功能齐全、高度智能化的地质测量解决方案,提供从原始数据管理到地测图件自动生成的整体作业流程,跟随世界先进的图形学算法和处理技术,系统创造和运用了大量先进实用的技术,是地质勘探部门、矿山地测部门方便实用的自动化管理和业务辅助工具。可以满足这些部门对数据管理和生产制图的全部需求。地测空间信息系统改变了我国矿山地测部门、地质勘探部门等传统的绘图模式,同时,为这些部门提供了强有力的作图工具,大大提高了劳动生产率。

3. 高精度真三维地质建模技术

三维地理信息系统以地理空间为研究对象,即地表及以上的空间信息的表达、显示、描述与分析,三维地质模型的研究则针对地表以下的地质对象,具体应用于矿产勘探、地质构造分析等方面,二者构成了整个地球空间信息的研究,即通常所说的地学信息的研究。三维地理信息系统和真三维地质建模技术,经过多年发展已经趋于成熟,能够完全展现地质地貌特征及对地层构造进行三维展示与分析。通过结合精细的钻井数据,地质分析人员可以准确地理解各种复杂的地质现象和地质构造,大大加快地质勘查工作进度。

总之,借助于现代的信息系统平台,真正将"数据优势"转化为"信息优势",不仅可以提高企业生产、工作效率,还可为以后的"数字勘查"、"数字矿山"及国土资源"一张图建设"作资料储备和技术铺垫。

第二节　煤炭勘查信息化系统综述

一、地测空间信息系统建设

1. 系统建设原则

地测空间信息系统主要完成地质勘探基础数据管理、数据处理、常规图件绘制、图件编辑、三维地质建模等功能。系统建设要遵循实用性、专业性和可扩展性等原则。

1) 实用性和专业性并举的原则。本系统定位为地勘、地测专业软件,其功能首先要满足行业日常工作对数据管理、数据处理以及制图的需要,系统应该提供不仅要提供最基本的数据管理和图形操作功能,还应该具备本行业规范、特点、工作方法等。因此系统应以实用性为先,同时要考虑专业性。

2) 可扩展性原则。由于地质现象具有复杂性、多变性等特点,人们对地质体的认识随着已知信息的增加和认知程度的深化而不断明确。为了使系统能更好地反映地质体的实际形态,系统的功能应不断完善。

3) 灵活性原则。为了真实地反映煤层、褶皱、构造地质现象等,一定要灵活运用多种模型,为地质模型建立提供依据。

4) 规范化原则。系统建设应优先选择符合开放性和国际标准化、具有生命力的技术,在应用开发中,数据规范、指标代码体系、软件编码、系统接口、测试计划都应该遵循国家、地勘行业、国土资源信息化建设规范等要求,如没有统一的规范规程,则参照相关的规程进行规范化设计。

2. 系统建设策略

煤炭资源勘查信息系统专门针对煤炭资源勘探、开发而设计,系统结构采用二三维一体化的构建模式,将二维系统地质、测量、水文、储量计算等专业制图和自动制图等功能同三维系统空间分析、地质建模等功能有效地结合。在一个系统界面下,将多源数据可视化集成,真正实现了地质信息共享和互操作。

　　系统设计以当前先进的 GIS 理论和技术方法为依据,以煤炭、地勘行业数据处理方法、工作原理为指导,在功能上应该满足对数据管理和生产制图的需求。同时,要严格依照我国目前现有行业技术规范和实际工作需要进行修改。系统在设计时要充分考虑到我国国情,各种命令、功能应该尽可能做到简单、实用、自动化程度高,还要尽量避免让使用者记复杂的专业命令,且系统能够提供开放的数据交换接口。

3. 系统结构

　　根据系统的设计原则及策略,煤炭资源勘查信息化系统将数据处理、二维图形处理、三维地质建模结合为一体,实现了地下信息共享和互操作。软件系统由四个模块构成:数据库模块、图形模块、三维地质模型模块、数据接口模块。体系结构可以为 C/S 模式或 B/S 模式,系统结构见图 8.1。

4. 系统功能

　　地测空间信息系统具有完备的专业数据库系统,具有专业制图和自动制图等常规制图功能,还具有三维地质体模型建立、三维空

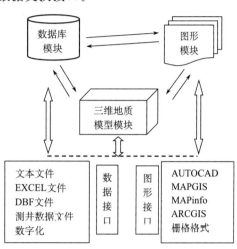

图 8.1　系统功能结构图

间分析等功能,将多源数据可视化集成,实现地下信息共享和互操作。建立流程化和标准化的信息处理流程,专业化图件自动、交互成图,通过三维地质建模技术,描述地质体在三维空间的展布形态,具有地质体体积和表面积计算、任意方位剖面切割、地质构造形态展示、地层稳定性评价等功能,以及与地质数据库相接进行信息综合查询等功能。

　　(1) 数据库模块

　　数据库模块由地质、测量、水文、储量四个部分组成。提供地勘、地测和生产数据的管理,并为 2D\3D 系统提供必要的数据支持。具有数据录入、数据查询、数据管理、格式化报表、统计计算、数据输出和格式交换等功能见图 8.2。

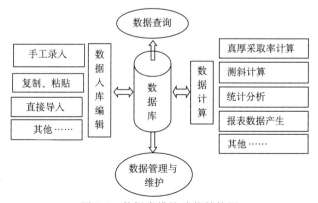

图 8.2　数据库模块功能结构图

（2）二维图形模块

二维图形模块为由专业制图平台，由地质、测量、水文、储量计算等专业制图和自动成图、交互成图模块组成，可处理工作中各种常规和基础图件，具有专用的地质曲线、地质曲面、巷道等图形对象，具有强大的平剖对应、储量计算、各类等值线图绘制等功能。先进的TIN模型处理算法，可以处理构造复杂区正、逆断层和背、向斜构造，是方便实用和强大的自动化管理和业务辅助工具系统接口，见图8.3。

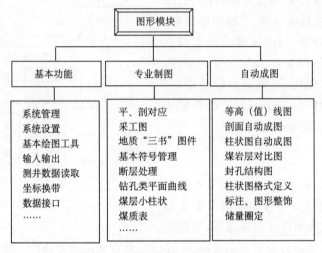

图 8.3　图形模块功能结构图

（3）三维地质模型模块

三维地质建模模块主要包括两个部分：地表三维建模和地下地质体三维地质建模。

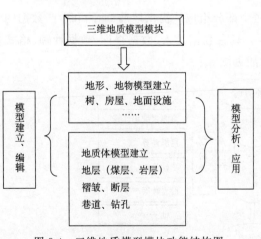

图 8.4　三维地质模型模块功能结构图

三维地质模型系统可以真实显示地质体的空间分布形态，实现矿山多源数据可视化集成，真正实现地下信息共享和互操作，对复杂的地质条件加以理解和判别。可对钻探、图形数据进行三维显示和建模。具有数据管理、三维勘探、制作等值线、任意角度切剖面、剖面解释、地质模型建立、资源量估算、煤层稳定性评价等功能。因此，三维地质模型系统不仅可用于仿真和虚拟矿山，更能对实际生产和决策提供有力的支持，见图8.4。

（4）系统接口

系统提供良好的数据接口和图形接口,保证软件系统能同其他测图软件、GIS 软件等方便地共享数据,见图 8.5。

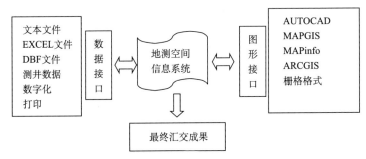

图 8.5　三维地质模型系统接口功能结构图

5. 系统特点

系统在功能设计上,立足煤炭、地勘行业特点和实际情况,以行业数据处理方法、工作原理为指导,严格依照我国目前行业技术规范、依据,以实用、专业、高效、易操作为立足点,来进行总体功能设计。根据地质体实际数据建立的三维地质模型,不仅仅局限于虚拟现实和仿真,可以直接地用于生产、规划和设计。

系统具有以下特点:

（1）操作简单

针对煤炭地勘行业计算机应用水平普遍不高的现状,在使用时用户不须记忆大量复杂的命令即可完成基础图件的绘制。界面专业化、人性化,操作简便,精心的设计和面向对象的图形系统保证用户对一般操作是一看就会,学习起来十分轻松。

（2）二三维一体化

系统采用二维、三维一体化的构建模式,可以在二维、三维空间状态方便地切换,将抽象的数据、地质构造直观地在三维空间显示出来。

支持任意坐标轴向和变比例坐标系统。地理、数学、极坐标、增量坐标、光标指向坐标五种方式,且后三种坐标的基点默认为上一点或任意指定。

（3）图形对象技术

对任意的图形对象均可直接鼠标双击后以活页夹方式来修改其特征信息,方便快捷,比如用多边形填充为例,在同一个界面就可以让线型、前景颜色、背景颜色、线宽、图案填充角度、结点坐标修改等全部完成。

系统除提供了常规的图形嵌入功能外,还提供了图形间的复制粘贴、引用功能。所选的图形对象,或整个图形文件均可以在图形文件间复制粘贴或参考引用。使各图形的内容可以互用。

任意比例尺,当用户改变比例尺后,文字大小、各种单体符号、点型、线型、地质符号或岩性图案符号可随图形比例尺(标准和非标准)自动变化,自动无损地转换成符合规范的式样。这样,用户就无需为每一个比例尺作一个图形。

(4)高度专业化

任意剖面:选定任意平面直线,设定输出层位,系统将自动切出多层带厚度的地层(煤层和岩层)曲线以及巷道,投影相关钻孔后,即可形成一个完整的剖面图。

储量计算:自动计算任意单个或多个指定图形对象所围的块段面积,解析或平均计算块段煤厚,计算出块段储量。能够实现储量动态计算、鼠标动,面积就动,储量就动,一次计算范围不受限制,方便快捷。

图中数据自动入储量数据库,进而按规程进行汇总,打印出储量计算基础表和成果汇总表。

(5)自动成图功能

采掘工程平面图:根据测量数据库中的巷道数据自动成图,可自动建立巷道压叉关系。躲避洞、绞车窝、采空区、月进尺等处理特别方便。

剖面图:只要选择勘探线号,系统就能够一次生成勘探线剖面图,自动处理断层,自动钻孔投影,自动填绘剖面中的钻孔岩性,岩性倾角可自动随地层调整,自动进行地层标注,自动在剖面图上进行剖面过巷道操作、自动进行煤层结构标注等。另外,一个钻孔同时可以参与多个剖面的绘制,不受限制。

钻孔柱状图:一次性全自动生成。录入钻孔的层位资料后,即可生成任意格式的钻孔柱状图。还可以直接读取数字测井资料和水文资料,自动绘制各类测井曲线和水文曲线,形成具有测井曲线和水文曲线的钻孔柱状图。

煤层小柱状:系统除提供自动绘制任意层位的指定钻孔或全部钻孔的煤层小柱状外,还可以交互填绘,以适应采区和工作面图件绘制的局部要求。

煤岩层对比图:利用数据库数据自动进行层位连线、岩性填充、煤层深度以及结构标注,另外还可以选择是否自动生成测井曲线等。

符号自动替换:已生成图形中的各种点型、线型和区域图案可以单个、多个或整体自动替换成其他指定或对应的符号,免去了许多重复机械的工作。该项功能与任意比例尺配套使用将极大地提高用户工作效率。

层位厚度缩减:为了解决柱状图中某些地层厚度太厚,避免不必要的纸张浪费,系统精心设计了层位输出厚度缩减功能。

对象定位查询:可对图形中多种图形对象,如文字、钻孔、巷道以及储量块段等进行定位查询。系统查找到该对象后,即显示在当前窗口中央并闪烁。

查询数据库:直接在图形编辑系统下查询选择图形对象的详细资料(如钻孔的分层深度、地层时代、岩石代码、标志层、采长、采区率、倾角、真厚、岩性描述等;巷道的各控制点的类型、坐标、截面积、支持方式等）。

强大实用的修改编辑功能：如图层管理、栅格点网、正交、目标捕捉、（批量）等距偏移线、线条断开（两点）、分裂（结点）、修剪、延伸、对象属性拷贝、线段自动合并、图形对象分裂、自动建立巷道关系、镜像、平移、旋转、拷贝、计算两点距离及角度，另外系统支持 TrueType 字体；支持数字化仪和各种系统打印设备；系统支持任意轴向和比例的坐标系统。

（6）三维地质建模功能

通过三维地质模型，可以加深地质工作者对地层、煤层赋存状况以及构造的了解，特别是在构造复杂区、复杂巷道空间情况下，可以极大地减少对构造的判断失误，提高生产和指挥决策能力。

（7）三维地质分析

在三维模型上实现空间分析计算、图件生成管理、生产规划设计等，是和矿井生产管理密切结合的，用于资源量、开采率的计算，以及剖面图、等高线图等的生成。

二、勘查区（井田或矿井）三维地理信息系统

三维地理信息系统可实现矿山储量的动态监管，避免资源的浪费，实现对资源的保护，利于资源的合理高效开采。与采掘生产工程结合，通过动态维护模型，直观了解生产现状，便于生产管理，利于工作计划布置。方便整合 MIS 数据、各类地质图件、生产图件和规划图件等专题数据，实现图件和数据的一体化，以数据生成三维图件，可以在三维图件上自由查询空间数据。通过充分挖掘数据潜力，为资源开采服务，为决策层提供实时直观的开发与利用现状，有助于对长期规划发展的完善、补充或修改。

1. 勘查区（井田或矿井）三维地理信息系统建设的目标

为矿区资源勘探、设计规划、矿井建设与开采生产管理部门提供区内煤炭资源数据、地质资料、建井资料、工作面布置、资源开采与生产数据、辅助设施与数据的空间化管理，研制出可视化的实用三维地理信息平台，为勘查区（井田或矿井）的煤炭资源管理、开采管理和生产数据管理提供技术支持服务。

系统的主要功能包括：

1）数据存储。确定用于三维模型的数据存储结构，对应三维空间对象的属性表设计，原始地质数据存储结构设计等。

2）三维地质模型。在钻孔、实测剖面、地震、物探等数据的支持下绘制勘查区（矿井）地下三维地质模型，模型具备精确的三维坐标，各地质体可独立操作，便于空间分析计算和制图输出。

3）三维模型控制。对建立的三维数字地质模型各种方式的数据观察和地质分析研究提供的图形交互工具。这些工具包括地质模型剖切（手动剖切、动态剖切）、模型旋转、缩放及其数据抽取。

4）设施模型管理。主要为生产设施模型和附属设施模型管理,生产设施模型勘探设备、钻进参数,而煤矿生产阶段则主要指巷道、井筒、通风与排水线路等,各节点具备坐标信息,有节点属性,便于计算;附属设施模型是指用三维建模软件制作的表面模型,在系统中不具备计算意义,只有中心点坐标和属性信息。

5）地理信息功能。在三维模型上实现空间分析计算、图件生成管理、生产规划设计等,是和地质勘查、矿井生产管理密切结合的,用于勘探阶段勘探工程部署、地质剖面图、等高线图等的生成和资源量计算,开采阶段的开采率的计算等。

6）生产数据管理。通风、排水、供电、运输、通信、采掘等依据巷道布设的井工生产网络数据的动态模拟,以及温度、瓦斯、风速、排水量等实时监测指标的分析计算和预警分析等。

2. 系统结构

系统结构见图 8.6,系统架构采用 C/S(客户端/服务器)模式,数据存储与管理在服务器端,数据管理系统和三维平台操作系统部署在客户端,在应用需要时,可方便地将部分功能扩展为 B/S(浏览器/服务器)模式,比如数据管理系统,以便充分利用网络资源。

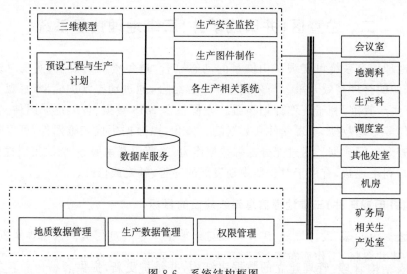

图 8.6　系统结构框图

在这种系统模式下,数据管理系统不和三维平台操作系统产生直接的数据联系,依靠服务器端的数据管理平台传输数据,数据管理系统将基础数据保存在数据库管理服务器中,三维平台操作系统从数据库服务器中提取建模需要的基础数据,在完成模型创建和分析计算后将中间数据和成果数据保存在数据库服务器中。这种模式便于各系统的分别部署。

3. 功能结构

勘查区(井田或矿井)三维地理信息系统由四部分构成:数据库服务平台、数据管理、三维管理和监控预警(图 8.7)。

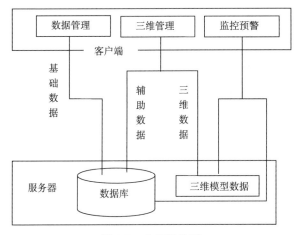

图 8.7　功能结构图

数据库服务平台提供数据存储服务,是系统的数据存储与中转枢纽,存储基础地理数据、基础地质数据、模型辅助数据、分析计算数据等,三维模型由于数据结构复杂,生成后保存在服务器文件系统中,通过网络分发到客户端。

数据管理主要管理基础地理数据、基础地质数据、生产数据等,是系统的数据采集平台,实现数据输入输出、编辑更新、查询浏览等功能,把数据保存在数据库服务器中。

三维模型实现三维模型建立与维护,包括三维地质体模型、三维工程对象模型、三维设施表面模型等的建立与组合,负责模型的更新与维护管理,同时实现模型浏览与控制。生成的模型辅助数据保存在数据库服务器中,三维模型数据保存在服务器文件系统中,便于客户端下载。

系统结构是相对松散的,三个功能模块相对独立,依靠服务器中转传输数据,网络在系统中承担纽带作用,将系统的四个部分紧密连接在一起。这种结构有利于工作阶段划分,同时有利于系统的部署和扩展。

4. 数据管理

数据表结构管理:管理建立的数据表结构,并维护更新,提供表结构和名称对应关系等。

数据编码管理:分类管理数据编码,包括编码的增删改查,保证数据应用的一致性。

数据输入输出:钻孔数据、测量数据、化验试验数据、生产数据、模型节点数据的输入、导入、输出、导出等功能。

数据查询分析:通用的数据查询分析功能,利用数据表结构组织查询条件,检索数据,汇总统计分析等,主要目的是校验数据,保准数据应用的完整性和准确性。

数据更新编辑:依据数据更新情况和校验结果,编辑、修正、替换已入库数据(图 8.8)。

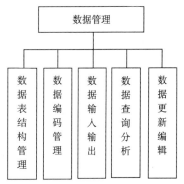

图 8.8　数据管理功能结构图

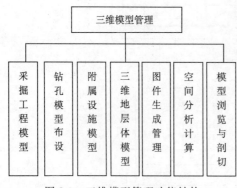

图 8.9　三维模型管理功能结构

5. 三维模型管理

三维模型管理功能结构见图 8.9。

1）采掘工程模型。采掘工程模型是以采掘工程图形对象和属性数据为基础建立三维对象，它的主要工作是：

三维工程模型生成：按照图形对象节点的三维坐标和三维拓扑关系建立三维工程对象，依据直径参数和切面图形控制三维对象的布设形态，生成后记录三维对象编码，建立和属性的对应关系。

辅助数据管理：主要管理各类工程的直径参数、巷道截面图形和表面填充图案等。

2）钻孔模型布设。钻孔模型布设是以钻孔资料为基础建立三维对象，它的主要工作是：

生成柱状图：依据深度和底层厚度、钻孔坐标以及直径参数绘制三维柱状模型，同时填充地层符号，在钻孔三维柱状对象建立后，记录三维对象编码和钻孔编码对应。

钻孔地层填充管理：管理各地层的填充图案，图案的制作由绘图软件完成，导入到系统后和底层对应，便于钻孔绘制时自动填充。

3）附属设施模型。管理外部软件设计的三维表面模型，依据附属设施分布属性，按坐标生成三维空间对象，三维设施图层中每个三维对象记录编号和数据库建立影射关系。

4）三维地层体模型。依据断层切割地层情况整理钻孔勘探数据逐层建立三维地层体模型。它的主要任务是：

钻孔数据提取：将钻孔数据按地层提取顶底板，每地层形成一个离散点数据文件，然后依据断层切割情况，编辑离散点圈定插值边界，表现地质构造，对这些数据文件提供编辑功能，使最终数据文件更结合生产实际状况。

地层体构造：对三维空间离散点插值，构造三角网，形成地质体表面模型，并渲染填充。

5）模型浏览与剖切。提供对建立的三维数字地下模型各种方式的数据观察。它的主要任务是：

模型浏览：各方位旋转、移动模型，便于全方位观察模型。

模型缩放：放大、缩小、全图操作模型，便于了解模型的细部特征。

路径巡视：依据绘制的三维路径折线，自动控制模型的移动，巡视轨迹可以是巷道等设施中线，主要用于模型展示。

图层控制：控制三维模型中各图层的显示与隐藏。

手动切割：提供画直线和两点坐标法绘制切割线，切割线只控制位置和斜率，可以设置切割面的角度，做水平、垂直或斜向切割模型，展示切割断面。

动态切割：提供动态方式切割，切割后在模型表面移动切割线，展示连续的切割断面。

6）空间分析计算。提供基于三维坐标体模型的空间分析计算功能。

主要有如下功能：

体积计算：计算地层体的体积。

区块计算：计算划定区域的总体积和区内各地层体积，提供画封闭多边形工具，计算多边形垂直切割模型区块内的体积。

距离量算：计算三维模型中折线的空间距离，提供画三维折线功能。

7）图件生成管理。利用三维模型生成符合生产精度要求的图件。主要提供以下两类图的绘制：

剖面图绘制：提供垂直切割三维模型的切割面成图，提供划线工具和两点坐标绘制剖面切割线，图件投影成平面图，保存在本地。

等直线绘制：提供基于地层和高程的等直线绘制，生成地层的上下底板高程线和厚度等直线图，图件投影成平面图，保存在本地。

第三节　煤炭勘查信息化关键技术

一、计算机图形学技术

煤炭资源勘查信息化系统是集图形技术、三维地学建模技术、地理信息系统（GIS）技术、面向对象技术、数据库技术、Web Service 等技术为一体，支撑地质勘探、煤矿地测等应用的大型 GIS 软件系统。该软件系统采用了组合对象技术、三维实体建模技术、张力样条曲面重构技术、限制边 B-B 曲面重构技术等核心技术，不仅能够直观、灵活地实现煤矿复杂地质体建模和可视化表达，而且在断层处理、三维剖切、自动制图方面达到了高效、实用的程度。

1. 张力样条曲面造型技术

在构造不规则三角网的基础之上，采用曲面样条函数对三角网数据进行平滑插值比较适合层状矿床的三维模拟和进行任意方向的剖面剖切，曲面样条法的显著优点在于：原始数据点不必按规则矩阵形式排列，采取自然边界条件，不用边界导数信息，即可得到任意阶可微的光滑曲面。曲面样条函数的数学表示为

$$z = a_0 + a_1 x + a_2 y + \sum_{i=1}^{n} F_i r_i^2 \ln(r_i^2 + \varepsilon)$$
$$r_i^2 = (x - x_i)^2 + (y - y_i)^2 \tag{8.1}$$

式中，a_0, a_1, a_2, F_i 为曲面样条函数系；i 为原始数据点数，$i = 1, 2, \cdots, n$。

其中式（8.1）的系数可以由下列方程组求得：

$$\begin{cases} z_j = a_0 + a_1 x_j + a_2 y_j + \sum_{i=1}^{n} F_i r_{ij}^2 \ln(r_{ij}^2 + \varepsilon) + c_j F_j \\ \sum_{i=1}^{n} F_i - \sum_{i=1}^{n} x_i F_i - \sum_{i=1}^{n} y_i F_i = 0 \\ r_{ij}^2 = (x_i - x_j)^2 + (y_i - y_j)^2 \\ c_j = 16\pi D / k_j \end{cases} \tag{8.2}$$

式中，D 为刚度系数；k_j 为 j 点的弹性系数；ε 为给定的小量参数；c_j 为对曲面光滑赋予的权。ε 的作用是控制所求的曲率的变化程度，可以按照实际需要适当选取，当 ε 较小时，表示曲面曲率变化大，反之，表示曲面曲率平缓。

一般对于平坦曲面 $\varepsilon = 1 \sim 10^{-2}$ 左右，对于有畸形的曲面 $\varepsilon = 10^{-5} \sim 10^{-6}$。而 $c_j = 0$（$j = 1, 2, \cdots, n$）时，说明曲面拟合后的拟合值与实测值相符，因而一般取 $c_j = 0$ 以计算曲面方程的系数。

2. 断层处理（限制边 Duenaley 三角形）技术

对煤炭地质勘探数据和矿山开采数据加以三维可视化表达，特别是对断层信息加以直观显示，无疑对开采决策具有重要的实用意义。断层是地层不连续的现象，是一种客观存在。正是有了断层使地层断裂，才加大了三维地质建模与剖切的难度。

含断层地层的三维地质建模与剖切与三角剖分、曲面重构有直接的关系。而三角剖分（即三角形划分）无疑又是 B-B 曲面重构的基础。三角剖分包括无约束三角剖分和约束三角剖分，无约束三角剖分是对无任何约束条件的散点域的三角剖分，在数字矿山应用中，部分散点之间往往存在着某种约束关系，如对象重建中的模型边界、地表模型中的山脊线、山谷线、断裂线、三维地质建模中的断层等，对此种散点数据进行三角剖分时，三角剖分结果应保持其原有的约束关系，此即约束数据域下的三角剖分，而在约束数据域下进行的 Delaunay 三角剖分则称为约束 Delaunay 三角剖分，当约束条件为线段时称为限制边 Delaunay 三角剖分。

3. 地质曲面拼合表示技术

地质曲面是一个十分复杂的、不规则的曲面，地质曲面的难度和复杂度表现在两个方面：一是该曲面不能用一个可解的解析式表达；二是地质数据点的控制精度不足以表达（表现为地质体的推断性、多解性）。地质曲面的数学表示只能是通过曲面拼合来完成。地质曲面模型的建立应满足三个条件：一是可处理断层；二是具备局部编辑性；三是能够接受地质专家的"软数据"。

二、数据库及网络数据库技术

地质数据是地质勘探、矿井生产建设中不可缺少的基础数据，随着遥感影像、DEM以及大量的三维地质模型等空间数据的集成应用，数据量急剧增加，处理海量数据便成为信息化系统必须面对的技术难题。如何对这些数据进行系统管理、自动转入图形系统、三维地质模型系统以及实现数据的共享都极为重要，因此必须借助于数据库技术以及数据仓库技术。

地质数据一般以地震勘探、钻探、坑探、槽探等方式获得。对这些数据，采用数据库管理的方式来进行管理，可以方便地对数据进行检索、管理，它比文件管理数据，存在很多优点。

系统采用的数据库分为单机数据库和网络数据库两种。单机数据库将地质数据存放在第三方的数据库软件 ACCESS 内,通过 ODBC 数据库引擎来访问数据库信息,网络数据库采用 SQLServer 来作为后台数据库。

三、二三维(2D/3D)一体化技术

随着计算机技术和信息化技术的不断发展,对煤炭勘查信息化系统的功能要求也越来越高。地质工作人员不再仅仅满足于借助地测空间信息系统来达到自动成图或者交互成图的目的,而是希望它能从本质上减轻大量简单繁琐的工作量,使他们能集中精力于那些富有创造性的高层次思维活动中。由于三维地质模型系统具有可视化好、形象直观、设计效率高以及能为地质勘探各阶段应用等优势,使其取代传统二维 CAD 系统已经成为历史发展的必然。但是,二维 GIS 拥有成熟的数据结构、多种多样的专题图和统计图、丰富的查询、强大的分析手段、成熟的业务处理流程等。尽管三维 GIS 有二维 GIS 不可比拟的优势,但是在相当长时间内此纯粹的三维 GIS 系统很难短时间内取代二维 GIS 系统。此外,由于二维也有比三维更宏观、更抽象、更综合的优点,在部分应用中也需要忽略真实细节呈现关键信息,此时二维就可能比三维更合适。当前的二维和三维 GIS 各具优势,因此,煤炭勘查信息化系统将二维和三维功能结合在一起,在原有的二维 GIS 系统中增加了三维 GIS 功能。从数据、数据管理、三维可视化、空间分析、三维地质建模、模型运算等方面实现二三维一体化,用户在使用时可以在二维制图或三维空间状态随意切换。

用户在使用二三维一体化的地测空间信息系统时,首先在二维环境下开始采用原始数据,完成基本图件的制作,也为三维地质模型系统准备了数据源。利用这些数据源可进行三维地质建模工作。由于采用了统一模型数据源,为维护模型数据一致性,三维模型的更改必须保证二维视图和标注的更新,可以实现二三维联动。

二维图形系统中的图元不但具备平面坐标,而且每节点具备高程坐标,便于在三维空间展示点线面等对象。三维地质模型的三角网网络也在二维图形系统生成和编辑,便于操作。窗口图形的显示可以在 2D/3D 之间任意切换。原先的二维图形对象可以直接转成三维对象,三维建模简单而方便;可以满足同时用户二维和三维需求。三维模型可以为二维成图提供数据,比如制作底板等高线、制作剖面图、制作等厚线图等。

四、真三维地质建模技术

三维地质模型是用来描述地质体在三维空间的展布形态,是建立三维地质模型的基础。三维地质实体不仅仅描述物体的轮廓,同时还具备地质体体积和表面积计算、任意方位剖面切割、地质构造形态展示、地层稳定性评价等功能。以及与地质数据库相接进行信息综合查询等功能。

三维地质模型的建立必须以三维地学数据为基础,这些地学数据具有海量性(多源、多态、多类)和复杂性(地质构造运动、接触形式、成矿作用不同等)等特点。在这些数据中,钻孔钻探数据、井巷地测数据是描述三维地质信息的最直观、准确和详细数据,可以作为三维地质模型的空间基本控制数据。以 DTM、地层(煤层、岩层等)底板等高线、等厚

线、地质剖面数据等为层面辅助建模,以三维地震、地球物理、地球化学数据以及其他地学数据为地质模型建立提供细化支持。利用这些数据,建立高效的空间数据库系统,然后利用三维地质建模技术,可以实现三维地质体和地质对象的三维空间表达和再现。

数据分析关系如图 8.10 所示:

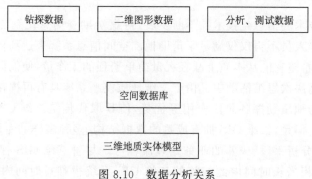

图 8.10　数据分析关系

地质体的构造主要通过利用特征线、特征点,通过三角网连接算法来连接成一系列三角面,采用什么样算法,使得三角面的集合,最能反应地质体的实际形态,是三角网算法解决的重要问题。

不规则三角形网模型 TIN(triangulated irregular network)由不规则三角形网组成,三角形的结点主要从等高线或离散高程测量点中连接而成。TIN 模型的主要优点是保留了地形特征点和特征线,精度比较高。

在利用不规则三角网建立地形表面模型的过程中,目前主要有两种方法可供选择:一种是基于全局最优的方法,目标是使所连接的轮廓线之间生成的表面面积最小;另一种是基于局部计算和决策的启发式算法。最小三角形法则的基本原理是:以某一点为基点,在它附近寻找离它最近的点连成一条线,然后以该线为三角形的底边,在周围寻找与该线段组成的三角形面积最小的点构成三角网。然后再依该三角网的各边为底边分别向周围寻点,寻找合适的点构成新的三角网,最后形成大范围内的三角网和三角面。

利用三角网构建实体前需要进行验证,主要是检查组成实体的各三角面是否存在自相交、无相邻边、重复边、无效边等情况。

地下煤层(或者矿体)的地质实体建立方法主要有三种:剖面线法、合并法、相连段法。

剖面线法:

首先将煤层倾向勘探线的剖面线,放入到三维空间;相邻勘探线之间按照矿体的趋势,连三角网;在煤层控制剖面线的两端,将其封闭起来,就形成了煤层的实体,如图 8.11。

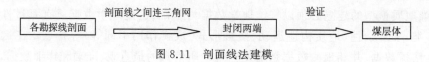

图 8.11　剖面线法建模

合并法(对于煤层等层状矿体常用)：

主要步骤是将煤层的上、下表面做成面模型,再获取上、下面的边界,两个边界之间连三角网,再将这三个文件合并,就形成了煤层的实体,见图 8.12。

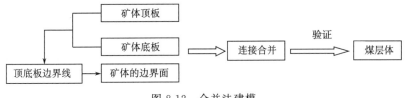

图 8.12　合并法建模

或者利用煤层下表面模型,在获取相应点位的煤层厚度值,将下表面模型按照特定的方向,以厚度值为距离,获取上表面模型,然后利用上下面的边界联网,形成煤层实体模型。

相连段法：

利用一系列矿体的轮廓线、辅助线或边界线,在线之间连三角网,然后建立矿体模型,这种建立模型的方法能够应用与比较复杂的地质情况下,创建各种复杂的实体。如煤层不稳定地区、构造复杂地区、金属矿产等(图 8.13)。

图 8.13　相连段法建模

五、模型运算与三维体信息关联技术

1. 块体模型计算

三维体积的分析计算主要有两种方式,基于表面模型的几何曲面计算和基于单元立方体的属性汇总计算。

基于表面模型的几何曲面计算的优点在于数据存储量较小,但模型体内无对象属性,进行模型内部物质的属性变化计算有欠缺。基于单元立方体的计算建立的基础是单个立方体,立方体分布在模型中,每个立方体可以具备不同的多个属性,对于煤矿来说,每立方体可单独赋予发热量、硫分、容重、挥发分等不同属性,便于模型体内部属性变化的计算。

组成块体模型的单元立方体可以依据模型的空间形态,以不同粒度的立方体单元填充模型空间,以便真实模拟地层分布的空间特征,在计算体积时按不同粒度计算体积汇总即可求得圈定区域的体积。

三维地质体的品位计算、属性估值、储量报告等,是通过三维块体模型计算完成。块体模型计算算法成熟,实现简单。计算复杂地质体要素信息,需要将其作为实体考虑,由于其在空间中成不规则形态,填充其内部,使用不同大小块体进行一一填充,地质体边界变化较大,使用细小块体填充,控制生成的填充体精度,完整的地质体块体模型由大量不同大小块体构成,通过分析统计附属在这些块体上的属性值,计算出地质体要素信息。

2. 三维体信息关联

三维体对象与数据库关联的基础是一一对应的对象编码。三维对象编码建立起了三维对象属性分析查询的桥梁。

系统通过三维空间的方式模拟真实环境,勘查区(矿井)中常见的地物,如煤层、地层、断层、巷道、采掘设备等,均是通过三维体模型进行直观展示,三维体是系统的展示基础,各功能均要与三维体建立属性联系,显示信息;三维体属性关联可通过连接数据库和赋值进行关联,其中数据库连接是通过将数据库中的字段与构建的三维体建立联系,而赋值是在构建的三维体上直接建立属性描述字段,通过将属性关联到三维体上,可方便地质人员了解和解释地物要素。

系统中具备编码的三维体对象主要为巷道、钻孔、监测点和设备等三维工程对象。

对象编码是系统建立数据关联的重要桥梁,三维对象和数据记录具备一一对应的编码,编码由数据管理模块统一按照编码规则自动顺序编写,建立三维对象时依据数据抽取方法提供的坐标和编码建立对象,赋予编码,在动态添加巷道、设备、监控点时,三维模型功能模块获取坐标设定类型,作为参数提供给数据管理模块用于记录添加,添加时自动编码,编码唯一,同时添加对象属性,在更新操作全部完成后,重新部署三维对象,使得模型中三维对象和数据库中编码一致,便于数据查询分析。

第四节　煤炭矿山生产信息化技术与三维建模

一、数据传输系统

1. 传输系统设计

采用千兆光纤以太环网,根据矿井各应用系统实际的物理分布特点,构建符合矿井特点的双环双网(地面环网和井下环网)双冗余加树形分支的网络结构,实现多网融合通道共用,建立高速稳定的综合自动化和在线检测数据传输网络通道。采用网闸＋防火墙的硬件系统安全防护体系与网络防杀毒软件＋VLAN划分＋安全认证机制策略的软件系统安全防护体系,保证系统整体的安全性,通过千兆光纤环网,为系统所涉及的各个子系统及设备提供就近接入的网络接口,为系统远程集中监测监控提供畅通无阻的高速传输通道,并通过支线树形成网络的分支,为系统的扩容提供无限的空间。

2. 传输系统的技术要求

系统结构图见图 8.14。

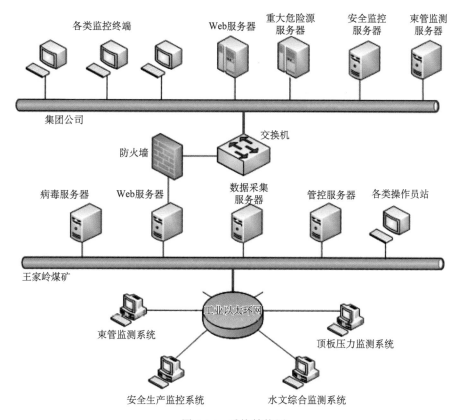

图 8.14　系统结构图

（1）工业以太网＋现场总线

以 1000M 工业以太网为基础,解决就地控制存在的事故隐患,减少各设备之间相互脱节、无法充分发挥效率的缺点,系统由地面控制中心、现场分站、信息传输介质、网络通信接口的现场总线设备组成,以实现先进的、统一的自动化控制网络平台,使整个系统配置合理,信息共享,安全可靠,提高指挥效率和生产效率。

（2）实现功能

1）一芯光纤中同时传输语音、数据、视频等信号,实现三网合一的数据通信。

2）系统具有完整的网络管理功能,可以实现对设备的实时通讯状态的管理及故障报警功能,系统网络管理可以对每个设备进行各种参数的配置及状态报告,同时实现网络系统的双总线及环形结构冗余的自动及手动保护功能。

（3）环网冗余技术

矿井井下环境条件恶劣,尤其是信道的故障率高,因此必须采用双环网冗余技术。此技术提高矿井自动化系统的可靠性,在物理上和逻辑上考虑到传输信道、管控服务器、调度主机、供电电源的冗余,确保传输通路、数据服务、监控工作站、供电电源的安全可靠。网络交换机须采用工业以太网交换机,有双电源冗余输入。

（4）异构系统的互联互通

在网络级和串口级提供多种符合国际主流标准的接口方式,便于各种子系统的接入,实现最大限度的信息共享,能够集成不同厂家的硬件设备和软件产品,实现各系统间信息互通,并将各系统数据集成。

（5）先进的体系结构

采用 B/S 模式设计三层网络体系结构,便于及时、准确地采集各个子系统的工况、生产和安全参数,方便管理层实时查询、分析和决策。应用系统采用当前公认的具有先进技术理念的三层或多层架构。遵循统一数据出口和统一数据入口的原则,通过统一的闭环式服务和共享机制,整合各业务应用系统。通过对上层应用服务的请求,调度下层业务逻辑及其相关业务系统的资源,完成以事件为驱动的工作流和数据流的运行。

（6）实时信息数据集成

以网络平台为核心,将实时数据流按照统一数据标准集成起来,同时,针对统一平台开发各种综合应用,形成集成化、网络化应用。各种图形、图像、报表信息都必须通过Web 的方式在任何一台终端统一浏览,统一界面。

（7）安全性

充分考虑系统和数据的安全性。系统应具有较强的身份认证、授权、加密等机制,完善全面的事件日志、数据备份和病毒防护功能。

二、数据仓库、模型及软件平台的集成开发

利用矿山开采、地理信息系统、空间数据仓库发展的最新技术,研究元数据库、数据模型、数据结构、专业分析等模型,设计满足煤矿生产技术综合管理的专用 GIS 软件平台,完成专业数据的分析和处理,实现系统与监测监控设备及其他应用软件系统信息的共享。

1. 矿山数据仓库

（1）制定元数据标准和煤矿信息资源目录体系

包括对煤矿日常生产技术及重大危险源识别、预测、预警全过程数据集的描述;对数据集中分类标准的描述;对各数据项、数据来源、数据所有者及数据序列等的说明;对数据质量的描述,如数据精度、数据的逻辑一致性、数据完整性等;对数据转换方法的描述;对数据库更新、集成方法等的说明。

（2）海量空间数据仓库的构建

基于图层的海量空间数据分类管理。根据地质、水文、通风、采矿、综合自动化、在线检测等行业规范，构建具有相同属性要素的同类空间实体的图层分类标准，并实现相应的数据动态管理。

空间数据仓库的构建。空间数据仓库主要由空间数据库和空间元数据库组成。前者主要是图形库、图像库、属性库以及专业模型库（如地测模型库、通风模型库、采矿设计模型库、决策支持模型库）的组织、管理、综合分析和事务处理等；空间元数据库是完成空间数据库组织、管理、分析等元数据的组织与管理，同时还有专业应用 GIS 程序元数据库和空间服务的元数据库。

2. 软件平台的总体架构设计

根据煤矿生产技术综合管理的实际情况以及信息技术的最新发展，我们把集成数据处理平台分为三大部分（参见图 8.15）。

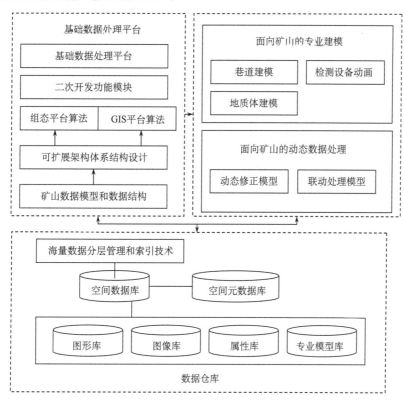

图 8.15　集成数据处理平台的总体框架

（1）基础数据处理平台

分为 GIS 平台和组态软件平台。前者主要处理与生产技术综合管理相关的几何数据和属性数据，后者主要完成与在线检测、监测监控、数据可视化等有关的数据处理，实现从设计、编程、硬件组态、测试到操作诊断和远程维护的全过程组态应用。所有的部件都可以有一个软件进行组态,采用统一化的图形界面和面向对象的设计,使用起来轻松自如;采用模块化的设计,使最终用户根据需要进行选择;采用统一的数据库,保证符号和变量在项目中的一致性,便于维护和提高效率。

(2)面向矿山的建模和动态数据处理

主要完成地表工业广场、地质体、巷道的几何建模,检测设备的动画建模。

(3)空间数据仓库

主要完成海量数据的存储。在集成化的数据管理中,所有的数据是在一个数据库中进行管理,数据一旦被输入,在整个系统中都可以使用。

三、三维可视化平台的关键技术

平台提供了更为强大的实体编辑和建模功能,更为丰富的三维渲染方式,并在三维对象模型、空间数据引擎、分布式网络系统、专业应用支持等方面有了全新的突破。

1. 研究内容

1)设计架构三维可视化渲染引擎,提供强大的三维可视化功能,渲染出优质的虚拟场景画面。

2)建立三维场景编辑平台,实现对模型对象的交互式创建、编辑、导入导出、复制、删除、动画合成等功能。

3)建立煤矿井上下开采环境建模系统,实现地表工业广场、地下巷道、地层、钻孔的三维数据建模和三维可视化。

4)建立基于网络的煤矿远程监测监控系统,监测监控井下人员与设备位置、重点区域、通风、压力、瓦斯等安全监测数据。

5)建立空间数据分布式存储与远程监控三维可视化集成与发布平台,实现数据集成、设备控制、过程仿真等功能。

2. 关键技术

(1)分布式海量空间数据存储技术

不同于二维图形平台,三维平台需要处理的空间数据和影像数据要比一般二维图形大的多,普通的本地文件存储方式已经无法满足需求。利用三维空间数据的分布式存储引擎能够高效地对图形图像数据进行存储、管理和查询操作。

(2)三维模型数据库技术

三维模型数据库技术是通过空间数据引擎存储和管理所有三维模型,提高常用设备模型的使用效率,可以进行重复利用,同时也减轻了系统内存开销。用户可以方便地对模型进行交互式操作,搭建三维虚拟场景。

（3）三维组件技术

现有二维地理信息系统组件技术已近很成熟,但在三维平台的开发中,组件式的开发仍然不是很成熟。在虚拟矿井平台体系的设计中,充分考虑了三维组件技术的应用,采用多层次开发规则,一方面提高平台二次开发效率;另一方面可以开放标准组件通用接口,提供网络支持。

（4）GPU 图形渲染技术

通常情况下,三维可视化引擎大多是通过固定管线渲染进行工作的,这种方式不能充分利用显示设备的作用,而 GPU 图形渲染技术能对显示设备进行指令编程,充分利用图形芯片处理器的作用改进渲染管线,能极大提高渲染效率和画面效果。

（5）三维场景渲染 LOD 技术

在大范围三维场景漫游情况下,即使剔除视域之外的实体对象,平台所承载的三维渲染对象的数目仍然很大,并且空间几何数据和纹理图像占用的系统资源也很庞大,成为三维可视化的技术瓶颈。LOD 技术采用"分级分块"的原理,可以减少每一帧渲染的空间数据和图像数据,为系统减负,能有效改善三维平台的实时渲染效果。

应用效果参见图 8.16、图 8.17、图 8.18。

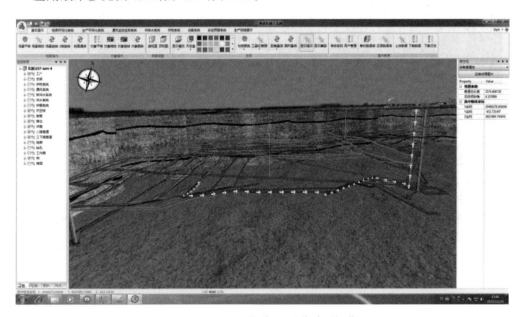

图 8.16　地层、巷道、通风线路可视化

3. 煤矿生产技术综合管理信息系统建设的目标

煤矿生产技术综合管理信息系统建设,是注重建设的整体性、规范性、标准型,并建立系统自身保持先进性的机制,使得可以随信息技术的不断进步不断更新系统的先进性。

图 8.17　三维地质模型和井上下对照图

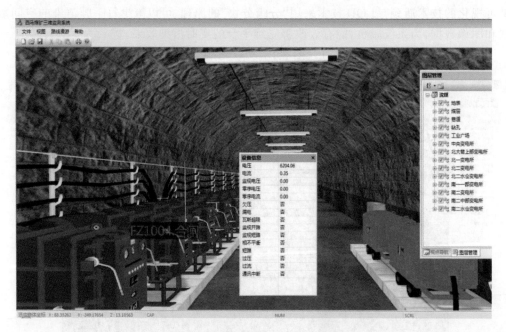

图 8.18　自动化监测设备开停状态

　　煤矿生产技术综合管理信息系统是在网络环境下基于统一的地理信息系统平台（含 2DGIS、WebGIS、三维可视化系统和虚拟矿井）集地测、生产、通防、安全、机电、设计、机电、调度等专业于一体的系统，系统支持专业设计、资料管理、综合业务信息查询和发布、矿井信息统一监测的信息化平台，包括综合自动化系统与监测监控系统等系统集成应用。系统是一个典型的多部门、多专业、多层次管理的围绕地质、测量、通风、安全数据变化管理的空间信息共享与 Web 协作平台。

煤矿安全生产技术综合管理信息系统是采用计算机网络技术、数据库技术、计算机图形学、组件技术及 GIS 技术等,建设矿山统一的空间数据采集、存储、输出、查询与分析平台,构建服务于生产技术人员的地测、通风、安全、生产技术、调度、机电、运输及办公自动化等专业的应用系统平台,在公司网络环境的基础上搭建面向公司管理决策层的 WEB 服务决策平台,实现多部门多层次井上下数据共享、专题图件动态绘制、图纸文档和报表网络上报、技术资料的审批与输出等,预见采煤生产中的地质情况变化,从而进一步提高矿山安全生产管理能力、矿山技术水平,为安全生产决策提供技术保障,最终实现基于信息化和管理现代化的安全型矿井。

煤矿安全生产技术综合管理信息系统将达到如下几个目标:

1) 改变煤矿安全生产管理的模式,即由传统模式一步进入信息化时代,大大提高生产技术和安全管理水平,降低安全事故。

2) 实现煤矿生产过程(地测、通风、采矿和供电设计、机电设备管理、调度、安全管理、远程监测监控等等)的信息化管理,如图表、数据的自动处理和决策分析等。

3) 基于同一地理信息系统和数据库管理平台,实现生产矿井相关技术及管理部门对所有生产信息的共享和动态管理,破除“信息孤岛”。

4) 对管理和技术人员而言,无论身在何处,只要能够上网,就可以对相关生产矿井的生产信息进行查询、处理、分析和决策。

5) 建设共享协作平台,达到“规范管理,责任到人,足不出户,统揽全局”。同时,利用专业的软件系统提高专业技术资料(专业图纸绘制、计算、数据)管理的效率和效果,保障专业技术资料的精确性、及时性,进而保障煤矿安全生产,建立安全、高效现代化矿井,真正实现煤矿安全生产的信息化、自动化与现代化管理,实现责任到人,分级管理。

应用成果参见图 8.19～图 8.24。

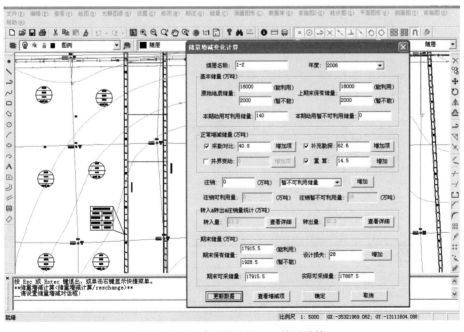

图 8.19　地质图形处理——储量计算

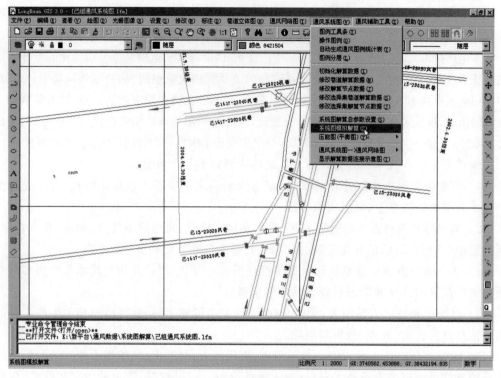

图 8.20　通风系统图绘制及其应用

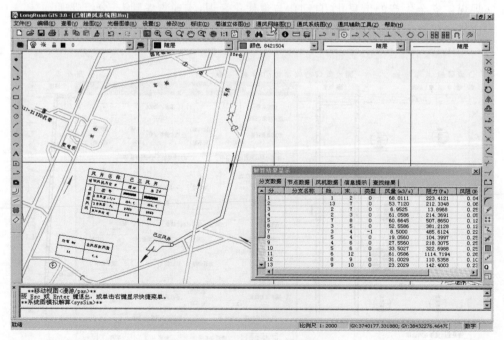

图 8.21　基于系统图的网络解算

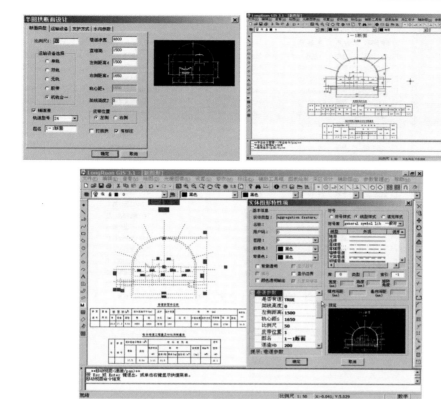

图 8.22　巷道断面参数输入、成图及参数管理

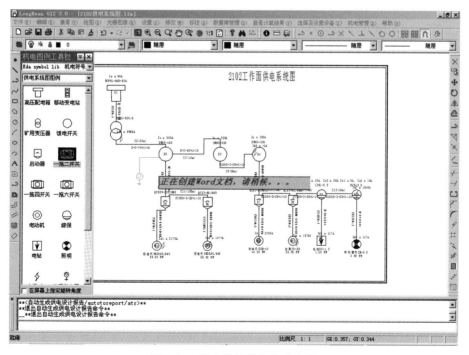

图 8.23　供电设计报告自动生成

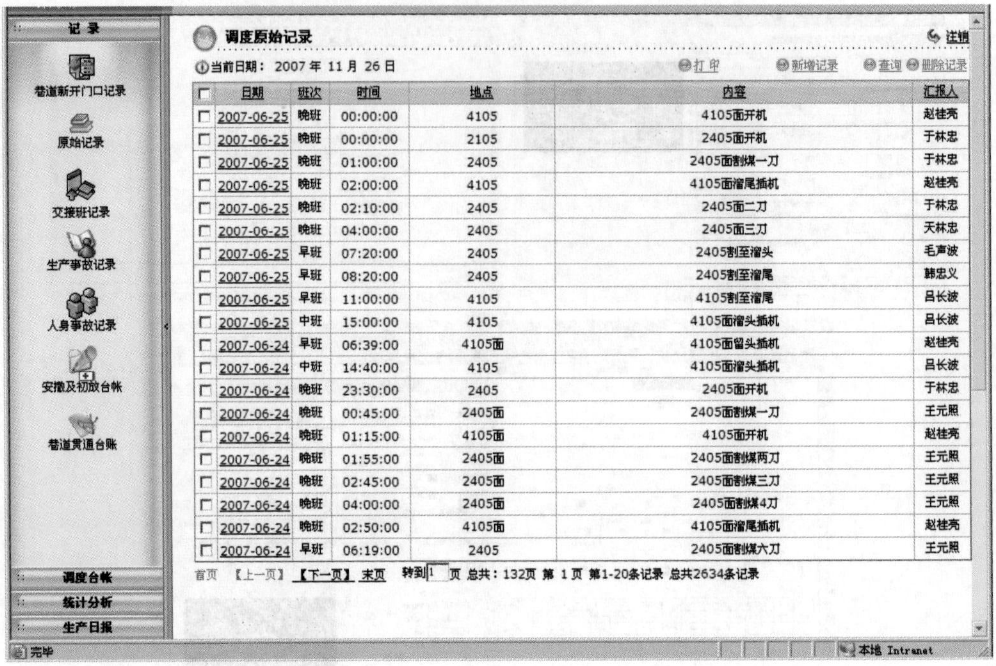

图 8.24　生产调度管理

第五节　煤炭资源勘查信息化应用与实践

一、地测空间信息系统在煤炭地质报告修编中的应用

目前,煤炭勘查地测空间信息系统已经在国内许多产煤大省(区)有了广泛的实际应用,在煤炭资源勘探、矿山设计规划、煤炭资源开采、煤矿安全生产等方面,取得了良好的效果。除过参与大型煤田地质勘探工作外,软件系统还应用到矿区煤炭地质报告提交、矿井生产地质报告提交等。与以往煤炭资源勘探地质设计和报告编制方法相比,应用该系统为生产单位大大节约了工作时间,提高了劳动效率。同时节省了大量的纸张、各种办公耗材和相关费用。

近年来,利用该系统先后完成宁夏回族自治区煤炭勘探报告提交大小项目共 32 项,完成内蒙古伊敏露天矿电子版地质报告、山西大同三个小型补充勘探地质报告、陕西煤田地质局 185 队陕北煤矿整合区地质报告总共 50 余个,2012 年参与完成青海省鱼卡、木立煤田两个项目地质报告的修编工作。

2011 年,为测试地测空间信息系统三维地质模型实用性,以"宁夏鸳鸯湖矿区石槽村井田"为实验区进行项目研究,建成一套集信息采集、分析、处理、管理为一体的地测空间信息系统,为我国目前煤炭资源勘探、开发提供服务。建立了石槽村井田基础数据库系统(SQLServer 网络数据库),建立了石槽村井田地表模型、第四系模型、钻孔空间模型、断层模型、2-1 煤、2-2 煤、6 煤、10 煤、15 煤、18 煤组(18 与 18-1)的 6 层煤的模型以及巷道模型等。

石槽村井田地质模型的建立采用综合建模的方式。建模原始数据采用,石槽村井田勘探地质报告,地面工业广场模型为初步预想形态,井田开拓方案为武汉煤矿设计院初步设计方案。根据钻孔以及勘探线剖面,结合煤层底板等高线,建立了主要可采煤层的三维地质模型,并在此基础上进行了矿产资源储量估算。并对储量估算结果同原来的计算结果进行了比较和分析,取得了良好的效果。

二、三维地质模型在煤田地质勘探中的应用

三维地质建模化技术在地质工作中应用比较普遍,成型的系统基本满足用户的需求,然而在这些系统中数据模型多半是通过诸如 3DSMax 的建模软件来完成,并在地层建模中难以利用,地层建模要求模型的动态性与实时性是这些三维系统难以满足的。而且使用这些纯三维软件,前期的数据准备工作十分麻烦。利用二三维一体化的三维地质建模技术,可以取得很好的效果。

下面以宁夏洪涝池勘探区真三维地质模型为例做以简单介绍。

1. 工作区概况

洪涝池勘查区位于宁夏中东部,隶属吴忠市盐池县惠安堡镇管辖,勘查区呈南北向条带状展布,面积为 $28.68 km^2$。区内为新生界地层所覆盖,基岩无出露。地层由老至新发育有:三叠系上统上田组、侏罗系中统延安组、中统直罗组、侏罗系上统安定组、白垩系下统宜君组、古近系和第四系。

勘探区构造比较简单,为一单斜构造,倾向北西,于家台雷鸡圈断层断距大于1000m,顺地层倾向方向切断整个含煤地层,破坏了煤系地层的连续性和完整性。

(1) 钻孔模型的建立

钻孔模型的建立需要用到基础空间数据库的数据,包括钻孔测量数据、岩心鉴定数据、测井数据等,主要包括钻孔控制点坐标、深度、终孔层位、地层倾角等。钻孔模型需要展示钻孔轨迹线、岩性、煤层、标志层等,钻孔数据为点状数据,只需要利用空间数据将钻孔及相关信息表现出来即可。

(2) 地形表面模型建立

地形表面模型建立需要的数据来源于地质调查、测量、地形地质图等,数据表现为一系列离散的、空间上分布不均匀的数据,利用这些数据,可以根据建模精度要求,确定是否需要数据进行差值,然后形成完整的地表模型,如果有地表的高分辨率图像(卫片、航片等)可以将图片同地形表面模型套合,可以真实再现地表的地形、地物。

(3) 煤系地层、断层等地质体三维空间模型的建立

煤层建模采用合并法,就是前面所说的:利用煤层下表面模型,在获取相应点位的煤层厚度值,将下表面模型按照特定的方向,以厚度值为距离,获取上表面模型,然后利用上

下面的边界联网,形成煤层实体模型。

在此需要说明的是,如果仅仅利用钻孔数据来建立顶底模型,则由于控制点太少,在三角网过于稀疏的地方,生成的模型会显得很粗糙,不能满足建模要求。因此,需要添加更多的已知点来参与建模,在系统中,我们一般采用平剖对应的方法,从剖面上获取煤层的控制点来补充建模已知点。

利用加密后的控制点,创建三角网、等值线后,生成的最终地质模型。

2. 三维地质模型在煤田地质勘探中的意义

利用三维建模技术,将地下煤层、断层、风氧化带、含水层、背向斜构造等地质体获地质特征在三维空间展示出来,真实显示地质体的空间分布形态,实现矿山多源数据可视化集成,真正实现地下信息共享和互操作,对复杂的地质条件做以理解和判别。能更加有效地指导后期矿井设计、资源开采。

三、云计算在煤炭企业信息化中的应用

目前,云计算在煤炭企业信息化的过程中有许多挑战和难点,仍处于研究实验阶段,没有大规模的普及。由于煤炭行业信息资源分散,利用程度低,信息资源整合需求高,且由于地质对象的不确定性、模糊性和复杂性,并且难以获得地质体内部详细信息。使得地质对象与实际掌握信息之间存在较大的差异。另外,煤矿企业井下作业范围广,控制系统复杂,井下生产过程产生的如采煤机械和通风设备等的运行状况信息、工作面推进揭露的地测信息、井下瓦斯和煤尘实时变化信息、井下工作人员的活动信息、井下机电和安全预防设备的运转信息等的采集、传输、处理、显示等,受井下环境的限制,实现起来难度较大。

鉴于以上原因分析,云计算在煤炭企业中应用比传统信息模式有着"低成本、低功耗、高质量、快响应"的优势。煤炭地质勘探各部门之间,钻探、测井、地震、物探、化验、测量等各个部门的信息供应链条被打通,出现的信息孤岛被统一的信息化云平台资源池调度取代,地质勘查信息将得到进一步深度利用,因此,随着云计算应用的不断完善及在煤炭企业的不断磨合,"企业云"必将推动我国煤炭企业信息化建设长足的进步。

四、全国矿产资源利用现状调查储量动态监督管理
支持系统煤炭三维可视化子系统

1. 项目概况

2008～2011年,我国矿产资源储量利用现状调查工作在全国已全面推开。实施这项工作有利于摸清资源家底,盘活资源存量,确保国内资源持续、稳定供应,为国家经济建设和宏观决策提供基础支撑;通过这次调查,可更新全国矿产资源储量库数据,为国土资源管理部门履行政府职能提供技术支撑;做好这项工作,可为矿产资源规划制定、矿产资源宏观调控、资源战略实施等提出决策依据,此项调查具有特别重要的战略意义。

根据煤炭矿区资源储量核查的要求,本次煤炭资源储量核查旨在摸清煤炭资源储量

家底、客观评价煤炭资源勘查开发利用现状,以煤矿区为统计单元进行煤炭资源储量核查。通过对矿井和勘查区资源储量核查成果属性库和图形库的建设,结合煤炭三维可视化子系统,努力实现国家煤炭规划矿区的资源储量管理由一维属性数据管理,向三维空间数据管理过渡,为国家煤炭规划矿区资源储量三维动态监督管理奠定基础。

2. 系统建设

本次开发的储量动态监督管理支持系统煤炭三维可视化子系统作为全国矿产资源利用现状调查储量动态监督管理支持系统的子系统,具备浏览查询和储量核查及生产实际应用两大功能。浏览系统面向国务院、部、司局、省、地市、县不同层次的领导和一般管理人员、技术人员,以煤炭资源储量核查成果为主体,按照宏观全国、中观煤田/煤矿区区域地质(1:20万地质图)、细观井田三个层次进行煤炭资源储量核查成果三维可视化展示;储量核查应用系统面向煤炭资源储量核查实施单位和煤矿生产单位管理人员、技术人员和国家各级管理部门的技术人员,具备二维生产图件编制及井田三维地质模型生成功能,以单机版软件的方式满足煤矿生产管理应用及储量计算、上报。管理部门技术人员利用该软件对提交的储量成果进行监督核查。

3. 框架结构

系统体系结构为客户/服务器(C/S)结构。应用系统主要为单机版软件,同时可以作为C/S客户端通过系统维护模块给重点井田三维地质模型模块提供数据。

根据系统功能与结构分析,结合数据分析,煤炭三维可视化子系统包含如下应用功能,即三维地理模型及地质模型的建立、三维模型成果存储、以及客户端浏览与数据更新三个层次,其物理模型结构框架,包括内部网、网络服务器、数据库服务器、Internet接口、远程或本地用户。

4. 项目应用成果

储量核查应用系统面向煤炭资源储量核查实施单位和煤矿生产单位管理人员、技术人员和国家各级管理部门的技术人员。具备二维生产图件编制及井田三维地质模型生成功能,以单机版软件的方式满足煤矿生产管理应用及储量计算、上报。管理部门技术人员利用该软件对提交的储量成果进行监督核查。应用系统包括数据库模块、数据接口模块(包括表格数据接口和图形数据接口)、二维图形模块、三维地质模型模块四个模块;利用储量核查图件和成果数据编制储量核查图件和建立三维地质模型,可建立地质体模型、巷道等采掘工程模型、钻孔三维模型、工业广场等建筑物地表模型,以及储量块段和利用三维对象模型,模型可通过节点属性动态更新;编制的图件标准美观,建立的模型真实直观,满足储量核查项目图件编制、数据管理和三维模型构造的要求。经试运行,项目建设成果完成项目设计工作任务,达到设计技术指标。

第九章 煤矿区环境遥感监测技术

第一节 我国煤矿区环境概况及遥感监测工作程度

一、煤矿区环境概况

煤矿开发,在我国能源生产中占有十分重要的基础位置,但我国每年从地表和地表深处开采出巨大数量的煤炭和围岩,改变和破坏了地球表面和岩石圈的自然平衡,使地质环境不断地改变和恶化。煤矿开采引起的矿区环境问题十分突出,煤矸石、废水和废气的大量排放,以及诱发的崩塌、滑坡、泥石流、地面塌陷等地质灾害已成为制约煤矿区经济和社会可持续发展的重要因素(王桥等,2005)。当前我国煤炭矿山地质环境存在的问题主要表现在以下 6 个方面。

1. 采空塌陷

我国采空区平均塌陷系数为 0.24hm²/万 t、直接损失系数为 1～1.5 元/t,仅 2002 年我国新增采空塌陷面积就高达 3 万 hm²,直接经济损失 20 亿元。而我国目前因采空塌陷造成的经济损失累计已超过 500 亿元。重点煤矿的平均采空塌陷面积约占矿区含煤面积的 1/10,按矿区人口计算,人均采空塌陷面积为 1.86hm²,人均房屋破坏面积为 4.5m²。

山西是我国煤炭产量最大的省份,采空塌陷灾害也最为严重,1980 年至 1999 年的 20 年间,山西生产原煤 34.1 亿 t,相应的采空塌陷面积达到 8.18 万 hm²,采空塌陷所引发的耕地破坏、地面和地下工程损毁损失约为 22.51 亿元,平均每开采 1 万吨煤,造成采空塌陷灾害直接经济损失 6600 元(毛文永等,2007)。

近年来我国原煤产量持续快速增长,年产原煤 20 亿 t 以上,地面塌陷的威胁持续增加。大面积地下采煤引起地面沉降和陷落,可使村庄、铁路、桥梁、管线遭受破坏,农田下陷所引起大面积积水和土地盐渍化而无法耕种。

我国人多地少,人均仅占耕地 1.3 亩。对于矿山毁地速度之快,必须引起高度重视,采取有效措施加以解决。

2. 矸石占用大量土地,产生严重大气污染和水污染

煤矸石包括岩巷掘进排出的岩石,煤中的首选矸石,洗煤厂排出的洗矸等,排放量很大,超过煤炭总产量的 10%,全国有矸石山超过 1500 座,堆放量在 20 亿 t 以上。这些矸石不仅压占大量土地,而且大气降水淋溶时还能污染周围水体、农田和地下水。矸石山自燃后产生硫化物等有害气体,成为活的大气污染源。我国煤炭系统每年由燃烧排入大气中的废气估计在 1700 亿 m³ 左右,烟尘 30 万 t 以上,二氧化硫 32 万 t 左右,年排放甲烷

90 亿～100 亿 m³。其中矸石堆自燃已成为一个重要的大气污染源,直接影响到附近居民的生活质量甚至生命财产的安全。

3. 采矿诱发地质灾害,造成大量人员伤亡和经济损失

由于地下采空,地面及边坡开挖影响了山体、斜坡稳定,导致开裂、崩塌和滑坡等地质灾害。露天采矿场滑坡事件频繁发生,辽宁抚顺西露天采坑深 300m,曾发生滑坡 60 次。

矿山排出的大量矿渣及尾矿的堆放,除了占用大量土地、严重污染水土资源及大气外,还经常发生塌方、滑坡、泥石流,尤其是一些乡镇集体和个人采矿场,在河床、公路、铁路两侧开山采矿,经常把矸石甚至矿石堆放在河床、河口、公(铁)路边等处,一遇暴雨造成水土流失,产生滑坡、泥石流,尾矿、矸石等被冲入江河湖泊,造成水库河塘淤塞、洪水排泄不畅,甚至冲毁公路铁路,给国民经济造成严重损失。

4. 矿山疏干排水造成灾害频生和水平衡系统破坏

我国有许多矿山地质和水文地质条件很复杂,采矿时对地下水必须进行疏干排水,甚至要深降强排,由此而出现了一系列的地质环境问题,给矿山生产带来许多灾害。

首先是矿井突水事故不断发生。我国许多矿床的上覆和下伏地层为含水丰富的石灰岩,特别是北方石炭、二叠纪煤系地层,不仅煤系内部有含水性强的地层,其下伏为巨厚的奥陶纪灰岩,这些矿床随着开采的延伸,地下水经深降强排,产生了巨大的水头差,使煤层受到来自下部灰岩地下水高水压的威胁,在一些构造破碎带和隔水薄层的地段发生突水事故,严重地威胁着矿井和职工的生命安全。据统计,30 多年来我国主要煤炭矿区,因突水淹没全矿井 58 次,部分淹井 64 次,造成经济损失 27 亿元。1984 年开滦范各庄特大水灾,一次造成的损失就近 5 亿元。有些新井建设过程中因水的威胁长期不能投产,达不到设计生产能力。目前我国北方主要的矿务局,有 130 余个矿井受水威胁,随着向深部开采,水压不断增加,突水灾害威胁日趋严重。北方岩溶地区的煤炭矿床约有 150 多亿 t 储量,因受水的威胁而难于开采。近几年来群采矿山乱采乱挖,使地表水体或废弃矿山的积水灌入大矿,而造成国营大矿淹井事故,在淮南、水城、鹤壁等煤矿都曾发生过。

其次,由于疏干排水,在许多岩溶充水矿区,引起地面塌陷,严重地影响地面建筑,交通运输以及农田耕作与灌溉。

再次,某些矿山由于排水,疏干了附近的地表水,浅层地下水长期得不到补充恢复,影响植物生长;有的矿区甚至形成土地石化和沙化,生态环境遭到破坏。因采矿造成缺水的地区也在不断地增加。

5. 矿山废水造成地表水污染

随着矿山的开发,矿区排放大量的废水,它们主要来自矿山建设和生产过程中的矿坑排水,洗矿过程中加入有机和无机药剂而形成的尾矿水,露天矿、排矿堆、尾矿及矸石堆受雨水淋滤、渗透溶解矿物中可溶成分的废水,矿区其他工业和医疗、生活废水等。这些受污染的废水,大部分未经处理,排放后又直接或间接地污染了地表水、地下水和周围农田、土地,并进一步污染了农作物,有害成分经挥发也污染空气。

我国的选矿废水,年排放总量大约为 36 亿 t,这些废水很少有达到"工业废水排放标准"的,不少是含有许多有害金属离子和物质,固体悬浮物的浓度远远超标。我国北方岩溶地区的煤矿山,每年要排矿坑水近 10 亿 t,绝大部分都受到不同程度的污染,其中 30% 左右经处理使用,其他都是自然排放,造成河水污染。

6. 煤及煤矸石自燃严重破坏煤炭资源、造成大气污染

在我国西北、华北、东北地区,蕴藏着占全国储量 80% 以上、年产量占全国 60%~70% 的优质巨厚煤层,由于干旱、季候风和烈日照射的多重作用,当温度达到煤炭燃点的临界值时,煤炭便自己燃烧起来。由于我国北方煤炭大多燃点很低,所以极易发生煤田火灾。据有关部门估算:我国北方煤田潜在燃烧面积多达 720km²,这些燃烧的煤火每年破坏煤炭资源多达 2 亿 t,并造成严重的环境污染。

二、煤矿区环境遥感监测工作程度

环境遥感是以探测地球表层环境的现象及其动态为目的的遥感技术。而煤矿区环境遥感是以煤矿区环境遥感监测内容为目标,旨在探测和研究煤矿区环境因子的空间分布、时间尺度、性质、发展动态、影响和危害程度,以便采取环境治理措施或制订生态环境规划的遥感活动。随着遥感技术理论的逐步完善和遥感图像空间分辨率、时间分辨率与波谱分辨率的不断提高,尤其是利用高分辨率、多时相的实时或准实时的遥感信息源,煤矿区众多环境因子能够在遥感图像中准确反映,所解决的环境问题愈来愈多、愈来愈深入。遥感技术可以贯穿于地质环境调查、监测、预警、评估的全过程。从矿山地质环境遥感调查技术实践和遥感技术的进步来看,进行煤矿区地质环境遥感调查与动态监测是十分可行的。遥感技术必将成为地质灾害及其孕灾环境宏观调查以及灾体动态监测和灾情损失评估中不可缺少的手段之一。

遥感技术应用于地质灾害调查可追溯到 20 世纪 70 年代末期。在国外,开展得较好的有日本、美国、欧盟等。日本利用遥感图像编制了全国 1:5 万地质灾害分布图;欧共体各国在大量滑坡、泥石流遥感调查基础上,对遥感技术方法进行了系统总结,指出了识别不同规模、不同亮度或对比度的滑坡和泥石流所需的遥感图像的空间分辨率,遥感技术结合地面调查的分类方法,可以用 GPS 测量及雷达数据,监测滑坡活动可能达到的程度。

我国利用遥感技术开展地质灾害调查起步较晚,但进展较快。如何利用现代科学技术解决煤炭资源开发利用与环境保护的协调关系,预测预报矿区环境灾害的发生发展是二十多年来煤炭遥感关注的焦点,中国煤炭地质总局航测遥感局先后使用了包括高光谱遥感、微波遥感、高分辨率卫星图像等航天、航空及地面遥感手段,在山西大同、太原西山、陕西铜川、神木、河北开滦、峰峰、河南焦作以及新疆准南、宁夏汝箕沟等十多个矿区开展了煤炭矿山环境遥感调查工作。对环境灾害及形成原因进行分析,提出了一系列治理方案,获得了一些成功经验(卢中正等,2003)。

1. 矿井突水遥感调查

　　近年来完成了下列一些项目：① 遥感技术在太行山东麓及燕山东段南麓煤矿水害防治决策中的应用研究；② 河北峰峰–邯郸矿区山青–下架煤层底板突水预测预报（鼓山西部）；③ 河北开滦煤矿突水水文地质调查。

　　利用遥感图像对矿区构造解译是常规地质物探手段无法比拟的。得到的线性构造网络图反映了断层、隐伏断裂、破碎带、裂隙或岩体边界等线性构造的方位、密度、相互切割关系、强弱程度，它代表一个矿区或一个区域的构造系统，控制着一个地区的地下水活动。20 世纪 90 年代初，中国煤炭地质总局航测遥感局利用 TM 图像和热红外航片对河南焦作矿区、河北峰峰矿区地质构造进行了详细调查和解译，结合矿井资料分析，研究发现了构造与岩溶发育、矿井涌水量、矿井突水点以及瓦斯喷出点分布的关系（谭克龙等，1999），在矿区突水的预报研究中取得较为满意的效果。

2. 矿区水污染调查

　　利用 TM 图像和航空像片进行水污染调查，主要是通过对水污染源的调查和相关分析进行。

　　近年来中国煤炭地质总局航测遥感局开展了利用细分光谱仪数据分析水体泥土含量的研究，对各专题数据进行了相关分析，总结出水体光谱特征与其中泥沙含量的关系（图 9.1）。通过分析水体波谱特征，建立了水体反射波谱与 BOD5 和 COD 含量之间相关模型（万余庆等，2003），并取得较好的效果。

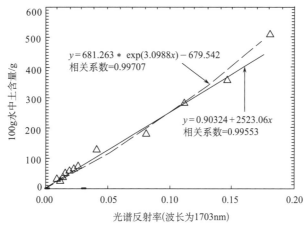

$$y = 681.263 * \exp(3.0988x) - 679.542$$
相关系数 = 0.99707

$$y = 0.90324 + 2523.06x$$
相关系数 = 0.99553

图 9.1　根据各个样本在波长为 1703nm 的光谱反射率拟合得到的指数曲线和直线示意图

3. 采空区地质灾害调查

　　采空塌陷、滑坡等发生前在地表首先形成地裂缝，地裂缝在地表的宽度一般为 0.1～2m，最宽达 3～5m，延伸长度取决于灾害体的规模。地裂缝的光谱反射率较低，其在可见光图像上呈深色条带。在热红外图像上夏季显示冷异常，呈暗色条带；冬季显示热异常，呈亮色条带。由于受到规模的限制,这些灾害类型在中低分辨率卫星图像上很难解译,对这些灾害的遥感调查主要采用航空像片和高分辨率卫星图像。

1986 年应用航空遥感图像,在陕西的铜川矿区进行了地质灾害调查,在 255km² 范围内共确定崩塌 56 处,滑坡 154 处,经过井上井下对照解译,对矿区 20 年来的变迁,滑坡的发生发展作出了定量动态分析,总结出井下采空区的十年时间是地面上滑坡、崩塌集中发生的时段,并发现桃园煤矿矸石选地不当,引起山体滑坡,直接威胁煤矿井口安全,后将 24 万 t 矸石运走,滑坡逐渐稳定。

4. 煤层及煤矸石自燃

20 世纪 80 年代以来中国煤炭地质总局航测遥感局先后完成以下煤层及煤矸石自燃遥感监测项目:① 中国北方煤田自燃环境监测(国际合作项目);② 陕西神府煤田新民烧变区煤层自燃边界圈定;③ 中国北方煤田自燃环境监测基础研究;④ "三北"火区遥感地质综合调查;⑤ 宁夏煤田火区自燃灾害勘察;⑥ 宁夏汝箕沟煤田火区遥感动态监测;⑦ 宁夏汝箕沟煤田火区地面测试。

通过以上项目的研究,对探测煤火的最佳遥感图像类型、最佳波段、温度分辨率以及探测煤火的能力有系统的研究。

5. 煤炭矿山开采状况调查

2006 年起,中国地质调查局组织全国多家遥感单位进行了矿山开发遥感调查与监测工作,利用空间分辨率优于 4m 的遥感数据(如 SPOT-5、IKONOS、QUICKBIRD 数据)开展比例尺为 1∶5 万～1∶1 万的重点地区煤炭资源开发状况、矿山环境等遥感调查与监测工作。

主要调查矿产资源开发及开发管理的现状及其变化情况。其中开发状况指不同矿种矿山开采点(面)分布情况及开采方式等,开发管理现状指是否存在无证开采、越界开采等违法现象,为矿山执法提供依据。

2007 年至 2010 年三年累计调查煤矿矿山 9 034 个,并对合法矿山和疑似违规矿山进行区分,调查结果显示疑似违规矿山比率及单位面积违规矿山数量均呈逐年下降趋势(秦绪文等,2012)。

6. 矿区生态环境调查及动态监测

卫星遥感图像视域广,现势性强,直观显示环境因子信息丰富。采用多时相卫星遥感数据和计算机处理技术相结合,图像解译与野外调查及地物反射波谱测试相结合的方法,可快速、准确地完成煤炭矿山生态环境质量现状调查及环境动态变化分析。包括土地与植被占压、土地利用现状、植被种类和覆盖度现状、水土流失、土地沙漠化等。1996～1998 年,中国煤炭地质总局航测遥感局使用 1987 年 10 月及 1996 年 10 月两期 TM 图像,局部地区还使用了 1956 年、1978 年及 1986 年的航空像片进行了神府-东胜矿区 3.3 万 km² 生态环境质量遥感调查,编制了 1∶10 万土地沙漠化、水土流失、植被覆盖、大气污染、地表水污染、固体废弃物分布等专题图件。并通过对 1957 年、1987 年、1996 年多期遥感图像的解译及对比分析,总结出了区内土地沙漠化、水土流失及植被覆盖度演变情况。

1999~2002 年在黄河中上游地区通过利用 TM 卫片、中巴资源卫星图像、法国 SPOT 图像实现了综合生态地质填图、1:5 万专项生态填图。

"863"项目"西部金睛行动":利用航空高光谱图像在延河流域进行的不同物种和同一物种不同长势的识别研究,能够对区内 22 个主要物种和 3 种状态进行较准确的识别。

综上所述,煤炭矿山地质环境遥感调查已基本完成了示范性实验阶段,正走向全面推广的实用性阶段,在矿山环境调查中尤其具有广阔的应用前景。

由于以前航天遥感数据主要为 MSS 和 TM 图像,其空间分辨率低,难以满足地质灾害点的详细调查工作,这使得遥感技术仅在宏观调查中应用广泛,而在微观上应用较少。

1999 年 9 月 24 日,美国成功发射全球首颗高解析度商业卫星 IKONOS-2,由此,解决了以往遥感影像低解析度的问题。加之最近陆续发射的 QuickBird、OrbView 等高解析度卫星,已可肯定高分辨率遥感时代已经到来。Ikonos 多波段遥感影像的空间分辨率达到 4m,而单波段遥感影像的空间分辨率达到 1m 以内。

在这样高的空间分辨率下,地质灾害点的详细信息能够清晰、准确地表现出来,掌握现场的最新情况并对其进行分析,使其更加接近于实际情况;同时可以根据业务的需要,自由地扩大或缩小比例。高分辨率卫星遥感数据的特点主要有:

1)通过各种技术,重访周期可控制在几天以内;

2)纹理特征更清晰,分辨率高,同一地类内部组成要素丰富的细节信息得到表征;

3)可见信息更加丰富,影像地物的尺寸、形状、邻域地物的关系更好地得到反映。

随着遥感信息源在空间分辨率、光谱分辨率和时间分辨率的不断提高,与 GIS 技术结合,将为矿区环境监测提供一种有效的技术手段,遥感可使矿区环境问题暴露无遗,而在遥感动态监测的基础上利用 GIS 手段建立矿区环境数据库系统,则可以在矿区环境状态遥感动态监测的同时,更有序地管理和利用矿区环境数据。

第二节　技术方法

根据遥感的可解译性,主要针对生态环境和煤矿区地质环境问题两个方面开展遥感监测研究。

1)生态环境遥感信息提取及其动态变化监测,包括矿山开发占用和破坏土地面积、类型、生态景观破坏、土壤侵蚀、土地沙化、矿区地表水污染等生态环境现状调查与动态变化监测。

2)地质环境问题遥感信息提取及其动态变化监测,包括矿山开发诱发的崩塌、滑坡、泥石流、地面塌陷、煤层自燃等地质灾害现状与变化趋势。

3)矿区生态环境与地质环境的恢复治理状况调查,并提出恢复治理的方法建议。

一、技 术 路 线

　　煤矿区环境遥感调查与监测的技术路线是：充分利用遥感技术优势，并将遥感技术与地理信息系统和全球定位系统相结合，采用遥感解译与已知资料相结合、野外调查与影像特征相结合，采用多功能、多信息相互印证等方法，提高遥感解译成果的可靠性和可信度。通过研究，建立矿山开发状况、矿山环境等遥感解译标志，及时获取国家急需矿产资源开发利用状况和矿山环境等客观基础数据。

　　监测可选择 TM、SPOT-5、IKONOS 和 QUICKBIRD 等不同分辨率的遥感数据，在充分分析工作区成矿地质背景和矿产资源规划等相关资料的基础上，从矿山辅助设施、道路、矿堆、矸石的特征出发，进行矿山开采状况遥感解译；从地裂缝、地面塌陷、滑坡、崩塌、泥石流的宏观形态、微观形态，植被、地层变动等特征出发，进行地质灾害遥感解译；对重要矿产开发点和地质灾害进行实际调查；以地理信息系统技术（GIS）为支撑实现采矿权数据、规划数据图层与遥感专题数据的叠加分析，判断违规开采矿山，评价矿产资源开发与环境保护规划执行情况和地质灾害治理工程实施效果，并对矿山环境进行综合评价。

　　矿山遥感监测的工作程序主要包括资料收集、遥感图像处理、矿山地质环境背景遥感调查、信息提取、实地调查、矿山地质环境综合评价、成果图制作和综合分析研究等几个步骤，技术路线见图 9.2。

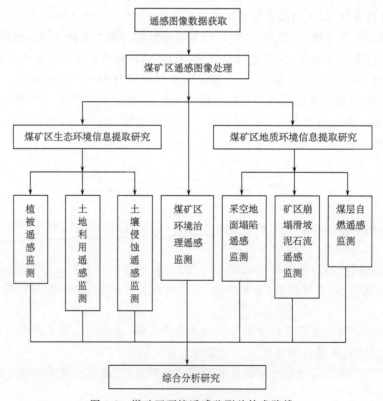

图 9.2　煤矿区环境遥感监测总技术路线

二、主要工作方法

（一）遥感数据源选取

煤矿区卫星数据源的选取，在充分考虑遥感信息的特征——空间分辨率、光谱分辨率、时间分辨率、辐射分辨率的基础上，将研究对象的特征作为遥感数据源选取和应用分析的重要依据。

煤矿区环境遥感监测对象可分为生态环境与地质环境。对生态环境进行监测，在遥感图像中都是通过植被的光谱特征变化来反映的，除了对其波谱特征的地学研究外，还须注重图像时相的物候期的分析，即以时间分辨率作为基本保证。目前，煤矿区生态环境遥感监测的主要数据源有：TM、SPOT-5、IKONOS、QUICKBIRD 等。其中，SPOT-5 全色波段空间分辨率为 2.5m，多光谱为 10m；IKONOS 全色波段空间分辨率为 1m，多光谱为 4m；QUICKBIRD 全色波段空间分辨率为 0.61m，多光谱为 2.4m，卫星图像纹理清晰，可满足不同监测尺度的煤矿区地质环境遥感监测（王晓红等，2004）。

根据研究对象的不同，选取的卫星数据主要为：

1）利用 ETM 和 TM 数据，开展区域成矿地质背景与成矿远景遥感调查、矿产资源开发占用土地信息提取，矿山环境背景遥感信息提取。

2）利用 SPOT-5 卫星数据，在 1：5 万比例尺的重点区，开展矿山环境和矿区生态环境治理等遥感调查与监测工作。

3）利用 QUICKBIRD 和 IKONOS 遥感数据，开展 1：1 万比例尺的矿山环境和矿区生态环境治理情况等遥感调查与监测工作。

（二）遥感影像制作

遥感图像处理主要有图像正射校正、图像配准、图像融合、增强、图像镶嵌等几个步骤，图像的质量标准依据矿山遥感监测指南要求。工作流程如图 9.3。

1. 影像数据质量检查

对提供的卫星遥感数据进行全面浏览，在纹理细节、光谱丰富程度、多光谱波段间匹配程度、云雾量以及相邻图像的重叠度等方面进行检查。

2. 正射校正

SPOT-5 图像正射校正采用物理模型，QUICKBIRD、IKONOS 数据利用 ERDAS 软件提供的有理函数模型自动获取待校正遥感影像的瞬时状态参数（包括卫星成像瞬间的高度、倾角、经纬度等）来恢复该影像的成像模型，根据成像模型利用基于 IRS-p5 生成的高精度 DEM 进行正射校正。正射校正后采用立方卷积方法对影像进行重采样，采样间隔为全色波段本身的地面分辨率。

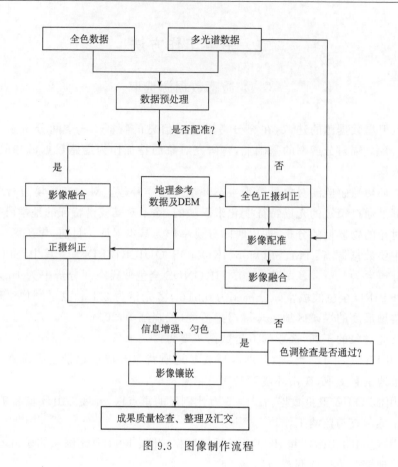

图 9.3　图像制作流程

3. 影像配准

影像配准是影像融合的前提和基础,配准的精度直接影响最终影像图制作的质量。QUICKBIRD 和 IKONOS 数据多光谱和全色波段已经配准,可以直接融合;但 SPOT-5 数据多光谱和全色波段不配准,利用自动生成同名点的方式进行配准,同名点生成参数包括生成点个数、搜索半径、相关程度、特征相似度(设为 100%)等。配准后全色与多光谱数据可同时正射校正。此方法快速、简单、精度高。

4. 影像融合

多源数据的融合总体上分为以下几个步骤:融合前影像处理、最佳融合算法的选取、实现以及融合后的处理和效果检查。其技术流程如图 9.4。

(1) 融合前影像处理

对纠正、配准后满足精度要求的全色与多光谱数据,融合前还需要对其进行预处理。一方面,提高全色数据的亮度,增强局部反差突出纹理细节,尽可能降低噪声;另一方面,对多光谱数据进行色彩增强,拉大不同地类之间的色彩反差,突出其多光谱彩色信息。

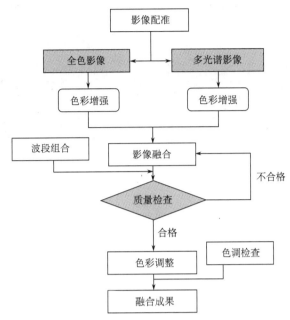

图 9.4 融合技术流程图

在融合中要突出全色数据的高分辨率特征,因此融合前处理的目的是为了增强局部灰度的反差从而突出纹理细节和加强纹理能量,通过细化来尽可能减少噪音。特别强调在增强局部灰度反差时只是增加灰度的值,原灰度关系保持不变。在拉伸方法选择上不应采用非线性拉伸,否则原灰度值的大小关系会发生变化,从而使影像产生灰度扭曲,增加含义不明确的伪信息,影响解译精度。

多光谱数据具有多个光谱波段和丰富的光谱信息,不同波段影像对不同地物有特殊的贡献。因此在影像融合前需要进行最佳波段的选择组合和彩色合成,以最大程度地利用各波段的信息量,辅助影像的判读与分析。在融合影像中,多光谱数据的贡献主要是光谱信息。融合前以色彩增强为主,调整亮度、色度、饱和度,拉开不同地类之间的色彩反差。

融合前可结合以下两种方法处理:

1) 基本方法。直方图拉伸采用自适应法或手动法;进行滤波、模糊等一系列处理,突出纹理细节,处理过程中注意过饱和,避免滤波超限。

2) 辅助调色手段。首先可进行色阶、色相和饱和度调整;其次进行亮度、对比度调整;最后适当进行颜色平衡。见图 9.5。

(2) 最佳融合算法的选取及实现

选取融合方法的原则:能清晰地表现纹理信息;影像光谱特征还原真实、准确、无光谱异常;融合影像色调均匀、反差适中。

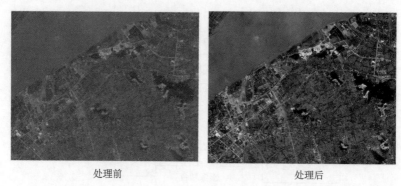

处理前　　　　　　　　　　　　　　处理后

图 9.5　全色数据融合前处理示意图

　　在遥感影像处理过程中,通常采用的融合方法有 IHS 变换、主成分变换、加权乘积、比值变换、小波变换、高通滤波、BROVEY、Gram-Schmidt 光谱锐化、结合 RGB 与 IHS 变换的 PANSHARP 融合等多种方法,根据以往工作经验,其中 BROVEY 变换、Gram-Schmidt 光谱锐化和 PANSHARP 融合方法对图像融合有较好的效果(图 9.6、图 9.7)。但 BROVERY 变换只能融合 3 个波段,降低了图像信息的使用,所以一般采用 Gram-Schmidt 光谱锐化和 PANSHARP 融合方法。

图 9.6　BROVEY 变换

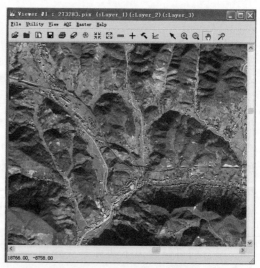

图 9.7　PANSHARP 融合

（3）融合后的处理

　　融合后影像通常亮度偏低、灰阶分布动态范围小,色彩不够丰富。需要采用线性或非线性拉伸、亮度对比度、色彩平衡、色度、饱和度和明度调整等方法进行色调调整。

（4）效果检查

检查融合影像整体亮度、色彩反差是否适度、是否有蒙雾；检查融合影像整体色调是否均匀连贯；不同季节影像只要求亮度均匀，植被变化引起的色彩差异可不考虑；检查融合影像纹理及色彩信息是否丰富，有无细节损失，层次深度是否足够；检查清晰度，判断各种地物边缘是否清晰明确。

5.图像镶嵌

工作区面积大，涉及多景影像的镶嵌，通过镶嵌线对融合、校正后的影像进行镶嵌处理，并对镶嵌后的影像进行检查。

因为各景（条带）数据时相不完全一致、成像条件不同，单纯拼接形成的图幅色调不一，条块明显，这就必须进行色调调整，使得镶嵌图各处的色调基本一致。先分别对各块数据单独进行色调调整，保证景（条带）内的色调一致；然后再利用景（条带）间的重叠度，扩散联调，达到所有景（条带）的色调统一。由于图像数据时相不可能全部一致，在对各景（条带）数据进行色调调整无法采用直方图均衡化、直方图匹配等自动处理方法时，主要应用 PhotoShop 软件，进行手工镶嵌调色处理。当相邻两景影像时相或质量相差不大时，保持影像纹理、色彩自然过渡；时相差距较大、地物特征差异明显时，保持各自的纹理和色彩，但同一地块内光谱特征保持一致。

（1）镶嵌前检查

镶嵌前精度检查主要是通过影像叠加显示、量测、目视观察等方法进行。具体要求及方法如下：

1）相邻纠正单元之间同名地物点接边误差应满足要求。

2）相邻景的同一线性地物是否保持连续，如接边误差不超限，出现线性地物连接错位现象时，应进行局部纠正；接边超限时应查明原因，并进行必要的返工。

3）时相相同或相近的镶嵌影像纹理、色彩应自然过渡；时相差距较大、地物特征差异明显的镶嵌影像，允许存在光谱差异，但同一地块内光谱特征应尽量一致。

（2）镶嵌原则

根据工作区影像成果情况，保证在重叠区域合理使用各种影像资料：

1）后时相成果优先于前时相制作成果。

2）高分辨率成果优先于低分辨率成果。

3）同期成果影像质量好的成果优先于质量相对差的成果（影像质量包括光谱信息、噪声、斑点、饱和度、云雪覆盖等方面）。

（3）镶嵌线选择

镶嵌线应尽量选取线状地物或地块边界等明显分界线，以便使镶嵌影像中的拼缝尽可能地消除。且镶嵌后影像应避开云、雾、雪及其他质量相对较差的区域，使镶嵌处无裂缝、模糊、重影现象。

（4）精度检查

1）影像镶嵌处是否存在裂缝、错位、模糊、扭曲和重影现象。

2）时相相同或相近的镶嵌影像，纹理、色彩是否过渡自然。

如果出现上述情况应及时查清原因，应分析原始影像数据、高程数据、侧视角、地形地貌、地物是否变化等客观原因，以及控制点的数量、点位与分布等人为原因，进行修改。

三、信息提取

1. 人机式交互解译

目视解译综合利用地物的色调、形状、大小、阴影、纹理、图案、位置和布局等影像特征知识，以及有关地物的专家知识，并结合其他非遥感数据资料进行综合分析和逻辑推理，从而能达到较高的专题信息提取精度，尤其是在提取具有较强纹理结构特征的地物时更是如此。在人机交互式解译中，遥感影像解译标志的建立有利于解译者对遥感信息作出正确判断和采集，提高遥感影像数据用于基础地理信息数据采集的精度、准确性和客观性，尤其是在作业区范围很大、作业人员知识背景差异大的情况下，可以使作业人员迅速适应解译区的自然地理环境和解译要求，更好而快速地完成解译工作。

解译标志的建立是在充分分析各类矿山地物的形态、物质结构、与周边地物的关系、光谱特征的基础上结合实际调查验证结果而建立的，以下为陕西省矿山监测项目中典型的解译标志。

1）开采点。煤矿在模拟真彩色影像上都以黑色显示，另有储煤场也与煤矿在颜色上具有同样的影像特征，中转场地（储煤场）几乎都位于交通方便的公路边或较为平坦的地方，另外分析可采煤层的分布是区分中转场地（储煤场）与煤矿的重要方法。

2）开采面。露天开采方式的煤矿，其开采面的影像特征一般表现出比周围地形要低，并且坡度较大，矿区道路和车辆的分布是解译开采面的重要标志。

3）开采矿种。结合工作区的地层岩性、矿产资源分布图和采矿权资料对工作区解译的开采点的种类进行矿种归属分类。

4）矿山开采状态。主要利用遥感数据对矿产资源开采状态（开采或关停）进行了遥感信息的解译提取。新鲜煤的光谱反射率明显低于风化煤（图9.8、图9.9）。

5）固体废弃物。渣堆在影像上表现出比周围地形高的影像特征。一般在矿山附近，大多就近堆放，部分正规矿山一般在外侧修筑有挡土墙。规模较小或非法矿山往往随意堆放，在山坡上堆积的固体废弃物受雨水冲刷及重力作用顺山坡滑落，在地势低洼处沿沟谷堆积。

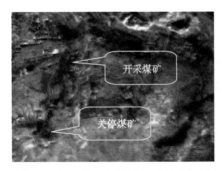

图 9.8 关停煤矿与开采煤矿遥感特征

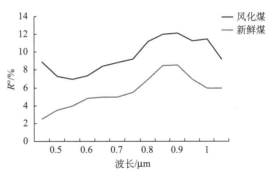

图 9.9 风化煤与新鲜煤反射率特征

6）地质灾害。

① 滑坡、崩塌：解译标志比较明显，其可解译程度，主要取决于其个体的规模及发育阶段，越是新发生的灾害体越容易识别。

② 地面塌陷：相对而言地面塌陷难度相对较大，地面塌陷又是工作区最重要的地质灾害类型，这里简单介绍本项目工作中地面塌陷的识别方法：在分析含矿地层分布特征和开采状况的基础上，利用遥感图像通过对塌陷坑、地裂缝、地面塌陷等直接标志及地表污染、居民地变迁、地表水系改变、植被和土地利用类型变化、道路改线等间接标志的识别可以确定地面塌陷的范围。

沉陷区：沉陷区边缘常形成断续的不规则封闭、半封闭的环形带或条带，形状与地形自然坡度、农田道路、田埂或植物行距排列极不协调。范围较小的沉陷区影像上呈负立体。大范围沉陷区常出现大面积积水，村庄搬迁，土地退化等局部生态环境异常现象。

塌陷坑：呈独立的环形或椭圆形斑点、斑块状，独立个体或成群分布，阴影作用色调明暗不同，呈负立体效果。塌陷坑内、外植被不同影像特征明显。山区地面塌陷往往形成塌陷坑，多为圆形或椭圆形，一般没有与其连接的道路，这是区别于其他采矿活动的重要特征。

地裂缝：与采矿活动有关的地裂缝分为两类：地面塌陷裂缝、滑坡裂缝。地面塌陷裂缝因地下采空或过量开采地下水引起地面塌陷过程的岩土体开裂而形成。滑坡裂缝因斜坡滑动造成地表开裂而成。

在遥感影像上地裂缝呈暗色线状，是地形突变引起光谱差异所致。有平行排列型、折线型和蠕虫型。规模较大的宽数米，长几百米。与其他线状地物有一定区别：

• 地裂缝具有一定的形态特征，如直线型地裂缝：裂缝平直，延伸方向稳定；曲线型：裂缝呈弧形弯曲，大多数由工作面的一侧延伸至另一侧。

• 地裂缝的走向一般与地形地貌单元走向不一致，并可能切穿不同地形地貌单元。

• 其走向与农业耕作方向不一致，非人工所为。

崩塌：地面塌陷往往诱发崩塌等地质灾害，特别是在黄土覆盖区。一般来说，黄土能形成比较稳定的斜坡而不易崩塌，黄土区能见到许多直立的黄土柱，多年不坠。但是，地面塌陷很容易使黄土垂直节理形成的边坡稳定性受到破坏，产生众多崩塌。所以，崩塌在一个区域内突然增多就成为地面塌陷的典型标志之一。

2. 三维虚拟现实技术辅助解译

　　根据建立的解译标志,结合以往解译成果及其他地质资料,提取专题信息。在遥感解译过程中使用了以遥感、地理信息系统、虚拟现实等高新技术建立虚拟的矿山三维电子沙盘场景,通过结合电子沙盘地形地貌信息更为准确地判断图斑的边界及属性;将三维地形信息应用于地质灾害分析时更有利于对威胁对象、汇水情况等信息的判断,如图 9.10。

图 9.10　矿山电子沙盘界面

第三节　煤矿区生态环境遥感监测

一、煤矿区生态环境信息提取

（一）植被信息遥感提取

　　煤矿区的植被信息包括植被类型与植被覆盖度信息,是煤矿区生态环境的关键因子,植被信息的现状、变化能够客观反应煤矿区生态环境的健康状态。遥感图像上的植被信息,主要通过绿色植物叶子和植被冠层的光谱特征及其差异、变化而反映的。目前,对植被信息进行遥感提取,主要采用植被指数,本次应用植被指数方法有下面三种。

1. NDVI 指数

　　对于植被覆盖度信息的提取,植被指数已经较为成熟,其中归一化植被指数 NDVI 的应用最为广泛,它是植被生长状态及植被覆盖度的最佳指示因子,与植被分布密度呈线性相关。因此,又被称为是反映生物量和植被监测的指标,被定义为近红外波段与可见波段数值之差和这两个波段数值之和的比值,即 $NDVI=(NIR-R)/(NIR+R)$。对于地面主要覆盖而言,云、水、雪在可见光波段比近红外波段有较高的反射作用,因而其 NDVI 值近于 0;而在有植被覆盖的情况下,NDVI 为正值(>0),且随植被覆盖度的增大而增大。几种典型的地面覆盖类型在大尺度图像上区分鲜明,植被得到有效的突出。

2. 缨帽变换

为了排除或减弱土壤背景值对植物光谱或植被指数的影响,出现了一些调整、修正土壤亮度的植被指数(如 SAVI、TSAVI、MSAVI 等)外,还广泛采用了光谱数值的缨帽变换技术(Tasseled Cap,即 TC 变换),也称为 K-T 变换。缨帽变换(TC)是指在多维光谱空间中,通过线性变换、多维空间的旋转,将植物、土壤信息投影到多维空间的一个平面上,在这个平面上使植被生长状况的时间轨迹(光谱图形)和土壤亮度轴相互垂直,即,通过坐标变换使植被与土壤特征分离。植被生长过程的光谱图形呈所谓的“缨帽”图形;而土壤光谱则构成一条土壤亮度线,有关土壤特征(含水量、有机质含量、粒度大小、土壤矿物成分、土壤表面粗糙度等)和光谱变化都沿土壤亮度线方向产生。在 TC 变换中选用反射率来代替亮度值,将典型的缨帽变换图形进一步发展为 G-转换图形,即绿度转换图形。图形中的一维是植被在红波段(R)与近红外波段(NIR)组合的绿度模型(绿度变量 G),另一维是植被在 0.4~1.1 的平均反射率,每一种植被由这两个变量组成的象限里均有各自独特的变化图形和不同的空间位置,通过对比分析,可有效对植被进行识别和监测。

3. 垂直植被指数

垂直植被指数(PVI)是在 R、NIR 二维数据中对 GVI 的模拟,两者物理意义相似。在 R、NIR 的二维坐标系内,土壤的光谱响应表现为一条斜线即土壤亮度线,且土壤在 R 与 NIR 波段均显示较高的光谱效应,随着土壤特性的变化,其亮度值沿土壤线上下移动,植物叶面在可见光红光波段有很强的吸收特性,而在近红外波段光谱响应高。因此在这二维坐标系内植被多位于土壤线的左上方。不同植被与土壤亮度线的距离不同。把植物像元到土壤亮度线的垂直距离定义为垂直植被指数,表示为

$$PVI = \sqrt{(S_R - V_R)^2 + (S_{NIR} - V_{NIR})^2} \tag{9.1}$$

式中,S 为土壤反射率;V 为植被反射率;R 为红外波段;NIR 为近红外波段。PVI 表征着在土壤背景上存在的植被生物量,距离越大,生物量越大。

PVI 的显著特点是较好地滤除了土壤背景的影响,且对大气效应的敏感程度也小于其他植被指数。

应用植被指数进行植被信息遥感提取,其主要工作流程如下(以 NDVI 指数为例):

1)选取植被生长期最佳时相的卫星数据,进行几何精校正、图像增强处理。

2)求算归一化植被指数 NDVI,作出植被指数图像。单一时相的 NDVI 对区分植被类型有偏差,多时相的 NDVI 可提供更多的植被信息。

3)对 NDVI 图像进行主成分分析(K-L 变换),使植被类型分离的可能性达到最大。经 K-L 变换的第一主成分量,集中了绝大部分的植被信息,且各植物类别间差异最大。该图像可作为进一步分析的典型图像。

4）运用图像分割技术（即密度分割），采用阈值方法，对第一主成分图像进行空间分割。“分割点”阈值的确定，先对第一主成分图像进行灰度线性拉伸（0～255），根据直方图上每个特征峰的形状和位置等细节，确定分割端点。即根据每个特征峰的均值和方差确定每段分割的端点，端点值即为阈值（或称门限值）。

5）将分割图像与该地的植被覆盖度进行比较，通过彩色编码使各色调分别代表不同的地表覆盖类型，生成植被覆盖度图。

然而，煤矿区植被类型的遥感信息提取如果单独依靠植物光谱响应特征的差异分类，在植被茂密、种类繁多，分布的水平和垂直地带性明显的区域，很难真实地反映区域的植被分布特征，在实际工作中，我们经常采用在地学知识基础上的人机交解译，其主要思路如下：

根据煤矿区的地学特征，以植物群落的生态系统为背景，并通过一系列遥感解译标志和引入一些辅助参数（如高程、地貌等），分类的精度有明显的提高。首先，根据植被-地貌相关的特点，把与一级地貌单元相对应的植被分为三类：山地-林地、高原-草地、平原-农业植被，其影纹、色调各有差异。其次，以植物群落的生态系统为依托，建立相应的解译识别标志。直接解译标志包括：色调、影纹结构、形状、大小、高度。间接解译标志包括海拔、地貌部位、地理位置、土壤母质、人类活动等。以 GIS 软件为平台，通过建立的解译标志进行信息提取。

（二）土地利用信息遥感提取

土地利用信息是一种复杂的综合信息源，而遥感数据作为一种综合的空间统计信息，各种类型的土地利用信息是互相混杂在一起的。土地利用类型中任何一种类型均不是一个纯粹的单一对象，而是由复杂空间对象构成，在光谱特征上，同一类型的土地利用就反映为一种混合特征。煤矿区土地利用信息的提取较为复杂，异物同谱现象较多，如煤堆与水体的区别，工矿用地与居民地的区别，容易在提取过程中产生误差。同时，有些矿区地处的自然地理环境较为复杂，如地处黄土丘陵地区，由于地形破碎、植被覆盖度低，地物类型在中、低分辨率图像上色调单一，土地利用信息较难提取。因此，利用遥感图像进行土地利用信息的提取，应首先充分考虑遥感信息的信息获取能力，即单一对象或混合对象在空间分布中的面积大小以及获取对象信息所要求的详细程度，成为选取遥感信息源的主要依据。数据获取后，经过图像处理，进行信息提取，土地利用信息提取就是将综合性的土地利用信息，按照分类系统确定的主要类型，将各类型的信息从综合信息中分离出来，并进行综合制图的过程。煤矿区土地利用信息的提取方法大致可以分为三类。

1. 非监督分类与监督分类

（1）非监督分类

非监督分类，也称为聚类分析或点群分析。即在多光谱图像中搜寻、定义其自然相似光谱集群组的过程。非监督分类不需要人工选择训练样本,仅需极少的人工初始输入,计算机按一定规则自动地根据像元光谱或空间等特征组成集群组,然后分析者将每个组和参考数据比较,将其划分到某一类别中去。应用非监督分类进行煤矿区信息提取的基本过程如下:

1) 根据监测尺度,选择适当分辨率的图像,进行前期处理,包括几何精校正、图像信息增强处理。

2) 根据煤矿区的土地利用特征,建立分类系统。

3) 应用 ISODATA 算法,通过图像处理软件进行非监督分类,根据监测需要,设置集群数量、计算迭代次数、分类误差的阈值等参数。

4) 通过 ISODATA 得到的光谱组,经过分析归类到对应的类别中,同时,制作黑白掩膜图像,用到原图像中,过滤掉归类的部分,留下难以归类的图像,对这个参与图像重新运行 ISODATA 算法,直到所有的集群组都能归类。

(2) 监督分类

监督分类又称为训练分类法,即用被确认类别的样本像元去识别其他未知类别像元的过程。已被确认类别的样本像元是指那些位于训练区的像元。在这种分类中,分析者在图像上对每一种类别选取一定数量的训练区,计算机计算每种训练样区的统计或其他信息,每个像元和训练样本作比较,按照不同规则将其划分到和其最相似的样本类。应用监督分类对煤矿区进行土地利用信息提取的步骤如下:

1) 根据监测尺度,选择适当分辨率的图像,进行前期处理,包括几何精校正、图像信息增强处理。

2) 根据煤矿区的土地利用特征,建立分类系统,即建立训练样本。

3) 对训练样本进行评价,计算各类别训练样本的基本光谱信息,即计算每个样本的基本统计值,包括均值、标准方差、最大值、最小值、方差、协方差矩阵与相关矩阵等,以检查训练样本的代表性、评价训练样本的好坏、选择合适的波段,常用的方法为图表显示和统计测量。

4) 应用训练样本,选择合适算法进行监督分类,常用的算法有平行算法、最小距离法与最大似然法。

2. 基于遥感与 GIS 一体化的分类方法

遥感与 GIS 一体化的信息提取方法是针对遥感、地理信息系统一体化技术发展的一种基于人工解译的(包括图像判读和屏幕判读)综合分类方法。其工作特点是,借助专家知识和实地考察资料直接在精校正后的影像上进行解译和判读。图像与图形相结合的作业环境,保证了线状地物和面状地物的正确识别,减少了同一地物由于时相不同或同一土地利用类型由于不均一性而错判的概率等。

遥感与 GIS 一体化的信息提取方法工作流程具体如下:

1) 对煤矿区的地形图进行校正、数字化。

2) 遥感图像的处理,主要指遥感图像的几何校正、辐射校正以及图像增强。

3）解译标志的建立。首先,根据区域特点,确定以国家土地利用分类标准为基础的土地利用分类系统。其次,根据各地类的影像特征(色调、形状、纹理结构等),通过图像分析,包括目视解译或对部分数字图像训练区的专题特征提取,以建立各地类的"初步解译标志";再通过野外验证对"初步解译标志"进行实地检验,修正以及对初判中的疑难点进行实地属性确认,以最终建立全区各土地利用类型的解译标志。

4）目标地物解译。根据影像的解译标志,如色调、形状、位置、大小、阴影、纹理及其他间接标志等以及对该区土地资源分布规律的熟悉程度,识别目标地类,以影像栅格文件作为判读背景,通过人机交互方式,分层提取目标地类。对于面状地物,解译尺度应大于6×6个像元,图斑短边宽度最小为4个像元。解译精度要求:耕地定性准确率>98%,其他地类>95%,屏幕解译线划描迹精度为一个像元点。对于现状地物如铁路、公路、主要干渠、运河、河流等,其宽度小于4个像元,大于等于1个像元,应用单线绘出,并赋属性代码。

5）矢量图生成。在GIS软件中导出图像目视解译结果,对每个信息提取图斑赋属性代码,进行投影设计与变形计算,与地理信息套合,并建立拓扑关系。

基于专家知识的屏幕解译的遥感与GIS一体化信息提取方法与自动分类的信息提取方法相比较,大大提高了分类精度,同时,它的作业环境是数字化的,形成的结果不需要数字化,可直接进入数字库,减少了中间环节。

3. 基于地学知识系统的自动分类方法

煤矿区所处的地理环境是十分复杂的。为了提高计算机辅助分类的精度,往往要引入光谱知识及空间属性、空间分布、DEM等信息或知识,根据一定的知识规则,参与遥感的分层分类。基于地学知识的相关分析,指的是充分认识地物之间以及地物与遥感信息之间的相关性,并借助这种相关性,在遥感图像上寻找目标识别的相关因子即间接解译标志,通过图像处理与分析,提取出这些相关因子,从而推断和识别目标本身。

应用基于地学知识系统的自动分类方法的具体步骤如下:

1）最佳时段的选择和分类系统的建立。根据煤矿区的特点选择最佳时段的遥感资料以及土地利用现状分类系统。

2）自动分类。根据各波段的光谱响应特征,进行监督或非监督分类,因存在大量的混合像元和光谱混淆(即同物异谱、异物同谱)现象,错分现象明显,分类精度较低。

3）辅助数据的引入。将DEM导入,与卫星数据复合,高程数据可以部分修改由光谱混淆而引起的错分现象。

4）基于地学知识的分层分类。基于地学知识系统的遥感信息提取方法与基于像元特征的自动分类方法相比,提高了分类精度,另一方面,它是一种适用于提取快速变化信息的自动分类方法,这种方法较为实用。

（三）土壤侵蚀信息遥感提取

由于煤矿开采对地层与周边植被破坏较为严重,加速了当地土壤侵蚀的发生,同时,部分煤矿区所处自然地理单元本身就是土壤侵蚀严重发生区,如神府矿区地处黄土高原与毛乌素沙地的过渡地区,土壤侵蚀十分严重,因此,对煤矿区进行土壤侵蚀遥感监测是煤矿区生态环境遥感监测的重要组成部分。土壤侵蚀信息提取应充分考虑煤矿区的气候、地貌类型、下垫面岩性、植被覆盖度、人类活动、水保措施等多种因素,是一个综合分析的过程。依靠光谱特征的自动分类很难准确反映该区土壤侵蚀状况,因此在信息提取过程中,应将自动分类与知识分层相结合,将上述自然因素作为知识分层中的重要层次,自动提取与人工干预相结合,提高分类的准确性。根据《土壤侵蚀分类分级标准》(SL190-96),土壤侵蚀强度分类分级,必须以年平均侵蚀模数为判断指标,鉴于我国大部分地区暂时还难以获取足够的侵蚀模数,常用的方法就是多因素综合法,即:全面考虑影响土壤侵蚀的各个因素,在分析各个因素与土壤侵蚀量关系的基础上,评价土壤侵蚀的强度。影响土壤侵蚀强度的主要因子为植被、坡度与土地利用类型,因此对煤矿区进行土壤侵蚀信息遥感监测,应将上述因子综合考虑,目前应用较为广泛的土壤侵蚀遥感监测方法主要为基于地学知识的人机交互解译与基于 GIS 环境的自动提取。下面分别对两种方法的具体步骤进行描述。

1. 基于地学知识的人机交互式解译

人机交互式解译是在 GIS 软件支持下,由经验丰富的土壤侵蚀和遥感专业人员,进行遥感信息全数字解译,是一种通过人脑和电脑相结合,对计算机储存的遥感信息和人所掌握的知识、经验进行推理、判断的过程。其具体步骤如下:

1) 对遥感图像进行预处理,包括几何校正、辐射校正以及图像增强。

2) 充分收集煤矿区的地质、土地利用与植被覆盖资料,并由解译人员认真掌握。

3) 根据水力侵蚀与风力侵蚀强度分级指标特征,通过对影像分析,建立解译标志。

4) 在 GIS 软件支持下,开展屏幕解译,解译图斑不小于 4mm^2。

2. 基于 GIS 的自动提取方法

通过遥感影像解译获取植被和土地利用类型因子值,依托 GIS 软件分析地面坡度,该方法的基本步骤如下:

1) 对遥感图像进行预处理,包括几何校正、辐射校正以及图像增强。

2) 应用植被指数获取植被覆盖度值,植被指数的获取方法前边章节已经描述。

3) 导入辅助数据,即 DEM 值,该值包含坡度、坡向与高程信息。

4) 土地利用类型信息的获取。

5) 根据水力侵蚀分级指标与风蚀强度分级指标,在 GIS 软件支持下,综合分析煤矿区植被覆盖度、坡度值与土地利用类型信息,生成土壤侵蚀强度分布图。

通过遥感影像、利用 GIS 技术,既可以迅速对土壤侵蚀进行分类分级统计,查询侵蚀面积、侵蚀分布,同时在数据更新阶段,在 GIS 支持下,可以对有变化或变化较大的局部进行分析和修改,即可以完成得到全局的现状数据。

（四）煤矿区荒漠化信息提取

煤矿区由于所在自然区域的不同,荒漠化类型有所区别,其主要类型有风力作用下的荒漠化土地、水蚀作用下荒漠化土地、物理化学作用下的荒漠化土地与工矿型荒漠化土地。其中工矿型荒漠化土地是工矿开发及道路、城镇基本建设过程中,由于不重视生态环境保护而造成的次生荒漠化,呈"点"、"线"状临近城镇或工矿开发区分布,虽其面积小而分散,但因发展速度快且临近人口稠密的工矿城镇,危害更为显著。荒漠化的产生必然对煤矿区的生态环境产生重大影响,因此,对煤矿区开展荒漠化监测是必要的。

土地沙漠化具体表现在地表形态的变化、地表组成物质的变化、植被环境的变化以及人类活动程度和土地利用方式的变化,这四点地表变化,为沙漠化遥感监测提供了判释依据。

在评价指标确定的基础上,专题信息提取方法如下:

1) 指数提取法。通过不同波段亮度值的算术运算,提取对土壤或植被信息有特征意义的指数,如归一化植被指数、沙化指数(如地表反射率、控制覆盖率等),或通过谱系图聚类法、建立判别函数等来区分不同的类别,为分区监测、控制和治理提供依据。

2) K-T 变换法(即缨帽变换 TC)。利用 K-T 变换能有效分离土壤与植被信息的特点,对变换后的第一主成分(KT_1)反映土壤亮度的图像和第二主成分(KT_2)反映植被分量的图像分别进行再分类或阈值分割,参考具体划分指标。

3) 混合像元分析法。采用线性光谱混合模型,获得像元基本组分——土壤(包括沙地、风蚀裸地等)与植被等各像元所占比例的分量图和数据。

二、煤矿区生态环境变化遥感监测流程

在变化监测之前需要对监测区域内的主要问题进行调查,分析监测对象的空间分布特点、光谱特征及时相变化的情况。其目的是要为分析任务选择合适的遥感数据及理解遥感成像时的环境背景。不同遥感系统的时间分辨率、空间分辨率、光谱分辨率和辐射分辨率不同,选择合适的遥感数据是变化监测能否成功的前提。另外,如果不能很好地理解各种环境因子如大气状况、土壤湿度状况与物候特征对变化特征的影响,往往也会导致错误的分析结论。考虑到环境因素的影响,用于变化监测的图像应具备以下四点要求:①不同时期;②同一季节;③同一尺度;④同一卫星。如果由于某种原因无法获得同一种遥感系统在不同时段的数据,则需要选择俯视角与光谱波段相近的遥感系统数据。这样可以减少由于数据源不同造成的误差。

（一）煤矿区土地利用变化遥感监测流程

以 SPOT 图像为例,在图像处理系统中将不同时相遥感图像的各波段数据分别

以 R（红）、G（绿）、B（蓝）图像存储,从而对相对变化的区域进行显示增强与识别,在土地利用变化监测中,利用三个时相的 SPOT 图像分别赋予红、绿、蓝色。若早期的 SPOT 图像用红色表示,后期的图像用绿和蓝色辨识,往往由低反射率到高反射率的地表变化(如植被到裸地)显示为青色,而由高反射率到低反射率的地表变化(如裸地到居住区)则可显示为红色。变化区域由于其对应的亮度值变化,可以在叠合图像上得到清楚的显示。一般反射率变化越大,对应的亮度值变化也大,可指示对应的地表土地利用方式已经发生了变化;而没有变化的地表常显示为灰色调。工作流程如图 9.11。

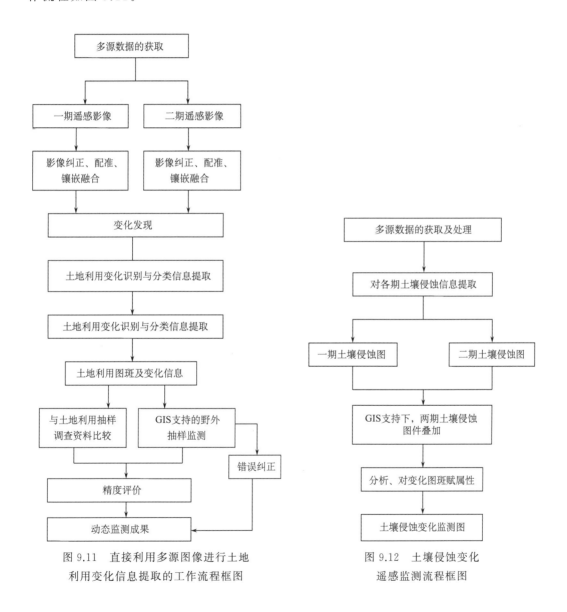

图 9.11　直接利用多源图像进行土地
利用变化信息提取的工作流程框图

图 9.12　土壤侵蚀变化
遥感监测流程框图

（二）煤矿区土壤侵蚀变化遥感监测流程

土壤侵蚀的变化是一个动态过程，对其变化结果进行监测，是多种地学指标的综合反映。其变化监测的基本思路为：应用两期或多期数据进行土壤信息提取，将信息提取结果在 GIS 软件支持下进行叠加对比，分析图斑的属性变化，一般情况下，将图斑属性划分为三种结果，即土壤侵蚀强度增强区域、土壤侵蚀减弱区域与土壤侵蚀未变区域，其主要流程如图 9.12。

三、实例一：陕北大柳塔矿区生态环境遥感监测

大柳塔矿区始建于 1985 年，1996 年正式投产，是中国神华能源股份有限公司年产千万吨级的骨干煤炭生产企业，位于毛乌素沙地与黄土高原过渡地带，气候干旱，年降水量约 400mm。受沙质荒漠化与水土流失的共同作用，矿区生态环境较为脆弱。矿区内分布着多家工矿企业，人工景观在矿区景观格局中占有较大的比例，同时，近年来，矿区开展了大量生态修复工作，对防止沙质荒漠化与减轻水土流失起到一定作用。

（一）研究区遥感图像处理

为了科学和客观地反映大柳塔矿区生态环境现状和时空演化规律，本次以煤炭资源大规模开发前的 1986 年 8 月 2 日的 TM 卫星图像和 2005 年 9 月 7 日的 TM 与 2006 年 5 月 27 日的 SPOT4 卫星融合图像为信息源，其中 SPOT4 卫星图像和 TM 卫星图像的空间分辨率分别为 10m 和 30m，能够满足 1：10 万遥感解译要求，同时，2005 年图像采用 TM 与 SPOT4 数据融合处理，具有很高的空间分辨率和较高的光谱分辨率，该时间段具有植被发育好、地表信息丰富等特点，有利于对生态环境因子的研判，保证了各生态环境要素解译结果的准确性（图 9.13）。

应用 ERDAS 软件对图像主要进行了几何精校正和图像增强处理。首先，以 1：10 万地形图和粗加工的卫星图像为基础，按控制点的选取原则（包括控制点必须均匀分布、在图像上有明显的精确定位识别标志和数量），选择控制点对，进行几何精校正；其次，依据植被、土地利用、土壤侵蚀等生态环境要素的地物光谱特征选择波段合成方案，1986 年图像合成方案为 TM5、4、3，2005 年的图像合成方案为 SPOT3、2、1＋pan；再次，对融合后图像进行反差扩展和色彩调整。

（二）生态环境分类系统的建立及信息提取

1. 生态环境分类系统的建立

生态环境因子的分类是进行生态制图的基础，是客观、准确和科学反映生态因子空间分异特征的关键。本次以最新颁布的国家和行业标准为依据，结合前人的工作成果和遥

注：采用2006年5月27日(spot-5 pan)数据
2005年9月7日(TM 5 4 3)数据

图 9.13　2005 年大柳塔矿区 SPOT 与 TM 卫星影像图

感解译的可操作性进行生态因子的分类。

植被类型的划分以植被种类的建群种为依据，进行植被群落划分。研究区的植被类型划分为沙蒿、沙柳灌丛；白羊草草丛和农业植被三类。

植被覆盖度的划分以植被覆盖地表的百分比，植被覆盖度划分为五级，即高覆盖度（覆盖度＞70％）、中高覆盖度（覆盖度 50％～70％）、中覆盖度（覆盖度 30％～50％）、低覆盖度（覆盖度 10％～30％）、极低覆盖度（覆盖度＜10％）。农业植被不分等级。研究区植被覆盖度划分为中高覆盖度、中覆盖度、低覆盖度、极低覆盖度与农业植被。

土地利用现状类型的划分按照国家农业区划委员会颁布的《全国土地利用现状调查技术规程》（1984 年）的规定执行。研究区一级土地类型划分为耕地、林地、牧草地、居民点及工矿用地、交通用地与水域，二级类型划分为水浇地、旱地、灌林地、天然草地、工矿用地、河流水面与滩涂。

土壤侵蚀的划分根据水利部颁布的《土壤侵蚀分类分级标准》（SL190-1996）（表 9.1）和水利部水土保持监测中心制定的《全国土壤侵蚀遥感调查技术规程》（1999 年 4 月 1 日）中侵蚀强度分级参考指标执行。将研究区土壤侵蚀划分为水力土壤侵蚀与风力侵蚀，其中水力侵蚀包括微度水力侵蚀、轻度水力侵蚀、中度水力侵蚀、强度水力侵蚀与极强度水力侵蚀，风力侵蚀包括微度风力侵蚀、轻度风力侵蚀、中度风力侵蚀、强度风力侵蚀与极强度风力侵蚀。

表 9.1　土壤侵蚀类型与强度分级

土壤侵蚀类型与强度		侵蚀模数/[t/(km² · a)]
水力侵蚀	微度水力侵蚀(11)	<500
	轻度水力侵蚀(12)	500~2500
	中度水力侵蚀(13)	2500~5000
	强度水力侵蚀(14)	5000~8000
	极强度水力侵蚀(15)	8000~15000
	剧烈水力侵蚀(16)	>15000
风力侵蚀	微度风力侵蚀(21)	<500
	轻度风力侵蚀(22)	500~2500
	中度风力侵蚀(23)	2500~5000
	强度风力侵蚀(24)	5000~8000

2. 生态环境信息遥感提取

根据确定的生态环境因子分类系统,结合不同的生态环境因子,采用自动分类与知识分层相结合的原则进行专题信息提取。

植被类型采用 NDVI 指数方法进行提取,求算归一化植被指数 $NDVI=(NIR-R)/(NIR+R)$,制作植被指数图像,运用图像分割技术,采用阈值方法,对图像进行空间分割。"分割点"阈值的确定,对图像进行灰度线性拉伸,根据直方图上每个特征峰的形状和位置等细节,确定分割端点,端点极值为阈值,将图像分割,通过分析分割后的图像,进行归类合并,在 ARCGIS 支持下,进行彩色编码,生成植被类型分类图。

植被覆盖度信息采用非监督分类,应用 ISODATA 算法,根据监测需要,设置集群数量、计算迭代次数、分类误差的阈值等参数,通过计算机自动分类,生成植被覆盖度图。

土地利用信息进行提取,采用 1986 年的 TM 与 2005 年的 SPOT 数据源,进行两期土地利用信息提取,采用 RS-GIS 一体化的信息提取方法,以 ARCGIS 为平台,通过人机交互解译,生成两期土地利用现状图。

土壤侵蚀信息提取采用基于地学知识的人机交互解译方法,在 ARCGIS 支持下,对研究区进行 1986 年、2005 年两期土壤侵蚀信息提取,生成两期土壤侵蚀图。

（三）研究区生态环境遥感监测

以研究区 2005 年、1986 年卫星影像图（图 9.14）为信息源,根据确立的分类体系,对煤矿区的植被、土地利用与土壤侵蚀等生态环境因子进行信息提取,得出如下监测结果:

1) 大柳塔矿区植被类型以沙蒿、沙柳灌丛为主,白羊草草丛与农业植被分布面积较小,同时,植被覆盖度较低,以低和极低覆盖度植被为主(表 9.2,表 9.3,图 9.14、图 9.15)。

表 9.2　大柳塔矿区植被类型面积变化统计结果

植被类型	1986 年面积/km²	2005 年面积/km²	变化值
沙蒿、沙柳灌丛	111.58	108.13	−3.45
白羊草草丛	17.80	16.38	−1.42
农业植被	15.5	12.76	−2.74
工矿用地	1.15	8.45	+7.3

表 9.3　大柳塔矿区植被覆盖度变化类型面积统计结果

植被覆盖度类型	1986 年面积/km²	2005 年面积/km²	变化值
中高覆盖度	0.47	3.59	+3.12
中覆盖度	2.74	1.6	−1.14
低覆盖度	88.48	89.64	+1.16
极低覆盖度	37.69	29.68	−8.01
农业植被	15.50	12.76	−2.74
工矿用地	1.15	8.45	+7.3

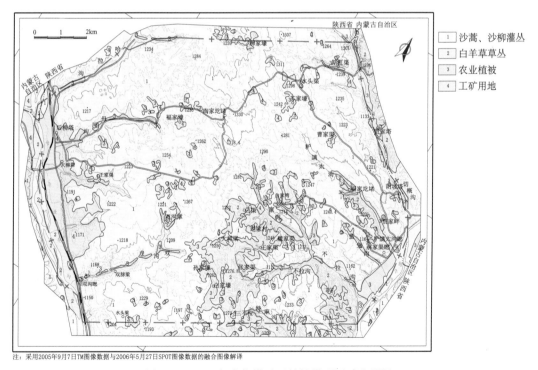

注：采用2005年9月7日TM图像数据与2006年5月27日SPOT图像数据的融合图像解译

图 9.14　2005 年大柳塔矿区植被类型遥感监测图

2）大柳塔矿区土地利用类型以灌林地和牧草地为主，耕地也有较大面积分布，水域面积相对较小，同时随着近年来能源化工基地建设，居民地及工矿用地、交通用地等建设用地也有一定面积分布。根据 1986 年和 2005 年土地利用现状图及 1986～2005 年土地利用变化类型图可以看出，由于煤炭资源的大规模开发，1986～2005 年矿区的土地利用类型变化较大，主要表现在居民点及工矿用地、铁路、公路等建设用地面积的增大和耕地、林地、牧草地等农业用地面积的减少（表 9.4，图 9.16，图 9.17）。

表 9.4　大柳塔矿区土地利用变化类型面积统计结果

土地利用类型		1986 年面积/km²	2005 年面积/km²	变化值/km²
耕地	水浇地(13)	6.2	3.52	−2.68
	旱地(14)	9.3	9.24	−0.06
林地	灌林地(32)	77.76	76.95	−0.81
牧草地	天然草地(41)	46.9	44.5	−2.4
居民点及工矿用地	独立工矿用地(53)	1.15	8.45	+7.3
交通用地	铁路(61)	—	0.1	+0.1
	公路(62)	0.15	0.45	+0.3
水域	河流水面(71)	2.4	2.71	+0.31
	滩涂(76)	4.57	1.69	−2.88

3）大柳塔矿区的土壤侵蚀强度较小，水力土壤侵蚀强度大于风力土壤侵蚀，具有明显的水力和风力侵蚀过渡性特点，以风力侵蚀为主，北部土壤侵蚀强度大于南部、西部大于东部。根据 1986 年与 2005 年矿区土壤侵蚀图和土壤侵蚀变化类型图（1986～2005 年）可以看出，1986 年至 2005 年间，矿区的土壤侵蚀出现了明显逆转（表 9.5，图 9.18）。

表 9.5　大柳塔矿区土壤侵蚀类型与强度面积变化（1986～2005 年）

土壤侵蚀类型与强度		1986 年面积/km²	2005 年面积/km²	变化幅度/km²
水力侵蚀	微度水力侵蚀(11)	15.94	16.85	+0.91
	轻度水力侵蚀(12)	6.98	7.31	+0.33
	中度水力侵蚀(13)	7.83	6.91	−0.92
	强度水力侵蚀(14)	2.91	5.41	+2.5
	极强度水力侵蚀(15)	0.42	2.33	+1.91
风力侵蚀	微度风力侵蚀(21)	35.43	46.77	+11.34
	轻度风力侵蚀(22)	36.15	32.16	−3.99
	中度风力侵蚀(23)	24.78	24.45	−0.33
	强度风力侵蚀(24)	7.23	4.54	−2.69
	极强度风力侵蚀(25)	10.76	1.7	−9.06

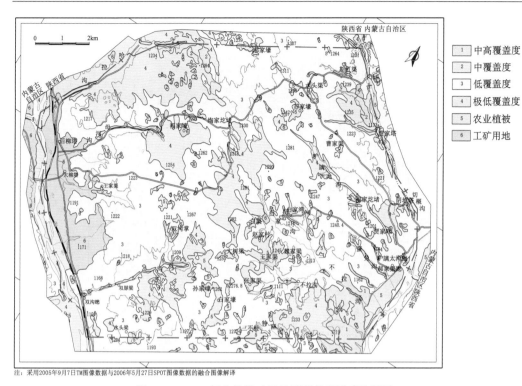

注：采用2005年9月7日TM图像数据与2006年5月27日SPOT图像数据的融合图像解译

图 9.15　2005 年大柳塔矿区植被覆盖度遥感监测图

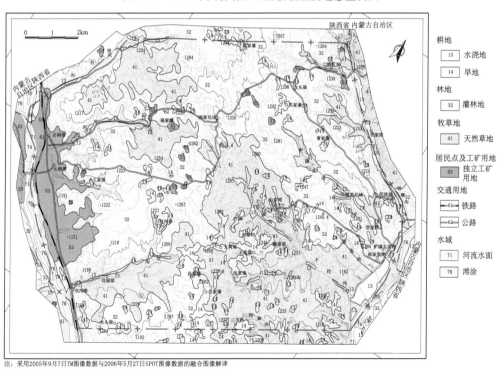

注：采用2005年9月7日TM图像数据与2006年5月27日SPOT图像数据的融合图像解译

图 9.16　2005 年大柳塔矿区土地利用遥感监测图

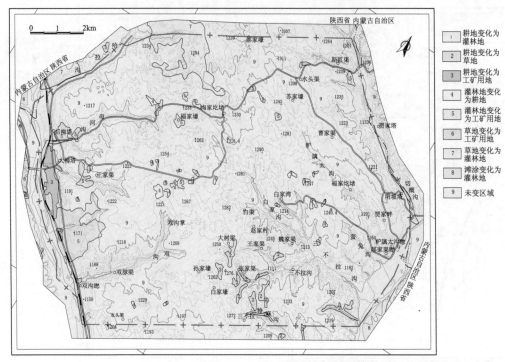

图 9.17　大柳塔矿区土地利用变化遥感监测图

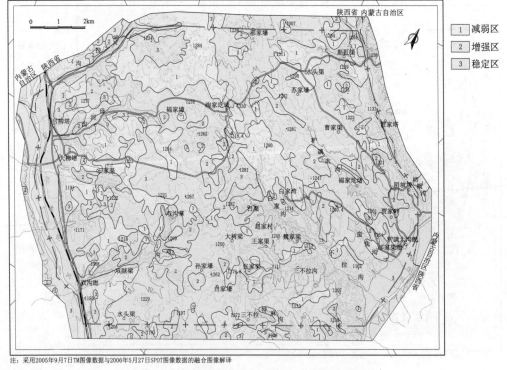

注：采用2005年9月7日TM图像数据与2006年5月27日SPOT图像数据的融合图像解译

图 9.18　大柳塔矿区土壤侵蚀变化遥感监测图

（四）研究区生态环境遥感监测精度评价

1. 卫星图像误差分析及校正结果评价

校正后的卫星影像,使用了多种方法检查其误差和精度。一是调用所存储的控制点报告文件查看每个有效控制点的误差和所有点的标准误差进行质量评估,二是以校正的地形图为底图进行套合检查,三是调入几何校正后的相邻影像,查看其相接部分明显地物的接合程度,四是以已有的标准图件(须基于同一投影和坐标系统)为底图套合进行质量检查。

通过分析各影像的误差报表,得出:

基于1:10万地形图对 TM 影像校正时,TM 的单点中误差不超过2个像元即60m,总体中误差不超过1.5个像元即45m,符合1:10万精度要求。

基于1:5万地形图和1:5万 DEM 对影像进行校正,SPOT2\4PAN 的单点中误差不超过2个像元即20m,总体中误差不超过1.5个像元即15m;SPOT5MUL 影像的中误差不超过1.5个像元即15m;SPOT5PAN 影像的中误差不超过4个像元即10m。符合1:5万精度要求。

2. 生态环境遥感监测结果精度评价

在生态环境因子分类体系的建立和遥感信息提取的过程中,严格按照国家环保总局2006年5月1日颁布实施的《生态环境状况评价技术规范(试行)》,国家农业区划委员会颁布的《全国土地利用现状调查技术规程》(1984年)、水利部颁布的《土壤侵蚀分类分级标准》(SL190-1996)和水利部水土保持监测中心制定的《全国土壤侵蚀遥感调查技术规程》(1999年4月1日)执行,在 GIS 软件支持下,对生态环境信息进行遥感提取,面状图斑不小于4mm²。

根据遥感技术的可操作性,在对研究区生态环境因子的信息提取过程中,分别选用了自动提取与人机交互解译的方法,其中,对植被类型与植被覆盖度的提取,采用了自动提取的方法,对土地利用与土壤侵蚀信息的提取,采用了人机交互解译的方法,通过野外验证,对监测结果进行精度分析。在对植被的遥感信息提取中,基于植被指数的自动提取方法较为成熟,所得的监测结果精度较高,能够满足不同监测尺度下的解译精度要求,而土地利用与土壤侵蚀信息的遥感提取,是一个集地学知识的综合分析过程,同时,异物同谱、同物异谱现象较为普遍,如土地利用类型中,居民地与工矿用地在遥感影像上光谱特征较为相似,自动提取的方法较难区别,目前,自动提取的方法精度仅能达到60%左右,难以满足煤矿区生态环境遥感监测的精度要求。

对室内初步解译成果进行野外验证,野外验证50个点,其中,植被类型与植被覆盖度验证点各10个,土地利用验证点20个,土壤侵蚀验证点10个,其中8个误判,正确率为84%。野外工作后,对成果图件进一步修编,最终成果的正确率在95%以上(表9.6)。因此,煤矿区生态环境遥感提取的方法选择,应根据不同生态环境因子类型,选择适当的信息提取方法,提高监测结果的精度。

表 9.6 野外验证结果统计分析

验证内容		验证点数/个	正确数/个	正确率/%	备 注
植被	植被类型	10	7	70	自动提取过程中,同物异谱现象造成的误差
	植被覆盖度	10	8	80	
土地利用		20	18	90	人机交互解译,识别错误
土壤侵蚀		10	9	90	人机交互解译,识别错误
合 计		50	42	84	

第四节 煤矿区地质环境遥感监测

一、煤矿区地质环境信息遥感提取

煤矿区地质灾害主要为开采沉陷、地裂缝、崩塌、滑坡、泥石流和渣堆边坡稳定性问题等。

(一)地 面 塌 陷

地下矿产资源的开采会引发地面塌陷,不仅破坏土地资源,导致生态环境恶化,而且破坏人民的生产生活设施,进而诱发一系列社会、经济问题。快速准确地获取塌陷信息是矿区环境综合治理和塌陷区复垦的重要条件。地面塌陷的形状、规模与其采矿方式、所处地形、地貌条件相关(尹国勋等,1997)。大规模的塌陷可以有数万公顷,小规模的塌陷地仅有数百平方米,对塌陷地的调查传统上常采用实地测量方法,但因工作量大、成本高、时效性低,难以及时准确地获取塌陷地信息。遥感图像可以真实地记录区域地面实况,在塌陷地监测与识别方面具有明显的优越性。矿山多目标项目通过几年的探索,在分析地面塌陷的形成机理、主要表现形式及其对土地资源和生态环境影响的基础上,对塌陷地在遥感影像上的解译标志进行了全面的研究。

1. 地面塌陷的主要表现形式

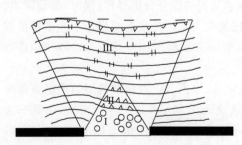

图 9.19 覆岩移动上三带示意图

I. 冒落带;II. 裂隙带;III. 弯曲带

煤炭及其他矿产资源的开采破坏了岩体内部原有的力学平衡状态,当开采的面积达到一定范围之后,起始于采场附近的移动和破坏扩展到地表,造成地表移动、变形和破坏。当采动引起的移动与破坏稳定后,按岩层破坏程度的不同,岩体内大致分成三个不同的开采影响带,简称"三带",即冒落带、裂隙带、弯曲带(图 9.19)。

然而不同的地质结构模型、地质采矿参数

将诱发不同类型的塌陷。根据对典型矿区地面塌陷的调查和分析，总结出地面塌陷的以下表现形式。

（1）塌陷盆地

当采空区影响到达地表以后，在采空区上方的地表形成一个比采空区大得多的洼地。这种洼地称为塌陷盆地。在开采急倾斜煤层的条件下，当采深与采厚的比值较大时，地表可能出现一种台阶状平底塌陷盆地。这种塌陷盆地的范围很大，边坡较陡，台阶数少。在一些地下水资源丰富的平原地区，由于地下水位埋藏较浅，会导致塌陷盆地常年积水或季节性积水，不但破坏了生态环境，还对当地居民的生产生活构成了威胁。

（2）塌陷坑

塌陷坑比塌陷盆地规模小，一般多出现在开采急倾斜煤层时，开采缓倾斜煤层时，只有某种特殊地质采矿条件下有可能出现塌陷坑。塌陷坑按其形状分为漏斗塌陷坑和槽型塌陷坑两种形式。

（3）裂缝

裂缝是采空区地面塌陷的常见形式。塌陷裂缝一般长几米至几百米，宽几厘米至数米。根据裂缝两侧的错落特点又可进一步区分为正台阶状裂缝、负台阶状裂缝，无明显错落裂缝三种。正台阶状裂缝倾向与坡向一致，负台阶状裂缝倾向与坡向相反。裂缝大体平行排列，台阶高度一般为几厘米至1m左右。

（4）滑坡崩塌

由采矿引起的滑坡、崩塌是山区地表移动中最为严重的一种非连续滑动破坏。在陕北等地的黄土墚峁区，常表现为黄土崩塌和黄土崩滑。

2. 采矿形成地面塌陷的遥感响应

遥感识别采矿形成的地面塌陷是在塌陷形成基础上进行的。矿山地面塌陷是受气象、水文、地质构造、采矿条件、开采规模、上露岩土层的组合关系、岩石的物理学性质、岩土力学性质等多种因素综合作用的结果。对这些条件进行有效的分析可极大缩小识别目标的范围，提高遥感解译的准确性和遥感识别的速度，在此基础上利用遥感图像通过对塌陷坑、地裂缝、崩塌等直接标志及地表污染、居民地变迁、地表水系改变、植被和土地利用类型变化等间接标志的识别可以确定地面塌陷的范围。通过多时相遥感资料对比可以获得塌陷区动态变化信息，为矿区塌陷规律和灾害发展趋势研究提供科学依据。根据煤炭资源分布和未来开采规划进行科学预测，为塌陷区受害村庄搬迁选址和新农村规划提供区域背景参考依据，避免形成"沉陷—搬迁—沉陷"的恶性循环。

（1）塌陷盆地

平原地区沉降特殊危害是地面形成槽形移动盆地，改变了地表水、地下水的流向，加

图 9.20 QUICKBIRD 影像解译的沉陷式开采塌陷

上矿井排水在塌陷区内形成常年或季节性积水,使土地完全不能耕种。沉降幅度较大的沉降中心附近往往形成积水坑塘和沼泽地,其遥感影像特征明显,呈现蓝黑色色调,表面平滑,圆形和椭圆形,边界形态清晰,图 9.20 为 QUICKBIRD 影像解译的煤矿开采形成的塌陷积水坑。对比不同时相的遥感图像,可以分析积水坑塘的发展和治理情况。

（2）塌陷坑

山区地面塌陷往往形成塌陷坑,多为圆形或椭圆形,一般没有与其连接的道路,这是区别于其他采矿活动的重要特征,图 9.21 为 QUICKBIRD 影像解译的塌陷坑。

图 9.21 洛南县九龙钼矿区井工开采引起的地面塌陷

（3）地裂缝

与采矿活动有关的地裂缝分为两类:地面沉降裂缝、滑坡裂缝。地面沉降裂缝因地下采空或过量开采地下水引起地面沉降过程的岩土体开裂而形成。滑坡裂缝因斜坡滑动造成地表开列而成。

在遥感影像上地裂缝呈暗色线状,是地形突变引起光谱差异所致。有平行排列型、折线型和蠕虫型。规模较大的宽数米,长几百米。与其他线状地物有一定区别:

1）地裂缝具有一定的形态特征,如直线型地裂缝:裂缝平直,延伸方向稳定;曲线型:裂缝呈弧形弯曲,大多数由工作面的一侧延伸至另一侧,图 9.22。

　　2）地裂缝的走向一般与地形地貌单元走向不一致，并可能切穿不同地形地貌单元。密集的地裂缝还会改变原有的地貌景观。如，石嘴山一矿地面裂缝使原来覆盖有薄层第四系松散物的山前冲积平原，形成叠瓦状基岩出露区（图 9.23）。

　　3）其走向与农业耕作方向不一致，属非人工所为。

　　地裂缝在植被覆盖度较低的地区，遥感图像很容易识别（图 9.24），在植被覆盖较高的平原区不易识别，所以在使用遥感数据时应选用植被覆盖度低时间段的遥感图像。

图 9.22　植被覆盖度较低的煤矿区地裂缝特征

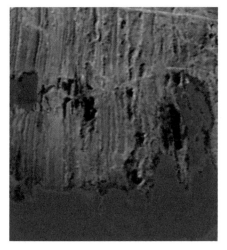

图 9.23　塌陷裂缝形成的叠瓦状
地层景观（QUICKBIRD 影像）

图 9.24　实际照片

（4）崩塌

地面沉降往往诱发崩塌等地质灾害,特别是在黄土覆盖区。一般来说,黄土能形成比较稳定的斜坡而不易崩塌,黄土区能见到许多直立的黄土柱,多年不坠。但是,地面沉降很容易使黄土垂直节理形成的边坡稳定性受到破坏,产生众多崩塌。所以,崩塌在一个区域内突然增多就成为地面沉降的典型标志之一(图 9.25)。

2007年10月　　　　　　　　　　　　2008年8月

a　　　　　　　　　　　　　　　　　　b

图 9.25　　地面塌陷区崩塌数量明显增加

通过对崩塌的区域分布和动态变化分析研究发现,黄陵 1 号矿地面沉降区域的分布在 2007 年 10 月的正射航片中崩塌集中发育 4 处(图 9.25a);2008 年 8 月 IKONOS 影像中共有 8 处,新增 4 处(图 9.25b),较 2007 年明显增多。

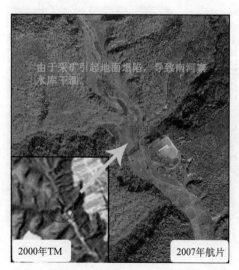

由于采矿引起地面塌陷,导致南河寨水库干涸。

2000年TM　　　　　　2007年航片

图 9.26　　塌陷区水库干枯

（5）道路污染和道路改线

地面沉降常常会导致路面的下沉和破坏,过往车辆颠簸造成下沉路段往往集聚大量煤粉尘,在遥感影像上表现出较严重的黑灰色调。在道路损毁严重路段,不得不在邻近区域改建道路。因此,道路污染和道路改线也是从遥感影像上识别塌陷区的重要间接标志。

（6）居民点密度明显降低

采空区如果位于居民点下方,则地面沉降将会对地表建筑物构成极大威胁,导致房屋裂缝、倒塌,致使居民点搬迁,因此,居民点密度的降低也是塌陷区识别的一个间接标志。采用多期遥感数据对比分析是识别地面塌陷的又一重要方法。

（7）其他间接标志

地表水系改变（图 9.26，塌陷区水库干枯）、植被和土地利用类型变化等间接标志的识别可以确定地面塌陷的范围。

（二）泥　石　流

泥石流是发生在山区及山前地区的一种含有大量泥砂和石块的暂时性急水流。泥石流常常具有突然暴发、来势凶猛、运动快速、历时短暂之特点，并兼有崩塌、滑坡和洪水破坏的双重作用，其危害程度比单一的崩塌、滑坡和洪水的危害更为广泛和严重，它是严重威胁山区及山前地区居民安全和工程建设（已建或待建）的一种地质灾害。我国的许多山区都不同程度地爆发过泥石流，据统计，近 50 年来造成百人以上丧生的恶性泥石流事件有十多起，近年来，我国泥石流有渐趋加重的趋势。

1. 泥石流的形成条件

泥石流的形成必须同时具备三个基本条件，分别是：地形条件、地质条件和水文气象条件。

（1）地形条件

地形条件是泥石流形成的空间条件，对泥石流的制约作用十分明显，其主要方面在于地形形态和坡度是否有利于积蓄疏松固体物质、汇集大量水源和产生快速流动。每一处泥石流自成一个流域，典型泥石流的流域可划分为形成区、流通区和堆积区。

泥石流形成区：多为三面环山，一面出口的半圆形宽阔地段，周围山坡陡峻，多为 30°～60° 的陡坡。其面积大者可达数十平方公里。坡体往往光秃破碎，无植被覆盖，斜坡常被冲沟切割，且有崩塌、滑坡发育。这样的地形条件有利于汇集周围山坡上的水流和固体物质。

泥石流流通区：泥石流流通区是泥石流搬运通过地段。多为狭窄而深切的峡谷或冲沟，谷壁陡峻而坡降较大，且多陡坎和跌水。泥石流进入本区后具有极强的冲刷能力，将沟床和沟壁上的土石冲刷下来携走。当流通区纵坡陡长而顺直时，泥石流流动畅通，可直泻而下，造成很大危害。反之，则由于易堵塞停积或改道，因而削弱了能量。

泥石流堆积区：泥石流堆积区是泥石流物质的停积场所，一般位于山口外或山间盆地边缘、地形较平缓之地。由于地形豁然开阔平坦，泥石流的动能急剧变小，最终停积下来，形成扇形、锥形或带形的堆积体，即洪积扇。当洪积扇稳定而不再扩展时，泥石流的破坏力减缓而至消失。

（2）地质条件

地质条件决定了松散固体物质来源、组成、结构、补给方式和速度等。泥石流强烈发育的山区，多是地质构造复杂、岩石风化破碎、新构造运动活跃、地震频发、崩滑灾害多发的地段。这样的地段,既为泥石流准备了丰富的固体物质来源,也因地形高耸陡峻,高差对比大,为泥石流活动提供了强大的动能优势。

（3）水文气象条件

水既是泥石流的组成部分,又是搬运泥石流物质的基本动力。泥石流的发生与短时间内大量流水密切相关,没有大量的流水,泥石流就不可能形成。因此,就需要在短时间内有强度较大的暴雨或冰川和积雪的强烈消融,或高山湖泊、水库的突然溃决等。气温高或高低气温反复骤变,已经长时间的高温干燥,均有利于岩石的风化破碎,再加上水对山坡岩土的软化、潜蚀、侵蚀和冲刷等,使破碎物质得以迅速增加,这就有利于泥石流的产生。

泥石流的形成,除上述三个基本条件外,土壤、植被和人类活动等对于泥石流的形成有一定的影响。如土壤与植被直接影响地表径流的形成和泥石流搬运物质的颗粒级配。尤其需要指出的是,人类工程经济活动对泥石流影响的消极因素颇多,如开矿弃渣、修路切坡、砍伐森林、陡坡开荒和过度放牧等,这些活动往往导致大范围生态失衡、水土流失,崩滑加剧,为泥石流发生提供了固体物质来源。

由上述可知,泥石流发生有一定的时空分布规律。在时间上,多发生在降雨集中的雨汛期或高山冰雪强烈消融的季节,主要是在每年的夏季。在空间上,多分布于构造强烈的陡峻的山区。

2. 泥石流的危害

泥石流常常具有暴发突然、来势凶猛、迅速之特点,并兼有崩塌、滑坡和洪水破坏的双重作用,其危害程度往往比单一的滑坡、崩塌和洪水的危害更为广泛和严重。它对人类的危害具体表现在 4 个方面。

（1）对居民点的危害

泥石流最常见的危害之一是冲进乡村、城镇,摧毁房屋、工厂、企事业单位及其他场所、设施。淹没人畜,毁坏土地,甚至造成村毁人亡的灾难。例如 1969 年 8 月,云南大盈江流域弄璋区南拱泥石流使新章金、老章金两村被毁,97 人丧生,经济损失近百万元。

（2）对公路、铁路的危害

泥石流可直接埋没车站、铁路、公路,摧毁路基、桥涵等设施,致使交通中断,还可引起正在运行的火车、汽车颠覆,造成重大的人身伤亡事故。有时泥石流汇入河流,引起河道大幅度变迁,间接毁坏公路、铁路及其他构筑物,甚至迫使道路改线,造成巨大经济损失。例如甘川公路 394km 处对岸的石门沟,1978 年 7 月暴发泥石流,堵塞白龙江,公路因此被淹 1km,白龙江改道使长约两公里的路基变成了主流线、公路、护岸及渡槽全部被毁。该段线路自 1962 年以来,由于受对岸泥石流的影响已 3 次被迫改线。新中国成立以来,泥石流给我国铁路和公路造成了无法估计的巨大损失。

（3）对水利、水电工程的危害

主要是冲毁水电站、引水渠道及过沟建筑物，淤埋水电站尾水渠，并淤积水库、磨蚀坝面等。

（4）对矿山的危害

主要是摧毁矿山及其设施，淤埋矿山坑道、伤害矿山人员、造成停工停产，甚至使矿山报废。

3. 泥石流的遥感解译标志

（1）泥石流沟的直观性判释

泥石流区域的每一特征地物，以相应的形状或图斑反映在图像上，形状判释标志是遥感目视解译泥石流沟的主要标志之一。

典型沟谷型泥石流有明显的坡面和沟槽汇流过程，松散物主要来自坡面和沟槽两岸及沟床堆积物的再搬运。泥石流流动除在堆积扇上流路不确定外，在山口以上基本上集中归槽。已具河谷特征，其河槽较宽阔多弯曲，汇水面积及流量较大，主沟的纵坡已变缓，流速不大，搬运力小，携带物在未到沟口以前，可能陆续沉积。到了沟口以外，由于流水的负荷物已经减轻，流水开始下切，形成洪积阶地，不致形成较大的沉积。根据山口大河所在区段的地形特征又可分为：峡谷区泥石流沟和宽谷区泥石流沟。前者堆积扇难保留完整，与大河相互作用强烈；后者堆积扇保留较完整，与大河相互作用弱。该类型泥石流在遥感影像上反映明显。

泥石流形成区：多为三面环山，呈漏斗状或围谷状影像。多数泥石流沟的形成区，可分为清水汇水区和固体物质补给区。清水汇水区：位于谷内固体物质补给区上方，清水汇水区的面积大小、植被覆盖率、支沟发育的多少、坡度的陡缓，是决定泥石流暴发规模和频率的依据，因此清水汇水区的判释也是泥石流判释的一个重要方面；固体物质补给区：矿业等工程产生大量固体废弃物，山坡不稳定现象普遍，在影像上丛集着弧形的滑坡，影像交织错乱，色调有深有浅。灾害地质作用强烈、分布集中、规模较大，表明泥石流固体物质储备充足，色调较浅。不同时期航空图像对比，确定补给区范围的变化，是确定泥石流沟发育类型的重要参考依据。

泥石流流通区：多为峡谷地形，往往有直线型条带状沟谷，一般情况下谷坡稳定，沟床比降大，多陡坎或跌水，山坡型的泥石流的流通区很短，或不存在。在影像上流通区呈平直的浅色或带状影像。

泥石流堆积区：多呈扇形或锥形影像，地面垄岗起伏。遥感图像上新泥石流堆积扇，呈浅白色，而老泥石流堆积扇上植被良好，色调较深。

山坡型泥石流大都分布于山坡上，主要发生在 30°以上的山坡坡面上，不透水层埋藏较浅，表层有较好的植被覆盖，无沟槽水流，水动力为地下水浸泡和有压地下水作用，在同一坡面上可多处同时发生，成梳状排列，突发性强，无固定流路。其只有形成区和堆积区，未见明显流通区,往往形成区即为流通区。沟谷纵坡与山坡坡度几乎一致,往往是新生沟谷,形状呈线形或长舌形,沟谷短小,沟口或坡脚堆积区为锥形或扇形。扇体纵坡较陡,规模小,危害也较小,一旦在其影响范围内通过则可能造成严重威胁,或经常遭到威胁。

泥石流沟的每一地物特征,还以面积的大小和数量的多寡反映在遥感图像上。如山坡型泥石流流域面积比沟谷型泥石流流域面积小,数量却比沟谷型泥石流沟多。每条泥石流沟,存在诸如崩塌、滑坡、土壤侵蚀等灾害现象,它们在面积的大小、数量的多少上也有很大的差异。因此,大小判释标志也是判释泥石流沟的判释标志之一。

其他如阴影、粗糙度、纹理、位置等也是判释泥石流沟不可缺少的判释标志。

（2）与泥石流活动有关形迹的遥感判释标志

泥石流活动往往造成河床演变、泥沙淤积、居民点和土地利用的变化,这些形迹在遥感图像上亦有反映。

河床演变:河床迁移后形成的牛扼湖是河床迁移的典型标志,河床迁移后的遗迹构成的弯曲条带状影像在图像上也很清楚,另外泥石流造成的河床演变有一个较大的泥石堆积扇,新泥石流堆积扇、老泥石流堆积扇与河床相物质在遥感图像上均有明显区别。老泥石流扇因地表结构致密,扇面上有植被分布,在色调上比新泥石流扇颜色深,扇面有人类活动痕迹,图斑较复杂;而新泥石流扇呈浅色调,图斑较单一;河床相物质则组成均一,含水量较新老泥石流扇都大,颜色更深,并呈带状分布。同时,泥石流扇逼迫主河道,使河床弯曲改道,在航空图像上也反映比较明显。

泥沙淤积和居民点变化的判释主要是利用不同时相的图像来判释。土地利用变化可以根据遥感图像上影像色调、形态、纹理结构等的变化反映出来。

（三）滑　　坡

滑坡是指斜坡上的土体或者岩体,受河流冲刷、地下水活动、地震及人工切坡等因素影响,在重力作用下,沿着一定的软弱面或者软弱带,整体地或者分散地顺坡向下滑动的自然现象。滑坡的主要平面形态标志有弧形、椅形、马蹄形、新月形、梨形、漏斗形、葫芦形和舌形等各种形态。

1. 产生滑坡的主要条件

一是地质条件与地貌条件;二是内外营力（动力）和人为作用的影响。第一个条件与以下几个方面有关:

（1）岩土类型

岩土体是产生滑坡的物质基础。一般说,各类岩、土都有可能构成滑坡体,其中结构松散,抗剪强度和抗风化能力较低,在水的作用下其性质能发生变化的岩、土,如松散覆盖层、黄土、红黏土、页岩、泥岩、煤系地层、凝灰岩、片岩、板岩、千枚岩等及软硬相间的岩层所构成的斜坡易发生滑坡。

（2）地质构造条件

组成斜坡的岩、土体只有被各种构造面切割分离成不连续状态时,才有可能向下滑动的条件。同时,构造面又为降雨等水流进入斜坡提供了通道。故各种节理、裂隙、层面、断层发育的斜坡,特别是当平行和垂直斜坡的陡倾角构造面及顺坡缓倾的构造面发育时,最易发生滑坡。

（3）地形地貌条件

只有处于一定的地貌部位,具备一定坡度的斜坡,才可能发生滑坡。一般江、河、湖（水库）、海、沟的斜坡,前缘开阔的山坡、铁路、公路和工程建筑物的边坡等都是易发生滑坡的地貌部位。坡度大于 $10°$、小于 $45°$,下陡中缓上陡、上部成环状的坡形是产生滑坡的有利地形。

（4）水文地质条件

地下水活动,在滑坡形成中起着主要作用。它的作用主要表现在:软化岩、土,降低岩、土体的强度,产生动水压力和孔隙水压力,潜蚀岩、土,增大岩、土容重,对透水岩层产生浮托力等。尤其是对滑面（带）的软化作用和降低强度的作用最突出。

不合理的人类工程活动,如开挖坡脚、坡体上部堆载、爆破、水库蓄（泄）水、矿山开采等都可诱发滑坡。

2. 解译标志

滑坡发生在具有一定滑动条件的斜坡上,具有明显的滑坡周界、后壁和滑体内部特征:

1）滑坡周界一般呈簸箕形;

2）滑坡多呈围椅状并较陡立;

3）滑坡体下方由于土体挤压,有时可见到高低不平的地貌,低洼处形成封闭洼地,常积水形成封闭洼地,呈深色调;

4）滑体前缘呈舌状,有时表层有翻滚现象而出现反向坡;

5）滑坡裂缝,包括拉张裂缝、剪切裂缝、鼓胀裂缝、扇形张裂缝;

6）滑体上的树有时呈醉汉林或马刀树,甚至有枯死现象;

7）滑坡舌、洼地和环形沟谷有泉水出露;

8）滑坡体迫使河流向外凸出。

3. 活动滑坡影像特征

滑坡体地形破碎,起伏不平,滑坡表面有不均匀陷落的局部平台;滑坡前缘有小崩塌,并受河水冲刷;滑坡地表湿地的泉水发育;斜坡较陡且长,虽有滑坡平台,但面积不大有向下缓倾的现象;有时在滑体上可见到裂缝。

二、陕西省主要煤矿区环境遥感监测实例

2008～2010年连续3年对陕西省神(木)府(谷)煤矿区、渭北煤矿区等矿产资源开发密集区矿山环境进行了遥感调查和监测,分别使用SPOT-5、IKONOS和QUICKBIRD等遥感数据。

(一)地质灾害遥感调查

1. 神(木)府(谷)矿区

(1)地质灾害形成背景

为干旱大陆性气候,年平均气温8.9℃,最热为7月,平均23.9℃,最冷为1月,平均—9.9℃。平均年降水量440.8mm,年内和年际变化较大。年内降水主要集中在7～9月,占总量的69%,尤以8月最多,平均为128.2mm,约占总量的1/4,并多以暴雨形式出现。气候对地质灾害的影响主要表现为降雨,崩塌、滑坡等灾害主要发生于7～9月,表现为与雨季同期。

神木矿区西北部主要为沙漠滩地区,地势较为平坦,基底为侵蚀残留的黄土梁峁地形,表面为波状起伏的风成沙丘(多为片流沙和半固定沙丘),沙丘间形成大小不等的洼地(亦称滩地)。神木矿区东南部和府谷矿区主要为黄土丘陵区,该区地形破碎,沟谷密度大,梁峁特别发育,水土流失严重。

神木煤矿区,是上世纪80年代后期才大规模开发的煤田,该矿区大多开采侏罗纪煤层,仅在府谷县城附近开采石炭-二叠纪煤层。该地区煤层厚度大,一般5～10m,且绝大部分地层近于水平,易开采。煤层顶板以砂岩、泥岩为主,上覆第四系黄土和砂层。随着煤炭资源的开发,地面塌陷越来越严重。

2. 地质灾害及其隐患

受地形地貌、岩土体类型及人类工程活动的影响,地质灾害较发育,主要类型有矿区地面塌陷、地裂缝、滑坡、崩塌、泥石流等。以矿区塌陷灾害最为严重,其分布广、面积大,遥感调查发现区内共有地面塌陷16处。

随着煤炭资源的开发,地面塌陷不断发生,塌陷造成地表裂缝、地面下沉、地下水位下降,致使道路中断、土地沙化、树木枯萎、人畜饮水困难、村庄搬迁等,严重破坏了生态环境,给人民生命财产造成严重损失。

地面塌陷的成因浅析:神(木)府(谷)矿区地面塌陷均由采煤引起,这种塌陷主要是在大面积采空区(综采工作面)上方。神(木)府(谷)矿区煤层稳定,十分适合综采,近年来开拓或已完成的综采工作面采空区均大于150m×1000m,随着采空区的扩展,顶板冒落随时形成,由于煤层埋深很浅,只有几十米,顶板破坏很快传递到地表,形成地面塌陷。采空区的不断扩展,使塌陷的范围和程度也不断扩大、增强。大柳塔矿工作面的塌陷均是这种

直接由采煤引起的地面塌陷,其遥感特征和形成模式如图9.27和图9.28。

神木矿区地面塌陷主要集中于大柳塔、活鸡兔、哈拉沟井田范围,遥感解译共发现塌陷区9处,塌陷面积593.6hm²,其中大柳塔井田发现塌陷2处,面积272.28hm²,活鸡兔井田发现塌陷6处,面积196.13hm²,哈拉沟塌陷1处,面积113.53hm²;府谷矿区地面塌陷主要分布在榆家梁、沙沟岔矿区,区内共发现7个地面塌陷区,面积214.81hm²。

塌陷造成地表裂缝、地面下沉、地下水位下降,致使道路中断、土地沙化、树木枯萎、人畜饮水困难、村庄搬迁等,严重破坏了生态环境,给人民生命财产造成严重损失。

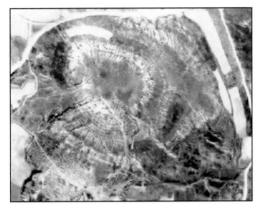

图9.27 大柳塔矿地面塌陷遥感影像图

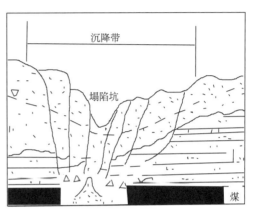

图9.28 大柳塔矿塌陷形成模式

2. 渭北矿区

(1)矿区地质灾害形成背景

渭北煤矿区位于陕西省中部,是陕西省的重要煤炭基地。矿区东起黄河之滨的韩城,经澄城、白水、蒲城至铜川,依次分属韩城、澄合、蒲白和铜川四个矿务局。地处渭北黄土台塬区,大面积被黄土覆盖,基岩仅见于深切的河谷底部。渭北煤矿区是新中国成立以来发展较快的煤炭及建材工业生产基地,原来以国有煤矿开采为主,改革开放以来,地方煤矿蓬勃发展,国有煤矿采用长壁式开采,乡镇煤矿一般为巷柱式开采。主要开采石炭-二叠系5号煤层,平均采厚2.5~3.5m,采深在塬面部位白水一般120~350m、蒲城90~260m、合阳140~180m、澄城300~400m、沟谷地带50~70m。长时间、高强度开采使该区地面塌陷频发。随着地下煤层的大量开采,导致矿区地质环境不断恶化。气候属大陆性暖湿带半干旱季风气候区,使该矿区成为陕西地质灾害群发及环境急剧恶化的重要地区之一。渭北煤矿区主要表现的地质灾害是地面塌陷、滑坡、崩塌和泥石流。

(2)重要矿山地质灾害及其隐患

受地形地貌、岩土体类型及人类工程活动的影响,区内地质灾害较发育,主要类型有地面塌陷,在韩城矿区和铜川矿区滑坡、崩塌、泥石流等地质灾害也比较多发。塌陷16处,滑坡9处,地裂缝3处。

1）地面塌陷

地面塌陷 17 处，塌陷破坏土地面积 14924.24hm²。其中铜川矿区地面塌陷 6 处，破坏土地面积 13423.63hm²，韩城矿区地面塌陷 5 处，面积共计 527.6hm²，主要分布在象山、桑树坪一带；澄合矿区 6 处，面积共计 973.01hm²，集中分布在董家河与澄合二矿这两个大矿周边。

韩城象山的地面塌陷分布于白家岭、温家岭一带，由于韩城矿务局象山煤矿多年开采，形成了大规模的采空区，沉降较为严重，该处村庄房屋出现不同程度的裂缝，村民已经搬迁，目前已无人居住。

桑树坪地面塌陷主要分布于赵家山村，由于韩城矿务局桑树坪煤矿多年开采，范围较大的采空区沉降较为严重，赵家山村部分村民房屋出现不同程度的裂缝，部分房屋已经倒塌，公路出现裂缝，目前村民正处于拆迁阶段，将陆续撤离沉降区，涉及村民 160 余户，700 余人。

澄合矿区的地面塌陷主要分布于尧头镇北，该处设置有尧头和澄合二矿两个较大的煤矿，且开采多年，形成了范围较大的采空区，但沉降幅度较小，只在部分地区房屋出现了小规模的裂缝，目前部分村庄处于搬迁阶段。

铜川矿区内虽然个别正在生产的大中型矿山企业对造成塌陷的村庄进行了搬迁，但生产效益不佳或已关闭的矿山企业造成地面塌陷的村庄仍然没有从根本上加以解决。如东坡、王石凹、桃园矿因开采造成刘家堡村地面塌陷，乔子村等地裂缝没有得到彻底解决，隐患依然存在。

2）滑坡

由于位于陕北黄土高原的南缘，沟壑纵横，墚峁相间，长期受地质外引力的作用和新构造运动的影响，风化剥蚀及水土流失严重，给滑坡创造了有利地形。随着人类活动的日益加剧，在矿山地区表现为改变地表面貌的一种巨大应力，它与自然外力地质作用相互交织，彼此叠加，致使相对稳定的古滑坡复活，同时亦产生新的滑坡。遥感调查共发现滑坡 9 个。近年来，渭北煤矿区内滑坡活动频繁，亦极为普遍，致灾程度十分严重。

韩城电厂滑坡，位于象山，它是 7 个滑体组成的子母式复合型大滑坡，面积约 1km²，滑体直接造成电厂建筑物的破坏和变形，并威胁了电厂的安全和存在，造成严重经济损失。

柿树沟北坡滑坡位于王家河乡柿树沟社区柿树沟居委二组，长 10m，宽 100m，厚 10m，体积 1.0×10⁴ m³，滑动方向 120°，滑体坡角 45°。滑面呈弧形，埋深 10m。滑床岩性为第四系离石黄土。滑体呈"圈椅状"地形，后壁明显，高 4～6m，前部开挖形成一高 5m 的陡坎。临空面过大，陡坎易失稳发生滑塌。遇雨有土体坠落。后缘有水冲形成的裂缝，已填实。威胁 7 户 30 人，房屋 28 间，窑 6 孔，且稳定性差，有较大危险，应加强监测，地表排水，削坡减荷，对部分居民进行搬迁。

罗家塔滑坡位于王石凹镇傲背村罗塔组，长 300m，宽 200m，厚 20m，体积 75.0×10⁴ m³，滑向 115°。滑体坡角 28°。滑面呈弧形，埋深 15m。滑床岩性为第四系马兰黄土。滑体上可见多条拉张裂缝，土窑开裂，房屋墙体开裂倾斜。威胁 38 户 184 人，房 200 间，窑 60 孔，该滑坡稳定性差，建议受威胁村庄尽快搬迁。

（二）矿山环境治理状况遥感调查

1. 矿山环境治理状况遥感调查与监测

近年来,各级政府重视矿山环境保护与恢复治理工作,从中央财政和地方政府投入大量资金相继开展了矿山生态环境恢复治理和土地复垦,工作力度逐年加大。

煤矿区矿山环境治理率高于金属矿区,矿山环境治理程度较好,如铜川焦坪矿区露天煤矿北坑、铜川史家河煤矿矸石山恢复治理、延安市黄陵煤矿区生态环境恢复治理等生态环境恢复治理项目、神府煤矿区国有大中型矿山等,金属矿区矿山环境治理程度较低,大规模治理的矿区仅有华县金堆城钼矿的矿山地质环境治理项目、凤县银母寺铅锌矿地质环境恢复治理等项目,呈现出点上治理,面上破坏的特点。典型矿山生态环境恢复治理工程监测结果如下:

（1）铜川焦坪矿区露天煤矿北坑地质环境恢复治理工程

位于铜川煤矿北区,原为铜川矿务局主产矿井之一,是铜川煤矿区的重要组成部分。开采历史悠久,由于长期露天采煤,形成的环境地质问题严重,闭坑后遗留的露天采坑及扰动区达 $361hm^2$,造成大量土地荒芜、林地被毁,废土、废渣、矸石随意堆放,水土流失及大气污染加剧,区域环境遭到严重破坏。

北坑地质环境治理恢复项目作为焦坪露天煤矿地质环境治理恢复项目工程,治理恢复矿区地质环境严重恶化的露天采坑北坑及扰动区土地约 $30hm^2$。其中利用采坑修建面积为 $10hm^2$ 的小型湖泊 1 个;对其北部、东部、南部进行砌石护坡;利用废石充填覆土改造土地 $18.67hm^2$,其中新增林地 $12.28hm^2$、草地 $3.45hm^2$;整修水渠长 $340m$、溢洪道长 $82m$,矿区环境明显改善(图 9.29、图 9.30)。

图 9.29　铜川矿务局焦坪露天矿人工湖　　　　图 9.30　铜川矿务局焦坪露天矿复垦工程

（2）铜川史家河煤矿矸石山恢复治理工程

史家河煤矿矸石山土地复垦项目是铜川市和陕西省煤矿矸石治理示范区。地处铜川市老市区中段东山坡上,100多万立方米煤矸石沿沟乱堆乱放,不仅占用土地、污染环境,而且给下游带来泥石流和滑坡隐患,影响周围群众生活和生产。铜川市国土资源局自筹资金复垦新增耕地22hm²,新增城市绿地10hm²,彻底消除了三里洞东山区域的污染和地质灾害威胁,图9.31为史家河煤矿矸石山土地复垦对比效果。

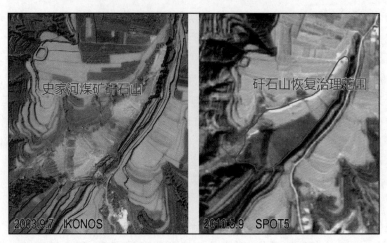

图9.31　史家河煤矿矸石山土地复垦两期对比

（3）黄陵煤矿区生态恢复治理与土地复垦区

位于黄陵县,主要地质环境问题为采空区地面塌陷,边坡失稳,主要治理任务为恢复耕地、植被,边坡失稳治理,规划复垦耕地100hm²,林地500hm²。监测结果表明,目前区内复垦耕地约40hm²,林地未见复垦迹象。

近年来由于地下煤层开采活动所引起的地面塌陷比较严重,这一问题在黄陵煤业集团一号矿权范围内表现得尤为突出。目前,黄陵煤业集团已对矿区范围内的部分坡耕地和果园(主要分布于残塬上部和峁顶)出现的塌陷区采用推土填平的方法进行了工程治理,治理区共有2处,治理面积40.11hm²,而对乔木林区内地面塌陷没有进行相应的治理措施,图9.32为黄陵煤业集团矿区范围内南河寨村地面塌陷的恢复治理情况。

图9.32　南河寨村地面塌陷治理

（4）神（木）府（谷）煤矿区

近年来,神华集团在神（木）府（谷）矿区所属煤矿开展了大量治理工作,大柳塔和活鸡兔矿是神华集团的大型矿山之一,目前生态环境治理面积 387.45hm²,占矿区面积的6.11%,主要针对煤矸石等固体废弃物,防止矸石自燃和增强边坡的稳定性,形成了"带、片、网"结合、"乔、灌、草"结合的生态环境治理模式,地表植被覆盖度明显提高,有效降低了沙质荒漠化的程度和防止水土流失,矿区生态环境明显改善(图 9.33)。

图 9.33　活鸡兔煤矿环境治理

（5）韩城阳山庄铁矿开采区生态恢复治理与土地复垦区

位于韩城市,主要治理任务为治理滑坡、恢复植被,清理废渣。规划复垦耕地 30hm²,林地 43hm²。

阳山庄铁矿开采区现有露天开采铁矿一处,矿山名称为阳山庄铁矿,露天开采规模较大,对地表植被破坏严重,矿山开发占地 40.41hm²,遥感监测结果和实际调查均显示区内未见土地复垦迹象,该铁矿没有任何治理工程(见图 9.34)。

□ 矿权范围

2010.1.17实际照片

图 9.34　阳山庄铁矿开采遥感图和实际照片

第五节　煤层自燃监测

煤层自燃是指人为开采或自然的因素,导致煤层在地表或地下燃烧。中国北方煤田普遍发火自燃,每年烧失大量煤炭资源,危害煤矿安全生产,造成巨大经济损失。煤田燃烧中释放大量有害气体,严重破坏生态环境,造成土地荒漠化,严重破坏国土资源,恶化人类生存条件。根据调查,70%的煤火发生在侏罗纪煤田中,而损失量占到86%,侏罗纪煤田(矿区)中不仅煤火数目多,而且煤火规模、年损失量、煤火面积及已损失煤炭量均占首位。煤层单层厚度较大的煤田,煤火数目、年损失量、煤火范围和总损失量均较大。20世纪90年代初,中国煤炭地质总局航测遥感局、北京国土资源遥感公司等单位先后采用遥感、全球定位系统和地理信息系统技术调查和研究中国北方煤田自燃发生和发展动态,建立不同层次的煤田火区灾害信息系统,研究煤田火区灾害监测系统,为防灾、减灾、政府决策、环境监测与治理提供数据。

遥感监测煤层自燃就是利用多期的多光谱、热红外遥感图像,提取煤层自燃信息,包括:烧变岩、热异常、植被发育状况、地表色彩、纹理差异等。

一、煤田火区遥感监测指标体系

1. 热异常

地表热异常信息是反映煤田火区状态最主要的指标,红外遥感图像(包括近红外、短波红外和热红外)能有效地反映地表温度异常,通过对不同时相的热红外图像的热异常信息提取,可以实现对火区的监测。

2. 火区裂缝

火区地表破碎、塌陷及裂缝发育程度,尤其是火区后缘裂缝是圈定火区的重要依据。火区后缘裂缝是指活火区与待燃烧区之间出现的连通地表的裂缝。在裂缝口具有火区的一些重要特征,诸如冒热气、烟雾、热浪、逸出有毒气体,常常有硫黄、芒硝结晶物出现。火区后缘的裂缝面大多陡立,裂隙面倾角一般大于85°。利用火区后缘裂缝确定火区状况的可靠性很大。

3. 植被

煤层自燃引起的地温、湿度变化及有害气体逸出,对火区地表附近的植被产生极大的影响和危害,尤以火区的裂隙附近的植被枯黄、枯死现象明显。

4. 烧变岩

烧变岩的观察和描述是圈定和研究死火区的重要方法,同时也是判断活火区强度的主要标志。对烧变岩厚度、纵向和横向的变化进行详细观察和分析是研究煤田火区的重要依据。

5. 小窑

研究表明,鄂尔多斯市准格尔旗准格尔召煤矿区煤田火区的形成和发展与小煤窑开采关系密切。近代小窑的大量出现是造成火区的发生与发展的重要因素。小煤窑多沿着煤层露头开采。由于管理不善,在开采时常常引发新的火区,对小煤窑的监测是预防煤层自燃的基础工作。

二、遥感信息源及相关地面探测技术

1. 遥感信息源

目前比较适用的高光谱分辨率和高空间分辨率遥感图像主要有:

（1）ASTER 数据

适用于中等比例尺的煤田获取调查和监测,ASTER 影像在冰川、水文、城市扩展、火山预报、蒸散/地表温度、地质六个方面有着广阔的应用前景。

（2）高分辨率卫星影像

该类影像具有较高的定位精度,能有效地反映地表细节,对煤火引发的各种地质灾害痕迹反映清楚,是进行大比例尺遥感调查的必要图件。

目前比较常用的卫星图像有 ALOS、QUICKBIRD、IKONOS、WORLDVIEW1 和 WORLDVIEW2。

QUICKBIRD 图像数据:由于它具有很高的几何精度和空间分辨率,全色波段的分辨率为 0.61m,另外 4 个多光谱波段分辨率为 2.44m。该图像能够很好地反映煤田火区范围内不同的岩石类型、地裂缝、崩塌和植被等特征,可用于精确圈定烧变岩范围、类型和地裂缝、植被状态的分布特征,指导灭火工程,也可以作为煤层自燃地理信息系统的基础信息源。可提供的相关图件的精度达到 1:5000 的要求。不足的是 QUICKBIRD 图像缺少热红外波段,不能有效地反应地表热异常。

（3）高光谱遥感图像

在光谱可见光、红外光谱范围（0.4～12.5μm）具有数十个成像波段,尤其在热红外波段具有较高的光谱分辨率和空间分辨率。在可见光和近红外波段,高光谱图像能够充分揭露煤层自燃所产生的异常景观,如不同程度烧变岩、硫黄、芒硝、沥青等矿物和岩石组分,配合热红外波段的图像达到定量解译的目的,能够定量地反映不同范围内的地表热异常的分布范围,解译出火区的中心位置。

通常采用日航与夜航遥感相结合的方法,日航遥感图像主要用于地表热异常、烧变岩分布范围的圈定。夜航遥感的目的是确定燃烧中心和地表热异常分布图的编制。如果受条件限制,不能进行夜航飞行（夜间 2:00～5:00,地方时）时,可以考虑以早晨 8:00 以前的热红外扫描飞行代替。通过航空高光谱遥感图像获取的煤火分布图可以达到 1:2000 至 1:5000 制图的精度。

2.地面遥感探测仪器

（1）细分光谱仪

能在 350～2500nm 波长内测定地表物体的光谱反射率和辐射率,用于图像的地面定标,为煤田火区遥感图像解译提供理论依据,能有效地区分烧变岩、地表结晶物类型、土壤组分的变化。

（2）红外测温计

主要用于测定地下一定深度内的温度梯度,确定煤田火区强度的空间变化。

（3）有害气体测定仪

主要用于测定自燃产生主要有害气体的浓度,用于研究自燃的强度。

三、工作方法与工作程序

工作方法主要包括:资料收集、图像处理与影像图制作、野外测温、测试有害气体浓度与光谱反射率、图像解译、野外调查与验证以及煤田火区遥感监测信息系统建立等。

1.资料收集

应收集资料包括:地形资料(现有的最大比例尺地形资料)。

地质资料(矿区地质图、地质调查报告),图像资料(QUICKBIRD、ASTER 数据),矿区开采资料,灭火工程资料,以往火区调查资料等。

当需要航空遥感扫描时,必须进行地面同步测温和光谱测试,以便用于定量温度反演。

2.图像处理与影像图制作

几何校正:对遥感图像进行正射校正,制成正射影像图。

彩色合成与融合:针对火区调查特点,结合图像分辨率,确定最终的合成与融合方案。

图像处理:为改善解译效果,针对图像上难以辨别的火区信息进行数字图像处理,有效提取煤火信息。

3.野外测温、测试有害气体浓度与光谱反射率

为了正确分析各类地物的辐射特征和反射特征,开展红外测温和光谱测试工作。在火区设置测温剖面,测试 SO_2、H_2S、CO_2、CO、NO_2,利用手携式测温仪对各类地物进行温度测试,并分别选取烧变岩、硫黄、芒硝、松散物、砂岩、页岩、煤层等进行光谱波谱特征测试,以便室内进行图像解译与分析。

4.图像解译

解译内容包括火区热异常范围、裂缝、植被、小窑、烧变岩、煤层露头、煤系、断裂构造

等与火区相关的信息。火区的解译包括直接标志和间接标志,热异常为火区直接标志,可从热红外波段上获得,而塌陷、烧变岩、煤层露头、植被等间接标志可从合成图像解译得出,最终编制鄂尔多斯市准格尔旗准格尔召煤矿区煤田火区分布初步解译图。

5. 野外调查与验证

野外调查内容包括裂缝、塌陷、植被生长状况、温度异常、烧变岩、堆积物、结晶物、小煤窑、煤层露头线、地貌特征。对图像上解译的各类火区信息进行野外验证,建立正确的解译标志。野外调查路线和野外调查点基本围绕现有火区布置,从横向和纵向两个方向控制。对图像解译中发现的新热异常点应结合地质分析予以验证。

6. 煤田火区遥感监测信息系统建立

煤田火区数据库系统包含四部分:空间数据库、专题图像库、专题属性库、系统功能模块。空间数据库和专题图像库作为应用数据,服从系统功能模块的调用,根据用户对系统功能的操作,产生符合功能应用的数据集合(图 9.35)。

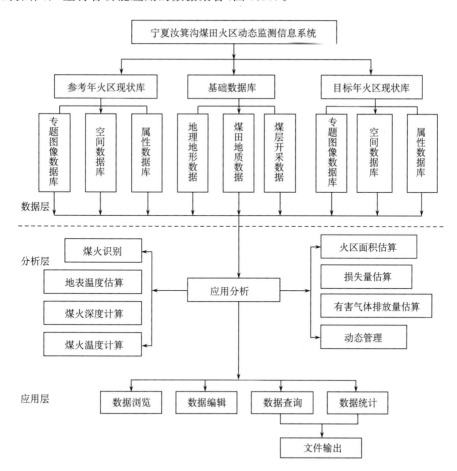

图 9.35　煤田火区信息系统框图

　　空间数据库与专题数据库根据"实施方案"结合现实状况划分为六个数据层、地理数据库、地质构造数据库、煤层煤质数据库、煤层开采数据库、航天影像数据库、煤田火区数据库(常规资料数据由甲方提供)。

　　空间数据中包含的点线面要素按照相关标准建立,要素类型按相关国家标准、行业标准建立,如果没有标准则采用自定义方式,在最终系统说明文档中对自定义标准将详细说明。建立完成的空间数据库包含元素间的拓扑关系,以方便用户对空间数据进行地理分析工作。

　　空间数据库通过元素内部编码和专题图像数据库连接,使得每个空间元素匹配对应的专题信息,从而实现空间数据与专题数据的关联,方便两种信息的互相提取。专题图像数据库与空间图形库通过公里网坐标互相匹配,以利于信息源与专题成果的对照使用。

　　专题图像数据库的建立根据空间数据库确定不同的属性项目、类型与数量,由于当前没有确定各种专题属性项目,因此不能详细描述各专题数据库包含的属性信息。在建立数据库时严格遵照设计大纲要求,遵循有关的数据库设计标准。

　　系统的功能模块应用 Arc/Info 地理信息系统的开发工具 AML 或 Arc/Info 的桌面地理信息系统平台 ArcView 建立,功能模块的功能目前暂定有数据浏览、数据编辑、数据查询和数据统计,查询和统计结果可以输出。

　　工作程序详见框图(图 9.36)。

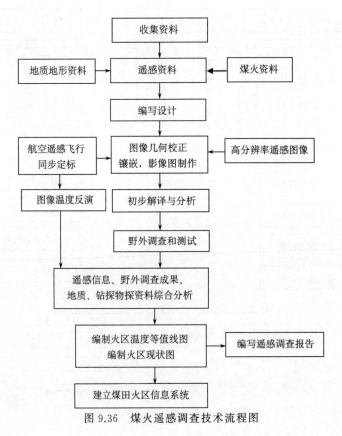

图 9.36　煤火遥感调查技术流程图

第十章　煤炭测试技术

第一节　煤样采取和制备

一、煤样采取

煤样采取是煤炭测试的前期工作,煤样的采取质量直接影响对煤岩特征、煤的物理、化学性质及其工业用途的正确评价。因此,采取的煤样必须能如实地反映煤层的自然特征,保证样品的代表性(袁三畏等,1988)。煤样采取主要考虑常用的煤层煤样、煤心煤样和可选性试验煤样,兼顾专门性试验煤样、煤岩煤样和孢粉煤样。

1.煤层煤样

煤层煤样是用以代表该煤层的性质、特征和确定该煤层的开采及其使用价值。煤层煤样的分析试验结果,既是煤质资料汇编的重要内容,又是生产矿井编制毛煤质量计划和提高产煤质量的重要依据(杨金和等,1998)。

煤层煤样是在矿井或探巷中由一个煤层的剥离面上按一定规则采取的煤样,是进行多项目试验的重要样品之一。它包括分层煤样和可采煤样,分层煤样和可采煤样必须同时采取。

分层煤样从煤和夹石层的每一自然分层分别采取。当夹石层厚度大于0.03m时,作为自然分层采取。

可采煤样采取范围包括应开采的全部煤分层和厚度小于0.30m的夹石层。对于分层开采的厚煤层,则按分层开采厚度采取。对于碳质泥岩与煤逐渐过渡,顶、底界面不清的煤层,应根据肉眼鉴定,连同顶、底部分碳质泥岩按同样要求分层采取。

煤层煤样应在地质构造正常、煤厚、煤层结构有代表性的地点采取。如为了某种研究目的必须在构造破碎带、岩浆接触带等特殊地点采样时,要作详细地质记录。

采样前先仔细清理煤层剥离面,除掉受氧化和被岩粉污染的部分。一般按0.25m×0.15m的规格刻槽采取。为满足所需煤样质量,对薄煤层可加大刻槽规格。分层样须从上而下顺序编号,防止各分层样互相掺杂或顺序错乱。

2.煤心煤样

钻探取心是煤田地质勘查的主要方法,煤心煤样是从勘探钻孔中采取的,它是研究勘探区内煤质特征及其变化规律的重要基础煤样之一,根据煤心煤样的试验结果可了解包括深部煤层在内的整个勘查区沿水平和垂直方向的煤质变化情况。

煤心提出孔口后,要按上下顺序依次放入洁净的岩心箱内,断口互相衔接,清除泥皮等杂物,去掉磨烧部分,煤心不得受污染。记录煤层厚度和煤心长度,计算长度采取率,描述宏观煤岩类型及煤心状况。对煤心进行称量(以 kg 为单位,取小数点后两位),计算质量采取率。

煤心煤样一般按独立煤层采取全层样。当煤质有显著差异且分层厚度大于 0.5m 时,应采取分层煤样。结构复杂煤层采样时,应按夹矸和煤分层单独采取。

大于 0.01m 至等于煤层最低可采厚度的夹矸应单独采样;大于煤层最低可采厚度的夹矸,属非碳质泥岩的,一般不采样,属碳质泥岩或松软岩的,需单独采样。厚度小于或等于 0.01m 的夹矸,应与相连煤分层合并采样,不得剔除。煤层中的多层薄煤层夹矸,可单独采样,也可按相同岩性合并采样。

煤层伪顶、伪底为碳质泥岩时,应分别采取全层样。属非碳质泥岩时,层厚大于 0.1m 时,采取 0.1m,小于 0.1m 时全部采样。

煤心煤样需按不同煤层分别取样,不缩分,当煤层厚度较大时应分段采样,分段厚度一般不大于 3.0m;急倾斜煤层段距可适当放宽。

把煤心从钻孔取出到采样结束,褐煤不超过 8 小时,烟煤不超过 24 小时,无烟煤不超过 48 小时。一般常规试验项目要求煤心煤样的采样量不少于 1.5kg,如需进行特殊项目的试验,可根据试验要求决定采样数量。

3. 可选性试验煤样

可选性试验煤样分为筛分、浮沉试验煤样(又称生产大样)和煤心可选性试验煤样(又称简选样)两种。

筛分、浮沉试验煤样须在生产矿井或勘探坑道中采取,原则上其质量不少于 10t。采样点应布置在氧化带以下及煤层厚度、结构、煤质正常的地段,采样点附近要作详细的地质编录。煤样中应包括开采的夹矸和自然混入的伪顶、伪底矸石,除有要求分层采样外,一般采取全层样。在采样巷道中采取从煤层顶板至底板的全部煤炭时,如采出煤炭数量太多,可用四分法缩取。尽量使用打眼爆破法采取煤样,特别松散的煤层可用手镐落煤。

简选样可在坑道中专门采取或从煤层煤样中缩取,煤样质量不少于 40kg。也可从钻孔中采取,钻孔取样时的煤样质量按煤层厚薄分别为:薄煤层不少于 5kg,中厚煤层为 5~13kg,厚煤层大于 13kg(计算煤样质量时均不包括厚度大于 0.01m 的夹矸)。薄煤层可用人工斜孔或加大孔径等措施增加煤样质量,有条件时也可在相邻两孔或多孔的同一煤层中合并采样。

可选性试验煤样在运输和存放过程中,应避免日光和风雨影响,防止不正常的破碎、损失和杂质混入。从采样到试验结束不得超过 30 天。散煤视密度、安息角和摩擦角的测定,可用筛分前的原煤和筛分后各粒级产品分别进行,不需单独采样。

4. 专门性试验煤样

专门性试验煤样主要包括风氧化带煤样、体积质量煤样和全水分煤样。

（1）风氧化带煤样

风氧化带煤样一般在沿煤层倾向开掘的斜井中采取。从露头开始沿坑道向深部每隔5～10m采取1个样品（煤层倾角小于25°时间距为10m，倾角大于25°时间距为5m），当接近氧化带下界时采样间距缩小为1～2m，达正常煤后再超前5～10m。每个采样点均需测量距地表的垂深。煤样用刻槽法采取，在较薄的煤层中可从顶到底取全层样，在厚煤层中可只取某一个固定的层段（1m左右）。送样质量应大于3kg。钻孔中取样与煤心煤样相同。

（2）体积质量煤样

体积质量煤样必须在坑道中采取。选择构造正常，煤层厚度和结构有代表性的地点，先将煤壁表面受氧化的部分剥去，平整工作面，铺好防水布，从煤层顶板至底板刻取1m³左右的体积，样槽各壁必须平整，互相垂直，样槽宽度不得大于深度的两倍。厚煤层可按煤的自然分层或人工分层采取，分层厚度一般不大于3.5m（厚度大于0.05m的夹矸一律剔除）。准确丈量样槽的12个边长，计算其体积。用同一方法计算厚度大于0.05m的夹矸体积（如夹矸形状不规则，可将夹矸浸入水中测其体积）。准确称出空气干燥状态的全部煤样质量，并缩取一份测定水分、灰分、真密度、视密度等参数。同一采样点应取两份规格相近的体积质量煤样，其测值之差不得大于0.05t/m³，超过时应再采第三份体积质量煤样。

（3）全水分煤样

在坑道中采取全水分煤样时应选择无淋水、温度正常的新鲜煤面，按规定要求采取，或利用筛分浮沉煤样、生产煤样按四分法缩取。粒度小于13mm，煤样质量不少于2kg，装入磨口样瓶中（装样量不得超过煤样瓶容积的3/4）。煤样缩分、装瓶必须在采样地点尽快完成，并立即用黑胶布缠封，运至室内再加蜡封。擦净容器表面，准确称量（用托盘天平，感量0.1g），瓶上贴好标签，5天内送交实验室。

5. 煤岩煤样

煤岩煤样主要用于煤岩学研究，确定煤的岩相组成和煤化程度，是评价煤的性质和用途的主要依据之一，也是在区域内进行煤层对比、研究煤的成因和变质的重要基础。

反映正常煤质情况的煤岩煤样，其采样点应避开断裂带、风氧化带、岩浆岩接触带、自燃烘烤变质带等非正常地带。有特殊研究目的的煤岩煤样需在特定地点专门采取。

采样时，要对采样点的煤层结构、煤的物理性质、宏观煤岩类型和顶底板岩性及附近的构造特征等进行详细描述。

煤岩煤样可分为混合煤样、柱状煤样和块状煤样。混合煤样可从煤层煤样、煤心煤样和可选性煤样中缩制。柱状煤样可从探槽及坑道中采取；结构完好的柱状煤心，可作为柱状煤岩样；当煤质坚硬时，可用连续块状煤样代替柱状煤样。如果煤心及坑道内煤层不适宜采柱状煤样，可拣取不连续块煤作煤岩煤样。

6. 孢粉煤样

孢粉煤样主要用于确定地质时代、对比煤层和研究煤层的分岔、合并、尖灭等变化情况。

不同研究目的孢粉煤样应按规定要求进行采取,采样点应避开断裂带、风氧化带、岩浆岩接触带、自燃烘烤变质带等非正常地带。

孢粉煤样质量不少于100g。样品应自上而下依次编号,严防次序颠倒。样品不得混装,应一样一袋密封包装,以防止不同层位的煤粉、岩粉、现代花粉及其他杂质混入。

二、煤 样 处 理

1. 煤样的包装

煤样包装方法大致可分为密封包装和简易包装两种。采用什么方法包装是由试验要求、运输方法和运送距离等因素决定的。总的原则是确保运送过程中箱体不破损,煤样不洒落、污染和丢失。

煤样应用结实洁净的塑料袋密封包装,认真填写采样卡片,并将采样卡片随着捆扎结实的煤样袋按顺序依次放入木箱或铁筒内。

煤样包装箱应用铁钉钉牢或包装带捆扎结实,并将煤样编号标签贴在煤样箱上,注明"共×箱第×箱"等字样。

2. 煤样的送检

煤样放置时间是指从采样、送样至所要求的全部测试项目完成的间隔时间。考虑到年轻煤易氧化,年老煤较稳定的因素,若煤的暴露时间过长,其各种煤质指标均有不同程度的变化。因此煤心煤样(或煤层煤样)从采样到送达测试单位的时间不应超过下列规定:褐煤5天,烟煤10天,无烟煤15天。

送样单位按照规定内容逐项认真填写送样说明书,一式三份,一份用塑料纸包装好放入煤样袋内,一份寄交测试单位,一份由送样单位保存。填写的送样说明书要求字迹清晰,数据准确,并由煤质负责人审查、签字。试验项目按勘查设计要求和煤样实际状况填写,煤样编号应系统、简单、不重复,按钻孔从上而下顺序编号,分层样号应有所区别;"煤样状况"栏中注明煤心结构是否清楚、污染程度、磨烧情况及处理办法。筛分、浮沉试验煤样应说明采样方法(全巷法、抽车法、皮带式输送机上截取法等)、伪顶伪底及夹矸的岩性、厚度,矸石混入情况及井下是否人工拣矸等。

3. 煤样的接收

测试单位收到煤样后,须按委托单位的送样单及时逐项核对样品,根据不同种类的煤样,将煤种、样品状态、采样地点、包装情况、煤样质量、收样时间、测试项目等信息详细登记,并进行密码编号。若煤样说明书与煤样编号标签不符,则立即与委托单位核实,确认无误后才可以对所收到的煤样进行分类、编号等处理。

4. 煤样的保存

　　勘查单位一般不保存留样。煤层煤样、煤心煤样、煤岩煤样、孢粉煤样等,由测试单位保存分析样(或煤片),测试单位应采取一定措施,用磨口玻璃瓶或干净的样品袋密封,注意防水和防止煤样氧化。保存时间原则上自测试单位报出试验结果之日起半年,或至该煤样涉及的试验项目的煤质报告质量审查结束后为止,保存时间另有约定的按约定执行。

三、煤 样 制 备

　　在对煤样分类编号后,须按相应技术规范及时对样品进行预处理和制样。煤样制备工序包括破碎、筛分、混合、缩分和干燥。

1. 破碎

　　破碎的目的是为了增加煤样的颗粒目数,以减少后续缩分产生的误差,提高制样的精密度。采集来的任何煤样,其粒度远远超过煤样测试所要求的粒度,必须破碎以减小粒度。通常采用多级破碎,每级破碎之后按规定要求缩分,以减少再破碎工作量。

　　破碎一般使用机械处理,通常把破碎分为粗碎、中碎和细碎。粗碎是指将煤样破碎至小于 25mm 或 6mm;中碎是指将小于 13mm(或小于 6mm)的煤样破碎至小于 3mm(或小于 1mm);细碎是指将小于 3mm(或小于 1mm)的煤样粉碎至小于 0.2mm。

2. 筛分

　　筛分的目的是为了将超限颗粒分离出来,继续破碎到规定粒度。一般在制备有粒度组成要求的试样时使用。如制备一般分析试验煤样,则不宜使用。

　　根据制备样品的种类,制样室应备置不同孔径的筛子:①制备例常商品煤样用筛子为 25mm、13mm、6mm、3mm、1mm 和 0.2mm 方孔筛,3mm 圆孔筛,以及测定含矸率用的 50mm 筛子。②制备可磨性煤样用筛为 1.25mm、0.63mm 和 0.071mm 方孔筛。③制备胶质层煤样用筛为 1.5mm 圆孔筛。④确定煤中最大粒度和大于 150mm 块煤比率试验用筛为 150mm、100mm、50mm 和 25mm 的圆孔筛。⑤其他特殊试验项目,则按相应的规范要求备置不同孔径的筛子。

3. 混合

　　混合是将煤样均匀化。目前,我国人工制样主要是用堆锥混合方法。这种方法一方面对不均质的分散来说是均匀化的过程;另一方面从粒度分布来看却是粒度离析的过程。因此,人工堆锥混合应按标准规定仔细进行操作。

4. 缩分

　　缩分是在粒度不变的情况下减少质量,以减少后续工作量和最后达到检验所需的煤样质量。制样误差主要来自这一操作步骤,因此每一缩分阶段的留样量必须符合标准中规定的粒度与留样的相应关系,否则难以保证缩分精密度。

缩分方法主要有人工堆锥四分法、二分器缩分法、九点缩分法、棋盘式缩分法和机械缩分法。

5. 干燥

干燥的目的一般只是保证煤样在制样过程中能顺利通过各种破碎机、缩分机、二分器和筛子。它将视煤样水分高低具体确定,除个别极干燥的煤外,一般都需要在煤样制备的一定阶段进行干燥。

需要干燥的煤样有:①水分很高的初始煤样。将全部煤样摊在制样室的钢板上自然风干,并每隔一定时间要翻动一次,以缩短干燥时间。如有大型干燥箱,可分装在各盘内进行干燥。②煤样制备到一定粒度、影响进一步制样时,应根据煤样的数量、时间要求、设备情况等决定自然风干还是用干燥箱干燥。③通常将缩制到小于 3mm 或 1mm 的约 100g 煤样在干燥箱中干燥。④干燥箱的干燥温度不能超过 50℃,防止煤样在干燥过程中氧化变质。

第二节　煤样测试

煤质测试由具有测试资质的单位承担,可靠的测试资质和规范的质量管理是提交客观、公正、科学的检测数据的基础。测试单位应确保检测参数和检测方法严格按现行有效的标准操作。

样品测试前测试人员首先要核对样品密码,再按相应测试规范进行测试,要求操作过程严密规范,原始记录真实可靠,测试报告科学真实。如因送样的数量和质量、测试环境及其他因素造成测试结果偏离者,要在测试报告中备注说明(秦云虎等,2010)。

煤样的测试是一项规范性很强的技术工作,执行标准、测试仪器、工作环境、试验方法、试验步骤、数据处理等都应严格按相应技术规范操作,测试报告中要注明各项检测参数依据的技术标准。煤样的测试项目包括煤的工业分析、发热量、硫分、煤的元素分析、煤中微量元素和有害元素、煤灰熔融性、煤灰成分分析等以及煤矿安全检测项目如煤尘爆炸性、煤自燃倾向性等。煤层顶底板应以物理力学测试为主,若考虑其特殊用途可选做成分分析、光谱分析等。煤矸石的测试项目一般包括工业分析、发热量、硫分,不同勘探阶段或考虑特殊用途的煤矸石应选做元素分析、微量元素、成分分析、光谱分析、真相对密度和放射性等。

一、煤的工业分析

工业分析是确定煤组成最基本的方法,它是在规定条件下,将煤的组成近似分为水分、灰分、挥发分和固定碳四种组分的分析测定方法。在工业分析的指标中,灰分可近似代表煤中的矿物质,挥发分和固定碳可近似代表煤中的有机质。工业分析的结果对于研究煤炭性质、确定煤炭的合理用途以及在煤炭贸易中,都具有重要的作用。

1. 水分

水分是一项重要的煤质指标,它在煤的基础理论研究和加工利用中都具有重要的作用,在煤质分析中,煤的水分是进行不同基的煤质分析结果换算的基础数据。煤中的水分是煤炭的组成部分,可分为游离水和化合水,它随煤的变质程度加深而呈规律性变化:从泥炭→褐煤→烟煤→年轻无烟煤,水分逐渐减少,而年老无烟煤比年轻无烟煤的水分又有所增加。

煤质分析中测定的水分有原煤样的全水分(接收煤样的水分)和分析样水分两种。接收煤样的水分(全水分)是指测试单位在刚接收到的煤样里含有的全部水分,全水分有通氮干燥法、空气干燥法、微波干燥法等测定方法,测定原理是:称取一定量的煤样,在空气流中于 105~110℃下干燥到质量恒定,然后根据煤样的质量损失计算出全水分的含量。分析煤样水分是煤样与周围空气湿度达到平衡时保留的水分,其测定原理同全水分,只不过称取的是空气干燥煤样。

2. 灰分

煤的灰分是另一项在煤质特性和利用研究中起重要作用的指标。煤的灰分不是煤中原有的成分,而是煤中所有可燃物质完全燃烧以及煤中矿物质在一定温度下产生一系列分解、燃烧、化合等复杂反应后剩下的残渣。它的组成和质量均不同于煤中原有的矿物质,但煤的灰分产率与矿物质含量间有一定的相关关系,煤中矿物质含量可以直接测定,也可根据煤的灰分产率,借助于经验公式计算得出。

灰分是降低煤炭质量的物质,在煤炭加工利用的各种场合下都带来有害的影响,因此测定煤中灰分对于正确评价煤的质量和加工利用具有重要意义。其主要作用有:①它是煤炭贸易计价的主要指标;②在煤炭洗选工艺中作为评定精煤质量和洗选效率指标;③在炼焦工业中,是评价焦炭质量的重要指标;④锅炉燃烧中,根据灰分计算热效率,考虑排渣量等;⑤在煤质研究中,根据灰分可以大致计算同一矿井煤的发热量和矿物质等;⑥在煤炭采样和制样方法研究中,一般都用它来评定方法的精确度和精密度。

灰分的测定原理是:称取一定量的空气干燥煤样,放入以一定的速度加热到 815±10℃或预先加热到 815±10℃的马弗炉中,灰化并灼烧到质量恒定,以残留物的质量占煤样质量的百分数作为煤样的灰分。

3. 挥发分

煤的挥发分不是煤中固有的物质,而是在特定条件下煤受热分解的产物,因此也称为煤的挥发分产率。它是煤炭分类的主要指标,根据挥发分产率可以大致判断煤的煤化程度。此外,根据煤的挥发分产率和焦渣性状可初步判断煤的加工利用性质和热值的高低。所以,测定煤的挥发分产率在工业上和煤质研究方面具有重要意义。同时,挥发分与其他煤质特性指标,如发热量、碳和氢含量都有较好的相关关系,利用挥发分可以计算煤的发热量和碳氢含量。在我国及美国、英国、法国和国际煤炭分类方案中,都以挥发分作为第一分类指标。

挥发分的测定原理是：称取一定量的空气干燥煤样，放在带盖的瓷坩埚中，在 $900\pm10℃$ 下，隔绝空气加热 7 分钟。以减少的质量占煤样质量的百分数，减去该煤样的水分含量作为煤样的挥发分。

4. 固定碳

固定碳是煤炭分类、燃烧和焦化中的一项重要指标，煤的固定碳随变质程度的加深而增加。煤中固定碳含量不是实测的，而是根据煤样的水分、灰分和挥发分产率通过计算得出。

二、发　热　量

煤的发热量是指单位质量的煤在完全燃烧时产生的热量，用 MJ/kg 表示。发热量测定是煤质分析的一个重要项目，发热量是动力用煤的主要质量指标。在燃烧工艺过程中的热平衡、耗煤量、热效率等的计算，都是以发热量为基础的。在煤质研究中，因为发热量（干燥无灰基）随煤的变质程度呈较规律的变化，所以根据发热量可推测与变质程度有关的一些煤质特征，如黏结性、结焦性等。

测定发热量的目的，在于获得煤在燃煤的工艺装置（通常为锅炉、窑炉）中完全燃烧时所放出的热量数据。因此，在测定发热量的方法中，要使有关试验条件尽量符合工业燃烧条件。目前尚无法实现的条件，则通过换算的方法加以修正，实验室一般是用量热仪测得煤的弹筒发热量，然后再根据需要换算成不同基准的发热量。

三、硫　　分

硫是一种有害元素，所有的煤中都含有数量不等的硫，煤中硫含量高低与成煤时代的沉积环境有密切关系。煤中硫对炼焦、气化、燃烧都是十分有害的杂质，所以硫是评价煤质的重要指标之一。不同形态的硫对煤质有不同的影响，在选煤时脱硫效果也不相同。因此，除测定全硫外，还需测定各种形态硫。

煤中硫分通常可分为有机硫和无机硫两大类。无机硫包括硫化物硫和硫酸盐硫及微量的元素硫。硫化物硫中绝大部分是以黄铁矿形态存在，还有少量的白铁矿（FeS_2）、闪锌矿（ZnS）、方铅矿（PbS）、黄铜矿（$Fe_2S_3\cdot CuS$）及砷黄铁矿（$FeS_2\cdot FeAs_2$）等。硫酸盐硫主要存在形态是石膏（$CaSO_4\cdot 2H_2O$），少数为硫酸亚铁（$FeSO_4\cdot 7H_2O$）及极少量的其他硫酸盐矿物。

煤中有机硫含量一般较低，组成很复杂，常以硫醚、二硫化物、硫醇、杂环硫等键的形式存在于煤的大分子结构中。

煤中全硫的测定方法有艾士卡法、库仑滴定法和高温燃烧中和法，仲裁分析时，应采用艾士卡法。其测定原理是：将煤样与艾士卡试剂混合燃烧，煤中硫生成硫酸盐，然后使硫酸根离子生成硫酸钡沉淀，根据硫酸钡的质量计算煤中全硫的含量。

四、元 素 分 析

煤中除含有部分矿物杂质和水以外,其余都是有机物质。煤中有机质主要由碳、氢、氧、氮、硫等五种元素组成,其中以碳、氢、氧为主,三者之和占煤有机质的 95％ 以上。氮的含量变化范围不大,硫的含量则随原始成煤物质和成煤时的沉积条件不同而会有很大的差异。

1. 碳、氢

碳是构成煤分子骨架最重要的元素之一,也是煤燃烧过程中放出热能最主要的元素之一。煤中碳含量随煤化程度的加深而增高,从褐煤的 60％ 左右一直增加到年老无烟煤的 98％。氢元素是煤中第二重要的元素,主要存在于煤分子的侧链和官能团上,在有机质中的含量约为 2.0％～6.5％,煤中氢的含量则随煤化程度的加深而降低。在高变质的无烟煤阶段,氢元素的降低较为明显而且均匀,故我国无烟煤分类中采用氢元素含量作为分类指标。煤中碳和氢与煤的其他特性有着密切的关系,因此,可以通过它们来推算其他指标,如发热量等以及核对其他指标的测定结果。

碳、氢的测定原理是:一定量的煤样在氧气流中燃烧,生成的水和二氧化碳分别用吸水剂和二氧化碳吸收剂吸收,由吸收剂的增量计算煤中碳和氢的含量。

2. 氮

氮是煤中唯一完全以有机状态存在的元素,含量较少,一般为 0.5％～1.8％,与煤化程度无规律可循。主要由成煤植物中的蛋白质转化而来。以蛋白质氮(各种氨基酸及其衍生物)形态存在的氮仅在泥炭和褐煤中发现,在烟煤中则很少或几乎没有,而且大多以比较稳定的含氮杂环和非环有机化合物的形态存在于煤中。煤中氮的测定主要是为了计算煤中氧的含量、估算煤炼焦时生成氨的量,同时环保部门也常需要了解煤中氮的含量。

氮的测定原理是:称取一定量的空气干燥煤样,加入混合催化剂和硫酸,加热分解使氮转化为硫酸氢铵,再加入过量的氢氧化钠溶液,把氨蒸出并吸收在硼酸溶液中,用硫酸标准溶液滴定,根据硫酸的用量计算煤中氮的含量。

3. 氧

氧是煤中主要元素之一,主要存在于煤分子的含氧官能团上,随煤化程度的提高,煤中的氧元素迅速下降。氧元素在煤燃烧时不产生热量,在煤液化时要无谓地消耗氢气,对于煤的利用不利。氧在煤中存在的总量和形态直接影响着煤的性质,氧的含量一般通过计算得出。

五、煤中微量元素

在煤的矿物质和有机质中,除了含量较高的元素之外,还含有为数众多的含量较少的元素,即微量元素。煤中微量元素包括有益元素锗、镓、铀、钒和有害元素磷、砷、氟、氯、汞等,煤中这些元素的含量是汇编煤质资料和煤炭利用中环境评价的必备资料。

1. 锗

锗是典型的稀散元素,独立的锗矿床很少,一般伴生在其他矿物中。伴生在煤中的锗一般在 $10\mu g/g$ 以下,但有的煤层高达 $20\mu g/g$ 以上,甚至更高,达到了提取利用品位。研究结果表明,锗在低煤化程度的煤(褐煤、长焰煤、气煤)中含量较高,在煤岩组分中,镜煤中的锗含量较高,在薄煤层中锗的含量比厚煤层高。我国煤炭资源丰富,煤的储藏量和开采量都很大,含锗矿区或煤层也很多。因此,许多国家从煤中提取锗已进入工业生产阶段,并且随着工艺技术的不断提高,一些富含锗的煤已成为锗的来源,测定煤中锗对调查和利用锗的资源具有重要的经济、政治意义。

锗的用途十分广泛,半导体锗是电子工业的主要原料,可用来制造超高速微微秒电子计算机,还可作为制造雷达、无线电导向器、导弹和红外线远距离探测仪等用。

锗的测定分析方法是:将分析煤样灰化后用硝酸、磷酸、氢氟酸混合酸分解,然后制成 $6mol/L$ 盐酸溶液进行蒸馏,使锗以四氯化锗形态逸出,并用水吸收而以干扰离子分离,在盐酸浓度 $1.2mol/L$ 左右下用苯芴酮显色并进行比色测定。

2. 镓

镓是稀散元素之一,迄今尚无发现它的单独矿石。伴生在煤中的镓一般在 $10\mu g/g$ 以上,少数可达 $50\mu g/g$ 以上。一般来说,在煤层中,镓的品位并不高,但在其顶板、底板和夹矸层中却富集有较多的镓。尽管煤中镓的品位很低,但由于煤的储藏量和开采量大,所以煤已成为镓的重要来源。

镓是电子工业的重要原料,如砷化镓可作为莱塞元件代替过去的气体莱塞。还可作太阳能电池用于人造卫星;磷化镓可作发光二极管;钒化镓可代替铌-钽系材料,作为良好的超导材料。

镓的测定方法是:将分析煤样灰化后用硫酸、盐酸、氢氟酸混合酸分解并制成 $6mol/L$ 盐酸溶液;或将煤灰用碱熔融,盐酸酸化,蒸干使硅酸脱水并制成 $6mol/L$ 盐酸溶液。然后往上述溶液中加入三氯化钛溶液,使铁(III)、铊(III)、锑(V)等还原成低价以除去干扰,再加入罗丹明 B 溶液使其与氯镓酸生成带色络合物,用苯-乙醚萃取,最后进行比色测定。

3. 铀

铀是煤中主要稀散元素之一,在煤中含量甚微,一般在 $5\mu g/g$ 以下,在年轻煤中铀的富集程度要比年老煤中高,有的可高达每克煤中含几百微克铀。在个别煤中铀含量甚至达到工业利用品位。

铀是一种放射性元素,在原子能工业中,它是主要的核燃料。煤炭中若含有大量的铀会散发和累积在环境中,造成严重的放射性污染,危及人们的生活和健康。因此为了保护环境及合理利用煤炭资源,铀的分析有着重要的作用。

铀的测定方法是:用混合铵盐熔融灰化后的煤样,再用含硝酸盐的稀硝酸浸取。浸取液通过磷酸三丁酯色层柱,是干扰元素分离,用洗脱液洗下柱上吸附的铀。在弱碱性溶液中铀与 2-(5-溴-2 吡啶偶氮)-5-二乙胺基苯酚形成有色的二元络合物,然后进行光度测量求得铀含量。

4. 钒

钒是煤中主要稀散元素之一,也是煤中有用元素之一。它在煤中含量甚微,一般为万分之几,但在不少石煤中含量极高,有的石煤含钒量已达工业利用的品位。我国已经成功从石煤中提取出了钒,实现了工业化生产。

钒的用途很广,它是高级合成钢成分之一,在钢中加入千分之几的钒,就能显著增加钢的强度和韧性。化学工业中,用钒的氧化物可作生产硫酸、精炼石油、制造染料的催化剂。为此研究煤中微量钒及其测定方法,不论在工业上或煤质研究中都具有很重要的意义。

钒的测定方法是:煤样灰化后用碱熔融、沸水浸取,浸取液中加掩蔽剂以消除干扰因素的影响。在磷酸介质中,五价钒与 2-(5-溴-2 吡啶偶氮)-5-二乙胺基苯酚和过氧化氢形成有色的三元络合物,然后进行光度测量,求得钒含量。

5. 磷

煤中磷是有害元素之一,它在煤中的含量不高,一般为 $0.001\% \sim 0.1\%$,最高不超过 1%。煤中的磷主要以无机磷存在,如磷灰石$[3Ca_3(PO_4)_2 \cdot CaF_2]$,也有微量的有机磷。

在炼焦时,煤中磷进入焦炭,炼铁时磷又从焦炭进入生铁,当其含量超过 0.05% 时就会使钢铁产生冷脆性,含磷量愈大,冷脆性愈强。因此,磷含量是煤质的重要指标之一。

磷的测定原理是:煤样灰化后用氢氟酸-硫酸分解,脱除二氧化硅,然后加入钼酸铵和抗坏血酸,生成磷钼蓝后,用分光光度计测定吸光度。

6. 砷

砷为煤中有害元素之一,它的含量一般甚微,约 $0.0003\% \sim 0.0005\%$,高的也可超过 0.01%,极少数甚至可高达 0.1% 以上。砷在煤中主要是以硫化物形态与黄铁矿结合在一起,也就是以砷黄铁矿$(FeS_2 \cdot FeAs_2)$的形式存在,也有少数与有机物结合在一起。

在国外,当煤直接作为酿造和食品工业燃料时,要求砷的含量不得超过 0.0008%;我国是以煤为主要能源的国家,大量煤炭的燃烧,会使许多有害气体如汞、砷等释放到大气中,从而污染环境,危害人体健康。另外,砷还能使钢铁制品产生冷脆。因此,研究和测定煤中的砷具有重要的实际意义。

砷的测定分析方法是:将煤样与艾士卡混合灼烧,用硫酸和盐酸溶解灼烧物,加入还原剂,使五价砷还原成三价,加入锌粒放出氢气,使砷形成氢化砷气体而释放出,然后用碘溶液吸收并氧化成砷酸,加入钼酸铵-硫酸肼溶液使之生成砷钼蓝,然后用分光光度计测定。

7. 氟

氟是有害元素之一。煤中的氟主要以无机物赋存于煤中的矿物质中,我国煤中含氟一般在 0.005％～0.03％,少数矿区含氟可达 0.08％,个别矿区则高达 0.3％。

氟是人体中不能缺少、更不可摄取过多的"临界元素",也是环境保护要求控制的元素。煤燃烧时氟几乎全部转化为挥发性化合物排放到大气中,然后固定在土壤或流入水中,直接或间接影响人体健康。生长在高氟土壤中的植物则会通过根部吸收氟化物,人和牲畜则会因食用高氟食物或饮用高氟水而中毒。因此,有必要建立一种快速、准确的测定煤中含氟量的方法,查清我国煤中氟的分布规律,以利于环境保护。

氟的测定原理是:煤样在氧气和水蒸气混合气流中燃烧和水解,煤中氟全部转化为挥发性氟化物并定量地溶于水。以氟离子选择性电极为指示剂,饱和甘汞电极为参比电极,用标准加入法测定样品溶液中氟离子浓度,计算出煤中氟含量。

8. 氯

煤中氯的含量很低,一般为 0.01％～0.2％,高的可达 1％。煤中氯主要是以无机物形态存在,但也有少量氯以有机物形态存在,以无机物存在的主要有钾盐矿物(KCl)、石盐矿物($NaCl$)及水氯镁石($MgCl_2 \cdot 6H_2O$)等。氯的测定有高温燃烧水解-电位滴定和艾氏剂熔样-硫氰酸钾滴定两种方法。

在煤的燃烧及炼焦过程中,煤中氯的释出会引起炭化室炉壁及管道腐蚀;煤中氯含量的高低,反映出煤中钾钠等元素含量的高低,而后者是锅炉污染的重要因素。因此,虽然煤中氯的含量很低,但对煤的工业利用危害很大。经过分选的煤,其中的氯化物会溶于水而使煤中的氯含量下降。

9. 汞

汞是煤中有害元素之一。汞在煤中的赋存形式还没有定论,世界各地煤中汞的含量相差比较大,我国煤中汞含量一般为 0.1～5.5$\mu g/g$。煤在燃烧过程中,汞蒸气被排放到环境中,对环境造成污染。汞蒸气吸附在粉尘颗粒上,随风飘散,进入水体后,能通过微生物作用,转化为毒性更大的有机汞,对人体产生危害。

汞的测定原理是:以五氧化二钒为催化剂,用硝酸-硫酸分解煤样,使煤中汞转化为二价汞离子,再将汞离子还原为汞原子蒸气,用测汞仪或原子吸收分光光度计测定汞的含量。

六、煤中碳酸盐二氧化碳

煤中常含有一些碳酸盐矿物质,如碳酸钙、碳酸镁和碳酸亚铁等,这些矿物质在加热到高温时会全部分释放出二氧化碳,导致在煤的元素分析中所测碳含量偏高;在煤的挥发分测定中,也造成挥发分测值的偏高。此外,由于碳酸盐的分解过程是吸热反应,造成煤的发热量测定值偏低。所以煤中碳酸盐二氧化碳含量虽然与煤质无直接关系,但它会影响某些煤质分析结果的准确性。因此要对它进行测定,以便对有关分析结果进行修正。

煤中碳酸盐二氧化碳含量的测定方法是:用盐酸处理煤样,煤中碳酸盐分解析出二氧化碳,用碱石棉吸收二氧化碳,根据吸收器质量的增加,求出煤中碳酸盐二氧化碳含量。

七、煤灰成分和煤中矿物质

1. 煤灰成分

煤灰成分是指煤中矿物质经燃烧后生成的各种金属和非金属的氧化物与盐类(如硫酸钙等),其中主要成分为二氧化硅、三氧化二铁、二氧化钛、三氧化二铝、氧化钙、氧化镁、四氧化三锰、五氧化二磷、三氧化硫、氧化钾和氧化钠等,此外,还有极少量的钒、钼、钍、锗、镓等的氧化物。

测量煤灰成分,首先要称取一定量的空气干燥煤样平铺于灰皿中,然后将灰皿置于马弗炉中灼烧至恒重。煤灰中各种成分的测定方法各有不同,具体见表10.1。

表 10.1 煤灰中主要成分的测定方法

煤灰成分	方法 1	方法 2
二氧化硅	硅钼蓝分光光度法	动物胶凝聚质量法
三氧化二铁	钛铁试剂分光光度法	EDTA 容量法
二氧化钛	钛铁试剂分光光度法	过氧化氢分光光度法
三氧化二铝	氟盐取代 EDTA 容量法	EDTA 容量法
氧化钙	EDTA 容量法	
氧化镁	EDTA 容量法	
三氧化硫	硫酸钡质量法、燃烧中和法、库仑滴定法	
五氧化二磷	磷钼蓝分光光度法	
氧化钾	原子吸收分光光度法	火焰光度法
氧化钠	原子吸收分光光度法	火焰光度法

煤灰成分是煤炭利用中一项重要的参数。根据煤灰成分可以大致推测煤的矿物组成。煤灰成分的变化很大,但也有规律可循,在同一煤层的煤灰成分变化往往较小,而不同成煤时代的煤灰成分变化往往较大,为此,在地质勘探过程中,可用煤灰成分作为煤层对比的参考依据之一(李英华,1999)。在动力燃烧中,根据煤灰成分可以初步判断煤灰的熔融温度的高低,煤灰成分中三氧化二铝和三氧化二铁的含量将直接影响煤灰熔融温度,前者始终与煤灰熔融温度成正比,后者成反比。根据煤灰中钠、钾和钙等碱性氧化物成分的高低,可以大致判断煤在燃烧时对锅炉燃烧室的腐蚀程度。在煤灰和矸石的综合利用中,其成分分析可作为提取铝、钛、钒等元素和制造水泥、砖瓦等建筑材料的依据。此外,根据某些煤灰组成中各氧化物之和与总灰量有较大差异的情况,还可发现某些稀有元素在煤中的富集程度。

2. 煤中矿物质

煤中矿物质是赋存在煤中的无机物,它包括煤中单独存在的矿物质和与煤的有机物结合的无机元素。煤中单独存在的矿物质约五六十种,大体分为四组:黏土类矿物、硫化物矿物、碳酸盐矿物和硫酸盐矿物。与煤结合的无机元素主要以羧基盐类存在,如钙、钠或其他碱金属、碱土金属的羧基盐等。

煤中矿物的测定比较繁琐,首先煤样用盐酸和氢氟酸处理,计算用酸处理后煤样的质量损失;接着测定酸处理过的煤样的灰分和氧化铁含量,经分别计算扣除氧化铁后残留灰分及酸处理过的煤样中黄铁矿含量;再测定酸处理过的煤样中氯的含量,以计算其吸附盐酸的量,最后根据以上结果,计算出煤中矿物质含量。

煤中矿物质对煤炭气化、液化和燃烧等工艺过程均有一定的影响,有些矿物质对这些过程有催化作用,有些则有阻滞作用。因此,测定煤中矿物质对于研究煤质特性和煤的加工转化都有着比较重要的意义。

八、煤灰熔融性及煤灰黏度

煤灰熔融性是在规定条件下得到的随加热温度而变化的煤灰变形、软化、呈半球和流动特征的物理状态。当在规定条件下加热煤灰试样时,随着温度的升高,煤灰试样会从局部熔融到全部熔融并伴随产生一定的特征物理状态——变形、软化、半球和流动。

测定方法是:将煤灰制成一定尺寸的三角锥,在一定的气体介质中,以一定的升温速度加热,观察灰锥在受热过程中的形态变化,观测并记录它的四个特征熔融温度:变形温度(DT)、软化温度(ST)、半球温度(HT)、流动温度(FT)。人们就以这四个特征物理状态相对应的温度来表征煤灰熔融性。

煤灰熔融性是动力用煤和气化用煤的一个重要的质量指标。煤灰的熔融温度可反应煤中矿物质在锅炉中的动态,根据它可以预计锅炉中的结渣和沾污作用。因此,煤灰熔融性是指导锅炉设计和运行的一个重要参数。一般认为,煤灰的变形温度与锅炉轻微结渣和其吸热表面轻微积灰的温度相对应;软化温度与锅炉大量结渣和大量积灰的温度相对应;而流动温度则与锅炉中灰渣呈液态流动或从吸热表面滴下和在燃料床炉栅上严重结渣的温度相关联。在四个特征温度中,软化温度用途较广,一般都是根据它来选择合适的燃烧或气化设备,或根据燃烧和气化设备类型来选择具有合适软化温度的原料煤。在一般的固态排渣锅炉和气化炉中,结渣是生产中的一个严重问题,结渣给锅炉燃烧带来困难,影响锅炉正常运行,甚至造成停炉事故;对气化炉来说,则会造成煤气质量下降。因此,在固态排渣的锅炉和气化炉中,原料煤的灰熔融温度越高越好。但对链条炉来说,则要求煤灰熔融温度稍低,因为保留适当的熔渣可以起到保护炉栅的作用。煤灰熔融性是判断结渣性的主要参数之一。

煤灰黏度是表征灰渣在溶化状态时流动状态的重要指标,它对确定熔渣的出口温度有着重要的作用。在固定床煤气化炉中,为使炉渣顺利排出,其黏度应小于 5Pa·s;在粉煤气化过程中,其黏度应小于 25Pa·s。在液态排渣锅炉中,顺利操作的正常黏度范围是

5～10Pa·s,最高不能超过 25Pa·s。用于液态排渣炉的煤,不仅要求有较低的灰熔融温度,并且需要了解煤灰的化学性质和黏-温特性。如有些碱性很强的煤灰,虽然熔融温度很低,但这种灰对耐火材料和金属材料有严重的腐蚀;又如熔融温度相同的煤灰,但它们的黏-温特性不同,因此在同一温度时的灰渣流动性有很大差别。这就需要通过灰黏度的测定,才能了解灰渣的这种特性,从而选择较为理想的燃料和确定排渣口的温度。

九、煤的气化指标

煤经过气化转变为气体燃料,便于运输、净化,具有燃烧稳定,净化后减轻环境污染等优点,因而比煤直接燃烧更为优越。因此将煤炭转变为优质能源或产品的多种技术中,煤的气化是一种重要加工工艺。不同的气化工艺对煤质的要求也有所不同,为使气化工艺顺利进行并获得满足要求的煤气,需要具有一定质量和物理化学特性的原料煤。因此除必须了解煤的工业分析、元素分析、硫含量等一般指标外,还必须了解煤的黏结性、落下强度、热稳定性、灰熔融性、化学反应性和结渣性等与气化过程密切相关的一些特性。

1. 煤的落下强度

使用块煤作燃料的设备,如煤气发生炉、煅烧炉及一部分高温窑炉,对煤炭的块度都有一定的要求。煤在运输、装卸以及加工过程中既有颗粒间的摩擦,又有堆积中的挤压,还有提升落下后的碰撞破碎,常使原来的大块煤破碎成小块,甚至产生较多的粉末。因此在建立煤气站、合成氨厂、耐火材料厂、机械厂及一些使用块煤较多的工厂时,为了正确地估计块煤用量及确定在使用前是否需要筛分,设计部门在设计时必须了解块煤的落下强度以指导生产和工艺设备的选择。

煤的落下强度测定方法是:将粒度 60～100mm 的块煤,从 2m 高处自由落下到规定厚度的钢板上,然后依次将落下到钢板上、粒度大于 25mm 的块煤再次落下,共落下 3 次,以 3 次落下后粒度大于 25mm 的块煤占原块煤煤样的质量分数表示煤的落下强度(S_{25})。

2. 煤的热稳定性

煤的热稳定性是指煤在高温燃烧或气化过程中对热的稳定程度,即煤块在高温作用下保持原来粒度的性能。热稳定性好的煤在燃烧或气化过程中不破碎或破碎较少;热稳定性差的煤在燃烧或气化过程中迅速裂成小块或爆裂成粉末。这样由于细粒度煤的增多,轻则增加炉内的阻力和带出物,降低气化和燃烧效率;重则破坏整个气化过程,甚至造成停炉事故。因此使用块煤作为气化原料时应预先测定其热稳定性,以便选择合适的煤类或改变操作条件来尽量减少因热稳定性差而对气化过程的影响,使运行正常。因此煤的热稳定性是生产、科研及设计单位确定气化工艺、技术、经济指标的重要依据之一。

煤的热稳定性测定方法是:量取 6～13mm 粒度的煤样,在 $850\pm15℃$ 的马弗炉中隔绝空气加热 30 分钟称量,筛分,以粒度大于 6mm 的残焦质量占各级残焦质量之和的百分数作为热稳定性指标 TS_{+6};以 3～6mm 和小于 3mm 的残焦质量分别占各级残焦质量之和的百分数作为热稳定性辅助指标 $TS_{3\sim6}$、TS_{-3}。

3. 煤对二氧化碳化学反应性

煤的化学反应性是指在一定温度条件下,煤与不同气体介质如二氧化碳、氧或水蒸气相互作用的能力而言。因此煤的化学反应性直接反映煤在气化炉中还原层的化学反应能力。特别对高效能的新型气化工艺要求用反应性强的煤以保证在气化和燃烧过程中反应速度快,效率高。反应性强弱还直接影响炉子的耗煤量、耗氧量及煤气中的有效成分等。在流化燃烧新技术中,煤的化学反应性与其反应速度也有密切的关系。因此煤的化学反应性是一项重要的气化和燃烧特性指标。随着气化、燃烧技术的发展,这项指标在生产中的应用日益广泛。

煤对二氧化碳化学反应性测定方法是:将煤样干馏除去挥发物,然后将其筛分并选取一定粒度的焦渣装入反应管中加热;加热到一定的温度后,以一定的流量通入二氧化碳与试样反应;测定反应后气体中二氧化碳的含量,以被还原成一氧化碳的二氧化碳量占通入的二氧化碳量的百分数,即二氧化碳还原率,作为煤对二氧化碳化学反应性的指标。

4. 煤的结渣性

煤的结渣性是反映煤灰在气化或燃烧过程中成渣的特性。在气化、燃烧过程中,煤中的碳与氧反应,放出热量产生高温使煤中的灰分熔融成渣。渣的形成一方面使气流分布不均匀,易产生风洞,造成局部过热给操作带来一定的困难,结渣严重时还会导致停产;另一方面由于结渣后煤块被熔渣包裹,煤中碳未完全反应就排出炉外,增加了碳的损失。为了使生产正常运行,避免结渣,往往通入适量的水蒸气,但是水蒸气的通入会降低反应层的温度,使煤气质量及气化效率下降。因此煤的结渣性对于用煤单位和设计部门都是不可忽略的重要指标。实验室以大于 6mm 的渣块占总灰渣总质量的百分数来评价煤的结渣性的强弱。

煤的结渣性测定方法是:将 3～6mm 粒度的试样装入特制的气化装置中,用木炭引燃,在规定鼓风强度下使其气化(燃烧),待试样燃尽后停止鼓风,冷却,将残渣称量和筛分,以大于 6mm 的渣块质量百分率表示煤的结渣性。

十、煤炭物理化学性质及机械性质

煤的物理化学性质也和煤的其他性质一样,主要取决于煤化度和煤岩组成,有时还取决于煤的还原程度。煤的某些物理性质还与矿物质(数量、性质与分布)、水分和风化程度有关。由于物质结构和它的物理常数等有直接的关系,所以对煤的物理性质、物理化学性质的测定和研究反映了煤分子的化学组成与结构、分子空间结构及其变化特点,为煤结构的研究和煤化学学科的发展提供重要的信息。此外,了解煤的物理与物理化学性质,对煤的开采、破碎、洗选、型煤制造、热加工和新产品的开发等工艺和技术进步也有很大的实际意义。煤的物理化学性质包括煤的密度、孔隙度、比表面积等。

煤的机械性质是煤在外来机械力作用下表现的各种特性,其中比较重要的是煤的硬度、脆度、可磨性和弹性等。煤的机械性质在煤的开发及加工利用方面有重要的应用价值,并能为煤结构的研究提供重要信息。

1. 煤的真相对密度

煤的真相对密度是煤的主要物理性质之一。它的大小取决于煤的煤化程度、煤岩组成和煤中矿物质的特性和含量。煤化程度不同,纯煤的真相对密度也不同,随着煤的煤化程度的加深,煤的真相对密度增大。不同煤岩显微组分的真相对密度也不同,对同一煤样来说,丝炭密度最大,镜煤密度较小,壳质组密度最小。此外,煤中矿物质的密度一般比煤中有机质的密度大得多,其中黄铁矿的真相对密度最大,为 $4.9 \sim 5.1$,黏土的真相对密度为 $2.4 \sim 2.6$,石英的真相对密度为 2.65,所以煤的真相对密度随矿物质含量的增高而增高。煤的真相对密度对于研究煤的煤化程度、确定煤的浮选重液密度等均有重要意义。

煤的真相对密度测定方法是:以十二烷基硫酸钠溶液为浸润剂,使煤样在密度瓶中润湿沉降并排除吸附的气体,根据煤样排除的同体积水的质量计算出煤的真相对密度。

2. 煤的视相对密度

煤的视相对密度是计算煤层储量的重要参数之一。由于煤的视相对密度是煤的质量对同温度同体积(包括煤炭内外表面孔隙在内)的水的质量之比,所以在测定煤炭视密度时应当设法"保护"煤中孔隙,使介质不致渗入,而测出包括孔隙在内的煤的体积。贮煤仓的设计以及煤在运输、磨细、燃烧过程中的计算都要用到煤的视相对密度。煤的视相对密度测定方法有两种:

(1) 煤心煤样视相对密度测定(MT/T1027)

先测定液体石蜡与同体积水之比的相对密度,然后称取一定质量 $6 \sim 3mm$ 粒级的煤样,放入密度瓶中,再测出煤样排开同体积液体石蜡的质量,计算 $20℃$ 时煤的视相对密度。

(2) 煤的视相对密度测定方法(GB/T6949)

称取一定粒度($13 \sim 10mm$)的煤样,表面用蜡涂封后放入密度瓶内,以十二烷基硫酸钠溶液为浸润剂,测出涂蜡煤粒所排开的十二烷基硫酸钠溶液体积,减去蜡的体积,计算 $20℃$ 时煤的视相对密度。

3. 煤的比表面积

煤的比表面积是每克煤所具有的表面积,以 m^2/g 来表示。它是煤的特殊加工工艺和气化工艺的一项重要参数。煤对气体和液体有吸附现象,由煤经过特殊加工制成的活性炭其表面积可达 $1000m^2/g$,是一种广泛应用的良好吸附剂。煤的比表面积是随煤的煤化程度的加深而减少,年轻煤的比表面积大于年老煤的比表面积,因而煤的比表面积也反映了煤的煤化程度。

煤的比表面积测定方法是:将经过规定条件下干燥后的已知质量的煤样放入测定仪

的试样管中,在-196℃下通入高纯氮气,在不同相对压力下测定煤对氮的吸附量。然后根据 BET 方程计算出每克煤的表面积即煤的比表面积。

4. 煤的硬度

煤的硬度是指煤能抵抗外来机械作用的能力。根据煤的硬度值大小可了解机械和截齿的磨损情况及破碎、成型加工的难易程度。硬度的测定方法很多,根据不同的原理可分为:划痕硬度、弹性回跳硬度、压痕硬度(显微硬度)及耐磨硬度等。煤的硬度主要取决于它的煤化程度。通常,中等煤化度的焦煤类的硬度最低,由焦煤向瘦煤、贫煤和无烟煤过渡时,硬度逐渐增高,到年老无烟煤向半石墨、石墨过渡时,硬度又急剧降低,从焦煤向肥煤、气煤、长焰煤过渡时,煤的硬度也逐渐有所增高,但到年轻长焰煤至褐煤阶段,煤的硬度又显著降低。煤的硬度与显微组分也有关系,同一煤的硬度以惰质组分最大,壳质组分和腐泥组分的硬度最小,镜质组居中。矿物组分不同,煤的硬度也不同,如黄铁矿的硬度较高,而泥质页岩的硬度就较低。由于煤的划痕硬度的精确度不高,因而一般多使用煤的显微硬度。

煤的显微硬度测定方法是:将顶角相对面夹角为 136° 的正四棱锥体金刚石压头,以选定的试验力下压入试样表面,保持一定时间达稳定状态后卸除试验力,测量压痕两对角 d_1 和 d_2 的长度。根据试验力和两对角线长度的平均值,求得维氏显微硬度值。

5. 煤的可磨性

煤的可磨性是指煤被磨碎成煤粉的难易程度。实测的煤可磨性指数越大则容易粉碎,反之则较难粉碎。测定煤的可磨性在某些工业部门中具有重要的意义。例如:使用粉煤的火力发电厂和水泥厂,在设计与改进制粉系统并估算磨煤机的产量和耗电率时,常需测定煤的可磨性;在应用非炼焦煤为主的型焦工业中,为了知道所用煤料的粉碎性,以便确定粉碎系统的级数及粉碎设备的类型等,也要预先测定煤的可磨性。此外,煤的可磨性指数也是煤质研究的重要数据。煤的可磨性与煤化度、煤岩组成、煤中水分含量和矿物质的种类、数量及分布情况等有关。

实验室的可磨性测定一般是模拟实际生产中磨煤机的工作条件,采用专门的仪器设备进行的,一般多采用哈氏可磨性测定仪测定煤的可磨性指数。

哈氏可磨性指数测定方法是:将一定力度范围和质量的煤样,经过哈氏可磨性测定仪研磨后,在规定的条件下筛分,称量筛上煤样的质量。由研磨前的煤样量减去筛上煤样量得到筛下煤样的质量,再从由标准煤样绘制的校准图上查得哈氏可磨性指数。

6. 煤的着火温度

煤的着火温度是煤的特性之一,它与煤的变质程度有很明显的关系。变质程度低的煤着火温度低,反之着火温度高。但挥发分相同的褐煤和烟煤,前者着火温度比后者低得多。

煤的着火温度的另一特点就是当煤氧化以后,其着火温度明显降低。在煤轻微氧化时,煤的某些性质就起了强烈的变化,如煤的水分、结焦性和煤的着火温度,当煤的表面氧化了而煤的内部还未氧化或氧化的不深时,它们就显著降低。这种氧化不论是由空气中的氧引起,还是由各种氧化剂溶液引起,都可使煤的着火温度显著降低,而这时煤的元素分析结果还没有明显的改变。

在煤炭地质勘查过程中有时需要确定采样点是否已经通过了煤层的氧化带,就可以用测定煤样着火温度的方法判断。用着火温度作判断氧化程度的指标比用元素分析和腐殖酸产率等指标更为灵敏。此外,还可以根据原煤的着火温度和氧化煤着火温度降低的数值来推测煤的自燃倾向。一般地说着火温度低的煤和氧化后着火温度降低数值大的煤容易自燃。

煤的着火温度测定方法是:将煤样与氧化剂按一定比例混合,放入着火温度测定装置中,以一定的速度加热,到一定温度时煤样突然燃烧。记录测量系统内空气体积突然膨胀或升温速度突然增加时的温度,作为煤的着火温度。

十一、煤的工艺性质

煤的工艺性质是烟煤等煤种的固有特性,它是判定煤的种类和确定煤的工业用途的重要依据,主要包括煤的黏结性和结焦性、烟煤的胶质层指数、罗加指数、黏结指数、坩埚膨胀序数、葛金低温干馏、奥阿膨胀度等。

1. 煤的黏结性和结焦性

煤的黏结性是指烟煤干馏时产生的胶质体黏结自身或外来的惰性物质的能力。它是煤干馏时所形成的胶质体显示的一种塑性。黏结性是结焦性的必要条件,而胶质体的塑性、流动性、膨胀性、透气性、热稳定性等对煤的结焦性也有较大的影响。黏结性是评价炼焦煤的一项主要指标,也是评价低温干馏、气化或动力用煤的重要依据。炼焦煤中以肥煤的黏结性最好。

煤的结焦性是指单种煤或配合煤在工业焦炉或模拟工业焦炉的炼焦条件下,黏结成块并最终形成具有一定块度和强度的焦炭的能力。结焦性是评价炼焦煤的主要指标,炼焦煤必须兼有黏结性和结焦性,两者密切相关。煤的黏结性着重反映煤在干馏过程中软化熔融形成胶质体并固化黏结的能力,煤的结焦性则全面反映煤在干馏过程中软化熔融直到固化形成焦炭的能力。炼焦煤中以焦煤的结焦性最好。

2. 烟煤胶质层指数

胶质层指数是判断烟煤结焦性能的一项重要指标,胶质层最大厚度 Y 值直接反映了煤的胶质体的特性和数量,因此,2009 年发布的 GB/T5751-2009《中国煤炭分类》国家标准采用 Y 值作为烟煤分类中区分肥煤和非肥煤的主要指标之一。此外,利用 Y 值可以指导配煤炼焦。胶质层指数的测定过程反映了工业焦炉炼焦的全过程,人们可以通过研究胶质层的测定过程,来研究炼焦过程的机理。

烟煤胶质层指数测定方法是:按规定将煤样装入煤杯中,煤杯放在特制的电炉内以规定的升温速度进行单侧加热,煤样则相应形成半焦层、胶质层和未软化的煤样层三个等温层面。用探针测量出胶质体的最大厚度 Y，从试验的体积曲线测得最终收缩度 X。

3. 罗加指数

罗加指数是由波兰学者 B.罗加提出的表征烟煤黏结无烟煤能力的指标。它是用煤焦化后焦炭的耐磨强度表示煤的黏结性的强弱，反映了煤在胶质体阶段黏结自身和惰性物料并最终形成具有一定耐磨强度焦炭的能力。罗加指数较高的煤，其黏结性也较好。因此，人们可以根据罗加指数的大小来判断烟煤黏结能力的大小。在硬煤国际分类中，把罗加指数作为确定煤的组别的指标之一。

罗加指数测定方法是：用 1g 烟煤样和 5g 专用无烟煤充分混合，在严格规定的条件下焦化，得到的焦炭在特定的转鼓中进行转磨试验，根据试验结果计算出罗加指数。

4. 黏结指数

黏结指数是判别煤的黏结性、结焦性的一个关键性指标。在 2009 年发布的 GB/T5751-2009《中国煤炭分类》国家标准中，黏结指数作为表征烟煤黏结性的主要参数，成为我国煤炭分类的主要指标之一。根据煤的黏结指数的高低，可以大致确定该煤的主要用途；利用煤的挥发分和黏结指数图，可以了解各种煤在炼焦配煤中的作用，并以此来指导配煤或确定最经济的配煤比。

黏结指数的测定方法是：将一定质量的试验煤样和专用无烟煤，在规定的条件下混合，快速加热成焦，所得焦块在一定规格的转鼓内进行强度检验，用规定的公式计算黏结指数，以表示试验煤样的黏结能力。

5. 烟煤坩埚膨胀序数

烟煤坩埚膨胀序数是一种通过测定煤炭的膨胀性来判断黏结性的方法。它的大小主要取决于煤的熔融特性、胶质体生成期间析气情况和胶质体的不透气性，所以它在一定程度上能反映煤的黏结性，被列为国际硬煤分类指标之一；在炼焦工业中，用它来评价煤的黏结特性；在燃烧工业中，用它来指示煤在某些类型燃烧设备中的结焦倾向。

烟煤坩埚膨胀序数的测定方法是：将煤样置于专用坩埚中，按规定的程序加热到 $820\pm5℃$，所得焦块和一组带有序号的标准焦块侧形相比较，以最接近的焦形序号作为坩埚膨胀序数。

6. 煤的葛金低温干馏试验

葛金低温干馏试验是由英国的葛雷和金两人提出的一种可同时测定煤的低温干馏和结焦性的试验方法。该试验方法是一个多指标的综合性试验，既有结焦性指标——焦型，又有干馏物产率的指标——半焦产率、焦油产率和总水产率。葛金焦型是硬煤国际分类中鉴别结焦性亚组的一个指标，但我国多以奥亚膨胀度 b 值代替葛金焦型。

煤的葛金低温干馏试验方法是：将煤样装入干馏管中置于葛金低温干馏炉内，以规定升温程序加热到最终温度 600℃，并保温一定时间，测定所得焦油、热解水和半焦的产率，同时将焦炭与一组标准焦型比较定出型号。

7. 奥阿膨胀度

奥阿膨胀度是测定煤炭黏结性的方法之一。它是以煤样干馏时体积发生膨胀或收缩的程度表征的一种煤的塑性和胶质体不透气性,和煤的煤岩组成有密切关系。煤的膨胀度广泛用于研究煤的成焦机理、煤质评价和煤炭分类,指导炼焦配煤和焦炭强度预测等方面。在硬煤国际分类中,奥阿膨胀度被选定为区分亚组的指标。在 2009 年发布的 GB/T5751-2009《中国煤炭分类》国家标准中,奥阿膨胀度被确定为区分强黏结煤的一个辅助指标。

奥阿膨胀度的试验方法是:将试验煤样按规定方法制成一定规格的煤笔,放在一根规定口径的管子内,其上放置一根能在管内自由滑动的膨胀杆。将上述装置放在专用的电炉内,以规定升温程序加热,记录膨胀杆的位移曲线。以位移曲线的最大距离占煤笔原始长度的百分数,表示煤样膨胀度的大小。

十二、低煤阶煤的特性指标

低煤阶煤是指碳含量(C_{daf})低、氧含量(O_{daf})和挥发分产率(V_{daf})高、干燥无灰基高位发热量($Q_{gr,daf}$)较低的褐煤、长焰煤和某些挥发分在 30% 以上的不黏煤。低煤化度煤的特点是其化学反应性好,煤内部的孔隙度大,含水分高,物理吸附性强,且常含有不同数量的腐殖酸。低煤阶煤的特性指标主要有透光率、最高内在水分、腐殖酸和褐煤的苯萃取物等。

1. 透光率

低煤阶煤的透光率是指低煤化度煤和稀硝酸溶液在 $99.5 \pm 0.5℃$ 的沸腾水浴温度下加热 90 分钟后所产生的有色有机溶液对一定波长(采用 475nm)的光的透过百分率。通常煤化度越低的煤,它越容易与稀硝酸起化学反应,从而使生成的有色溶液的色泽也越深,其透光率也就越低。一般年轻褐煤与稀硝酸反应后的有色溶液常呈很深的暗红色,它们的目视比色法透光率多在 16% 以下;较年老褐煤与稀硝酸反应后的有色溶液多呈浅红色甚至红黄色,它们的透光率(P_M)多在 30%~40%;年老褐煤与稀硝酸反应后的有色溶液常呈浅红黄色至深黄色,它们的透光率多在 40%~50%。

试验结果表明,我国各种褐煤的目视比色法透光率(P_M)均不超过 50%,长焰煤的透光率(P_M)多在 35%~50% 范围以上,它与稀硝酸反应后的有色溶液多呈黄色甚至浅黄色。不黏煤与稀硝酸反应后的有色溶液多呈很浅的黄色,其 P_M 值则多在 60%~90%。年轻气煤和弱黏煤虽也能与稀硝酸起反应,但其透光率常高至 90%~100%,所以气煤和长焰煤的划分也就不用透光率这一指标了。

目前,在中国煤炭分类中,目视比色法透光率(P_M)这一指标主要作为区分褐煤和长焰煤以及褐煤划分小类使用。即 $V_{daf} > 37\%$、$P_M > 50\%$、$G \leqslant 5$ 的均划分为长焰煤;$V_{daf} > 37\%$、$P_M \leqslant 30\%$ 的均划分为褐煤;$V_{daf} > 37\%$、P_M 为 30%~50% 的年轻煤需再用恒湿无灰基煤的高位发热量($Q_{gr,maf}$)来区分其为褐煤或长焰煤。即 $Q_{gr,maf} > 24MJ/kg$ 的划分为长焰煤,$Q_{gr,maf} \leqslant 24MJ/kg$ 的则仍划分为褐煤。在褐煤中,$P_M > 30\%$ 的为年老褐煤(HM_2),$P_M \leqslant 30\%$ 的为年轻褐煤(HM_1)。

2. 最高内在水分

煤的最高内在水分是指煤的毛细孔达到饱和吸水状态时的水分,或者说是煤在饱和水蒸气(相对湿度 100%)气氛中达到平衡时除去外在水以外的水分。

煤的最高内在水分在绝大多数情况下取决于煤的内表面积,因此它与煤的结构和变质程度有一定关系。在煤炭(主要是低变质程度煤)分类中,最高内在水分或据此算出的含水无矿物质(或无灰)基发热量常作为一个辅助指标。

煤的最高内在水分测定方法是:煤样达到饱和吸水后,用恒湿纸除去大部分外在水分,在温度 30℃、相对湿度 96% 和充氮常压下达到湿度平衡,然后在温度 105~110℃ 下、在氮气流中干燥,以其质量损失分数表示最高内在水分。

在煤的最高内在水分测定中,由于在 100℃ 的相对湿度下外在水分很难除去,所以一般系在 96% 的相对湿度下进行。又由于煤的吸水性具有滞后效应,为保持煤粒原有的吸水特性,所以当今的最高内在水分测定方法标准都是从饱和湿润状态开始湿度平衡,而且使用的煤样不能过分的干燥。

3. 腐殖酸

腐殖酸是由成煤物质经生物化学等复杂作用或经氧化(包括风化)而形成的,是指褐煤和风化煤中能被碱液所抽提出来的那一部分物质。腐殖酸不是一种结构固定的单一有机酸,而是许多种结构十分复杂、分子量较大而又不固定的带羧基的芳香族化合物的混合物。按溶解度的不同,腐殖酸分为黄腐殖酸、棕腐殖酸和黑腐殖酸。按结合状态的不同,腐殖酸又可分为游离腐殖酸和结合腐殖酸。

腐殖酸广泛存在于土壤、泥炭和褐煤中,这种天然物质所固有的腐殖酸叫原生腐殖酸。含有原生腐殖酸是褐煤和泥煤的主要特征之一。一般泥煤的干燥无灰基腐殖酸产率可达 20%～50%,褐煤的腐殖酸产率从 10% 以下到 40% 以上均有。最年轻的烟煤——长焰煤不含原生腐殖酸,但由于这种煤极易风化和氧化,因此有些长焰煤中经常也能测出腐殖酸。此外,风化烟煤中也经常能发现次生腐殖酸。

腐殖酸的用途十分广泛,它可作为煤碱剂用于地质勘探。用硝酸和氨水处理泥煤、褐煤和风化烟煤所得的硝基腐殖酸铵和氨基腐殖酸是高效的有机氮肥。

通常煤质分析中只测定游离腐殖酸和总腐殖酸,测定方法有容量法、残渣法等。容量法的测定原理是:用焦磷酸钠碱液或氢氧化钠溶液从煤样中抽提腐殖酸;再在强酸性溶液中用重铬酸钾将腐殖酸中的碳氧化成二氧化碳,根据重铬酸钾消耗量和腐殖酸含碳比,计算腐殖酸的产率。残渣法的测定原理是:用焦磷酸钠碱液或氢氧化钠溶液从煤样中抽提腐殖酸,从煤样中的有机质减去抽提后的不溶物中的有机质,求的总腐殖酸或游离腐殖酸产率。

4. 褐煤的苯萃取物

用苯萃取褐煤所得的可溶物叫做褐煤的苯萃取物,俗称褐煤蜡或蒙旦蜡。确切地讲,褐煤蜡是用有机溶剂如汽油、苯和甲苯等萃取褐煤时所得产物的泛称。它们的组成和产量随溶剂的种类不同而有所差异。褐煤的苯萃取物是一种化石化的植物蜡,主要是有纯蜡、树脂和地沥青组成的复杂混合物。它是国防、化工、轻工等部门的重要原料之一,褐煤蜡广泛用于精密机械铸造、电缆电线、油漆、涂料、皮革、复写纸、油墨、鞋油以及蜡纸等生产。

目前我国采用的褐煤苯萃取产率测定标准方法有锥形瓶萃取器法和半自动萃取仪法两种。两种方法的测定要点都是将褐煤置于萃取器中,在接近苯的沸点温度下用苯萃取,然后将溶剂蒸除,所得萃取物于 $105 \sim 110 ℃$ 下干燥至质量恒定,根据干燥萃取物和煤样的质量,算出苯萃取物产率。

十三、煤 岩 鉴 定

煤作为一种岩石,在显微镜下,它由多种性质不同的显微组分组成,其物质组成具有明显的不均一性,这些显微组分的不同组合反映出了煤在外表形态、硬度、光学性质及其显微结构上的差异。通过应用煤岩学特别是煤岩鉴定测试指标与煤变质程度之间关系的研究,有助于认识煤岩成分性质,加深对煤质特征的了解。煤岩鉴定主要包括煤的显微组分和矿物质、显微煤岩类型和煤的镜质体反射率等的测定。

1. 煤的显微组分和矿物质

显微组分是指煤在显微镜下能够区别和辨识的最基本的组成成分,是显微镜下能观察到的煤中成煤原始植物残体转变而成的有机成分。煤不是均一的物质,而是由各种性质不同的组分所组成。煤由显微组分组成,煤的同种显微组分在化学性质和物理性质上相近,但有变化。按其成因和工艺性质的不同,大致可分为镜质组、壳质组和惰质组三大类。依据颜色、形态、结构和突起等特征划分显微组分,根据各种成因标志,在显微组分中进一步细分出亚组分。

煤中的矿物质:煤是由有机成分和无机成分组成的。煤的有机成分是指煤的显微组分,煤的无机组分是指在显微镜下能观察到的煤中矿物,以及与有机质相结合的各种金属、非金属元素和化合物。按矿物成分和性质,可将煤中矿物质分为黏土类矿物、硫化物类矿物、碳酸盐类矿物、氧化物类矿物和硫酸盐类矿物。

2. 煤的显微煤岩类型

显微煤岩类型是指在显微镜下所见煤的显微组分的天然组合。不同的类型反映了煤的地质成因、煤相、原始植物和煤的化学工艺性质的差别。因此,显微煤岩类型的测定,对研究煤的沉积环境、煤岩变化、煤层对比以及评价煤的可选性和炼焦工艺性质等方面都有实际意义。

3. 煤的镜质组反射率

煤的镜质组反射率是不受煤的岩石成分含量影响,但却能反映煤化程度的一个指标。

煤的镜质组反射率随它的有机组分中碳含量的增高而增高,随挥发分产率的增高而降低。镜质组反射率能较好地反映煤的变质程度,因此,它是一个很有前途的煤分类指标。特别是对无烟煤阶段的划分,灵敏度大,是区分年老无烟煤、典型无烟煤和年轻无烟煤的一个较理想的指标。目前在国际上已有许多国家采用镜质组反射率作为一种煤炭分类指标。此外,煤的镜质组反射率在评价煤质及煤炭加工利用等方面都有重要意义。

镜质组反射率是指由褐煤、烟煤或无烟煤制成的粉煤光片,在显微镜油浸物镜下,镜质体的抛光面的反射光($\lambda = 546nm$)强度对其垂直入射光强度之百分比。

十四、煤矿安全检测项目

近年来,随着民生的不断改善和人民生活水平的日益提高,国家对煤矿生产的安全事故高度重视,国家安全生产监督管理总局先后发布了多个涉及煤矿安全检测的标准和要求。

1. 煤尘爆炸性

煤尘爆炸性是煤炭开采安全检测的重要指标,要求对同一个试样做 5 次相同的试验,如果 5 次煤尘爆炸性试验均未产生火焰,还要再做 5 次相同的试验,在 10 次煤尘爆炸性试验中均未出现火焰,即为"无煤尘爆炸性"。在 5 次煤尘爆炸性试验中,只要有 1 次出现火焰,即为"有煤尘爆炸性","有煤尘爆炸性"的煤样,选取 5 次试验中火焰最长的 1 次的火焰长度作为该试样的火焰长度,同时还要再做添加岩粉试验,以确定抑制煤尘爆炸最低岩粉量,具体做法是:按估计的岩粉百分比用量配置总重为 5g 的岩粉和试样的混合粉尘,混合均匀后分 5 次再做煤尘爆炸性试验,如有一次出现火焰,则应在原岩粉百分比用量的基础上增加百分之五再继续试验,直至混合粉尘不再出现火焰为止;如果第一次配置的混合粉尘在 5 次试验中均未产生火焰,则应配置降低岩粉用量百分之五的混合粉尘继续试验,直至产生火焰为止,在添加岩粉试验中,混合粉尘刚刚不出现火焰时,该混合粉尘中的岩粉用量百分比即为抑制煤尘爆炸所需的最低岩粉用量。

2. 煤自燃倾向性

煤自燃倾向性是煤炭安全检测的又一重要指标,是煤在常温下氧化能力的内在属性,它是通过测定煤在常温、常压下,每克干煤吸附流动态氧的量(即煤的吸氧量)来作为判断煤尘自燃倾向性的主要指标。根据煤的吸氧量(V_d)的大小把煤自燃倾向性分为三类:I 类容易自燃、II 类自燃和 III 类不易自燃,具体见表 10.2 和表 10.3。

表 10.2 煤样干燥无灰基挥发分 $V_{daf} > 18\%$ 时自燃倾向性分类

自然倾向性等级	自然倾向性	煤的吸氧量 $V_d/(cm^3/g)$
I 类	容易自燃	$V_d > 0.70$
II 类	自燃	$0.40 < V_d \leqslant 0.70$
III 类	不易自燃	$V_d \leqslant 0.40$

表 10.3 煤样干燥无灰基挥发分 $V_{daf} \leqslant 18\%$ 时自燃倾向性分类

自然倾向性等级	自然倾向性	煤的吸氧量 $V_d/(cm^3/g)$	全硫 $S_{t,d}/\%$
I类	容易自燃	$V_d \geqslant 1.00$	$S_{t,d} \geqslant 2.00$
II类	自燃	$V_d < 1.00$	
III类	不易自燃		$S_{t,d} < 2.00$

十五、放射性检测

放射性无色、无味,看不见,摸不着,人体长期处于高放射性环境会产生一定的伤害。水泥、黏土砖、石材等建筑主体材料和装饰装修材料都有一定的放射性,尤其是用煤矸石和粉煤灰制作的砌体材料,其放射性往往比传统的建筑主体材料还高。考虑到煤矸石和粉煤灰在建筑业的广泛使用,煤和煤矸石中放射性会对人体产生一定的危害,所以《煤炭资源勘查煤质评价规范》MT/T1090 要求在煤炭资源勘查阶段要做煤矸石和煤的放射性检测。

目前我国煤和煤矸石的放射性检测标准,参照《建筑材料放射性核素限量》GB6566规定,煤和煤矸石的放射性检测原理是:通过测量煤和煤矸石中放射性核素镭-226、钍-232、钾-40 的放射性比活度,计算出煤和煤矸石的内照射指数和外照射指数,根据其内照射指数和外照射指数大小判定煤和煤矸石的放射性。

第三节 现代煤炭分析测试技术简介

一、X 射线荧光光谱定量分析

X 射线荧光光谱法是一种非破坏性的仪器分析方法,它是依据二次激发产生的化学元素的 X 射线光谱线的波长和强度进行定性和定量分析的(祁景玉,2006)。

X 射线荧光光谱分析包括定量分析、半定量分析和定性分析三种分析方法。通常可以分析样品中的 $^8O \sim ^{92}U$ 元素,分析的元素浓度范围为 0.0001%~100%,分析样品的形态可以是块状固体、粉末、液体甚至是不规则零件。

定量分析是一种相对的分析方法,通过测定出样品产生的 X 射线荧光强度,然后与标准样品的 X 射线荧光强度作对比,通常称为标样比较法。一个校正曲线只能对应一种样品,需准备一套高质量的标准样品,可向标样研制机构购买。无法购买的特殊样品,可自行配制。也可以自己研制标样,即采用湿法化学分析法定值。没有标样时也可利用增量法,即在未知样品中添加一定量的分析元素或含分析元素的物质,据含量与 X 射线强度变化求得分析值。

定量分析方法一般可划分为标样比较法和增量法。标样比较法中包括外标法、内标法和数学校正法。

外标法在定量分析中有着广泛的应用。它是以试样中分析元素的分析线强度,与外部标样中已知含量的这一元素的同一谱线强度相比较,来校正或测定试样中分析元素的含量。外部标样,可以根据试样的特点,选取人工配制的或经过准确测定的其他各种样品(包括天然样品)。一般常用的外标法有直接校正法、稀释法和薄试样法三种。

二、X 射线衍射分析

X 射线衍射分析,简称 XRD,是利用晶体形成的 X 射线衍射,对物质进行内部原子在空间分布状况的结构分析方法。将具有一定波长的 X 射线照射到结晶性物质上时,X 射线因在结晶内遇到规则排列的原子或离子而发生散射,散射的 X 射线在某些方向上相位得到加强,从而显示与结晶结构相对应的特有的衍射现象。其特点在于可以获得元素存在的化合物状态、原子间相互结合的方式,从而可进行价态分析,可用于对环境固体污染物的物相鉴定,如大气颗粒物中的风砂和土壤成分、工业排放的金属及其化合物(粉尘)、汽车排气中卤化铅的组成、水体沉积物或悬浮物中金属存在的状态等等。X 射线衍射方法具有不损伤样品、无污染、快捷、测量精度高、能得到有关晶体完整性的大量信息等优点(祁景玉,2006)。

1. X 射线衍射工作原理

1912 年劳埃等人根据理论预见,并用实验证实了 X 射线与晶体相遇时能发生衍射现象,证明了 X 射线具有电磁波的性质,成为 X 射线衍射学的第一个里程碑。当一束单色 X 射线入射到晶体时,由于晶体是由原子规则排列成的晶胞组成,这些规则排列的原子间距离与入射 X 射线波长有相同数量级,故由不同原子散射的 X 射线相互干涉,在某些特殊方向上产生强 X 射线衍射,衍射线在空间分布的方位和强度,与晶体结构密切相关。这就是 X 射线衍射的基本原理。衍射线空间方位与晶体结构的关系可用布拉格方程表示:$2d\sin\theta = n\lambda$ 式中:λ 是 X 射线的波长;θ 是衍射角;d 是结晶面间隔;n 是整数。波长 λ 可用已知的 X 射线衍射角测定,进而求得面间隔,即结晶内原子或离子的规则排列状态。将求出的衍射 X 射线强度和面间隔与已知的表对照,即可确定试样结晶的物质结构,此即定性分析。从衍射 X 射线强度的比较,可进行定量分析。

2. X 射线衍射分析的方法

研究晶体材料,X 射线衍射方法非常理想非常有效,而对于液体和非晶态物固体,这种方法也能提供许多基本的重要数据。所以 X 射线衍射法被认为是研究固体最有效的工具。在各种衍射实验方法中,基本方法有单晶法、多晶法和双晶法。

单晶 X 射线衍射分析的基本方法为劳埃法与周转晶体法。多晶 X 射线衍射方法包括照相法与衍射仪法。

X 射线衍射仪以布拉格实验装置为原型,融合了机械与电子技术等多方面的成果。衍射仪由 X 射线发生器、X 射线测角仪、辐射探测器和辐射探测电路 4 个基本部分组成,是以特征 X 射线照射多晶体样品,并以辐射探测器记录衍射信息的衍射实验装置。现代

X 射线衍射仪还配有控制操作和运行软件的计算机系统。X 射线衍射仪的成像原理与聚集法相同,但记录方式及相应获得的衍射花样不同。衍射仪采用具有一定发散度的入射线,也用"同一圆周上的同弧圆周角相等"的原理聚焦,不同的是其聚焦圆半径随 2θ 的变化而变化。衍射仪法以其方便、快捷、准确和可以自动进行数据处理等特点在许多领域中取代了照相法,现在已成为晶体结构分析等工作的主要方法。

3. X 射线衍射分析的应用

X 射线衍射分析已渗透到金属、非金属、物理、化学、环境、生命科学、岩矿及材料等各个专业领域之内,且发展异常迅速。其主要应用有:物相分析、点阵常数的精确测定、应力的测定、晶粒尺寸和点阵畸变的测定、单晶取向和多晶织构测定等等。随着工业生产和研究工作的不断深入,X 射线衍射分析的应用必将日益广泛,并将在未来的社会发展中发挥更大的作用。

三、电子探针 X 射线显微分析

电子探针 X 射线显微分析简称电子探针,第一台商用电子探针是 1956 年制成的,它是一种微区成分分析仪器。它利用聚焦成小于 $1\mu m$ 的高速电子束轰击样品表面,由 X 射线波谱仪或能谱仪检测从样品表面微区体积内产生的特征 X 射线的波长和强度,从而得到该体积约为 $1\mu m^3$ 微区的定性或定量的化学成分。利用电子探针可以方便地分析从 ^4Be 到 ^{92}U 之间的所有元素。与其他化学分析方法相比,分析手段大为简化,分析时间也大为缩短;其次,利用电子探针进行化学成分分析,所需样品量很少,而且是一种无损分析方法;还有更重要的一点,由于分析时所用的是特征 X 射线,而每种元素常见的特征 X 光谱线一般不会超过一二十根(光学谱线往往多达几千根,有的甚至高达两万根之多),所以释谱简单且不受元素化合状态的影响。因此,电子探针是目前较为理想的一种微区化学成分分析手段。电子探针仪使用的 X 射线谱仪有波谱仪和能谱仪两类。

1. 波谱仪

波谱仪全称波长色散谱仪,一般情况下,入射电子束激发样品产生的特征 X 射线是多波长的,其中的一小部分穿过仪器的样品室照射到分光晶体上,波谱仪利用某些晶体对 X 射线的衍射作用来达到使不同波长分散的目的。在电子探针中,供分析 X 射线谱仪用的波谱仪有多种不同的结构,主要有旋转式波谱仪和直进式波谱仪。现代电子探针大部分采用直进式谱仪。

波谱仪的突出优点是波长分辨率很高。缺点是 X 射线信号的利用率极低,难以在低束流和低激发强度下使用。

2. 能谱仪

能谱仪全称 X 射线能量色散谱仪,是继波谱仪以后,出现的被广泛使用的分析特征 X 射线谱的仪器。它是按 X 射线光子的能量不同来展谱,其关键的部件是锂漂移硅固态检测器。目前最常用的是 Si(Li)X 射线能谱仪。

能谱仪具有分析速度快、灵敏度高、谱线重复性好等优点。缺点是能量分辨率低,工作条件要求严格。

3. 工作方式

利用电子探针对样品进行定性分析和定量分析。定性分析是利用 X 射线谱仪,先将样品发射的 X 射线展成 X 射线谱,记录下样品所发射的特征谱线的波长,然后根据 X 射线波长表,判断这些特征谱线是属于哪种元素的哪根谱线,最后确定样品中含有什么元素。定量分析时,不仅要记录下样品发射的特征谱线的波长,还要记录下它们的强度,然后将样品发射的特征谱线强度(只需每种元素选一根谱线,一般选最强的谱线)与成分已知的标样(一般为纯元素标样)的同名谱线相比较,确定出该元素的含量。

电子探针分析有 3 种基本工作方式。一是定点分析,即对样品表面选定微区作定点的全谱扫描,进行定性或半定量分析,并对其所含元素的质量分数进行定量分析;二是线扫描分析,即电子束沿样品表面选定的直线轨迹进行所含元素质量分数的定性或半定量分析;三是面扫描分析,即电子束在样品表面作光栅式面扫描,以特定元素的 X 射线的信号强度调制阴极射线管荧光屏的亮度,获得该元素质量分数分布的扫描图像。

在电子显微分析中,进行微区成分分析可采用波谱仪或能谱仪,波谱分析发展较早,但近年来没有太大的进展。能谱分析虽然只有 20 多年的历史,但各项指标提高迅速,成为微区分析的主要手段。

四、红外光谱分析

利用红外光谱对物质分子进行的分析和鉴定。将一束不同波长的红外射线照射到物质的分子上,某些特定波长的红外射线被吸收,形成这一分子的红外吸收光谱。每种分子都有由其组成和结构决定的独有的红外吸收光谱,据此可以对分子进行结构分析和鉴定。红外吸收光谱是由分子不停地作振动和转动运动而产生的,分子振动是指分子中各原子在平衡位置附近做相对运动,多原子分子可组成多种振动图形。当分子中各原子以同一频率、同一相位在平衡位置附近作简谐振动时,这种振动方式称简正振动(例如伸缩振动和变角振动)。分子振动的能量与红外射线的光量子能量正好对应,因此当分子的振动状态改变时,就可以发射红外光谱,也可以因红外辐射激发分子的振动而产生红外吸收光谱。分子的振动和转动的能量不是连续而是量子化的。但由于在分子的振动跃迁过程中也常常伴随转动跃迁,使振动光谱呈带状。所以分子的红外光谱属带状光谱。分子越大,红外谱带也越多。

1. 红外光谱仪的种类

红外光谱仪的种类分为棱镜和光栅光谱仪和傅里叶变换红外光谱仪,前者属于色散型,它的单色器为棱镜或光栅,属单通道测量。后者是非色散型的,其核心部分是一台双光束干涉仪。当仪器中的动镜移动时,经过干涉仪的两束相干光间的光程差就改变,探测器所测得的光强也随之变化,从而得到干涉图。经过傅里叶变换的数学运算后,就可得到入射光的光谱。这种仪器的优点:①多通道测量,使信噪比提高。②光通量高,提高了仪器的灵敏度。③波数值的精确度可达 $0.01cm^{-1}$。④增加动镜移动距离,可使分辨本领提高。⑤工作波段可从可见区延伸到毫米区,可以实现远红外光谱的测定。

2. 红外光谱仪的用途

红外光谱分析可用于研究分子的结构和化学键,也可以作为表征和鉴别化学物种的方法。红外光谱具有高度特征性,可以采用与标准化合物的红外光谱对比的方法来做分析鉴定。已有几种汇集成册的标准红外光谱集出版,可将这些图谱贮存在计算机中,用以对比和检索,进行分析鉴定。利用化学键的特征波数来鉴别化合物的类型,并可用于定量测定。由于分子中邻近基团的相互作用,使同一基团在不同分子中的特征波数有一定变化范围。此外,在高聚物的构型、构象、力学性质的研究,以及物理、天文、气象、遥感、生物、医学等领域,也广泛应用红外光谱。

五、综合热分析

热分析是在程序控温下,测量物质的物理性质与温度关系的技术。工作原理包括:物质承受程序控温的作用,即以一定的速率等速升温或降温;选择一观测的物理量,该物理量可以是热学、力学、光学、电学、磁学和声学等;测量物理量随温度的变化(祁景玉,2006)。

物质在受热过程中将发生各种物理、化学变化,可用各种热分析方法跟踪这种变化,表 10.4 给出了按所测物理量,对热分析方法所作的分类。在这些热分析技术中,热重法、差热分析和差示扫描量热法应用得最为广泛。

热分析主要用于研究物理变化(晶型转变、熔融、升华和吸附等)和化学变化(脱水、分解、氧化和还原等)。热分析不仅提供热力学参数,而且还能给出有参考价值的动力学数据。因此,热分析在材料研究和选择上、在热力学和动力学的理论研究上都是很重要的分析手段。

表 10.4　热分析方法的分类

物理性质	方　法	简称
质量	热重法	TG
	等压质量变化测定	
	逸出气体检测	EGD
	逸出气体分析	EGA
	放射热分析	
	热微粒分析	
温度	升温曲线测定	
	差热分析	DTA
热量	差示扫描量热法	DSC
尺寸	热膨胀法	
力学量	热机械分析	TMA
	动态热机械法	DMA
声学量	热发声法	
	热传声法	
光学量	热光学法	
电学量	热电学法	
磁学量	热磁学法	

1. 热重法

（1）热重法的基本原理及影响因素

1）热重法的基本原理

热重法是在程序控制温度下借助热天平以获得物质的质量与温度关系的一种技术。利用加热或冷却过程中物质质量变化的特点，可以区别和鉴定不同的物质。热重法通常有两种类型：一种是等温（或静态）热重法，即在恒温下测定物质质量变化与温度的关系；另一种是非等温（或动态）热重法，即在程序升温下测定物质质量变化与温度的关系。在热重法中，非等温法最为简便，因此得到了广泛应用。热重分析仪主要由精密热天平和线性程序控温的加热炉组成。

2）热重数据的表示法

由热重法测得的记录为热重曲线（TG 曲线），它表示过程的失重累计量，属积分型。TG 曲线一般可直接从记录曲线取得，也可由实验前后试样的实际称重与记录的失重曲线对照重新校核仪器的实际量程而得到。目前的新型仪器可由软件直接、快速地给出 TG 曲线。

对热重曲线进行一次微分，就能得到微商热重曲线，它反映试样质量的变化率和温度（T）或时间（t）的关系，即失重速率，记录为微商热重曲线（DTG 曲线）。微商热重曲线以温度（T）或时间（t）为横坐标，自左至右温度（T）或时间（t）增加，纵坐标是 dm/dT 或 dm/dt，从上向下表示减少。热重曲线上的一个台阶，在微商热重曲线上是一个峰，峰面积与试样质量变化成正比。虽然 DTG 曲线与 TG 曲线所能提供的信息是相同的，但是与 TG 曲线相比，DTG 曲线能清楚地反映出起始反应温度、达到最大反应速率的温度和反应终止温度，而且提高了分辨两个或多个相继发生的质量变化过程的能力。由于在某一温度下微商热重曲线的峰高直接等于该温度下的反应速率，因此，这些值可方便地用于化学反应动力学的计算。

3）热重曲线的影响因素

热分析（包括热重）数据往往不是物质的固有参数，它们受仪器结构、实验条件和试样本身性质的影响。因此，在表达热分析数据时必须注明这些条件。影响热重数据的因素主要有仪器因素：包括浮力和对流，挥发物的再凝聚，试样支持器，温度的测量与标定；实验条件：包括升温速率，试样用量、粒度和形态，气氛，纸速，试样反应。

（2）热重法的应用

由于热重法可精确测定物质质量的变化，所以它也是一种定量分析方法。近年来，热重法已成为很重要的分析手段，广泛应用于无机和有机化学、高聚物、冶金、地质、陶瓷、石油、煤炭、生物化学、医药和食品等领域。热重法大致可用于下列几方面的研究内容：物质的成分分析、在不同气氛下物质的热性质、物质的热分解过程和热解机理、相图的测定、确定沉淀的干燥和灼烧温度、水分和挥发物的分析、升华和蒸发速率、氧化还原反应、高聚物的热氧化降解、石油与煤炭和木材的热裂解、反应动力学的研究、强磁性体居里点的测定等。

2. 差热分析

（1）差热分析的原理及影响因素

差热分析（DTA）是在程序控制温度下测定物质和参比物之间的温度差和温度（或时间）关系的一种分析技术。描述这种关系的曲线称为差热曲线或 DTA 曲线。由于试样和参比物之间的温度差主要取决于试样的温度变化，因此就其本质来说，差热分析是一种主要与焓变测定有关并借此了解物质有关性质的分析技术。

1）差热分析的基本原理

物质在加热或冷却过程中会发生物理变化或化学变化，同时还伴随吸热或放热现象。伴随热效应的变化有晶型转变、沸腾、升华、蒸发、熔融等物理变化，以及氧化还原、分解、脱水和离解等化学变化。另有一些物理变化虽无热效应发生，但比热容等某些物理性质也会发生改变，诸如玻璃化转变等。物质发生焓变时质量不一定改变，但温度必定会变化。而热中性体参比物在加热时随炉温升高，温度均匀上升，使得热电偶两端形成温度差，产生温差电动势，差热分析正是基于物质此类性质所发展起来的一种分析技术。差热分析仪器由高温炉、样品支持器（包括试样和参比物容器、温度敏感元件与支架等）、微伏放大器、温差检知器、炉温程序控制器、记录器以及高温炉和样品支持器的气氛控制设备等组成。所有的 DTA 仪器通常都是在线性升温下测量样品温差与温度或时间关系的。

差热分析（DTA）是将试样和参比物分别置于两个坩埚内，两个热电偶反向串联，试样和参比物同时升温，当试样未发生物理或化学状态变化时，试样温度和参比物温度相同，温差为零。当试样发生物理或化学变化而放热或吸热时，试样温度高于或低于参比物温度而产生温差，相应的温差热电势信号经放大后送入记录仪记录下差热分析曲线。

DTA 曲线：纵坐标代表温度差 ΔT，吸热过程显示一根向下的峰，放热过程显示一根向上的峰。横坐标代表时间或温度，从左到右表示增加。

差热曲线直接提供的信息主要有峰的位置、峰的面积、峰的现状和个数。通过它们不仅可以对物质进行定性和定量分析，而且还可以研究变化过程的动力学。

2）差热分析的影响因素

由差热曲线测定的主要物理量是热效应发生和结束的温度、峰顶温度、峰面积以及通过定量计算测定转变（或反应）物质的量或相应的转变热。研究表明，差热分析的结果明显地受到仪器类型、待测物质的物理化学性质和采用的实验技术等因素的影响。此外，实验环境的温湿度有时也会带来影响。具体的影响因素为样品因素，包括试样性质（密度、比热容、导热性、反应类型和结晶等性质，试样粒度）、参比物性质、惰性稀释剂性质的影响；仪器因素：包括热电偶、温度差（ΔT）的检测灵敏度和记录仪走纸速率的影响；实验参数：包括升温速率、气氛的影响。

（2）差热分析的应用

差热分析具有广泛的应用，如研究材料的类型和物理、化学现象等。利用差热分析可以研究样品的分解或挥发，例如结晶过程、相变、固态均相反应以及降解等。利用未知物的差热分析曲线与已知物进行比较,可以对未知物进行定性。通过测量在曲线突变时吸收或放出的热量可以进行定量分析。差热分析还可用于有机和药物工业中产品纯度的分析,可以对塑料工业废水中所含不同高聚物进行指印分析以及工业控制,如测定在烧结、熔融和其他热处理过程中发生的化学变化,可以鉴别不同类型的合成橡胶及合金组成等等。

3. 差示扫描量热法

(1) 差示扫描量热法的基本原理

差示扫描量热法是在程序控制温度下测量输入到物质(试样)和参比物的能量差与温度(或时间)关系的一种技术。其测量方法分为两种基本类型:功率补偿型和热流型,两者分别测量输入试样和参比物的功率差及试样和参比物的温度差,测得的曲线称为差示扫描量热曲线或 DSC 曲线。功率补偿型 DSC 曲线上的纵坐标以 dQ/dT 或 dQ/dt 表示,后者的单位是 mJ/s,纵坐标上热效应的正负号还没有统一的规定。按照热化学,吸热为正,峰应向上,恰与 DTA 规定的方向相反。对于热流型 DSC,其曲线的表示法与 DTA 曲线相同。功率补偿型 DSC 仪的加热方式有外热式和内热式,而热流型 DSC 仪的加热方式只有外热式。

热分析过程中,当试样发生吸热或放热时,通过对试样或参比物的热量补偿作用,维持试样或参比物的温度相等($\Delta T = 0$)。补偿的能量相当于试样吸收或放出的能量(大小)。

用 DSC 测量时,试样质量一般不超过 10mg。试样微量化后降低了试样内的温度梯度,样品支持器也做到了小型化,且装置的热容量也随之而减小,这对热量传递和仪器分辨率的提高都是有益的,仪器的定量性能也随之大大改善。现在,DSC 已是应用最广的三大热分析技术(TG、DTA 和 DSC)之一。在 DSC 中,功率补偿型 DSC 仪比热流型 DSC 仪应用得更多些。

(2) 差示扫描量热法的影响因素

由于 DSC 和 DTA 都是以测量试样焓变为基础的,而且两者在仪器原理和结构上又有许多相同或相似之处,因此,影响 DTA 的各种因素同样会以相同的或相近规律对 DSC 产生影响。但是,由于 DSC 试样用量少,因而试样内的温度梯度较小且气体的扩散阻力下降,对于功率补偿型 DSC,还有热阻影响小的特点,因而某些因素对 DSC 的影响程度与对 DTA 的影响程度不同。影响 DSC 的主要是样品因素(试样用量、试样粒度等)和实验条件(升温速率、气氛)。

(3) 差示扫描量热法的应用

差示扫描量热法能定量地量热、工作灵敏度高且工作温度可以很低,因此该方法应用范围很宽,特别适用于高分子、液晶、食品工业、医药和生物等领域的研究工作。DSC 不仅可以测定温度-组成相图,还可以测定热焓-组成相图,这对进一步确定混合体系相态结构很有帮助。可利用 Vant Hoff 方程进行纯度测定。DSC 在高聚物中的应用日趋广泛，其中包括结晶度的测定、成分检测、氧化诱导期的测定、取向度的估算、玻璃化转变的研究、结晶速度的分析、固化反应的动力学研究等。

六、紫外—可见吸收光谱分析

紫外—可见吸收光谱法是基于分子内电子跃迁产生的吸收光谱进行分析测定的一种仪器分析方法，其波长范围为 200～800nm。紫外—可见吸收光谱广泛应用于有机和无机化合物的定量分析中，具有灵敏度高、准确度好、选择性优、操作简便、分析速度好等特点(祁景玉，2006)。该方法在化合物定性分析方面也有一定应用。

1. 紫外—可见吸收光谱分析简介

分子的紫外—可见吸收光谱法是基于分子内电子跃迁产生的吸收光谱进行分析的一种常用的光谱分析法。分子在紫外—可见区的吸收与其电子结构紧密相关。紫外光谱的研究对象大多是具有共轭双键结构的分子。如，胆甾酮(a)与异亚丙基丙酮(b)分子结构差异很大，但两者具有相似的紫外吸收峰，两分子中相同的 $O=C-C=C$ 共轭结构是产生紫外吸收的关键基团。

紫外—可见光区一般用波长(nm)表示。其研究对象大多在 200～380nm 的近紫外光区和/或 380～780nm 的可见光区有吸收。紫外—可见吸收测定的灵敏度取决于产生光吸收分子的摩尔吸光系数。该法仪器设备简单，应用十分广泛。

2. 紫外—可见吸收光谱分析基本原理

紫外—可见吸收光谱的基本原理是利用在光的照射下待测样品内部的电子跃迁，电子跃迁类型有：

$\sigma \rightarrow \sigma*$ 跃迁：指处于成键轨道上的 σ 电子吸收光子后被激发跃迁到 $\sigma*$ 反键轨道；

$n \rightarrow \sigma*$ 跃迁：指分子中处于非键轨道上的 n 电子吸收能量后向 $\sigma*$ 反键轨道的跃迁；

$\pi \rightarrow \pi*$ 跃迁：指不饱和键中的 π 电子吸收光波能量后跃迁到 $\pi*$ 反键轨道；

$n \rightarrow \pi*$ 跃迁：指分子中处于非键轨道上的 n 电子吸收能量后向 $\pi*$ 反键轨道的跃迁。

电子跃迁类型不同，实际跃迁需要的能量不同：

$\sigma \rightarrow \sigma*$ ～150nm；

$n \rightarrow \sigma*$ ～200nm；

$\pi \rightarrow \pi*$ ～200nm；

$n \rightarrow \pi*$ ～300nm。

吸收能量的次序为：$\sigma \rightarrow \sigma* > n \rightarrow \sigma* \geqslant \pi \rightarrow \pi* > n \rightarrow \pi*$。

特殊的结构就会有特殊的电子跃迁，对应着不同的能量(波长)，反映在紫外—可见吸收光谱图上就有一定位置一定强度的吸收峰，根据吸收峰的位置和强度就可以推知待测样品的结构信息。

3. 紫外—可见吸收光谱分析特点

紫外—可见吸收光谱所对应的电磁波长较短,能量大,它反映了分子中价电子能级跃迁情况。主要应用于共轭体系(共轭烯烃和不饱和羰基化合物)及芳香族化合物的分析。

由于电子能级改变的同时,往往伴随有振动能级的跃迁,所以电子光谱图比较简单,但峰形较宽。一般来说,利用紫外吸收光谱进行定性分析信号较少。

紫外—可见吸收光谱常用于共轭体系的定量分析,灵敏度高,检出限低。

4. 紫外—可见吸收光谱分析仪器组成

紫外—可见吸收光谱仪由光源、单色器、吸收池、检测器以及数据处理及记录(计算机)等部分组成。

普通紫外可见光谱仪,主要由光源、单色器、样品池(吸光池)、检测器、记录装置组成。为得到全波长范围(200~800nm)的光,使用分立的双光源,其中氘灯的波长为185~395nm,钨灯的为350~800nm。绝大多数仪器都通过一个动镜实现光源之间的平滑切换,可以平滑地在全光谱范围扫描。光源发出的光通过光孔调制成光束,然后进入单色器;单色器由色散棱镜或衍射光栅组成,光束从单色器的色散原件发出后成为多组不同波长的单色光,通过光栅的转动分别将不同波长的单色光经狭缝送入样品池,然后进入检测器(检测器通常为光电管或光电倍增管),最后由电子放大电路放大,从微安表或数字电压表读取吸光度,或驱动记录设备,得到光谱图。

紫外—可见光谱仪设计一般都尽量避免在光路中使用透镜,主要使用反射镜,以防止由仪器带来的吸收误差。当光路中不能避免使用透明元件时,应选择对紫外、可见光均透明的材料(如样品池和参考池均选用石英玻璃)。

仪器的发展主要集中在光电倍增管、检测器和光栅的改进上,提高仪器的分辨率、准确性和扫描速度,最大限度地降低杂散光干扰。目前,大多数仪器都配置微机操作,软件界面更贴近我们所要完成的分析工作。

5. 紫外—可见吸收光谱分析应用

紫外—可见吸收光谱分析应用非常广泛,主要包括:①定性分析:推断官能团、推断构型;②化学平衡研究:一元酸(或碱)离解常数的测定、多元酸(或碱)离解常数的测定。③定量分析:单组分定量分析、多组分定量分析。④吸收光谱法的反应动力学研究。⑤相对分子质量的测定。

第十一章　煤层气勘探和开发技术

第一节　煤层气勘查技术

一、勘探阶段地质评价

在区域地质评价提供的远景区块布置探井,通过钻井测试作业得出更为可靠的储层参数,根据这些参数对探区进行勘探阶段的地质评价。进一步认识探区内煤层气的开发潜力,优选出最佳区块。勘探阶段通常要完成以下任务:

取全目的层煤心:对煤心进行含气量、吸附等温线、镜质组反射率、工业分析、元素分析、孔隙度、渗透率、孔隙体积压缩率等测试。

测井:至少应进行密度、伽马、电阻率、微电极、自然电位等测井,由此可精确识别煤层及其厚度、深度、密度、孔隙度、灰分含量等。

试井:由此可获取试井渗透率和原地应力等参数。

通过以上获得的参数可对煤层气的开发潜力做出较为可靠的评价,同时还可运用储层模拟软件对主要参数进行敏感性分析,确定影响煤层气产量的主控因素,指导下一步的勘探开发。

二、煤层气钻井

我国的煤层气地面勘探开发经过十余年的实践,已取得了重大突破。其中具代表性的实现小规模商业性煤层气地面开发的项目如下:

1）山西沁水枣园井组煤层气开发试验项目。2003 年 4 月枣园井组开始向外供气。该井组共有生产试验井 15 口,建有日压缩能力 $3.6 \times 10^4 \mathrm{m}^3$ 的小型 CNG 压缩站和日发电 400kW 的小型煤层气发电站,实现了小规模煤层气商业化开发、集输、储运和利用。

2）辽宁阜新刘家井组煤层气开发项目。阜新项目 1999～2001 年在阜新刘家井田钻井 8 口,形成小型井网,单井平均产气量为 $3000 \mathrm{m}^3/\mathrm{d}$ 以上。

3）山西晋城潘庄煤层气地面开发项目。1992 年,在山西沁水潘庄地区施工了 7 口煤层气生产试验井,排采效果较好。2004～2005 年期间在潘庄井田施工了 150 口煤层气井,压裂排采 70 口井,日产煤层气约 $10 \times 10^4 \mathrm{m}^3$。该项目已建成完备的集输管网、集气站和压缩站。

4）山西沁南煤层气开发利用高技术产业化示范工程——潘河先导性试验项目（简称潘河项目）。该项目是国家发改委批准立项的国家煤层气开发利用高技术产业化示范工程。计划施工 900 口煤层气井，分三期完成。第一期施工 150 口煤层气生产试验井，2006年完成，建成一个年产煤层气约 $1\times10^8\,\mathrm{m}^3$ 的煤层气生产示范基地；第二期计划施工 400口煤层气生产井，产能达 $4\times10^8\,\mathrm{m}^3/\mathrm{a}$；第三期计划施工 350 口煤层气生产井，产能达 $7\times10^8\,\mathrm{m}^3/\mathrm{a}$。到 2005 年底，已完成 100 口井的钻井、40 口井的压裂和地面工程建设，已于2005 年 11 月 1 日正式开始对外供压缩煤层气，日产气约 $7\times10^4\,\mathrm{m}^3$。

5）山西省沁水县端氏煤层气开发示范工程。该项目是中联煤层气有限责任公司承担的全国油气资源战略选区与评价项目中的一个重点项目。该项目的目的是通过在端氏地区用多分支水平井钻井工艺开采煤层气，评价其煤层气生产潜力，并形成以多分支井钻井技术开采煤层气的一整套开采工艺技术。继 2005 年中联公司在山西省端氏区块 3 煤成功地实施一口多分支水平井后，2006 年又在该区 15 煤成功地实施了另一口多分支水平井，经过排采试验，目前单井日产量已达 $7000\,\mathrm{m}^3$ 以上，预测日单井产能将达到 $4\times10^4\,\mathrm{m}^3$ 以上。该项目的成功将对我国高效开发煤层气资源，特别是针对高瓦斯矿区在采煤之前快速抽采利用煤层气资源，遏制煤矿重大瓦斯事故方面具有十分重要的意义。

（一）确定井类

煤层气开发活动中使用了三种类型的钻井方式，即采空区钻井、水平钻井和垂直钻井（图 11.1）。

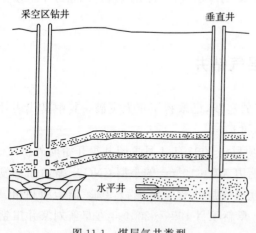

图 11.1　煤层气井类型

采空区钻井是从采空区上方由地面钻入煤层采空区。采空区顶板因巷道支架前移而塌落，产生的裂缝使气体从井中排出。如果采空区附近还有煤层并和采空区相连通，则气体产出量增大。从采空区采出的气体因混有空气往往使热值降低。水平钻井有两种类型，一种是从煤矿巷道打的水平排气井，主要和煤矿瓦斯抽放有关。另一种是从地面先打直井再造斜，沿煤层水平钻进（排泄孔），其目的是替代垂直井的水力压裂强化（图 11.2）。

如果煤层出现渗透率各向异性，打定向排泄孔可以获得较高产量，该方法适于煤厚大于 1.5m 的厚煤层，但成本较高。垂直井是目前用于煤层气开采的主要钻井类型，它直接从地面钻入未开采的煤储层。依据钻井目的不同可将其分为四种类型，即取心资料井、测试试验井、生产井和观测井。在新勘探区，为建立地质剖面、掌握煤层及围岩的地质资料、估算资源量，就必须布置取心井，采取岩心和煤心样进行化验分析，特别是煤层顶底板附近的岩心，应了解其力学性质及封闭性能,同时采集煤心样进行含气量、渗透率测定以及常规工业分析、煤岩分析等。煤心样对于了解煤层深度、厚度、吸附气体含量、吸附等温线的测定以及解吸时间的确定等至关重要。为了满足煤心含气量测试的要求,常常采用绳索半合式取心装置,以缩短取心和装罐时间,减少气体散失。

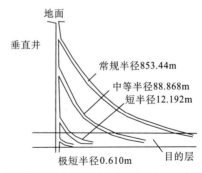

类型	半径/m	造斜	弯曲长度/m
极短	0.610		0.9144
短	12.192	1.5°/1.3408m	19.2024
中等	88.868	20°/304.8m	137.16
常规	853.44	2°/304.8m	1341.12

图 11.2　排泄孔钻井工艺

对于选定的试验区,要进一步了解围岩的地应力和煤层的渗透性,掌握煤层的延伸压力(岩石扩张裂隙的最小应力)、闭合压力(岩石的最小水平应力)和小型压裂压力,选择压裂方向,进行压裂设计,就需要有试验井。由于地应力测试是在裸眼井条件下进行,所以试验井的钻井,必须保证井壁的稳定性,防止煤层有较大的扩径。为此,应采用平衡钻井工艺。

为开采煤层气,就必须打生产井。生产井的主要问题是稳定产层,减少储层污染伤害。因此,在生产井钻进时,应严格操作标准,采用平衡-欠平衡钻井工艺,使用低 pH(pH 5.5～7.5)的非活性泥浆,或采用雾化空气钻进、地层水钻进,尽量减少对煤的基质和矿物成分的影响,确保煤层割理(或裂隙)系统的清洁、畅通。

在生产开发区,为获取储层参数、掌握煤层气井的生产动态,还需要设置观测井,这类井常采用平衡钻井工艺和稳定的裸眼完井技术。

煤层气井的井孔设计应尽可能相互兼顾,做到一井多用,以降低费用。

（二）钻　井　设　计

在尽可能多地获得地层和储层参数并加以分析后,就可以进行钻井的设计工作。钻井设计很大程度上决定了所用钻井、完井、生产工艺类型以及所需的设备。

钻井设计应包括钻井地质设计、钻井工程设计、钻井施工进度设计和钻井成本预算设计四个部分。设计的基本原则是:

1) 钻井地质设计要明确提出设计依据、钻探目的、设计井深、目的层、完钻层位及原则、完井方法、取资料要求、井深质量、产层套管尺寸及强度要求、阻流环位置及固井水泥上返高度等。

2) 钻井地质设计要为钻井工程设计提供邻区、邻井资料,设计地层水、气及岩石物性,设计地层剖面、地层倾角及故障提示等资料。

3) 钻井工程设计必须以钻井地质设计为依据。钻井工程设计应有利于取全、取准各项地质工程资料;保护煤层,降低对煤层的伤害;保证井身质量符合钻井地质设计要求;为后期作业提供良好的井筒条件。

4）钻井工程设计应根据钻井地质设计的钻井深度和施工中的最大负荷，合理选择钻机，所选钻机不得超过其最大负荷能力的80%。

5）钻井工程设计要根据钻井地质设计提供的邻井、邻区试气压力资料，设计钻井液密度、水泥浆密度和套管程序。

6）钻井工程设计必须提出安全措施和环境保护要求。

钻井设计的主要内容包括井径、套管选择以及井身结构。

（三）钻 探 技 术

由于煤层气储层特性的特殊性，使得煤层气井的钻进过程必须突出两个目标：防止地层伤害；保障井孔安全。需要注意的问题应包括：地层伤害；高渗透层段的钻井液漏失；高压气、水引起的井喷以及井筒稳定性。

1. 煤层气井的钻进方式

煤层气井的钻进方式一般有两种：普通回转钻进和冲击回转钻进（图 11.3）。

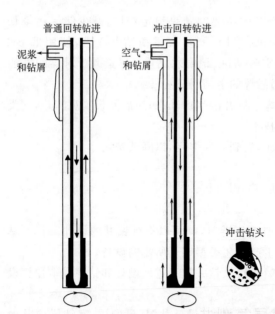

图 11.3　煤层气井钻进方式示意图
（据苏现波等，2001）

钻进方式的选择，主要取决于煤层的最大埋深地层组合、地层压力和井壁稳定性。对于松软的冲积层和软岩层，可采用刮刀钻头；中硬和硬岩层更适于用牙轮钻头。

一般来说，浅煤层钻井，地层压力一般较低（小于或等于正常压力），宜选用冲击回转钻进，用清水、空气或雾化空气作循环介质。这一方法钻进效率高，使用非泥浆体系的欠平衡钻进工艺也减少了泥浆滤液对储层的伤害。当钻遇裂隙发育并产生大量水的地层冲击钻头时，以空气和流体混合交替方式钻进往往是最经济、有效的方法，并且对井孔的损害最小。深煤层钻井，由于地层压力一般较高（大于正常压力），井壁稳定性较差。因此，使用水基泥浆体系的普通回转钻进工艺，以实现平衡压力的目的。当使用泥浆钻进时，应特别注意尽量降低对煤层井段的地层伤害，因为煤中裂隙一般都很发育，即使采用平衡钻进，也会引起少量滤液进入煤层。

在某些超压区进行钻进时，为确保井壁稳定性和钻井安全问题，常常使用微超平衡水基钻液。

2. 煤层气井的钻井参数

在煤层段钻井,应采用"三低钻井参数",即低钻压、低转速、低排量。根据所钻煤层的特殊情况,一般选取钻压为 $30\sim50kN$,转速为 $50\sim70r/min$,泵排量为 $15\sim20L/s$。

在非煤层段钻井时,可根据实际情况增大钻压、转速和泵排量,快速钻进,提高机械转速,缩短钻井时间。钻井参数可参照常规油气井确定的参数进行钻进。

3. 取心

煤层气井的取心作业,往往是获得详细的地层描述和储层特性的最直接、最可靠方法。煤层气储层评价中,许多重要的储层参数都来源于取心样品的分析、测定。如煤中割理、煤质、含气量、吸附等温线、解吸时间、孔隙度等。因此,取准、取全第一手资料是煤层气储层评价的关键。具体地说,煤层气井的取心目的是为下述作业服务的:

测定煤层气含量:含气量是评价煤层气可采性的一个重要指标,也是煤层气储量计算和预测产量与开采期限的重要参数;

测定煤的吸附等温线:吸附等温线用于确定煤层气的临界解吸压力、解吸时间及可采储量;

割理、裂隙描述及方向测定:包括割理或裂隙的频数、方向、长度、宽度和矿化程度。这些数据是预测储层条件下流体扩散、渗透趋向等所必需的,其中割理或裂隙的方向,是设计布井方向和射孔或割缝方向的重要依据;

进行煤的工业分析(煤岩、煤质、煤级、孔隙度)等。

为达到取心目的,煤层气井取心必须满足以下要求:

高的煤心采取率:提供足够数量的煤心,满足各种测试要求和保证测试精度。

短的气体散失时间:减少取心时间和出筒装罐时间,提高含气量测定的准确性。取心时间与取心方法和井深有关,取心后装罐时间一般应小于 15 分钟。

较大的煤心直径:通常以 $7.6\sim10.2cm$ 较为适宜,以提高生产层评价质量。

保持完好的原始结构:进行割理、裂隙描述与方向测定,反映储层真实面目。

降低煤心污染程度,提高数据质量。

三、煤层气测井

(一)煤层气地层评价的测井资料

测井是指井中的一种特殊测量,这种测量作为井深的函数被记录下来。它常常指作为井深函数的一种或多种物理特性的测量,然后从这些物理特性中推断出岩石特性,从而获得井下地质信息。但是,测井结果也并非仅限于岩石特性的测量,其他类型的测井实例尚有泥浆、水泥固结质量、套管侵蚀等等。

测井一般可分为借助电缆传输进入井内仪器获得信息的电缆测井和无电缆的测井，如泥浆测井（钻井泥浆特性）、钻井时间测井（钻头钻进速率）等等，本章重点介绍电缆测井。在煤层气工业中，要评价煤层的产气潜力，首先应了解煤的储层特性和力学特性，这些特性的获得主要有三种途径：钻取煤心作室内测试；利用测井进行数据分析；进行试井等。评价煤层特性的资料来源见表 11.1 和表 11.2。

表 11.1　评价储层特性的主要非测井资料来源

储层特征	资料来源	储层特征	资料来源
煤层厚度	取心试验	初始含水饱和度	试井
渗透率	试井	孔隙度	取心试验，用模拟程序历史匹配取心试验
吸附气体含量	取心试验	灰分含量	取心试验
解吸等温线	取心试验	初始压力	试井
解吸时间	取心试验		

表 11.2　评价储层特性的测井资料来源

储层特征	裸眼井测井	下套管井测井
煤层识别	密度测井　伽马射线测井	中子（脉冲或补偿）测井
纯煤厚度	高分辨率密度测井	中子（脉冲或补偿）测井
工业分析	高分辨率密度测井补偿中子测井　能谱密度测井　声波测井	无
渗透率（定性评价）	双侧向测井　微电极测井　电阻率测井　自然电位测井	无
割理方向	地层显微扫描器	无
力学特性	体积密度测井　全波形声波测井	无

煤心、测井和试井数据的综合运用，可以增加数据可靠性，提高资源评价精度。煤层厚度、煤质（工业分析）、吸附等温线、含气量和渗透率，对以储层模拟为基础的产量预测有重大影响。取自煤心的分析通常用来确定吸附等温线、含气量和煤质；测井数据用来确定煤层厚度；确定煤层渗透率的最可靠的方法则是通过试井作业的试验数据分析。这些方法通常被看作是确定储层特性的基础或"依据准则"。但是，由于某些煤心和试井带来的误差，煤心测试程序缺乏标准化，特别是取心和试井费用昂贵，人们希望能有一种确定每个储层特性的替代方法。通过这种替代方法获得测定关键储层的特性，并校正那些不一致的或错误的试验数据。目前，测井作业被认为是最具前途的一种手段。一旦用煤心数据标定了测井记录数据，技术人员就可以单独利用测井记录数据精确估计补充井的储层特性（表 11.3）。据 Olszewski 等对 40 口井开发项目地层评价费用的估算，使用标定的测井方法可以比现行的地层评价方法降低约 16% 的费用。因此，测井在煤层气工业中正发挥着越来越重要的作用。

表 11.3　用于煤层气地层评价的测井资料

测 井 类 型	目　　　的	重要性
岩　岩性测井		
泥浆测井[3]	对比、岩性	第二位
光电系数[2]	岩性、灰分和气体含量	第二位
自然电位[1]	岩性、对比	第三位
伽马射线[2]	岩性、对比	第二位
自然伽马光谱[2]	岩性、黏土铸模	第三位
地球化学、碳/氧测井[1]	岩性、黏土铸模	第三位
孔　孔隙率测井		
中子[2]	岩性、对比	第二位
高分辨率密度测井[2]	灰分、含气量、孔隙率	第一位
标准声波测井[1]	孔隙率	第三位
电　电阻率测井		
双(相矢量)感应[2]	砂层烃饱和度	第三位
双侧向测井[1]	砂层烃饱和度	第三位
球面聚焦[2]	砂层烃饱和度	第三位
微球形聚焦[1]	砂层烃饱和度	第三位
微电极测井[2]	渗透率	第一位
测斜仪、地层微扫描仪[1]	沉积环境	第三位
电磁传播[1]	砂层烃饱和度	第三位
声波测井		
各种波形长远距[4]	力学性质、渗透率	第二位
钻井电视[1]	裂隙识别	第三位
钻进状况测井井径[2]、电缆张力[2]	钻井几何形态 数据质量检查	第三位
压力绳索地层试验器[1]	压力、渗透性	第二位

　(1)建议只用于煤评价；(2)用于煤和砂层评价；(3)用于取心时；(4)用于进行原地应力评价。

（二）从测井资料获得的储层特性

　　测井资料的价值取决于井孔作业者的目的,而测井信息与其他来源的信息(如煤心、试井)相结合,可使技术人员逐步获得某一矿区所有钻井全部潜在目标煤层的关键储层特性,以达到最佳的产量决策,这比单独考虑测井、煤心或试井获得的储层特性更为可靠。再者,利用经过选择的煤心和试井数据来标定测井数据,可以建立起矿区特有的测井曲线解释模型。然后再利用测井曲线模型获取以测井记录为基础的储层特性。这一方法显得尤为重要,因为我们可以根据每个钻井的测井记录和少数选定的"标准"井的煤心和试井数据,得出关键储层特性的综合估计。可以看出,随着开发深度的增加,测井记录和其他数据来源之间的关系更多地依赖于测井资料。

1. 含气量

含气量是指煤中实际储存的气体含量,通常以 m^3/t 来表示,它与实验室测得的吸附等温线确定的含气量不同,煤的实际含气量通常包括三个分离的部分:逸散气、解吸气和残余气。目前,实际含气量往往通过现场容器解吸试验测得,精确确定含气量需要采用保压岩心。

间接计算含气量可使用 Kim 方程的修正形式,这种方法是由 Kim 提出的计算烟煤含气量的经验方法,即

$$G_{daf} = 0.75(1 - \alpha - \omega_c)\left[K_o(0.95d)^n - 0.14\left(\frac{1.8d}{100} + 11\right)\right] \tag{11.1}$$

$$K_o = 0.8\frac{X_{fc}}{X_{vm}} + 5.6 \tag{11.2}$$

$$n = 0.315 - 0.01\frac{X_{fc}}{X_{vm}} \tag{11.3}$$

式中,G_{daf} 为干燥无灰基气体储集能力,cm^3/g;α 为灰分,质量分数;ω_c 为水分,%;d 为样品深度,m;X_{fc} 为固定碳,%;X_{vm} 为挥发分,%。

另一种间接计算含气量的方法是体积密度测井校正法,该方法是根据由岩心实测含气量和灰分的关系进行计算的,因为气体只吸附于煤体上,所以岩心中气体含量和灰分存在反比关系。从数学角度看,岩心灰分含量与高分辨体积密度测井数据有关,因为灰分含量严重影响煤储层的密度。因此,若有了代表性原地含气量收集数据,就可由体积密度测井数据计算含气量。

由于煤心灰分与含气量有关,亦与密度测井数据有关,因此有可能根据高分辨整体密度测井资料精确估算含气量(图 11.4),并推断灰分含量为多少时预测的含气量可忽略不计。

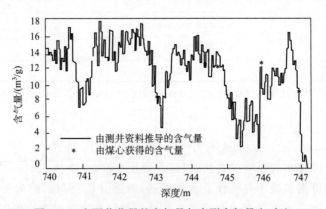

图 11.4　由测井获得的含气量与实测含气量之对比

用测井数据合理估计煤中含气量需要满足以下三个条件:由测井数据导出的等温线是正确的(包括水分、灰分和温度校正);煤孔隙气体饱和;温度和压力可以准确估计。

2. 吸附等温线

如前所述,煤中气体主要储存于煤基质的微孔隙中,这与常规油气储层中观察到的孔隙

截然不同。煤中孔隙更小，要使气体产出，气体必须从基质中扩散出来，进入割理到达井筒。气体从孔隙中迁出的过程称之为解吸，按照气体解吸特性描述的煤的响应性曲线称之为吸附等温线。目前，吸附等温线是根据单位重量的煤样在储层温度下，储层压力变化与吸附或解吸气体体积关系的实验数据而绘制的曲线，压力逐渐增加的程序称为吸附等温线，压力逐渐降低的程序称为解吸等温线，在没有实验误差的条件下，这两种等温线是相同的。

等温线用于储层模拟的输入量，采用两个常数组，即 Langmuir 体积和压力。由于缺乏工业标准，许多已有的等温线数据出现不一致现象，而且在许多情况下不适合用于储层模拟。不同水分和温度条件会导致煤心测定的等温线有大的波动，煤层吸附气体的能力随水分含量的增加而降低，直至达到临界水分含量为止；温度对煤吸附气体能力的影响在许多文 献中已有报道，温度增加会降低煤对气体的吸附能力。因此，强调用煤心测定等温线时，必须将温度严格限定于储层温度下，避免因温度波动引起的数据误差。温度和水分的综合影响，连同其他煤心取样或测试的不一致，往往产生与图 11.5 所示相似的数据组。

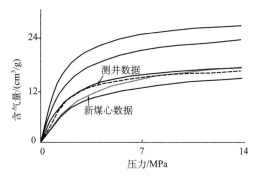

图 11.5　圣胡安盆地某矿区水果地组
煤的吸附等温线

测井数据能帮助解释用煤心确定的吸附等温线精度。现在已导出了用测井数据估计干燥基煤的吸附等温线的一般关系式，它采用 Langmuir 方程，在该方程中由固定碳与挥发分的比率导出 Langmuir 常数，并按温度和水分加以校正。图 11.5 提供了由测井数据确定的等温线实例，它与新采集的煤心数据在标准程序下测定的等温线相一致。

实践证明，以测井数据为基础的煤的等温线估计，对确认煤心等温线测试结果和解决因取样或实验不一致而造成的煤心等温线数据中的误差极为有用。但是，由于研究程度有限，加上水分和温度估计中的误差，对以测井数据为基准的等温线计算有很大影响，所以，目前尚不能确信测井数据能够独立应用于等温线确定，确认这项技术的准确性，还需要有更多的数据组做进一步研究。

3. 渗透率

试井是确定渗透率的最准确方法，但试井费用很高（一次约 7000～15000 美元），若为多煤层则其成本更高。这一方法在处理多煤层、两相流和气体解吸时还易受推断的影响。现已证明，自然电位、微电阻率和电阻率曲线的测井数据可用于估算煤层渗透率。

一种用测井数据确定裂隙渗透率变化的方法是由 Sibbit 等提出的，它更适用于常规储层裂隙。煤层渗透率取决于煤的裂隙系统，它占煤体孔隙度的绝大部分。裂隙孔隙度是裂隙频率、裂隙分布和孔径大小的组合。因此，裂隙孔隙度直接与煤的绝对渗透率有关，它是渗透率量级的决定性因素，也是控制煤层气产率、采收率、生产年限以及设计煤层气采收计划的主要因素。双侧向测井（DLL）对裂隙系统的响应，为渗透率的确定提供了依据。

Sibbit 等提出的技术是用来确定裂隙宽度的，它假定纵向裂隙和岩层电阻率比泥浆

电阻率大得多，并可用下式表示

$$\Delta c = 4 \times 10^{-4} \varepsilon c_m \tag{11.4}$$

式中，Δc 为浅侧向测井与深侧向测井的电导率差值（$\Delta c = \text{CLIS} - \text{CLLD}$），mS/m；$c_m$ 为侵入流体（泥浆）的电导率，S/m；ε 为开启裂隙宽度，μm。

　　模拟显示了 Δc 对于裂隙宽度为 ε 的单一裂隙与裂隙宽度为 ε 的多重裂隙组合是相同的。因此，式中 ε 也可用于表示多重裂隙的组合宽度。

　　模拟还揭示出这样一种现象，即它能应用于几乎垂直的裂隙（750～900μm），而这种裂隙在钻穿煤层的井孔中常见。Hoyer 将 Sibbit 的 DLL 模拟数据应用于煤层裂隙评价，并用交绘图技术证实了用 DLL 确定煤层裂隙孔隙度指数的可行性，得出如下方程：

$$\text{CLLD} = \text{VFRAC} \cdot c_m \times 6.3 \times 10^{-4} + 0.48 + c_b \tag{11.5}$$

式中，CLLD 为深侧向测井电导率，mS/m；VFRAC 为裂隙宽度，μm；c_m 为泥浆电导率，S/m；c_b 为基质块电导率，mS/m。

　　该方法排除了在裂隙未扩展、无严重侵入或电阻性泥浆侵入情况下的判读误差，图11.6 为这一技术的具体应用实例。

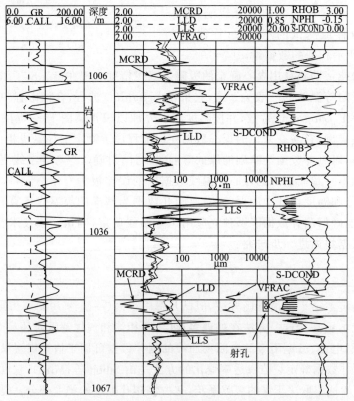

图 11.6　由测井显示的低、中、高裂隙孔隙度（据苏现波等，2001）

GR. 自然伽马；CALL. 井径；MCRD. 微电阻；LLD. 深侧向测井；LLS. 浅侧向测井；

VFRAC. 裂隙宽度；RHOB. 体积密度；NPHI. 中子孔隙度；SDCOND.

浅侧向测井与深侧向测井电导率之差

受人关注的微电阻率装置(MGRD、MLL、MSFL 或 PROX,取决于电极排列)常使用 DLL 来记录,并用于映射煤层的裂隙孔隙度。微电阻率装置具有极好的薄层解译能力,与 VFRAC 亦存在线性关系(图 11.7),但应注意,微电阻率装置可能受井孔粗糙度影响。

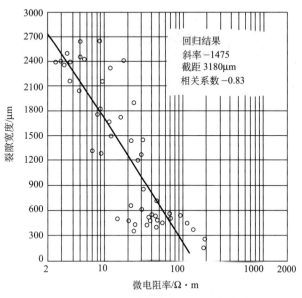

图 11.7　井中裂隙宽度与微电阻率关系

确定煤层渗透率变化的另一种方法是依靠微电极测井,微电极测井历来用于识别常规储层中的渗透性岩层。微电极测井仪是一种要求与井壁接触的极板式电阻率仪,微电极仪记录微电位电阻率(探测深度 10.2cm)和微梯度电阻率(探测深度 3.8cm),微电极测井的多种探测深度使这种设备可用于渗透率指示仪。随钻井泥浆侵入渗透性岩层,在入口前方形成泥饼,泥饼对浅探测微梯度电阻率影响比深探测微电位电阻率影响要大,这种泥饼效应引起两种电阻率测值的差异,进而表明渗透性岩层的存在。尽管微电极测井也常常作为煤层渗透率指标,但由于在不同钻井中泥浆特性有变化和泥浆侵入程度有变化,所以微电极测井的定量解释是困难的,目前煤中裂隙定量评价的唯一方法仍是使用 DLL 测井技术来实现。

(三) 测井资料的计算机模拟

某些煤特性必须用测井资料通过计算机模拟得出,因为不同测井设备对煤的响应程度不同,且随煤特性不同有所变化。因此,很难利用各类测井仪器响应同时界定或识别某些煤特性。有了计算机这一技术,特殊煤特性可由测井响应加以推断而无需测定。例如,当某种测井记录出现特定数据组时,可能显示灰分存在。类似的测井技术(不同测井系列)还可用于确定煤阶,识别常见矿物,如方解石,它常常沉积于煤的割理之中,是一种重要矿物,可作为割理的指示矿物之一。含气量、煤阶、灰分含量、矿化带等和测井响应之间的关系,可通过计算机模拟来实现。计算机模拟的第一阶段是利用测井响应推断煤岩组分、矿物、灰分和工业分析(图 11.8)。目前,已建立的计算机模型中采用的煤岩组分是镜质组、类脂组和惰性组。尔后,将这些参数与附加的测井响应一起用于模拟的第二阶段,

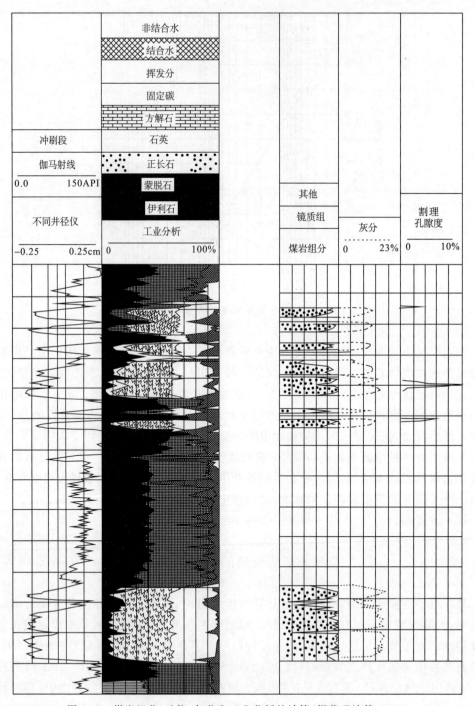

图 11.8　煤岩组分、矿物、灰分和工业分析的计算(据苏现波等,2001)

进行含气量和割理指数推断(图11.9)。含气量与灰分含量关系密切,且与煤阶有关,割理的存在可通过识别方解石、煤阶、某种煤岩组分、灰分含量进行推断。近期证据表明,薄煤层或灰分层增加了割理存在的可能性,因此必要时可使用计算机增强的高分辨处理。

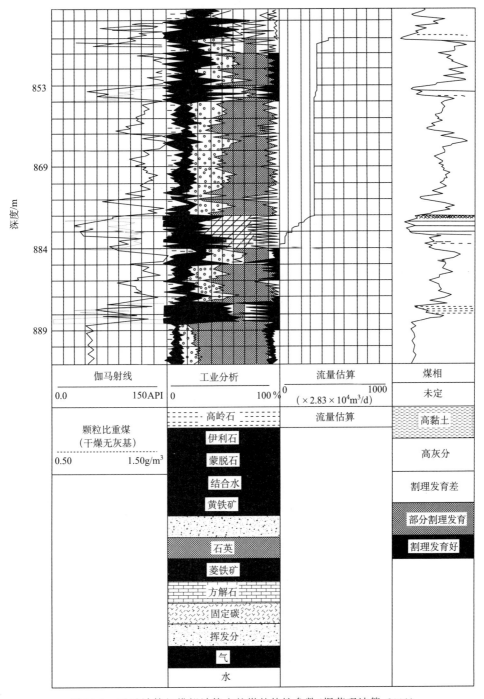

图11.9 通过计算机模拟计算出的煤的特性参数(据苏现波等,2001)

计算机模拟的第三阶段是融合含气量、割理指数推断产量指数(图 11.8)。尽管预测每个煤层的绝对产率非常困难,但在同一井内预测每一煤层与其他煤层相比时的相对产量指数,对完井决策很有价值。具有最大潜力的煤层是完井的首选对象,而其余煤层可作为第二阶段的生产计划。

另外,计算机模拟还能提供一种称之为"自由水"的曲线,这种曲线对预测初始水产率十分有用。为推迟水产量,可让相对无水的煤层首先生产。

计算机模拟的优点是,可以观察到某种煤特性(一定区域内)与某种测井响应之间有良好的相关性,这为在减少所需测井设备数量的同时、能最大限度地获得有价值的煤层信息奠定了基础。更为先进的测井程序,可仅用于那些与质量控制有关的关键井孔。

第二节　煤层气开发技术

一、初期开发试验阶段地质评价

与常规油气不同,经过上述两个阶段的评价,还不可能充分认识煤层气的开发潜力,必须进行正式开发前的小规模试验性开发,即初期开发试验。该阶段是在最有利区块内部进行小井网试验性开发作业。因此初期开发试验阶段的主要任务为:

通过长期连续的排采作业,建立气水产量与压力和时间关系剖面;形成井间干扰,了解储层的渗透性以及渗透率的各向异性;由储层模拟技术进行井距、完井方式的优化分析;开展经济分析。

随开发井的完成以及试生产,更多的更全面的评价参数使我们对储层以及储层内流体的认识越来越深入。因此,初期开发试验阶段的地质评价已不再是区域评价阶段的有利区块选择和勘探阶段的储层精细描述,而是产能的预测。主要评价参数是煤层气井经过强化处理后获得的产出速率。产出速率的评价标准因受煤层气市场价格、工艺水平和生产成本的限制,不同国家、不同地区不尽相同。我国 GBN270-88(天然气工业标准)规定:产层埋深小于 500m 时产气量下限为 500m³/d;产层埋深 500~1000m 时,产气量下限为 1000m³/d。根据国外标准,结合煤层气的生产成本,将煤层气产出速率的下限初步确定为:埋深在 500m 以浅,产气速率为 1000m³/(井·d);埋深在 500~1000m,产气速率为 2000m³/(井·d)。

其次是产能预测。根据实际生产数据和储层模拟软件的模拟,预测未来气水产量和压力分布,对整个气田进行综合评价。

二、完井与试井

1. 完井

（1）完井目的

煤层和砂岩储层的最大区别是气体存储和产出机理不同。对常规砂岩储层,气体存储在孔隙空间,通过孔隙和孔隙喉道流入水力裂缝和井。对煤层储层,大多数气体吸附在煤表面,为了采出这些气体,必须降低储层压力,使气体从煤基质中解吸、扩散进入煤层的割理系统。然后,气体通过煤层割理系统进入水力裂缝和井筒。因此,煤层气井常常需要独特的完井技术和强化措施以便在井筒和储层间建立有效的联络通道,使煤层内部的气体解吸并流向井筒,以获取工业性产气量。煤层气井完井方法的选择、效果的好坏直接影响到煤层气的后期排采。

煤层气井的完井目的有以下几点:

1) 使井筒与煤中裂隙系统相连通。这种连通常用裸眼完井、套管射孔或割缝来实现,且往往要进行强化处理。

2) 为储层强化提供控制。在进行多煤层完井时,必须选择一种能够控制各单煤层强化作业的完井方法。

3) 降低钻井污染,提高产气量。钻井作业产生的钻井污染可导致近井地带气、水流动受到限制,为连通钻井与原始储层,必须消除这种流动限制,通过消除或绕过污染可以克服钻井污染问题。

4) 防止井壁拥塌,封堵出水地层,保障煤层气井的采气作业和长期生产。

5) 降低成本。为确保煤层气井的经济开发,必须严格控制完井成本,使用相对低廉的完井方法。在设计完井工艺时,必须选择那些不会限制多煤层产气量的套管尺寸。

(2) 完井方法

煤层气井的完井方法由常规油气井的完井实践演化而来。尽管地层类型不同,但应用了许多相似的储层工程原理,有些常规技术可以直接利用,而有些技术则需改进,以适应煤储层的独特性能。

煤层气井完井通常应考虑的储层因素包括:

储层强化过程中的高注入压力:这种高注入压力常常由煤层特性所造成,如井筒附近复杂裂缝网络的产生、可能堵塞裂缝段的煤粉的生成、多孔弹性效应、裂缝尖端的滑脱等。

煤粉的生成:煤粉流入井筒可导致井筒和地面设备严重受损或管道堵塞。水力压裂则有助于控制煤粉的产生。

煤层裂隙系统必须与井筒有效连通,以便气体产出。

采气前必须对煤层进行排水降压:许多情况下,煤的裂隙系统饱含大量的水,为使气体解吸并流动,必须排水以降低储层压力。

在最小井底压力下生产,以使气体解吸量最大。

对某一煤组,选择单煤层完井还是多煤层完井。

煤层通常遇到较低的弹性模量。

时常遇到复杂的水力裂缝。

目前,已用于煤层气井的完井方法可归纳为以下三类八种。

三类:裸眼完井,套管完井,套管-裸眼完井。

八种:裸眼,砾充填,筛管,自然造穴,动力造穴,水力切割,层间射孔,喷射开槽(表11.4)。

表 11.4 煤层气井的完井方法

裸 眼 完 井						套管完井		套管-裸眼完井
裸 眼			洞 穴			射孔	割缝	
裸眼	砾充填	筛管	自然造穴	动力造穴	水力切割	层间射孔	喷射开槽	

2. 固井

固井是钻井过程中的重要作业。在钻井作业中一般至少要有两次固井(生产井),多至 4～5 次固井(深探井)。最上面的固井是表层套管固井,它起的是"泥浆通路,油气门户"的作用。在下一次开钻之前,表层套管上要装防喷器预防井喷。防喷器之上要装泥浆导管,是钻井液返回泥浆池的通路。钻井过程中往往要下技术套管固井,它起的是"巩固后方,安全探路"的作用。和公路的隧道、煤矿中的巷道一样,钻井过程中也会遇到井塌、高压和不稳定的地层,同时也是为了在向前"探路"中遇险有个退路,起到"救助"的作用。目前煤层气固井主要有以下几个难题:

1) 目的层破裂压力系数低,水泥浆有可能压裂目的层致使地层漏失,从而导致储层污染,水泥返高不够,无法保证固井质量。

2) 钻井裸眼段极容易发生垮塌,目的层(煤层段)出现"大肚子"或"糖葫芦"井眼。从而导致:①井底的掉块不能用钻井液携带出来;②固井期间容易憋泵,从而导致井眼报废;③"大肚子"段的泥浆在固井顶替过程中不能全部替出井眼,目的层固井质量差。

3) 水泥浆遇到气层容易发生气侵问题,封固质量受影响。

4) 大斜度定向井套管不易居中,形成窄流,影响固井质量。

5) 裂缝性地层或长封固裸眼段严重漏失问题。

3. 试井

试井是煤层气储藏工程的主要手段之一,是煤层气井生产潜能和经济可行性评价的重要途径。通过试井可获得以下资料:储层压力、渗透率、井筒污染、井筒储集、孔隙度和压缩系数的积(储存系数)以及压裂井裂缝长度和裂缝导流能力估算等。其中储层压力和渗透率是关键参数,前者影响到煤层气的吸附与解吸,后者影响到煤层气的运移和产出。

试井是以渗流理论为基础的一种技术。根据渗流理论可将储层内流体的渗流区分为三种流态:稳态、准稳态和非稳态。稳态是指储层内任一部位的流体压力不随时间和累计产量的变化而变化;准稳态是指储层内流体压力随时间和流体产量呈线性变化;非稳态是指流体压力随时间和产量呈非线性变化。显然,实际储层不可能出现稳态流,但稳态流奠定了线性渗流定律——达西定律的基础,所有试井分析都建立在这一基础之上。

三、煤层气生产技术

为适应煤储层的特殊性,常规的油气生产工艺必须经过较大改进,才能用于煤层气的开采。本章主要根据美国黑勇士盆地和圣胡安盆地的商业化生产实践,介绍煤层气生产工艺和流程,以期为未来我国煤层气的产业化生产提供借鉴。

（一）煤层气生产的特点

1. 煤层气的地下运移

煤层气主要以吸附状态存在于煤基质的微孔隙中,其产出过程包括:从煤基质孔隙的表面解吸,通过基质和微孔隙扩散到裂隙中,以达西流方式通过裂隙流向井筒运移三个阶段。上述过程发生的前提条件是,煤储层压力必须低于气体的临界解吸压力。在煤层气生产中,该条件是通过排水降压来实现的。因此,在实际的煤层气生产井中,气体是与水共同产出的,煤层流体的运移可分为单相流阶段、非饱和单相流阶段及两相流阶段。

2. 产气量的变化规律

煤层流体的运移规律,决定了煤层气的生产特点。图 11.10 典型的煤层气生产井的气、水产量变化曲线可分出如下三个阶段:

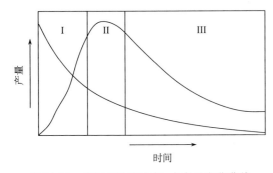

图 11.10　煤层气生产中气、水产量变化曲线

排水降压阶段:排水作业使井筒水柱压力下降,若这一压力低于临界解吸压力后继续排水,气饱和度将逐渐升高、相对渗透率增高、产量开始增加;水相对渗透率相应下降,产量相应降低。在储层条件相同的情况下,这一阶段所需的时间,取决于排水的速度。

稳定生产阶段:继续排水作业,煤层气处于最佳的解吸状态,气产量相对稳定而水产量下降,出现高峰产气期。产气量取决于含气量、储层压力和等温吸附的关系。产气速率受控于储层特性。产气量达到高峰的时间一般随着煤层渗透率的降低和井孔间距的增加而增加。在黑勇士盆地,许多生产井的产气高峰出现在 3 年或更长的时间之后 。

气产量下降阶段:随着煤内表面煤层气吸附量的减少尽管排水作业继续进行,气和水产量都不断下降,直至产出少量的气和微量的水。这一阶段延续的时间较长,可达 10 年以上。

可见,在煤层气生产的全过程都需要进行排水作业,这样不仅降低了储层压力,同时也降低了储层中水饱和度,增加了气体的相对渗透率,从而增加了解吸气体通过煤层裂隙系统向井筒运移的能力,有助于提高产气量。

气体自煤储层中的解吸量与煤储层压力有关。因此,为了最大限度地回收资源,增加煤层气产量,生产系统的设计应能保证在低压下产气。例如,在黑勇士盆地 Deerlick Creek 采区,将井口压力从 520kPa 降至 100kPa,气量可增加 25%,经济效益显著提高。

（二）煤层气生产工艺特点

1. 生产布局

煤层气开发的生产布局与常规油气有较大差异。当煤层气开发选区确定以后，在钻井之前，就应进行地面设施的系统设计与布局。在确定井径、地面设施与井筒的位置关系时，应综合考虑地质条件、储层特征、地形及环境条件等因素。一个煤层气采区包括生产井、气体集输管路、气水分离器、气体压缩器、气体脱水器、流体监测系统、水处理设施、公路、办公及生活设施等（图 11.11 ）。该系统中各部分密切配合，才会使得煤层气生产顺利进行。

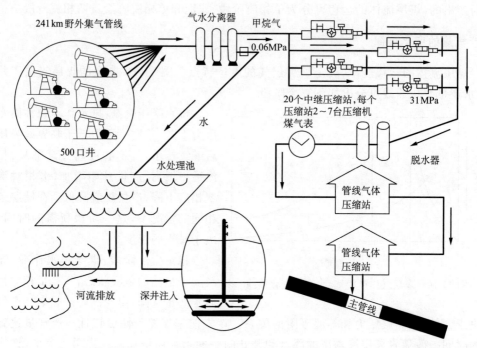

图 11.11　煤层气生产布局（据苏现波等,2001)

2. 井筒结构

煤层气开发的成功始自井底，一般井筒应钻至最低产层之下，以产生一个口袋，使得产出水在排出地面之前，在此口袋内汇集。

煤层气生产井的结构是将油管置于套管之内，这种构型是由常规油气生产井演化而来的。这种设计还可使气、水在井筒中初步分离，从而减少地面气、水分离器的数量，并可降低井筒内流体的上返压力。一般情况下，产出水通过内径为 10mm 或 20mm 的油管泵送至地面，气体则自油管与套管的环形间隙产出。在黑勇士盆地，套管直径通常为 115mm 或 140mm，而圣胡安盆地，通常为 180mm 或 200mm。

除排水产气外,井筒的设计还应尽量降低固体物质(如煤屑、细砂等)的排出量。井底口袋可用于收集固体碎屑,使其进入水泵或地面设备的数量降至最低。在泵的入口处,可安装滤网,减少进入生产系统中的碎屑物质。另外,在操作过程中,缓慢改变井口压力,也有利于套管与油管环形间隙的清洁,降低碎屑物质的迁移。

四、煤层气勘探生产多分支井技术

1. 多分支井技术

多分支井技术是 20 世纪 90 年代中后期在常规水平井和分支井的基础上发展起来的一项新的钻井技术,它可以大大提高油藏的采收率,降低油藏开采综合成本,经济效益十分显著,应用前景十分广泛,是 21 世纪油气田开发的主体工艺技术之一,它吸收了石油领域的精确定位和穿针、定向控制与水平大位移延伸、多分支侧钻和欠平衡钻井等尖端技术成果,形成了一种兼具造穴、布缝和导流效果的煤层气开发应用技术。它通过在煤层中部署水平分支井眼,扩大井筒与煤层的接触面积,有效克服了储层压力和导流能力不足的缺陷,对低渗和低压储层增产效果显著。与常规直井技术相比,它具有服务面积广、采收率高、投资回收快和综合成本低等优势。开发煤层气的多分支水平井与低渗透油藏的最大区别在于,煤层多分支水平井要追求更长的水平位移和更多的分支数。

多分支井能够改善低渗透储层的流动状态,煤层段分支或水平井眼以张性和剪切变形形成的裂纹为主,并且由于钻采过程中煤层应力状态的变化,导致原始闭合的裂纹重新开启,原始裂纹与应力变化产生的新裂纹形成网状结构,所以煤层气多分支井技术突破了原来直井点的范围局限,实现了广域面的效应,可以大范围沟通煤层裂隙系统,扩大了煤层气降压范围,降低煤层水排出时的阻力,大幅度提高煤层气的单井产量和采收率,煤层气单井产量可提高 10～20 倍,最终煤层气采收率可高达 70%～80%。

（1）多分支水平井类型

多分支水平井按水平段几何形态可分为:集束分支水平井、径向分支水平井、反向分支水平井、叠状分支水平井和羽状分支水平井(图 11.12)。集束分支水平井是在一垂直井段钻多个辐射状分支井眼;径向分支水平井是在一垂直段钻出多个超短半径分支井眼;反向分支水平井,即一个分支井眼下倾,另一个分支井眼上倾,并且井眼方向相反;叠状分支井,用于开采两个不同产层或在一个低渗透阻挡层之上或之下开采油气;羽状分支水平井,即在一主水平段两侧钻出多个分支井眼。

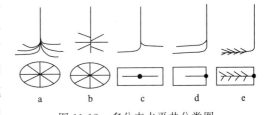

图 11.12　多分支水平井分类图

a. 集束分支水平井;b. 径向分支水平井;c. 反向分支水平井;d. 叠状分支水平井;e. 羽状分支水平井

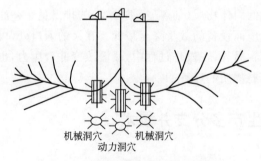

图 11.13 单煤组井身结构设计模型

（据邢政，2007）

（3）多煤组井身结构设计模型

（2）单煤组设计模型井身结构

在单个煤组厚度≥8m 时采用此模型，当煤组中有夹矸时，施工时井眼要同时穿过夹矸上下的煤层（图 11.13）。图中的动力洞穴指靠应力释放形成的洞穴，机械洞穴指仅靠扩孔工具形成的洞穴，洞穴用于扩大水、气供给范围，施工时要考虑欠平衡钻井技术。

在煤组厚度均＜8m 时采用此模型，一般应以两个主要煤组为目标层，见图 11.14。可在两个煤组同时钻多分支井以增加产量，这样就可以弥补单组煤厚不足的缺陷。

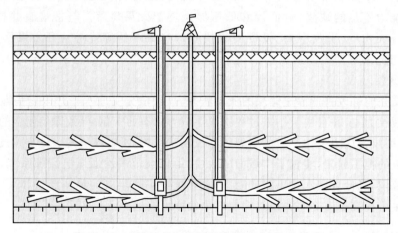

图 11.14 多煤组井身结构设计模型（据邢政，2007）

2. 影响煤层气多分支水平井产能的主控因素

多分支水平井能够大幅度提高煤层气单井产量，但其影响因素也较多，要分析具体的影响因素还要从分支水平井的产量函数入手。煤层水平方向的渗透率存在着各向异性，对煤层气井的产能有较大影响。煤层气分支井产量模型也属于多目标函数，其与煤层地质条件及分支井眼几何结构密切相关。根据煤层的物理特性，煤层气多分支水平井产能主要受以下与工程有关的因素控制。

（1）煤层厚度

煤层厚度对煤层气井的产量影响较大。煤层厚度增加，煤层气产量会有所增加，但薄煤层的气产量提高的幅度更大。

（2）分支水平井的井筒长度

根据产能模拟结果，分支水平井产量随井筒长度增加而增加。从图 11.15 可见，当水平段长度较短时，产量增加幅度越来越大；当分支水平段长度增长到一定程度，产量增加幅度并没有明显的变化，即并不是分支水平井长度越长越好，具体的合理长度需要优化。

（3）水平分支数

水平井筒长度一定时，增加水平井井筒数，可以提高产量。但从图 11.16 可见，当水平分支数较少时，产量随分支数增加其产量大幅度增加；当井筒数增加到一定程度，产量的增加幅度逐渐减小。另外，随着分支数的大幅度增加，钻井成本必然大幅度增加。由此可见，并不是井筒数越多越好，井筒数也存在一个经济合理值。

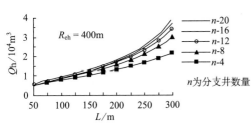

图 11.15　供给半径（R_{eh}）400m 时分支井产量（Q_h）与分支段长（L）关系曲线

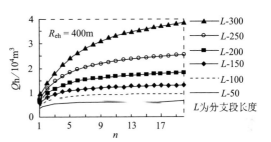

图 11.16　供给半径（R_{eh}）400m 时分支井产量（Q_h）与分支数（n）关系曲线

（4）煤层的非均质性

煤层的非均质性因素包括煤层渗透率、深度、厚度、含气量及饱和度的区域性差异。煤层的各向异性对煤层气井的产能有一定影响，并且，当井筒数减少时，煤层非均质性的影响会更大。另外，煤层中的泥岩夹层和断层是钻多分支水平井的最大障碍。

（5）水平段位置

水平段在煤层中的位置对水平井产能有一定的影响，并且井筒数较少时，水平段位置对产能影响会更大。

（6）分支水平井眼的方向

根据水平井渗流机理，各向异性气藏中，水平井筒与最大渗透率方向的夹角越大，水平井产能指数越大，所以水平井眼应垂直于综合渗透率方向（K）（图 11.17）。综合渗透率是指最大与最小水平渗透率的矢量叠加。

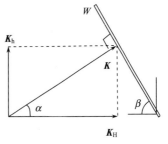

图 11.17　非均质煤层水平井眼走向图

K_H. 最大水平渗透率；K_h. 最小水平渗透率；K. 最大和最小水平渗透率的矢量和；W. 分支水平井眼长度；α. 综合渗透率与最大渗透率方向的夹角；β. 分支水平井眼与最大水平渗透率方向夹角

如 K_h 为最大水平渗透率；K_h 为最小水平渗透率；K 为最大和最小水平渗透率的矢量和；W 为分支水平井眼长度；α 为综合渗透率与最大渗透率方向的夹角；β 为分支水平井眼与最大水平渗透率方向夹角。

经过计算分析，采用综合渗透率模拟的产能比采用最大水平渗透率模拟产能高出11.8％，从而证实，采用综合渗透率是合理的。

（7）面割理方向

裂缝方向对水平油井产能的影响主要取决于裂缝与水平井方向。对于面割理和端割理不明显的煤层，水平段的走向对水平井的开采效果和产能影响不大，但对于面割理渗透率远高于端割理的煤层来说，沿着高渗方向钻水平井是非常不利的。其结果，第一，沿高渗方向钻井，即平行面割理方向钻水平井，其结果导致水平井对面割理的钻遇率降低；第二，沿高渗方向钻水平井，井眼波及面积小，既不利于水平井产能的发挥，也降低了采收率。相反，沿低渗方向钻水平井，有利于水平井最大限度地贯穿面割理，沟通更多的渗透率较高的面割理（图 11.18），这就大大提高了水平井的波及程度和采收率。因此，单一水平井眼应垂直于面割理方向。

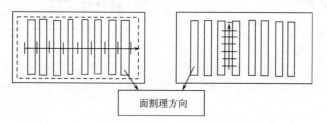

图 11.18　水平井沿不同渗透率方向钻井的波及面积对比

多分支水平井技术特别适合于开采低渗透储层的煤层气，与采用射孔完井和水力压裂增产的常规直井相比，具有不可替代的优越性。

多分支水平井技术的优点主要有：

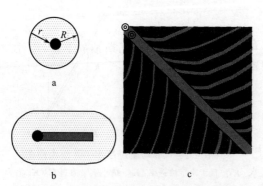

图 11.19　不同类型井煤层气的供给范围比较

a. 直井供给范围（r 井眼半径，R 供给半径）；

b. 单一水平井供给范围；c. 多分支水平井供给范围

1）增加有效供给范围。水平钻进400～600m 是比较容易的，然而要压裂这么长的裂缝几乎是不可能的，而且，造就一条较长的支撑裂缝要求使用大型的压裂设备。多分支水平井在煤层中呈网状分布，将煤层分割成很多连续的狭长条带（图 11.19），从而大大增加煤层气的供给范围。

2）提高导流能力。压裂的裂缝无论长度多长，流动的阻力都是相当大的，而水平井内流体的流动阻力相对于割理系统要小得多。分支井眼与煤层割理的相互交错，煤层割理与裂隙更畅通，就提高了裂隙的导流能力。

3）减少对煤层的损害。常规直井钻井完钻后要固井,完井后还要进行水力压裂改造,每个环节都会对煤层造成不同程度的损害,而且煤层损害很难恢复。采用多分支水平井钻井完井方法,就避免了固井和水力压裂作业,这样只要在钻井时设法降低钻井液对煤层的损害,就能满足工程要求。

4）单井产量高,经济效益好。采用多分支水平井开发煤层气,单井成本比直井高,但在一个相对较大的区块开发,可大大减少钻井数量,降低钻井工程、采气工程及地面集输与处理费用,从而降低综合成本。而且产量是常规直井的2～10倍,采出程度比常规直井平均高出近2倍,提高了经济效益,最为重要的是更充分地开发了煤层气资源。

5）具有广阔的应用前景。多分支水平井不仅可用于开发煤层气资源,还能应用于开发稠油或低渗透油藏、地下水资源,另外,还可以用于地下储油、储气工程。

第三节　瓦斯(煤层气)抽采及煤与瓦斯共采技术

煤层瓦斯抽放一般是指当用通风方法不能使回采工作面涌出的瓦斯稀释到《煤矿安全规程》规定的最高允许浓度时,利用瓦斯泵或其他抽放设备,抽取煤层中高浓度的瓦斯,并通过与巷道隔离的管网,把抽出的高浓度瓦斯排出地面或抽送矿井总回风巷中。目前认为,煤矿瓦斯抽放不仅是降低矿井瓦斯涌出量,防止瓦斯爆炸和煤与瓦斯突出灾害的重要措施,而且抽出的瓦斯还可变害为利,作为煤炭的伴生资源加以开发利用。

瓦斯抽放一般认为具有如下几个方面的作用:①通过抽放,可降低矿井瓦斯涌出量和巷道中的瓦斯浓度,保证矿井安全生产;②通过抽放,可降低煤层中的瓦斯压力和瓦斯含量,防治煤与瓦斯突出,从而减少矿井伤亡事故及重大恶性事故的发生;③矿井瓦斯又是一种优质燃料,利用瓦斯可以为工业和人民生活服务,可带来社会和经济效益;④通过抽放和瓦斯利用,可减少瓦斯对大气的污染(由于CH_4对臭氧层的破坏比CO_2强16倍)。因此,瓦斯抽放对环境保护具有至关重要的作用。

一、瓦斯抽采(放)的原则

瓦斯抽放是一项集技术、装备和效益于一体的工作,因此做好瓦斯抽放工作,应注意如下几条原则:

1）抽放瓦斯应具有明确的目的性。即主要是降低风流中的瓦斯浓度,改善矿井生产的安全状况,并使通风处于合理和良好状况。因此,应尽可能在瓦斯进入矿井风流之前将它抽放出来。在实际应用中,瓦斯抽放还可作为一项防治煤与瓦斯突出的措施单独应用。此外,抽出的瓦斯又是一种优质能源,只要保持一定的抽放瓦斯量和浓度,则可加以利用,从而形成"以抽保用,以用促抽"的良性循环。

2）抽放瓦斯要有针对性。即针对矿井瓦斯来源,采取相应措施进行抽放。目前认为,矿井瓦斯来源主要包括:本煤层、邻近层、围岩和采空区,这些瓦斯来源是构成矿井或采区瓦斯涌出量的组成部分。在瓦斯抽放中应根据瓦斯来源,并考虑抽放地点、时间和空间条件,采用不同的抽放原理和方法,以便进行有效的瓦斯抽放。

3）要认真做好抽放设计、施工和管理工作,以便获得好的瓦斯抽放效果。

1. 瓦斯抽放的方法

瓦斯抽放工作经过几十年的不断发展和提高,根据不同地点、不同煤层条件及巷道布置方式,人们实施了各种各样的瓦斯抽放方法。

1）按抽放瓦斯来源分类,有本煤层瓦斯抽放、邻近层瓦斯抽放、采空区瓦斯抽放和围岩瓦斯抽放。

2）按抽放瓦斯的煤层是否卸压分类,有未卸压煤层瓦斯抽放和卸压煤层瓦斯抽放。

3）按抽放瓦斯与采掘时间关系分类,有煤层预抽瓦斯、边采（掘）边抽和采后抽放。

4）根据开采关系划分的抽放瓦斯方法,有煤层预抽瓦斯、工作面抽放瓦斯、采空区抽放瓦斯和地面钻孔抽放瓦斯。

2. 抽放方法选择依据

在实际应用中,选择抽放方法和形式时要考虑瓦斯来源、煤层状况、采掘条件、抽放工艺等因素。

1）如果瓦斯来自于开采层本身,则既可采用钻孔抽放,也可采用巷道预抽形式直接把瓦斯从开采层中抽出,且多数形式采用钻孔预抽法。

2）如果瓦斯主要来自于开采煤层的顶、底板邻近煤层,则可采用开在顶底板煤、岩中的巷道,打一些穿至邻近煤层的钻孔,抽放邻近煤层中的瓦斯。

3）如果采空区或废弃巷道内有大量瓦斯积聚,则可采用采空区瓦斯抽放方法。

4）如果在煤巷掘进时就有严重的瓦斯涌出,而且难以用通风方法加以排除,则需采用钻孔预抽或巷道边掘进边抽的方法。

5）如果是低透气性煤层,则在采取正常的瓦斯抽放的同时,还应采取人工增大煤层透气性的措施（如水力压裂、深孔松炸）,以提高煤层瓦斯抽放效果。

二、开采层瓦斯抽放

开采层瓦斯抽放一般可分为两种:其一为预抽,即在煤层开采之前,采用巷道或钻孔抽出煤体中的瓦斯。其二为采煤工作面的边采边抽,或掘进工作面的边掘边抽,目的主要在于降低煤层中的瓦斯含量,从而使工作面回采或巷道掘进中的瓦斯涌出量减少,防止巷道或采煤工作面风流中的瓦斯浓度超限。

1. 预抽瓦斯方法

（1）巷道抽放瓦斯方法

巷道抽放瓦斯方法就是将煤层的开采巷道提前准备,密闭起来进行抽放,其布置形式如图 11.20 所示。这种抽放瓦斯方法,因巷道暴露面积大,抽放效果往往较好。根据焦作局测定的结果,巷道开掘后,由于受地压作用的影响,其周围卸压区中的透气性要比钻孔透气性大 2 个数量级,故而对瓦斯抽放有利。因此,有些透气性较小的矿井,当有条件用巷道抽放瓦斯时,也可以采用。但是,巷道抽放瓦斯的最大缺点是要预先掘进巷道,并且要加以密闭。抽放较长时间后,需打开密闭再维修巷道,在工序上复杂,维修量大。而更为关键性的问题是在煤层瓦斯大的情况下,巷道掘进很困难,往往不能及时地开掘出巷道进行预抽瓦斯。因而,一般矿井较难采用。

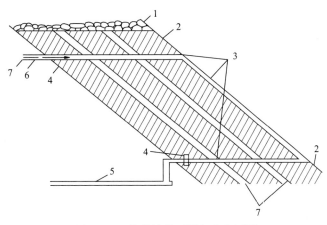

图 11.20　巷道抽放瓦斯方法布置图

1. 采空区;2. 工作面;3. 运输巷;4. 密闭阀门;5. 大巷;6. 风向;7. 瓦斯抽放巷道

（2）钻孔抽放瓦斯方法

目前,开采层抽放瓦斯,绝大多数都采用钻孔抽放。由于施工简便而且许多矿井钻场设在岩石巷道内不再进入煤层,既解决了瓦斯问题,又能尽早地打钻预抽,故而为大家所欢迎。一般情况下,当透气性较好时,采用 $\Phi50mm\sim\Phi89mm$ 的孔径;透气性较差时,多采用 $\Phi102mm\sim\Phi300mm$ 的孔径。从打钻的地点而言,由于煤层赋存条件和开拓布置的不同,可分为穿层钻孔和顺层钻孔。根据现场的实践,对于石门开拓,特别是煤层很厚时,多采用层

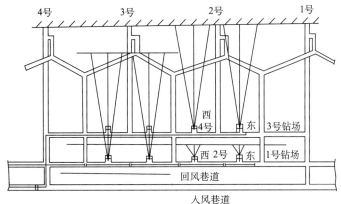

图 11.21　抚顺钻孔抽放瓦斯布置图

外巷道向开采层打穿钻孔进行抽放。如图11.21所示为抚顺钻孔抽放瓦斯布置图,图11.22为中梁山多煤层群开采时的预抽钻孔布置图,图11.23为峰峰矿抽放瓦斯钻孔布置图。

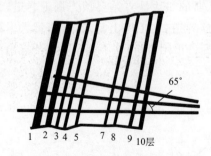

图11.22 中梁山巷道预抽钻孔布置图

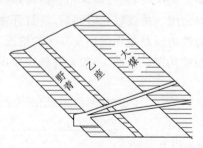

图11.23 峰峰矿抽放瓦斯钻孔布置图

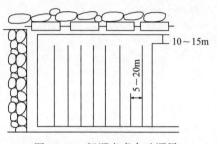

图11.24 抚顺老虎台矿顺层
钻孔布置示意图

钻孔抽放瓦斯效果的好坏,主要取决于钻孔布置的合理性,而钻孔布置是否合理则和钻孔抽放瓦斯的有效影响半径、钻孔的布置方式、孔径的大小等因素有关,应根据矿井的具体条件加以确定。

另外一种预抽开采煤层瓦斯的方式为顺层钻孔布置,即利用进入煤层的巷道,沿煤层打钻孔,如图11.24、图11.25、图11.26所示。该方法多用于采煤工作面,主要是在采煤工作面准备好后,于采面上均匀布置钻孔,抽放一段时间(一般不到一年)后再采煤,以减少回采过程中的瓦斯涌出量,防止巷道风流中的瓦斯浓度超限。我国阳泉、淮南、焦作、六枝等局矿都曾采用过,并取得了较好的效果。

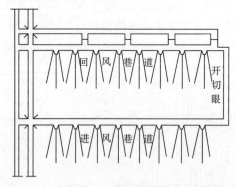

图11.25 淮南谢二矿顺层钻孔预抽瓦斯布置图

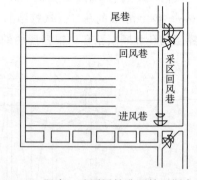

图11.26 阳泉一矿顺层钻孔预抽瓦斯布置图

2. 边采边抽或边掘边抽开采煤层瓦斯

这是在未经预抽或预抽时间不足的条件下,解决开采煤层采掘过程中瓦斯问题的一种有效方法。在具体实施中,应根据不同煤层的赋存状态进行,如对于厚煤层,可采用上抽下截式或顶板钻孔布置式,如图 11.27 所示,其顶板钻孔可根据巷道布置方式不同,而在煤巷或岩巷内开孔。这些抽放钻孔的服务时间一般较长,只要钻孔未被采穿,就可以一直抽放。

采煤工作面布置的顺层预抽瓦斯钻孔,在工作面开始回采后,其前方的钻孔仍可继续抽放,这时可视为边采边抽,并且往往会有一段因卸压而使钻孔瓦斯涌出量显著增加,其原因是由于在采煤工作面前方一定距离(10m 左右)处受采场应力作用而呈卸压状态,故而增加了瓦斯排出;而当工作面过近时,则又因裂隙沟通使钻孔进入大量空气,易使抽放瓦斯浓度过低而失去抽放作用。实践表明,虽然采煤工作面前方卸压的条带距离不长,但这一条带是随工作面的向前推进而始终存在的,故而对于工作面推进速度较慢的回采面可加以利用。

在煤巷掘进中,为了解决掘进工作面瓦斯涌出量大而引起风流中瓦斯浓度超限的问题,可采用边掘边抽的方式。如图 11.28 所示,利用巷道两帮的卸压条带,向巷道前方打钻孔,抽放煤层中的瓦斯,其孔径一般为 $\Phi50mm\sim\Phi100mm$,孔深在 20m 以内。这种边掘边抽方式,一方面可减少掘进工作面的瓦斯涌出量,另一方面通过抽放,也可达到防止瓦斯突出的目的。因此,在局部防止煤与瓦斯突出措施中,往往也得到应用。

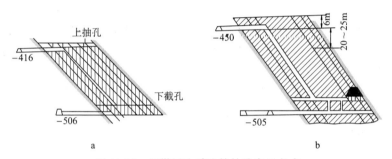

图 11.27　原煤层边采边抽钻孔布置方式
a. 上抽下截式钻孔布置；b. 煤层顶板钻孔布置

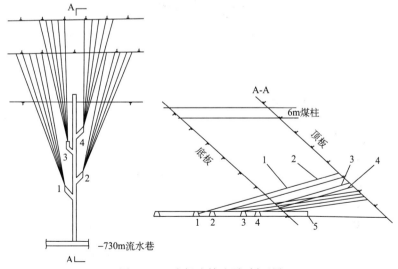

图 11.28　边掘边抽法平、剖面图
1～4. 抽放钻孔；5. 工作面

三、邻近层瓦斯抽放

邻近层瓦斯抽放一般是指卸压层瓦斯抽放。在煤层群条件下,由于开采层的采动影响,会导致其上部或下部的煤层卸压,从而引起这些煤层的膨胀变形和透气性增大。这时,为防止和减少邻近层的卸压瓦斯通过层间裂隙大量涌向开采层,可采用抽放的方法来处理这一部分瓦斯,而这种抽放方法即为邻近层瓦斯抽放方法。目前认为,邻近层瓦斯抽放是一种十分有效,而且得到广泛应用的方法。

邻近层瓦斯抽放的效果主要取决于钻孔布置。一般情况下,合理的钻孔布置应根据煤层赋存条件和矿井开拓布置方式来确定。目前,邻近层瓦斯抽放钻孔的布置方式在下面进行具体介绍。

1. 由开采层内巷道打钻,进入邻近煤层进行瓦斯抽放

这种方式适应条件一般为缓倾斜或倾斜煤层的走向长壁工作面,钻孔布置方式可分为:

1) 钻场设在工作面回风巷或回风副巷内。由钻场向邻近煤层打穿层钻孔,如阳泉四矿、六枝大用矿、包头五当沟矿均采用这种方式,如图 11.29 所示。这种方式,目前认为多用于抽放上邻近层瓦斯,其优点为:抽放负压与通风负压方向一致,有利于提高抽放效果,尤其将低层位的钻孔更为明显;其次是瓦斯管路设在回风巷,容易管理,有利于安全,但增加了抽放专用巷道的维护时间和工程量。

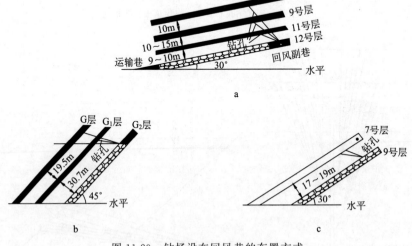

图 11.29　钻场设在回风巷的布置方式

a. 阳泉四矿抽放上邻近层内副巷布孔图; b. 包头五当沟矿抽放上邻近煤层瓦斯层内副巷布孔图;
c. 六枝大用矿抽放上邻近层瓦斯层内副巷布孔图

2）钻场设在工作面进风巷内。由钻场向邻近层打穿层钻孔。该方式多用于抽放下邻近层瓦斯，如图11.30所示，这种布置方式的优点为，在运输水平一般均有电源和水源，故打钻施工方便，且通风条件好。开采阶段的运输巷即为下一阶段的回风巷，故而不存在由于抽放瓦斯而增加巷道的维护时间和工程量的问题。

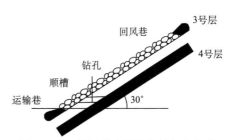

图11.30 钻场设在进风巷的布置方式

2. 在开采层外巷道中打钻，进入邻近层抽放瓦斯

这种方式适用条件可为不同倾角的煤层和不同采煤方法的采煤工作面。钻孔布置方式有：

1）钻场设在开采层底板岩巷内，由钻场向邻近层打穿层钻孔

该方法多用于抽放下邻近层，如图11.31所示，分别为天府磨心坡矿、淮北芦岭矿、淮南谢二矿和松藻打通一矿的布置方式。其优点为：抽放钻孔服务时间一般较长，除抽放卸压瓦斯外，还可用作预抽和采空区抽放瓦斯；由于钻场一般均处于主要岩石巷道内，故而不仅减少了巷道维修工程量，同时对于抽放设施的施工和维护也较方便（其中包括封孔易保证质量）；其不足之处则在于当该巷道主要服务于抽放瓦斯时，可能会增加开拓工程量。

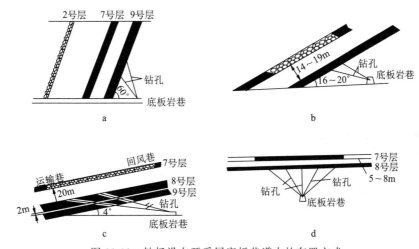

图11.31 钻场设在开采层底板巷道内的布置方式

a. 天府磨心坡矿抽放下邻近层瓦斯钻孔布置；b. 淮北芦岭矿抽放下邻近层瓦斯钻孔布置；

c. 淮南谢二矿抽放下邻近层瓦斯钻孔布置；d. 松藻打通一矿抽放下邻近层瓦斯钻孔布置

2）钻场设在开采层顶板岩巷内，由钻场向邻近煤层打穿抽放钻孔邻近层瓦斯

如四川中梁山煤矿南井就是这种布置，如图11.32所示，这种布置方式多用于抽放上邻近层瓦斯，根据中梁山煤矿的应用结果：同样是开采2号层时抽放1号层瓦斯，与在开采层内布孔抽放邻近层的方式相比，前者抽放效果大大提高，而巷道工程量并未增加多少，只需将有关石门巷道稍向煤层顶板方向延伸即可。在实际施工中，由于石门有一定距

离限制,故每一钻场的钻孔排列应采用多排扇形布置为佳。

由于邻近层瓦斯抽放钻孔必须深入到邻近层的卸压带内,且又要避开冒落和大的破碎裂隙区,以免抽放钻孔大量漏气,甚至被切断而使钻孔失效,特别是抽放上邻近层时,更应当引起注意和遵循这一布孔原则,即钻孔应穿入卸压角边界附近以内,而又不进入太远。所以,当需要同时抽放间隔相当距离的多层邻近煤层瓦斯时,就要布置几个层位的抽放钻孔。因此,在邻近层瓦斯抽放钻孔布置中,应注意钻孔布置的角度、钻孔间距、钻孔直径等,以便达到最佳抽放效果。

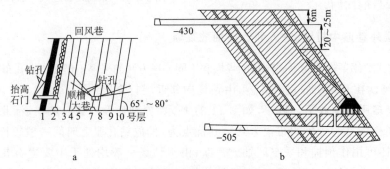

图 11.32　钻场设在顶板岩巷内的钻孔布置图

a. 中梁山煤矿南矿井抽放上下邻近层瓦斯钻孔布置;b. 抚顺煤层顶板钻孔布置

四、采空区瓦斯抽放

由于采空区的瓦斯涌出,在矿井瓦斯来源中占有相当大的比例,目前采空区瓦斯抽放已成为主要抽放瓦斯方法之一。尤其是在国外几个主要瓦斯抽放国家,都非常重视这类瓦斯的抽放,抽出的瓦斯量在总抽放量中占有较大的比重,如德国和日本均在 30% 左右,我国部分局矿如抚顺龙凤矿,其采空区瓦斯抽放量可达 40%～60%,尤其是在近几年,采空区瓦斯抽放有了较大的发展。目前,国内外抽放采空区瓦斯的方法大致有六种。

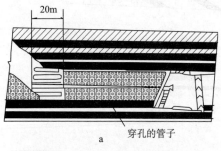

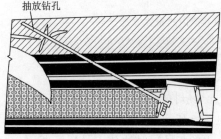

图 11.33　采空区抽放瓦斯示意图

a. 用穿孔的管子;b. 用打到冒落拱上的钻孔

1. 密闭抽放法

这是抽放采空区瓦斯最常用和最简单的方法。该抽放法实施时,应首先将采区或回采面的进回风向进行密闭,然后让抽放管穿过回风巷的密闭,伸入采空区内进行抽放。抽放时,对密闭内的气体成分和抽放负压应经常进行监视与调控,以防增大采空区漏风引起采空区内遗煤的自燃。该方法抽出的瓦斯浓度可达 25%~60%。

2. 插管法

这种抽放方法是把端头带孔眼的管子在顶板冒落之前,直接插入采空区内进行抽放,如图 11.33 所示。插入端管子直径为 Φ75mm~Φ100mm,处在采空区内一端长应 ≥2.5m,管壁穿有小孔,并用纱窗布包好,以免发生堵塞;该管应尽量靠近煤层顶部,以便处于瓦斯浓度较高的地点,提高抽放效果。

这种抽放方法抽出的瓦斯浓度一般不太高,通常只有 10%~25%,其抽放效果主要取决于抽出混合气体中的瓦斯浓度和支管中造成的负压。其优点是简单易行,成本低,但缺点是抽放效率一般较低。

3. 向冒落拱上方打钻孔抽放法

这种抽放方法的特点是要求钻孔孔底应处在采空区初始冒落拱的上方,以便捕集处于冒落破坏带中的上部卸压层和未开采的煤层中涌入采空区的瓦斯,如图 11.34 所示。钻孔开孔位置,则可根据矿井的实际条件,采用不同的布置形式。

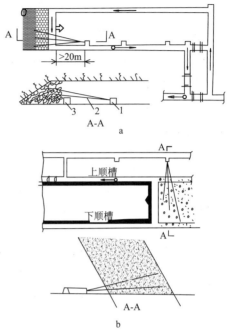

图 11.34　抚顺煤矿采空区瓦斯抽放布置图
a. 迎巷抽放钻孔布置示意图;
b. 平行钻孔法布置示意图
1. 钻场;2. 钻孔;3. 工作面

这种抽放方法,抽出的瓦斯浓度普遍较高,抽放效果较好,钻孔的单孔瓦斯流量可达 2~4m³/min,可降低采空区瓦斯涌出量的 20%~35%。但缺点是需打较长的钻孔,布置难度较大且费用相对较高。

4. 在老顶岩石中打水平钻孔抽放法

当涌入采空区的瓦斯主要来自于开采煤层的顶板上方,而顶板又为易于破碎的岩石,打钻抽放确有困难时,可采用从回风巷一侧向煤层上部掘一斜巷,一直进入稳定的岩体为止。

在斜巷的末端做钻场,逆着工作面推进方向打与煤层平行的钻孔至采空区,抽取采空区中的瓦斯,如图 11.35 所示。其水平钻孔的孔长一般在 100~150m,孔径为 Φ90mm~Φ100mm,从钻孔中心到煤

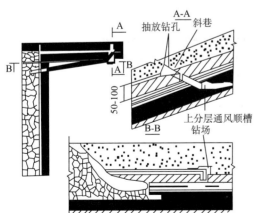

图 11.35　在老顶岩石中打水平钻孔抽放采空区瓦斯示意图

层顶板的距离取决于直接顶(不稳定岩体)的厚度,一般为5～10m。

这种抽放方法可以随着采煤工作面的推进,使钻孔底部始终处在冒落拱的上方,而孔口又处于抽放负压状态,故而,可取得较好的抽放效果。

5. 直接向采空区打钻抽放法

这种抽放方法主要是利用采空区周围的巷道,如运输水平或回风水平的底板岩巷或下部煤层的巷道向采空区打钻,以抽取采空区中的瓦斯。其抽放钻孔进入采空区的位置应处于采空区瓦斯聚集区。

6. 地面垂直钻孔抽放法

在开采深度小于400m的高瓦斯煤层,由于某些特殊原因而不能从井下巷道中打钻到邻近层或采空区抽放瓦斯时,可以从地面打垂直钻孔抽放上邻近层和采空区的瓦斯,原苏联和美国均采用了这种抽放方法,而且取得了显著的效果,其布置方式如图11.36所示。

这种抽放方法要求在打钻结束后,孔底在采煤工作面前方的距离不小于5m,孔底离回风巷的距离由邻近层距开采层的厚度确定;当上邻近层距开采层距离为20倍层厚时,取10～25m;20～40倍层厚时,取15～40m;大于40倍层厚时,取30～70m。

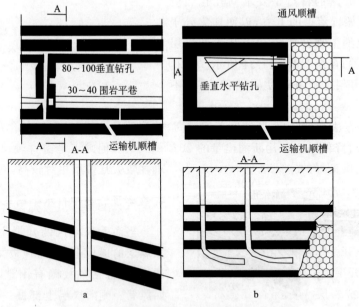

图11.36　地面垂直钻孔抽放采空区瓦斯示意图

a. 垂直钻孔;b. 垂直水平钻孔

此外,采空区瓦斯抽放还有P形瓦斯抽放法,采空区埋管抽放法等。并且,随着矿井向深部的延深,采空区面积的日益增大,采空区瓦斯涌出所占比例的提高,采空区瓦斯抽放受到人们日益关注。

总而言之,采空区瓦斯抽放的最大优点在于抽放布置简单,所需准备工作量小,而且一般透气性高。只要抽放钻孔布置合理,就能达到较好的抽放效果。但是,在抽放过程中应注意采空区内的气体成分的监测和控制好抽放负压,否则,易加大采空区漏风,引起遗煤自燃。

五、卸压开采抽采瓦斯理论及煤与瓦斯共采技术体系

我国煤矿地质、开采条件复杂,有煤矿70%以上是高瓦斯、煤与瓦斯突出的矿井,南方煤矿开采条件更加困难,瓦斯事故是煤矿的第一杀手。与发达国家相比,我国煤层气储存条件具有"三低一高"(低饱和度、低渗透性、低储层压力,高的变质程度)的特点,大部分矿区煤层渗透率在 $10^{-4} \sim 10^{-3}$ 毫达西[①],比美国等低3~4个数量级,此类条件下的煤层气开发是世界性难题,直接引进国外技术难以奏效,这也是我国地面抽采煤层气困难的主要原因。

袁亮(2006,2008a,b,2009)针对煤层气开发与利用的现状以及未来的能源需求,从安全、资源和环境的三重效益入手,从重视煤层气产业发展的前景出发,以淮南矿区研究为例,提出了卸压开采抽采瓦斯理论及煤与瓦斯共采技术体系。

1. 卸压开采抽采瓦斯理论

制约矿区安全高效开采的科学技术难题,主要是瓦斯治理、巷道支护和矿井设计理论与技术。瓦斯治理是矿区安全高效开采的前提和基础,松软低透气性煤层条件下的煤矿瓦斯治理和煤层气地面开发,是世界性技术难题。20世纪80年代以来,淮南矿区采用传统的瓦斯抽放技术和方法,不能解决松软低透气性煤层群开采的瓦斯治理难题,因此,必须创新瓦斯治理技术,松软煤岩巷道支护和围岩控制同样是制约淮南矿区安全高效开采的关键技术难题,传统方法巷道变形率达50%,通风阻力高达5.1kPa,无法满足矿井安全要求,必须通过巷道支护技术创新为复杂地质条件下的瓦斯治理和安全高效开采提供良好的空间条件。传统矿井设计的井筒服务半径为5~6km,煤层开采程序自上而下不能实现卸压开采,矿井通风阻力高,抗灾能力差,必须创新设计理念,实现安全高效开采矿井设计技术的突破。应用岩石力学、岩层移动"O"形圈、瓦斯流动等理论,结合多次煤矿井下瓦斯事故抢险经验,总结分析事故的原因和教训,提出必须采取卸压开采增加煤层透气性、抽采瓦斯的原理,变传统瓦斯自然排放为集中抽采,实现卸压开采抽采瓦斯、煤与瓦斯共采的科学构想;提出了在煤层群中选择安全层首先开采,形成岩层移动、煤层膨胀卸压,使邻近煤层中80%以上的瓦斯由吸附状态解吸为游离状态,在被卸压煤层顶底板设计巷道、钻孔抽采卸压瓦斯的技术路线,进行了几十种模拟研究:探索揭示出卸压开采采场内应力场分布规律;首采层开采后顶板存在环形裂隙区、顶底板被卸压的煤层膨胀变形区裂隙场分布及演化规律;瓦斯富集区分布及运移规律,在百余个工作面的现场工业性试验中,成功揭示了首采层开采之

---

① 1达西=0.986923×10^{-12}m²。

后大量解吸瓦斯在抽采负压作用下沿卸压张裂隙径向流动的卸压开采抽采瓦斯原理（图 11.37）。

　　在成功研究卸压开采抽采瓦斯技术的基础上，发现了该研究成果存在瓦斯抽采巷道、钻孔工程量大等新的技术问题，2004 年又提出了无煤柱煤与瓦斯共采的科学构想：走采煤工作面无煤柱沿空留巷，替代顶底板瓦斯抽采岩巷、变传统"U"型为"Y"型通风方式、在留巷内设计钻孔连续抽采采空区瓦斯的技术路线。揭示了首采层开采后，无煤柱沿空留巷采场内增压区、卸压区、应力恢复区的应力场分布规律；在沿空留巷顶板岩层移动存在竖向裂隙发育区、被卸压煤层膨胀变形区的裂隙场分布及演化规律；首采层在"Y"型通风流场下卸压瓦斯分布规律。工程实践取得了成功，实现了无煤柱煤与瓦斯共采技术的重大突破（图 11.38）。

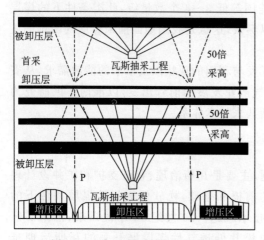

图 11.37　卸压开采抽采瓦斯原理

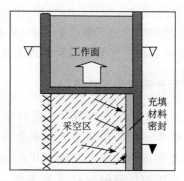

图 11.38　"Y"型通风系统

2. 卸压开采抽采瓦斯、煤与瓦斯共采工程技术体系

　　（1）卸压开采抽采瓦斯技术

　　1）首采煤层顶板瓦斯抽采技术

　　首采煤层工作面的瓦斯主要来源于本煤层、采空区和邻近层的卸压解吸瓦斯。由于煤层松软，透气性低，顺层钻孔施工困难，抽采效果极差，若对采空区实施大面积抽采，工程难度大，而且抽不出高浓度瓦斯，因此，寻找瓦斯运移的裂隙通道和瓦斯富集区是实施有效瓦斯抽采的技术关键。顶板瓦斯抽采同时需要获得高瓦斯浓度和大瓦斯流量，根据矿山岩层移动理论，煤层在开采过程中，顶底板岩层垮落、移动，产生裂隙，开采煤层和卸压煤层内的瓦斯卸压、解吸。由于瓦斯具有升浮移动和渗流特性，来自于大面积的卸压瓦斯沿裂隙通道汇集到裂隙充分发育区，即汇集到环形裂隙圈内，在环形裂隙圈内形成瓦斯积存库。将抽采钻孔和巷道布置在环形裂隙圈内，能够获得理想的抽采效果，从而避免采空区瓦斯大量涌入到回采空间。通过数值模拟研究，揭示了首采层瓦斯富集区位于两巷采空侧上方（宽 0～30m，高 5～8m）的环形裂隙区（图 11.39），在裂隙区内预先布

置顶板巷道或钻孔抽采卸压瓦斯,抽采率达 65% 以上。

2) 大间距上部煤层膨胀卸压开采顶板瓦斯抽采技术

利用首采煤层的远程采动卸压和使顶板卸压煤岩层下沉变形破裂,使透气性成千倍增加,在首采层开采过程中,在顶板破裂弯曲下沉带,采用卸压煤层底板岩巷和网格式上向穿层钻孔瓦斯抽采方法,将顶板弯曲下沉带卸压煤层和底板鼓起卸压膨胀带内的解吸瓦斯,通过顺层张裂隙汇集到网格式抽采钻孔,进行及时有效的抽采。

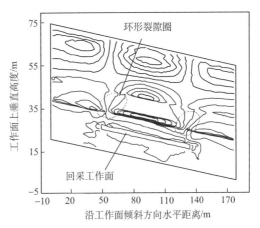

图 11.39 顶板裂隙区数值模拟结果

针对淮南矿区主采煤层(C13)有近 50% 的区域具有远程开采卸压的条件,研究与掌握区域性大幅度提高主采煤层透气性与卸压瓦斯流动规律并有效地抽采其卸压瓦斯的方法与参数是实现主采煤层根治瓦斯灾害并实现安全、高效集约化生产的技术关键。距主采煤层近 70m 的下部煤层(B11)瓦斯含量较小。首先对其进行开采煤层的回采,利用远程采动卸压和煤岩层弯曲下沉变形破裂使透气性成千倍增加的作用,使主采煤层瓦斯大量解吸。但由于层间距较远,层间岩性致密,主采煤层及其下部 30m 范围内的煤岩层处在开

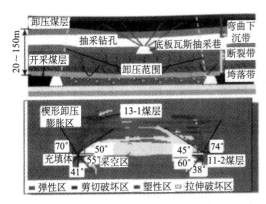

图 11.40 远程卸压开采模拟

采煤层回采形成的弯曲下沉带内。该带内形成的裂隙多为顺层张裂隙,瓦斯穿层流动困难。为此在主采煤层底板 10~20m 的花斑黏土岩和砂岩中布置了一条底板抽采巷,在抽采巷内向主采煤层打网格式上向穿层钻孔,使解吸瓦斯沿顺层张裂隙向抽采钻孔流动,即卸压煤层底板岩巷和风格式上向穿层钻孔远程卸压法抽采瓦斯(图 11.40)。

在卸压区域内,钻孔瓦斯涌出初速度最大值均低于临界值 4L/min,钻屑量的最大值均低于 6kg/m,说明开采煤层卸压及瓦斯抽采彻底消除了卸压煤层的突出危险性。被卸压的在 2121(3)工作面采用综放开采,安全回采 840m,原煤产量近 100 万 t,与未采取卸压瓦斯抽采的综采开采工作面相比,工作面平均产量由原来的 1700t/d 提高到 5100t/d,达到以前的 3 倍;相对瓦斯涌出量由以前的 25m³/t 降低到 5.0m³/t 降低了 4/5。按试验工作面的瓦斯抽采能力和通风能力计算,工作面平均生产能力可达 7000t/d(图 11.41)。

3) 煤层群多层开采底板卸压瓦斯抽采技术

煤层开采后,周围的煤岩层向采空区移动,采空区下方岩体向采空区膨胀开裂成裂隙,使得采空下方煤岩体应力释放产生位移、透气性增加、瓦斯压力减小,煤体中瓦斯解

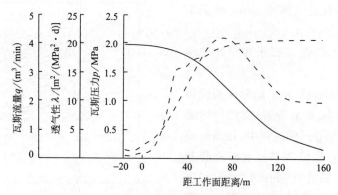

图 11.41　瓦斯流动活跃期与瓦斯抽采的效果

吸。利用煤层群多层开采后对底板煤岩层重复卸压膨胀增透效应,在膨胀断裂带的底板岩层内布置巷道和网格式穿层钻孔实现多重高效瓦斯抽采。淮南矿区 $B_8 \sim B_4$ 煤层属于煤层群开采,B_8,B_{7b},B_{7a} 不是突出危险煤层,B_6 和 B_4 为突出危险煤层。因此,首先以非突出煤层 B_8 作为首采保护层,然后依次开采非突的 B_{7b},B_{7a} 煤层,最后开采受到上保护层采动卸压保护的 B_6,B_4 突出危险煤层。当 B_8 采动后,B_7,B_6 煤层处在膨胀断裂带内,在此断裂带的底板岩层内布置巷道和网格式穿层钻孔实现多重高效瓦斯抽采(图 11.42)。

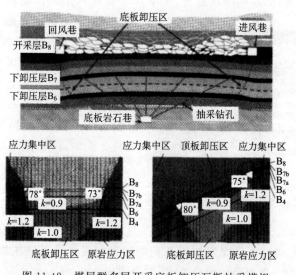

图 11.42　煤层群多层开采底板卸压瓦斯抽采模拟

B_8 煤层开采后,由于 B_4 煤层与之距离达 62.3m,卸压效果不够充分,钻孔流量虽有提高,但提高幅度远不如距离较近的 B_6 等煤层,再加上开采过程中的卸压时间较短,使得 B_8 煤层开采时,B_4 煤层含有瓦斯并没有得到充分的释放,以致残余瓦斯压力仍达 1.5 ~ 2.0MPa。当然,其上部较近的 B_7,B_6 煤层的陆续开采,将使 B_4 煤层有一个多次卸压的过程,但距 B_4 煤层最近的上部 B_6 煤层也与之相距达 37.3m。则按关系式,有

$$P_c = 0.0005S^2 - 0.055S + 0.0635 \tag{11.6}$$

计算,B_6 煤层开采后,B_4 煤层的残余瓦斯压力仍有 0.554MPa,瓦斯含量仍有 $6.0m^3/t$。这一瓦斯含量仍可能使回采时的相对瓦斯涌出量超过 $10m^3/t$,对安全生产仍有一定的威胁。

B_7、B_6 煤层的陆续开采,使 B_4 煤层有一个多次卸压的过程。通过对几个上部煤层多重开采的理论分析,发现当多重开采上部煤层时,下部的煤层经过多次卸压(尽管卸压并不一定充分),瓦斯得到多次释放,煤层的残余瓦斯压力将比开采单一上部煤层时的常规情况要低,即多重开采上部煤层时,下部卸压层的残余瓦斯压力 P_c 与层间距 S 之间将不再满足式(11.6)。实际的考察数据表明,在上部 B_8,B_7,B_6 煤层回采后,B_4 煤层瓦斯压力降低了 50%,煤层透气性系数增大了 300 倍以上,煤层钻孔瓦斯流量由原来的 $0.008\sim0.009m^3/min$ 提高到 $0.1455m^3/min$,增大了 15.1 倍。

实际上在多重开采上保护层之后,即在与 B_4 煤层距离分别是 62.30m,52.58m,37.30m 的 B_8,B_7,B_6 煤层开采后,B_4 煤层的残余瓦斯压力实际为 0.2MPa,比按 B_6 与 B_4 煤层间距 37.30m,按式(11.6)计算出的 0.554MPa 低了很多。相应地,按照关系式 $n = 38.198e^{-0.0131S}$ 计算,B_6 煤层开采后 B_4 煤层钻孔瓦斯流量增大到的倍数将是 23.4 倍,而实际平均是 50.5 倍,证明多重开采上部煤层比开采单一煤层卸压效果更好(图 11.43)。

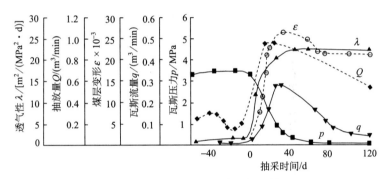

图 11.43　多重开采上部煤层卸压效果

4) 卸压开采裂隙发育区地面钻孔管抽瓦斯技术

地面钻孔设计:地面采空区钻孔的设计目的在于得到一个高效的地面采空区钻孔抽采系统,该系统能更多地抽采高浓度的瓦斯,并使采空区自燃的风险最小。这需要依据设计规范对地面钻孔进行优化设计,并对钻孔进行精心施工和优化处理。

地面钻孔结构如图 11.44 所示,为了达到较好的抽采效果,地面钻孔的设计应符合如下要求:①依据数值模拟结果,采空区钻孔需布置在已发生卸压(提高透气性)且瓦斯丰富的区域,从而能从卸压覆岩中截获更多释放的瓦斯,并使抽采率达到 70% 以上。②需要合理控制地面钻孔抽采采空区瓦斯的流量和负压,以得到一个稳定的流量和浓度,并且使得回采工作面进入采空区的氧气量最小,从而降低工作面自然发火的危险。③钻孔结构设计。设计表土层厚 284m,钻孔总计深度为 680.3m,其中,地表到基岩(坚硬岩层止)深324m,采用 Φ349mm 钻头钻进,下 Φ299mm×10mm 套管,并注水泥砂浆固井,以防第四纪含水层的水、砂涌入井下；基岩段用 Φ241mm 钻头钻进到 13-1 煤层顶板以上 40m（15 煤以上 5m）为止，下 Φ177.8mm×10mm 的套管至地面，并注水泥砂浆固井；再往下改用 Φ152.4mm 钻头钻进，穿过 13-1 煤到 11-2 煤层顶板以上 5～8m 止，此段下 Φ139.7mm×10mm 的筛管，不固井。其目的是防止 13-1 煤层受采动后塌孔；使 13-1，13-2，12，15 煤层卸压瓦斯和 11-2 煤采空区瓦斯均具备通过管道周边间隙和筛管孔进入钻孔，以此达到全层同时预抽目的；由于筛管周边间隙存在，使筛管与周边岩层脱离接触，减轻岩移对筛管的影响。终孔改用 Φ91mm 钻头钻到 11-2 煤层底板，并用木柱塞实，其设计构想：在 11-2 回采面过钻孔时，防止钻孔内的积水突然涌入工作面；检查钻孔偏斜程度。

地面钻孔抽采采空区瓦斯技术效果：通过对地面采空区瓦斯抽采数据资料的分析，可以看出，采空区瓦斯抽采对减小回风流及其他抽采方法（如顶板钻孔、上隅角抽采管道）的瓦斯浓度有很大影响。尽管在钻孔工作的早期阶段并不明显，但随着工作面离开钻孔位置，钻孔的瓦斯流量和浓度都随之增加，回风流及顶板钻孔或巷道内的瓦斯浓度也开始下降，典型情况下降低 0.2%～0.3%（图 11.44）。可以预期，采空区地面钻孔的应用，将减轻工作面回风流或减少井下其他抽采方法，且可以取得较好的效果。

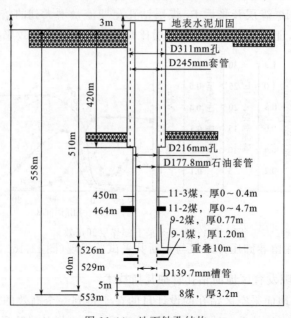

图 11.44　地面钻孔结构

（2）无煤柱煤与瓦斯共采技术

根据煤层赋存条件，研究认为：首采关键卸压层，沿采空区边缘沿空留巷实施无煤柱连续开采，通过快速机械化构筑高强支撑体将回采巷道保留下来，沿空留巷与综采工作面推进同步进行，在留巷内布置上（下）向高（低）位钻孔，抽采顶（底）板卸压瓦斯和采空区富集瓦斯，工作面埋管抽采防止采空区瓦斯大量向工作面涌出，以留巷替代多条岩巷抽采卸压瓦斯，大大减少岩巷和钻孔工程量，实现煤与瓦斯安全高效共采，如图 11.45 所示。该方法已成功应用于全国十几个典型工作面，为今后深井低透气性高瓦斯煤层群煤与瓦斯共采及瓦斯利用提供了科学可靠的技术保障。

1) 无煤柱留巷"Y"型通风采空区瓦斯分布规律

根据新庄煤矿 52210"Y"型通风工作面的煤层赋存和巷道布置条件,数值计算"Y"型通风工作面采空区瓦斯浓度场分布规律,模拟工作面倾向长 150m,采空区走向长 350m,为近水平煤层,采空区空隙 $n=0.13\sim0.33$,垮落碎胀系数 $Kp=1.15\sim1.50$;采空区瓦斯涌出强度 $W=0.50\text{mol}/(\text{m}^2\cdot\text{h})$,采空区连续漏风总量 $100\text{m}^3/\text{min}$,"Y"型通风采空区瓦斯浓度场分布见图 11.38。

"Y"型通风采空区瓦斯浓度场模拟结果表明,在采空区瓦斯涌出强度一定和有效控制采空区漏风条件下,"Y"型通风易于在采空区积存高浓度瓦斯,在工作面上部留巷采空区后部 50m 瓦斯浓度超过 10%,100m 位置瓦斯浓度超过 20%,300m 位置采空区瓦斯浓度达到 40%。因此,对于两进一回"Y"型通风系统,在留巷后部一定位置区采空区内部富集大量高浓度瓦斯,同时,"Y"型通风采空区与采场顶板竖向裂隙区连通,为采场顶板富集瓦斯区连续提供高浓度瓦斯,利于采场顶板瓦斯富集区瓦斯抽采,因此,在留巷内向采空区顶板竖向裂隙区或采空区施工抽采瓦斯钻孔,可以抽采采空区高浓度的瓦斯资源,为首采关键卸压层煤与瓦斯共采创造良好的安全保障。

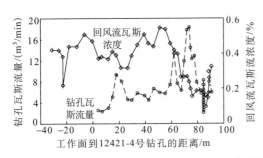 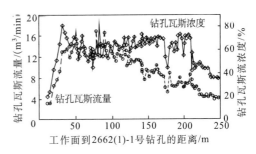

图 11.45　地面钻孔管抽瓦斯效果

2) 无煤柱煤与瓦斯共采技术效果

淮南矿区无煤柱留巷卸压开采煤与瓦斯共采试验发现(图 11.46),首采层沿空留巷采场内增压区(采煤工作面前方 5~50m)、卸压区(采煤工作面后方 40~150m,应力值降至原岩应力的 91%),应力恢复区(采煤工作面后方 150~500m 以远);钻孔验证发现采煤工作面后方 50~300m、顶板向上 5~40m 环形竖向裂隙场内瓦斯浓度为 10%~40%。卸压瓦斯分布规律:首采层采空区顶板瓦斯富集区,现场钻孔(1 号)验证,抽采瓦斯浓度 10%~30%,单孔抽采流量 0.2~1.3m³/min,钻孔有效抽采区域为垂直煤层顶板向上 4.0~12.2 倍采高(8.0~36.6m),倾斜方向 0~40m,留巷内钻孔有效抽采长度 500~600m;远程上向卸压煤层有效抽采瓦斯区,现场钻孔(2,3 号)验证,抽采瓦斯浓度 60%~95%,单孔抽采流量 0.25~1.50m³/min;钻场有效抽采卸压瓦斯的走向长度超过 200m(约 40 天),相当于 3 倍的层间距,钻孔有效抽采区域为左边角小于 75°,顶板方向发展高度超过 130m。远程下向卸压煤层有效抽采瓦斯区,现场钻孔(4,5 号)验证,抽采瓦斯浓度 85%~100%,单孔抽采流量 0.12~0.98m³/min;留巷下向钻孔有效抽采卸压瓦斯的走向长度 120~150m(40~50 天),钻孔有效抽采区域为左边角小于 85°。底板方向发展深度达到 100m。

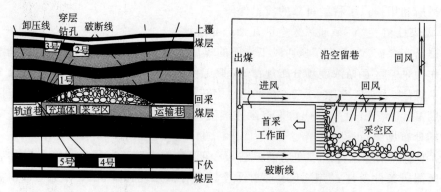

图 11.46 无煤柱沿空留巷钻孔法抽采瓦斯原理

经过现场试验考察得到,上向被卸压煤层通过 1,2,3 号。钻孔连续抽采(采煤工作面后方 0～300m)顾桥矿 13-1 实现单面日产气 30946m³,日产煤 16426t,抽采率达 72%;新庄煤矿 B_{11b} 煤层瓦斯预抽率达 72.4%,下向被卸压煤层通过 4,5 号钻孔连续抽采新庄煤矿 B_8 煤层瓦斯预抽率达 56%。

第十二章 煤炭地质勘查规范的制定与研究

煤炭地质勘查技术的发展始终以当代科学技术为依托,立足于满足地质条件复杂,勘查工程部署困难和矿床水文地质条件复杂,煤矿安全生产保障程度低以及水资源缺乏、环境问题突出等复杂条件下煤炭地质勘查任务的实现。通过科技攻关,逐步完善形成了一套中国特色的煤炭地质勘查学科理论和具有现代科技特色的煤炭地质综合勘查新技术体系。

根据建设煤炭地质综合勘查新技术体系的要求,为规范煤炭地质工作,全面提高煤炭地质工作质量,满足煤矿建设、生产、矿区环境保护与治理,保障煤炭工业可持续健康发展的需要。中国煤炭地质总局组织专门技术力量,制定和正在制定以《煤、泥炭地质勘查规范》(DZ/T0215-2002)为核心的煤炭地质勘查行业的系列规范、规程。已经颁发的规范和规程主要包括:《煤、泥炭地质勘查规范》(DZ/T0215-2002),《煤田地质填图规程(1∶5万、1∶2.5万、1∶1万、1∶5000)》(DZ/T0175-1997),《煤炭勘查地质报告编写规范》(MT/T1042-2007),《遥感煤田地质填图规程》(MT/T1043-2007),《煤炭地质勘查钻孔质量评定》(MT/T1044-2007),《煤炭煤层气地震勘探规范》(MT/T897-2000),《煤炭电法勘探规范》(MT/T898-2000),《煤矿床水文地质、工程地质、环境地质评价标准》(MT/T1091-2008),《煤炭地球物理测井规范》(DZ/T0080-2010),《煤炭地质勘查煤质评价技术标准》(MT/T1090-2008)等。即将颁发的规程、规范主要包括:《煤层气勘查技术标准》,《煤炭地质勘查报告图式、图例标准》,《煤矿床水文地质勘查工程质量标准》等。

第一节 煤、泥炭地质勘查规范的修订与实施

一、煤炭资源地质勘探规范修订的目的

《煤炭资源地质勘探规范》1986年12月由全国矿产储量委员会颁布,《泥炭地质普查勘探规定》(试行)1983年9月由地质矿产部和煤炭工业部颁布,两个文件的实行(试行)对于规范煤、泥炭地质勘查工作,起到了积极的推动作用。

为使煤和泥炭资源勘查符合当前我国社会、经济发展的要求,并与GB/T 17766-1999《固体矿产资源/储量分类》相一致,有必要对《煤炭资源地质勘探规范》和《泥炭地质普查勘探规定》(试行)进行修订。因此,在总结煤、泥炭资源地质勘查经验教训的基础上,经过反复征求意见,讨论和修改后方形成《煤、泥炭地质勘查规范》(DZ/T0215-2002)。

《煤、泥炭地质勘查规范》(DZ/T0215-2002)是在总结新中国建立以来煤炭地质勘查工作的经验、教训的基础上,依托煤炭地质技术进步,积极应用新理论、新技术、新方法、新工艺而制定的。规定了煤、泥炭地质勘查的目的、任务、阶段划分、工作程度要求,勘查方

法原则;煤、泥炭资源、储量分类条件和估算原则等。具有突出重点,兼顾全面,强调影响煤矿安全地质问题的勘查、评价。由正文、1个规范性附录(附录A)、9个资料性附录(附录B～J)组成。

本标准适用于煤、泥炭地质勘查各个阶段的设计编制、勘查施工、地质研究、地质报告编制和评审、备案。煤、泥炭资源/储量估算、评估。也可作为矿业权转让、勘探开发融资等的评价依据。

《煤、泥炭地质勘查规范》(DZ/T0215-2002)不但符合我国煤炭地质特点和煤炭资源勘查的实际情况,而且基本实现了与国际惯例接轨。

二、提出煤炭地质勘查工作的基本要求

(一) 煤炭地质勘查的基本原则

煤炭地质勘查工作必须从勘查区的实际情况和煤矿生产建设实际需要出发,正确、合理地选择采用勘查技术手段,注重技术经济效益。以合理的投入和较短的工期,取得最佳的地质成果。

煤炭地质勘查工作必须以现代地质理论为指导,采用先进的技术装备和勘查方法,提高勘查成果精度,适应煤矿建设技术发展的需要。

煤炭地质勘查必须坚持"以煤为主、综合勘查、综合评价"的原则,做到充分利用、合理保护矿产资源,做好与煤共伴生的其他矿产的勘查评价工作,尤其要做好煤层气和地下水(热水)资源的勘查研究工作。

(二) 煤炭地质勘查的工作程度

煤炭地质勘查工作划分为预查、普查、详查、勘探四个阶段。根据工作区的具体情况勘查阶段可以调整。即可按四个阶段顺序工作,也可合并或跨越某个阶段。

1. 预查

预查应在煤田预测或区域地质调查的基础上进行,其任务是寻找煤炭资源。预查的结果,要对所发现的煤炭资源是否有进一步地质工作价值做出评价。预查发现有进一步工作价值的煤炭资源时,一般应继续进行普查;预查未发现有进一步工作价值的煤炭资源,或未发现煤炭资源,都要对工作地区的地质条件进行总结。

预查工作程度要求:初步确定工作地区地层层序,确定含煤地层时代;大致了解工作地区构造形态;大致了解含煤地层分布的范围、煤层层数、煤层的一般厚度和埋藏深度;大致了解煤类和煤质的一般特征;大致了解其他有益矿产情况;估算煤炭预测的资源量。

2. 普查

普查是在预查的基础上,或已知有煤炭赋存的地区进行。普查的任务是对工作区煤炭资源的经济意义和开发建设可能性做出评价,为煤矿建设远景规划提供依据。

（1）煤炭赋存条件较好时的普查工作程度的要求

确定勘查区的地层层序,详细划分含煤地层,研究其沉积环境特征和聚煤特征;初步查明勘查区构造形态,初步评价勘查区构造复杂程度;初步查明可采煤层层位、厚度和主要可采煤层的分布范围,大致确定可采煤层煤类和煤质特征,初步评价勘查区可采煤层的稳定程度;调查勘查区自然地理条件、第四纪地质和地貌特征;大致了解勘查区水文地质条件,调查环境地质现状;大致了解勘查区开发建设的工程地质条件和煤的开采技术条件;大致了解其他有益矿产赋存情况;估算各可采煤层推断的和预测的资源量,推断的资源量占总资源量的比例参照附录 E 确定,另有特殊要求的按要求确定。

（2）煤炭资源条件较差、地质条件较复杂的要求

煤炭资源条件较差、地质条件较复杂只能提交普查（最终）报告的井田,其普查（最终）工作程度的一般要求是:基本查明井田的构造形态和初期采区内的主要构造,详细了解井田构造复杂程度,初步查明可采煤层的层数、层位、厚度、结构及可采范围,适当加密控制初期采区范围内煤层的可采边界;初步查明可采煤层的煤质特征,基本确定煤类及其分布,详细了解其他有益矿产的工业价值;水文地质条件及其他开采技术条件等方面的勘查工作程度,参照 5.5.2.1 条并按实际情况调整后确定;估算可采煤层的推断的和预测的资源量,其中推断的资源量的比例参照附录 E 确定。

3. 详查

详查的任务是为矿区总体发展规划提供地质依据。凡需要划分井田和编制矿区总体发展规划的地区,应进行详查;凡不涉及井田划分的地区、面积不大的单个井田,以及不需编制矿区总体发展规划的地区,均可在普查的基础上直接进行勘探,不出现详查阶段。

勘探的任务是为矿井建设可行性研究和初步设计提供地质资料。勘探一般以井田为单位进行。勘探的重点地段是矿井的先期开采地段 1)（或第一水平,下同）和初期采区 2)。勘探成果要满足确定井筒、水平运输巷、总回风巷的位置,划分初期采区,确定开采工艺的需要;要保证井田境界和矿井设计能力不因地质情况而发生重大变化,保证不致因煤质资料影响煤的洗选加工和既定的工业用途。

（1）煤炭赋存条件较好时的详查工作程度的要求

基本查明勘查区构造形态,控制勘查区的边界和勘查区内可能影响井田划分的构造,评价勘查区的构造复杂程度;基本查明可采煤层层位、层数、厚度和可采范围,基本确定可采煤层的连续性,控制主要可采煤层露头位置,了解对破坏煤层连续性和影响煤层厚度的岩浆侵入、古河流冲刷、古隆起等,并大致查明其范围,评价可采煤层的稳定程度和可采性;基本查明可采煤层煤质特征和工艺性能,确定可采煤层煤类,评价煤的工业利用方向,初步查明主要可采煤层风化带界线,评价可采煤层煤质变化程度;基本查明勘查区水文地质条件,基本查明主要可采煤层顶底板工程地质特征、煤层瓦斯、地温等开采技术条件,对

可能影响矿区开发建设的水文地质条件和其他开采技术条件做出评价,初步评价勘查区环境地质条件;对勘查区内可能有利用前景的地下水资源做出初步评价;初步查明其他有益矿产赋存情况,做出有无工业价值的初步评价;估算各可采煤层的控制的、推断的、预测的资源/储量,其中控制的资源/储量分布应符合矿区总体发展规划的要求,占总资源量的比例20%～30%,另有特殊要求的按要求确定。

(2)煤炭资源条件较差、地质条件较复杂的要求

查明井田的构造形态和初期采区内的主要构造,对井田边界构造应作适当控制;基本查明主要可采煤层的层数、层位、厚度、结构和可采范围,在先期开采地段范围内,适当加密控制可采煤层的可采边界,控制主要可采煤层的露头位置;基本查明可采煤层的煤质特征,确定煤类及其分布。详细了解其他有益矿产的工业价值;水文地质条件及其他开采技术条件等方面的勘查工作程度,参照勘探阶段有关要求并按实际情况调整后确定;估算可采煤层的控制的、推断的和预测的资源/储量,其中控制的资源/储量比例应在40%以上。

(三)煤炭地质勘查的控制程度

煤炭地质勘查工作必须根据地形、地质及物性条件,合理选择和使用地质填图、物探、钻探、采样测试等勘查手段。

凡裸露和半裸露地区,均应在槽井探及必要的其他地面物探方法的配合下进行地质填图。地质填图的比例尺一般为:

预查阶段(1:5万)～(1:2.5万);

普查阶段(1:5万)～(1:2.5万),也可采用1:1万;

详查阶段(1:2.5万)～(1:1万),也可采用1:5000;

勘探阶段1:5000,也可采用1:1万。

凡地形、地质和物性条件适宜的地区,应以地面物探(主要是地震,也包括其他有效的地面物探方法)结合钻探为主要手段,配合地质填图、测井、采样测试及其他手段,进行各阶段的地质工作。地震主测线的间距:预查阶段一般为2～4km;普查阶段一般为1～2km;详查阶段一般为0.5～1km;勘探阶段一般为250～500m,其中初期采区范围内为125～250m或实施三维地震勘查。预查阶段钻孔应根据地震勘查成果验证与定位的需要,有针对性地进行布置。其他阶段钻探工程控制程度确定应达到有关要求。

凡不适于使用地震勘查的地区及裸露和半裸露地区,应在槽探、井探、浅钻、地面物探和地质填图的基础上开展钻探工作。预查阶段根据需要适当布置钻孔。其他阶段钻探工程控制程度应达到有关要求。

所有钻孔都必须进行测井工作。

预查、普查阶段钻孔中达到临界可采厚度的煤层应全部采取煤心煤样;各种煤样的采取及其测试项目应达到有关要求。详查和勘探阶段钻孔中各种煤样的采取及煤样的测试项目,以及其他各种煤样的采取及其测试项目也应达到有关要求。

露天勘查的工程控制程度,根据露天开发建设的需要,一般应在露天初期采区范围内

采用平行等距剖面进行加密,其剖面间距可为同类型井田勘探阶段先期开采地段基本线距的 1/2。

(四) 煤炭资源/储量分类的科学问题

1. 探明的煤炭资源/储量分类

可采储量(111):探明的经济基础储量的可采部分。勘查工作程度已达到勘探阶段的工作程度要求,并进行了可行性研究,证实其在计算当时开采是经济的、计算的可采储量及可行性评价结果可信度高。

探明的(可研)经济基础储量(111b):同(111)的差别在于本类型是用未扣除设计、采矿损失的数量表述。

预可采储量(121):同(111)的差别在于本类型只进行了预可行性研究,估算的可采储量可信度高,可行性评价结果的可信度一般。

探明的(预可研)经济基础储量(121b):同(121)的差别在于本类型是用未扣除设计、采矿损失的数量表述。

探明的(可研)边际经济基础储量(2M11):勘查工作程度已达到勘探阶段的工作程度要求。可行性研究表明,在确定当时开采是不经济的,但接近盈亏边界,只有当技术、经济等条件改善后才可变成经济的。估算的基础储量和可行性评价结果的可信度高。

探明的(预可研)边际经济基础储量(2M21):同(2M11)的差别在于本类型只进行了预可行性研究,估算的基础储量可信度高,可行性评价结果的可信度一般。

探明的(可研)次边际经济资源量(2S11):勘查工作程度已达到勘探阶段的工作程度要求。可行性研究表明,在确定当时开采是不经济的,必须大幅度提高矿产品价格或大幅度降低成本后,才能变成经济的。估算的资源量和可行性评价结果的可信度高。

探明的(预可研)次边际经济资源量(2S21):同(2S11)的差别在于本类型只进行了预可行性研究,资源量估算可信度高,可行性评价结果的可信度一般。

探明的内蕴经济资源量(331):勘查工作程度已达到勘探阶段的工作程度要求。但未做可行性研究或预可行性研究,仅作了概略研究,经济意义介于经济的至次边际经济的范围内,估算的资源量可信度高,可行性评价可信度低。

2. 控制的煤炭资源/储量分类

预可采储量(122):勘查工作程度已达详查阶段的工作程度要求,预可行性研究结果表明开采是经济的,估算的可采储量可信度较高,可行性评价结果的可信度一般。

控制的经济基础储量(122b):同(122)的差别在于本类型是用未扣除设计、采矿损失的数量表述的。

控制的边际经济基础储量(2M22):勘查工作程度达到了详查阶段的工作程度要求,预可行性研究结果表明,在确定当时开采是不经济的,但接近盈亏边界,待将来技术经济条件改善后可变成经济的。估算的基础储量可信度较高,可行性评价结果的可信度一般。

控制的次边际经济资源量(2S22):勘查工作程度达到了详查阶段的工作程度要

求,预可行性研究表明,在确定当时开采是不经济的,需大幅度提高矿产品价格或大幅度降低成本后,才能变成经济的。估算的资源量可信度较高,可行性评价结果的可信度一般。

控制的内蕴经济资源量(332):勘查工作程度达到了详查阶段的工作程度要求。未做可行性研究或预可行性研究,仅做了概略研究,经济意义介于经济的至次边际经济的范围内,估算的资源量可信度较高,可行性评价可信度低。

3. 推断的煤炭资源/储量分类

推断的内蕴经济资源量(333):勘查工作程度达到了普查阶段的工作程度要求。未做可行性研究或预可行性研究,仅做了概略研究,经济意义介于经济的至次边际经济的范围内,估算的资源量可信度低,可行性评价可信度低。

4. 预测的资源量(334)?

勘查工作程度达到了预查阶段的工作程度要求。在相应的勘查工程控制范围内,对煤层层位、煤层厚度、煤类、煤质、煤层产状、构造等均有所了解后,所估算的资源量。

预测的资源量属于潜在煤炭资源,有无经济意义尚不确定。

三、《煤、泥炭地质勘查规范》(DZ/T0215-2002)实施的有关问题

1. 规范的性质

《煤、泥炭地质勘查规范》(DZ/T0215-2002 以下简称规范)是煤炭资源地质勘查的技术标准,属于带有一定强制性的推荐性标准。

规范中凡涉及煤矿设计、建设、生产过程安全的条款都是强制性的,如有关水文地质、工程地质、煤层瓦斯、煤尘爆炸危险性、煤层自燃发火、地温变化等与开采技术条件相应的条款。规范规定的工作量是可能查明上述地质条件的最低工作量。

规范规定的各勘查阶段控制程度及查明程度,是衡量地质勘查报告是否达到该勘查阶段工作程度的基本要求。矿业权人对控制程度及查明程度的要求,不应低于规范规定的该勘查阶段工作程度的要求。

2. 关于勘查阶段划分

(1) 关于勘查阶段的调整

勘查阶段的调整、合并或跨越某个阶段的原则,主要根据资源情况和地质条件。如不涉及井田划分的单个井田以及不需编制矿区总体规划的地区,可以在普查的基础上不经过详查阶段直接进行勘探。

老矿区深部、生产矿井之间以及孤立的小煤盆地等不涉及井田划分的地区,可一次勘查完毕。

（2）普查（最终）、详查（最终）

供煤矿设计建设使用的地质报告一律称为最终报告。普查（最终）、详查（最终）与勘探的主要区别是普查（最终）未出现探明的＋控制的资源储量，详查（最终）未出现探明的资源储量。

详查（最终）指构造复杂、煤层不稳定的井田，钻探用 375m 或 250m 的基本线距最高只能圈定"控制的"类别资源储量，该报告即为详查（最终）报告。

普查（最终）指构造复杂、煤层不稳定的井田，钻探用 375m 或 250m 的基本线距最高只能圈定"推断的"类别资源量，该报告即为普查（最终）报告。

普查（最终）、详查（最终）的水文地质、工程地质、煤层瓦斯、煤尘爆炸危险性、煤层自燃发火、地温变化等开采技术条件的查明程度达到勘探要求，阶段性质与勘探阶段相同。

3. 先期开采地段（或第一水平）和初期采区

勘探阶段的工作重点是先期开采地段（或第一水平）和初期采区，但同时必须注意全井田的工作程度。先期开采地段（或第一水平）和初期采区范围应由具有煤炭矿井（或露天矿）设计资质的单位确定。

4. 生产矿井扩大（延深）

生产矿井在平面或垂深超出原已批准地质报告的范围扩大井田范围时，应根据扩大区所处井田的部位，结合矿井改扩建设计对扩大（延深）范围的要求，明确地质任务，合理布置勘查工程。

扩大（延深）勘查的工作程度应根据矿井的生产、开拓水平与扩大区的相对关系来考虑。若扩大区直接作为开拓水平使用，其性质大致相当于勘探的第一水平；如近期不作为开拓水平使用，而是为了矿井生产能力增大之后有足够的资源储量，则其性质大致相当于勘探的第二、三水平，基本上以估算推断的资源量为主。

扩大（延深）勘查必须充分利用矿井生产地质资料，在最终评价扩大区实际达到的工作程度时，也应把矿井生产地质资料综合考虑在内。

5. 可采煤层、不可采煤层

（1）可采煤层

可采煤层包括全区可采煤层、大部分可采煤层、局部可采煤层，即包括勘查区内的主要可采煤层和次要可采煤层。可采煤层应估算资源储量。

（2）煤层的可采程度

全区可采煤层：指在勘查评价范围内（一般为一个井田或勘查区），煤层的采用厚度、灰分、硫分、发热量全部或基本全部符合规定的资源量估算指标，可以被开采利用的煤层。

局部可采煤层：指在勘查评价范围内（一般为一个井田或勘查区），大致有三分之一左右分布比较集中的面积,其煤层的采用厚度、灰分、硫分、发热量全部或基本全部符合规定的资源量估算指标,可以被开采利用的煤层。

大部分可采煤层:指在勘查评价范围内(一般为一个井田或勘查区),可采程度介于全区可采煤层和局部可采煤层之间的煤层。

（3）不可采煤层

在勘查评价范围内(一般为一个井田或勘查区),其煤层的采用厚度、或灰分、或硫分、或发热量不符合规定的资源量估算指标,或符合的面积只占很小的比例;或者虽然占有一定的面积,但分布零星,不便或不能被开采利用的煤层。不可采煤层是否计量,根据具体情况确定。

（4）煤层的可采程度与勘查对象、资源储量估算的关系

在勘查评价范围内(一般为一个井田或勘查区),可采程度与勘查区面积直接相关。煤层的可采程度与其是否作为勘查对象,是否估算资源储量,既有联系,性质又不完全相同。一般来说,全区可采煤层和大部分可采煤层是勘查的主要对象,但在资源条件比较差的地区,局部可采煤层也可能成为主要勘查对象,甚至不可采煤层的某些区段也可能被开采利用。对煤层的可采程度进行划分是为了便于评价和比较,而该煤层是否作为勘查对象,是否估算资源储量,应根据对该煤层的合理利用和开采的经济意义,不致造成煤炭资源的浪费或破坏等具体条件确定。

6. 勘查区水文地质条件

勘查区水文地质条件包括:地表水体及最高洪水位情况、直接充水含水层的岩性、厚度、埋藏条件、含水空间的发育程度及分布情况,水位、水质、富水性、导水性及其变化情况,地下水的补给、排泄条件。直接充水含水层与可采煤层之间的隔水层的厚度、岩性组合及其物理力学性质。直接充水含水层与间接充水含水层、地表水三者之间的水力联系,有水文地质意义的断裂带的水文地质特征。间接充水含水层的岩性、厚度、埋藏条件、富水性、含水空间的发育程度及分布情况。

7. 对构造线和煤层露头的控制

规范要求将构造线和煤层露头线控制在一定的范围内,这个范围指构造线和煤层露头线在勘查线上可能摆动的总的允许范围,在一定意义上也可理解为工程控制的间距。

对构造线和煤层露头的控制,规范并不限定使用何种勘查手段,只要能按规范要求将构造线和煤层露头线控制在一定的范围内即可。

8. 井田水文地质条件

井田水文地质条件包括:地表水体及最高洪水位情况、直接充水含水层和间接充水含水层的岩性、厚度、埋藏条件、水位、水质、富水性或导水性。直接充水含水层含水空间的发育程度及分布情况,以及强径流带的分布范围。直接充水含水层与可采煤层之间的

隔水层的厚度、岩性组合及其物理力学性质。直接充水含水层、间接充水含水层、地表水三者之间的水力联系,以及地下水补给、排泄条件。间接充水含水层对直接充水含水层的补给途径、部位与可能的最大补给量等。对矿井充水有影响的断裂带的水文地质特征。直接充水含水层向矿井充水的途径。

9. 煤炭地质勘查的控制程度

"合理选择和使用地质填图、物探、钻探、采样测试等勘查手段",指为了完成某一项地质任务,通过比较后,选择使用找矿评价效果、技术经济效益最好的勘查技术手段,并且不重复使用已经过证实为有效的其他勘查手段去完成同一项地质任务;同时每一项勘查工程应力求获得尽可能多的资料和数据,即"一项工程、多种用途"。

10. 地质可靠程度

地质可靠程度是资源储量类别的划分条件之一。地质可靠程度划分条件中没有列入水文地质条件、其他开采技术条件(如瓦斯、工程地质条件、煤尘爆炸危险性等)等方面的勘查、研究程度,原因是这些方面一般只能以井田(勘查区)为单位进行评价。

探明的煤炭资源储量的地质可靠程度,探明的煤炭资源储量的地质可靠程度相当于"旧规范"的A级储量条件。控制的煤炭资源储量的地质可靠程度,控制的煤炭资源储量的地质可靠程度相当于"旧规范"的B级储量条件。"各项勘查工程已达到详查阶段的控制要求",指在详查阶段的一般情形,而不是勘探阶段的控制的资源储量的地质可靠程度条件。推断的煤炭资源储量的地质可靠程度。

"各项勘查工程已达到普查阶段的控制要求",指在普查阶段的一般情形,而不是勘探阶段或详查阶段的推断的资源储量的地质可靠程度条件。

11. 煤炭资源储量估算时的煤柱问题

煤炭资源储量估算,应以客观地质条件为主要考虑因素,凡符合估算指标的,均应予以估算。在矿井设计和开采时,对报告的资源储量如何利用,原则上不应影响资源储量估算。

在预查、普查和详查阶段不单独估算煤柱煤量。

在勘探阶段,如未进行预可行性研究或可行性研究时,不单独估算煤柱煤量。对在矿井设计和生产中可能划出的煤柱(如防水煤柱、断层煤柱、广场及建筑物煤柱和其他等),设计部门如有明确的划分方案,可以单独估算和统计。但在划分资源储量类别时,不能因将来可能划为煤柱而改变或降低其类别。

12. 各类资源量估算块段划分的基本要求

规范明确规定"划分各类型块段,原则上以达到相应控制程度的勘查线、煤层底板等高线或主要构造线为边界。相应的控制程度,是指在相应密度的勘查工程见煤点连线以内和在连线以外以本种基本线距(钻孔间距)的 $1/4\sim1/2$ 的距离所划定的全部范围"。相当于"旧规范"的第10.1.7条1.2项的表述内容。这里包含了两层意思:达到了相应控制程度时,原则上按勘查线、煤层底板等高线或主要构造线为边界来划分各类别块段;其次是:在达到了相应控制程度的勘查工程见煤点连线以内和连线以外以本种基本线距(钻孔间距)的 1/4～1/2 的距离所划定的全部范围内,都视为达到了相同的控制程度,而不再视为外推的范围(划定工程见煤点连线以外 1/4～1/2 的距离范围时,其外侧还应有工程见煤点控制)。上述两种块段划分办法的采用应根据具体情况决定。

13. 断层两侧划为推断的块段

由于断层对煤层破坏的影响,断层旁侧小断层的发育,断层位置和倾角局部小范围变动等因素,断层即使已查明,其两侧资源储量的可靠程度也较差。因此,规范规定在断层两侧各划出 30～50m 为推断的块段。它不等同于矿井设计时划出的断层煤柱。地质报告在统计资源储量总量时一般不作煤柱资源储量统计。

14. 露天勘探各类别块段的划分,不受平行等间距加密剖面的影响

露天勘探工程控制密度要求在初期采区用平行等间距加密,其剖面间距为同类型井田勘探阶段先期开采地段基本线距的 1/2,但是在圈定各类资源储量块段时,仍与同类型井田圈定各类资源储量块段原则相同,与是否加密剖面无关。

15. 资源储量的估算深度

预查、普查阶段资源储量估算的垂深,一般为 1000m,最大不超过 1200m。在详查、勘探阶段,资源储量估算的范围应该和工作区一致。在具备开采利用条件时,可估算至垂深 1500m。

垂深的起算点,一般规定是:平原地区以地面标高起算;丘陵、低山区一般以最低侵蚀基准面起算;中、高山区以含煤地层(或主要含煤段)出露的一般(或平均)标高为起算点。如有特殊需要,可根据具体情况与相关国土资源主管部门商定。

16. 各阶段地质报告的编制

原则上应按有关地质报告编写规范规定的要求编写。但为了使地质报告的内容重点突出、方便使用,在编制报告时,应根据工作区地质勘查的实际情况和地质报告的使用目的,可对报告编写内容,包括章节设置、附图、附表等,进行适当调整和补充,不必生搬硬套。

小煤矿勘查、煤矿井扩大(延深)的地质报告,由于这两类煤炭资源勘查都不分阶段,因此地质报告名称中可以不出现勘查阶段字样。

第二节 煤田地质填图规程的制定

一、煤田地质填图规程的修订

为了适应煤炭地质勘探中地质填图工作的需要,在煤炭部 1979 年颁发的《1：5 万、

1∶2.5 万、1∶1 万、1∶5000 地质填图规程》和 1983 年颁发的《大比例尺航空地质测量规程》的基础上,总结十多年来的实践经验,并充分注意到形势的发展和技术的进步而制定的。它为煤田地质填图提供了基本技术依据。

《煤田地质填图规程》(DZ/T0175-1997)规定了 1∶5 万、1∶2.5 万、1∶1 万、1∶5000煤田地质填图的目的、工作程度、工作方法及精度要求,原始编录和资料整理、检查验收以及填图报告(总结)的编制。

本规程适用于裸露和半裸露地区煤炭地质勘查各阶段的煤田地质填图(1∶5 万、1∶2.5 万、1∶1 万、1∶5000),是其设计编写、成果验收、质量监控的主要依据。

煤田地质填图,是煤炭地质勘探的基础工作,是煤炭地质勘探各阶段编制勘探区(井田)地质图的依据和基础。除部分 1∶5 万填图可单独安排外,一般配合相应阶段的煤炭地质勘探项目进行。凡基岩裸露或部分裸露且表土掩盖不厚的地区,各勘探阶段都必须做好此项工作,一般应超前进行。在大部分掩盖,只有零星露头的地区,也应进行露头圈定工作。

煤田地质填图的目的,就是通过对天然露头和工程地质点等进行系统的地面地质观测,对地层层序、岩石、构造、煤层赋存特征及地表地质规律进行研究,为相应阶段的煤炭地质勘探提供基础地面地质资料。

填图应以先进地质理论为指导,以地质观察研究为基础,运用新技术、新方法,不断提高地质研究程度、填图质量和工作效率。凡有条件时,均应开展航空地质填图,并要积极应用遥感、地面物探等方法配合地质填图。

本规程是 1∶5 万～1∶5000 煤田地质填图的基本技术规定。不同地质条件、工作条件和研究程度的工作地区以及小型地方项目的填图,其工作内容和要求允许有所侧重和区别,但应在技术设计书中加以明确。

二、煤田地质填图的要求

1. 1∶5 万填图工作程度要求

1) 初步查明地层层序;根据多重地层划分要求,划分岩石地层单位和时间地层单位,有条件时,划分生物地层单位。填图单位划分到“组”;必要和可能时,含煤地层和上覆重点层段应划分到“段”。第四系根据实际需要划分。

2) 初步查明含煤地层时代,了解其厚度及分布范围;了解煤层层数和煤层厚度。找出区域性对比标志;有条件的地区,对主要煤层进行初步对比。

3) 初步了解地质构造形态;初步查明地层断距大于 100m 或出露长度大于 1000m 断层的地面位置及性质;初步查明长度大于 2000m 褶曲轴的地面位置。

4) 初步了解生产矿井、小煤矿和老窑的分布状况。

5) 初步了解煤类和煤质。

6) 初步了解其他有益矿产情况。

7) 初步了解岩浆岩的种类、岩性和大致分布范围。

2. 1∶2.5 万填图工作程度要求

1）查明地层层序；根据多重地层划分要求，详细划分地层。填图单位划分到"组"；含煤地层和上覆重点层段，有条件时，应划分到"段"。第四系可根据实际需要划分。

2）查明含煤地层时代；详细了解其厚度及分布范围；了解主要煤层层数、层位、厚度、结构及可能的变化情况；建立全区性的煤层对比标志，对主要煤层进行初步对比。有条件的地区，应实测主要煤层露头位置。

3）了解地质构造形态；初步查明地层断距大于 50m 或出露长度大于 500m 断层的地面位置及性质；初步查明长度大于 1000m 的褶曲轴的地面位置。

4）了解老窑、小煤矿和生产矿井的分布及开采情况。

5）了解主要煤层的煤质和煤类。

6）了解其他有益矿产情况。

7）了解岩浆岩的种类、岩性、产状及其分布范围。

3. 1∶1 万填图工作程度要求

1）根据多重地层划分要求，详细划分地层；含煤地层和上覆重点层段，填图单位应划分到"段"；有条件的地区，应到"亚段"；其他地层，可根据实际需要划分。

2）详细研究煤岩层对比；初步查明可采煤层层数、层位、厚度、结构及其地表变化情况。建立区内各种煤层对比标志，主要可采煤层应对比清楚。计算储量的主要可采煤层，原则上均应实测煤层露头位置。

3）初步查明地质构造特征；初步查明地层断距大于 30m 的断层和出露长度大于 200m 的褶曲轴的地面位置及性质。

4）调查老窑、小煤矿和生产矿井的分布、开采情况，初步了解老窑采空范围。

5）了解可采煤层的煤质特征，初步确定煤类。

6）了解其他有益矿产的地表赋存情况。

7）详细了解岩浆岩的岩性、产状和分布范围，初步了解其对煤层和煤质的影响。

4. 1∶5000 填图工作程度要求

1）根据多重地层划分要求，详细划分地层；含煤地层和上覆重点层段，填图单位应划分到"段"或"亚段"（带）；其他地层可根据实际需要划分。

2）详细研究煤岩层对比；初步查明可采煤层层数、层位、厚度、结构及其地表变化规律。建立区内各种煤层对比标志（含局部性）；全区可采煤层必须对比清楚，大部可采煤层和局部可采煤层应基本对比清楚。计算储量的主要可采煤层，原则上均应实测煤层露头位置。有条件的地区，应实测主要标志层。

3）初步查明地质构造特征；初步查明地层断距等于和大于 20m（地质条件好的地区为 15～10m）的断层及出露长度大于 100m 的褶曲轴的地面位置及性质；在工作中所发现的地层断距小于 20m（或 10m）的断层，均应填绘到地质图上，并尽可能查明其地面位置及性质；岩层倾角平缓地区，应控制地层的产状变化。对小构造（节理、裂隙等）应进行观察记录和评述。

4）详细调查老窑、小煤矿和生产矿井的分布及开采情况，了解老窑采空范围。

5）详细了解可采煤层的煤质特征及其地表变化情况，初步确定煤类。

6）详细了解其他有益矿产的地表赋存情况。

7）详细了解岩浆岩的岩性、产状及分布范围，了解其对煤层、煤质的影响程度。

第三节　煤炭勘查地质报告编写规范

《煤炭勘查地质报告编写规范》(MT/T1042-2007)根据煤炭资源勘查特点，强调在煤炭地质勘查工作中要做到勘查手段选择科学，勘查工程运用合理，勘查程度满足地质任务要求，勘查工程质量可靠；强调勘查工作中要坚持"边勘查施工、边整理资料、边修改勘查设计"的技术工作原则；强调勘探阶段和勘探报告对可能影响煤矿安全生产的可采技术条件等因素必须确保《煤、泥炭地质勘查规范》规定的勘探、研究程度。

本标准规定了煤炭地质报告的性质、用途、编写基本准则和编写要求，用于煤炭地质勘查报告的编写。

一、煤炭地质勘查报告的内容

煤炭地质勘查报告是综合说明煤炭地质勘查项目的目的任务、勘查方法、勘查类型、勘查工程布置、勘查工程质量，阐述勘查区地层、构造、煤层、煤质特征和开采技术条件，描述煤炭资源储量的空间分布、质量、数量，论述其控制程度和可靠程度，评价其经济意义等内容的文字说明和图表资料，是地质勘查项目勘查成果和研究成果的总结。

勘探报告可作为矿井设计和建设的地质依据，详查报告可作为矿区总体规划的地质依据，普查报告可作为煤炭工业远景规划的地质依据，预查报告可为地质勘查规划提供地质依据。在资源条件好的地区，普查报告也可作为矿区总体规划的地质依据。

煤炭地质勘查报告也可作为以矿产勘查开发项目公开发行股票、其他方式融资以及矿业权转让时有关资源储量评审备案的依据。

煤炭地质勘查报告也是政府部门矿产资源管理工作和有关单位科研、教学的重要技术资料。

二、煤炭地质勘查报告编写基本准则

煤炭地质勘查分为预查、普查、详查、勘探四个阶段，每一勘查阶段工作结束后，应编写相应地质勘查报告。合并或跨越勘查阶段的勘查项目，应在该项目结束时以全部地质勘查资料编写报告。项目因故中途撤销、停止地质勘查工作的，应在已取得资料的基础上编写地质勘查总结。

煤炭地质勘查报告必须客观、真实、准确地反映地质勘查工作所取得的各项资料和成果。地质勘查工作必须符合《煤、泥炭地质勘查规范》及其他有关规范、规程对各勘查阶段的要求,做到勘查手段选择科学,勘查工程运用合理,勘查程度满足地质任务要求,勘查工程质量可靠。勘查工作中要坚持"边勘查施工、边整理资料、边修改勘查设计"的技术工作原则,确保地质勘查工作的有效性。在勘探阶段还要加强与勘查投资人、煤矿设计单位的联系,确保地质勘查工作满足矿井设计的要求。在地质勘查中必须取全、取准第一手资料,对各项资料和成果必须进行综合分析研究。

煤炭地质勘查及其报告编制应与煤炭资源开发规划、矿山建设、煤矿安全生产紧密结合,特别是勘探阶段及其勘探报告编制,应满足《煤、泥炭地质勘查规范》对可能影响煤矿安全生产的开采技术条件所规定的勘探程度和研究程度。

煤炭地质勘查工作与项目可行性评价应紧密结合,勘查地质报告中应包括地质勘查和可行性评价工作。可行性评价程度为概略研究的,由勘查单位直接编入报告;可行性评价程度为预可行性研究或可行性研究的,应在勘查报告中引述该项目预可行性研究报告或可行性研究报告的主要结论。

煤炭地质勘查报告的内容要有针对性、实用性和科学性,做到数据资料准确无误,研究分析简明扼要,结论依据明确可靠。资源储量估算采用计算机技术者,所采用的软件应该是成熟的并经过有关部门认定的。

各阶段勘查工作中所发现的有一定前景的煤层气资源和其他各种有益矿产,均应在地质勘查报告中加以评述。对证实具有开发前景的煤层气资源和其他有益矿产,必要时应提交专门性地质资料。

煤炭地质勘查野外工作结束前,应按照《煤、泥炭地质勘查规范》和勘查设计的要求,由勘查投资人或勘查单位上级主管部门组织,对地质勘查工作程度和基础性资料的质量进行野外检查验收。检查验收中发现的重大问题,应责成勘查单位在报告编写前解决。

煤炭地质勘查报告编写提纲适用于煤炭勘探报告的编写。煤炭预查报告、煤炭普查报告、煤炭详查和露天勘探报告的编写提纲,可在《煤炭勘探报告编写提纲》的基础上,根据实际需要进行增减、取舍,但所取得的勘查数据资料及有关文件必须全部编入报告,不得遗漏。

三、煤炭地质勘查报告编写要求

煤炭地质勘查野外工作结束前,应按照《煤、泥炭地质勘查规范》和勘查设计的要求,由勘查投资人或勘查单位上级主管部门组织,对地质勘查工作程度和基础性资料的质量进行野外检查验收。检查验收中发现的重大问题,应责成勘查单位在报告编写前解决。

煤炭地质勘查工作中的测量、地质填图、地震、电法、测井等勘查手段的野外工作由勘查工作的主承担单位组织检查验收合格后,方可编制专业总结报告。勘查工作的主承担单位审查合格的专业总结报告资料才能在煤炭地质勘查报告中使用。

在煤炭地质勘查报告编写前,报告编写技术负责人应结合勘查工作区实际情况以及勘查项目的勘查阶段具体要求(煤炭地质勘查报告还应听取矿井设计单位的意见),以本标准规定的"煤炭地质勘查报告编写提纲"为基础进行增减、取舍,拟定切合实际的报告编写提纲。

报告编写技术负责人根据拟定的报告编写提纲,制定出工作计划,组织编写工作,并在执行过程中随时检查,发现问题及时解决,保证报告编写按时完成。报告编写中,应定期进行质量检查,对需要研究的各类问题,应及时组织讨论,统一认识,将结果准确、客观地反映在报告中,但属于学术上的不同观点不需在报告中论述。

煤炭地质勘查报告应由报告正文、附图、附表、附件四部分组成,其中附图中的钻孔柱状图原则上只附本阶段施工钻孔的柱状图。矿业权人为保守商业秘密或适应政府的地质资料汇交管理的需要,可酌情将正文内容合理分册编写,每册单独装订。

煤炭地质勘查报告名称统一为××省(市、自治区)××县(市、旗或煤田)××矿区(井田、勘查区)煤炭××(勘查阶段名称)报告。报告附图的图式、图例、比例尺等按照有关技术标准执行。

煤炭地质勘查工作中形成的原始资料,由报告编写技术负责人组织,按照有关技术标准的要求与煤炭地质勘查报告、专业总结报告同时立卷归档。立卷归档的煤炭地质勘查原始资料、煤炭地质勘查报告、专业总结报告由相应承担单位资料馆保存。煤炭地质勘查项目原始资料、地质勘查报告、专业总结报告除建立、保管纸介质资料档案外,必须同时建立、保管电子介质资料档案。

煤炭地质勘查报告按照政府有关矿产资源储量评审备案的规定,经初审后送交相应储量评审机构评审备案,并由报告编写技术负责人按照评审中提出的修改意见组织对报告的修改。

煤炭地质勘查报告经评审备案后,应将评审备案文件作为附件附于报告中。

评审备案后复制的煤炭地质勘查报告,按照政府有关地质资料汇交的规定进行汇交。

第四节　遥感煤田地质填图技术规程

遥感煤田地质填图的目的是采用航天、航空遥感技术和方法,结合常规地质手段,对填图区进行系统地质解译和观测,采集并编辑各种地质信息,着重研究岩石、地层、构造、煤层赋存特征及地表地质规律,为相应阶段的煤田地质勘查提供基础地质资料。

一、《遥感煤田地质填图规程》(MT/T1043-2007)的制定

随着遥感技术的发展,计算机技术的普及,GPS技术的成熟,使得应用遥感图像进行煤田地质填图成为可能。在中华人民共和国地质矿产部1997年发布的DZ/T 0175-1997《煤田地质填图规程(1:5万,1:2.5万,1:1万,1:5000)》的基础上,总结了近十年来的煤田地质填图经验,特别是在煤田地质填图中使用遥感图像的经验,特制定本标准。它为煤田地质填图工作开辟了一个新的手段。本标准规定了遥感煤田地质填图(1:5万,1:2.5万,1:1万,1:5000)的目的、工作程度、工作方法及精度要求,并规定了设计编制、原始编录、资料整理、成图方法、填图报告编制、检查验收等要求。

本标准适用于不同类型地质可解译程度地区的煤田地质勘查阶段(1:5万,

1：2.5万，1：1万，1：5000)使用航天、航空遥感技术进行的煤田地质填图。

本标准可作为煤田地质填图以外的其他遥感地质填图参考性技术标准。

二、遥感煤田地质填图的基本原则

遥感煤田地质填图的技术和方法先进，宏观性和实时性强，能够满足1：5万、1：2.5万、1：1万、1：5000比例尺煤田地质填图技术和质量要求，且具有工期短、工效高的优势。凡可获取遥感图像1)的填图区，尽可能使用遥感煤田地质填图技术。

遥感煤田地质填图是煤田地质勘查的基础性工作，是编制勘查区地质图的依据。在进行地质勘查时，遥感煤田地质填图安排在钻探工作之前实施。

不同勘查阶段遥感煤田地质填图比例尺要求：预查阶段为1：5万～1：2.5万；普查阶段为1：5万～1：2.5万，也可采用1：1万；详查阶段为1：2.5万～1：1万，也可采用1：5000；勘探阶段为1：5000，也可采用1：1万。

遥感煤田地质填图应以适宜的地质理论为指导，以地质体的成像规律为依据，运用遥感、地理信息系统、全球定位系统技术，综合分析遥感地质信息以及填图区已有的地质勘查资料，以达到填图区相应的地质研究程度。在实施遥感煤田地质填图时，可根据基岩裸露程度和填图精度要求适当安排探槽等山地工程，以提高地质研究程度和填图质量。

航天、航空遥感图像种类较多，各类图像的适用范围不同。在实施遥感煤田地质填图工作时，可根据填图区的具体情况和要求适当选择一种或数种图像。

本规程是1：5万、1：2.5万、1：1万、1：5000遥感煤田地质填图的基本技术标准。不同工作条件、不同研究程度、不同地质条件的填图工作内容和要求可有所侧重和区别，具体情况应在设计书中加以明确。

第五节　煤炭地质勘查钻孔质量评定

《煤炭地质勘查钻孔质量评定》(MT/T1044-2007)规定了煤炭资源地质勘查钻孔的钻探、测井和综合验收质量标准及抽水试验质量标准。

钻探是煤炭资源地质勘查的主要手段之一。为规范煤炭资源地质勘查钻探质量验收，中华人民共和国煤炭工业部先后于1978年和1987年制定颁发了《煤田勘探钻孔质量标准》和《煤田勘探钻孔工程质量标准》，为不断提高煤炭资源地质勘查工程质量和地质工作质量发挥了重要作用。为全面提高煤炭地质勘查各项工程质量，在上述质量标准的基础上，在广泛征求各方面的意见的基础上，特制定本标准。

本规范一是采用煤层厚度误差、煤心采取率、煤层深度误差、原始记录4项指标，评定钻探煤层质量；二是采用煤层采取质量、岩心采取质量、终孔层位、孔斜简易水文地质观测、钻孔封闭、原始记录、其他设计要求8项指标，评定钻探全孔质量等级；三是采用物性参数数量、曲线质量、煤层解释精度、岩层解释精度、断层解释精度、含水层解释精度、孔斜解释精度、孔径解释精度、井温解释精度、原始数据质量10项指标，评定全孔测井质量；四是采用水位降低次数、水位降距、稳定时间、水位误差、流量误差、Q-S曲线形态6项指标，评价钻孔稳定流抽水试验质量;五是采用水位降低次数、最大降深直、抽水延续时间、抽水流量变化幅值、S-t 曲线形态、水位恢复 6 项指标,评定钻孔非稳定流抽水试验质量;六是采用煤层采取质量、岩心采取质量、终孔层位、孔斜、简易水文地质观测、钻孔封闭、原始记录、其他设计要求 8 项指标,评定钻孔综合质量等级。

第六节　煤炭煤层气地震勘探规范

一、《煤炭煤层气地震勘探规范》(MT/T897-2000)的制定

《煤炭煤层气地震勘探规范》(MT/T897-2000)是基于煤炭行业地震勘探近几十年的实际经验,并参考原煤炭工业部颁发的《煤田地震勘探规程》、中国煤田地质总局颁发的《数字地震仪暂行技术规定》和地质矿产行业标准《石油天然气地震勘探规范》,经过反复征求意见、讨论和修改而形成的煤炭行业标准。本标准涉及的地震仪器均为煤炭地震勘探常用的仪器,其技术指标依据国外同类仪器的先进指标;本标准的数据处理类似或等同于国外先进水平;本标准提出的勘查精度不低于国外先进水平,达到世界先进水平。

本标准规定了煤炭、煤层(成)气地震勘探工作程序、地质任务和工程设计,地震资料采集、处理与解释,成果报告的编写,质量检验等工作的技术要求。

本标准适用于煤炭、煤层(成)气各个勘查阶段和矿井基本建设、生产中的地震勘探,也适用于煤矿床水和煤矿灾害地质地震勘探。本标准的颁布、实施推动了我国煤炭、煤层气地震勘查技术的进步,提高了煤炭地质的勘查研究程度特别是小型断裂构造、煤层稳定连续性、陷落柱等地质现象精细查明程度。

二、勘探阶段划分及相应地质任务

按照地质工作从较大范围概略了解到小范围详细研究的工作程序和与煤炭工业基本建设需要相适应的原则,地震勘探工作可划分为概查(找煤)、普查、详查、精查和采区勘探5 个阶段,根据资源及地质情况可以简化或合并。

1. 概查

概查一般应在煤田预测与区域地质调查或在重力、磁法、电法工作的基础上进行。其主要任务是寻找煤炭资源,并对工作地区有无进一步工作价值作出评价。

地质任务及工作程度要求:初步了解覆盖层厚度及变化情况;初步了解工作地区构造轮廓;初步了解含煤地层的分布范围;提供参数孔和找煤孔孔位。

2. 普查

普查应在概查的基础上或在已知有勘探价值的地区进行。

地质任务及工作程度要求:初步查明覆盖层的厚度,当厚度大于 200mm 时测线上的解释误差不大于 9%;初步查明区内基本构造轮廓,了解构造复杂程度,控制可能影响矿

区划分的主要构造。初步查明落差大于100m的断层,并了解其性质、特点及延伸情况,断层在平面上的位置误差不大于200m,在测线上主要目的层深度解释误差不大于9%;初步控制主要煤层的隐伏露头位置,其平面位置误差不大于200m;了解主要煤层的分布范围;初步了解岩浆岩对主要煤层的影响范围。

3. 详查

详查应在普查的基础上,按照煤炭工业布局规划的需要,选择资源条件较好,开发比较有利的地区进行。

地质任务及工作程度要求:查明勘探区的构造形态,控制勘探区边界和区内可能影响井田划分的构造,评价勘探区构造复杂程度。查明落差大于50m的断层性质及其延伸情况,其平面位置误差不大于150m;主要煤层底板的深度大于200m时,解释误差不大于5%;主要煤层底板的深度小于200m时解释误差不大于14m。控制煤层隐伏露头位置,其平面位置误差不大于150m;覆盖层厚度大于200m时,其解释误差不大于7%;覆盖层厚度小于200m时解释误差不大于14m;了解古河床、古隆起、岩浆岩等对主要煤层的影响范围;初步了解主要煤层厚度变化趋势;了解勘探区内煤层(成)气的赋存情况。

4. 精查(勘探)

精查一般以井田为单位进行。精查工作的主要地段是矿井的第一水平(或先期开采地段)和初期采区。

地质任务及工作程度要求:查明井田边界构造及与矿井第一水平有关的边界构造;查明第一水平内落差等于和大于200m的断层,断层平面位置误差不大于100m,基本查明初期采区内落差大于10m的断层(地震地质条件复杂的地区应基本查明落差大于15m的断层),并对小构造的发育程度、分布范围作出评述;控制第一水平内主要煤层的底板标高,其深度大于200m时,解释误差不大于3%;深度小于200m时解释误差不大于10m;查明第一水平或初期采区内主要煤层露头位置,其平面位置误差不大于100;覆盖层厚度大于200m时,其解释误差不大于5%;覆盖层厚度小于200m时解释误差不大于10m;圈出第一水平内主要煤层受古河床、古隆起、岩浆岩等的影响范围;研究第一水平范围内主要煤层厚度变化趋势;对区内可能有利用前景的煤层(成)气的赋存情况作出初步评价。

5. 采区勘探

采区地震勘探的任务是为矿井设计、生产矿井预备采区设计提供地质资料,其地质构造成果应能满足井筒、水平运输巷、总通风巷及采区和工作面划分的需要。勘探范围由矿井建设单位或生产单位确定。

地质任务及工作程度的一般要求:二维勘探应查明落差10m以上的断层,其平面位置误差应控制在50m以内;三维勘探应查明落差5m以上的断层(地震地质条件复杂地区查明落差8m以上断层),其平面位置误差应控制在30m以内;进一步控制主要煤层底板标高,其深度大于200m时,解释误差二维勘探不大于2%,三维勘探不大于1.5%;深度小于200m时,解释误差二维不大于6m,三维不大于4m;查明采区内主要煤层露头位置,其平面位置误差二维勘探不大于 50m,三维勘探不大于 30m;当覆盖层厚度大于 200m 时,其解释误差不大于 2％;当覆盖层厚度小于 200m 时解释误差不大于 6m;进一步圈出区内主要煤层受古河床、古隆起、岩浆岩等的影响范围;解释区内主要煤层厚度变化趋势;解释较大陷落柱等其他地质现象。

6. 煤矿床水水文地震勘探

煤矿床水水文地震勘探是指为煤矿床专门水文地质勘探、供水水文勘查、煤矿防治水和安全生产提供水文地质资料而进行的地震勘探。

供水水文地震勘探应按水文地质工作需要确定是否开展。供水水文地震勘探一般可分为普查、详查、勘探和开发 4 个阶段。大水矿区一般应进行专门水文地震勘探。

供水水文地震勘探的工作重点是勘查主要含水层段的分布及富水性,断层阻导水性和蓄水构造,其地质任务及精度要求可参照普查、详查、精查(勘探)阶段的规定由任务来源单位确定。

第七节 煤炭电法勘探规范概述

一、电法勘探规范的制定

《煤田电法勘探规程》自 1980 年由原煤炭工业部以行政法规颁发以来,煤田电法技术有了很大的发展。然而,随着电法理论的不断发展,新的方法不断增加,尤其是数字电法技术的应用,不仅提高了电法勘查精度,同时也拓宽了电法勘查技术的地质应用范围。为此,有必要编写包括各类分支方法在内的适应煤炭资源勘查与开发各阶段的《煤炭电法勘探规范》。

本标准是基于四十余年煤炭行业电法勘探的实际经验,并参考《煤田电法勘探规程》(1980 年版)和地质行业行业标准《电阻率测深法技术规程》、《电阻率剖面法技术规程》、《自然电场法技术规程》、《地面甚低频电磁波法技术规程》等有关标准编写而成。在编写过程中经反复征求意见、讨论和修改,是一部实用的煤炭行业推荐性标准。

本标准采用了国内外先进的采集、处理与解释技术,正确地运用本标准可以提高电法工程质量,可获得国内外先进水平的地质成果。本规范规定了煤炭资源及其相关地质工作中地面电法勘探的设计编制、野外施工、质量评价、资料处理与解释、报告编制和审查验收等工作的基本要求和技术规则。

本规范适用于煤炭资源地质勘探及与煤炭资源相关的各种比例尺地质填图、矿区水文地质工程地质勘查、供水水文地质勘探中的地面电法勘探工作。同时也可供煤炭各类工程地质、环境地质、灾害地质等勘探中的地面电法勘探工作参考。

二、基 本 要 求

电法勘探是煤炭资源勘探及其相关地质工作的基本手段。凡地表、环境条件允许,地下探测目的层（物）与围岩有明显电性差异的勘探区均应使用该方法。

电法勘探工作应运用先进的方法理论、先进的技术和装备，不断提高电法勘探工作的技术水平，增强解决地质问题的能力。

确定电法勘探项目地质任务时应考虑勘探区的具体条件，特别是地电条件。

应根据工作任务、地电条件、地形地质条件及各类分支方法解决具体地质问题的有效性选择经济、技术合理性的电法勘探工作方法及装置、参数。

对于新区或地电条件复杂区立项前应进行必要的方法可行性调查。

第八节　其他技术标准与规范

一、煤矿床水文地质、工程地质、环境地质评价标准

《煤矿床水文地质、工程地质、环境地质评价标准》（MT/T1091-2008）是《煤、泥炭地质勘查规范》的配套标准，为了适应煤炭资源地质勘查工作的需要，在原煤炭工业部1980年颁布的《煤炭资源勘探抽水试验规程》、《煤炭资源地质勘探地表水、地下水长期观测及水样采取规程》、《煤炭资源地质勘探钻孔简易水文地质观测规程》、《煤田水文地质测绘规程》的基础上，充分吸收近年来煤炭地质勘查、煤矿建设对工程地质、环境地质的新要求，全面总结20多年执行过程的实践经验，结合当前我国经济发展和技术进步而制定的。

本标准是煤炭资源地质勘查工作中涉及开采技术条件评价的基本技术依据。规定了煤、泥炭矿产资源地质勘查水文地质、工程地质、环境地质工作的基本准则，侧重于勘查技术要求、工作方法。

本标准适用于煤、泥炭地质勘查各阶段的设计编写、勘查施工、地质研究、地质报告编写、评审备案，也可作为资源储量评估、矿业权转让、可行性评价的依据。

二、煤炭地质勘查煤质评价技术标准

《煤炭地质勘查煤质评价技术标准》（MT/T1090-2008）是首次制定。为合理有效地开发利用煤炭资源，使其煤炭地质勘查工作适应当前国民经济快速发展和环境保护的要求，依据《煤、泥炭地质勘查规范》而制定。本标准规定了煤炭资源勘查个阶段对煤质评价的具体要求和工作任务。

本标准规定了煤炭资源勘查煤质工作的基本要求和煤样采取、包装、送验、保存、测试及煤质评价的基本方法，适用于煤炭资源勘查各阶段设计编制、采用测试、煤质研究、勘查报告的编制和煤质评价。

三、煤炭地球物理测井规范

《煤田地球物理测井规范》（DZ/T0080-1993）自颁发实施以来，对规范煤田地球物理测井技术工作和推动煤田地球物理测井技术发展发挥了极大作用。然而，随着地球物理

测井理论的不断发展,新的方法技术不断增加,尤其是数字地球物理测井技术的普及,不仅提高了地球物理测井勘查的精度,同时也拓宽了地球物理测井勘查技术的地质应用范围。另外原《煤田地球物理测井规范》(DZ/T0080-1993)所涉及的模拟测井技术已经淘汰,模拟测井仪也早已退出煤炭资源勘查工作各阶段。因此,需对《煤田地球物理测井规范》(DZ/T0080-1993)进行修订,为进一步完善煤炭地球物理测井技术标准,在总结煤田地球物理测井经验教训的基础上,经过反复征求意见,讨论修改后形成《煤炭地球物理测井规范》(DZ/T0080-2010)。

本标准建立了以单孔为基础,以勘查区为总体的煤炭地球物理测井的工作理念。确立了以地层、煤、煤层气研究为主题,以煤、煤层气资源为目标,全方位的煤炭地球物理测井工作思路。形成了充分利用钻孔揭露通道,集数据采集、解释与煤、煤层气资源评价、开发相关的地质、水文地质、工程地质、环境地质等信息煤炭地球物理测井体系。

本标准规定了煤炭、煤层气地球物理测井的设计、仪器设备、测量技术、原始资料质量评价、资料处理与解释、报告编制、评审、备案及安全防护等方面的基本要求。

本标准适用于煤炭、煤层气资源评价,煤矿基本建设、煤矿安全生产勘查地质勘查及其有关的煤、煤层气、地质、水文地质、工程地质、环境地质勘查工作中的测井工作。

四、煤层气勘查技术标准的研究

煤层气是一种优质、高效的洁净新能源。为了促进我国煤层气资源勘查开发工作,规范煤层气资源勘查阶段、勘查程序、勘查方法、发展煤层气地质理论,推广应用煤层气资源勘探新技术,搞好以煤炭、煤层气综合勘查为核心的项目管理,提交合格的煤层气资源勘查报告,将制定本标准。本标准将进一步明确煤层气资源勘查的性质、任务、阶段划分,勘查工程使用的方法和技术要求,煤层气资源储量分类、分级、估算及勘查报告的编写等方面的内容。

研究制定中的标准应适用于煤层气资源勘查各阶段的涉及编制、勘查施工、地质研究、勘查报告编写和评审、备案、资源储量估算、评估。也可作为矿业权转让、勘查开发融资等的依据。

五、煤炭地质勘查报告图式、图例标准的研究

随着煤炭地质勘查信息化工作的提高,对地质报告的编写应在全国范围内规范和统一,制定煤炭、煤层气勘查各种技术方法各阶段地质报告的统一图示、图例标准显得十分必要。应满足和适用于煤炭、煤层气勘查各阶段、各工种(技术方法)图纸的图式、图例。同时兼顾中、小比例尺区域性和全国性图件的图例,其尺寸大小、线号、注记数均按图幅的面积范围设计,已达到各种挂图的最佳效果。为保证注记统一、表示统一,各种图例的表示颜色以数值法为准。

正在制定的本标准能够适用于各种煤炭地质勘查报告、地球物理勘查报告、煤矿生产地质勘查报告。

六、煤矿床水文地质勘查工程质量标准的研究

水文地质钻探是煤矿床水文地质勘查的主要手段之一。为规范煤矿床水文地质勘查钻探等工程的质量验收,原煤炭工业部先后于 1978 年和 1987 年制定颁发了《煤田勘探钻孔质量标准》和《煤田勘探钻孔工程质量标准》,2007 年进行了修订,《煤炭地质勘查钻孔质量评定标准》(MT/T1044-2007)颁发实施。上述标准由于规范的重点在于地质钻探,它虽然为不断提高煤矿床地质勘查工程质量和地质工作质量发挥了重要作用,但是仍感不足。因此本标准的制定即考虑了煤矿床水文地质勘查主要手段质量的评价,同时兼顾各手段特别是地球物理勘查手段的质量的评价及监控。本标准将规范煤矿床水文地质勘查工作的钻探、测井、地震、电法和综合验收质量标准及抽水试验质量标准。

总之,标准体系的建设是煤炭地质勘查技术研究的一项重要工作,也是一项系统工程,涉及面广、科学性强,需要遵循一定的准则和程序,按照统一的技术要求提交相应成果,规范在实践过程中也要不断修改完善,同时要和国际接轨。因此,上述规范的颁发和实施,对全面促进煤炭地质勘查工作的发展发挥了重要的作用,主要体现在以下几个方面:

1)标志着一整套煤炭地质勘查学科理论和适合中国煤炭地质特点并且具有现代科技特色的煤炭资源综合勘查新技术体系的建立。

2)进一步全面规范了煤炭地质勘查的各项工作。

3)加强了煤炭地质基础理论研究,发现了一批蕴藏丰富优质煤炭资源的新煤田。

4)提高了煤炭资源综合勘查技术的创新力度,提高煤炭地质研究程度、勘查精度,勘查工程质量和效率,基本满足国民经济快速发展日益增长的煤炭资源的需求。

5)对建设煤炭工业安全高效矿井,改善煤矿安全生产状况,促进煤炭开发与环境保护协调发展起到了积极的推进作用。

6)以现代地质理论为指导,依靠高新技术,全面提高创新能力,整体提升了煤炭地质勘查队伍的勘查能力和服务水平,进一步扩大了服务范围。

7)促进煤炭地质科技体制的改革,新型人才机制的建立,煤炭地质科技创新平台的创建,精干高效的煤炭地质科技创新队伍和煤炭地质勘查队伍的建设。

第十三章　中国煤炭地质理论研究与进展

第一节　含煤地层层序地层研究进展

一、含煤地层研究概述

近年来,层序地层学作为一种新的盆地分析方法,受到广大地质学家尤其是油气地质学家的重视,有关高分辨层序地层学技术的研究如雨后春笋般地涌现出来,层序地层学已从原来的地震地层学的概念发展到如今的比地震地层分辨率更高的以研究第四和第五级准层序为主的高分辨率层序地层学研究方法。尤其是露头规模的高分辨率层序地层学的研究已经成功地用于地下岩相及矿产资源的预测,已经在很大程度上改进了人们对岩相几何形态及储层分布格架的认识的准确性。总之,层序地层学已经发展成油气勘探及科学研究的一种强大的、具预测功能的相分析工具手段。这些新的沉积学研究方法已渗透到含煤岩系研究中,并促使含煤岩系沉积学迅猛地向前发展。含煤盆地充填沉积的层序地层分析为层序地层学分析体系中的重要组成部分,近 20 余年来取得大量成果,特别是陆表海聚煤盆地的层序地层学模式已基本成熟,陆相聚煤盆地的层序地层分析理论与模式也已基本形成,例如提出幕式聚煤作用、盆控型泥炭沼泽体系、海侵过程成煤、海侵事件成煤以及海相层滞后时段聚煤等理论。从现今研究来看,含煤地层的层序地层研究具有以下有利条件:

1)含煤地层沉积序列的研究已有多年的积累,密集的钻井、测井和地震勘探资料以及井下实际揭露资料,为层序及内部单元的划分和追踪提供了坚实的资料基础。因此,含煤地层中的煤层、标志层成为地层划分的主要依据,是非含煤盆地所不具备的优势。

2)含煤地层多年的成煤环境分析成为含煤地层层序地层划分的重要研究基础,精细的煤层对比和地层划分为建立等时性的地层格架提供了重要参考依据,尽管含煤地层的传统划分与层序划分不一致,但从大的方面看,符合层序地层划分的一般原则。

3)含煤地层的多层次旋回性特点以及含煤旋回的不同级次叠加,是构成层序地层多级别层序地层单元的前提条件,因此,含煤地层沉积旋回的识别成为层序单元识别的重要手段,两者在成因上具有相似性。

4)含煤地层中诸多的事件沉积,如火山灰降落事件沉积、海侵事件沉积、风暴沉积等,都具有区域性分布,且具有等时性,因此,对于对比层序地层单元和建立层序地层格架具有重要作用。

5)含煤地层的生物地层研究为层序划分提供了依据,已成为层序划分的组成部分,煤系中的古生物门类众多,特别是石炭系䗴的研究,为研究煤系中的重要分界线提供了重要依据。

　　基于以上有利条件,对于含煤地层进行层序划分,以及进行高分辨率层序地层分析是完全可以实现的。因此,20世纪90年代含煤地层的层序地层分析取得了一些进展,相继提出了独具特点的层序地层模式。这些成果既充分、灵活地运用了经典层序地层学的关键思想,坚持了经典层序地层学的基本原则,又结合我国含煤盆地的特点,以及不同聚煤盆地的地质背景、充填特征,提出了科学合理的含煤地层层序地层模式,并得到了国内外同行的重视和承认。纵观含煤盆地的沉积学、地层研究进展,可以看出,以往一些盆地分析、石油地质学领域的新思路、新方法和新技术,在含煤地层研究中运用较少,进展缓慢,如沉积体系分析思路的应用,煤田地质领域要比石油地质领域慢得多。这就是历来地学界认为“煤田地质学”领域对新思想、新思路、新方法反应迟缓的原因。传统的大地构造学理论和传统的煤田地质学研究思路和方法与地学的新思潮、新理论产生碰撞时,煤田地质领域的研究进展往往不及其他领域快。而层序地层学的应用则有显著不同,自1988年层序地层学正式提出系统理论和完整的分析体系以来,在含煤地层的研究中也得以迅速应用和发展,推动了煤田地质研究,丰富了煤地质学的基础理论。含煤地层层序地层研究成果有力地指导了煤及其伴生矿产资源的评价,取得了显著的经济效益,特别在解决含煤地层大范围等时性对比问题方面比较有效,避免了岩石地层、生物地层和年代地层三重划分间的矛盾。层序地层分析成果充分利用了含煤盆地充填沉积的生物地层、年代地层和岩石地层的资料,并充分利用地球物理资料如地震勘探剖面、测井资料(各种测井资料都可以利用)、地磁等资料。层序地层学中的整体分析、等时地层格架概念打破了以往煤田地质分析中的“局部观念”或“一孔之见”。纵观含煤地层的层序地层分析成就,可将含煤地层的层序地层分析特点归纳为以下几个方面:

　　1) 含煤盆地充填沉积和盆地演化的控制因素具多样性,因此,层序形成的主控因素也不是唯一的、不变的,视盆地性质而异。如陆表海聚煤盆地的主控因素为海平面变化,而构造沉降、气候和沉积物供应等因素处于次要地位。陆相聚煤盆地的主控因素则为构造运动和气候条件,而盆地的水平面变化、沉积物供应为次要因素,其中构造运动为陆相盆地最重要的控制因素。

　　2) 含煤地层的层序地层模式具多样性,可以是双层结构(下部为海侵体系域、上部为高水位体系域),也可以是三均结构[低水位、海(水)进和高水位体系域],还可以是四元结构或多层结构。而且,某一盆地的层序地层模式不能随意套用于另一个盆地。

　　3) 煤层在含煤地层层序划分中具有重要意义。在成煤作用方面,既有海退成煤又有海侵成煤,煤层既可能是等时性的又可能是穿时性的。煤层形成的体系域类型也有不同,即煤层的成因机制也具有多样性特点:既可以是低位体系域成煤,也可以是高水位体系域成煤,还可以是海(水)侵体系域成煤。这一研究进展丰富了成煤作用的理论。

　　4) 某些含煤地层中的海相沉积与煤层、泥质岩、碎屑岩呈薄层交互出现,是高分辨率层序和高频层序划分的重要基础。例如陆表海盆地,由于海平面变化具有高频性,含煤地层沉积中可能存在多种类型的沉积间断面,准层序可能以一定方式叠加而形成一种准层序组,而最终叠置成一定型式的层序组。但高分辨率层序与高频层序是根本不同的两类层序。受限陆表海盆地的高频层序可能就是高分辨层序,其他类型的聚煤盆地则不能将“高分辨率”和“高频”混为一谈。

5）以体系域或高分辨率层序作为含煤盆地的岩相古地理编图单位,已成为高精度岩相古地理编图的基础,对于准确预测煤及其伴生矿产具有很好的指导作用。目前存在一种不正常现象,即在进行盆地充填分析时应用层序地层学理论与方法,而在进行古地理分析时则又恢复到传统的手段与方法。笔者认为这实际上没有真正理解层序地层学的理论,任何赶时髦的学风都是不科学的,应当予以摒弃。

总之,含煤地层高分辨率层序地层研究仍然属沉积学、地层学及盆地分析的前沿课题,仍有诸多关键性问题需要沉积学者及煤地质学者攻克。

二、层序地层、海(湖)平面变化与聚煤作用

从我国聚煤作用与全球海平面变化的关系看,聚煤作用总体上发生在一级和二级海平面的下降期。

海陆交互相聚煤盆地聚煤作用同海平面的变化密切相关,海平面变化控制着富煤单元的形成和富煤带的迁移。泥炭沼泽体系或泥炭沼泽相是层序地层的一个建造块,在空间上,与其他沉积体系或沉积相相互联系、相互毗邻;在时间上,煤层厚度是构造运动、海平面变化、沉积物供给的函数。

厚度大、分布广的全盆性的煤层,一般与三级海平面变化周期有关,形成于构造稳定期和调整阶段,即体系域的转化期。低位体系域和海侵体系域转化期,碎屑活动减弱,陆表暴露,海平面下降速率减慢,并逐步开始上升,泥炭沼泽开始在低洼的地区发育并很快扩展至全区,在泥炭堆积的过程中,海平面逐步上升,潜水面随之提高,为泥炭沼泽的发育提供了充足的水源。盆地沉降速率、海平面升降速率以及泥炭堆积速率达到平衡,故形成了分布广、厚度大的煤层。在泥炭沼泽发育末期,海平面快速上升,泥炭沼泽终止,显然,煤层是在海侵过程中形成的,煤层的底部有时为初始海泛面。海侵体系域和高位体系域的转化期,海平面上升速率明显减慢,盆地沉降速率、海平面上升速率和物质堆积速率之间达到平衡,可容纳空间明显减小并逐步接近于零,利于厚煤层形成,但分布范围一般小于低位体系域和高位体系域转化期形成的煤层。

厚度及分布范围相对较小的煤层,主要与周期性准层序有关,一般发育于准层序的界面附近,与四级海平面变化有关,煤层-泥炭沼泽体系覆盖在不同的沉积体系之上,显然,泥炭沼泽也是在碎屑沉积体系废弃后发育的,煤层的分布范围局限在准层序分布范围内,随着准层序的迁移而迁移,由于海平面速率变化快,频率高,一般形成的煤层较薄。

次要煤层与幕式准层序、沉积体系的迁移有关,煤层发育在废弃的三角洲朵叶之上,侧向上相变为其他的沉积体系。薄煤层、煤线与沉积体系中的相有关,是活动碎屑环境下的产物。

就体系域而言,海侵体系域沉积期,海平面呈总体上升态势,盆地范围迅速扩大,准层序向海岸上超,潜水面随之上升,碎屑厚度相对弱化,泥炭沼泽较之高位体系域更为发育。高位体系域处在高海平面和海平面的快速下降期。早期高位体系域形成于高水位期,煤层较为发育,但分布范围较为局限。低位体系域、晚期高位体系域海平面迅速下降,碎屑活动加剧,一般不利于泥炭沼泽的发育,形成的煤层一般较薄。

陆相聚煤盆地,尽管有着不同的构造样式,但盆地都经历了初始充填、盆地扩张、盆地萎缩三个构造阶段,所对应的盆地初始充填体系域、盆地扩张体系域和盆地萎缩体系域的聚煤作用具有明显的差异,其转换期一般为聚煤阶段,这一充填特征和聚煤特征在中新生代盆地具有相似性。

盆地初始充填阶段,构造活动强烈,以冲积扇和残积物的堆积为主,不利于泥炭沼泽的发育,仅在废弃的冲积平原或其他长期积水洼地有局部的泥炭堆积,形成薄煤层或煤线。伴随盆地构造活动的缓和,坑洼不平的古地形被填平补齐,湖泊开始扩张。在盆地初始充填体系域的后期,即盆地初始充填体系域和盆地扩张体系域的转换期,盆地构造稳定,碎屑供应贫乏,泥炭沼泽在已废弃的冲积扇、扇三角洲、河流、三角洲之上大面积发育,由于湖平面的上升缓慢和构造的长期稳定,可容纳空间的形成速率和泥炭堆积速率基本相等,常形成较厚的煤层,如东北断陷盆地的下含煤段。

盆地扩张体系域中期,盆地持续沉降、扩张,湖平面快速上升,准层序向滨岸超覆迁移,煤层也向盆缘超覆迁移,聚煤范围明显缩小,有的盆地甚至终止聚煤作用,完全为湖相沉积所替代。

盆地扩张体系域和萎缩体系域的转化期以及盆地萎缩体系域的早期,为陆相盆地的第二个重要聚煤期。湖平面由快速上升转换为缓慢上升并开始下降,盆地由扩张期进入萎缩期,陆表暴露面逐步扩大,泥炭沼泽逐渐由滨湖带向湖心扩展,形成分布范围广、厚度大的煤层,常构成盆地的上含煤段,如霍林河盆地等,尤其是盆地扩张和萎缩体系域的转换期,常形成全盆性富煤单元。

需要强调指出的是,陆相断陷盆地和大型拗陷盆地层序地层和聚煤作用的关系尚存在着一定的区别。断陷盆地构造活动性强,盆地面积一般较小,由于盆地所处的构造部位和构造活动性的差异,有的盆地可能缺少上煤组或下煤组,盆地扩张期可能不聚煤。发育在克拉通或大型地块上的大型拗陷盆地,由于构造活动稳定,转化期聚煤或聚煤作用的两阶段并不明显,聚煤作用同准层序的关系更为密切,体系域之间的聚煤作用差异并不明显。

三、华北上古生界层序划分的思路

华北石炭–二叠纪巨型聚煤盆地的地质条件与北美的大陆边缘海盆地有着根本性的差异,因此,不能把国外已有的模式简单地加以套用。灵活地运用当代层序地层分析的基本思路和方法,找出内陆表海聚煤盆地含煤沉积层序构成与边缘海盆地沉积层序构成间的主要差异、层序界面确定的不同点,总结出大型陆表海聚煤盆地层序地层分析的思路和方法,以正确划分华北地区含煤地层各级层序。

III 级层序即层序地层学中的基本层序的识别与划分,是沉积盆地层序地层分析的核心。

通过对华北地区晚古生代含煤地层沉积层序分析、富煤带形成与分布的分析,逐步总结出内陆表海含煤盆地层序地层分析的基本原则或称为基本思路:

1) 在整个聚煤盆地沉积序列中进行层序分级,确定层序分级体系,将陆表海含煤盆地沉积层序置于该分级体系中。将含煤盆地充填的沉积层序分为 5 级：I 级为盆地充填层序（序列）；II 级为构造层序，即原型盆地充填层序；III 级为基本层序简称层序（sequence），为层序地层学研究的基本单位；IV 级为小（或准）层序组，与体系域的厚度相当；V 级为小层序。

2）首先确定 III 级层序以上的盆地充填层序、构造层序的分界面。因为这些巨大层序的分界面都是区域性的构造运动事件界面，宏观标志清楚，界面间的巨厚沉积层序的沉积组合变化明显，易于对比。而且，这类界面有比较多的前期研究资料和成果，如前人对"界"、"系"、"统"间的分界的研究可以成为巨大层序（或盆地充填序列）划分的基础（但两者的分界面不一定一致）。

3）在具高频海平面变化事件的内陆表海海陆交替沉积的煤系中，首先应找到最大海侵事件界面，因为它是内陆表海盆地含煤层序划分和识别体系域类型的重要依据。这项工作要在多个垂向剖面上作反复比较和区域追踪才能完成。这一步骤与经典层序地层学研究方法中要求首先确定层序界面、建立层序地层格架，并在此格架内再进行体系域或小层序组界限的确定的步骤不尽一致。

4）将确定最大海泛面的工作作为陆表海盆地含煤层序划分中的关键，即最大海泛面成为陆表海 III 级层序划分的关键界面。在内陆表海含煤地层的层序划分中，由于层序界面在盆地广大面积内可能为整合面，因此，也可能出现首先鉴别出最大海泛面后才能确定出层序界面的情况。或者最大海泛面的确定与层序界面的识别同步进行。

5）体系域的识别和小层序组的确定要与层序界面的确定同步进行，以便相互印证和进行完整层序的配套。这是华北陆表海含煤盆地层序地层分析的特色之一。

6）华北晚古生代内陆表海盆地基底面极为平缓，海侵具突发性特点，但在区域性的突发性海侵发生之前，往往有小规模的海侵事件发生。因此，如何通过大型沉积断面找到海侵标志沉积物逐步向盆地缘方向推进的沉积序列，是划分 III 级层序的关键步骤。在陆表海盆地层序地层分析中，海侵沉积序列的分析比海退序列的分析显得更重要。

7）广泛的泥炭化事件沉积也是内陆表海环境最突出的特点之一。因此，区域性的、最广泛的泥炭事件的确定，对划分层序及其内部单元最有意义。泥炭化事件界面不一定是 III 级层序界面，但很可能是小层序组、小层序的划分界面。这里强调的是"具区域性的"和"最广泛的"泥炭化事件，即在内陆表海聚煤盆地沉积体系演化中，潮坪或潟湖淤浅沼泽化，最终在盆地范围内发生泥炭沼泽化事件沉积。因此，含煤地层中煤层及其层位的确定、对比是层序划分的重要依据。

8）海侵事件沉积和高频海平面变化事件分析是陆表海聚煤盆地层序内部单元划分重要依据，与泥炭化事件分析相配合，成为高精度陆表海含煤层序划分的关键。陆表海盆地的区域背景条件决定了海平面变化的事件性质，事件沉积分析构成华北晚古生代陆表海聚煤盆地层序地层分析的基本特色。煤层也属于一种特殊的事件沉积。

9）海平面变化期次分析与层序及其内部单元分析同步进行，海平面变化机制成为解析地层格架的理论支柱之一。一个 III 级层序应对应于一个 III 级海平面升降旋回，亦即一定级别的海平面升降旋回内形成一定级别的沉积层序。因此，含煤岩系的旋回地层划分仍然是成煤环境分析的重要内容之一，也是陆表海层序分析的基础手段之一。但内陆表海平面升降旋回具不对称性,即在具突发性海侵事件沉积的含煤岩系中,海侵沉积序列往往比海退沉积序列薄。

10) 运用高分辨率层序地层分析中的基准面分析原理和分析方法,识别和划分华北石炭、二叠系高分辨层序;低级别的海平面变化及低级次的海侵沉积是划分陆表海沉积的高分辨层序划分的重要依据,海侵沉积和根土岩、煤层界面对高分辨层序划分最有意义。

四、陆表海盆地含煤地层层序地层划分

1. 晚古生代($C_2 \sim P_3$)沉积地层的构造层序界面

华北晚古生代($C_2 \sim P_3$)沉积盆地实际上是一种大型复合型盆地(尚冠雄等,1997),由三种盆地原型构成:晚石炭世(C_2)至早二叠世(P_1)(包括本溪组、太原组和山西组沉积期)为陆表海聚煤盆地,整个华北盆地具有一致性。中二叠世早期(P_2^1)至晚二叠世早期(P_3^1),即上、下石盒子组沉积期,为稳定背景条件下的内陆河流-湖泊盆地。山西组沉积是盆地转换时期的沉积,虽然不能单独划分出一种盆地类型,但是,这个时期起到由陆表海盆地向大型陆相盆地转化的承上启下的作用,而且这个时期聚煤作用比较强。但华北盆地的南北差异明显,北部广大区域为内陆河-湖泊型盆地,华北广大地区大规模聚煤作用基本停止;南部(两淮地区)为滨岸环境,受海洋影响,聚煤作用持续发展,晚二叠世晚期(P_3^2),整个华北隆升为陆,地势高差差异较大,为陆内冲积-河流湖泊盆地。

根据晚古生代复合型盆地充填特征,可划分出 3 个构造层序,其分界面为盆地区域性不整合(分别位于盆地充填层序的顶和底)和构造应力场转换面。构造应力场转换面是由于构造运动性质或型式的改变导致盆地构造应力场的转换而形成的构造界面(常表现为不整合面或大面积冲刷界面),应力场的转换使盆地体制发生改变,在沉积上表现为沉积体系域的转换,界面上下沉积组合特点完全不同。在中二叠世晚期至晚二叠世早期(上石盒子沉积期),由于华南板块的向北推挤,盆地构造应力场发生重大改变,华北地台整体隆升,内部地势高差显著,出现大面积冲刷。在上石盒子组与石千峰组之间为构造应力场转换形成的不整合面,是构造层序的划分界面。

2. 陆表海盆地 III 级层序界面

陆表海盆地含煤岩系 III 级层序界面可以通过钻井岩心、测井曲线和露头进行识别和连续追索,结合生物地层学方法可准确地解决界面的对比问题,并回避了地学史上迄今常见的在地层时代、界限上的长期争议。由于华北晚古生代陆表海盆地的区域背景条件的特殊性,其典型地层为海陆交替沉积,即是由一种较薄的总体向变浅的旋回性十分清楚的地层序列组成,其分界面是由地史上瞬时的相对海平面上升形成的间断事件所产生,紧接着这一间断事件则是一种均衡的堆积过程。对于这种不对称的周期过程,Good 和 Anderson (1985)称其为 PAC 周期(Punctuated Aggradational Cycles),用以表示异地成因地层单元。这种异地成因地层单元是一种在地层记录中普遍存在的单一过程所代表的周期发生的事件所产生的。"PAC"周期对传统的地层逐渐堆积作用的模式提出了另一种解释,即"幕式堆积作用模式"。这种模式在各种不同情况的地层记录中,对其沉积作用过程的详细观察中已得到验证。幕式堆积作用模式认为地层记录以堆积作用的周期性与成因机制响应。

以下三种界面是划分陆表海聚煤盆地 III 级层序界面的典型界面。

(1) 盆地区域性不整合面

该不整合面是典型的层序地层界面,指在全盆地范围内发育的不整合面(包括假整合面),它往往与区域构造运动事件相吻合,有时与构造层界面相一致。Weimer (1992)曾指出,不整合面的识别是层序地层学之根本,脱离了这一步则与以往常规的地层研究没有区别。因此,不整合面被作为主要的关键界面。在华北广大区域内,石炭二叠纪煤系与奥陶系之间的假整合面普遍存在,且在地史上是一长期间断面,成为本区划分构造层序和III级层序的典型界面。在鲁西和济阳拗陷内,这一界面也十分清楚。

(2) 区域性海退事件界面

该界面是指大规模的与区域性(全盆地范围)海退事件有关的盆地沉积体系(或体系域)废弃界面,在该界面上下为性质完全不同的两套沉积组合。而且,界面上下沉积体系形成的控制机制也有本质不同,盆地体制发生根本改变(即该界面以上不再是陆表海盆地沉积)。由于华北晚古生代海平面变化和构造运动导致的相对海平面在比较短的时间间隔内大幅度下降,华北聚煤盆地南北升降差异加大,海水向南退却,最后全部退出盆地(此后没有再发生较长时间的全盆地范围的海侵事件),最终使聚煤盆地环境及古地理景观发生改观,聚煤区南移至南华北边缘区(如淮南、豫南等区)。区域性海退事件界面在华北聚煤盆地内部实质上是一种沉积上的间断面,其上部出现了以陆相沉积为主的沉积组合,海平面变化不再直接控制和影响华北盆地沉积。

(3) 最大海退事件界面

与上述的区域性海退事件界面不同,最大海退事件界面是指在海陆交替频繁的陆表海盆地背景下,影响全盆地的最大的几次(三级)海退事件造成的界面。这种海退事件是全球海平面变化的组成部分。在该类界面上下的沉积组合具有较大的相似性,在界面往上可能不是全盆地废弃面。实事上,这类界面也代表了一种短暂的沉积间断面,界面附近往往发育具有对比意义的沉积矿床层位(煤层或其他沉积矿产)。最大海退事件界面是通过时空上海水进退规模的比较(海平面变化级次等级的识别)、与区域上沉积体系及体系域配置关系的改变确定出来的。突发性的、大规模的海侵事件和最大海退事件是陆表海盆地三级海平面变化中的主要事件。

在陆表海盆地海陆交替型含煤充填序列中共识别出一个盆地区域性不整合面位于盆地充填序列的底界,一个区域性海退事件界面位于盆地充填序列的顶界和 2 个最大海退事件界面在盆地充填序列的内部。

根据以上层序界面特点,以及进行对比,建立了华北上古生界层序地层格架(图 13.1)。

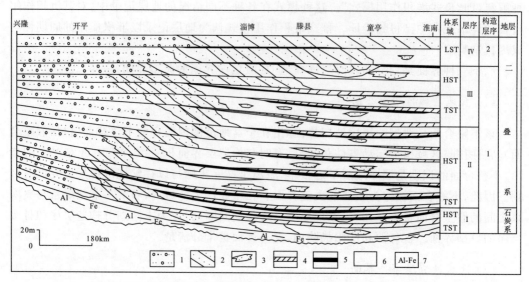

图 13.1　华北地区陆表海盆地层序地层格架(据李增学等,1998)

1. 冲积沉积体系;2. 三角洲沉积体系;3. 障壁-潟湖;4. 陆表海海侵沉积;5. 煤层;6. 泥质岩;7. 铁铝质泥岩

每个层序均为二元结构型(图 13.2),即"海侵体系域-高位体系域",这与国外已有的层序的三分结构具有显著不同。

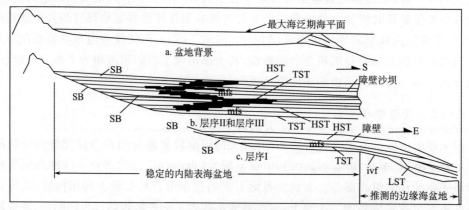

图 13.2　华北晚古生代内陆表海盆地的层序地层学模式(据李增学等,1996)

HST. 高水位体系域;TST. 海侵体系域;LST. 低水位体系域;

SB. 层序界面;ivf. 深切谷;mfs. 最大海泛面

第二节　成煤作用研究进展

一、陆相成煤、海退或水退成煤作用

传统的成煤作用理论或以往大多数煤地质研究者认为,成煤作用发生在一个水进水退旋回中的水退期,这一成煤模式的核心思想是聚煤盆地演化具有阶段性,在这一阶段的后期,沉积体系中活动碎屑系统废弃而使盆地范围内大部或全部沼泽化,进而泥炭沼泽化。在泥炭堆积适宜的区域发生成煤作用和地壳沉降区得以保存的情况下形成煤。可以说,世界上很多煤层是在水退过程中或者是在近海成煤环境下,海退条件下形成的煤系要求盆地沉降不能停止(Diessel,1992),而且,要在整个泥炭生成范围内发生沉降,甚至向盆地方向沉降幅度更大。因而,这将导致滨海平原洼地的形成,而且泥炭堆积速率与沉降容纳速率保持平衡。而碎屑物质绕过泥炭沼泽或以河流穿过泥沼地的方式到达海岸边缘带,以便使进积三角洲前缘或障壁体系后部的泥炭向盆地方向迁移提供出新的泥炭聚积区。除非有突发性洪水事件导致泥炭发育中止或灰分增高,正常情况下,在整个海退期泥炭聚积作用将持续进行,直到盆地演化的下一阶段活动碎屑体系(如冲积体系发育)复活而使泥炭沼泽发育中止。

　　“陆相成煤模式”或“海退(或水退)成煤”更能说明成煤的环境是在陆相条件下或者是在盆地水域退却的情况下,泥炭沼泽发育而成煤。在煤田地质学理论体系中,成煤作用理论是最重要的组成部分。对于泥炭沼泽的定位是既不是水域也不是陆地,沼泽是水域与陆地的过渡环境。在成煤作用过程中,这样的过渡环境是非常关键的。但问题是这个过渡的环境在成煤作用发生和盆地演化过程中到底能持续多长时间,这关系到成煤作用的最后结果,那么水域体制将是制约泥炭沼泽发育程度和最终成煤的最关键因素。因此,水域体制是成煤作用理论中最重要的一个因素。对于盆地水域体制,以往煤田地质学的理论是很少涉及的,这样就限制了成煤理论进一步发展。因此,成煤作用仅仅用水域的退却和泥炭沼泽向盆地中心的扩展这样的解释是远远不够的。

二、海侵过程成煤和幕式成煤

1. 海侵过程成煤机制

　　海进和海退是海陆交替型煤层形成的两个控制机制,所以可由此推测许多煤层构成的变化。在论述一个大型沉积盆地的充填作用时,沉积基准面(其下的沉积物可保存)可假定在海面附近,或者,更准确地说是正常天气下的浪基面。在特殊的成煤环境下,沉积基准面可看作与地下水面一致。由于海陆交替环境在水文上是与海平面相连的,因此在大部分滨海平原上,地下水面位置与海平面位置差别不大。再向陆一些,地下水面随平均地面坡度角上升。在许多泥炭形成环境,地表起伏决定了成年河的最优剖面,这种最优剖面是侵蚀与加积达到平衡时建立起来的。如图13.3所示,最优河流剖面与海平面以相切的形式联结,向源头方向升起。海平面上升,如从T_0上升到T_{1A},不仅在已被淹没的原先的滨海平原上产生沉积物聚集的更多空间,而且沉积基准面上升使河流较平坦的部分减少而缩短了河流剖面。由于产生侵蚀,而河流向陆方向发展,以达到新的平衡。相反,如果海面由T_0下降到T_{1B},较低的滨海平原会遭受侵蚀,河道侵蚀会导致上流出现冲积沉积。

　　由于对地下水具有重要的控制作用,而且相对海平面变化影响到河流坡降。因此,海水动态和煤系之间的联系远远多于泥炭和海水的实际接触。在低位泥炭沼泽形成的煤

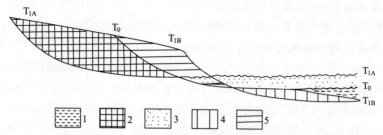

图 13.3　海平面升降条件下最优河流剖面（垂向放大）的侧向迁移示意图（据 Diessel，1992）

1. T_0 沉积；2. T_0-T_{1A} 侵蚀；3. T_0-T_{1A} 沉积；4. T_0-T_{1B} 侵蚀；5. T_0-T_{1B} 沉积

层中，原基准面位置表现为岩性界面，而且，许多地层面在含煤层沉积中与原基准面位置一致。通过使用基准面的概念，Sloss（1962）将碎屑岩性体的形态定义为下列参数的函数：

Q——单位时间内进入沉积场所的碎屑物的数量；R——接受值，用沉降速率或单位时间内沉积基准面以下所增加的空间来表示［相当于 Vail（1987）所指的"容纳空间"］；M——供给沉积场所的沉积物，其结构和成分；D——散失系数，用于表示沉积物（沉积基准面以下不能容纳的那个部分）从沉积场所运走的速率。

在早期将以上理论用于各种海进-海退模式时，Sloss 认为 M 是一个常数，因为统计资料表明，在长时间内供给大型盆地的沉积物的结构和组成变化不大。然而，在研究包含无机物向有机物转化或有机物向无机物转化的含煤建造时，煤层及其层间沉积岩层应当分别考虑。鉴于煤层之间沉积岩的特征，物质系数可作为 Q 的下标出现，因此，就产生了 Q 碎屑岩和 Q 泥炭的区别。假定气候及其他影响植物源的因素对植物生长非常有利，那么泥炭堆积的开始和结束很大程度上取决于接受值（R）及供给或搬出（D）沉积盆地的碎屑物的数量（Q 碎屑岩）。在泥炭堆积期间，假定潜水面上升速率与植物碎屑堆积速率相近，使泥炭形成具备必要的空间（R）而不至于被氧化（也是 D 的一种形式）或淹没停止（图 13.4）。在海进-海退条件下，海面的上升、下降或静止都会导致泥炭堆积。

在泥炭堆积之前（图 13.4A），首先沉积陆源物质，通常表现为冲积扇或溢流沉积，且一般位于浪基面以上，因此容易进一步发生散失。虽然这时可发育一些乔木或其他植物，也可形成根土岩。但由于地下水面较低，植物遗体碎屑因氧化或侵蚀作用而不能保存。所以不能形成泥炭（Q 泥炭-$D = 0$）。海面的持续上升使滨海湿地向陆发展，可形成图 13.4B 所示的泥炭形成条件。只要植物生长速率与海面上升速率一致，泥炭就可持续形成。但是，随着更进一步海侵，沉积盆地增大的接受值（R）和物质供应量（Q 泥炭或碎屑）之差造成的沉积空间的增大不能被植物的堆积所充填。如图 13.4C 所示，在图示中心区域，泥炭由于覆水过深而停止发育。图 13.4 中心区域的实际宽度取决于这一地带的坡度角。山麓环境及相对坡度角较陡的滨海平原可形成较窄的强烈穿时的煤层聚集带，而在广阔平坦的地带（如三角洲平原），穿时现象十分微弱，致使大面积内形成的煤层似乎是同时的。海进型煤系的特征具有陆源沉积，煤层底板发育根土岩，顶板为湖泊或潟湖沉积,后者可被海相沉积所覆盖或被侵蚀取代。

海退条件下形成的煤系要求盆地沉积不能停止,而且要在整个泥炭生成范围内继续发生沉降,甚至向盆地方向沉降更大。这种情况将导致滨海洼地的形成,在滨海低地带中,接受值(R)与植物(Q 泥炭)聚积速率保持平衡,来自陆地的碎屑绕过较高的泥炭地或以河流形式穿过泥炭地,沉积于海岸地带,以便为进积三角洲前缘或障壁体系后部的泥炭向盆地方向迁移准备出新的泥炭聚积地。除了偶尔发生的洪水导致煤中灰分含量增高或在煤中产生页岩及其他陆源碎屑夹层外,泥炭聚积作用在整个海退期将持续进行,直到冲积相开始发育致使活动碎屑体系能级增加而中止。

图 13.4C、D 和 E 概括了海退前、海退过程中及海退后的煤系形成条件,其情况与先前的海进相反。其结果是导致煤层分叉。在海退型泥炭加积开始之前(图 13.4C),图中的中心参数区是被水覆盖的。此阶段的有机质沉积微不足道,而碎屑沉积则形成于河口湾、三角洲前缘及岛后滨海环境。当海岸线前进时,泥炭开始在分流间湾的泥沼地中聚积(图 13.4D)。当盆地继续缓慢沉降且由于压实作用而使沉降速度加快时,植物碎屑供给速度及其风化减少之间达到平衡,直到陆生沉积物前缘将泥炭埋掉为止,这种情况如图 13.4E 所示,这时,又回到了图 13.4A 所示的循环开始时的条件。

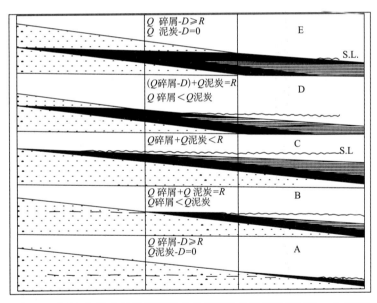

图 13.4　海侵、海退条件下煤层形成的不同阶段示意图(据 Diessel,1992)

2. 幕式成煤作用

幕式成煤作用(episodic coal accumulation)是中国矿业大学张鹏飞、邵龙义教授(1992)研究中国南方石炭、二叠纪地层时在海侵过程成煤理论的基础上提出来的,注意到海陆交互相环境中的一些厚煤层横跨不同相区呈大面积分布(数百至数千平方公里),同时也注意到有些大面积连续展布的煤层的形成环境与煤层下伏沉积物的沉积环境并没有必然的联系,用该理论表示这种横跨不同相区的大面积的聚煤作用。由于海侵过程成煤的聚煤作用主要发生于海平面上升阶段,且此时区域基准面随着海平面的上升而上升,从而提供了有利于成煤的可容空间,使得厚煤层得以聚集。因此,可以证明在海泛期可能形成一个沉积旋回中分布最广泛的煤层,而且在最大海泛期可能形成沉积旋回中最厚的煤层或灰岩层。这种大范围的聚煤作用是由区域性的甚至全球性的海平面(基准面)变化引起的,它可以跨越不同的亚环境、不同的沉积相带甚至不同的盆地。这一理论强调海平面幕式上升期间滨岸平原环境的聚煤作用和幕式聚煤作用的同期性。

三、海侵事件成煤作用

（一）海侵沉积典型序列与相组合

1. 海侵沉积与煤层

在华北石炭二叠纪含煤地层中,海侵沉积与煤层的直接组合关系比较突出,即海相沉积直接压煤且呈多旋回交替出现,构成了一种特殊的沉积相组合(尚冠雄等,1997)。海相沉积以海相灰岩为主,还有海相泥岩、泥灰岩等,含有大量海相动物化石,如在华北东部地区发育的泥晶生物碎屑灰岩（L3）中含牙形刺 *Streptognathodus elongatus*, *S. wabaunsensis*, *S. fachengsis*, *Hindeodolla multidenticulata*；采到䗴化石 *Schwagrina gregaria*, *S. bellula*, *Paraschwagerina renodis*, *P. qinghaiensis*, *Quasifusulina compacta*, *Q. longissima*, *Boultonia willsia* 等,其他灰岩中采集到类似的海相动物化石组合,此外还采集到腕足类、棘皮动物、有孔虫、海绵骨针、苔藓虫、珊瑚等化石。而直接伏于海相灰岩之下的煤层则不含任何海相动物化石。这种浅海相沉积大面积覆盖在非海相沉积物之上的现象在华北陆表海盆地东南缘充填沉积垂向序列上反复出现十余次,代表了十余个典型的特殊旋回。海相层与下伏煤层之间具有相序缺失,即没有海水逐渐侵没(向陆侵进过程的相应的沉积序列)。这可能是一种突发型海侵或称事件型海侵。如果在煤层底板识别出暴露沉积,那么,这种暴露沉积可能代表一种曾受到剥蚀或无沉积面,实际上可能为一种沉积间断面,这样,煤层的底板、煤层、煤层之上的海侵沉积就分别代表三种不同环境的沉积,三者之间就代表不同沉积学意义的界面。如煤层中含有夹石层,而这种夹石层正如有些学者研究的那样,为火山灰降落事件沉积,那么,煤层与海相灰岩的组合关系就更加复杂化了,事件沉积所代表的则是另外一种意义的沉积,其等时性和大面积分布的特点指示了层序地层划分的重要界面。

因此,华北陆表海盆地的上述特殊沉积序列代表了环境演化中的特殊事件,在进行层序划分和恢复盆地演化史中是不可忽视的。李增学等提出了关于大型陆表海盆地海侵事件成煤作用的观点及成煤模式(李增学等,2001,2003,2006)。

2. 典型序列与相组合

陆表海盆地充填沉积序列中有两种较为典型的组合,一是相与相间发育的间断面,为不连续沉积组合,但在时间序列上是连续的,如图 13.5 上部相组合,即自下而上依次为暴露沉积、潮坪沼泽及泥炭沼泽、浅海沉积,其中:暴露沉积代表了一种剥蚀或沉积间断,而沼泽与海侵沉积之间存在海侵过程沉积相序缺失,两者之间存在饥饿沉积或无沉积面,实际上缺少海水向岸扩展的海岸退积序列。这种序列反映了陆表海盆地沉积环境演化上的突发性。第二种序列是连续相序,盆地的环境演化是渐变的,如图 13.5 的下部序列,潮坪沼泽化逐渐泥炭沼泽化是一个连续过程。以上两种序列之间的关键区别点是盆地在演化中基底有无暴露发生。在基底有暴露的情况下,基准面低于盆地基底,则发生暴露土壤化作用,也可能遭受剥蚀。此种情况下,暴露沉积之上的煤层代表了一种基准面开始上升的标志,即在土壤化基础上,海平面上升导致基准面上升,土壤开始湿润,泥炭沼泽发育,紧随其后的大面积海侵使泥炭沼泽发育中断,并使泥炭快速处于深水环境而最终形成煤层。

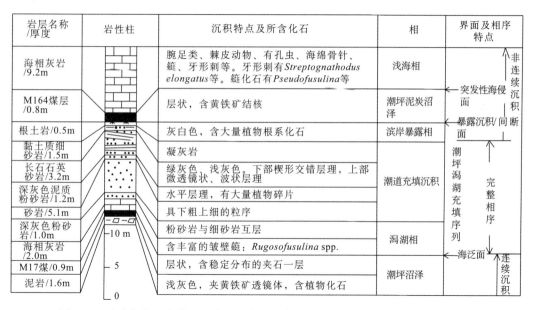

图 13.5 陆表海盆地充填沉积中的不完整相序和完整相序特征(据李增学等,2003)

陆表海盆地充填沉积中,以上两种相序都存在,注意区别其特点并准确确定间断面的位置,对于划分高分辨率层序具有实际意义。

突发性海侵对陆表海盆地泥炭沼泽的发育与中止、泥炭的堆积与保存起到了关键性控制作用。图 13.6 展示的是山东等地煤层赋存区,煤层与海相灰岩的组合特点,具有以下几种关系:①厚层海相灰岩与薄层煤层组合;②薄层海相灰岩与薄层煤层组合;③中厚层灰岩与薄层煤层的组合;④厚层灰岩与较厚层煤的组合。这些组合反映了海侵持续的时间和规模以及聚煤作用的强弱。上述组合出现于含煤序列的不同阶段,但主要发育于海侵体系域。

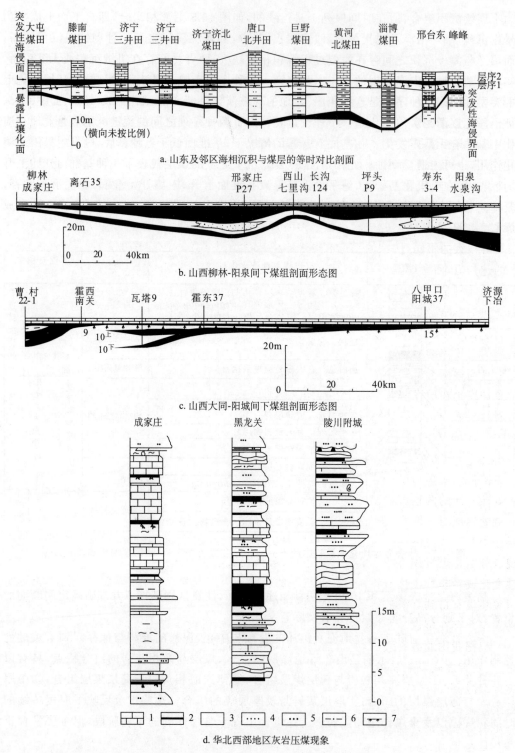

a. 山东及邻区海相沉积与煤层的等时对比剖面

b. 山西柳林-阳泉间下煤组剖面形态图

c. 山西大同-阳城间下煤组剖面形态图

d. 华北西部地区灰岩压煤现象

图 13.6　海侵煤层与海侵沉积的接触关系

1. 海相石灰岩；2. 煤层；3. 泥质岩；4. 粉砂岩；5. 细砂岩；6. 粉砂岩与泥岩互层；7. 根土岩

（二）海侵事件成煤机制

普通的地层超覆和退覆规律早已被人们所接受,并成为恢复古海平面变化特点的重要依据。均变理论一直是地质学理论的支柱之一。例如人们普遍接受这样的海侵定义:海侵是海水逐渐地、缓慢地侵漫到陆上、海岸线逐渐后退的地质过程。反映在沉积上,则可以看到海相沉积物由海及陆的各种相带依次向陆地方向超覆,在垂向层序上则为比较完整的陆→海相序;海退序列则反之,也是比较完整的相序。但是,人们在研究海平面升降变化、海侵与海退过程中,发现灾变或突变在盆地沉积动力机制中也是比较重要的现象。事件地层学的形成与发展给盆地充填沉积分析带来了新思路。就是说,有些海侵是事件性质的,水域体制的变化也是多种因素引起的。陆相盆地与近海和海盆地的水域特征具有很大的不同,所谓的水进水退规律也是截然不同的。在考虑海侵、海退时往往是单向的进与退,而考虑陆相盆地时则往往是看整体盆地水域的变化。

地质科学新理论给煤地质学带来新思路,如层序地层学的提出对煤地质学领域也带来了新的思路。层序地层学虽然给地学特别是对沉积学和地层学带来革命性的影响,但在讨论层序形成时,均变思想仍然是主导的。经典层序地层学主要的思想仍然是海平面升降的有规律的变化,而且这种以大陆边缘海盆地为典型盆地推出的层序模式,必然是依据海平面逐渐上升和逐渐下降这种比较清楚的海水进退机制加以论证。因此,也就必然导致均变论在层序解释中的主导作用。这可以在最近几年提出的大量层序地层研究成果中看得出来,有些研究者将陆相湖泊盆地的层序形成机制与边缘海盆地层序形成机制相提并论,试图从两者中找出机制相同的解释,即陆相层序也用海平面变化去解释,显得有些勉强。

事件沉积学与事件地层学的兴起对于解释地质历史上由于突发事件造成的不连续或者截然不同的两种沉积相互叠置的现象提供了新的思路,事件沉积的研究思路,或者说用灾变的思想对于解释沉积层序中一些关键界面,对于解释层序结构的不对称性,对于解释层序中的一些关键层位,都是非常重要的。因此,对于含煤层序来说,用事件或者灾变的观点分析含煤沉积旋回和成煤作用,可以解释泥炭堆积作用过程中由于水域体制的突发性变化或者非均衡性变化而导致其终止的原因。由于至今对于煤层与深水沉积之间的成因关系没有得到圆满的解释,所以地质历史中深水沉积或者海相沉积直接与煤层接触的现象至今存在争议,没有从成煤作用机制上进行科学的解释。

根据我国北方石炭、二叠系陆表海充填沉积中浅海相突然大面积覆盖在陆相沉积物之上、两者之间有明显相序缺失的现象,有学者提出事件型海侵(event transgressive)或突发型海侵(episodie transgressive)(何起祥等,1991),这种海侵现象为一种快速突发的海水侵漫事件,表现在沉积上为相序明显的不连续,即看不到海水逐渐侵进的沉积记录。发生海侵事件的盆地需要具备特定的背景条件,包括当时古气候条件。

首先,由于华北晚古生代陆表海盆地的特殊古地理背景(如极为低平的盆地基底等),海侵过程常具快速侵进的特点,与普通的海侵过程相比具有"事件"性质,在沉积记录上表现为水体深度截然不同的沉积组合直接接触(图13.6),其间具明显的相序缺失(非侵蚀间断缺失),海侵层在时空上具有较好的稳定性和等时性。华北晚古生代含煤地层中常见到海相石灰岩大面积直接覆盖在浅水或暴露沉积物上,且具有多旋回性,这一现象是比较典型的突发性海侵导致的结果。这种突发性海侵对陆表海盆泥炭沼泽的发育与中止、泥炭的堆积与保存起到了主控作用。

其次,晚古生代华北陆表海盆地海平面变化具有高频率和复合性的特点,即晚古生代海平面升降周期频数多、级次复杂、相互叠加,在其控制下形成了一套所谓海、陆交替型的沉积,总体上符合"旋回含旋回"的特征,且又具独特性,即快速的海侵过程、振荡性的变化频率,构成复合型海平面变化:长周期的海平面升降变化周期中叠加了中、短期的海平面波动变化;长周期的海退过程中具有多次短周期的海侵事件;同样,海侵过程中也可能有短周期的海退变化。海平面升降变化与海侵、海退过程应是有本质区别的两种概念,海侵、海退是海平面升降、盆地构造沉降、气候等多因素综合作用后海岸线相对变化的表现。

另外,海侵沉积涉及的范围是全盆地的,大规模的,海侵事件对于盆地整个系统具有深刻影响,包括沉积体系域的转换、生态系统的破坏和调整。

石炭-二叠纪是世界上重要的成煤期,古气候为植物的繁盛提供了背景条件,但冰川的活动也是一个重要的影响因素,直接影响海平面的升降变化。

总的来看,华北陆表海盆地晚古生代海平面的变化(即突发性海侵、高频复合海平面变化周期)控制了陆表海盆地的充填沉积和煤聚积作用,而且,聚煤作用特点也显著不同于其他类型的盆地。

鉴于在不少地区发现海侵组合与煤层具有密切关系,而不少海侵沉积被认为是事件海侵沉积,李增学等(1995)提出了海侵事件成煤作用的观点。这个观点的基本内容是:海相沉积与煤层的组合受海平面变化周期的控制,海侵开始之初,可能导致在原有暴露的土壤基础上发育泥炭沼泽;这种泥炭沼泽是在陆表海盆地海水退出一个时期后,由于暴露土壤化,或者海水退出不是十分彻底,而使盆地处于一个浅水但不是一种典型水域的环境,这实际上是一种特殊的沼泽环境;由于这种环境持续相当长的时间,植物茁生蔓延,泥炭沼泽进一步发展;这种泥炭沼泽不同于大陆上的泥炭沼泽,时常受到海水的侵扰;泥炭在后来大规模的海侵发生后被保存。据李增学等(2001,2002,2003)的研究,煤层与海侵层有下列组合关系:在低级别的海平面变化周期中形成薄层海相灰岩/较厚煤层的组合,高级别的海平面变化周期中则多形成厚层海相沉积/薄煤层组合。在层序地层格架中,海侵体系域的煤层位于体系域的底部,而海退成因的煤层则位于高位体系域的顶部。可以说,煤层的发育都与海平面升降变化中的转折期有关,而海侵成煤成为陆表海盆地成煤的重要特色。在低级别的海平面变化周期内,适合泥炭沼泽发育的时间持续相对较长,尽管海平面波动对泥炭堆积产生重要影响,但泥炭堆积得以较稳定的进行且最终成煤。海侵事件成煤的等时性也从华北大型陆表海盆地海相沉积和煤层中的生物组合、地球化学特征、地球物理数据等时对比得到证实。

本书提出的海侵事件成煤模式中,主要强调了海侵的事件属性,那么事件属性本身就具有等时意义。海侵事件对陆表海盆地的聚煤起控制作用,泥炭堆积是海侵之前基准面上升导致环境演化的结果。也可以说泥炭堆积是发生于大规模海侵之前的海平面振荡作用期间,如果泥炭堆积所需可容空间有较长的稳定期,那么就可以形成较厚的煤层。而事实是大规模海侵使得可容空间突然增大,泥炭堆积已不适宜,泥炭的煤化作用发生过程完全处于还原条件下,凝胶化作用比较彻底,使泥炭被快速淹没且处于深水环境的发生过程是一种突发性事件,最终形成的海相灰岩/煤层组合是等时沉积。可以看出,煤层及其顶板都是单一的同性相,且在盆地内分布面积广而稳定,也具备等时相特点,因此,对划分层序及内部各级单元特别是含煤地层高分辨率层序划分具有实际意义。

海侵体系域成煤是陆表海盆地聚煤作用的显著特色,海侵是基准面上升的控制因素,因此,可以将煤层作为海侵体系域的最初沉积。本书提出"海侵事件成煤",主要是有别于海侵过程成煤,其关键在于海侵沉积的等时性。"海侵事件成煤"是大型内陆表海盆地所特有的聚煤作用类型,也是一种新的成煤作用模式,应该作为煤地质研究的一个重要成果而成为煤地质学的组成部分。海侵成煤序列中,煤层与其上覆海相沉积,以及煤层与其下伏底板间的关系是比较复杂的,如果煤层底板为暴露沉积,底板可能为根土岩,煤层与根土岩之间可能存在一种间断面,这一间断也可能是一种层序界面。煤层上覆的海相沉积可能包含了一种海侵界面,也可能是最大海泛面,因此,体系域的划分要依赖于最大海泛面的识别。

第三节　我国煤炭地质构造研究进展

构造作用是控制煤系和煤层形成、形变和赋存的首要地质因素。地壳运动形成的构造拗陷为聚煤作用提供了适宜的场所,成煤期的区域构造格局和盆内同沉积构造影响沉积中心的迁移和富煤带的展布,构造作用对古气候、古植物和古地理条件的控制决定聚煤作用的兴衰,成煤期后的褶皱、断裂作用破坏了煤盆地的完整性和连续性,将其分割为大小不等的煤田或井田,改变了煤形成的初始原貌,甚至部分改变了原质(黄克兴、王佟,1982)。构造变动对煤矿床的改造,不仅决定煤田勘查类型,而且决定矿井开发的难易程度。因此,在煤炭资源勘查和开发工作中,煤田构造研究是一项贯穿始终的重要地质任务。

中国大陆是由若干个稳定地块和活动带镶嵌而成的复式大陆,稳定地块规模小、刚性程度低、盖层变形强烈,与发育于单式大陆的北美、欧洲煤田相比,中国煤盆地经历的地质演化历史要复杂得多。中国含煤岩系赋存的显著特点,是后期构造变形的时空差异性,尤其是东部地区,能源需求量大、煤炭开发程度高,露头和浅部资源基本上已动用,勘查重点转向巨厚新生界覆盖区、老矿区外围等深部隐伏煤田,深部煤炭资源赋存环境的复杂性和已知信息的有限性,增加了煤田构造研究的难度。

中国煤田构造的复杂性和时空发育特点在很大程度上决定了煤炭资源开发利用的价值,因而对我国煤炭工业战略布局具有重要的影响。

一、煤田构造研究的主要进展与动向

1. 煤田构造的区域地质背景研究取得重大进展

煤田构造是区域构造格架中的一个有机组成部分,地壳浅部的构造变形与深部物质运动和结构构造之间存在密切的内在联系,因此,为了全面深入认识煤田构造的分布规律、成因机制和演化历史,必须加强区域构造背景研究,从大陆动力学和盆-山耦合角度探讨煤盆地的形成和演化进程。

盆-山耦合关系是当前大陆动力学和盆地动力学研究的热点。将煤盆地放在区域大地构造格架中,开展盆山在空间上相互依存、在物质上相互转换、盆地沉降与山脉隆升耦合作用对煤层形成和改造的动力学过程研究,成为当前煤田构造研究的重要内容。板块构造背景作为沉积盆地分类的理论基础,取得了巨大的成功,但许多动力学过程并没有解决,特别是发生在大陆范围的动力学过程。2007 年末出版的《中国北部能源盆地构造》是近年来中国煤田构造研究方面重要的学术专著之一,在系统总结中国大陆非稳态特征与动力学机制以及中国北部能源盆地叠加、复合和盆-山耦合特征的基础上,着重论述了中国北部能源盆地的构造背景、特征、形成和演化以及盆地构造对化石能源赋存的构造作用,并进一步讨论了盆地形成的区域动力学背景和深部作用机制。

2. 中国东部盆地动力学与构造控煤作用受到关注

盆地构造动力直接控制着盆地各种地质作用的发生和盆地类型及其演化(李思田,1988;王桂梁等,1992),进而制约着煤矿床赋存状况。我国的煤盆地具有复杂的构造-热演化史,尤其是东部的晚古生代煤盆地,经历了印支、燕山和喜马拉雅等不同期次、不同性质构造和深部作用的叠加和改造,盆地内部出现不同程度的不均衡抬升、翘倾、深埋、构造变形、复合改造作用等。中国东部煤田构造研究程度较高,自 20 世纪 80 年代以来开展的推覆、伸展构造研究,不仅找到了大量的煤炭资源、开辟了新的找煤方向,而且在对煤田构造理论的认识方面也取得重要进展。

基于中国东部中生代两大构造体制的转换作用以及岩石圈减薄机制的研究成果,探讨不同时期、不同体制下构造作用对煤层的控制作用,受到人们的关注。华北东部晚古生代含煤盆地在经历印支期南、北两大板块的碰撞对接,以及燕山期的构造叠加,经受了由挤压向伸展构造体制的转折,伴随着多期次、多类型的岩浆活动,对不同构造体制下煤矿床的改制和就位模式产生重要影响。

3. 煤田滑脱构造研究的继续——控煤构造样式的划分

20 世纪 70 年代中期以来国际上兴起的逆冲推覆构造研究热潮以及 80 年代的伸展(滑覆)构造的研究,被视为板块构造理论成功地应用于大陆地质的标志。20 世纪 80 年代以来,对中国煤田滑脱构造进行了广泛、深入的研究,建立了煤田滑脱构造的系统分类和典型构造模式,丰富发展了滑脱构造理论和我国煤田构造理论。构造样式是指一群构造或某种构造特征的总特征和风格,即同一期构造变形或同一应力作用下所产生的构造的总和。构造样式研究的目的在于揭示地质构造发育的规律,建立地质构造模型。在地质勘查资料不足的情况下,可以通过构造样式的研究去认识可能存在的构造格局和进行构造预测。构造样式最初用于描述褶皱,现已广泛应用于油气盆地构造分析。

控煤构造样式是指对煤系和煤层的现今赋存状况具有控制作用的构造样式,它们是区域构造样式中的重要组成部分但不是全部。控煤构造样式的划分采用当前构造样式研究的主流方案——地球动力学分类,划分为伸展构造样式、压缩构造样式、剪切和旋转构造样式,以及具有构造叠加和复合性质的反转构造样式等4大类。在此基础上,要注重煤田构造的特点,如滑动构造在煤田中常见,形成于多种应力环境,故可单独划分滑动构造样式类。控煤构造样式的厘定,是煤田滑脱构造研究的继续和发展,对于深入认识煤田构造发育规律、指导煤炭资源评价和煤炭资源勘查实践具有重要意义。

4. 煤变形-变质作用的构造控制研究愈加深入

煤是一种对温度、压力等地质环境因素特别敏感的有机岩,地质历史中的各种构造-热事件必然导致煤发生物理、化学、结构和构造变化。近年来,前陆盆地、逆冲推覆带等构造活动区的研究成果,揭示了构造-热事件对煤变形-变质作用的显著控制,促进人们对煤化作用本质性的思考,提出了煤化作用与构造-热事件耦合效应的新课题。

煤化作用系统与构造-热事件耦合效应主要表现为系统(煤)与外界(地质环境)的能量和物质交换作用。能量交换包括热能(力)和机械能(力)两大类。热力(温度)是煤化作用的主导因素,而动力变质现象虽早已被人们所认识,但对其作用机理一直存在争议(杨起等,1996)。近年来的研究发现,动力变形不仅是一种物理机械作用,而且也起着某种地球化学作用,即力学化学作用,可以促进煤大分子结构的变化。采用 VRA、XRD、FTIR、EPR 和 NMR 等技术对构造煤进行的分析,揭示了应力尤其是剪切应力引起的煤结构裂解、聚合、异构、芳构等多种化学效应,在此基础上,提出了应力降解机制和应力缩聚机制,强调构造应力对煤化作用的"催化"意义。

煤化作用也是一个煤与外界进行物质交换的过程。在热力和应力作用下,有机质热降解和机械降解产物,如烃类等以气、液等形式溢出煤体;同时煤与围岩之间还可能通过元素扩散、吸附、络合、固溶等形式进行物质交换,导致煤中元素组成发生变化。

近年来,对顺煤层剪切带、构造煤及储层物性的研究取得了长足的发展。借鉴构造岩的分类方法并充分考虑煤变形的特殊性,提出构造煤的结构-成因分类新方案;对构造煤纳米级结构进行了探索,揭示了构造煤超微结构变质变形环境的关系及其储层意义。

5. 以三维地震技术为代表的煤田构造高精度探测技术全面推广应用

学科整体水平的提高必然以研究方法和技术手段的现代化为前提,20世纪90年代以来,我国煤田构造研究方法和技术手段有了长足的进展,逐步形成一套完整的体系。可以将其概括为以野外观测和地质制图为基础,宏观与微观相结合、局部与区域相结合、浅部与深部相结合、定性与定量相结合、地质与物探相结合,多学科、多尺度、多层次、全方位综合研究。

20世纪80年代末以来,通过引进千米深钻和高分辨数字地震勘探技术,使我国煤田勘查水平有了很大提高。1993年在淮南谢桥矿开展采区三维地震勘探工业性试验,首次查明落差5m以上断层,1997年在淮南潘三矿又实现了700m深度查明≥3m断层的技术飞跃。近年来,利用三维可视化技术解释煤层中的断层、陷落柱,精度达95%以上。通过加密采样密度,提高覆盖次数,研究激发参数,成像处理等综合解释技术,可以将地震识别断层的能力提高到2m。

进入 21 世纪以来,在三维三分量地震勘探技术、AVO 反演技术研究方面进行了大量探索,推动了三维地震勘探技术在全国广泛应用(彭苏萍等,2005,2008),初步建立起了具中国特色的煤矿采区三维地震勘探为主的地质构造探测体系,找到了影响煤矿综合机械化开采技术应用的小地质构造有效途径。

6. 矿井构造预测与定量评价成为煤田构造研究的亮点

随着我国煤炭工业发展,煤田地质工作重点逐步由资源勘查阶段向矿井开发阶段转移,"九五"期间,提出高产高效矿井地质保障系统作为煤炭产业科技攻关目标之一,查明矿井地质构造是其中的首要环节。当前,矿井构造研究已成为煤田地质领域最具活力的亮点之一,矿井构造规律的研究已从定性描述逐步发展到定量分析。采区三维地震勘探技术和井下综合物探技术使矿井构造定位探测精度大大提高;与此同时,开展了矿井地质构造预测和构造评价方法研究,数理统计、模糊综合评判、灰色系统理论、岩石力学以及构造应力场分析等已得到较为广泛的应用,形成了构造要素统计分析、构造形态空间分析和构造复杂程度综合评价的研究思路。地质构造三维建模与可视化、矿井构造定量评价信息系统、FLAC 软件等数值模拟等新技术的应用,在研究煤矿构造成因与展布、断裂导水性、煤与瓦斯突出等动力灾害方面,发挥出越来越重要的作用。

二、煤层流变研究进展

1. 天然煤层流变与显微构造研究

煤田地质工作者分别从不同角度论述了煤的碎裂变形、煤岩的流变条件和层滑构造中煤系及煤层的变形特征,煤岩的显微构造特征及其与构造应力和瓦斯突出的关系的研究也越来越引起人们的重视。然而,相对于岩石的显微构造研究而言,煤的显微构造研究还相对薄弱。煤在经受应力作用后,不仅会表现出宏观变形如褶皱、断裂及流变等,而且在微观尺度上也常常表现出非常复杂的变形构造。对于天然变形煤的变形结构、构造特点的分析和研究结果表明,煤层内保存着具有不同力学性质属性的宏观和微观结构、构造型式,不但发育各类割理或破裂构造等脆性变形构造,而且常常可以见到鞘褶皱和流劈理构造以及波状消光、似变形纹和应变影等韧性变形的构造形式。煤的结构在变形中也会发生变化,这种变化在超微尺度上一般反映为煤的有序化程度的增高。

大量煤田构造地质研究表明,在不同的构造环境中,煤镜质组反射率都具有规律性的变化,一般表现为最大反射率与最小应力方向相一致,而最小反射率则一般代表最大挤压应力方向。这一规律的发现,不仅在煤田构造研究中起到了重要作用,而且可以将镜质组反射率光率体类比于有限应变椭球体,使有限应变分析技术在煤田构造研究中的应用成为可能。由此可见,通过煤镜质组反射率光性组构分析,可以探讨不同应力应变环境下不同类型构造煤的变形机制及形成条件,但目前这方面研究还不够深入,仍需进一步加强。

2. 煤岩流变高温高压实验研究

有关煤的高温、高压实验无论是国内,还是国际上都还进行的较少。国外 Bustin 等做过有关实验．国内周建勋选择了镜质组最大反射率（$R°_{max}$）分别为0.67％，3.41％和4.90％的3种煤级的样品进行了高温（300～500℃）高压变形实验。这些研究取得了一定成果，发现温度、压力和煤岩内部的产气情况对于煤的力学属性有着很大的影响。姜波等（1998）对河南、山西等地包括气煤至无烟煤5组煤岩样品进行了相同温度和压力条件下的高温高压煤变形实验（温度变化范围200～700℃），并对实验结果进行了显微构造和光性组构变异分析。结果表明，煤的变形受多种因素的影响，并且在不同的温度压力条件下产生了不同的脆性变形和韧性变形构造。

3. 煤岩流变模型研究

对煤岩流变特性研究，主要目标是建立并验证适于描述长期载荷作用下煤岩行为的流变模型。不少学者对包括时间在内的煤岩流变模型做了大量的研究。煤与瓦斯突出是煤矿最严重的自然灾害之一。吴立新等以煤试块流变试验及其显微煤岩组分与微观损伤的图像分析测试为例，介绍了煤岩作为一种复杂的特殊力学材料的流变特性；初步探讨了显微煤岩组分及其含量、煤岩内部微观损伤裂隙含量（裂面面积率）对煤岩强度的影响规律。研究表明，煤的流变系数低于岩石材料，且煤的单轴抗压强度与煤的显微组分含量和微观损伤密切相关。曹树刚等基于煤岩流变力学实验，提出了讨论煤岩流变力学性质的广义弹黏塑性组合模型和煤岩损伤的偏应力检测方法，建立了煤与瓦斯延迟突出机埋的含瓦斯煤固-气耦合分析的数学模型，但这些模型不能描述煤岩体蠕变加速阶段的非等加速特性或者能描述但是由于模型复杂不能方便的求出流变参数。边金利用可描述加速蠕变的流变力学组合模型和煤岩的蠕变试验研究，根据最小二乘法计算出了该组合模型的参数，并做出了其理论曲线。邹友平等采用非线性牛顿体，提出煤岩的改进广义弹黏塑性模型，利用软岩蠕变参数的曲线拟合计算方法对其进行简单应力状态下的非线性分析，获得相应的实验拟合曲线及模型的参数值，从而验证该模型的合理性。周宏平等利用固气耦合系统模拟含瓦斯煤岩在不同的恒定载荷、瓦斯压力作用下变形随时间发展并最终达到损伤、破坏这一流变学过程，用数值模拟方法研究瓦斯渗流下的煤岩流变特性。何学秋等对煤岩流变实验及描述蠕变加速阶段的非等加速特性的广义西原模型进行了研究，并利用非线性回归方法—最小二乘法中的Marquardt法对实验结果进行了拟合，获取了煤岩的流变参数。

4. 煤层流变研究的重点问题

国内外研究者对煤层流变的形态、构造，流变类型以及制约因素等作过一些探索，也取得了一些创新性成果，但煤层流变特征与形成机理问题至关重要，在以下方面仍需要深入探讨与揭示：

1）从煤层、手标本、显微和超微尺度上研究煤层流变特征及其构造的发育规律和机制；煤层变形是如何分布和局部化的，如何确定煤层构造几何参数与流变参数间的关系；煤层流变导致的不同类型煤显微和超微尺度的表现、大分子结构单元的应变滑移方式、空间组合关系与排列情况还未查明。

2）不同温压和应变速率实验条件下，煤层流变的微观构造与流变参数关系仍不清楚,不同应变速率的因素对韧脆转化的影响需要进一步考虑;对于不同煤级下的脆-韧性转变条件尚无明确的标定;如何研究脆性变形和韧性变形的环境条件以及两种变形机制的转化机理;在转变条件下煤岩变形的宏观和微观力学表现,变形过程中脆-韧性变形的微观构造-力学特点还缺乏系统的研究和总结。

　　3) 天然和实验条件下煤岩变形及其转变规律以及其对煤岩物理性质的影响,也是煤层流变研究中需要探索的问题,包括如何研究煤层流变过程,从而建立煤层流变的模式,以及如何正确认识煤层流变学规律、流动机理及其制约因素(内在的成分与结构、外在的物理与化学环境)等。

参 考 文 献

北京矿业学院煤田地质系等.1961.中国煤田地质学.北京:煤炭工业出版社

宾清,龚玉红.2003.湘东推覆构造及找煤意义.中国煤田地质,15(1):11~12

曹代勇.2004.加强煤炭资源地质科学研究确保国家能源安全.中国矿业,13(11):5~9

曹代勇.2007.煤田构造变形与控煤构造样式.徐州:中国矿业大学出版社.1~6

曹代勇,景玉龙,邱广忠等.1998.中国的含煤岩系变形分区.煤炭学报,23(5):449~454

曹代勇,张守仁,穆宣社,傅正辉.1999.中国含煤岩系构造变形控制因素探讨.中国矿业大学学报,28(1):25~28

曹代勇,张守仁,任德贻.2002.构造变形对煤化作用过程的影响.地质论评,48(3):313~317

曹代勇等.2007a.煤炭地质勘查与评价.北京:中国矿业大学出版社

曹代勇,陈江峰,杜振川.2007b.煤炭地质勘查与评价.徐州:中国矿业大学出版社

曹代勇,占文峰,张军等.2007c.邯郸-峰峰矿区新构造特征及其煤炭资源开发意义.煤炭学报,32(2):141~145

曹代勇,李小明,占文峰等.2008a.深部煤炭资源勘查模式及其构造控制.中国煤炭地质,20(10):18~21

曹代勇,林中月,王强.2008b.深部煤炭资源勘查技术与勘查类型划分.见:虎维岳,何满潮编.深部煤炭资源及开发
  地质条件研究现状与发展趋势.北京:煤炭工业出版社.251~260

曹代勇,李小明,刘德民,张品刚.2009a.深层煤矿床开采地质条件的分类研究.中国煤炭学会矿井地质专业委员会
  2009年学术论坛论文集.徐州:中国矿业大学出版社.323~328

曹代勇,李小明,宁树正等.2009b.中国东部深化找煤的思路和方法.现代地质,23(2):347~352

曹代勇,谭节庆,黎光明,林亮,刘登.2009c.湖南白兔潭矿区荷田区段构造特征与找煤前景.煤田地质与勘探,
  37(12):5~7

晁吉祥.1994.煤田遥感地质学.北京:煤炭工业出版社

陈冰凌,王晓鹏.2009.真三维地质实体建模技术及其在煤田地质勘探中的应用.中国煤炭地质,21(S2):123~126

陈佩元,孙达三,丁丕训,罗俊文.1996.中国煤岩图鉴.北京:煤炭工业出版社

陈鹏.2006.中国煤炭性质、分类和利用(第二版).北京:化学工业出版社

陈述彭,赵英时.1990.遥感地学分析.北京:测绘出版社

陈钟惠.1988.煤和含煤岩系的沉积环境.武汉:中国地质大学出版社

陈钟惠,武法东,张守良.1993.华北晚古生代含煤岩系的沉积环境和聚煤规律.武汉:中国地质大学出版社

程爱国.2005.试论西部大开发中煤田资源勘查和开发利用的战略地位及规划建设.西部资源,(1):25~29

程爱国,林大扬.2001.中国聚煤作用系统分析.徐州:中国矿业大学出版社

程建远,李恒堂,杨战宁等.2008.深层煤矿床地震探测技术现状与发展趋势.见:虎维岳,何满潮编.深部煤炭资源
  及开发地质条件研究现状与发展趋势.北京:煤炭工业出版社.243~250

程建远,李宁,侯世宁,杨光明,张学汝.2009.黄土塬区地震勘探技术发展现状综述.中国煤炭地质,21(12):
  72~76

戴金星,钟宁宁,刘德汉,夏新宇,杨建业,汤达祯.2000.中国煤成大中型气田地质基础和主控因素.北京:石油工
  业出版社

范立民.1996.煤矿地裂缝研究//环境地质研究(第三辑).北京:地震出版社.137~142

范立民.2009.高产高效煤矿建设的地质保障技术.北京:地质出版社

范立民.2010.生态脆弱区烧变岩研究现状及方向.西北地质,43(3):57~65

范立民,杨宏科.2000.神府矿区地面塌陷现状及成因研究.陕西煤炭,19(1):7~9

管海晏,冯·亨特伦,谭永杰等.1998.中国北方煤田自燃环境调查与研究.北京:煤炭工业出版社

国家安全生产监督管理总局.2007.煤尘爆炸性鉴定规范(AQ 1045-2007).北京:煤炭工业出版社

韩德馨,杨起.1980.中国煤田地质学(下册).北京:煤炭工业出版社

韩广德. 2000. 中国煤炭工业钻探工程学. 北京：煤炭工业出版社

何起祥, 业冶铮, 张明书, 李浩. 1991. 受限陆表海的海侵模式. 沉积学报, 9(1)：1～9

何继善, 吕绍林. 1999. 瓦斯突出地球物理研究. 北京：煤炭工业出版社

胡千庭. 2007. 煤矿瓦斯抽采与瓦斯灾害防治. 徐州：中国矿业大学出版社

虎维岳, 何满潮. 2008. 深部煤炭资源及开发地质条件研究现状与发展趋势. 北京：煤炭工业出版社. 1～25

黄克兴, 王佟. 1982. 江西饶南煤田"龙潭煤系"的赋煤规律. 西安矿业学院学报, 2(2)：22～30

蒋邦远. 1998. 实用近区磁源瞬变电磁法勘探. 北京：地质出版社

金翔龙. 2004. 海洋地球物理技术的发展. 华东理工学院学报, 27(1)：6～13

姜波, 秦勇. 1998. 实验变形煤结构的^{13}C NMR特征及其构造地质意义. 地球科学, 23(6)：36～39

李德仁, 王树良, 李德毅. 2006. 空间数据挖掘理论与应用. 北京：科学出版社

李德仁, 朱庆, 朱欣焰. 2010. 面向任务的遥感信息聚焦服务. 北京：科学出版社

李明潮等. 1990. 中国主要煤田的浅层煤成气. 北京：科学出版社

李庆忠. 1993. 走向精确勘探的道路——高分辨率地震勘探系统工程剖析. 北京：石油工业出版社

李思田. 1988. 断陷盆地分析与煤聚集规律. 北京：地质出版社

李思田. 1992. 鄂尔多斯盆地北部层序地层及沉积体系分析. 北京：地质出版社

李思田, 杨士恭, 林畅松等. 1992. 论沉积盆地的等时地层格架和基本建造单元. 沉积学报, 10(4)：11～21

李守义等. 2003. 矿产勘查学(第二版). 北京：地质出版社

李小明, 曹代勇, 刘德明. 2010. 深部新区煤炭资源赋存规律及其勘探模式. 煤炭工程, (2)：68～70

李英华. 1999. 煤质分析应有技术指南. 北京：中国标准出版社

李增学, 李守春, 魏久传. 1995. 事件性海侵与煤聚积规律——鲁西晚石炭世富煤单元的形成. 岩相古地理, 15(1)：1～9

李增学, 魏久传, 王明镇, 李守春. 1996. 华北南部晚古生代陆表海盆地层序地层格架与海平面变化. 岩相古地理, 16(5)：1～10

李增学, 魏久传, 王明镇, 李守齐. 1997. 华北南部晚石炭世潮汐三角洲与煤聚积规律. 煤炭学报, 22(1)：1～7

李增学, 魏久传, 王明镇, 张锡麒, 房庆华. 1998. 华北陆表海盆地南部层序地层分析. 北京：地质出版社

李增学, 魏久传, 魏振岱, 韩美莲, 李学文. 2000. 含煤盆地层序地层学. 北京：地质出版社

李增学, 魏久传, 韩美莲. 2001. 海侵事件成煤作用——一种新的聚煤模式. 地球科学进展, 16(1)：120～124

李增学, 余继峰, 郭建斌. 2002. 华北陆表海海侵事件聚煤作用研究. 煤田地质与勘探, 30(5)：1～4

李增学, 余继峰, 郭建斌, 韩美莲. 2003. 陆表海盆地海侵事件成煤作用机制分析. 沉积学报, 21(2)：288～297

李增学, 王明镇, 余继峰, 韩美莲, 李江涛, 吕大炜. 2006. 鄂尔多斯盆地晚古生代含煤地层层序地层与海侵成煤特点. 沉积学报, 24(6)：834～840

李增学, 魏久传, 余继峰, 刘莹, 刘海燕, 吕大炜. 2009. 煤地质学. 北京：地质出版社

梁洪有, 陈俊杰, 2006. 煤矿开采对土地资源的破坏及对策研究. 煤炭技术, 25(6)：1～3

林亮, 曹代勇, 彭正奇等. 2008. 湘东北地区煤田构造格局与控煤构造样式. 中国煤炭地质, 20(10)：47～48

刘登, 曹代勇, 彭正奇等. 2008. 湘东北煤田滑脱构造及其区域地质背景. 中国煤炭地质, 20(10)：45～46

刘广志. 1991. 金刚石钻探手册. 北京：地质出版社

陆基孟. 2004. 地震勘探原理. 东营：石油大学出版社

卢中正, 张光超, 高会军, 邱少鹏. 2001. 毛乌素沙地东缘植被盖度变化研究. 地球信息科学, 3(4)：42～44

卢中正, 张光超, 闫永忠. 2003. 煤炭矿山环境调查中遥感技术的应用研究. 西北地质, 36(增刊)：221～223

吕录仕, 孙顺新, 冯富成等. 2005. 西部煤炭资源调查评价中遥感技术的应用. 中国煤田地质, 17(5)：32～33

马植侃等. 1998. 钻探工程学. 徐州：中国矿业大学出版社

毛节华, 许惠龙等. 1999. 中国煤炭资源预测与评价. 北京：科学出版社

毛文永等. 2007. 生态环境影响评价概论. 北京：中国环境科学出版社

彭苏萍. 1996. 中国煤矿高产高效矿井地质保障系统. 中国科协第十四次"青年科学家论坛"报告文集. 北京：煤炭工业出版社

彭苏萍. 2008. 深部煤炭资源赋存规律与开发地质评价研究现状及今后发展趋势. 煤, 27(2): 1~11

彭苏萍, 孔炜, 杨瑞召, 高云峰. 2003. 煤田反演的声波测井曲线重构. 北京工业职业技术学院学报, (4): 11~16

彭苏萍, 高云峰, 杨瑞召, 陈华靖, 陈信平. 2005. AVO探测煤层瓦斯富集的理论探讨和初步实践——以淮南煤田为例. 地球物理学报, 48(6): 1475~1485

彭苏萍, 李恒堂, 程爱国. 2007. 煤矿安全高效开采地质保障技术. 徐州: 中国矿业大学出版社

彭苏萍, 杜文凤, 赵伟等. 2008a. 煤田三维地震综合解释技术在复杂地质条件下的应用. 岩石力学与工程学报, 27(增1): 2760~2765

彭苏萍, 何登科, 勾精为, 刘万金. 2008b. 观测系统的面元划分与覆盖次数计算. 煤炭学报, 33(1): 55~58

彭苏萍, 邹冠贵, 李巧灵. 2008c. 测井约束地震反演在煤厚预测中的应用研究. 中国矿业大学学报, 37(6): 729~733

祁景玉. 2006. 现代分析测试技术. 上海: 同济大学出版社

秦绪文, 杨金中, 康高峰等. 2012. 矿山遥感监测技术方法研究. 北京: 测绘出版社

秦云虎等. 2010. MT/T1090-2008. 煤炭资源勘查煤质评价规范. 北京: 煤炭工业出版社

宋岩, 张新民等. 2005. 煤层气成藏机制及经济开采理论基础. 北京: 科学出版社

苏现波, 陈江峰等. 2001. 煤层气地质学与勘探开发. 北京: 科学出版社

邵龙义, 张鹏飞, 刘钦甫, 郑茂杰. 1992. 湘中下石炭统测水组沉积层序及幕式聚煤作用. 地质论评, 38(1): 52~59

邵震杰, 任文忠, 陈家良. 1993. 煤田地质学. 北京: 煤炭工业出版社

尚冠雄等. 1997. 华北地台晚古生代煤地质学研究. 太原: 山西科学技术出版社

石智军等. 2008. 煤矿井下瓦斯抽采钻孔施工新技术. 北京: 煤炭工业出版社

谭克龙, 蒋昭等. 2008. 遥感煤田地质填图技术规程. 北京: 煤炭工业出版社

谭克龙, 夏镛华, 卢中正. 1999. 遥感技术在矿井地质中的应用研究. 遥感信息, 55(3): 19~23

谭永杰. 1998. 迈向21世纪的中国煤田地质勘探业. 中国煤田地质, 10(S): 1~5

陶长辉, 徐榜荣, 史振亚, 周凯声, 许友志. 1988. 煤田普查与勘探. 北京: 中国矿业大学出版社

汤凤林. 1997. 岩心钻探学. 武汉: 中国地质大学出版社

万余庆, 张风丽, 闫永忠等. 2003. 高光谱遥感技术在水环境监测中的应用研究. 国土资源遥感, 57(3): 10~14

王桂梁, 曹代勇, 姜波. 1992. 华北南部逆冲推覆伸展滑覆和重力滑动构造. 徐州: 中国矿业大学出版社

王桂梁, 琚宜文, 郑孟林等. 2007. 中国北部能源盆地构造. 徐州: 中国矿业大学出版社

王桥, 杨一鹏, 黄家柱等. 2005. 环境遥感. 北京: 科学出版社

王仁农等. 1997. 中国含煤盆地演化和聚煤规律. 北京: 煤炭工业出版社

王双明, 佟英梅, 李锋莉等. 1996. 鄂尔多斯盆地聚煤规律及煤炭资源评价. 北京: 煤炭工业出版社

王双明, 范立民, 王国柱. 2007. 沙漠煤田综合勘探技术在榆神府矿区的应用. 煤炭工程, (1): 37~39

王双明等. 2008. 韩城矿区煤层气地质条件及赋存规律. 北京: 地质出版社

王双明, 黄庆享, 范立民, 王文科. 2010. 生态脆弱区煤炭开发与生态水位保护. 北京: 科学出版社

王佟. 1993a. 临汝煤田构造特征及找煤方向的新认识. 西安矿业学院学报, (3): 242~247

王佟. 1993b. 谈豫西煤田勘探类型的选择. 中国煤炭学会青年学术文集. 北京: 煤炭工业出版社. 166~169

王佟. 1994. 临汝矿区庇山-温泉街一带构造特征及找煤方向. 中国煤炭地质, 6(3): 92~95

王佟. 2006. 河南临汝煤田东段构造特征研究. 西安科技大学硕士学位论文

王佟, 王遂正. 2008. 永城矿区煤矿排水钻孔施工技术. 中国煤炭地质, 20(2): 65~66

王佟, 李志军, 王洪林, 崔崇海. 1999. 平顶山矿区煤层气赋存特征及开发潜力. 河北建筑科技学院学报, (4): 54~58

王佟, 刘天绩, 邵龙义等. 2009. 青海木里煤田天然气水合物特征与成因. 煤田地质与勘探, 37(6): 26~30

王文杰, 王信. 1993. 中国东部煤田推覆、滑脱构造与成煤研究. 徐州: 中国矿业大学出版社

王小川, 张玉成, 潘润群. 1997. 黔西川南滇东晚二叠世含煤地层沉积环境与聚煤规律. 重庆: 重庆大学出版社

王晓红, 聂洪峰等. 2004. 高分辨率卫星数据在矿山开发状况及环境监测中的应用效果比较. 国土资源遥感, (1): 15~18

汪洋, 张兴平, 唐建益. 2008. 基于三维地震层面属性解释煤矿小断层的研究. 煤炭工程, (7): 90~92

渥·伊尔马滋.2006.地震资料分析：地震资料处理、反演和解释(上下册).刘怀山,王克斌,童思友译.北京:石油工业出版社

吴冲龙.2008.地质信息技术基础.北京:清华大学出版社

吴佩芳等.2000.煤层气开发的理论与实践.北京:地质出版社

吴立新,殷作如,邓智毅,齐安文,杨可明.2000.论21世纪的矿山——数字矿山.煤炭学报,25(4):337~342

吴钦宝,陈同俊,陈凤云.2005.中国东部煤矿深部开采中的地震勘探技术.地球物理学进展,20(2):370~373

武汉地质学院煤田教研室.1979.煤田地质学(上册).北京:地质出版社

武汉地质学院煤田教研室.1980.煤田地质学(下册).北京:地质出版社

武强,刘伏昌,李铎.2005.矿山环境研究理论与实践.北京:科学出版社

伍意德.2006.湖南煤田滑脱构造特征及找煤方向探讨.国土资源导刊,3(3):112~114

郗昭,程建远,宋国龙,杨光明,蔡文苗.2009.地震勘探在黄土源区深部煤炭资源勘查中的应用.中国煤炭学会矿井地质专业委员会2009年学术论坛论文集.北京:中国矿业大学出版社.274~280

夏文臣,金友渔.1989.沉积盆地的成因地层分析.武汉:中国地质大学出版社

夏玉成,王佟.2001.煤炭开采地质条件量化预测技术及程序设计.西安:陕西科学技术出版社

谢和平,彭苏萍,何满潮.2005.深部开采基础理论与工程实践.北京:科学出版社

邢政.2007.多分支井技术在大城区煤层气勘探开发中的应用研究.中国煤层气,4(2):40~42

熊翥.2002.复杂地区地震数据处理思路.北京:石油工业出版社

许刘万,刘智荣等.2009.多工艺空气钻进技术及新进展.探矿工程(岩土钻掘工程),36(10):8~14

徐杰,高战武,宋长青等.2000.太行山山前断裂带的构造特征.地震地质,22(2):111~122

徐水师.2006.我国煤炭地质勘查技术现状与发展趋势.中国煤田地质,18(1):3~5

徐水师.1996.我国煤炭地质勘查科学技术发展趋势及新时期的主要任务.煤炭企业管理,(4):39~58

徐水师.2006.我国煤炭地质勘查技术现状与发展趋势.中国煤田地质,18(1):3~5

徐水师,王佟,孙升林等.2009a.中国煤炭资源综合勘查技术新体系架构.中国煤炭地质,21(6):1~5

徐水师,王佟,孙升林等.2009b.再论中国煤炭资源综合勘查理论与技术新体系.中国煤炭地质,21(12):4~6

徐水师,谭克龙,曹代勇,王佟.2009c.中国煤炭资源遥感调查评价理论与技术.北京:科学出版社

鄢泰宁主编.2001.岩土钻掘工程学.武汉:中国地质大学出版社

杨峰,彭苏萍.2010.地质雷达探测原理与方法研究.北京:科学出版社

杨金和,陈文敏,段云龙.1998.煤炭化验手册.北京:煤炭工业出版社

杨起.1987.煤地质学进展.北京:科学出版社

杨起,韩德馨.1979.中国煤田地质学.北京:煤炭工业出版社

杨起,吴冲龙,汤达祯等.1996.中国煤变质作用.北京:煤炭工业出版社

杨锡禄,周国铨.1996.中国煤炭工业百科全书·地质测量卷.北京:煤炭工业出版社

杨永宽.1997.中国煤岩学图鉴.徐州:中国矿业大学出版社

叶建平,范志强.2006.中国煤层气勘探开发利用技术进展.北京:地质出版社

尹国勋,邓寅生,李栋臣等.1997.煤矿环境地质灾害与防治.北京:煤炭工业出版社

尹集祥,郭师曾.1976.珠穆朗玛峰北坡冈瓦纳相地层的发现.地质科学,(4):291~322

袁亮.2006.淮南矿区煤矿煤层气抽采技术.中国煤层气,3(1):7~9

袁亮.2008a.低透气性煤层群无煤柱煤与瓦斯共采理论与实践.北京:煤炭工业出版社

袁亮.2008b.低渗透气性高瓦斯煤层群无煤柱快速留巷Y型通风煤与瓦斯共采技术.中国煤炭,(6):9~13

袁亮.2009.卸压开采抽取瓦斯理论及煤与瓦斯共采技术体系.煤炭学报,34(1):1~8

袁三畏.1999.中国煤质论评.北京:煤炭工业出版社

袁三畏,陶少杰,朱宇均等.1988.煤炭资源勘探煤样采取规程.北京:煤炭工业出版社

翟裕生,邓军,王建平等.2004.深部找矿研究问题.矿床地质,23(2):142~149

赵鹏大.2001.矿产勘查理论与方法.武汉:中国地质大学出版社

赵文智,靳久强,薛良清,孟庆任,赵长毅.2000.中国西北地区侏罗纪原型盆地形成与演化.北京:地质出版社

赵英时等，2004. 遥感应用分析原理与方法. 北京：科学出版社

张泓，夏宇靖，张群等. 2008. 深层煤矿床赋存规律与开采地质条件及其综合探测研究进展与前景. 见：虎维岳，何满潮编. 深部煤炭资源及开发地质条件研究现状与发展趋势. 北京：煤炭工业出版社. 33～48

张继坤，刘德民，曹代勇. 2008. 基于综合勘查资料的深部煤矿床开采地质条件评价研究现状及进展. 见：虎维岳，何满潮编. 深部煤炭资源及开发地质条件研究现状与发展趋势. 北京：煤炭工业出版社. 283～290

张家声，徐杰，万景林等. 2002. 太行山山前中-新生代伸展拆离构造和年代学. 地质通报，21(4)：207～210

张鹏飞，彭苏萍，邵龙义. 1993. 含煤岩系沉积环境分析. 北京：煤炭工业出版社

张双全，吴国光. 2004. 煤化学. 徐州：中国矿业大学出版社

张韬. 1995. 中国主要聚煤期沉积环境与聚煤规律. 北京：地质出版社

张铁岗. 2001. 煤矿瓦斯综合治理技术. 北京：煤炭工业出版社

张文若，谢志清. 2007. 煤炭领域"3S"技术的应用与发展. 地球信息科学学报，9(2)：3～5

张文若，康高峰，王永. 2006. 遥感技术在煤炭地质中的应用现状及前景. 中国煤田地质，18(2)：5～8.

张新民，庄军，张遂安. 2002. 中国煤层气地质与资源评价. 北京：科学出版社

张增祥. 2004. 我国资源环境遥感监测技术及其进展. 中国水利，11：52～54

中国煤炭地质总局. 2001. 煤矿采区三维地震勘探经验交流会论文集. 徐州：中国矿业大学出版社

中国煤田地质总局. 1993. 中国煤田地质勘探史. 北京：煤炭工业出版社

周成虎等，1999. 地理元胞自动机研究. 北京：科学出版社

周世宁，林伯泉. 2007. 煤矿瓦斯动力灾害防治理论与控制技术. 北京：科学出版社

Boyer S E，Elliott D. 1982. Thrust system. A A P G Bull，66：1196～1230

Diessel C F K. 1992. Coal-bearing Depositional Systems—Coal Facies and Depositional Environmentals. Springer Verlag. 461～514

Ferm J C. 1976. Depositional models in coal exploration and development. In：Sasena R S（ed）. Sedimentary Environments and Hydrocarbons. AAPG/NOGS short course，New Orleans Geological Society. 60～78

Goodwin P W，Anderson E S. 1985. Punctuated aggradational cycles：A general hypothesis of episodic stratigraphic accumulation. The Journal of Geology，93(5)：515～533

Li Zengxue，Sun Yuzhuang，Yu Jifeng，Liu Deyong. 2001. Marine transgression "event" in coal formation from North China Basin. Energy Exloration & Exploitation，19(6)：559～567

Li Zengxue，Wei Jiuchuan，Li Shouchun，Wang Mingzhen，Zhang Xiqi. 1997. The characteristics of sequence stratigraphy in the epicontinental basin. Proc 30th Int'l Geol Congr，Vol. 8 © avsp，The Netherlands. 141～151

Martin L. 2006. Future challenges and unexplored methods for 4D seismic analysis. CSEG Recorder，31：128～133

Sloss L L. 1962. Stratigraphic models in exploration. AAPG Bull，46(2)：1050～1057

Tan Kelong，Wan Yuqing，Sun Shunxin，Kuang Jingshui，Chen Xiangling. 2011. Application Research on Coal Prospecting with Remote Sensing，103～112，Available online at www. sciencedirect. com，EI

Tan Kelong，Wan Yuqing，Sun Sunxin et al. 2008. Prospecting for coal in China with remote sensing. Journal of China University of Mining & Technology，(18)：537～545

Vail P R. 1987. Seismic stratigraphy interpretation using sequence stratigraphy. Part 1：Seismic stratigraphy interpretation. In：Bally A W（ed）. Altas of Seismic Stratigraphy，volume 1. AAPG Studies in Geology，27：1～10

Wang Tong. 2011. Innovative ideas and theoretical system of coal geological comprehensive exploration in CHINA，Energy Exploration and Exploitation，29(1)：49～57

Wernicke B et al. 1982. Modeles of extensional of tectonics. Jour Struc Geol，4：105～115

Weimer P. 1990. Sequence stratigraphy，facies geometry and depositional history of Mississippi fan，Gulf of Mexico. AAPG. 425～453

Xu Shuishi，Cheng Aiguo，Cao Daiyong. 2008. The status quo and outlook of Chinese coal geology and exploration technologies. Acta Geologica Sinica，82(3)：697～708